三规合一

转型期规划编制与管理改革

《城市规划》杂志社 编

中国建筑工业出版社

审图号：GS（2014）873号

图书在版编目（CIP）数据

三规合一　转型期规划编制与管理改革／《城市规划》
杂志社编．—北京：中国建筑工业出版社，2014.6
ISBN 978-7-112-16873-6

Ⅰ．①三…　Ⅱ．①城…　Ⅲ．①城市空间—空间规划—中
国—文集　Ⅳ．①TU984.2-53

中国版本图书馆CIP数据核字（2014）第104362号

责任编辑：张惠珍　率　琦
责任校对：姜小莲　关　健

三规合一

转型期规划编制与管理改革

《城市规划》杂志社　编

*

中国建筑工业出版社出版、发行（北京西郊百万庄）
各地新华书店、建筑书店经销
北京京点图文设计有限公司制版
北京画中画印刷有限公司印制

*

开本：787×1092毫米　1/16　印张：34¼　字数：1000千字
2014年6月第一版　2014年12月第二次印刷
定价：**126.00**元
ISBN 978-7-112-16873-6
（25686）

编委会

主　编: 石　楠

副主编: 李　林　潘　斌

编辑组: 庄淑亭　王文彤　边秀花　郭正懿

序 言

历史地看待三规合一问题

石　楠[1]

关于我国现代城市规划的起源和分期问题，专家学者们还有不同看法。一般认为新中国城市规划工作的全面展开，是以 1953 年实施的第一个五年计划为标志的。当时城市建设的主要任务就是配合"一五"计划，研究搞好由苏联援建的 156 个重点工业项目，从项目选址，到配合工业项目建设，提供住宅和必要的基础设施、服务设施，并确定了包头、西安、兰州、洛阳、太原、大同、武汉、成都等八个重点建设城市[2]。1956 年，国家建设委员会颁发了《城市规划编制暂行办法》。与此同时，北京等城市的规划工作在全国具有特别重要的意义。北京市于 1949 年 5 月成立了都市计划委员会，开始研究首都规划建设的各类问题，并于其后的两年时间里，分别由巴兰尼科夫、梁思成以及陈占祥、朱兆雪和赵冬日、华南圭提出了不同的规划方案，北京第一版城市总体规划也于 1953 年诞生[3]。

区域规划工作在我国开始于 1956 年，是从联合选厂的基础上发展起来的。1956 年 3 月，国家建设委员会在全国基本建设会议上发出了《关于开展区域规划的决议》，并进一步拟定了《区域规划编制与审批暂行办法（草案）》。随后组织了广东茂名，云南个旧、昆明，甘肃兰州、酒泉、玉门地区，湖南湘中地区，内蒙古包头，以及湖北武汉、大冶等地的区域规划[4]。

在机构方面，1949 年 10 月 21 日，成立了政务院财政经济委员会（时称"中财委"），中财委中央财经计划局设有基本建设计划处，主管全国基本建设、城市建设和地质工作。1952 年 4 月，成立了中央总建筑处。1952 年 8 月 7 日成立了中央人民政府建筑工程部，设立了城市建设局，后升格为城市建设总局，并于 1955 年 4 月 9 日设立了城市规划局，城市建设总局作为国务院直属机构，统一领导全国的城市规划工作。同一时期，国家建设委员会于 1956 年 11 月 10 日设立区域规划局[5]。

有专家将新中国成立后的这一时期称为我国规划史上的第一个春天，国民经济计划、区域与城市规划之间密切配合、分工协作，很好地促进了经济发展，有效地指导了城市建设。

在随后的发展过程中，我国的城市规划工作几经起落。直至改革开放后全面恢复城市规划工作，并且开始重新学习欧美国家的规划经验，研究如何在市场经济体制下做好城市规划工作。而此时的国民经济计划经历了五个五年计划之后，已经基本放弃了在空间领域配置资源的职能，转变为注重投资与项目管理。区域规划工作也未能得到足够重视，除了一些研究项目和个别探索性实践，没有开展大规模的区域规划工作，甚至只能在城市总体规划编制时，为了确定城市的规模、性质的目的，而采用区域分析和区域规划的手段，进行一些市域层面的城镇体系规划工作。

---

[1] 作者为国际城市与区域规划师学会副主席、中国城市规划学会秘书长、《城市规划》杂志执行主编。
[2] 周干峙. 为了城市的春天：亲历新中国城市规划与建设[J]. 城市规划，2014（4）.
[3] 北京市规划委员会，北京市城市规划设计研究院，北京城市规划学会. 北京城市规划图志（1949-2005）[Z].
[4] 崔功豪，王兴平. 当代区域规划导论[M]. 南京：东南大学出版社，2006.
[5] 姜伟新. 住房和城乡建设部历史沿革及大事记[M]. 北京：中国城市出版社，2012.

在这一时期，虽然从体制等方面进行了积极探索，希望能够将城市规划与国民经济计划更好地结合起来，但两者相互分离乃至渐行渐远的状况没有得到根本的改善。这两个规划的矛盾之处主要表现在关注的重点不同，对于规划（计划）的功能和作用有着不同的理解，矛盾的根源在于不同经济体制和不同政治体制下，政府对于规划形式的需求是不同的❶。

20世纪80年代一系列法律法规的出台和机构的调整对于规划工作具有十分深远的影响。1984年1月5日，我国第一部专门关于规划的法律法规《城市规划条例》颁布实施。1986年2月27日，国务院第100次常务会议决定成立国家土地管理局，对全国的土地资源实行统一管理。1986年6月25日，第六届全国人大常委会第十六次会议通过并颁布了《土地管理法》。1989年12月26日，《城市规划法》颁布。这些法律法规的颁布实施，使我国的规划工作走上有法可依的轨道，同时，也因为法律授权和行政机构职能的界定，使得政府规划工作更加错综复杂，并且初步形成了城市规划、国民经济计划及土地利用规划三者在职能上的相互交叉局面。

依据《土地管理法》的授权，按照国家土地管理局的统一安排，在全国范围部署和开展了从国家到乡镇共五级土地利用总体规划的编制和实施工作，并且在几轮规划后，逐步在理论、技术和方法上趋于成熟。另外，"十五"期间，国民经济和社会发展计划的一个重大改革方向在于对空间领域的关注，希望将空间布局问题纳入国民经济和社会发展计划内，这可以认为是国民经济和社会发展计划在市场经济体制逐步完善过程中的一种蜕变。自2006年起实施的"十一五"国民经济和社会发展计划正式更名为国民经济和社会发展规划，并且陆续开展了全国和省市层面的主体功能区规划。至此，三个规划在空间上的重叠已经难以避免，规划间的协调成为共同关注的话题。

从这一时期的发展历程可见，80年代城市规划与国民经济计划两者之间各有侧重，相互联系协调不够，发展到今天，城乡规划、国民经济和社会发展规划（主体功能区规划）、土地利用规划（国土规划）三者均将空间问题作为其核心或主要的工作内容，三者之间存在着显而易见的严重重叠。

对这一发展历程的回顾，有助于了解当今存在的矛盾和问题。在某种程度上讲，这是由于我国从计划经济体制向市场经济体制转变过程中，政府职能调整与适应的产物，也不排除由于政府部门职能分置的原因，客观上促成了不同政府部门出于对空间管辖的诉求，不约而同地追求空间规划手段。这也有助于理解城乡规划、国民经济和社会发展规划、土地利用规划三者进行充分协调，甚至进行合并编制与实施的必要性。

事实上，规划是不同政治、经济体制国家普遍采用的一种手段。无论市场经济国家，还是过去的计划经济国家，不管采用什么样的政体，一般均会将城市规划❷作为一项重要政府职能，土地利用规划（或土地使用规划）通常作为城市规划的核心内容，而经济计划多为前苏联和东欧等计划经济国家采用的手段，虽然市场经济国家也会制定有关经济发展的战略或规划，但很少与城市规划处于同一个层面，一般也不会在空间领域与城市规划发生冲突和矛盾❸。

---

❶ 石楠，陈锋，张兵，等.城乡规划与相关规划的关系研究（建设部城乡规划司研究课题）[Z]. 2004.

❷ 对此，不同的国家有不同的称谓，如城镇规划、城乡规划、城市与区域规划、城市规划等，其核心均在于对人类聚居地区的土地和空间使用进行合理布局。

❸ John Friedmann. Planning in the Public Domain: From Knowledge to Action[M]. Princeton：Princeton University Press,1987.

必须看到的是，规划作为一种产品，也存在着供给与需求关系。是需求决定了规划的生命，社会发展中确实有一些关系需要加以协调，需要政府出面采用规划这种手段来加以干预，所以才要编制规划。规划本身只是一种手段，并不是目的。说到底，社会有什么样的需求才有什么样的规划，而不能纯粹出于政府部门职能的考虑。从这个角度来说，当政府规划之间出现矛盾、扯皮甚至相互掣肘的局面时，规划间的协调成为客观需求。

客观地讲，城乡规划、国民经济社会发展规划和土地利用规划三者各自发挥了管控空间资源的重要作用。但由于职能的分离，三个规划在编制内容和管理手段上各异，缺乏必要和有效的衔接和协调，使得有限的空间资源未能得到充分合理的利用与管理控制。在空间资源日益紧缺的今天，这一矛盾显得更为突出。

从规划学科发展和职业实践的角度来看，我国三种规划的分置并没有影响技术人员的交流与合作，也没有对于学科的发展造成太大的障碍，反倒在一定程度上为技术创新和学术研究提供了新的空间。国民经济计划学伴随着计划经济的解体而从专业目录上消失，建筑学、地理学、生态学、管理学、信息科学等相互交叉渗透的结果，原来隶属于建筑学下的城市规划专业，于2011年正式升格为城乡规划学一级学科，设立城乡规划专业的大学也增长很快❶，全国有36所大学的城乡规划专业通过了专业评估。2000年开始执行的城市规划师执业资格制度也取得了长足的发展，已有近两万人获得城市规划职业资格。因此，从学术和技术层面而言，讨论三规合一的话题，并非一个需要攻坚的科技难题，而是一个面对社会变革进行调整的现实需求。

党的十八大及十八届三中全会提出推进体制机制改革创新，建立合理的空间规划体系的目标，切实推进政府规划的协调，对于同一管辖对象的政府规划手段进行必要的合并与调整，是政府职能改革的重要举措，也是推进国家治理体系和治理能力现代化必须面对的难题。

由于三个规划在功能与定位、工作重点、管理手段、技术标准等方面存在不少差异，学术界开展了广泛深入的探讨，各地政府也进行了卓有成效的尝试。为了帮助大家进一步了解这三个规划乃至其他政府规划的协调与合并问题，《城市规划》杂志社策划编撰了《三规合一：转型期规划编制与管理改革》一书。

本书重点搜集了20世纪90年代以来，我国学界和业界探索三规融合方面的近200篇论文，从中精选出67篇，以"体系变革"、"规划协同"、"制度创新"、"技术探索"和"编制实践"为提纲，进行了系统的梳理和科学整理，经原作者授权，编辑出版了本书。本书收录的文献主要来源于《城市规划》、《宏观经济管理》、《宏观经济研究》、《城市规划学刊》、《经济地理》、《中国土地》、《地理研究》、《规划师》、《上海城市规划》、《地域研究与开发》、《国际城市规划》、《现代城市研究》、《江苏城市规划》等优秀期刊，以及历年的中国城市规划年会论文、中国城市规划年度发展报告等，编者对这些原发书刊表示诚挚的谢意。

编者希望本书不仅适合城乡规划管理和技术人员参考，也适用于土地规划部门的管理与技术创新，对发改部门的政策制订和规划编制亦有重要的借鉴意义，并且可以记载我国空间规划领域近30年来的探索与创新，为有关规划研究人员提供重要的学术文献。

---

❶ 据全国城乡规划学科专业指导委员会的不完全统计，截止到2013年底，全国有188所高等院校设立了城乡规划专业。

目　录

第一章　体系变革 ··· 1

我国规划体制改革的任务及方向 ··· 杨伟民　3

新时期中国区域空间规划体系展望 ··· 武廷海　9

中国战略空间规划的复兴和创新 ··· 霍　兵　20

全国城镇体系规划的历史与现实 ··· 王　凯　35

公共政策的空间性与城市空间政策体系 ··· 郑　国　45

"十二五"深入开展国家级空间整体规划的建言 ······································ 段　进　51

中国空间规划体系：现状、问题与重构 ·· 王向东　刘卫东　55

发达国家空间规划体系类型及启示 ··· 蔡玉梅　高　平　68

第二章　规划协同 ··· 71

试析城市规划与土地利用总体规划的相互协调 ···············吕维娟　杨陆铭　李延新　73

国土规划、区域规划、城市规划——论三者关系及其协调发展 ················· 牛慧恩　79

近期建设规划与"十一五"规划协同编制设想 ······················ 邹　兵　钱征寒　85

现阶段"两规"的矛盾分析、协调对策与实证研究 ················ 杨树佳　郑新奇　93

主体功能区规划与城乡规划、土地利用总体规划相互关系研究 ················· 史育龙　102

节约型社会视角下的海盐"两规"衔接研究 ······················ 闫　岩　陈培阳　111

主体功能区划与城乡规划的关系探讨 ······························ 王金岩　吴殿廷　119

"两规"协调体系初探 ··· 尹向东　125

论建构统一的国土及城乡空间管理框架

　　——基于对主体功能区划、生态功能区划、空间管制区划的辨析 ···· 汪劲柏　赵　民　130

从技术层面看三大规划的冲突——以江苏省海安县为例 ·········罗小龙　陈　雯　殷　洁　142

基于部门协调的区域规划法制管理探讨 ······························ 胡　荣　吴唯佳　149

空间规划体系的协调机制研究——论城乡总体规划的创新与突破 ···· 曹春霞　丁湘城　157

试析当前我国空间管制政策的悖论与体系化途径 ······························ 陈　晨　164

武汉市"两规"衔接的探索和思考 ·· 汪　云　173

着力健全规划协调机制 ·· 胡序威 179

差异·融合——对"三规合一"的再思考 ························· 黄叶君 182

城市总体规划与主体功能区规划管制空间研究 ·········· 韩 青 顾朝林 袁晓辉 192

我国空间规划协调问题探讨

　　——空间规划的国际经验借鉴与启示 ··················· 林 坚 陈 霄 魏 筱 202

第三章　制度创新 ·· **211**

空间布局协同规划的科学基础与实践策略 ·········· 樊 杰 蒋子龙 陈 东 213

土地发展权、空间管制与规划协同 ··························· 林 坚 许超诣 227

论快速城市化时期城市土地使用的有效规划与管理 ············· 赵 民 侯 丽 240

广州城市土地供应与规划管理策略研究 ····················· 李红卫 249

中国城市土地开发及其供给问题研究 ························· 刘卫东 256

规划导向型的土地开发供应计划

　　——深圳土地开发供应计划体系的建立与完善 ················ 施 源 262

适应城市规划的土地利用计划体系初探 ····················· 韩 荡 268

土地资产经营机制中的城市规划管理 ················· 盛洪涛 周 强 273

从城市规划视角审视新一轮土地利用总体规划 ··········· 顾京涛 尹 强 279

上海土地储备"十一五"规划的研究与实施对策 ················ 陈 伟 286

城市规划实施机制的逻辑自洽与制度保证

　　——深圳市近期建设规划年度实施计划的实践 ··········· 陈宏军 施 源 292

面向规划实施的土地整备机制探讨

　　——以深圳土地整备规划工作为例 ··········· 施 源 许亚萍 李怡婉 300

土地储备与城市规划良性互动的机制研究 ········· 范 宇 王成新 姚士谋 于 春 307

县（市）级城乡规划的改革创新与体系构建

　　——以浙江省富阳市规划实践为例 ··········· 胡海龙 王 波 314

建立"一张图"平台，促进规划

　　编制和管理一体化 ··········· 张文彤 殷 毅 吴志华 潘 聪 321

上海市土地利用规划与城乡规划统筹管理 ················· 范 宇 金 岚 327

资源紧约束下土地储备保障规划实施机制探索 ··········· 陈柳新 杨成韫 334

从技术探索走向实施机制

　　——重庆市新一轮区县城乡总体规划的改革方向 ········· 钱紫华 易 峥 何 波 341

第四章　技术探索 ··· 349

快速城市化地区县级城市总体规划方法研究 ··········· 吴新纪　张　伟　胡海波　陈小卉　351

"两规"协调的土地利用分类体系探讨 ·· 尹向东　359

"三规合一"的城乡总体规划 ··· 徐东辉　367

"三规"关系与城市总体规划技术重点的转移 ·· 王唯山　375

关于"两规"衔接技术措施的若干探讨

　　——以广州市为例 ······························· 王国恩　唐　勇　魏宗财　荆万里　384

从镇村布局规划层面探讨"两规"衔接的相关问题

　　——以无锡市惠山区镇村布局规划为例 ····················· 武睿娟　吴　珂　395

主体功能优化开发县域的功能区划探索

　　——以浙江省上虞市为例 ····················· 王传胜　赵海英　孙贵艳　樊　杰　401

基于城乡规划法的县级层面两规协调研究 ·· 王　军　410

"两规"协调内容及方法研究

　　——以苍南县"两规"衔接为例 ····················· 项志远　林观众　杨介榜　419

探索乡镇总体规划中城乡等级体系构建的新模式 ··························· 胡跃平　徐　昊　427

"两规合一"背景下对上海新市镇总体规划编制的思考 ··································· 许　珂　435

"两规合一"背景下控制性详细规划的总体适应性研究

　　——基于上海的工作探索和实践 ··· 姚　凯　442

"三规合一"基础地理信息平台研究与实践

　　——以云浮市"三规合一"地理信息平台建设为例 ··················· 王　俊　何正国　450

基于城乡土地流转的"两规合一"的乡镇总规探索 ························· 江文文　戴　熠　457

资源紧约束条件下的新型城市化道路探索

　　——广州"三规合一"规划研究 ··· 谭　都　465

第五章　编制实践 ··· 477

县域村镇体系规划试点思路与框架

　　——以山东胶南市为例 ········· 顾朝林　金延杰　刘晋媛　汪　淳　康　璇　卫　琳　479

县市域总体规划探索与实践

　　——以浙江省诸暨市域总体规划为例 ····· 陈　勇　黄幼朴　陈伟明　胡庆钢　倪　明　488

"两规合一"背景下的土地储备规划编制初探

　　——以上海浦东新区近期土地储备规划为例 ····································· 顾秀莉　494

9

土地储备规划编制的实践思考

    ——以上海宝山区土地储备规划为例 ················· 叶　晖　500

基于区域统筹的县总体规划编制探讨

    ——以云安县总体规划为例 ··················· 许世光　曹　轶　507

两规合——以安丘市城乡统筹规划为例 ··············· 王　勇　517

城乡统筹背景下南宁市"三规"协调的内容与实践 ········· 张月金　王路生　523

"三规融合"视角下的城乡总体规划编制实践

    ——以广东云浮市为例 ····················· 赵嘉新　黄开华　530

第一章 | 体系变革

我国规划体制改革的任务及方向 [1]

杨伟民 [2]

我国以编制和实施国民经济和社会发展五年计划为基本框架的规划体制已有 50 年的历史。这在经济建设的不同时期，对加强农业的基础地位，建立比较完整的工业体系，消除基础设施瓶颈制约，增强综合国力，提高人民生活水平，推动社会进步，促进可持续发展等方面，都发挥了重要作用。随着经济体制的变化，规划体制也进行了许多有益探索和积极改革，积累了许多经验。但是，在向社会主义市场经济体制的过渡中，规划编制和实施中还存在许多亟待解决的问题。改革规划体制，就是要按照完善社会主义市场经济体制的总体要求，理顺各级各类规划之间以及规划编制过程中各环节、各方面的关系，借鉴市场经济国家的成功经验，对我国的规划体系、规划性质、规划内容、编制程序、规划期限、决策主体、规划实施、评估调整等提出改革方向及原则，按依法、行政的要求，推动规划工作走上法制化轨道，重塑社会主义市场经济体制下规划应有的地位，发挥规划应有的作用。

1 转变规划编制理念

一是向以人为本的规划观念转变。过去，由于我国一直处于物质产品短缺状态，规划编制的出发点往往放在解决物质产品的短缺上。今后，各级各类规划的编制，首先要考虑人，以人的需求、人的流动、人的全面发展为出发点，而达到多少产量、建设多少项目等应成为服务于上述出发点的二级目标或任务。

二是向专业性的规划转变。要在为各级各类规划准确定性和定位，严格界定政府编制规划领域的基础上编制规划。要做些什么、为什么要这样做、在什么地方做、做多大规模、提高到什么水平、采取什么措施等，要让人们在规划中找到答案，规划要为政府履行职责提供依据，为市场主体指明方向。

三是向多样化的规划转变。过去在规划体制上，许多本属于地方事务的规划，如城市规划，地方却无权决定。结果，一方面，审批主体与实施主体相脱节，审批主体的意图很难完全得以贯彻；另一方面，由于审批主体过于集中，按规划执行，难免使各个城市的面貌大同小异。应在基本原则一致的情况下，实行更加多样化的方针，给地方放权，地方规划应由地方政府决定。

四是向战略性的规划转变。编制规划要有战略思维和长远眼光，对主要活动在时间和空间上进行前瞻性部署和展望。改变"疲于应对"的局面，对未来的变化和需求要科学预测。

---

[1] 本文来源：《宏观经济管理》2003年第4期。
[2] 杨伟民，国家发展和改革委规划司。

2 树立空间均衡原则

投资、财政、信贷"三大平衡"曾是计划经济时期规划编制的基本原则。在向市场经济过渡中，总供给与总需求的均衡和产业结构的协调，逐步演变为规划编制的主要原则和重点内容。在编制和实施经济社会发展规划时，应在上述"两大均衡"基础上，引入"空间均衡"原则，并逐步加以强化，形成新时期规划编制的"三大均衡"原则。

目前，我国空间经济结构失衡问题较严重。不断扩大的城乡差距和地区差距，是乡村和中西部地区现有的经济总量不足以使其现有人口保持均衡消费水平的结果。就局部地区的空间结构看，一些地区和城市地下水超采带来的地面沉降、超载过牧带来的草原沙化、林地过度开垦带来的石漠化和水土流失、开发区和农村建房遍地开花带来的耕地浪费、部分区域基础设施的重复建设等也是空间结构失衡的表现。

这些问题的产生，既有我国人口分布与自然禀赋不匹配等自然因素，有我国政治和经济体制不合理等体制因素，也有对空间规划不重视和不协调等规划体制方面的原因。因此，在转变规划理念、健全规划体系、更新规划内容时，要确立空间均衡的原则。在注重解决总供需均衡和产业结构均衡的同时，把空间均衡纳入各级各类规划的范围之中。

3 界定编制规划领域

改革规划体制，要明确哪些领域需要政府编制规划。政府编制规划的领域要严格限定在必须通过规划进行调节、单纯靠市场机制会产生"市场失灵"的领域。这些领域编制规划的目的是：明确政府的责任和义务，克服政府干预的随意性，统筹重大建设项目布局。其作用既是约束企业的，更是约束政府自身行为的。

对市场机制已发挥配置资源基础性作用的行业和领域，属于导向性、预测性的规划，不再编制政府审批的规划。

4 理顺规划间关系

规划体制改革，必须改变各级各类规划缺乏层次性、针对性和不成系统的状况，确立层次分明、功能清晰的规划体系。

首先，要明确国民经济和社会发展规划纲要与其他同级专项规划（包括现在的重点专项规划、专项规划、专题规划、行业规划、城镇体系规划、城市总体规划、土地利用规划等）间的关系。由全国人大审批的国民经济和社会发展规划纲要，是全国人民为之奋斗的宏伟蓝图和行动纲领，是其他各级各类规划、年度计划以及各项经济政策制定的依据。

其次，要明确上一级规划与下一级规划之间的关系。在现行规划体制下，每一级规划与其上一级同类规划都是独立的。为此，一是要通过逐步划定中央政府与地方各级政府的事权，理清各级政府在规划方面的职责分工；二是为地方服务或由地方投资的公共服务领域，如城市基础设施等，中央政府可不再编制规划；三是属于地方职责范围并对全国的发展不会产生重大影响的事项，由各级政府自行审定规划；四是对确需由地方政府组织落实的全国性规划，应明确地方规划是全国同类规划中某一领域或某一方面的具体落实，没有必要再编制面面俱到的规划。

5　充实总体规划

国家总体规划，即中华人民共和国国民经济和社会发展五年计划纲要，是以全国国民经济和社会发展为对象编制的规划，在全国的规划体系中处于"龙头"地位。但要使总体规划更好地发挥作用，在突出战略性、宏观性和政策性的同时，需要进一步充实有关内容。

一是要充实促进空间均衡方面的内容。总体规划要将空间结构均衡与空间开发协调纳入规划范围，阐明空间结构改善的方向与原则，增强总体规划的空间指导与约束功能。

二是要充实政府履行职责方面的内容。总体规划要充实指导各地区、各部门政府工作特别是经济工作行动纲领的内容；充实作为制定其他各项经济政策以及作为年度计划依据的内容；充实健全公共服务体系，促进人民生活质量提高和人的全面发展方面的内容。

三是要充实体制创新方面的内容。在新的体制背景下，总体规划不应就竞争性领域再提出发展或限制的要求，也不应把对特定产业的扶植及其政策作为规划的主要内容。在市场机制已对资源配置发挥基础性作用的前提下，总体规划应尽可能阐明政府将如何通过完善体制、健全法律、维护市场秩序等，为市场主体创造良好的宏观环境、体制环境、政策环境和市场环境。

四是要充实可检查和能评估的内容。市场经济条件下的规划，并不是不加区别地一味减少指标。对政府承担责任的领域列出一些指标，有利于检查评估政府工作，增强规划对政府行为的约束，应减少的是那些作为市场主体行为结果的指标。因此，要对规划指标进行分类，对其性质进行分析，分清哪些指标应该列，哪些指标不该列。

6　做实专项规划

专项规划是政府以国民经济和社会发展的某一特定领域为对象编制的规划，是总体规划在特定领域的延伸和细化。

做实专项规划，首先要明确一个指导思想。在市场经济条件下，政府应对特定领域或行业的发展进行调控，但调控的方式可以是逐个项目的审批，也可以是对包括"一揽子"项目的规划的审批。今后政府有关部门应把主要精力放在针对性、操作性较强的专项规划的编制、衔接、审定以及实施过程的监督检查和评估等工作上。

编制规划的领域应包括：一是法律规定必须编制专项规划的领域，如城市总体规划、土地利用规划、水资源方面的规划等；二是基础设施、重要资源、生态环境、公共服务等领域中政府应负责的事项，如高速公路、机场、电网、石油等重要资源开发等；三是投资数额大、建设周期长、涉及范围广的重大建设项目，如南水北调、西气东输等；四是需要政府安排投资的领域，如生态建设、污染治理、资源保护、国土整治等；五是在一定时期确需国家扶持、调控、引导的产业，如幼稚产业、夕阳产业、高利润的热门产业等。

专项规划的编制必须符合总体规划的要求，与其他相关规划相衔接，规划内容要集中于规划对象本身，领域或范围要窄，资金配置要明确，规划期要灵活，操作性要强。

区域规划是以跨行政区的经济区域为对象编制的规划，是总体规划在特定空间的落实，也可看作专项规划的一种特殊类型。区域规划的编制要着眼于打破行政区界限，科学确定区域未来发展的定位，优化整合区域内资源配置，发挥各自优势，避免重复建设。规划内容要突出跨行政区的、确需在区域内统筹规划的领域和重大问题，要合理划定各类功能区，优化用地结构，统筹城市布局、重大基础设施建设、国土和生态环境保护、人口流动方向与规模。

7 简化地区规划

对地区规划，总体上应采取"放"的方针，由地方政府根据本地实际，参照国家规划体系确定。总的要求是简化层次和类型，以减少规划数量。

省级规划具有承上启下的功能，在编制时，要在贯彻国家战略意图的基础上，突出地方特色，为市县级规划提供依据，并要与相邻地区的规划相协调。城市发展是现代经济发展的重要特征，但城市的发展、城镇体系的形成，是经济社会发展的结果，而不是其前提。建议将省域城镇体系规划有关内容合并到当地国民经济和社会发展的总体规划中。省级地方政府可根据需要编制部分领域的专项规划，但数量不宜过多，领域应集中在确需政府干预的省级政府事权范围之内，规划内容不应是全国同类规划的简单重复。

市县规划改革的方向：一是市县规划应更侧重于空间安排。有条件的，市县规划应直接转变为空间规划，整合行政区内的国民经济和社会发展规划、城镇体系规划、土地利用规划以及其他确需政府履行职责领域的规划，形成一个统一、协调、可操作的、更有效的规划。二是市县规划应更侧重于公共服务。规划中应更多地阐述与城乡居民生活密切相关的内容。三是市县规划应更侧重于务实，减少不必要的战略、口号。

8 灵活确定规划期

中央政府和省级政府的总体规划属于综合性规划，如确定的发展目标、重点任务等与国内外政治、经济环境的关联度较大，规划期不宜太长。因此，维持每5年编制一次有其合理性。科技、教育、水利、生态、交通、能源、土地、环境、城市、区域规划等专项规划，其内容与自然关联度较大，因此，这些领域应进行更富有战略性的安排。可延长规划期，编制10年甚至20年的规划。当实际情况发生重大变化或国家战略有所调整时，可根据需要适当调整修订。其他专项规划，规划期应视任务确定，可长可短。重大建设项目规划可根据合理工期和资金供给能力确定规划期。技术进步较快的领域，规划期相对要短些。

9 扩大民主参与

在规划编制过程中，应充分听取社会各方面意见，尽可能协调好各方面的利益。

以下几个方面应需重点改进：一是应延长规划编制过程，以便有较充裕的时间广泛吸收各方面意见和协调不同群体的利益；二是总体规划、区域规划在规划草案正式提交审议前，应预先听取人民代表大会、政协有关专门委员会的意见；三是总体规划、区域规划、城市规划以及其他与人民生活密切相关的专项规划，在规划草案初步形成后，应在媒体公布,征询社会公众意见;四是市县规划是最贴近民众、最有约束力、最能体现"第二准则"功能的规划,应采取听证会等形式,直接听取本地居民的意见;五是高速公路、电网、水利建设等技术性、专业性以及关联性较强的专项规划,应充分听取本领域以外专家的意见。

规划的对外公布和广泛宣传,是市场经济条件下对规划工作的一个新要求,也是扩大规划编制和实施中的民主参与的必要途径。在社会主义市场经济体制下,只要符合法律法规的规定,所有规划都应向社会公布,并采取多种形式进行广泛宣传。

10 强化规划衔接

规划衔接是保障各级各类规划协调配合、形成合力的关键环节。因此,在规划体制改革中,政府编制的各级各类规划都要与相关规划进行衔接,未经衔接的规划不得发布实施。衔接的重点:一是重要宏观经济调控目标的衔接;二是确需国家统一布局的基础设施、重要资源开发以及需要政府安排投资的领域;三是政策手段的衔接,以避免相关规划因政策手段运用的不同导致经济效果相互抵消或失效。要特别注意各级城镇体系规划、土地利用规划、城市总体规划与同级国民经济和社会发展规划的衔接。

为解决好规划衔接中的问题,应建立规划衔接协调机制。组建不代表部门利益的、有广泛代表性的、非政府的规划咨询审议制度,受国务院或有关部门委托,对规划衔接中意见不一致的内容进行研究,并将咨询或仲裁意见直接报告国务院。

11 加强规划评估

规划评估是保障规划有效实施的必要环节。在规划实施的一定阶段适时进行评估:一是有利于督促有关部门切实落实规划中的有关任务和政策措施加大实施力度,保证规划目标的实现;二是有利于及时调整和修订规划内容,更好地发挥规划应有的作用;三是有利于提高规划编制的科学性。

各级各类规划一般都要在规划实施的某一阶段对实施情况进行评估。经各级人民代表大会审议批准的规划,评估报告应提交同级人民代表大会常委会。规划实施期间经评估需要作出调整修订的规划,要由原规划编制单位提出调整修订意见,按规定程序审批发布。当外部环境发生重大变化,原规划内容已明显不适应新的形势时,要经合法程序宣布规划废止。

12 创新实施机制

规划实施是规划编制的最终目的,任何规划都应组织实施。但在市场经济条件下,要根据规划的不同功能和类型,创新规划实施机制,建立责任明确、分类实施的规划实施机制。

国家总体规划的实施,一是通过体制改革和创新,为市场主体自觉参与规划实施创造良好的环境;二是根据集中力量办大事的原则,在关系全局的关键领域和薄弱环节,组织实施一批重点专项规划或重大建设工程;三是制定和实施产业政策、地区政策、收入分配政策、消费政策、投资政策等，引导资源配置方向；四是合理配置财政性资金、政策性金融、国家统借内外债、国家外汇储备以及国有土地资源和国有资产存量等公共资源，发挥政府对资源配置的引导和带动作用；五是制定和实施年度计划，分年度贯彻落实规划提出的目标和任务。此外，要面向社会、面向群众广泛宣传，在全社会形成关心和参与规划实施的氛围。

专项规划的实施，应根据不同类型逐步形成不同的实施机制。一是着重通过政府配置资金实施。主要是公共服务、特别是基本公共服务的一些领域，如义务教育等。二是着重通过调控建设项目实施。主要是必须由政府进行统一布局或在一定时期需要政府进行必要调控的领域，如高速公路建设等。

区域规划或空间规划的实施也可分为两种情况。一是着重通过政府资金支持加以实施的规划。主要是指对有开发潜力的地区编制的区域开发规划。二是着重通过行政行为加以实施的规划。主要指约束型的规划。

13　加快法制化进程

规划工作是政府管理经济社会事务的重要手段，是政府行政工作的重要内容。按照依法治国、依法行政的要求，规划工作应该走向法制化。

从规划工作的迫切性看，近期规划工作法制化的重点有两项：一是尽快制定《规划编制条例》，着重解决编制程序方面的问题，为"十一五"计划的编制做好准备。二是尽快调整修订有关规划方面的法律、法规和部门规章。尽管我国没有一部统一的关于规划编制方面的法律，但涉及规划编制的法律、法规和部门规章的条款并不少。对这些法律、法规和部门规章应进行一次全面清理，按照社会主义市场经济的基本原则和规划体制改革的基本方向调整修订。

新时期中国区域空间规划体系展望 ❶

武廷海 ❷

区域规划是国家进行空间治理的重要手段，是国家和地方应对环境变化的战略选择。改革开放以来，特别是 20 世纪 90 年代以后，中国区域发展的内外部环境发生了很大变化，区域规划在实现空间治理、应对外部环境变化的同时，其功能亦开始发生嬗变。从未来一段时期内中国与世界、计划与市场关系等规划环境变化，以及区域的发展要求，我们可以把握区域规划基本功能及规划体系变化的大致趋向。

1　新形势下区域规划功能及规划体系变化的趋向

1.1　区域规划是提高区域竞争力参与世界经济循环的战略措施

从世界发展形势看，伴随经济全球化的发展，生产能力和产业竞争力不断向地方或区域层次"下调"。在此背景下，国家与城市的发展越来越仰仗区域竞争力的提升，区域规划也成为促进区域竞争力提升的积极而重要的措施之一。从 20 世纪 90 年代开始，世界范围内特别是欧盟国家兴起了新一轮区域空间规划，无不体现了着眼于世界经济循环、提高区域竞争力的广阔视野。

从中国与世界的关系看，随着全球化向纵深发展，中国城市与区域发展受世界市场的影响要比以往任何时候都明显。因此，区域规划将越来越成为区域管理与自主决策的工具，其核心问题是建立应对外部变化和不确定性的框架，突出区域整体竞争力的塑造，而不是追求区域发展细微之处的确定性和精确性 [1]，这与传统的区域规划主要根据本地区的条件，进行区域内生产力布局和资源平衡，为区域发展服务，有着很大的不同。

1.2　区域规划是国家对经济建设进行宏观调控的重要手段

中国是一个多民族、地域差异大的国家，历史经验表明，国家的长治久安总是离不开中央集权及其有效的空间治理。在目前及未来相当长的时期内，为了实现跨越式发展和区域协调发展，仍然要充分重视国家的宏观调控职能，适当集中财力、物力支持重点地区的发展和安排一些关系长远发展的重大项目，特别是通过区域规划，统筹安排重点区域和重大项目，协调区域发展问题。

从计划与市场的关系看，随着社会主义市场经济体制的初步建立与逐步完善，市场将对资源配置发挥基础性作用。同时，市场又带来许多自身无法解决的问题，如实现社会公平和减少经济发展的外部性，这就需要"以社会主义去补充市场经济"，或者说"国家利用

---

❶　本文来源：《城市规划》2007年第7期。
❷　武廷海，清华大学建筑学院，清华大学建筑与城市研究所。

9

政府本身的运作去带动整个市场经济"[1],其中一个重要方面就是,通过制定种种"空间准入"的区域规划对土地空间资源进行有效配置,引导土地利用和空间发展的规划,与财政税收、计划调控、土地使用制度等手段一起组成政府调控市场、引导经济的公共干预体系。

1.3 区域规划是建设良好的人居环境的技术保障

根据中国现代化建设的设想,21世纪前20年中国的发展目标是"全面建设小康社会"。从区域内部发展看,必须在科学发展观的指导下,实现区域经济、社会、环境等方面的整体协调发展,建设良好的人居环境。2005年3月25日,吴良镛在国家发改委区域规划研讨班(宁波)上提出,从人居环境科学的角度,进一步推进区域规划工作,从而将科学发展观落实到空间发展,主要是树立:(1)空间的整体观念和相互协调观念;(2)以人为本的和谐社会观念;(3)自然生态的保护、治理与发展观念;(4)文化生态的保护、发展与复兴观念。[2]可以说,这是未来区域规划与建设的大趋势,与传统的认为"区域规划是对一定地区内国民经济各项基本建设的布局进行总体规划,是国民经济长远计划(规划)的补充和具体落实"相比,无疑增加了时代的新要求。同时,这与国际上"新区域主义"提倡平衡经济发展与环境、社会发展目标,关注经济发展更关注城市设计、物质规划、场所创造等区域规划新潮流也是合拍的[3]。

2 从更高层次把握规划体系的变化趋势

近现代中国区域规划发展已经取得了很大的成就,并且努力在发展中进行探索,但是面对新形势,仍然存在种种问题,未能全然适应,特别是国民经济和社会发展规划(计划)、城乡规划、国土资源规划及各专项规划(交通、水利、环境保护等)四大类功能规划并置,矛盾重重。随着中国与世界经济的相互联系和影响日益加深,以及社会主义市场经济体制逐步完善,健全区域规划体系成为改革深化过程中不可回避、关系国家发展的一个重大问题。

目前,不同的部门规划正在进行改革探索,依据各自内在的逻辑自我完善。例如,国民经济和社会发展中长期规划正在朝着完善发展目标与强化空间指导性的方向发展,城乡建设部门和国土资源部门的规划在强化空间资源配置和发挥空间管制作用的基础上朝着增强规划的综合性、战略性方向演变。无疑,这些完善与改进措施体现了规划本身的演进要求,但是如何从更高层次把握空间规划体系的变化趋势,从根本上理顺空间规划体系,保证空间规划的长期性、战略性、综合性,而不是各部门规划追求自成体系,这是中国区域规划体系改革中首先要考虑的一个战略问题。

2.1 以灵活的创新精神解决复杂多变的问题

改革开放以来,中国大规模的快速发展常常令人感到困惑,对于发展过程中的问题,其中包括区域规划,分析起来结果似乎总是不容乐观。然而,中国发展的事实却是屡屡在险境中创造奇迹,其原因之一就是中国发展具有足够的灵活性,随时进行着自我调整,似乎在一个又一个新矛盾中化解了原有的矛盾。有人贬之为"实用主义",但是必须承认的是,迄今为止这种"中国模式"仍然行之有效。实际上,中国实践是在以灵活的创新精神应对纷繁的局面，解决多变的问题。这是中国过去成功的经验，也是中国未来发展的基本原则。区域规划体系问题也不例外，必须以灵活的创新精神解决复杂多变的问题。[4]

2.2　突出促进可持续发展主题

完善区域规划体系的一个基本出发点就是促进可持续发展，在科学发展观指导下，进一步明确发展目标，丰富和充实发展内涵，完善发展条件支撑，强化发展动力，完善发展政策。

区域规划是政府各职能部门协调形成的综合性政策框架，是政府对空间发展意图的表达与政策指向。从技术的角度看，区域规划主要包括三个相互关联的系列：一是侧重于区域对外竞争力和对外发展地位提高的"发展型"规划，二是侧重于区域内部空间协调保证系统稳定的"结构型"规划，三是侧重于空间资源要素配置的"保障型"规划。结合目前区域规划体系的具体情况，可以说，国民经济和社会发展中长期规划主要是增强对区域发展竞争能力的指导，城乡建设规划主要是突出区域空间结构的调整和优化，土地利用总体规划主要是提高对区域空间发展的基础支撑能力。

2.3　目标明确，步骤稳妥

区域规划改革涉及方方面面，问题长期积累变化，十分复杂；在改革过程中，会遇到各种困难，需要谨慎从事，有计划、有步骤地进行。仇保兴在探讨城市规划体系改革时指出：应注意规划变革不能突变，作为一种体制改革必定存在"路径依赖"和很强的反抗力，这说明城市规划体系的改革必定要渐进式进行，目标要明确，但步骤要稳妥，不停地寻求自我适应、自我调节完善。[5]对区域空间规划体系改革来说，也是如此。

所谓"目标明确"，就是在政府职权范围内，形成与职能相适应、层次合理、分工明确、有机衔接、统一协调、实施有效的区域空间规划体系，确立区域规划在国家规划体系中的基础地位。长期以来，我国在规划体系方面存在严重的缺失，即比较重视以部门和行业为主的专业规划，如城市规划、土地利用规划、交通与水利等基础设施规划、工业行业规划以及环境保护与生态建设规划等，许多专项规划还以国家立法作为保障。相比之下，综合规划严重滞后，在国家和地区层面只有经济社会发展的五年规划和年度计划，并且，这些规划中涉及区域协调发展的内容很少，且大多数是原则性的，可操作性不强，难以对各类专项规划在空间布局上进行有效的协调，由此产生了一系列矛盾和区域问题。在当前"非常规"的发展条件下，如果仍然以一般的方式照章办事，其结果将是非常危险的。应该实事求是，抓住大好发展机遇，不断突破陈规，开拓进取，确立区域规划在国家规划体系中的基础地位，将其作为经济社会发展规划的重要补充和具体落实，对其他专项规划的空间布局起统领和指导作用。

所谓"步骤稳妥"，就是努力在现有的制度框架下、现有的规划权力和能力基础上，通过整合、提升和完善，寻找解决问题的可行途径，稳步推进，而不是另起炉灶，另搞一套。区域规划改革是对习惯观念和一般做法的突破，是一个长期性的工作，要积极、持续地对区域空间规划进行多种探索，不断有所进展，而不是企求一蹴而就。要根据区域的任务和需要（发展目标），抓住一些关键重点问题，在有条件的地区和部门率先开展工作，以局部的突破与进展，推动整个体系的改进。客观上，在一定时期内不同类型的区域规划将继续维持分头编制的局面，因此要特别注重沟通与协调。

3 转变部门规划思想，开展横向合作

政府各职能部门编制的规划都是国家规划体系的重要组成部分，代表着政府对某一领域发展的政策意图，经国务院或国务院授权部门批准后，都应当切实贯彻实施。然而，由于一些专项规划的部门色彩较浓，规划内容往往重点放在本部门或本系统问题的解决上。事实上，对一个具体区域来说，社会、经济、环境等不同部门的政策或规划最终都必须在空间上加以"落实"，因此区域规划离不开部门之间的合作，进行空间上的协调与整合。政府体系内所有与空间发展相关的横向部门都应该认识到空间规划的重要性，树立空间规划观念，相互之间进行功能性调整，在每一个政策层面（主要是中央与省）不同部门之间建立协调机制，开展合作，"防止国家政策部门化"。

3.1 国民经济与社会发展规划体系要突出区域规划及其相应的区域政策

发展规划，是政府对国民经济和社会中长期发展在时间和空间上所做的战略谋划和具体部署，是政府履行经济调节、市场监管、社会管理和公共服务职责的重要依据。一般认为，发展规划具有公布信息、协调政策和有效配置公共资源等基本功能。然而，面对国民经济与社会发展的形势与趋势，目前发展规划的长期指导性与空间指导性都显得较为薄弱。五年规划还只是纲要，真正的长期规划（10年以上）还未编制与实施，这直接导致了需要以国民经济和社会发展规划"为依据"或者必须与其"相协调"的同级其他规划，如城市总体规划与土地利用总体规划缺乏必要的引导与基础，因此需要强化发展规划对空间发展的指导性，将国民经济和社会发展的目标与任务同空间结构的调整与完善、空间资源的配置与优化更紧密结合起来。

3.1.1 突出区域规划，增强空间调控

目前，我国空间开发无序导致的空间结构失衡已十分严重，存在城乡和地区发展失衡、地下水超采导致地面沉降、超载放牧带来草原沙化、山地林地湿地过度开垦带来石漠化和水土流失、滥设开发区带来耕地锐减、资源大规模跨区域调动、上亿人口常年大流动、城市无限"摊大饼"等种种问题，必须在国民经济和社会发展调节中加入空间调控的内容，特别是通过区域规划，促进人口与经济在各个区域之间的均衡分布，并与资源环境的承载能力相适应。

正如胡序威指出的：我国多年来形成的规划体系，存在着发展规划和空间规划两大系列。[6] 国民经济和社会发展规划、国家和地区经济社会发展战略或产业发展战略等，属发展规划系列；全国国土规划、区域规划、城市规划、土地利用规划等，属空间规划系列。发展规划对空间规划具有导向作用，会涉及空间发展方向的内容，但不可能取代具体的空间规划。

随着市场经济的发育，发展规划的指导性比重增大，主要就发展的方向、速度、结构和布局等提出一些原则性、政策性的规划要求及某些非指令性的规划指标，其内容相对有所虚化，而空间规划的约束性任务加重，要求逐步将空间约束落实到土地，使得我国规划体系的工作重点开始向空间规划倾斜。然而，目前区域发展规划编制有条例而无法律依据，如何将突出区域规划落到实处？从增强区域规划的实效来说，主要包括两方

面的工作：一是突出与区域规划相应的区域政策，二是把城乡规划、土地利用规划的任务落在实处。

3.1.2 保证区域规划的实施，突出相应的区域政策

区域政策是政府根据区域差异和区域规划而制定的促使资源在空间上优化配置、控制区域间差距扩大、协调区际关系的一系列政策的总和。区域政策的突出特点是以区域为作用对象，纠正市场机制在资源空间配置方面的不足，目标是改善经济活动的空间分布，实现资源在空间的优化配置和控制区域差距的过分扩大，推动区域经济协调发展，以实现国民经济健康成长和社会公平的合理实现。我国的宏观调控，确立了以计划、财政、银行等综合职能部门为主体，国民经济和社会发展计划、财政政策和金融政策为主要内容的宏观经济政策体系，并制定和实施了国家产业政策，促进了国民经济持续、快速、健康发展。但是与此同时，我国地区间发展不平衡的问题却越来越突出，适应新体制的地区增长方式和分工格局尚未形成，相应的地区经济管理和调控体系也尚未建立。国家的区域政策主要是针对特殊地区的专门政策，如沿海开放政策、扶贫政策、少数民族地区政策，还没有形成完善的区域经济政策体系，缺乏各项区域经济政策的相互衔接和配合。因此，必须加强和完善现有的区域政策，逐步完善国家宏观调控体系，保证区域规划目标的实现。

3.1.3 把城乡规划、土地利用规划的任务落在实处

目前，相对于国家总体规划来说，城乡规划和土地利用规划一般是在全国国土规划和重点地区的区域规划编制的前提下编制的"专项规划"。但是，城乡规划和土地利用规划都是一定区域范围内的"综合性规划"，都属于地域规划（空间规划）的类型，因此在进行国家总体规划与重点地区区域规划时，需要建设部和国土资源部等部门较大程度的参与，在规划内容上需要考虑城乡规划、土地利用规划具体任务之落实。

以北京市为例，北京城市总体规划修编（2004～2020年）确定城市规划区范围为北京市全部行政区域，在城市规划区范围内实行城乡统一的规划管理。覆盖全市域的城市总体规划，实际上就是区域规划，北京市国民经济和社会发展五年规划编制充分体现城市总体规划的精神，通过对五年经济社会发展规划的各项安排，把总体规划的任务落在实处，同时也把产业布局落到实处。

3.2 城市规划体系要加强区域战略问题研究

城乡规划是各级人民政府为了实现城市和乡村的经济社会发展目标，协调城乡空间布局和各项建设的综合部署，是规范城乡各项建设活动，保障社会发展整体利益，促进可持续发展的准则。然而，事实上城乡规划的编制缺乏从区域空间层次自上而下式的发展规划指导，公共性与综合性不足。为适应社会主义市场经济体制逐步完善条件下，中国城市大规模快速发展以及社会主义新农村建设的需要，城市规划体系要加强区域战略问题研究，重视宏观政策指导下的区域发展。

3.2.1 加强区域战略问题研究，完善城镇体系规划

城乡规划要突破"总体规划—详细规划"两阶段编制体系，在较高区域层次针对特定需要展开多种形式的区域规划研究，如已经开展的《京津冀城乡空间发展战略规划研究》、《珠江三角洲城镇群协调发展规划研究》、《山东半岛城镇群发展战略研究》等。

在目前的法律体系下，特别要加强城镇体系规划工作。区域城镇体系规划"应尽快摆脱城市总体规划附属的地位，在强化区域战略问题研究、提高规划目标设置合理性、揭示问题针对性、区域空间布局前瞻性和管制政策与文本的有效性等方面进行改革，发挥该规划协调上下层次规划的衔接、重大基础设施布局综合指导、协调大中小城市和各类集镇及开发园区的空间布局、管制禁止开发和限制开发的区域、保护生态资源、协调重大开发建设项目定点和统筹城市之间的竞争与合作等六方面功能。"[7]

3.2.2　做好与土地利用总体规划、国民经济和社会发展规划的衔接

建设部《关于加强城市总体规划修编和审批工作的通知》（2005 年）要求："完善城市总体规划与土地利用总体规划修编工作的协调机制。城市总体规划的修编必须与土地利用总体规划的修编相互协调，在城市规划区内，城市建设用地的安排，必须符合城市总体规划确定的用地布局和发展方向；城市总体规划中建设用地的规模、范围与土地利用总体规划确定的城市建设用地规模、范围应一致。"

各地区在依据城市总体规划编制近期建设规划时，要注意与国民经济和社会发展规划的衔接，保证城市总体规划阶段目标落到实处，发挥规划对近期建设的综合指导和调控作用。

3.3　国土规划体系要加强对各项用地供需的综合协调功能

国土规划是对国土进行高层次、战略性、起统领作用的规划，它协调经济社会与资源环境、区域之间的全面、协调和可持续发展，包括对国土的重大整治和生态环境建设等，是具有战略性、综合性和地域性的地域空间综合协调规划。

3.3.1 加强土地利用规划对各项用地供需的综合协调功能

各类地域空间规划最终都要落实到土地，在适当地区制定土地利用规划是区域发展政策的一种最深入的形式。土地利用规划是国土规划空间布局的具体化，是实现土地用途管制的基础。随着国民经济和社会发展区域规划、城镇体系规划等相关区域规划的加强，国土规划工作主要突出编制详细的土地利用规划，加强国土规划对各项用地供需的综合协调功能。土地利用规划不能只局限于部门的耕地保护规划，必须加强对国民经济和社会发展各项用地供需之间的综合协调。

3.3.2　加强战略性的国土整治内容

国土规划要考虑近期经济活动，但是不能局限于此，必须加强更长期的国土整治设想。国土整治是展望未来的工作，着眼于长期的可持续发展，一项真正的国土整治政策的目标应该是把国家的景观按较为理想的愿望逐步改变。土地利用规划需要以高层次的国土、区域规划为依据，而不能本末倒置，以土地利用规划来限制或替代国土、区域与城市规划。相应地，国土、区域规划工作要与土地利用规划密切结合在一起，既有利于提高土地利用规划的科学性，也有利于国土、区域规划的实施和落实。

总之，通过不同部门之间的"横向合作"，建立合理的协调和制衡机制，可以形成整体的区域规划与空间政策，这具有特别重要的意义，因为它超过了社会、经济、环境等单方面的影响，而具有全局性的甚至决定全局的战略性影响，各独立运作的部门政策也因此有可能产生新的价值。这与传统的那种认为区域规划从属于经济社会发展计划，是经济社会发展计划在空间上的被动"落实"明显不同。

4 明确区域规划编制与实施的主体，开展纵向合作

区域规划的落实必须与具体地区的发展政策结合起来，这离不开不同层面的空间发展主体之间的合作，即"纵向合作"。不同的政策部门将相互联系的公共权力组合成综合的政策框架，以区域规划的形式，整体地交给下一级地方政府，对地方发展进行引导与调控，这明显不同于传统的那种若干专业部门自上而下的专项政策管理。

4.1 明确的区域规划编制与实施主体：以省与县为依托

开展纵向合作的前提条件就是明确不同层次的区域规划编制与实施的主体。与其他形式的规划相比，目前区域规划最特别之处，是缺乏明确的编制与实施主体，因此难以确定权利和责任，最终难免落得"纸上画画，墙上挂挂"的境地。明确区域规划编制与实施的主体，将直接关系到中国区域规划体系改革的实效。

明确区域规划编制与实施的主体，实际上就是合理划分空间的层次，确定各层次规划的主要内容，明确上下层次规划之间的衔接关系，其核心就是将区域规划体系与政府行政管理体系及其管理权限挂起钩来，而这又与行政区划直接相关。《宪法》第三十条规定我国的行政区域划分为省（自治区、直辖市）、县（自治县、市）、乡（民族乡、镇）三级，在设立自治州的地方为四级。然而，实际上随着地市机构改革、地区行政公署不断地由虚变实、"市带县"体制的进行，大多数的地方已形成省（自治区）、地级市（自治州）、县（自治县、市辖区、县级市）、乡（民族乡、镇）四级制；若加上实际上客观存在的副省级、副地级、副县级，层级则更多。因此，改革和完善现行的行政区划体系是当前政治体制改革的重要一环和突破口，已经势在必行。当然，如何改革与完善行政区划体系，这是一个十分复杂的问题。不过，大势是明朗的，简言之，就是"缩省并县，省县直辖"。浦善新（1986）指出：纵观我国几千年行政区划沿革史，合理地吸收世界大多数国家地方政区设置的成功经验，展望社会经济发展趋势对行政管理的影响，我们认为，适当划小省区，逐步撤销地区、自治州和区公所，实行省级单位直接管辖市县、市县直接领导乡镇的体制，是革除现行行政区划弊端的根本出路。[8]

有鉴于此，我们可以认为，省与县是区域空间规划体系中的两个最基本的层面。实际上，这在区域经济规划中已经有所体现，2005年10月22日国务院《关于加强国民经济和社会发展规划编制工作的若干意见》（国发[2005]33号）即提出："建立三级三类规划管理体系。国民经济和社会发展规划按行政层级分为国家级规划、省（区、市）级规划、市县级规划；按对象和功能类别分为总体规划、专项规划、区域规划"。这里的区域规划"以跨行政区的特定区域国民经济和社会发展为对象"，实际上就是区域经济规划，在空间层次上包括国家、省、县三个层面。

4.2 区域规划的两种基本类型

按照上述行政区演进的趋势判断，我们可以将传统的区域规划的空间对象重新定义为跨行政区和不跨行政区两种基本类型（图1）。

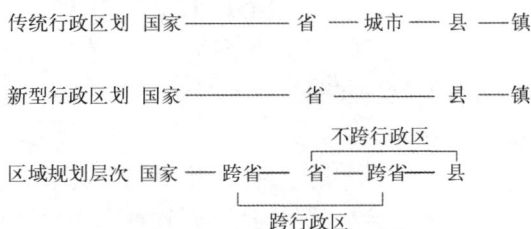

图 1 行政区划层次与区域规划类型的关系

4.2.1 跨行政区的区域规划

所谓"跨行政区",是指在行政区域上规划范围跨省或者省内跨县。这类地区不属于单一的行政区管辖,往往容易导致空间资源的不合理开发、重复建设、生态环境破坏以及建设项目空间布局失控等,因此也是最需要通过区域规划进行引导和调控的地区。就区域经济规划来说,现在迫切需要的是跨行政区这一类型的规划,"国家对经济社会发展联系紧密的地区、有较强辐射能力和带动作用的特大城市为依托的城市群地区、国家总体规划确定的重点开发或保护区域等,编制跨省(区、市)的区域规划"[9]。

至于省内跨县(市)地区,比较著名的如江苏苏锡常地区、湖南长株潭地区、山东半岛、河西走廊、塔里木河流域、河南中原城市群等,都处在一省范围之内,兼跨数县(市)。更为一般的跨县类型可能与传统的"市带县"范围相当或略有变化,它们往往可以组成较为完整的"城市—区域"单元,可能是单中心的,也可能是双中心、多中心的,与国外的大都市区范围相当,也是一种重要的类型区域。

一般说来,跨行政区的区域规划由上一层次的行政部门组织编制与实施。跨省区域规划由国务院或责成有关职能部门牵头组织,跨县区域规划由省级政府或责成有关职能部门牵头组织。

4.2.2 不跨行政区的区域规划

所谓"不跨行政区",是指区域规划的范围与省级或县级行政区范围相吻合,或者从属于省级或县级行政区特定区域的范围。

以省域为范围的区域规划,实际上就是省域规划。在国家对区域发展进行宏观调控过程中,省域规划具有重要意义。中央一直重视省域层次的规划工作,2001年温家宝副总理指出:"要认真抓好省域城镇体系规划编制工作,强化省域城镇体系规划对全省(自治区)城乡建设和发展的指导作用";"要高度重视跨省的区域规划工作,……有条件的地区可先试点"[10]。2005年7月12日,曾培炎副总理在全国土地利用总体规划修编前期工作座谈会上的讲话中指出:"要特别保护耕地特别是基本农田。……'十一五'时期建设占用耕地,只能在省级行政区域内实现占补平衡"。2005年7月21日,建设部仇保兴副部长在城市总体规划修编工作会议的总结讲话中指出:"城市总体规划与土地利用规划这两个规划,既要强调规模上的协调,更要强调布局上的协调,只有空间布局上的协调才可以把建设用地、基本农田协调起来。……我们主张在省一级统一协调比较好,因为省以下的土地是统一管理的,在这个层次上进行协调比较有意义。"[11]

省域规划实际上与跨县的区域规划类似,可以当作跨县规划的一个特例(即跨越了一个省所有的县)。有所不同的是,省域规划由省政府组织编制,必须报国务院或有关职能部门审批。

以县为范围的区域规划,实际上就是县域规划。县是中国社会经济的基础,同时又是政治组织,2000多年来县级行政区的数量变化不大,一直维持在2000个左右。县级行政区是我国实施宏观行政和经济管理的相对完整的基本地域单元,是宏观和微观经济的结合部,在我国社会经济发展和区域城乡协调发展中扮演着重要的角色。2003年10月14日十六届三中全会通过《中共中央关于完善社会主义市场经济体制若干问题的决定》,提出"要大力发展县域经济",县域规划对于指导县域经济发展有着重要的现实和理论意义。

县域规划由县政府负责编制与实施,报省级人民政府批准。

4.3　明确的职权划分，保障在获得权力的同时承担相应的责任

一级政府，一级规划，一级事权。明确职权划分，才能保障各空间层次在获得权力的同时承担相应的责任。中央政府为国家利益负责，省级政府为省的利益负责，市、县政府为各自的利益负责。局部利益不得影响整体利益，在这个前提条件下，地方各级政府有自主权。因此，必须明确各层次、各部门规划之间的相互关系，并将区域空间规划体系与政府行政管理体系挂起钩来，增强空间规划及其管理的权威性。

2003 年 10 月，《中共中央关于完善社会主义市场经济体制若干问题的决定》提出"合理划分中央和地方经济社会事务的管理责权"：（1）按照中央统一领导、充分发挥地方主动性和积极性的原则，明确中央和地方对经济调节、市场监管、社会管理、公共服务方面的管理责权。（2）属于全国性和跨省（自治区、直辖市）的事务，由中央管理，以保证国家法制统一、政令统一和市场统一。（3）属于面向本行政区域的地方性事务，由地方管理，以提高工作效率、降低管理成本、增强行政活力。（4）属于中央和地方共同管理的事务，要区别不同情况，明确各自的管理范围，分清主次责任。对于具体的区域规划来说，我们也可以按照这个基本精神来处理：一方面，中央政府通过区域规划以及相应的投资或空间发展政策，对区域间平衡发展进行宏观调控，关注涉及国家整体的、长期的利益问题（如自然资源与环境的保护、文化遗产的保护与利用等）；另一方面，国家将区域发展交给地方，只是通过国家政策在各地方层次上的"地域化"，对地方的空间发展行为进行监督和审查，不再直接干预地方的事务，提高地方政府发展的积极性和主动性。

5　因势利导，注重实效，不断推进区域规划体制改革

5.1　横向合作与纵向合作相结合

区域规划的空间范围较大，一个成功的区域规划对地方和区域层面合作的依赖程度远远高于其他政策领域，这必然要求区域空间发展在合作途径上有所创新。参考《欧盟空间发展展望》，建议以区域空间规划为主线，分别在国家、省、县三大层次上开展横向合作，在一定程度上减少政府部门之间（"条条"）职能交叉对地方发展的负面影响；加强在国家、省、县三大层次之间的纵向合作，

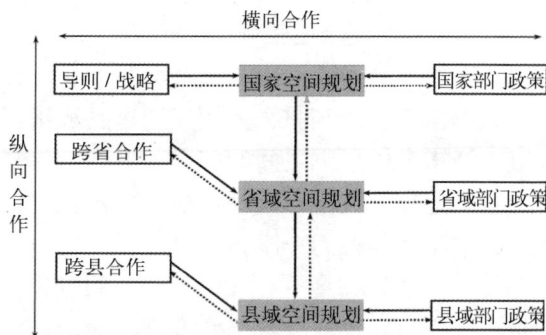

图 2　空间发展合作的途径

减少不同行政区域之间（"块块"）在空间发展上难以协调的矛盾。这样，区域规划成为协调各部门之间公共政策的综合性框架,传递不同层次的空间发展政策的载体或模块（图 2）。

5.2　"三规合作"与"三规合一"相结合

"三规合一"还是"三规合作"，这是国家规划体系改革中存在的两种观点。一般认为，

在国家管理层面，理顺我国空间规划管理体制出路有两条：一是"三规合一"，即实行空间规划的统一管理，将空间规划职能统一到一个主管部门之下；二是"三规合作"，即在多头管理的现行体制下，通过建立统一的空间规划体系，明确各部门相应的事权范围，避免规划内容上的交叉和空间上的重叠，也就是要对国土规划、区域规划、城市规划各管到哪一个空间层次以及规划的主要内容进行必要的明确。究竟何去何从？

从理论上讲，迅速建立统一的空间规划部门，编制统一的空间规划，似乎可以实施整体的空间发展政策，一劳永逸。但是，从现实可行性看，空间规划权力部门分置，集中与分散相结合，这是在中国政治框架下的既定事实，在中央集权的基础上不同部门的规划各有侧重，相互牵制，具有一定的权力制衡的色彩，在短时期内这种格局难以打破；相反，努力促进涉及空间发展的不同规划部门积极开展合作，相互协调，比较符合实际。历史上，"一五"计划期间，区域规划的成功开展使有关部门联合起来，共同合作，建设投资省、周期短，投产后经济效益较好；改革开放后，国家重视国土整治与规划，最初国家国土规划管理机构设在国家建委，建委撤销后又转到国家计委，在国土规划高潮时期管理机构甚至曾属国家计委和建设部双重领导，无论国家建委还是国家计委，都是综合性管理部门，由综合性部门抓综合性规划较为顺手[12]。在我国目前的空间规划系列中，管理问题较多、工作基础较弱的环节实际上正是全国和区域层次的空间规划，尤其是跨省市和跨县市的区域规划，而不是市县层次的规划。

因此，规划改革的关键是加强全国和区域层面上的空间规划，在规划管理上，可以分部门进行，明确分工，但是在规划编制上，必须联合起来，统一协调。只有联合编制、经过中央认可的区域规划，不同的部门才相互"认账"，并根据明确的部门分工，真正加以落实。同时，建立规范的区域规划编制体系，可以纠正当前地方以发展为名出现的形形色色的"圈地"规划。

三种规划并存，在国家与区域层面上问题不大，但是到了地方一级，特别是到了县一级，随着地域空间的变窄，规划问题变得较为集中和具体，三个规划之间的关系十分密切，客观上需要"三规合一"。三规合一，一个部门负责，可以提高实效，改革的制度成本较低，可行性也较大，特别是那些有条件的县，完全可以根据社会主义市场经济体制和城乡统筹的要求，按照"小政府服务大社会"的行政模式，将县域规划直接转变为空间规划，加大县域范围内各种规划整合力度，通过县域国民经济和社会发展中长期规划、土地利用总体规划、城市总体规划之间的整合，城市总体规划与城镇体系规划之间的整合，通过用地平衡对各类建设布局进行调控，最终将国民经济、城镇体系、基础设施、土地利用、生态环境、公共服务等融为一体。

综上所述，在最近一段时期内，可能的做法是：在国家与省域（直辖市、自治区）层面推进三规合作，在县域层面推进三规合一。

5.3 政府间合作与非政府间协作相结合

对于特定的区域来说，由于空间发展上存在差异，地方之间的发展又相互依存，相互影响，因此必须寻求一种有效的区域治理（regional governance）机制，统筹中心城市与周围地区发展，统筹不同地区的发展；不能简单地寄希望于构建统一的区域政府，来提高区域发展效能。

区域治理要强调合作与协作。所谓合作，主要指通过地方政府的合作共同解决区域性问题。此前，地方政府彼此联系甚少，只是在遇到紧迫问题和上级政府的强制要求下，才不得不"联合"起来。现在，可以从部门或部分项目突破，从若干的条款入手，通过建立协调机制，共同解决一般的区域问题。所谓协作，主要指通过非政府间的协作与伙伴关系来解决区域问题。在一个分散化的、多中心的区域体系中，仅靠政府很难有效地应对区域性挑战，相关方面的积极参与对区域性问题的成功解决至关重要，合作性行动比单纯的自上而下的指令方式可能更加有效和持久。

5.4 在推进政治文明的过程中不断改革区域规划体制

目前，国家的大政方针已经很明确，例如科学发展观、构建和谐社会等，关键是落实到具体的实践中。搞好规划协调，管好地域空间，对构建和谐社会、落实科学发展观具有重要意义。构建区域空间规划体系涉及政治架构、资源分配以及所有权等诸多方面，必须建立健全区域规划的法规体系和技术规范体系以及与区域空间规划相配套的政策体系，建立区域协调机制等，这些都是改革深化过程中不可回避、关系国家发展的重大问题。本文主要从学术和理论层面对区域空间规划体系进行初步思考，其最终效果如何，有赖于部门之间的合作与协调，或者说政治文明的发扬（和谐社会首先是政府部门之间的和谐），特别是为了克服现阶段局限于部门、局限于地方、局限于任期的种种做法，必须在体制上做艰苦的工作。由于是初步思考，其中尚有诸多不完善之处，希望能在此基础上推进规划体制的研究，使中国区域规划研究与发展能真正上一个台阶。

注释

① 梁鹤年，《经世济民》（未刊稿），2005 年。

参考文献

[1] 刘卫东，陆大道.新时期我国区域空间规划的方法论探讨——以"西部开发重点区域规划前期研究"为例 [J]. 地理学报，2005，60（6）.

[2] 吴良镛.区域规划与人居环境 [J].城市发展研究，2005，（4）.

[3] Wheeler Stephen M. The New Regionalism: Key Characteristics of an Emerging Movement[J]. Journal of the American Planning Association，2002，69（3）.

[4] 武廷海.中国近现代区域规划 [M].北京：清华大学出版社，2006.

[5] 仇保兴.中国城市化进程中城市规划变革 [M].上海：同济大学出版社，2005，123.

[6] 胡序威.中国区域规划的演变与展望 [J].地理学报，2006，61（6）：589-590.

[7] 仇保兴.中国城市化进程中城市规划变革 [M].上海：同济大学出版社，2005，266-267.

[8] 浦善新.中国行政区划改革浅议 [DB/OL].人民网房产城建频道，2004-08-27.

[9] 国务院.关于加强国民经济和社会发展规划编制工作的若干意见（国发 [2005]33 号）[Z].2005-10-22.

[10] 温家宝.关于城市规划建设管理的几个问题 [N].人民日报，2001-07-25.

[11] 仇保兴.关于城市总体规划修编的几个问题 [A].和谐与创新——快速城镇化进程中的问题、危机与对策 [C].北京：中国建筑工业出版社，2006.

[12] 胡序威.我国区域规划的发展态势与面临问题 [J].城市规划，2002，26（2）：23-26.

中国战略空间规划的复兴和创新 ❶

霍　兵 ❷

1　战略空间规划的复兴

1.1　战略空间规划概念的形成

在 20 世纪 80 年代之前，"空间规划（spatial planning）"可以说并不是一个专用的名词概念，其一般的含义是泛指与物质形体空间相关的规划设计，如外部空间（outer space）规划设计、城市空间（urban space）规划设计、城市开敞空间（open space）规划设计等。从这个意义上讲，空间规划主要是城市设计的内涵，有时可以与物质形体规划（physical planning）相互通用。

从 80 年代开始，空间规划作为一个特定含义的专用概念和名词正式出现。1983 年欧洲联合会①《欧洲区域/空间规划宪章》正式发表，成为空间规划里程碑式的文件。尽管在该文件中，还是把区域规划和空间规划（regional/spatial planning）并置，但大家已经认识到，这种新的规划形式，涵盖领土、区域、超区域，甚至跨国的大尺度的规划，用传统的区域规划的概念来表示已经不合时宜，不能准确表达规划的本质的内涵，需要全新的概念来表达这些新的规划实践。随着欧盟的不断发展，特别是由于欧盟政治、行政和财政不断强化的影响，空间规划在欧盟各国形成共识，普遍展开，许多国家修改或制定了相应的法律制度和规则。《欧洲空间发展展望（ESDP）》正是这一工作的结晶，同时，在欧盟跨国的规划实践中，空间规划逐步明确为一个专用的概念，世界各国逐步认识和开展了战略空间规划的实践和理论研究，包括彼得·霍尔、约翰·弗里德曼等规划理论大师也参与研究并给予关注。

1.2　欧美战略空间规划的复兴

英国地理和规划教育理论家帕特丝·黑莉（Patsy Healey）主编的《制定战略空间规划——欧洲革新》一书，以《欧洲空间规划的复兴》（Patsy Healey，1997）一文作为开篇。在她看来，传统的以土地利用规划为主的城市规划、区域规划就是空间规划。她指出，20 世纪 60 年代，在欧洲许多国家的城市和区域发展中土地利用规划和投资开发的战略规划（strategic approaches）占主导地位，包括总体规划、城市更新、新城镇规划等。到 80 年代，战略规划逐步消失，转向项目为主的规划，如基础设施投资项目、城市改造项目、工业园和新居住区的开发等。到 80 年代末，特别是进入 90 年代，城市和区域空间组织的战略方法，即空间规划（spatial planning），压倒性地普遍流行起来。需要注意的是，新的战略空间规划与 60 年代所使用的规划过程和相关的政治议程（agendas）已经发生了相当大的变化。

---

❶　本文来源：《城市规划》2007年第8期。

❷　霍兵，天津市规划局。

1.2.1 社会政治经济的发展为战略空间规划的复兴提供了平台

在 20 世纪末的后 20 年，信息革命和全球化浪潮改变了人们的生活工作方式和空间形态。新的区域概念和对区域新的关心走到前台。环境问题、社会公平问题都需要在大都市和生物区域的尺度上（bioregional scale）进行行动。对都市区域内场所物质质量的关心燃发了新都市主义（new urbanism）、精明增长（smart growth）和可居住的社区（livable communities）等运动。虽然，可持续发展的概念寻求在一个旗帜下统一所有的问题，但经常集中在区域的行动框架上。同时，在全球范围内，全球城市区域、世界城市、城市群、都市区等新区域形态的研究成为城市和区域规划研究的前沿阵地，成为考虑国家、区域和地方规划的出发点。"全球眼光，地方行动"也成为指导城市和区域规划实践的指南。

1.2.2 战略空间规划实践和理论研究蓬勃开展

在这个时候，战略空间规划应运而生。欧盟的空间规划运动在全欧洲普遍展开，美国的"精明增长"运动和州发展规划、区域规划也在不断开展，日本和韩国的"国土综合整治规划"一轮一轮不断深入。由此，空间规划得到复兴和进一步发展，特别是欧洲共同体的空间规划实践，极大地促进了空间规划实践和理论研究的蓬勃发展。在这一轮新的发展中，空间规划在紧紧跟随全球政治、经济、科技文化发展的趋势的同时，坚持发挥空间规划自身的优势，在研究和处理空间规划建设的规范、准则等方面发挥作用，突出空间规划具有空间想象和思维能力的特点。随着欧洲空间规划实践和理论研究的发展，在全世界也逐步形成了很大的影响。1999 年和 2000 年世界经合组织（OECD）在巴黎由日本国土厅主持召开了两次空间规划国际研讨会。建立在各国经验交流和面对 21 世纪挑战分析的基础上，与会政策制定者和专家注意到在联邦和中央集权国家的规划实践越来越一致，都注重私人部门的作用，考虑政府的优先发展，以及一个更加广泛、多行业综合方法的重要性。欧洲国家和美、日各国与会代表就空间规划的概念表述基本达成一致。尽管不同国家的空间规划有所区别，如美国主要是区域规划、州规划和"精明增长管理"，日本、韩国是国土综合整治开发规划等，但共同点都是大尺度、战略性的空间发展规划和国家规划体系，因此大家将这类规划统一为空间规划，用英文 spatial planning 表达。以此为标志，大尺度的战略空间规划成为当今规划学科发展的前沿之一。2001 年 OECD 出版了《走向空间规划的新角色（Towards the New Role for Spatial Planning）》一书，该书包括由 OECD 秘书长撰写的两次研讨会的综合报告，从两次研讨会中选择了比较优秀的主题论文和不同国家规划系统介绍的论文，反映了对未来经济发展具有至关重要作用的空间规划领域的最新发展。

实际上，战略空间规划既新又老。新在创造了新的概念，开展了跨国界、全欧盟范围的规划，形成了新的规划方法和制度；老在延续性，空间规划的前身就是城市、区域规划（regional planning）和国土规划，是城市、区域和国土规划在 20 世纪全球化形势下的发展演化，延续了传统物质形体规划的传统和处理空间秩序的能力。

1.3 中国逐步赶上世界的步伐

1.3.1 中国大尺度空间规划的传统

我国的空间规划实践具有悠久历史和优良传统，不仅体现在唐长安城、明清北京城等城市规划建设和建筑、园林设计上，也反映在兴修水利、戍边屯田等大量大型谋划和大尺度的工程上。宏伟的城市规划建设、优美的园林景观和丰富多彩的精美建筑展现出中国传统空间规划设计的造诣；万里长城、南北大运河的建设，影响着中国大地的空间形态和人居环境，直至社会经济的变迁。周干峙先生在总结中国古代城市规划三个合乎科学的基本理念（"辨方正位"、"体国经野"、"天人合一"）时指出，早在2500多年前，《商君书》中就认识到"国"与"野"的关系。城郭一体的考虑，"不谋万世者不足以谋一时，不谋全局者不足以谋一域"的名言，说明中国整体空间规划设计的悠久传统。客观讲，封建社会的建设礼制和堪舆风水等规则，如《周礼·考工记》和封建社会严格的建筑等级制度，也发挥着巨大的作用。而其中天人合一的朴素的唯物主义传统理念、因地制宜的空间规划手法和技术进步发挥着更重要的作用，表现出城市规划、建筑和园林设计建造各具特色的地域特征和文化多样性。

1.3.2　深化改革开放提出了战略空间规划的要求

改革开放20多年来，我国社会经济发展和城乡建设取得了令世人瞩目的成就，人民生活总体上达到了小康水平。但是，在发展建设过程中也伴随着出现了地区发展不平衡、城乡差别加大、重复建设和恶性竞争、生态环境退化、资源能源短缺等各种不利于可持续发展的问题，在空间建设上也出现了历史文化断裂、城市和区域个性缺失、城乡规划设计和建设质量总体水平不高的问题。

党的十六大明确提出了全面建设小康社会的奋斗目标，要实现这一目标，就是要在加快发展经济总量和社会公平的同时，统筹规划，落实科学发展观，重点解决我国空间发展上缺乏统一规划协调和发展不均衡的问题。目前，国家把区域协调发展作为一项重要工作，并且已经制定了西部大开发、振兴东北老工业基地、中部崛起等一系列政策和战略，这些政策和战略本身就是区域空间发展规划的考虑。除去相应的政策外，大型基础设施的规划建设，如三峡大坝和长江水利的开发利用、南水北调、西气东输等，对国家空间发展布局都具有重大的影响。

可以说，中国的改革开放是从空间发展规划开始的，也一直在延续这样的方法。邓小平"以经济建设为中心"、"让一部分人先富起来"的理论和东部沿海城市的改革开放，特区的规划建设，使中国的发展走上了快车道。但是，应该看到，长期以来，我们始终缺乏一个与国民经济和社会发展计划相对应的战略空间规划，缺乏对政策空间导向的系统的思考和理念。国家长期的人口、土地和资源政策，如"离土不离乡"、"严格控制大城市发展，合理发展中等城市，积极发展小城镇"、"严格保护耕地"等等，都与空间发展密切相关，但缺乏科学的和综合统筹的战略空间规划。

1.3.3　战略空间规划实践增多

现代城市和区域规划理论引入国内已经近百年。而战略空间规划则是一个新的概念，在20世纪末才进入国内。虽然早在50年前我们就开始了区域规划、国土规划的尝试，但真正开始大规模的区域规划实践，认同战略空间规划，则是近十多年来的事情。随着社会政治经济发展的进程，中国战略空间规划应运而生。

从90年代后期京津冀北（大北京地区）城乡空间发展规划研究开始，我国都市圈、城市群等各类战略空间规划蓬勃发展。中国空间规划研究和规划编制走上快车道。首先，以大城市为基础的战略空间规划迅速开展，大广州、南京、北京、天津等众多城市的空间战略规划相当普遍，类似大都市地区规划，作为指导城市总体规划修编的依据。其次，建设部组织各省市自治区城镇体系规划，以江苏、浙江为代表，大部分省市区的城镇体系规划都已经编制完成，同时开展了重点城市的都市圈规划和城市群规划，如南京都市圈、杭州湾城市群等。再则，为促进城市化，协调城市密集区的发展，许多省市自治区开始单独编制城市群规划，如山东省已完成了鲁东南的区域规划（城市群发展战略规划），珠江三角洲城镇群规划，在建设部和广东省的合作下已经完成。其他如辽河三角洲城市群（沈大都市区）、中原城市群、漳厦泉城市群、长株潭城市群、关中城市群等也都在编制规划。同时，中央各部委普遍接受了空间发展战略规划，各级区域和地方政府也积极参与。目前，国家发改委正在组织编制京津冀区域规划、长江三角洲区域规划，建设部在搞全国城镇体系规划纲要、京津冀城镇群规划，国土部在进行全国土地利用规划和省市国土规划试点。另外，区域协调的各种机构、联盟竞相成立，活动逐渐增多。

1.3.4　战略空间规划逐步被认同

引人注目的是，京津冀北城乡空间发展规划研究不仅指导了北京、天津、河北的城市空间发展战略研究、城市总体规划修编和城镇体系规划工作，同时也成为推动中国战略空间规划的引擎。随后，珠江三角洲城镇群规划在编制过程中已经呈现出巨大的作用和效益，解决了广州等城市的城市规划的重要依据，为城市开辟了合理的发展方向和途径。这些成功的事例表明，我国区域空间规划前所未有的良好局面已经开始形成。

中国本届政府着力转变政府职能，集中精力抓大事。统筹规划，着眼长远。紧紧把握经济社会发展大局，在履行经济调节、市场监管职能时高度重视宏观调控，加强了对关系国家长远发展的重大问题的研究，注重抓好全局性、长远性、战略性的问题。从 2003 年 3 月 18 日新一届政府组成到 2005 年 7 月 26 日，在近三年的时间内，国务院共召开了 100 次常务会议，研究、讨论了涉及我国发展、改革、稳定和政府自身建设等方面 309 个重要议题，共讨论和审议通过了涉及国民经济和社会发展的规划 31 个，包括《中长期铁路网规划》、《国家高速公路网规划》、《能源中长期发展规划》、《钢铁工业中长期发展规划》和《钢铁产业发展政策》、《国家中长期科学和技术发展规划》、《扶植人口较少民族发展规划》到《全国防沙治沙、环保工作规划》等[②]。应该说，是一个很好的转变。

作为国民经济和社会发展规划的主管部门，国家发改委[③]也认识到经济社会发展和空间规划不能融合造成的问题，试图进一步通过规划体制改革和规划内容的创新，加强编制空间发展总体规划的有关工作。2004 年国家发改委"十五"计划实施中期评估报告提出了改进"十一五"规划工作的初步设想[④]。报告认为，当前的国民经济和社会发展规划，多数内容比较抽象，有些超出了规划内容，难于检查评估。从"十一五"规划开始，要充实政府履行公共职责和制度创新的内容，减少主要由市场机制发挥作用领域的内容。尤其强调增强国民经济和社会发展规划的空间指导与约束功能。根据不同区域的发展条件，明确各类区域的主体功能和发展原则，为区域规划的编制和区域政策的制定提供依据，充实和深化区域协调发展。把区域规划的编制放在突出重要的位置，着重对一些经济联系紧密的城镇密集地区、以中心城市为依托的都市经济圈地区、重点开发地区等进行规划。加强经济社会发展规划、城镇体系规划、城市规划、土地利用规划之间的衔接协调，改变各部门孤立、封闭地编制规划的做法。2006 年，全国人大通过的《国民经济和社会发展"十一五"规划》已经在法律上明确了我国主要的主体功能区的概念，目前国家发改委已经组织开展了主体功能区划工作。

1.4 当前中国战略空间规划面临的问题

1.4.1 空间规划不成系统，行业规划多而散

在全球化的今天，解决局部或单一的问题，必须从更大的范围、更综合的角度来考虑，这已被无数实践证明。我们建设小康社会，需要全面的空间规划，需要从国际着眼，地方着手，必须从更高更广的层次考虑地方、区域和国家领土的发展规划。单独的城市、村镇、区域、国土和大量的行业规划，如水利、林业、土地、矿产资源、海洋、铁路、公路、民航、农业、工业等等，包括人口计划、人口流动、就业，都非常之重要，但都无法单独完成这一历史任务。

针对我国目前规划太多太滥，浪费太多、缺乏协调的问题，国家发改委组织编制了《规划条例》，目的是进行规划整合，"减员增效"，规范规划编制行为和内容，明确部门职能权利。尽管在建设部、国土资源部的反对下，条例名称改为《社会经济发展规划条例／编制办法》，很快地获得批准实施。条例重点明确了规划的层次和类型，明确了专项规划的定义、作用和可以编制国家专项规划的领域，明确了区域规划的定义、作用和组织编制、审批的机构，可以编制区域规划的地区，也明确了区域规划一般包括的内容。该条例虽然说是一个进步，但距离建立完善的战略空间规划法律法规差距甚远。

1.4.2 管理体制滞后，缺乏统筹的战略空间规划机制

同时，应该看到，目前众多的行业规划存在着在地域空间上重叠，缺乏与空间规划协调的问题，对区域人口和空间发展认识不清，造成规划基础依据不足，各行业规划之间也难以协调。而空间规划本身就缺乏协调，城市规划、区域规划、国土规划和社会经济计划各自为政。虽然发改委在进行全国主题功能区划和重点区域的区域规划，建设部在进行全国城镇体系规划纲要和主要城市群的城镇体系规划，国土部在进行全国土地利用规划和国土规划试点。但这些都不足以作为综合性的国家空间发展战略。因此，问题的关键是构建综合性、战略性、以空间为对象的战略空间规划，来整合协调城乡、城镇规划，区域、国土、社会经济发展规划和行业规划。

1.4.3 缺乏战略空间规划的理论研究，认识和方法上存在误区

当前中国战略空间规划在所面临着的众多问题和危机中，除去部门和行业规划管理体制上的矛盾外，关键是存在着对战略空间规划认识上、理论上、方法上的误区。如果延用带有计划经济烙印的旧规划思想和方法编制社会主义市场经济条件下的战略空间规划，必将带来严重的危害。因此，亟需开展战略空间规划理论的研究和创新，首先，必须搞清楚什么是战略空间规划。

2 什么是战略空间规划

2.1 战略空间规划的定义

目前在规划界还没有一个对战略空间规划（strategic spatial planning）明确统一的定义。对空间规划定义的研究有几个主要的、权威性的论述。这些研究的重点一是纯粹的定义，

讲求文字的准确等；二是关心与其他规划的关系，名字的唯一性；三是是否能独立存在。

2.1.1 1983年欧洲联合会欧洲区域规划部长会议第六次会议通过的《欧洲区域/空间规划宪章》中区域/空间规划的概念

区域/空间规划是经济、社会、文化和生态政策的地理表达。同时，它是一门科学学科，一项行政管理技术和一种政策，作为一门综合交叉的学科和综合的方法，根据一个总的战略，导向一个平衡的区域发展和空间的物质形体组织。

欧洲联合会的成立为欧洲空间规划的兴起奠定了基础。欧洲联合会下的欧洲空间规划是欧洲，也是世界上最早的跨国空间规划实践。欧洲联合会的宗旨是实现欧洲更紧密的联合以促进各成员国的经济和社会进步，维护民主和人权。把这些目标落实到空间领土上，就是要达到地区和城乡协调发展，避免重复建设、恶性竞争和环境污染，保护欧洲文化和生态环境的多样性，这也是欧洲联合会工作的主要目标之一。

实际上，欧洲联合会议会全体大会早在20世纪60年代就表达了对区域规划的关心并进行了一系列的工作，这些工作成果反映在它于1968年发表的具有历史意义的报告中："区域规划：欧洲的一个问题"。

2.1.2 1997年欧盟委员会"欧洲空间规划制度概要"中对空间规划的定义

空间规划是主要由公共部门使用的影响未来活动空间分布的方法，它的目的是创造一个更合理的土地利用和功能关系的领土组织，平衡保护环境和发展两个需求，以达成社会和经济发展总的目标。空间规划包括协调其他行业政策的空间影响，达成区域之间一个比单纯由市场力量创造的更均匀的经济发展的分布，规范土地和财产使用的转换。

2.1.3 其他研究和专题规划中对空间规划的论述

欧洲区域间计划（INTERREG）之一的西北欧洲区域空间规划项目中，对空间规划的词汇进行了研究，包括空间规划的定义及其与欧盟其他国家语言中的对应关系。在以上两个定义的基础上，结合近期的发展，进行了简化和清晰化，新的定义是：空间规划是通过管理领土开发和协调行业政策的空间影响，影响空间结构的行动。在这里，空间规划的目的，包括平衡发展、保护环境等，在定义中被省略，因为这些目的可能会因为所在地不同而变化；空间规划创造更加合理的空间结构的组织表达也被省略掉了，因为认识到规划是一个社会和政治过程，而不是简单的技术过程（Healey，1997），这个定义也没有涉及规划和市场之间的关系问题，以及空间规划的合法、义务责任等问题。

在这个定义中，突出了对行业政策空间影响的协调以及与行业规划的关系，这反映了一种趋势，不仅在国外，在中国也是一样，随着法制的建设，行业法的完善，行业规划的作用不断加强，对空间规划产生了影响和威胁，需要统一协调。这不是城市总体规划、传统区域规划能够做到的。

空间规划作为行业政策空间尺度的协调和综合，可以被描述成为跨行业空间政策的协调。按照这样的定义，空间规划提供一个以领土为基础的战略，作为行业政策制定和实施的框架。欧盟委员会和空间发展委员会在制定ESDP中使用的空间规划更像是行业协调的空间规划。从这方面看，空间规划寻求确定和处理行业政策的矛盾和负面影响，通过领土战略使行业政策发挥协力。

2.1.4 OECD对空间规划范围和功能的定义

所有的行业政策都规划他们未来的投资和行动，但他们的战略规划经常很少留意这些行动和政策在更大范围地理和领土的影响，只是从单一、行业的角度来看问题。空间规划根据领土单元，如国家、区域和地方等，跨越处理经济、社会和环境等不同种类问题的广泛的行业政策领域，考虑行业政策间的相互作用。空间规划基本上关心的是政策的协调。领土政策提供了一个框架，在这个框架内，领土的空间结构得以提升，以全面改善其品质。

不同国家空间规划的范围不同，但是，几乎所有的国家空间规划系统均包含了以下三个基本的功能：空间规划提供了一个长期或中期的领土战略，整合各行业政策的不同视角，追求共同的目标；空间规划处理土地利用和物质发展问题，作为与交通、农业、环境等一道的政府活动的特殊行业；空间规划也意味着根据不同的空间尺度进行行业政策的规划。

在行政管理上，空间规划在政府不同的层次上进行，即国家、区域和地方。国家空间规划指导国家尺度的空间发展以及下一层次政府的空间规划活动。这类的例子包括日本、韩国和土耳其等国的国家发展规划，奥地利的空间规划概念，以及丹麦的空间规划报告。

2.1.5　实践中空间规划的三种主要含义

空间规划一是作为一般的术语，指形体 / 土地利用 / 领土规划系统（spatial planning - systems）；二是特殊术语，指协调行业政策空间尺度的一种方法（spatial planning-sectoral coordination）；三是指在一个特定国家形体 / 土地利用 / 领土规划系统的名称（spatial planning-country system）。

形体 / 土地利用 / 领土规划（physical planning，landuse planning and territorial planning）广义上都具有相同的含义，就是为了追求共同的目标，政府采取的规范开发和土地利用的行动。规划的形式是政府内的行业政策之一，与其他行业政策，如交通、农业、环境保护和区域政策等一样，尽管它包括了协调其他行业政策的机制。当谈到空间规划时，一般的国家、区域和地方政府首先想到的是形体 / 土地利用 / 领土等规划。在欧盟，已经把这些规划纳入空间规划的范畴。

尽管空间规划是"欧洲英语"，是中性语言，是对所有国家规划系统都适用的一般词汇，但事实上每个国家的规划系统都有特殊的名称，如法国、比利时、卢森堡的城市和领土管理（urbanisme et amé nagement du territoire），英国的城乡规划（town and country planning），德国的空间规划（raum plannung），荷兰的空间秩序（ruimtelijke ordening），爱尔兰的土地利用规划（land use planning）等，这些名字的含义包含了特定国家和区域特殊的法律、社会、经济、政治和文化含义。严格讲，以上的这些名称，除去最普遍的意义之外，不能转换到其他的国家。即使是同样的名称，在不同的国家也有不同的含义，体现不同国家的政治体制和规划机制，如同样的领土管理（amé nagement du territoire），在比利时、法国和卢森堡就有不同的含义。包括美国的区域规划，包括我们中国传统的国土和区域规划。

尽管空间规划在所有国家或多或少地具有相同的政治任务，但不同国家创造的有关"空间规划"的政治和法律术语变化相当大，空间规划的概念由于术语使用的不同在不同国家之间是不同的。但是，在全球经济一体化的今天，不管其自身的特征如何鲜明和有个性，世界社会、经济、科技、环境的发展趋势决定了空间规划总的趋势。

2.2　世界各国对战略空间规划的认识和态度

2.2.1　英国对空间规划的态度转变

英国对空间规划的态度就像他们对欧盟的态度一样，爱恨交加。作为区域规划发源地之一的英国，开始不愿意承认和接受空间规划，但是，随着空间规划发展的强大，欧盟结构基金的利诱，英国也不得不接受了作为结构基金前提的空间规划。"英国区域／空间规划的历史就是英国规划体制变化的历史（Patsy Healy）"。几年前是交通、能源、区域部负责，现在归到副首相办公室（ODPM），从区域规划导则（RPG）现在发展到区域空间战略（RSS）。英国的高校也积极参与欧洲空间规划的研究和实践。

2.2.2 美国人对空间规划的感受

在美国，虽然多年来对空间规划有许多的介绍，包括各种规划杂志和规划师协会年度大会等形式，但美国人反映不强烈，或谈不上反映。这可能与美国人的心态有关，对别人的东西不关心，对自己的津津乐道。对空间规划的态度就像对可持续发展一样，不怎么谈论，但对"精明增长"大书特书，铺天盖地。在这方面，美国著名的城市和区域规划专家、参与纽约三州规划的罗伯特·雅鲁（Robert Yaro）在1999年OECD国家在欧洲召开的有关空间规划的会议上做了题为"美国空间规划改善（Improvements of Spatial Planning in America）"的发言，将美国现在的区域规划和"精明增长"运动都归纳到空间规划之下。因此，这也表明了他对空间规划的认同和理解，即在美国，空间规划实际上即是涵盖区域规划（regional plan）、州规划（state plan）和大都市规划（metropolitan plan）等在内的规划理论和实践，甚至包括20世纪30年代曾经出现的国家规划（national plan），是对以上内容的整合。

从目前的形式看，美国要广泛接受空间规划的概念要比英国走更长的路。或者说，它认为空间规划带有中央集权的本质特征，这与美国的民主、自由精神不相容。但除了区域规划之外，州规划目前在美国开始广泛流行，北美自由贸易协议（NAFTA）的实施使得跨国的规划也越来越重要。圣迭哥与墨西哥的城市区域规划仍然采用了地方政府联合的形式。

2.2.3 日本和韩国对空间规划的认同

日本和韩国国土面积比较小，像中国的一个省、欧洲的一个国家，历史上就存在中央集权的统一规划——国土综合整治规划，日本习惯上翻译成英文 comprehensive national development plan，韩国翻译成英文 comprehensive national territorial plan。1999年在由日本国土厅和OECD牵头在欧洲召开的有关空间规划的会议上，日本和韩国把自己的国土综合整治规划都翻译成英文的空间规划（spatial planning），表明了他们对空间规划的完全认同。但实际上欧洲空间规划与日本和韩国的国土规划体制在内涵上还是有一定的区别。

2.3 战略空间规划的空间规划设计本质属性

虽然空间规划作为社会、政治、文化、生态政策的空间地理表达，需要综合各行业规划，需要相关学科的知识和研究成果，但必须突出物质形体规划的特点，发挥处理人与环境关系的优良传统。加州大学伯克莱分校的斯蒂芬·威勒（Stephen M. Wheeler）认为，近几十年来，区域规划过于注重经济地理和经济发展（economic geography and economic development），以忽略区域科学的其他内涵作为代价，损失很大。随着21世纪城市区域物质形体的快速演进，区域在可居住性、可持续性和社会公平方面面临更大的挑战。未来的区域规划因此需要更加整体的方法和观点（holistic perspectives），新区域主义（new regionalism），除考虑经济发展外，应该包括城市设计、物质形体规划、场所创造（place-making）、社会公平（equity）等主要内容，并作为研究的重点。不仅有定量分析，还要有定性分析，要建立在更加注重直接的区域观察和区域经验的基础上。之所以这样，最根本的原因是要重新评价区域发展的重要目标，找到经济发展目标和环境、社会发展目标的平衡点。从欧洲的观点看，空间规划就是新区域主义的最新发展。

2.4 战略空间规划是一个政治过程

一方面，我们应该强调空间规划对物质形体规划的复兴和扩展；另一方面，我们还必须牢记，空间规划不只是技术活动和技术手段，而是社会实践，更是一个复杂的政治过程。按照长期从事欧洲空间规划研究的学者安德里亚斯·法鲁迪（Andreas Faludi）的说法，"规划不是关于设计，而是关于政策（Planning is not about design，but about policy）"。规划作为人类的一项集体行动，是决策科学、政治科学、经济和行政管理科学，一直与政府的行政体制改革和政治民主化紧密联系在一起。同时，空间规划由于它涉及的空间尺度更大、范围更广、行政系统更复杂、利益相关者和参与者更多，所以它比传统的城市和区域规划更复杂，更难于很好地掌握和驾驭。

战略空间规划在 21 世纪与 20 世纪中期相比，重点已经发生了重大的变化。社会经济的不断发展对空间、区位和生活质量的要求不断变化，政治经济的变革也影响着规划的形式和方法。因此，现代空间规划需要不断变革，以适应今天城市区域经济、社会和政治演变的要求，发挥在改善区域管理、保障经济健康发展（economic health）、改进生活质量（quality of life）、促进社会融合（social cohesion）和改善区域环境质量等方面的重要作用。欧洲许多城市地区在经济重构后，基础工业转移，服务业的扩张和多样化发展，对城市地区产生压力，出现了新形式的生产关系。作为基础的政治社区（political communities），地方政府的自治得到加强。公共领域的财政压力和新自由主义（neoliberalism）政治哲学结合所产生的杠杆作用导致在土地、财产开发和基础设施等公共投资上私人和公共部门之间新的关系。环境保护运动的政治影响不断增加，其他的"政治游说"组织的政治影响也在不断增加，包括在建设开发项目对地方环境影响的评价方面。这些变化，对政治体制改革提出了要求，也影响到战略空间规划的改革发展。传统的空间规划的两种形式，即提供式福利国家的综合性的规划方法和以市场为主的谈判性国家的讨价还价的规划方法，正在向新自由主义和系统合作（collaborative）的空间规划方法转变。

3 中国战略空间规划的复兴和创新

3.1 加强理论研究，构建以人居环境科学为基础的战略空间规划理论体系

目前，因为缺少成熟的空间规划理论和方法，很多人并不十分清楚什么是战略空间规划，并不真正掌握空间规划的指导思想、理论基础、规划手段和行动导则。在规划目标、在内容和方法的选择以及对空间规划与市场机制的关系问题上还存在许多不清楚或不正确的认识。在缺少理论指导的情形下，我们很容易走弯路，还可能出现所谓的"规划灾难"。

在这种形势下，迫切需要加强空间规划的理论研究，特别是亟需构建中国战略空间规

划的理论框架。在学习借鉴国外战略空间规划经验，总结工作的基础上，以人居环境科学为指导，密切联系我国的社会政治经济实际，针对目前我国空间发展中存在的问题，进行深入的研究。同时，整合分散的不同地域尺度的规划研究和不同学科空间相关的研究，构建适合中国实际的战略空间规划研究框架和理论体系。

3.1.1 多学科整合，构建中国战略空间规划的理论体系

我国目前城市和区域规划理论研究上止步不前的根本原因是缺乏变革和创新。长期以来，在计划经济体制下所形成的"经典"理论"范式"（Kuhn, 1962）已经无法适应新的发展，甚至成为阻碍理论进步的障碍。同时，新的理论虽然很多，但是比较散、乱，缺少一个理论体系的架构。相关学科之间缺乏互动，画地为牢，造成散兵游勇，各自为战，不利于新理论研究的快速成长。

毋庸讳言，战略空间规划的前身就是城市和区域规划（city and regional planning）。《欧洲区域 / 空间规划宪章》把区域规划与空间规划并置，也说明了空间规划是从区域规划发展演变而来。区域规划可以说是与现代城市规划同时产生。现代城市的发展超越了传统狭小的城市范围，城市扩展和城市问题的解决都需要跳出城市，从更大的区域范围来进行研究，区域规划由此产生。

尽管区域规划的发起人盖迪斯、霍华德并不是建筑师和规划师出身，但这并不影响物质形体规划在区域规划上的重要作用。作为当时区域规划的实践者，伯恩汉姆（Daniel Burnham）和奥尔姆斯蒂德（Frederick Law Olmsted）等编制的区域规划方案，基本上集中在物质形态环境的改善上，作为提高区域经济健康和可居住性的一种根本途径。

当然，城市曾经是，将来也仍然是人类社会经济政治活动的中心。现代城市和区域规划学科和实践经过百余年的发展已经相对成熟，以城市和区域规划为核心和基础向空间规划扩展是比较合适的，但城市和区域规划不能完全代替战略空间规划。战略空间规划，涵盖区域、国土和跨国的区域规划，作为规划的最新发展，是相对独立的，需要全新的知识和视野。随着世界政治经济和科学技术的发展，空间规划的视野要进一步扩展，需要采用新的理论、新的思维方式和新的技术手段，处理大尺度的空间发展问题。在实践中，经过自然的发展演变，空间规划是否成为一门涵盖城市和区域规划、国土规划的综合学科，我们无法预测，只能让时间来回答。

目前，对战略空间规划能否代替所有规划的问题，答案应该是否定的。空间规划虽然可以整合各种层次的规划、各种行业的规划，但即使在空间规划大行其道的欧洲，目前仍然存在许多其他类型的规划，如英国的区域规划、结构规划等。在具有悠久区域规划传统的美国目前还几乎没有正式以空间规划命名的规划。日本、韩国的国土综合整治开发规划的英文翻译为空间规划，但实际规划内容与欧洲的空间规划也有区别。在一些新兴国家有建立统一的空间规划的愿望，南非目前正在尝试建立完整的空间规划体系，愿望是好的，也可能是一种发展选择和发展趋势，但一定是一个长期的工作。

理论不是一蹴而就的。现代城市和区域规划的理论研究已经有100多年，仍然有许多没有解决的问题。欧洲空间规划有近50年的历史经验，实践证明它是有效的，但不是万能的，许多问题仍然存在。这说明空间规划也是一个长期的过程，关键是形成规划研究、编制和实施的良好机制。面对中国现代化发展的形势，我们没有可以照抄照搬的成功经验，没有捷径，惟有学习探索，靠我们自己建立具有中国特色的战略空间规划的理论体系。要

以问题和目标为导向，通过融会贯通的研究，努力探索中国空间规划的理论构架。

3.1.2 战略空间规划研究是人居环境科学的重要组成部分

战略空间规划的核心是人居环境的规划设计。人居环境，顾名思义，是人类的聚居生活的地方，是与人类生存活动密切相关的地表空间，它是人类在大自然中的生存基地，是人类利用自然、改造自然的场所（吴良镛，2001）。人居环境科学，从科学的角度，用"人居环境"这样一个具有明确所指对象，具有广泛内涵和外延的概念，替代了"城市"、"区域"、"国土"等具有部分抽象的概念，表达更准确。人居环境科学也就自然涵盖了从小尺度的建筑设计，到中尺度的城市设计和环境设计，到大尺度的城市规划、区域规划，直至跨国空间规划的整个空间系列，整合成为一门包括建筑、地景和城市规划三位一体的、系统的综合科学。但人居环境科学不能只是一个概念和框架，关键是要不断开展研究，充实内容，指导实践。

在战略空间规划中，"空间"这一概念在国土和区域的大尺度上的含义是指人类社会赖以生存和发展的总体物质环境，包括自然环境、人工环境和人三大部分，即人居环境。所以，可以说，空间规划即大尺度的人居环境规划。人居环境科学属于空间规划设计哲学的范畴，更准确讲是方法论范畴。人居环境科学是空间规划的理论基础，空间规划是人居环境科学在大尺度环境中的具体实践。作为人居环境科学研究的一个组成部分，战略空间规划的研究可以进一步丰富和充实人居环境科学。

3.1.3 中国战略空间规划的研究框架和方法

回顾世界城市和区域规划学科发展的历史，透过繁杂的现象看本质，空间规划研究实际上一直沿三条主线发展，一是空间的扩大、扩展，从聚落、城市、区域到现在的全球化城市区域和世界城市；二是学科的扩展和理论内涵的发展提高，从单纯的物质形体规划到社会、经济、生态环境和文化综合性的研究；三是从单纯技术性的规划，向科学、民主、制度性的规划发展。在这个研究过程中，虽然出现过偏差和反复，但空间规划设计过去是，将来一定还是学科的核心线路。

中国战略空间规划研究首先要扩大视野，继续多学科综合的研究方法，重点在三个方面。一是空间规划学科，作为涵盖社会、经济、环境、文化等学科的交叉学科，要进一步扩展。在这方面，吴良镛先生和周干峙先生都有很好的考虑和论述。吴良镛先生在创建人居环境科学时十分明确地表示，人居环境科学不是要实现大一统，不是要合并，也不可能合并其他的学科，而是提纲挈领，把地理学、生态学、环境学和经济学等对人居环境的研究整合起来，共同探讨人类在空间发展方面面临的问题和挑战。他特意用英文 Sciences of Human Settlements 表示这个意思。周干峙先生在谈论空间规划学科发展时，强调研究人员可以专业，空间规划学科应该进一步扩展研究的范围。与此相呼应，与空间规划研究相关的学科，也应该学习空间规划，掌握空间秩序、空间美学、空间规划和发展等人居环境科学的基础知识，夯实本学科的基础。美国现在就有空间相关学科的研究组织（CSISS）。二是空间规划研究自身的扩展。适应世界政治经济和科学技术发展的形势，从以城市为中心的总体规划，扩展到区域、国土和跨国的尺度的空间规划，扩展到对城市区域、城市群带和都市区的规划。三是规划体制的研究。我们今天研究战略空间规划，不仅研究其发展演变的过程，也研究其形成的条件和历史原因；不仅研究空间规划新的理论和方法，也研究不同区域新的空间发展范式(paradigms)；不仅研究规划的编制，更要研究规划的实施机制。

目前，我国政治体制改革还在继续，学术研究与政治生活之间总体上仍然存在相当大的差距，原因是双方面的。在规划理论研究上，习惯忽略，也不愿意承认规划的政治、经济、法律等内涵，及其运行机制，使规划成为空中楼阁，与现实擦肩而去。因此，在考虑中国现实的情形下，通过对世界各国空间规划体制的比较研究，找寻中国的战略空间规划恰当的实施机制，以保证战略空间规划紧密结合现实，使战略空间规划能够真正指导我们的现代化建设，使美好的空间发展远景（vision）成为现实。

3.2　制度创新，构建中国战略空间规划的管理机制

3.2.1　战略空间规划是一个庞大、复杂的规划体系

战略空间规划是一个庞大、复杂的规划体系。从规划的层次类型看，从大尺度的跨国界的洲际空间规划、国家全部领土的空间规划、跨区域的空间规划、大中小区域规划、城市地区空间规划、大都市地区空间规划等，到小尺度的地方空间规划和乡村地区的空间规划等，空间跨度非常大；从规划的内涵上看，涉及经济发展、社会进步、生态环境保护等人类社会发展所面临的所有问题；从规划内容看，空间规划的本质内容是建立空间发展的框架和原则，以指导物质性开发和基础设施建设的区位。它包含一系列发展和实施的战略、规划方案、政策、项目、规划区位选址的政府行为（governance practices）、开发的时间表和形式等，涉及方方面面的相关的内容，包括法律法规、编制规范、实施管理、行政框架、规划教育和理论研究等。在行政管理方面，广义上讲，空间规划涉及国家整个政治体制。狭义上讲，战略空间规划体系是指为指导开发项目的投资区位和规范土地利用和开发的方式的法律和行政管理的程序和制度安排，涉及众多的利益相关者和参与者，也与整个社会的政治经济文化发展演变密不可分。

3.2.2　避免计划经济观念下的空间规划

1974 年波兰出版的英文版《空间规划和政策：理论基础（Spatial Planning and Policy：Theoretical Foundation）》论文集，主要内容分三部分，第一部分是总论，包括现代空间经济学（space economics）理论：问题和趋势、空间元素及其在当今经济学中的角色、在经济规划中的空间元素、空间规划行动的原则、增长和发展的规划及其空间方面等；第二部分是专项，包括人口问题和空间规划、工厂选址的经济问题、商品生产单位选址的原则、居住地网络的理论、交通发展规划等；第三部分是规划层次间的关系，国家层次的空间规划，区域规划及其与国家层次规划的相互依赖，地方规划与区域规划的关系。明显是计划经济的空间规划，从生产力布局自然而然到空间规划。

我们曾经学习过这种规划方法，虽然实践证明是失败的，但它烙印之深，犹如一个幽灵在不断地徘徊，目前我国的许多规划正在试图重温旧梦。我们必须坚定地避免再走这条行不通的老路。

3.2.3　避免简单化、理想化建立统一空间规划体系的尝试

偶然的机会我查到南非空间规划的文件，由南非土地和住房部（Department of Land Affairs and Housing）国家发展和规划委员会（National Development and Planning Commission）制定的"发展和规划绿皮书草案（Draft Green Paper：Development and Planning）"（1999）。它是在南非 1994 年第一次民主选举后，试图克服在种族歧视时期遗留下来的混乱的规划体制，建立完整统一的规划体系。它借鉴了国际上许多国家的经验，总结归纳了现有规划词汇的优

劣，其中有一个章节是"术语的标准化"（terminological standardization），对 planning，plans，land/landuse planning，settlement planning，physical planning，spatial planning，comprehensive planning，proactive planning，strategic planning，integrated development planning，master plan，guide plan，strategic plan，structure plan，town planning scheme，development plan 等术语进行分析，结论是空间规划(spatial planning)最好。但从最近的情况看，这个理想的规划体系并没有形成。

3.2.4 战略空间规划是政治经济体制改革的重要内容

今天，欧洲区域主义得到复兴，所谓的新区域主义呈现出繁荣的政治地缘景象，其主要原因是全球化过程促进了国家领土的重新组织。经济活动全球化导致作为当今全球经济主要参与者的城市和区域的重要性进一步增长，而制度、政治和政策的改变与经济空间的变化相符合。一方面，这导致政策调控本质的重大改变，政策调控的根本目的是提高领土的竞争力。而另一方面，这演变成为一系列结构的改变——国家的重新领土化过程。在这个过程中，国家权力向上、向下和向外转移。向上转移到一组超国家的机构实体，如欧盟；向下转移到城市和区域；向外转移到"非国家机构"。无数的新的区域构造使欧洲地图看起来更像万花筒。随着对欧洲空间规划兴趣的增加，相互竞争、相互重叠、有时是短暂的"新"的区域分组越来越多，与整齐的、稳定的和正式的欧洲的行政区域形成鲜明的对比。

战略空间规划的政策领域（fields）在现代欧洲许多城市区域的政治社区中是非常重要的。在全球经济一体化的情况下，城市的区位模式在交通、开发活动和电讯基础设施上的投资极大地改变，经济组织的变化和生产方式的变化导致城市区域空间使用新的方式，造成一些区位价值下降，一些上升。对环境冲击和环境限制的认识强化了对场地（sites）区位和环境财富的重新考虑。因此，空间规划越来越多地吸引了政治和政策的注意力。

与此同时，战略空间规划制订的过程在本质上推动着政治和经济体制改革。战略空间规划作为一个社会过程（social process），在编制规划过程中，不同部门、行业、领域和不同层次的人一起交流，制订管理空间变化的规划程序、内容和战略。这个过程不仅产生了包括政策和建设项目的正式规划成果，也同时形成了一个区域空间的决策框架（decision framework），将会影响不同团体未来的投资和管理行为和活动。同时，也可以形成相互交流、理解，建立协议的政治舞台（arena），成为影响组织行为和动员宣传的方式。这一社会过程的形成一方面受城市区域变化的动力影响，一方面由现存的空间和土地利用制度的法律和程序所决定。同时，可以看到，规划制定的活动对城市区域的变化轨迹有重要的影响，对区域空间管理正式的政治体制的架构和实现也有重要的影响。因此，我国战略空间规划制度和过程的设计必须与我国区域协调发展的新的区域发展模式、合作方式的改革统一起来，而战略空间规划的实践也必然会推动我国不同尺度和地域的区域协调发展。

战略空间规划的产生，或者说复兴，有城市和区域规划发展内在的客观规律，中国继西方发达国家之后出现战略空间规划"热"，是发展的必然。建立战略空间规划体系，与国际空间规划发展的形势接轨，更是中国社会经济发展和全球化的要求。也许战略空间规划的名称将来会发生变化，但建立完善的中国战略空间规划体系是非常必要和急迫的。作为人居环境科学研究的一个组成部分，以人居环境科学及其相关学科理论研究为基础，搭建中国战略空间规划体系的架构，是中国战略空间规划研究的基础工作。

注释

① 欧洲联合会（The Council of Europe，CoE）与欧洲联盟（The European Union，EU），即欧盟，是欧洲两个最大的地区性组织。欧洲联合会倡导的欧洲空间规划是最早的空间规划，是欧盟空间规划的前身，研究欧盟的空间规划首先必须研究欧洲联合会的空间规划。欧洲联合会的空间规划为欧盟空间规划奠定了理论和实践的基础，而欧盟空间规划则深化了欧洲联合会的空间规划并把它推向实质性的规划行动。

② 《人民日报》2005 年 8 月 9 日第一版发表人民日报记者和新华社记者编写的文章《运筹帷幄谋发展——写在国务院常务会议召开 100 次之际》。

③ 2003 年 7 月发改委对政协十届全国委员会第一次会议第 2812 号提案的答复。

④ 国家发展和改革委员会，《"十五"计划实施中期评估报告》，2004 年 4 月 6 日。

参考文献

[1] 财团法人:国际开发中心.国土计划体系的国际比较调查 [Z].1999.

[2] 霍兵.我国空间规划机制和方法的研究 [J].城市，2002（2）.

[3] 霍兵.中国战略空间规划理论和实践——以天津和京津冀为例 [D].北京:清华大学工学博士学位论文，2006.

[4] 胡序威.区域城镇体系的协调发展问题 [J].城市规划，2005，215（12）:12-17.

[5] 胡序威.我国区域规划的发展态势与面临问题 [J].城市规划，2002（2）.

[6] 石楠，等.城乡规划与相关规划的关系研究 [R].2004.

[7] 吴良镛，等.京津冀北地区城乡空间发展规划研究 [M].北京:清华大学出版社，2001.

[8] 吴良镛.人居环境科学导论 [M].北京:清华大学出版社，2001:56-60.

[9] 吴良镛.系统的分析，统筹的战略——人居环境科学与新发展观 [J].城市规划，2005（2）.

[10] 武廷海.中国近现代区域规划 [M].北京:清华大学出版社，2006.

[11] 周干峙.城市及其区域——一个典型的开放的复杂巨系统 [J].城市规划，2002（2）.

[12] 周干峙.统筹城市和区域，整合城市和乡村 [J].城市规划，2005，203（2）:18-19.

[13] 邹德慈，等.什么是城市规划 [J].城市规划，2005，214（11）:23-24.

[14] Carbonell A，Yaro R.American Spatial Development and the New Megalopolis[J].Land Lines，2005（16）:3.

[15] Dick May. Spatial Planning A New Opportunity for U.S. Planners[J]. Interplan December，2004（6）.

[16] European Commission. ESDP: European Spatial Development Perspective——Towards Balanced and Sustainable Development of the Territory of the European Union[Z].1999.

[17] European Commission. The Urban Audit: Towards the Benchmarking of Quality of Life in 58 European Cities[M]. Luxembourg，2000.

[18] Faludi A，Waterhout B. The Making of the European Spatial Development Perspective: No Masterplan[M]. London: Routledge，2002.

[19] Fishman Robert. The Death and Life of American Regional Planning[A]. Ch.4in: B Katz. Reflections on Regionalism[C].Washington，DC: Brookings Institution，2000.

[20] Friedmann John. Planning in the Public Domain: From Knowledge to Action[M].Princeton University Press，1987.

[21]   Friedmann J. Hong Kong, Vancouver and Beyond: Strategic Spatial Planning and the Longer Range[J]. Planning Theory and Practice, 2004, 5: 1.

[22]   Hall Peter. Cities of Tomorrow: An Intellectual History of Urban Planning and Design in the Twentieth Century[M]. Oxford, UK; Cambridge, MA: Oxford University Press, 1998.

[23]   Harris N, Hooper A. Rediscovering the "Spatial" in Public Policy and Planning: An Examination of the Spatial Content of Sectoral Policy Documents[J]. Planning Theory and Practice, 2004, 5: 2, 147-70.

[24]   Healey Patsy. The Treatment of Space and Place in the New Strategic Spatial Planning in Europe[J]. International Journal of Urban and Regional Research, 2004, 28 (1): 45-67.

[25]   Healey Patsy, Khakee Abdul, et al. Making Strategic Spatial Plans: Innovation in Europe[M]. London: UCL Press Limited, 1997.

[26]   Healey Patsy. The Revival of Strategic Spatial Planning in Europe[A]. In: Healey Patsy, Khakee Abdul, et al. Making Strategic Spatial Plans: Innovation in Europe[C]. London: UCL Press Limited, 1997.

[27]   Healey Patsy. An Institutionalist Approach to Spatial Planning[A].In: Healey Patsy, Khakee Abdul, et al. Making Strategic Spatial Plans: Innovation in Europe[C]. London: UCL Press Limited, 1997.

[28]   Kuhn Thomas S. The Structure of Scientific Revolutions[M].2nd edition (original 1962), enlarged. Chicago: University of Chicago Press, 1970: 6-10.

[29]   OECD. Towards a New Role for Spatial Planning[Z]. 2001.

[30]   Salet W, Faludi A. The Revival of Spatial Strategic Planning[M]. Amsterdam: Royal Netherlands Academy of Arts and Sciences, 2000.

[31]   Sartorio F.Strategic Spatial Planning, A Historical Review of Approaches, Its Recent Revival, and An Overview of the State of the Art in Italy[Z].

[32]   Stephen M Wheeler. The New Regionalism: Key Characteristics of an Emerging Movement[J]. Journal of American Planning Association, Summer2002, Vol.69, No.3.

[33]   The Committee for Spatial Development in the Baltic Sea Region (CSD/BSR). Spatial Planning for Sustainable Development in the Baltic Sea Region[Z]. A VASAB2010 contribution to Baltic21, 1998.

[34]   The National Development and Planning Commission of South Africa[Z]. Draft Green Paper on Planning and Development, 1999.

[35]   Vigar Geoff, Healey Patsy, et al. Planning, Governance and Spatial Strategy in Britain[M]. New York: St Martin's Press, 2000.

[36]   Wannop Urlan A. The Regional Imperative: Regional Planning and Governance in Britain, Europe and the United States[M]. London: Jessica Kingsley Publishers, 1995.

全国城镇体系规划的历史与现实 ❶

王 凯 ❷

国家层面的宏观空间规划一直是一个具有争议的话题。1921 年苏联首次开展全国经济区划，倡导在国家计划指导下有组织、有步骤地对全国进行区域开发。所以，在很长的一段时间里，国家层面的空间规划被认为是计划经济的产物。尽管我国"一五"时期 156 项重点工程的全国布局被公认为为新中国的发展发挥了关键性的作用①，也常被规划界的前辈们津津乐道为城市规划的"第一个春天"。我国从 1978 年开始经济体制的改革，逐步转向市场经济体制，国家层面的规划在很长的时间里被忽视，20 世纪 80 年代中期由国家计委组织、轰轰烈烈开局的全国国土规划半途而废，《城市规划法》（1990 年）颁布 17 年来全国城镇体系规划一直没有出台都是明显的例证。

进入 21 世纪，经济全球化和区域一体化不断深入，一种新的认识被普遍接受，即全球化时代各国之间的竞争集中体现在以中心城市为核心的地区竞争上，区域发展和国家竞争力分析再次成为各国政府关注的焦点，一系列的宏观区域规划纷纷出台，其中最具影响力的当推 1999 年由欧盟颁布的《欧洲空间发展展望》（ESDP）和 2006 年美国区域规划协会出台的《美国 2050》（America2050：Prospectus）。宏观层面的空间规划已经成为各国政府在全球化时代提高竞争力、实现可持续发展的重要手段，经济体制不再是规划的框框。

2006 年 3 月全国十届人大四次会议颁布《国民经济和社会发展第十一个五年规划》，第一次提出了主体功能区的概念。这标志着国家层面的空间发展政策已经引起了中央的高度重视，反映出随着社会主义市场经济体制的建立，政府的职能转变正从宏观规划开始。尽管当前主体功能区划、国土规划、区域规划、城镇体系规划花样繁多，但无论从法理上来讲②，还是从城市规划所具有的理论基础以及现有的国际经验来看，以城镇为核心构筑规划体系都是空间规划的本质要求，甚至可以说，全国城镇体系规划就是国家层面的空间规划。

1 历史上的全国城镇体系规划

全国城镇体系规划的历史可以追溯到新中国建国初期。"一五"时期，156 项重点工程的布局选址与大量新兴工业城市的建设和老城市的改造相结合，初步构建了新中国建国初期的城镇与产业空间格局。因此，156 项重点工程的选址在某种程度上可以看作是新中国第一次具有国家空间规划意义的实践。"三五"和"四五"时期，实施"三线"建设战略，大量沿海地区企业向中西部地区搬迁，一定数量的工业新城市在中西部地区建设起来，尽管"三线"企业"山散洞"的布局原则未能起到全面促进中西部地区城镇发展的作

❶ 本文来源：《城市规划》2007年第10期。
❷ 王凯，中国城市规划设计研究院。

用，但由于其对全国的城镇布局特别是沿海和中西部地区的重大影响，可以认为又一次起到了国家空间规划的作用。1978 年以来，我国实行沿海开放战略，以 1984 年沿海 14 个开放城市为标志，整个沿海地区的经济大发展，城镇的数量、密度成倍增长，在此基础上形成了目前以东部沿海地区城镇高度发达为特征的全国城镇空间结构。因此，沿海开放战略无疑起到了第三次国家层面空间规划的作用。但真正冠以全国城镇体系之名的规划还是以 1985 年、1994 年以及 1999 年三个时期的规划和研究为代表。

1.1　1985 年提出《2000 年全国城镇布局发展战略》

《2000 年全国城镇布局发展战略》是 1985 年国家计委统一部署的国土规划的专题规划，由城乡建设环境保护部牵头完成。规划提出的主要任务是，把国家确定的重大项目规划落实在地域上，把大的建设布局体现出来，把城镇布局、生产力布局和人口布局三者结合起来，促进小城镇发展。规划是战略性的，要求从城市本身条件和客观的经济联系出发，把重点城市点出来，将它们的性质、服务范围、资源条件、发展方向等明确下来，纳入规划。当时考虑要解决的主要问题是，全国范围内城市之间的横向联系薄弱，中心城市的作用没有得到充分发挥；沿海和内陆江河沿岸的城市发展不够快，优越条件没有得到充分利用；另外认为大城市人口膨胀太快。

根据上述任务和问题确定城镇布局方针和原则为，城镇布局与生产力布局，特别是与工业交通建设项目的布局紧密结合、同步协调进行；充分体现控制大城市规模，合理发展中等城市，积极发展小城市的方针；正确处理东、中、西三个地带的关系，逐步建立合理的城镇分布体系；促进城市之间的横向经济联系，使城市逐步建设成为开放型的、多功能的、社会化的经济活动中心。城镇发展目标确定为，2000 年城市人口 3.6 ～ 4 亿，占全国人口的 30% ～ 33.3%；设市城市数量为 600 多个。城镇空间布局设想为，以各级中心城市为核心，组成不同规模、不同职能分工的多层次的城镇体系，第一级为全国性和具有国际意义的中心城市（北京、上海、香港），第二级为跨省区的中心城市（广州、武汉、重庆、天津、沈阳、大连、西安、兰州），第三级为省域中心城市，第四级为省辖经济区中心城市，第五级为县域中心城市。

规划还提出了积极的实施建议，主要有建立相关的经济管理体制，发挥中心城市的作用；制订相应的政策措施，新建工矿区都要设镇或市，在税收、信贷、能源供应、土地使用和社会福利等方面要向小城镇倾斜，开征土地使用费，大城市使用费高于小城市，引导城市合理布局；重点项目的选址要和城市布局相结合，重点项目选址应征求规划部门意见。

事后建设部城乡规划司对规划实施情况做了总结，认为尽管没有履行正式的上报和审批程序，但规划仍然发挥了一定的作用。城市化与城市发展目标基本实现，城市布局得到调整，城市的中心职能得到增强，初步形成了以各级中心城市为依托的城市网络体系，沿江、沿海、沿交通干线成为我国城市发展最迅速的地区。交通部、铁道部、国家海洋局等在制订本行业的长远发展规划时，都把《2000 年全国城镇布局发展战略》作为重要的参考文件[③]。

1.2　1994 年全国城镇体系规划的启动和前期研究

1994 年 3 月建设部城市规划司正式向建设部领导建议开展全国城镇体系规划工作。认为党的十四大构筑了社会主义市场经济的基本框架，并进一步明确了我国实现社会主义现代化的目标和部署，从总体上研究跨世纪城市化和空间发展战略的时机已经比较成熟，建议依法组织编制全国城镇体系规划，并按规定报国务院审批，用以指导城市总体规划的修编，为国家有关城市建设和发展决策提供依据。这是1990年《城市规划法》颁布以后第一次正式启动全国城镇体系规划工作。尽管由于多种原因，该项工作并未在当年全面展开，但为这项工作所进行的前期研究却取得不菲业绩，主要有"跨世纪中国城市发展研究"和"陇海-兰新地带城镇发展研究"。需要指出的是，党的十四大确定的社会主义市场经济体制是全国城镇发展的思路进行重新梳理的根本原因，建立新的城镇空间体系是市场经济条件下城市规划工作面临的新挑战。

"跨世纪中国城市发展研究"是建设部"八五"重点科研项目。该研究对第二次世界大战以后世界城镇发展的趋势做了比较全面的分析，对全球化和信息化背景下的城市发展做了相当程度的研究，有针对性地提出了中国城市发展的相关对策。

研究认为随着经济全球化和信息化社会的到来，未来世界城市化出现新的趋势：一是全球城市体系的形成，若干全球信息节点城市将发展成为世界城市，主宰着世界的经济命脉；二是大都市连绵区更具发展活力，从宏观上看城市"大集中小分散"的地域格局将会长久地持续下去，全球聚落将向具有良好气候条件和生存环境质量的地区转移；多极多层次世界城市网络体系将形成，城市的发展越来越依赖于其与全球其他城市的相互作用强度和协作作用程度。

针对全球城市发展的新趋势，研究建议我国应建设若干世界级城市，纳入世界城市体系，培育上海、北京、广州、大连4个国际性城市；重视连绵区的建设，重点形成长江三角洲、珠江三角洲、京津唐、辽中南4个大都市连绵带；构建大都市地区双层地方政府体制，实施县下设市模式；鼓励和推进城市化进程，至2020年城市化率达到60%左右；分区制定城市化发展策略；加强城镇体系规划的宏观调控，建立整体规划的观念，强化政府干预能力等。

应该说，该项研究比较全面地提出了全球化时代我国城镇化总体发展思路，较以往任何关于中国城镇化的研究都更具有时代的特色，将我国城镇的空间结构放到世界城市体系中去分析具有开拓性。尽管研究本身囿于认识阶段，对中西部地区的关注严重不足，但客观地说，这是一次很有价值的研究。

1.3 1999年全国城镇体系规划的编制

作为一项工作，全国城镇体系规划1999年正式启动，至2004年提出了一份较为完整的报告。报告从项目背景、城镇化与城镇发展现状、城镇发展战略目标、城镇空间布局规划、城镇发展与交通、资源和环境的协调、实施保障等六个方面对全国城镇化和城镇发展提出了建议。

规划认为我国处于社会经济全面发展的转型期，实施积极的城镇化战略，是实现现代化的保证，是解决当前及以后社会诸多难题的关键。规划的指导思想是：全球化视野，分析世界经济和世界城镇化的发展规律；可持续发展角度，从保护我国重要生态敏感区的角度考虑城镇化的人口迁移和城镇空间布局；区域协调宗旨，积极响应"西部大开发"的国家战略，重点推动中西部地带城市的发展；强调城镇在社会经济发展中的龙头地位，逐步建立空间组织有序的城镇发展网络，支撑国家经济的发展；国民经济和社会发展规划与城市发展相结合、产业布局与城市布局相结合、区域性基础设施与城市布局相结合等。

在城镇空间发展政策上，认为我国城市发展政策要多样化和差别化。提出要重视城镇密集地区的发展，强化大城市的功能，3 大地带城镇发展要区别对待。提出培育香港、上海、北京 3 个国际性城市，扶持沈阳、大连、天津、武汉、南京、广州、西安、重庆 8 个区域性特大城市和深圳、厦门 2 个特区城市，扶持哈尔滨等 17 个区域性特大城市和珠海、汕头 2 个特区城市。另外，根据城市的不同属性，将 50 万～ 100 万人的一般大城市分为综合型、工业型、矿业型和交通枢纽型 4 种类型。

在城镇空间布局上提出点（中心城市）、轴（城镇带）、面（3 大地带、12 个城市密集区）相结合的空间结构。其中"点"是国家一级中心城市和重要中心城市，主要包括东北的沈阳、大连、哈尔滨，华北的北京、天津、济南、青岛，西北的西安、兰州、乌鲁木齐，华东的上海、南京、杭州，华中的武汉、郑州、长沙，西南的重庆、成都、昆明，华南的香港、广州、澳门、深圳、厦门等城市。"轴"是指国家一级、二级轴线，一级轴包括沿海岸线、京广铁路、包兰－宝成－成昆铁路沿线 3 条纵向轴，长江沿线、陇海－兰新铁路沿线 2 条横向轴；二级轴包括京沪－沪杭甬铁路沿线，哈大、京沈铁路沿线，京九铁路沿线。"面"指国家层面的城市密集地区，包括东部地区的长江三角洲、珠江三角洲、京津唐、辽中南、山东半岛、闽东南，中部地区的江汉平原、中原地区、湘中地区、松嫩平原，西部地区的四川盆地、关中地区等 12 个城市密集地区。

在规划的实施方面，报告提出了采取积极的城镇发展政策、发展小城镇、对西部地区城镇建设指导、节约城市用地、改革户籍制度等项措施。

这份报告考虑了我国城镇化和城镇发展的诸多方面，特别关注了西部大开发的国家政策和小城镇的发展。但客观地说，规划对新形势下我国城镇化的背景以及城镇发展的制约条件、产业发展政策缺少较为深入的分析，空间政策上重点扶持西部、大力发展小城镇的思路也缺乏足够的支撑。但不管怎么说，这是一次很有价值的实践。

2　全国城镇体系规划的现实情况

2005 年 4 月作为建设部"保持共产党员先进性教育"的成果之一，新一轮全国城镇体系规划重新启动。经过一年半的工作，完成了人口、产业等 10 个专题的研究，两次正式征求 31 个省市自治区和 14 个相关部委的意见，广泛听取经济、社会、环境和规划等方面专家的意见，并于 2006 年 4 月通过了专家论证，2006 年 7 月通过第 33 次城市规划部际联席会议的审查，2006 年底完成全部成果，2007 年 1 月正式上报国务院。

2.1　新一轮规划的编制背景

党的十六届三中全会科学发展观的提出是新一轮规划的主要政策背景。在科学发展观的指导下，如何落实"五个统筹"，走具有中国特色的健康城镇化道路是规划自始至终探索的核心问题。

2005 年 9 月，中共中央政治局以"国外城市化发展模式和中国特色的城镇化道路"为题举行了第 25 次学习会。胡锦涛总书记在总结讲话中明确提出了我国要走健康城镇化的道路的要求。指出要按照循序渐进、节约土地、集约发展、合理布局的原则，努力形成资源节约、环境友好、经济高效、社会和谐的城镇发展新格局；并要求坚持城镇化发展与人口、资源、环境相协调，走可持续发展、集约式的城镇化道路。走健康城镇化的道路是新时期国家发展政策的需要。

2006年3月十届全国人大四次会议通过"国民经济和社会发展第十一个五年规划"，规划中提出要提升城镇群和中心城市的综合承载能力，以城市群作为推进我国城镇化的主体形态，逐步形成以沿海及京广京哈线为纵轴，长江及陇海线为横轴的空间格局。落实这一规划以及自20世纪80年代以来中央政府先后提出的东部地区率先发展、西部大开发、振兴东北老工业基地、中部崛起等宏观区域政策都要求现行的城镇化和城镇发展方针在新时期进行相应的全面调整。

此外，2005年我国城镇化水平已经达到42.9%，正处于城镇化快速发展阶段，面临着城乡差别过大、地区发展不平衡、土地资源浪费、生态环境恶化、历史文化遭到破坏等许多矛盾。就全国层面的城镇发展来看，大中小城市体系不明、城镇群发展缺乏指引等问题，已经对城乡协调发展、区域协调发展和各类资源的有效利用产生了严重的不利影响。以若干省域城镇体系规划为例，由于相互之间缺乏协调，整个国家城镇空间组织十分混乱，既存在大都市连绵区、区域中心城市与其腹地缺乏紧密联系的问题，也存在内陆各省区过于注重省域内空间结构的完整性，忽视整个大区域的协调等问题。

总体来看，落实中央政策的有关要求，顺应国家发展思路的重大转变，迎接城镇化发展的挑战，解决当前城镇发展中的突出问题，都要求对我国的城镇化战略和全国城镇体系提出新的规划。

2.2 新一轮规划的工作思路

本次规划的工作思路是，通过分析国际政治经济发展的新格局、未来15年我国人口迁移的新趋势和国家产业发展的新动态，提出我国城镇化和城镇发展的需求；通过自然地理和土地、水资源、生态环境等方面的条件分析，指出我国城镇化和城镇发展的可能；按照因地制宜的原则，提出我国城镇化的政策要求以及全国城镇的空间结构，以期实现健康城镇化的总目标。技术上的突出特点是资源环境分析前置，人口、产业和城镇发展分析紧密相连，充分体现国家宏观规划的政策与科学属性。

规划的指导思想是，以科学发展观为指导，坚持城镇化与人口、资源、环境相协调，坚持城镇集约紧凑可持续发展；坚持走多样化的城镇化道路，因地制宜地制定城镇化战略及相关政策措施，发挥城镇群、中心城市在一定区域范围内的辐射和带动作用，促进大中小城市和小城镇协调发展；提高城市综合承载能力，优化城镇空间布局，增强城镇综合服务功能，引导农村富余劳动力有序转移；加强和改善政府对城镇化的宏观调控，发挥城乡规划的综合调控作用，将规划作为引导城乡发展建设的重要公共政策。

2.3 新一轮规划的主要技术内容

2.3.1 以健康城镇化为目标，提出积极稳妥的城镇化战略

城镇化是农村人口向城市的迁移过程，城镇化与工业化互为因果，城镇化受人居环境条件的制约。本次规划以人口、产业和人居环境条件三方面的研究为基础，综合分析我国资源环境条件、城乡人口分布特点和转移趋势、产业发展的趋势，以此来优化城镇空间结

构和布局，引导人口有序转移。

研究认为我国地域辽阔，自然地理条件差异很大，存在不同的城镇发展适宜程度。尽管我国有960万平方公里的土地，但适宜城镇建设的国土面积仅占19%，其中还有一半以上是耕地，真正可用于城镇建设的用地不到9%，这是我国人居环境建设的基础（图1）。

研究认为到2033年左右，我国人口总量将达到高峰值15亿人，并将先后迎来劳动年龄人口、总人口、老年人口的三大高峰期。未来15～20年人口流向仍然遵循由农村流向城市、由落后地区流向相对发达地区、由中小城市流向大中城市的基本规律。城镇群和各地区中心城市将是吸纳人口的主要空间载体。

研究认为随着我国工业化的进程，未来20年我国将形成京津冀、长江三角洲、珠江三角洲、辽中南、成渝等5大城市经济区和哈大齐、长吉、山东半岛、海峡西岸、中原、关中、江汉平原、湘东、北部湾、天山北麓等10个人口-产业集聚区。这些产业集中的地区也将是城镇重点发展的地区（图2）。

在上述诸多分析研究的基础之上，规划提出应按照资源环境条件、产业发展和人口迁移趋势合理布局城镇，以提高城镇化质量为重点，循序渐进地推进

图1　人居环境条件分析示意
资料来源：全国城镇体系规划（2006～2020），建设部。

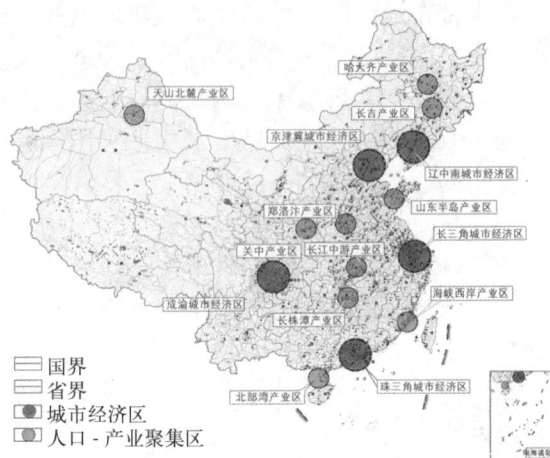

图2　2020年全国产业空间分布示意
资料来源：全国城镇体系规划（2006～2020），建设部。

城镇化发展。预计未来15年我国城镇化水平将进一步提升，速度会稳定在年均增长0.8～1个百分点，到2025年左右步入低速、稳定的发展时期。2010年城镇化率为46%～48%，2020年城镇化率为56%～58%。

2.3.2　立足东中西的多样化城镇化政策

规划从我国地域辽阔、发展不平衡的国情出发，根据各地经济社会发展水平、区位特点、资源禀赋和环境基础，依据"十一五"规划提出的国家区域发展总体战略，首次分别提出东部、中部、西部和东北地区的城镇发展政策，旨在引导各地区因地制宜地确定城镇化战略和城镇发展模式。规划根据国家区域发展的政策分区，分别提出东部、中部、西部和东北4大地区的城镇化空间策略。

如东部地区城镇发展指引为：提升城镇化质量，加快京津冀、长江三角洲、珠江三角洲城镇群的资源整合，提高参与国际竞争的能力；引导产业和人口向大城市周边的中小城

市、小城镇转移，形成网络状城镇空间体系；坚持生态环境优先发展原则，抑制水环境恶化的趋势等。西部地区城镇发展指引为：推行生态环境保护优先的集中式城镇化发展战略，加强和完善区域和省域中心城市的综合功能，带动区域经济发展，重点发展县城、工贸和旅游型小城镇；结合能源基地建设，做好新兴城市的布局与协调，引导资源枯竭型城市健康转型，加快陆路门户城市和边境交通枢纽城市发展，促进沿边开放和能源通道建设，扶持革命老区和少数民族地区城镇的发展等。

2.3.3 建构多元、多极、网络化的城镇空间结构

全国城镇空间结构是规划的另一个重点。规划提出以城镇群为核心，以重要的中心城市为节点，以促进区域协作的主要联系通道为骨架构筑"多元、多极、网络化"的城镇空间格局。"多元"是指不同资源条件、不同发展阶段的区域，要因地制宜地制定城镇空间组织方式和发展模式。"多极"是指依托不同类型、不同层次的城镇群和中心城市，带动不同区域发展。"网络化"是指依托交通通道，形成中心城市之间、城镇之间、城乡之间紧密联系、优势互补、要素自由流动的格局（图3）。

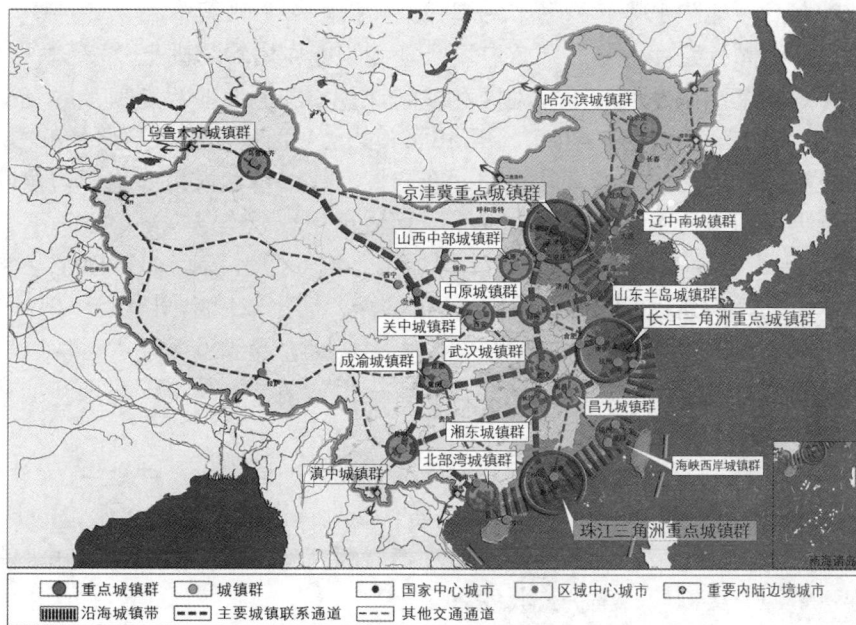

图3　城镇发展空间结构
资料来源：全国城镇体系规划（2006～2020），建设部。

规划强调城镇群的建设，既通过东部地区城镇群的加快发展，提高我国城市的国际竞争力，也通过培育中西部城镇群的发展，促进区域协调发展，确定了珠江三角洲、长江三角洲、京津冀3个重点城镇群以及成渝、关中、辽中南、海峡西岸、北部湾、中原等10余个城镇群地区；强调加强具有战略意义的边境门户城市发展；提高小城镇自身的发展动力；强调保护好区域自然、人文资源，处理好历史文化名城和风景旅游城市保护与发展的关系。结合建设社会主义新农村的要求，提出了村镇布局原则，主要为引导农村人口向条件较好的重点镇、中心村集聚，提高重点镇、中心村的基础设施和公共设施的服务水平，

实现重点镇、中心村的适度集聚和合理规模，提高就业能力和集约化发展水平。

2.3.4 建立以交通为核心的城镇发展支撑体系

本次规划以综合交通规划为核心构筑城镇发展的支撑体系。在综合分析全国公路网、高速公路网、铁路网、客运专线网规划的基础上，结合城镇发展的需要提出综合交通发展战略。重点是建立全国综合交通枢纽体系，加强各种交通方式之间的衔接，促进城市与区域交通的有机结合。规划结合全国城镇空间布局以及航空、铁路、公路等交通枢纽条件，划定了 7 个交通分区，提出了北京－天津、上海、武汉、西安、成都－重庆、沈阳、郑州、兰州、广州－深圳－香港 9 大全国综合交通枢纽城市，构筑服务全国、辐射区域的高效交通运输网络。还根据国家发展战略的需要，提出重点建设哈尔滨、昆明、南宁、拉萨、乌鲁木齐等边境地区交通枢纽城市。

规划提出要建立与我国环境、资源条件相适应的安全、高效、绿色的综合交通系统。强调积极发展铁路等轨道交通，促进节能降耗、土地资源的集约利用和城镇的集约紧凑发展。规划还提出促进城市内部交通与区域间交通的有机整合，建立高效便捷、公平有序的城市交通系统等。

2.3.5 加强对土地、水等资源的节约利用

规划提出要在充分发挥地方各级政府城乡规划职能作用的基础上，立足中央政府事权，着重加强对关系国家整体发展的重要地区和战略性资源的调控，特别是土地资源和水资源的调控。土地资源的节约利用是当前和今后相当长的历史时期里国家要坚持的方针和政策。本次规划结合我国耕地资源的数量和空间分布分析，从城乡建设用地统筹的角度，提出了城镇建设用地集约利用的思路。提出要严格执行《城市用地分类与规划建设用地标准》和《村镇规划标准》，规划期内城镇建设用地增长速度由年均 6.6% 控制到 3% 以下，严格控制新增城镇建设用地，切实落实国家耕地保护战略目标。优化城镇空间布局，倡导紧凑集约、多样化发展。对土地利用不够集约的城镇，要根据现状人均建设用地水平从严掌握。强调开发区的统一管理，避免工业用地的分散布局，提倡更多城市功能的融入。加强村镇规划管理，促进农村居民点整合。

在水资源的利用上，规划明确提出不赞成大规模跨区域调水，城镇生活与生产用水要立足区域水资源，并通过节水来实现节约发展。规划提出城市新增用水量的 50% 以上要通过节水来解决。沿海地区要加强海水淡化和新能源开发，减少水资源和初级能源的长距离调配，促进资源永续利用，维护公共安全。

2.3.6 加强对跨区域城镇发展和省域城镇体系规划的引导

本次规划根据全国城镇空间布局的总体要求，提出了两类空间的指引。一是"重点发展与管理的城市和地区"，主要是国家级城镇发展主轴线上的地区和城市。二是"跨省域重点协调地区"，主要包括流域、海岸带及近海海域、省区交界地、城镇群地区等。如流域协调地区主要包括长江、黄河、珠江、淮河等流域以及太湖、洞庭湖、鄱阳湖等周边地区，要求制定水资源和流域地区综合开发规划，合理布局工业和城镇，建立下游地区对上游地区的转移支付机制。如海岸带地区沿岸线纵深 15 ～ 20 公里及海洋等深线负 15 米的范围，要统一规划与分配海岸线资源，处理好海洋资源开发和保护的关系。

按照一级政府一级事权的原则，规划依据国家城镇化发展总体战略，针对各省特点，分别对 27 个省区和 4 个直辖市提出了"省域城镇发展规划指引"。如河北省重点发展与管

理的城市为石家庄、唐山、邯郸、保定、张家口等。跨省协调的地区与内容为加强与京津的协作，保护张承地区生态环境、京津上游水源涵养区、环渤海生态环境，建设三北防护林，加强秦皇岛港、唐山港、黄骅港与天津、辽宁等省市港口的协作，预留京广、京沪等高速客运专线通道，加快京津唐城际轨道交通建设等等。

应该说，新一轮全国城镇体系规划的编制是建设部全面履行《城市规划法》的一次依法行政行为。该规划从指导思想、技术路线到规划措施体现了科学发展观等中央大政方针的要求，在宏观规划的理论和方法上做了不少创新。尽管该规划还在协调之中，但可以肯定的是在今天工业化、城镇化、国际化、市场化"四化"并进的大背景下，要走健康城镇化的道路，迎接全球化的挑战，促进区域协调发展是离不开国家层面的空间规划指导的。

3 对国家空间规划的几点思考

（1）市场经济条件下国家宏观规划的作用。

如前所述，国家层面的空间规划长期以来被认为是计划经济的产物。实际上荷兰、日本、韩国等资本主义国家自 20 世纪 60 年代以来多次开展国家层面的空间规划[①]。从这些国家多年来在不同时期开展规划的缘由来看，国家空间规划的作用远大于城镇空间本身的发展需要，更多地在于国家发展战略的考虑。如日本 1962 年规划的目的是促进区域协调发展，1977 年的规划在于应对石油危机的挑战，而 1998 年的规划旨在适应全球化和信息化。欧盟的《欧洲空间发展展望》和美国的《美国 2050》更是为了应对全球化时代提高国家和地区竞争力的需要。可见国家空间规划和经济体制并没有必然的联系。市场经济体制下规划的作用正如一些学者所说，不在于有没有"政府强有力的干预"而在于"强有力的政府干预"所针对的领域和目标。当今世界国家空间规划的作用更多地在于国家发展战略的考虑。

（2）全球化时代国土空间的新认识。

全球化时代随着资本的跨国流动，学界的普遍看法是全球化时代地域空间被看成是一个无疆界的地理空间。全球是"地方的合成"，地方也是"全球化的投影"，空间是流动的、变化的，原有的等级结构是离散的和多元的。

2001 年美国"9·11"事件之后人们对国土的政治意义进行了重新的思考。经济全球化对发展中国家而言，除了能得到资金、就业机会等诸多好处之外，也不得不承受由于处于技术核心的外围，而永远处于全球产业链附加值最低部分的不利境地。发展中国家在全球化进程中如果把握不好，政治上将处于被边缘化的地位。换句话说，全球化时代国家的发展仍然带着强烈的政治和文化色彩。在意识形态仍然占上风的世界里，空间的政治意义是具有现实性的，对其的管理不可或缺。

（3）建立一体化综合空间规划体系的迫切性认识。

科学发展观的提出，反映了我国发展观念的重大转折和解决众多矛盾的辩证思维。从我国目前的发展现状和国家发展战略来看，突破资源瓶颈、实现均衡发展是当前和今后相当长时间里要坚持的方针。编制综合性的国家层面空间规划是落实科学发展观的客观需要。

国家"十一五"规划突出强调区域协调发展，反映了中央政府对空间干预的高度重视。目前正在实践的土地利用规划、城镇体系规划和刚刚开始的主体功能区划都是具有空间意义的宏观规划。从国家空间资源合理利用的角度出发，将国民经济和社会发展规划、土地利用总体规划和城镇体系规划"三规合一"是决策科学化、民主化，改善政府形象，提高空间管治效率的必要措施。

需要指出的是，由于城镇空间承载着经济、社会的核心内容，依托现有较为健全的城乡规划体系开展各级空间规划是提高各个层次空间资源规划管理水平的重要前提，加强以城镇体系规划为核心的空间规划研究也是城市规划理论和实践重大技术创新的机遇。

注释

① 见参考文献 [6]。

② 1990 年《城市规划法》第 11 条。

③ 根据建设部城乡规划司张勤同志提供的资料整理。

④ 日本从 20 世纪 60 年代以来开展了五次国土规划，荷兰自 20 世纪 60 年代至 2000 年开展了五次国家空间规划。

参考文献

[1] 城乡建设环境保护部 .2000 年全国城镇布局发展战略 [Z].1985.

[2] 高春茂 . 日本的区域与城市规划体系 [J]. 国外城市规划，1994，(2) .

[3] 顾朝林，等 . 经济全球化与中国城市发展 [M]. 北京：商务印书馆，2000.

[4] 建设部 . 全国城镇体系规划（2006 – 2020）[Z].2007.

[5] 王凯 . 国家空间规划体系的建立 [J]. 城市规划学刊，2006，(1) .

[6] 王凯 .50 年来我国城镇空间的四次转变 [J]. 城市规划，2006，(12) .

[7] European Union. European Spatial Development Perspective[Z].1999.

[8] Regional Plan Association. America2050：Prospectus[Z].2006.

公共政策的空间性与城市空间政策体系 *❶

郑　国 ❷

近年来，国内城市规划界日益重视和强调城市规划的公共政策属性。但是，对于如何准确理解和把握城市规划的公共政策属性、作为公共政策的城市规划如何与传统的城市规划对接等问题仍一直困扰着大家。由于相关理论研究的滞后，我们对城市规划公共政策属性的强调仍停留在口头上，在实际工作中，我们仍然是"穿新鞋，走老路"。本文将从一个新的视角来诠释和解答这一问题。

1　条条化：人类世界的专业解构

由于劳动分工和专业化，人类目前是以"条条"为主来改造世界、认识世界和管理世界的。因此，当前的人类世界是一个经过专业化解剖后重构的世界。

1.1　人类改造世界的专业化

人类文明的诞生是三次社会大分工的结果，人类文明的不断发展是社会分工不断深化的结果。因此，人类发展史就是一部社会分工日益深化的历史。1776 年亚当·斯密的《国富论》更为系统全面地阐述了劳动分工对提高劳动生产率和增进国民财富的巨大作用。工业革命以后，人类活动专业化的广度和深度都在不断推进。一个技术不高明的工人只要对单项专门化的任务进行最少量的训练，就会变得业务纯熟，这是工业发展的秘密。经济学家一致认为：分工和专业化水平决定着专业知识的积累速度和人类获得技术性知识的能力，决定报酬递增。大多数社会学家认为：人类劳动分工的独立化和专业化，是人类社会不断进步的重要体现。

1.2　人类认识世界的专业化

科学的发生和发展是由人类的生产活动决定的，人类生产活动的社会分工和专业化必然导致科学技术发生专业分化。人类对世界的认识分化为自然科学与社会科学两个大的系统，它们各自又分化出了各门学科，每门学科又分化出了许多分支学科，甚至还分化出了分支的分支学科。每门分支科学都是一个相对独立的子系统，这就是人类认识世界的专业分化。近现代科学发展的一个重要特点就是专业化程度越来越高，专业分化越来越细，这种专业分化反过来更进一步促进了人类改造世界活动的专业化。

1.3　人类管理世界的专业化

人类管理世界的专业化由来已久，中国在周朝初期已设有六官分掌政务、教育、礼仪、

* 　本文得到教育部"211工程"三期子项目"中国特色的公共管理与公共政策学科平台建设"的资助。
❶ 　本文来源：《城市规划》2009年第1期。
❷ 　郑国，中国人民大学城市规划与管理系。

军事、司法、实业。从唐朝开始,中国逐渐形成了三省六部制,其中六部为吏、户、礼、兵、刑、工,也是专业化的管理机构。这种专业化的社会管理模式和职业化的官员制度被西方学者誉为"中华制度文明的具体体现,是中华民族对世界制度文明做出的杰出贡献,是与中国古代四大发明一样在世界上产生重大影响且越来越显现出卓越效能和稳定特点的又一伟大创举"[1]。

工业革命以后,随着社会生产力迅速发展和社会分工日益细化,社会组织结构日益庞大和复杂,行政机关职权的专业化趋势进一步深化,以专业化管理为主要特征的科层制在世界各国迅速推行。

1.4 小结:条条化的利弊

劳动分工和专业化促进了人类科学技术的进步、劳动生产率的提高和财富的增长,也促进了良好社会秩序的建立。但是,人类社会的专业解构也给人类发展带来了诸多麻烦:社会分工和专业化的深入给大众提供综合性劳动的机会很少,具有综合能力的人成为这个时代的稀缺资源;科学专业分化的日益深化阻碍了科学自身的发展,学科越是细分,每一个人所认知的这个世界的范围越窄,犹如"坐井观天";条条化的专业管理也造成部门之间的矛盾和冲突,一个部门对于另外一个部门的事情知之甚少,处理公共问题时的部门缺位和抢位的现象普遍存在。而且条条化的专业管理难以把握区域差异和地方实际情况,造成中央政策在地方执行过程中难以进行或者"上有政策,下有对策"的现象。

鉴于专业化的这些优点和弊端,人们也在不断地重新认识专业化。最近几年,中国大学教育取消了一些分化太细的分支专业,强调各学科专业间的交叉融合,努力培养学生的综合素质。中国政府也在积极推行"大部制",希望政府各级部门在机构设置上,加大横向覆盖的范围。

2 块块化:空间与人类社会的空间转向

空间由于和物体的运动及其性质关联在一起,自古以来就是哲学思辨的对象,被哲学家放在一个相当重要的位置。世界东西方文明的源头——中国先秦与古希腊,都以空间概念作为其哲学与科学的认知源头。文艺复兴以来,笛卡儿、莱布尼兹、休谟、康德、牛顿、马克思、海德格尔等哲学家和科学家都对空间进行了广泛而深入的探讨。虽然大家对空间的认识不尽相同,但他们普遍认为,空间是客观存在的,是事物存在的基本形式之一,万事万物不可脱离空间而存在。

对人类社会而言,空间是人类社会存在的基本形式,人类活动塑造了空间,同时也深受空间的作用和制约。但是,对于空间的社会意义,20世纪以前并未受到学术界的广泛重视。即使在马克思眼里,空间仅仅被看作诸如生产场所、市场区域之类的自然语境,仅仅看到空间的自然属性。20世纪以来,人类社会与空间的关系引起了西方哲学家、思想家和社会学家的广泛思考和研究,学者们开始刮目相看人类社会的"空间性":涂尔干(E.Durkheim)在《宗教生活的基本形式》里提出,空间具有社会性,特定社会的人都以同样的方式去体验空间,社会组织是空间组织的模型和翻版。齐美尔(G.Simmel)在《社会学——关于社会化形式的研究》一书中专门研究了"社会的空间和空间的秩序",发现了社会行动与空间特质之间的交织关系。法国社会学家列斐伏尔(H.Lefebvre)在《空间的生产》一书中用社会和历史来解读空间，又用空间来解读社会和历史，并使用"空间实践—空间的表征—表征的空间"的"回溯式进步"来强调社会—历史—空间三者之间的辩证统一关系。海德格尔（M.Heidegger）在《存在与时间》中写道："空间性是一种生存的维度，它具有生存论的性质。"福柯（M.Foucault）认为在漫长的时间过程中积累的生命经验与在混乱的空间网络中所形成的经验相比无疑是相形见绌的，空间的重要性会随着人类实践的深入和社会的发展而广为人知。因此，"一部完全的历史仍有待撰写成空间的历史"。吉登斯（A.Giddens）认为，空间形式总是社会形式，空间性就像时间性的向度一样，对社会理论具有根本的重要性。柯司特（M.Castells）是"资讯社会"理论家，他的思想更为激烈。他认为，空间不是社会的反映，空间就是社会；资本主义以新的资讯科技运作，实际上"消弭了时间"，结果造成了由"流动空间"所支配的"无时间之时间"（timeless time）[2]。

20世纪60年代以后，后现代思想的兴起进一步推动了各个学科重新思考空间在理论研究和日常生活中所起的作用，空间的重要意义成为普遍共识。20世纪90年代空间经济学的诞生和当前空间社会学在西方的逐步形成就是最好的佐证。在这里，我们可以断定："21世纪预示着一个空间时代的到来"。

3　公共政策的空间性

3.1　公共政策的空间属性

无论是国外学术界，还是中国学术界，人们对公共政策概念的认识是很不一样的，目前可以找到很多种关于公共政策的定义。但大家对公共政策的作用的认识基本是一致的，即：公共政策是依据一定的目标，对个体或集体的行为进行引导和规范。

由于空间性是人类活动和人类社会的根本属性，因此作为引导和规范个体或集体行为的公共政策也毫无疑问具有空间性。具体而言，公共政策的空间性体现在以下三个方面：（1）一些有关空间的公共政策（如城市规划、区域政策、产业布局政策等）直接决定了人类社会的空间结构和空间关系；（2）诸多"非空间"的政策通过对个体或集体行为的引导和调控也产生了显著的空间效应；（3）由于空间的非均一性，在不同空间范围内对同一公共问题所制定的公共政策具有明显的差异，带有显著的"空间"的印痕。

由此我们可以清楚地认识到社会空间和公共政策的辩证关系：社会空间是通过一系列的政策经人类活动建构起来的，同时又是政策制定和执行的条件和中介。社会空间既是公共政策的产物，又是公共政策的生产者，也即是"我们在受制约中创造了制约我们的世界"。

3.2　不同层次的公共政策的空间性

公共政策一般分为三个层次：总政策、基本政策和具体政策。总政策是处于一个国家宏观层次上的，由执政党中央或中央政府制定出来，并要求整个国家在一个较长历史时期中坚持贯彻落实的政策。总政策里具有显著空间效应的政策包括区域发展的指导方针、国家战略性重大项目的布局等。但总体而言，由于总政策具有原则性、宏观性、战略性的特点，其空间属性不是太显著。

基本政策是在总政策的制约下，人们为解决社会基本领域中存在的主要问题而必须坚

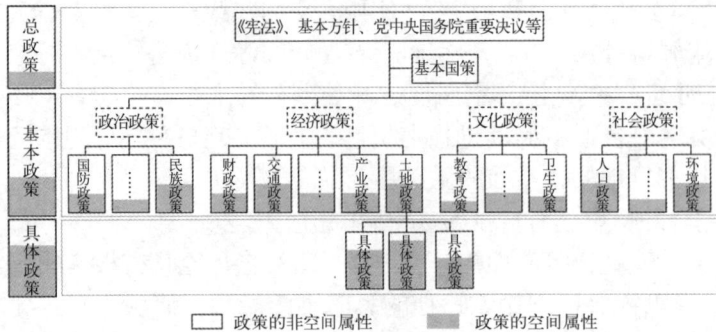

图 1　不同层次公共政策的空间属性示意

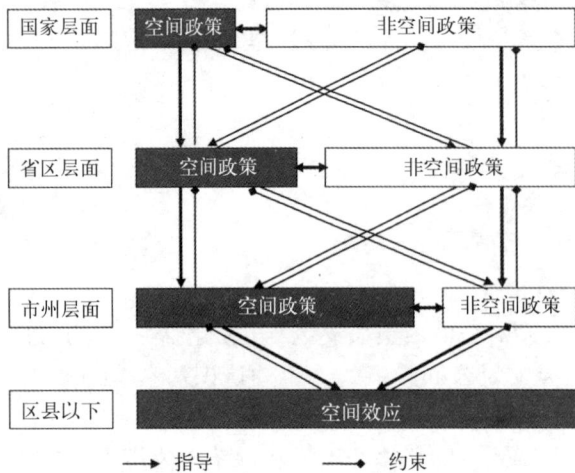

图 2　不同空间层面的政策中空间政策
和非空间政策关系示意

持的行为规范。基本政策是与社会中人们活动的基本领域相对应的，具有"条条化"的特征，一般分为政治政策、经济政策、文化政策、社会政策等，在其下可以进一步进行划分。相对于总政策而言，基本政策与人们实际活动的关系更紧密一些，对个体或集体行为的引导与规范更明确一些，因此其空间属性就更强一些。

具体政策是在社会基本活动领域之下更小的范围中发挥作用的实质性政策，它是为解决某个区域中某个领域的具体问题而制定的，直接引导和规范具体的个体活动，是同具体空间联系在一起的，因此其空间属性更强。

若将不同层次上的公共政策的空间属性用图表示，可以得到图 1。图中方框里的阴影部分表示政策的空间性，空白部分表示政策的非空间性。总政策层面的空间属性相对较弱；基本政策层面的要强一些，不同的基本政策的空间属性存在差异；具体政策的空间属性很强，但不同的具体政策的空间属性的强弱也有差异。

若将以上的观点根据空间层次的差异进行表达，可以得到图 2。即将所有政策分为空间政策和非空间政策，空间政策是指直接产生空间效应的政策，非空间政策是不直接产生空间效应的政策。在国家层面制定的政策，主要是以非空间政策为主；在国家层面以下，随着空间层次的降低，空间政策逐步增加，非空间政策逐步减少；到区县以下的微观层次，可以认为几乎所有的政策都直接产生了显著的空间效应。

3.3　小结

二战后在美国兴起的政策科学虽被誉为"当代西方社会科学发展过程中的一次科学革命"和"当代政治学的一次重大突破"，但是，由于其毕竟是一门新兴的学科，难免会有诸多不够完善之处，对于空间问题的忽视就是其中重要的一个方面。和其他社会科学一样，目前公共政策学尚未理性、系统地将空间引入到政策的分析和制定过程中。因此，在 20 世纪以来社会科学向空间转向的趋势中，政策科学是否也应该得到一些重要的启示呢？笔者认为，伴随着人类社会整体对空间问题的更加重视，强化公共政策的空间研究乃至空间政策学的诞生和发展是 21 世纪的一个必然趋势，而城市规划学科和地理学应积极推动这一进程。

4 城市空间政策体系

从图 1 和图 2 我们可以看出，在城市层面的公共政策中，空间政策占有很大的比重。但受人类社会的专业解构和社会管理的条条化的影响，城市中有关空间的政策也被条条化了。在科层管理体制下，它进一步被部门化了。空间政策部门化的结果必然导致各部门的空间政策存在空间矛盾和冲突，难以具体落实。因此，构建一个统一的城市空间政策体系、实现空间政策空间统筹和"块块化"是当务之急。

4.1 城市空间政策与城市空间政策体系

要构建城市空间政策体系，首先要明确什么是城市空间政策。我们这里把城市政策中直接作用于空间利用、空间秩序构建和直接产生空间效应的政策称为城市空间政策。如果要为其下一个定义的话，笔者认为城市空间政策是城市政府在特定时期为实现或服务于一定的城市发展目标而制定的引导和规范城市空间利用、空间秩序构建和空间关系协调的行为准则。

所谓城市空间政策体系，是指城市空间政策内部及与其他政策通过有机联系并与政策环境相互作用的有机整体。城市公共政策体系的建构要遵循公共政策体系的整体性、相关性、层次性、有序开放性等特点从纵向、横向和过程三个向度进行建构。

4.2 城市空间政策体系的横向建构

从形式来看，城市空间政策是一系列相关的规划、法令、技术规定、措施、办法、通知等构成的。其中，空间规划是最重要的城市空间政策，法律法规和技术规定是用来保证规划实施的，而措施和办法是对规划的补充（图 3）。

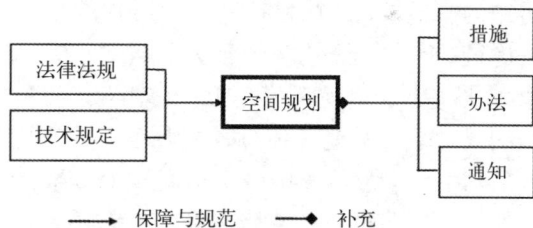

图 3 城市空间政策体系的横向构建示意

我国目前的城市空间规划主要有城市规划、国民经济与社会发展规划、土地利用规划、交通规划和其他专项规划中的空间部分。目前存在的问题是这些规划有很多不一致的地方，也存在"空间规划条条化、部门化"的特点，特别是城市规划、国民经济和社会发展规划、土地利用规划这三大规划。因此未来应该将这三大规划进行有效统筹，应以城市规划为主体，积极推进"三规合一"，在城市层面将其整合为一个统一的空间规划，这也是西方绝大多数城市的普遍做法。

4.3 城市空间政策体系的纵向建构

前已提及，一般将公共政策的纵向结构分为总政策、基本政策和具体政策三个层次。这里借用这三个层次的分类，将城市空间政策也相应地分为总政策、基本政策和具体政策。城市空间政策体系的总政策是关于城市空间发展目标、任务、路线、原则、基本方针等内

```
              ┌──────────────┐
              │   中央政策    │
              └──────┬───────┘
  ┌─────────────────┐│  ╔══════════════════╗
  │ 总政策（目的型政策）│   ║  ┌──────────┐  ║
  └─────────────────┘   ║  │ 城市综合规划 │  ║
                        ║  └─────┬────┘  ║
  ┌──────────────────┐  ║   ┌───┴───┐   ║
  │基本政策（目的-手段型政策）│  ║ ┌─────┐   ┌─────┐ ║
  └──────────────────┘  ║ │分区规划│   │五年规划│ ║
                        ║ └─────┘   └─────┘ ║
  ┌─────────────────┐   ║ ┌─────┐   ┌─────┐ ║
  │具体政策（手段型政策）│   ║ │详细规划│   │年度计划│ ║
  └─────────────────┘   ║ └─────┘   └─────┘ ║
                        ╚══════════════════╝
                          ┌────┐      ┌────┐
                          │ 空间 │      │ 时序 │
                          └────┘      └────┘
```

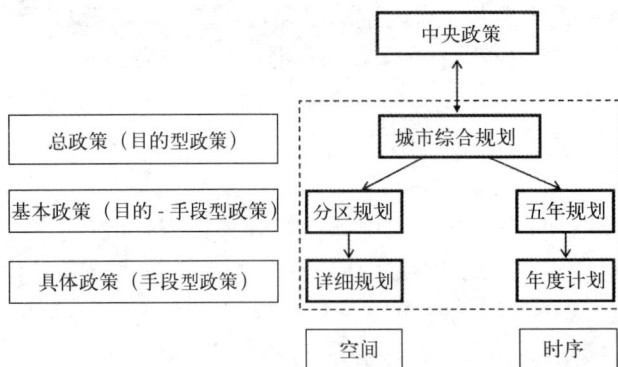

图 4　城市空间政策体系纵向结构示意

容，具有概括性、综合性、长期性和全局性特点的政策，属于目的型政策。具体政策是为目的型政策得以贯彻制定的具有针对性的政策，属于手段型政策。基本政策是介于总政策和具体政策之间的政策，属于目的 - 手段兼顾型政策。

在中国目前现实情况下，应在"三规合一"的基础上，以有效融合产业、社会、人口、资源、环境等内容的城市综合规划作为城市空间政策体系的核心总政策，将其作为城市空间发展的总纲领，也是贯彻执行中央政策的重要平台，同时配套出台相关的法律和规范。基本政策是作为实施综合规划长远目标的行动性规划，它着重解决现实问题，实现短期目标，主要突出地方政府促进本地社会、经济发展的作用。城市空间政策体系中最重要的基本政策从空间角度看应是分区规划，从时间角度看应是五年的中期规划（图4）。城市空间政策体系中最重要的具体政策从空间上看应是详细规划，从时间上看应是年度计划，同时还包括一系列办法、措施、通知等作为其补充。

4.4　城市空间政策体系的过程建构

公共政策包括决策、执行、评估、监控四个环节，城市空间政策体系的过程建构也应从这四个方面进行。政策制定是政策过程的首要阶段，它包括空间规划的编制和相关法规、措施的制定等；政策执行是政策过程的中间环节，是将政策目标（理想）转化为现实的唯一途径；政策评估是对已经实施的空间政策进行评估，以判断空间政策是否收到了预期效果，从而决定这项政策是否应该继续、调整还是终结；政策监控贯穿于政策过程的始终，制约或影响着其他各环节，起着重要的作用。政策监控由政策监督、政策控制、政策调整等活动组成[3]。从我国城市空间政策体系目前的情况来看，四个环节中评估环节非常薄弱，其他三个环节也存在着诸多问题，需要进一步完善。

空间是公共生活的基础，同时也是权力运作的基础。因此，在公共政策过程的各个环节中，若缺乏了各方利益主体的积极参与和互动，个人偏好以及公共政策的目标、价值理念都不太可能真正地发现，更别说真正地实现。所以，公共政策体系过程建构的核心应该是公共政策制定、执行、评估、监控四个环节的公开化、民主化、科学化和程序化。它是公共政策体系横向建构和纵向建构达到完善、科学、不断适应和满足社会发展需要的保障，是政策系统与环境之间进行物质、信息和能量交换的保障[4]。

参考文献

[1]　王春娟. 科层制的涵义及结构特征分析 [J]. 学术交流，2006，(5)：56 - 60.

[2]　何雪松. 社会理论的空间转向 [J]. 社会，2006，26 (2)：34-48.

[3]　陈振明. 政策科学 [M]. 北京：中国人民大学出版社，2005.

[4]　谢来位. 建设社会主义新农村的公共政策体系建构 [J]. 农业经济问题，2006，(2)：48-53.

"十二五"深入开展国家级空间整体规划的建言 ❶

段 进 ❷

国家级空间规划是经济社会发展到一定阶段，针对激烈竞争中的空间发展无序、资源枯竭、环境恶化而产生的在国家层面进行大区域调控基础设施布局与资源环境合理利用，土地供给和建设控制的一种重要的空间管治手段。国家级空间规划包括"全国空间规划"、"跨省区域空间规划"（如"长江三角洲地区区域规划"）以及"跨国空间规划"[如"欧洲空间开发展望（ESDP）"]。规划重点是解决在激烈竞争环境下区域发展的协调问题、整体的绩效问题以及资源与环境保护利用问题。

现代意义上的国家级空间规划率先在发达国家形成。德国在 20 世纪初最早开展国家级空间规划，发展至今已有德国、英国、以色列、荷兰、日本、法国、美国、丹麦、新加坡、韩国等众多国家针对各国自身的问题逐步形成各自的国家级空间规划。国家级空间规划作为战略性和综合性的规划，通常 10 年修订一次，5 年进行一次中期评估。针对不同时期的不同问题，国家级空间规划呈现出多元化的模式。如德国的"空间秩序规划"将全国分区后进行全面的空间规划；荷兰进行了 5 次"空间发展规划"，采取自上而下的等级化规划体系；法国的"国土整治规划"结合行政区域权力调整，推动了"平衡大城市"的战略目标实施；而日本的"全国综合开发计划"通过 6 次编制与完善，形成了完整的法律与政策配套体系[1]。

随着我国社会经济、城镇化、工业化和现代化的快速发展，编制国家级空间规划已十分迫切。"十一五"规划纲要给予了充分的重视，第五篇的主题即为"促进区域协调发展"。

在区域发展总体战略方面，提出了"坚持实施推进西部大开发，振兴东北地区等老工业基地，促进中部地区崛起，鼓励东部地区率先发展"，强调健全区域协调互动机制，形成合理的区域发展格局。

在国家空间发展方面，提出"推进形成主体功能区"，将国土空间划分为优化开发、重点开发、限制开发和禁止开发四类主体功能区，按照主体功能定位调整完善区域政策和绩效评价，规范空间开发秩序，形成合理的空间开发结构。

在国家城镇化战略方面，提出"促进城镇化健康发展"，坚持大中小城市和小城镇协调发展。把城市群作为推进城镇化的主体形态，逐步形成以沿海及京广京哈线为纵轴，长江及陇海线为横轴，若干城市群为主体，其他城市和小城镇点状分布，永久耕地和生态功能区相间隔，高效协调可持续的城镇化空间格局。并提出加强城镇化的政策引导和建设管理，强调城市规模与布局，要符合当地自然承载力和公共服务供给能力[2]。

按照以上战略，"十一五"期间国务院发布、批复或原则通过了从珠江三角洲、长江

---

❶ 本文来源：《城市规划》2011年第3期。

❷ 段进，东南大学建筑学院，城市规划设计研究院，城市空间研究所。

三角洲、皖江城市带到全国主体功能区等 18 项国家级发展规划①。同时，国务院批准设立了 9 个国家综合配套改革试验区，目前已初步形成东中西互动，多层次推进的综合配套改革试验格局②。

由此可见"十一五"期间国家在空间发展宏观战略上进行了重要的布置与干预。但我们知道，目前仍然存在区域发展不平衡，大城市病集中涌现，城市开发建设带来的住房、防灾、生态安全等衍生问题突出。针对这些问题，"十二五"建议进一步强化区域战略的地位与作用，提出"实施区域发展总体战略和主体功能区战略，坚持走中国特色城镇化道路"；延续与深化了东、中、西和东北的发展战略，更好地发挥经济特区先行先试的重要作用；把主体功能区提高到战略高度；强调进一步完善城市化布局和形态，突出强调了城市群内的中小城市建设和大中小城市基础设施一体化、网络化发展；同时对城镇化管理、住房保障提出了政策、土地、财税、金融结合的综合性控制与引导 [3]。

要实现"十二五"提出的这些战略目标，解决"十一五"遗留的发展问题，在全国范围内逐步走向空间的可持续发展，就必须深入开展国家空间整体规划。

所谓国家空间整体规划是指国家级空间规划中整体的、综合的全国空间规划。它是对国家疆域内空间利用的整体协调发展、资源合理利用、建设要素综合配置和人居环境全面优化所作的系统性计划和布置。国家空间整体规划既包含城镇建成和发展用地上的空间整体规划，也包含乡村、自然等非建设用地的系统规划；既涉及国家的发展和利益，也涉及居民的环境与生活。国家空间整体规划是一种以物质空间利用为手段，从宏观到微观、从建设用地到非建设用地进行有机整合的新理念 [4]。

国家空间整体规划根据各国不同的国情、政治制度和规划体系，所形成的策略和干预力度也不同。如荷兰、法国、日本、以色列、新加坡等就采取了自上而下从国家级土地与空间利用到具体城市建设的严格制约体系；而在以美国为代表的充分地方自治的规划体制中，中央政府几乎没有统一的规划强干预权力，国家通过立法和财政手段引导空间资源的全面配置；英国、德国、意大利、丹麦等国则采取了适度干预的规划体制，按统一程序分级进行，中央政府具有指导权和裁定权，并通过法律、政策、经济等手段进行适度干预和总体协调 [4]。

针对我国的国家体制、现行的规划体系以及当前的实际情况和历史发展阶段，国家空间整体规划应采取自上而下与自下而上相结合，控制与引导相结合，空间落实与空间弹性相结合的方式。针对目前规划编制条块分割，开发建设各自为政，资源利用无序竞争，空间开发管治失效等宏观突出问题，开展国家空间整体规划，有利于抓住主要矛盾，解决核心问题，从而产生以下有效推进"十二五"战略目标实施的重要作用。

（1）融合编制主体与内容变单一规划为综合规划。空间部署规划、社会发展规划和经济建设规划三者同等重要，它们相互结合有机整体地形成国家级"三位一体"的综合规划。单一的"国家主体功能区规划"、"全国城镇体系规划"或"全国土地利用规划"都不能真正发挥国家空间整体规划的作用。目前涉及全国空间规划内容的主体有国家发展和改革委员会、住房和城乡建设部、国土资源部，还涉及交通、铁路、民航、环保、信息、水利等部委。这些不同部门编制的规划在空间落实时相互之间产生矛盾很多，又各不相让，造成了损失。国家空间整体规划要改变以往条块分割的现象，由共同参与逐步变成共同编制，形成综合规划，做到空间规划管理一张图。

（2）强化空间绩效的整体性和系统性提升国力。对于一个开放国家来说，国家级空间规划重点内容之一是提升国际竞争力，为国家战略目标提供空间保证。面对国际竞争压力，国家需要集中优势资源极化发展，尽快占领国际竞争高地。德国、英国、日本、荷兰等国的空间政策都明确以提升某些地区和城市的国际竞争力为目标。我国以往缺乏宏观调控的地方城镇各自为政，恶性竞争，造成了零地价、空间不合理使用、大量重复建设等后果，严重浪费了空间资源，削弱了国家整体竞争力。针对这些情况，"十一五"近20项跨省、市的区域规划缓解了这种各自为政的小而全问题，但很可能产生新的、以区域为单元大而全的无序竞争现象。因此，"十二五"开放各种区划边界、突出重点区域与城市，从空间绩效的系统性和整体性要求出发，强调东中西协调互补，城市和乡村和谐有序，建设用地与非建设用地有机整合，不同城镇群体协同发展，必须有国家空间整体规划进行宏观层面的系统梳理和整合的保证。

（3）发挥干预与协调的综合作用促进区域协同发展。虽然国家空间整体规划是提高整体绩效的重要措施，但不是要回到计划经济时代。它与地方空间规划并非相互替代关系，而是相互促进关系[5]。根据我国情况，立法是基本保障，而控制、引导、协调是保障机制。国家空间整体规划可以通过关键要素空间落实立法，不同情况政策分区，具体措施地方补充等加强跨行政区划城镇发展的协调沟通。国家空间整体规划不仅是一张空间管治图，而且是通过比规划本身更广泛的内容和措施，包括运用财政、税收等经济政策等，鼓励地方政府和更多的社会行为支持区域间协同发展，落实国家发展的整体目标。

（4）突出重点保证空间合理利用和生存安全。国家级空间规划是中央政府干预和协调省际和地区关系的最重要行政管理手段之一。它不是面面俱到，而是针对国家宏观的重大问题进行调控。国内外没有宏观调控的空间发展往往都存在资源过度利用，甚至产生系统性破坏，危及生存安全。如鲁尔地区的早期开发。我国在快速城镇化发展中，许多问题已经显现，这些问题只有通过国家层面调控才能解决。如：流域性的水资源污染与枯竭；地下水开采的区域性地面沉降；结构性生态涵养地的破坏以及国家城镇化格局问题等。因此，"十二五"国家空间整体规划重点应体现在界定城镇发展适宜度，重大的粮食安全、能源安全、生态安全、环境安全、人口流动、城镇化趋势的空间保障和空间对策方面，以及在公共管理范围内的跨省市交通、水利、防灾、水资源保护、区域基础设施布局与重大基础设施廊道设置等方面。

（5）实现从自然资源到文化资源的整体发展战略。生态与文化环境的严重破坏，一定意义上也是非对称、不公平发展的恶果。对欠发达地区来说，是经济利益"外溢"的全球化，环境污染的本土化，本土文化特色的消退，不平衡格局的加剧。从国家层面进行调控，实施整体战略可起到公平利用资源，提高竞争正效率，平衡各方利益，保护自然和人文遗产的作用。紧随自然资源的竞争将是文化资源的争夺，为避免新的恶性竞争和破坏，"十二五"期间应重视空间发展中的文化战略，从而维护地域文化的差异性和特色性，加强区域规划的文化含量，探索全球化、区域发展与地域文化连接的途径，积极发挥文化资产的作用，尤其需要对为国家生态与文化保护作出利益牺牲的地区给予补偿和政策保障，只有这样，才能有效推进"生态安全、社会和谐、文化振兴"的人居环境发展整体目标的实现。

　　总之，面对我国城乡建设中的空间生存安全和资源利用不合理等宏观问题，面对我国城乡建设转型升级的空间重组、高铁等重大基础设施建设的机遇，面对国际竞争加剧、全球生态环境恶化的挑战，国家空间整体规划大有可为。

注释

①　2007 年 8 月，国务院原则同意《东北地区振兴规划》；

　　2008 年 1 月，国务院批准实施《广西北部湾经济区发展规划》；

　　2008 年 12 月，国务院正式批复《珠江三角洲地区改革发展规划纲要》；

　　2009 年 5 月，国务院原则通过《关于支持福建省加快建设海峡西岸经济区的若干意见》；

　　2009 年 6 月，国务院正式发布《关中 - 天水经济区发展规划》；

　　2009 年 7 月，国务院原则通过《辽宁沿海经济带发展规划》；

　　2009 年 7 月，国务院印发《关于江苏沿海地区发展规划的批复》；

　　2009 年 8 月，国务院批准实施《横琴总体发展规划》；

　　2009 年 8 月，国务院正式批复《中国图们江区域合作开发规划纲要——以长吉图为开发开放先导区》；

　　2009 年 9 月，国务院原则通过《促进中部地区崛起规划》；

　　2009 年 11 月，国务院正式批复《黄河三角洲高效生态经济区发展规划》；

　　2009 年 12 月，国务院正式批复《鄱阳湖生态经济区规划》；

　　2009 年 12 月，国务院批准实施《甘肃省循环经济总体规划》；

　　2009 年 12 月，国务院公布《关于推进海南国际旅游岛建设发展的若干意见》；

　　2010 年 1 月，国务院正式批复《皖江城市带承接产业转移示范区规划》；

　　2010 年 3 月，国务院批复《青海省柴达木循环经济试验区总体规划》；

　　2010 年 5 月，国务院批准实施《长江三角洲地区区域规划》；

　　2010 年 6 月，国务院原则通过《全国主体功能区规划》。

②　国家综合配套改革实验区有：上海浦东新区综合配套改革试验区；天津滨海新区综合配套改革试验区；深圳市综合配套改革试验区；武汉城市圈全国资源节约型和环境友好型社会建设综合配套改革试验区；长株潭城市群全国资源节约型和环境友好型社会建设综合配套改革试验区；重庆市全国统筹城乡综合配套改革试验区；成都市全国统筹城乡综合配套改革试验区；沈阳国家新型工业化综合配套改革试验区；山西国家资源型经济转型综合配套改革试验区。其中，前三个为"全面型"综合配套改革试验区，后六个为"专题型"综合配套改革试验区。

参考文献

[1]　刘慧，高晓路，刘盛和 . 世界主要国家国土空间开发模式及启示 [J]. 世界地理研究，2008（6）：39.

[2]　中华人民共和国国民经济和社会发展第十一个五年规划纲要，2006.

[3]　中共中央关于制定国民经济和社会发展第十二个五年规划的建议，2010.

[4]　段进 . 城市空间发展论 [M]. 南京：江苏科学技术出版社，2006：239，261.

[5]　胡天新，杨保军 . 国家级空间规划在发达国家的演变趋势 [C]// 规划 50 年：2006 中国城市规划年会论文集 . 北京：中国建筑工业出版社，2006：102-104.

中国空间规划体系：现状、问题与重构 ❶

王向东 ❷   刘卫东 ❸

城乡规划长期被认为是局限在一定区域范围内的针对土地利用和建成环境的物质空间形态规划[1]，世界各国的原有空间规划体系基本均是这种观念下形成。20世纪80年代以来，随着理论上空间的社会意义被认知和实践中空间与非空间因素的相互作用在各种尺度上均日益普遍而复杂，空间规划逐渐被意识到是经济、社会、文化、生态等政策的地理表达[2]，应具有多尺度、综合性的特征和相应的规划体系。在此背景下，世界各国原有的空间规划体系亟待改革和完善，国际规划界也逐渐引起重视和产生共鸣[3]。在德国，空间规划涵盖（或架构）了城市、区域及国家层面的规划内容，是一种整体性、综合性和全面性的规划途径[4]。在英国，空间规划已成为包含规划改革、政策整合、战略治理等内容的综合进程[5]。在我国，随着计划经济时期形成演化来的传统规划问题逐渐暴露，空间规划体系的改革与完善也逐渐被一些学者作为重要议题提出和研究[6-10]。

在现代，空间规划已具有日益重要的地位和作用，它已成为政府实现改善生活质量、管理资源和保护环境、合理利用土地、平衡地区间经济社会发展等广泛目标的基本工具。然而我国空间规划体系的改革发展仍步履维艰，落后于时代要求的问题已日益突出和严重，且已经对经济社会发展产生了深远的不良影响。为此，考察我国空间规划体系现状，分析其存在的问题，探究其未来的发展出路，具有重要的意义。

1 我国的空间规划体系现状概述

针对不同地理区域和不同问题，我国已经制定了诸多不同层级、不同内容的空间性规划，组成了一个复杂的体系共同进行经济、社会、生态等政策的地理表达，主要包括城乡建设规划、经济社会发展规划、国土资源规划、生态环境规划、基础设施规划等系列（表1）。

城乡建设规划系列以《城乡规划法》为主要法律依据，以众多部门规章、规范性文件、技术标准为指导①，由不同层级、不同深度、法定与非法定规划类别构成，是我国体系相对完善、管理比较规范、技术成熟、研究较多、公众与企业关心、实施措施相对有效的规划系列。

发展规划系列在我国具有较高权威性。其中，国民经济和社会发展总体规划由《宪法》授权，其他规划系列都被要求与其衔接或以其作为依据；国民经济和社会发展区域规划常被作为国家战略以跨行政界限的城市群地区、重点开发或保护地区等为规划区域编制实

---
❶ 本文来源：《经济地理》2012年第5期。
❷ 王向东，浙江杭州土地科学与不动产研究所。
❸ 刘卫东，浙江杭州土地科学与不动产研究所。

中国空间规划体系的基本情况　　　　　　　　　　表1

系列	类别	层级	主要内容	主要实施手段	主管部门	备注
城乡建设规划	城镇村体系规划	全国、省级、市级、县级、乡级	包括全国、省域、市域、县域的城镇体系规划和县（市）域、乡（镇）域的村镇体系规划等，内容为城镇（村镇）空间发展策略和指引、城镇（村镇）发展设施支撑体系、重点城镇（村）用地规模控制等	指导和审批下级规划的依据，如下级规划城镇人口与用地规模的审核	建设部门	《城乡规划法》规定全国和省域城镇体系规划为国家法定规划；《城市规划编制办法》和原《城市规划法》规定有市县域城镇体系规划；《镇规划标准》要求有镇域城镇村体系规划，实践中还有其他类型
	城市发展战略规划	直辖市、市级、县级	城市与区域关系、产业结构调整与产业发展、空间结构与发展策略、基础设施支撑与生态保障等城市发展战略层面的思考与研究	城市总体规划编制等的参考依据，多为研究性质		非国家法定规划，形式和内容均较为灵活，许多城市自发编制实施（如广州、南京、杭州、天津），天津市还颁布有《天津市空间发展战略规划条例》
	城镇总体规划	直辖市、市级、县级、乡级	以发展定位、功能分区、用地布局、综合交通体系、管制分区、各类基础与公共设施等为主要内容，规划区范围、用地规模、基础与公共设施用地、水源地和水系、基本农田和绿化用地、环境保护、自然与历史文化遗产保护以及防灾减灾等应作为强制性内容	下级规划编制的主要依据，引导和调控城镇建设的重要依据和手段，具体如"四线"划定与管理		《城乡规划法》规定的国家法定规划，规划人口、用地规模须报国家或省级建设部门审核，城市边缘各类园区须纳入城市统一规划；浙江省以浙政发[2006]40号文要求将城市规划区推广到市行政区域而全面推进市县域总体规划
	城市分区规划	市级、县级	分区范围内的功能分区、用地性质与布局、四线范围、各级公共设施和基础设施位置和规模等	指导其他规划编制		非国家法定规划，原《城市规划法》规定大、中城市在总体规划的基础上可以编制分区规划，实践中多仍据此编制实施
	城镇近期建设规划	直辖市、市级、县级、乡级	明确城镇近期建设的时序、发展方向和空间布局，尤其是基础设施、公共设施、保障住房等的建设	城镇近期建设项目安排的依据		国家法定规划，是城镇总体规划的重要内容和实施措施
	城镇控制性详细规划	直辖市、市级、县级、乡级	以土地使用控制为重点，包括：地块用地功能和指标控制、基础与公共设施用地规模范围及控制要求、地下管线控制要求、"四线"及控制要求等	审核发放"两证一书"和进行基础与公共设施布局建设的直接依据		《城乡规划法》规定的国家法定规划，应当制订编制工作计划有序有重点地编制，是国有土地使用权出让的必备条件；其中"两证一书"是指选址意见书、建设用地规划许可证、建设工程规划许可证
	城镇修建性详细规划	直辖市、市级、县级、乡级	建设条件分析论证、用地平面布置和景观规划设计、日照分析、交通组织设计、管线规划设计、竖向规划设计、投资成本效益分析等	指导各项建筑和工程设施的设计和施工		《城乡规划法》规定的国家法定规划，但非强制性规划，且其地位和作用已弱化
	村庄（集镇）规划	乡级、村级	分总体规划和建设规划两个阶段，内容包括村庄（集镇）布点及其性质与规模等、生产生活服务设施和其他各项建设的用地布局与建设要求、自然历史文化遗产保护、防灾减灾等	审核发放选址意见书、乡村建设规划许可证和进行村庄公共与基础设施布局建设的直接依据		《城乡规划法》、《村庄和集镇规划管理条例》规定的国家法定规划，实践中许多村庄（集镇）受条件限制而未编制实施，尤其是在中西部地区
	城镇专项规划	直辖市、市级、县级、乡级	交通、水利、电力、燃气、通信、给水排水、环境卫生、绿化、消防、地下空间、人民防空、医疗、教育、文化、体育等建设的规划	相关设施、项目布局与建设的依据	多部门	种类众多，部分为国家法定规划如历史文化名城（街区）保护规划、人民防空工程建设规划、城市道路发展规划、城市绿化规划、城市消防规划等

续表

系列	类别	层级	主要内容	主要实施手段	主管部门	备注
发展规划[⑤]	国民经济和社会发展总体规划	全国、省级、市级、县级、乡级	关于国家或地区经济社会发展的全局性与战略性问题，包括发展的环境与条件、发展目标与指标、三农问题、产业转型与发展、区域协调、科技发展、民生问题、社会管理、文化发展等	通过指标引导与约束、指导有关规划的编制、相关政策制定与绩效考核等实现	发改部门	《宪法》授权各级政府编制实施，是经济和社会发展的战略性、纲领性、综合性规划，具有较高的权威性和连续性，是政府履行经济调节、市场监管、社会管理和公共服务职责的重要依据
	国民经济和社会发展区域规划	国家级、省级、市级、县级	区域发展战略、产业发展方向、城镇布局、区域基础设施建设、环境保护与生态建设、资源利用保护	通过指导相关规划编制与政策制定等实现，引导性		非国家法定规划，是经济社会发展总体规划在特定区域的细化和落实，缺少相关法律依据和有关文件规范，多是一次性编制实施
	国民经济和社会发展专项规划	国家级、省级、市级、县级、乡级	包括经济发展、社会民生、资源环境、基础设施等类别，内容庞杂；国家级专项规划原则上限于重要领域	项目审批核准、政府投资安排、特定领域政策制定的依据	多部门	非国家法定规划，是经济社会发展总体规划在特定领域的细化，通常区分重点专项和一般专项
	主体功能区规划	全国、省级	国土空间的分析评价，各类主体功能区的数量、位置和范围，各个主体功能区的功能定位、发展方向、开发时序和管制要求，差别化配套政策等	建设项目环评审批、差别化环境管理、差别化政绩考核和生态补偿政策制定等的依据	发改部门	非国家法定规划，发展历程短，《全国主体功能区规划》2010年经国务院审批后实施，省级主体功能区规划尚未有发布实施
国土资源规划	国土规划	全国、省级	不明确，尚在试点、探索阶段	不明确		已有多次省级试点、全国国土规划纲要编制已启动，定位战略性、综合性、基础性规划
	土地利用总体规划	全国、省级、市级、县级、乡级	规划目标与指标、耕地和基本农田保护、城乡建设用地布局与规划控制、基础设施与重大项目建设用地布局、生态用地布局、用途分区与空间管制、补充耕地项目安排、上级任务落实与下级规划指标分解控制等，其中乡级规划落实到地块	总量与增量指标控制、年度计划、目标责任考核、用途管制与转用规划预审、基本农田划区定界、项目建设、检查督察等	国土部门	《土地管理法》规定的国家法定规划，土地管理的纲领性文件，是实施土地用途管制、规划城乡建设和统筹各项土地利用活动的重要依据，尤其是县乡级规划；有土地调查成果作为数据基础，规划数据库建设也在推进
	土地利用专项规划	全国、省级、市级、县级、乡级	行业或某一专项土地利用问题；土地整治规划内容包括整治的目标与范围、补充耕地任务、整治重点工程或项目、示范项目区等	有关项目安排以及相关政策制定依据，引导性		非国家法定规划，实践中主要为土地综合整治规划（土地开发整理复垦规划）、基本农田保护规划
	林地保护利用规划	全国、省级、县级	林地资源现状、林地用途管制与分级管理、林地结构调整与利用经营、林地补充、林地保护工程措施等，全国和省级规划要强调战略性、政策性，县级规划要突出空间性、结构性和操作性	限额采伐、转用控制、生态公益林区划界定、生态修复与造林绿化、退耕还林等	林业部门	《森林法》规定的国家法定规划，实践发展历史较短，省级、县级规划在2010年国务院批准全国林地保护利用规划纲要（2010~2020年）后才开始要求，目前许多仍处于编制阶段

续表

系列	类别	层级	主要内容	主要实施手段	主管部门	备注
国土资源规划	草原保护建设利用规划	全国、省级、市级、县级	分为总体和专项规划,其中前者主要内容为规划目标和措施、草原功能分区和各项建设的总体部署等	基本草原保护与草原自然保护区建设、退耕还草与禁牧休牧轮牧、人工草地建设、天然草原改良、草原防灾减灾与牧区水利工程等	农业部门	《草原法》规定的国家法定规划,是保护、建设和合理利用草原的重要依据,实践发展历史短,《全国草原保护建设利用总体规划》2007年经国务院审批通过后实施,而各行政区域草原保护建设利用总体与专项规划还未有发布实施
	矿产资源规划	全国、省级、市级、县级	由全国性(分为总体和专项)、地区性(包括省市县级和跨行政区的,分总体和专项)和行业性矿产资源规划构成,专项规划包括调查评价与勘查规划、开发利用与保护规划等	批准立项、审批颁发勘查许可证和采矿许可证、批准有关用地等的依据	国土部门	《矿产资源法》规定了统一规划的原则,国土资发[1999]356号和[2001]211号文等详细规定了其规划体系、编制实施、审批管理等问题
	水资源规划	全国、省级、市级、县级	包括流域或区域的水资源综合规划与专业规划,前者是开发、利用、节约、保护水资源和防治水害的总体部署后者是防洪、治涝、灌溉、航运、供水、水力发电、渔业、水资源保护、节约用水等规划	水资源配置、取水许可和有偿使用、水工程建设审批等	水利部门	《水法》规定的国家法定规划,实践发展历史较短,各级水资源综合规划2002年开始推进,2010年全国水资源综合规划才经国务院审批后实施
生态环境规划	环境保护规划	全国、省级、市级、县级、乡级	以污染防治为重点内容,包括大气、水体、固体废物、噪声、土壤等污染防治	建设项目环境影响评价、规划环境影响评价、排污许可与收费、污染监测与治理等	环保部门	《环境保护法》规定了有关问题,但对规划体系、内容等缺少详细的规定,实践中各级政府均编制实施有环境保护规划,并常作为专项规划纳入经济社会发展规划、城乡建设规划系列
	生态功能区划	全国、省级、市级、县级	根据区域生态环境要素、生态环境敏感性与生态服务功能空间分异规律,将区域划分成不同生态功能区,明确各生态功能区功能定位、保护目标、建设与发展方向等	为制定有关规划提供依据,为环境管理和决策提供信息,引导性	环保部门	研究性质,2002年开始推进,分省基础上编制的《全国生态功能区划》2008年公布实施;浙江省在生态功能区划基础上探索推进省级、市级、县级生态环境功能区规划的编制实施
	生态示范区规划	省级、市级、县级、乡级、村级	包括"生态省-生态市-生态县-生态乡镇(原环境优美乡镇)-生态村-生态工业区"示范建设规划,内容主要包括基本情况与趋势分析、建设目标与指标、生态功能区划、生态产业、资源与生态环境、建设重点项目等	示范区建设依据,引导性	环保部门	非国家法定规划,环保部大力推动,许多地区参与创建;其中生态省建设要求突出宏观性、战略性和指导性,生态市、生态县建设要求突出实践性、重在过程
	地质灾害防治规划	全国、省级、市级、县级、乡级	地质灾害现状和趋势、防治原则和目标、易发区与重点防治区、防治项目、防治措施等	监测与预警、治理工程等	国土部门	行政法规《地质灾害防治条例》规定的法定规划
	矿山地质环境保护规划	全国、省级、市级、县级	矿山地质环境现状和趋势、保护原则和目标、保护的主要任务、保护的重点工程等	调查评价、监测、治理恢复、检查等	国土部门	部门规章《矿山地质环境保护规定》要求的规划类型,企业申请采矿许可证时要求有矿山地质环境保护与治理恢复方案
	水土保持规划	全国、省级、市级、县级	包括水土流失状况、水土流失类型区划分、水土流失防治目标任务和措施、预防和治理水土流失的整体部署等	预防要求与治理措施、目标责任与监督检查等	林业部门	《水土保持法》规定的国家法定规划

续表

系列	类别	层级	主要内容	主要实施手段	主管部门	备注
生态环境规划	防沙治沙规划	全国、省级、市级、县级	沙化状况与趋势、防沙治沙目标任务、重点建设区域和主要治理措施等	防沙治沙要求、生物或工程防治措施、防治示范区或试点建设、沙化监测预警等	林业部门	《防沙治沙法》规定的国家法定规划，具体方案纳入经济社会发展五年规划和年度计划
	湿地保护规划	全国、省级、市级、县级	湿地资源分布、管理利用概况与存在问题、规划保护目标与措施、保护工程、湿地保护区建设等	调查、监测、湿地保护区建设、湿地公园、保护治理工程等	林业部门	非国家法定规划，广东省、浙江省、吉林省等颁布实施有湿地保护条例，对有关内容做了详细规定
基础设施规划	公路网规划	全国、省级、市级、县级、乡级	包括各行政区和特定区域的公路网规划，内容主要为公路网现状与需求、公路发展目标与布局、公路网建设分期安排、规划实施的政策与措施等	公路建设项目的依据	交通部门	《公路法》规定的国家法定规划，公路按等级分为国道、省道、县道、乡道和专用道路
	航道发展规划	全国、省级	分为国家、地方（省级、跨省域）、专用航道发展规划，包括规划目标、技术等级、布局方案、主要建设工程、实施措施等内容	航道保护、管理和设施建设的依据		行政法规《航道管理条例》规定的法定规划
	港口规划	国家级、省级、市级、县级	包括港口布局规划和港口总体规划，前者是指港口的分布规划（包括国家级和省级），后者是指一个港口在一定时期的具体规划，两者均可编制专项规划，有关部门应根据后者编制港口控制性详细规划	港口布局和设施建设的依据		《港口法》规定的国家法定规划，另有部门规章《港口规划条例》规范，港口总体和控制性详细规划应纳入所在城市总体规划
	铁路发展规划	国家级、省级、市级、县级	包括国家铁路、地方铁路、专用铁路和铁路枢纽等的布局、建设安排等	铁路布局、铁道线路新建与改建、铁路枢纽和设施建设的依据	铁路部门	《铁路法》规定的国家法定规划，城市规划区范围内铁路线路、车站、枢纽、设施应纳入所在城市总体规划，铁路建设用地规划应纳入土地利用总体规划
	电力发展规划	国家级、省级、市级、县级	电网、电力设施等的规划建设	电力建设项目依据	电力部门	《电力法》规定的国家法定规划，电力发展规划应纳入国民经济社会发展规划，城市电网的建设与改造规划应当纳入城市总体规划
	管道规划	全国、企业	国务院能源主管部门编制全国管道发展规划，管道企业应当根据全国管道发展规划编制管道建设规划	管道建设的依据	能源部门	《石油天然气管道保护法》规定的国家法定规划，管道建设符合城乡规划的应当依法纳入当地城乡规划

施[②]；国民经济和社会发展专项规划则涵盖众多领域，涉及众多部门；主体功能区规划发展历程较短，但一开始就被定为战略性、基础性、约束性的规划而推进。

国土资源规划系列是由不同部门主管的关于国土资源开发、利用、保护等的各类规划组合而成。其中，国土规划虽被寄予厚望但仍处于研究和试点探索阶段[③]；土地利用总体规划以《土地管理法》为法律依据和若干部门规章、规范性文件、技术标准为指导[④]发展起来，因相对技术成熟、管理规范、实施有力等而具有重要地位；在国土部门的推动下，基本农田保护、土地整理复垦开发等土地利用专项规划和全国性、地区性和行业性矿产资源规划获得了较大发展。草原保护建设利用规划、林地保护利用规划、水资源综合规划等的编制实施也在农业、林业、水利等在多部门努力下得到较快推进。

以上三大规划系列构成我国空间规划的主体，其他规划在可能的情况下往往被要求纳入其系列中。然而由于三大规划系列自身的局限等原因，生态环境规划、基础设施规划等仍有相对独立的发展。如在环境保护部门倡导下编制实施的生态示范区创建规划，国土部门编制实施的矿山地质环境保护规划和地质灾害防治规划，交通部门编制实施的公路网规划等。此外，作为实施有关规划和针对特殊区域的特殊举措，功能园区规划也是一个重要类型，如风景名胜区、自然保护区、地质公园、重点生态功能区、森林公园、湿地公园、水利风景区、工业园区、经济开发区、历史街区等的规划；针对特殊问题，根据需要进行的非常规性规划也较常见，如优势农产品区域布局规划、汶川地震灾后重建规划、十大产业振兴规划、粮食安全中长期规划等。

2　我国空间规划体系存在的问题分析

2.1　总体上过于庞杂

德国的空间规划体系由国家、州、地区、地方四个层次组成，每层次分别对应相对的规划类型，总体上层次清晰、相互衔接，而且所有对土地和空间的设想都成为这一体系的有机组成部分。与德国相比，我国的空间规划总体上种类繁多、体系庞杂，且城乡建设规划、发展规划、土地利用规划等在不同部门主管下自成体系，每一体系又有诸多不同层级、不同深度的具体规划类型。由此，我国的空间规划体系既不易理解难以获得公众的认同与支持，又复杂繁多而缺乏效率和效力。

我国空间规划体系过于庞杂的原因主要有两个因素：一是长期计划经济的影响。一方面，原有计划经济时代形成的很多规划类型保留发展至今；另一方面，为应对新形势下的新问题，各部门因习惯于计划管控思维而形成了很多新的规划类型。二是条块分割管理体制的制约，各部门将编制规划作为争取权利和利益的一种重要手段，因而争相编制"自己部门的"规划，各层级综合性、统筹性的规划因此也难以发展成型，协调性的规划体系难以建立。

2.2　整体发展不均衡

一是作为规划体系基础的详细规划发展不牢固。作为城乡建设规划基础和核心的控制性详细规划，从发展历程来看只是中国香港法定图则、美国分区制的简化，引进了其技术外壳，却无其法治化与民主化管理之实质，存在规划编制审批职能合一、程序约束力极弱、规划行政部门裁量权过大等问题，且大多数城市尤其是小城镇未实现空间全覆盖；在乡村地区，村庄（集镇）建设规划普遍技术薄弱、操作性和指导性差、覆盖面不广；发展规划系列并无详细规划这一层次，主体功能区规划仅是面向国家和省级层面；国土资源规划系列也缺少针对农地、林地、草地等的更详细性可操作的规划设计。

二是跨行政区的区域规划发展较弱。城镇总体规划与详细规划间缺乏次区域规划作上下承接，《城乡规划法》取消了大中城市编制城市分区规划要求后这一问题更加突出；跨省级的区域规划多集中在东部沿海地区而中西部地区较少；跨县市的省内区域规划编制实施较少，尤其是经济落后地区。所有跨行政区的区域规划基本是一次性编制实施而缺乏连续性，且都缺乏相应的管理机构和实施机制作支撑。

三是规划体系内容不平衡。城乡建设规划偏重于物质性空间领域，对于非空间因素考虑不足。经济社会发展总体规划以经济社会等非空间内容为主而空间方面的内容较少。土地利用总体规划基本以耕地和基本农田保护规划为主，对生态用地、非耕农地、城镇用地等利用的研究深度不够。

德国空间规划体系概况 表2

级别	层级	类型	法律依据	职能任务	规划机构	备注
联邦政府	国家	联邦空间秩序规划	联邦宪法、联邦空间秩序规划法	实现全国国土空间的平衡持续发展、协调全国各部门和各州的规划	联邦政府城市发展房屋交通部、州部长联席会议	还有一些针对专项规划的法律依据，如《联邦自然保护法》、《联邦水利法》等
州政府	州域	州域规划	联邦空间秩序规划法、州空间规划法	实现州空间平衡持续发展、协调州各部门和各地区的规划、规定各地区发展方向任务、审查批准地区规划	州规划部门	州空间规划法是指各州在其立法权限内依据《联邦空间秩序规划法》而制定的本州与空间规划相关的法律
	地区	地区规划	州空间规划法、联邦地区规划法	实现地区空间平衡持续发展、规定各城镇发展方向任务、审查地方规划	地区规划组织（地区规划协会）	唯一的跨行政区规划类型，全国划分成100多个地区
地方政府	地方	地方规划（土地利用规划＋建设规划图则）	联邦建设法典、建设利用条例、州建设条例	调整辖区内各项土地利用和城镇建设活动，实现可持续空间发展	地方政府、地方规划局或项目承担人	土地利用规划仅对地方政府或公共建设单位有约束力，建设规划图则由地方议会立法

注：法定的交通、农业、环境、生态等专业规划内容往往是贯穿空间规划始终，另有依需要编制问题导向的非法定规划（如景观规划、形态规划），还有欧盟层面的空间规划做指导。地方规划有称城镇规划或建设指导规划，地区规划有称区域规划。本表在参考相关文献[11-15]的基础上进行整理而来。

造成规划体系整体发展不平衡的主要原因是规划管理体制与规划真实需求不相匹配。如缺乏跨区域的常规性规划管理机构，土地利用总体规划所要求的许多内容已超出了国土部门的权限和职责，基层规划技术和资金投入与其需求相比十分薄弱；其次要原因则是由于我国各规划类型发展历程不同，大多数仍处于发展完善中，不平衡是发展过程中的产物。

2.3 法制化和规范化建设落后

与德国每层次的空间规划均有坚实的法律基础比较而言，我国的空间规划法制化建设十分滞后，规划编制实施与管理等的规范性差，现有的有关法律内容也不甚成熟完善。在我国空间规划体系中，以《城乡规划法》为主要依据的城乡建设规划系列法制化相对领先，然而仍存在诸多问题：并未明确城镇总体规划、控制性详细规划等国家法定规划的法律性质[16]，缺乏对公民权益保障和救济的规定，对于实践中广泛编制实施的城市发展战略/概念规划、市（县、镇）域总体规划、市域城镇体系规划、县（镇）域村镇体系规划等缺乏法律规范，实行城乡分割规划管理且仍以城镇规划为重，而对乡规划、村规划等的法律规定很不充分。地位较高且战略性、纲领性强的发展规划系列，其规范性和法制化却很滞后，国民经济和社会发展总体与区域规划除《宪法》少数条款和国发 [2005]

33号文外几乎无其他法律、法规、规章与规范性文件依据，定位为国土秩序基本依据的主体功能区规划仅是依有关文件编制实施，缺乏法律、法规、规章依据。其他规划类型也存在类似问题，规划体系和内容、规划的编制与审批、规划的实施与修改等最基本的问题都缺乏规范和依据。

一方面规划法制化和规范化问题受制于我国整体的法治和行政环境；另一方面这一问题也是其他规划体系问题导致的部分结果。出于后一种原因的考虑，在没有理顺各规划相互关系及其管理体制的前提下，片面强调各种规划的规范化和法制化建设却可能会适得其反。

2.4 规划层级间关系不尽合理

一是城乡建设规划系列和发展规划系列均存在上级规划对下级规划约束性较弱、指导性不强的问题，如经济社会发展的总体规划、区域规划对下级总体规划、城镇体系规划对下级城镇总体规划，缺乏相应的约束引导手段是其主要原因。

二是虽然土地利用总体规划通过自上而下的指标分解实现了上级规划对下级规划的约束控制，然而却付出了较大的经济、社会和生态成本，如由此带来的"寻租"和腐败、耕地占优补劣、过度开荒围垦等不良现象。

三是规划层级间差异性未能充分体现。一般情况下，上级规划应侧重战略性、政策性，下级规划侧重操作性、适应性，但我国规划实践中存在上级规划战略性、政策性不足和下级规划简单模仿上级规划而操作性、适应性不强的问题。

规划层级关系不合理是由于：一是受政府层级关系不合理的影响，上级政府相对拥有更多的职权（包括财权）而下级政府需要处理更多面向公众的事物，由此造成上级政府过多参与地方事务而对于战略性和政策性问题的研究不足，地方规划更多面向上级而非公众需求；二是规划科学性不够，实践中对于规划层级差异的认识和把握仍十分不足。

2.5 规划类别间的协调性差

不同规划类别间协调性差的问题突出，包括不同规划系列之间（尤其是三大规划系列之间，被戏称为"三国演义"[17]）和同一规划系列内部不同类型之间（尤其是专项规划与总体规划之间）。诸多原因造成了这一问题：一是缺乏协调的数据基础，各部门采用不同的土地分类和数据成果，无实现基础地理数据和社会经济数据共享的有效机制；二是不同规划类别的编制时期和规划期限不同，编制实施进度迥异；三是有关规划协调的法律规定不够充分，各规划的法律性质和定位不明确；四是缺乏具体有效的协调机制和平台；五是主管部门不同，对部门利益和规划权力的追逐使不同部门间不愿妥协。

2.6 规划错位、越位、缺位问题突出

不同规划间职能和内容交叉重叠问题突出。在相同空间尺度，发改部门、国土部门、建设部门"三面出击"形成了经济社会发展规划、国土与土地利用规划、城乡建设规划等并存的态势。然而，经济社会发展规划必须落地，但由此就进入了土地利用规划与城乡建设规划的范围；国土规划涉及的重大基础设施、产业布局、资源配置等事项，却是国家发改委和发展规划的职能；为强调区域协调和城乡统筹，城市建设规划系列逐渐发展出城镇村体系规划甚至县市域总体规划的类型，但这却与土地利用总体规划职责和内

容相交叉。

规划过多、过死的管控使市场作用受限的问题严重。规划领域大而全、刚性有余而适应性不足、政府职责与市场界限不清的问题长期存在，如发展规划存在对于竞争性行业的过度管控问题，城市详细规划存在"管的多、管的死"问题，土地利用总体规划存在过于依靠指令性方法而市场激励机制利用不足的问题。

统筹性空间规划缺位的问题突出。实践中也曾有多次建立统筹性规划的努力，然而在部门权利之争下，发改部门将土地利用总体规划、城乡建设规划纳入发展规划系列的努力不成，国土部门将城乡建设规划纳入土地利用总体规划控制的梦想实已告吹，建设部门组织编制的全国城镇体系规划终未能审批实施。

规划的错位、越位、缺位问题某种意义上讲是以上各问题的综合反映，其原因也是诸多因素相交织，然而总体上可归结于规划管理问题和规划认知问题。

3 我国空间规划体系的重构

我国空间规划体系存在的诸多问题，初看起来相互交织、互为因果、错综复杂而似乎难以解决，然而若仔细分析其间的关系和问题的优先性，则会逐渐发现解决之道。

3.1 明确重构的目标

我国规划体系诸问题产生的一个根本原因是缺乏统一的价值和目标指导，规划体系的重构应改变这一状况。在现代，可持续发展作为规划的终极目标已成为诸多国家和学者的共识，我国规划体系的重构也应以可持续发展为终极目标，注重经济发展、环境保护、社会公平的协调，具体涵义可参见表3。

空间规划的倡导目标 表3

倡导者	规划目标	主要内涵	备注
德国《空间规划法》	在空间发展可持续思想指导下，预先考虑各种空间功能与空间利用、协调对空间的不同需求和平衡各种冲突，发展、规范全部及其局部空间，发展整体平衡的空间结构	空间利用应符合其生态功能，空间整体与部分应相互兼顾，维持大分散、小集中的居住结构，追求空间平衡的有竞争力的经济结构，共同平衡发展农业林业经济，保护自然生态，维持历史、文化及地区特色	具体要求：废弃居住区再利用优先于剩余地表开发；技术性基础设施置于地表之下，社会性基础设施应优先集中于中心地点；保障乡镇对其人口的居住空间供应上的自主发展等
英国《规划政策陈述》	促进可持续发展，包括经济、社会、环境三方面	可持续发展是每一规划方案与决策的基础，规划应促进经济繁荣、满足人的需要和保护自然生态环境与历史文化遗产	规划决策应尽可能地在地方层次做出，规划应是以人为本和公众与社区参与的；规划体系应是灵活的、易于理解、有效率和效力的
Campbell，1996	以经济发展、环境保护、社会公平为角点、可持续发展位于中心的"三角模型"[18]	可持续发展不能直接达到，只能在不断遭遇和解决三个子目标间冲突（经济与公平间的财产性冲突、经济与生态间的资源性冲突、公平与生态间的开发性冲突）的过程中间接实现	揭示了目标冲突与调停，强调解决经济与生态间的资源性冲突和政府干预解决手段，认为公平要靠保存环境资源和经济活力来实现
Godschalk，2004	以经济、生态、公平、宜居为顶点、永续发展位于中心的"棱锥模型"[19]	同上，但增加了宜居目标及其与经济、生态、公平间的"增长管理冲突"、"绿色城市冲突"、"中产阶级化冲突"与解决	在永续"三角模型"基础上强调宜居与经济、生态、公平间的冲突和相应的增长管理与新城市主义解决手段

3.2 确立规划体系重构的基本策略

规划体系按功能基本可分为两类：经济社会发展规划和空间规划，其中德国以空间规划为主体，法国以经济社会发展计划为主，日本、我国等则两种并重，美国则两者均相对薄弱。遵循继承与发展结合的原则，我国规划体系近期仍由经济社会发展规划体系和空间规划体系两大部分组成，远期因空间与非空间因素日益相互影响、密不可分而逐渐寻求两者的融合；经济社会发展规划体系继续沿用目前以国民经济和社会发展总体规划为统筹的做法，我国近期规划体系改革的重点应放在统筹性空间总体规划的建立和空间规划与经济社会发展规划的协调上面。

空间统筹性总体规划建立的路径：由于引入新的规划类型只会进一步增加各规划间的冲突和矛盾，因而空间统筹性总体规划的建立最好是通过对现有某一规划类型的充实完善而实现；考虑到作为空间统筹性总体规划应具有全覆盖、综合性、多尺度、约束性、统一的数据基础等特征，目前规划类型中土地利用总体规划最为合适[⑥]。

规划体系重构的基本策略是：在各行政层级，以现有的土地利用总体规划为基础，充实内容、提高地位成为统筹性、基础性、综合性的空间总体规划，与国民经济和社会发展总体规划并行成为我国规划体制的基础和主干。其中前者主要是空间性的，后者主要是非空间性的；前者为后者定位，后者为前者定性。两者相互协调，两大规划均以可持续发展为指导；在以上两大总体规划的指导下进行各专项规划、次区域规划、详细规划的编制实施。

3.3 空间规划体系重构的基本框架

在"两大体系、两大总体规划"的基本策略下，为建立统筹协调的空间规划体系，首先对主要的规划类型进行如下改造和功能定位：主体功能区规划不再作为规划而是以主体功能区划形式同生态功能区划、自然区划、农业区划等一同作为规划编制的理论依据；对土地利用总体规划、国土规划职能进行分解整合，改造为作为空间规划体系基础与骨干的土地利用总体规划[⑦]以及作为国土部门主要职责范围的耕地和基本农田保护专项规划；城镇体系规划仍定位为城乡建设规划体系的最高层次规划类型，但同时也是空间总体规划的专项规划。

在改造后的土地利用总体规划的统筹协调下，城镇体系规划、基础设施规划、农地保护利用规划、林地保护利用规划、矿产资源规划、水资源规划、生态环境保护规划等均作为综合性专项规划进行编制实施，跨下级行政区的规划作为次区域规划进行编制实施，各专项规划、次区域规划可根据需要进一步编制行业性专项规划、详细规划、年度计划等，由此建立空间规划体系，统筹协调生产、生活、生态等用地需求和农业、国土、水利、财政等部门关于土地利用的各种政策；国民经济和社会发展总体规划、各类产业发展规划、科教文卫发展规划等以非空间因素为主要内容的规划类型均在空间规划体系所确定的用地布局和范围内进行。在近期，经济社会发展总体规划与土地利用总体规划并行并相互协调，两者赋予同等的地位共同指导下级规划与专项规划的编制实施；远期考虑两大规划的合并统一。

在符合以上空间规划框架定位的基础上，尊重目前各部门的规划系列，如城乡建设规划系列,以土地利用总体规划指导下的城镇体系规划为上级规划，编制实施城镇总体规划—

城镇次区域规划—城镇详细规划。此外，应强化各种次区域规划和详细规划，以加强规划的协调和实施。

3.4 合理确定规划职责与权限

应借鉴以往的教训，空间总体规划的建立必须破解部门权利冲突，为此建议各级政府成立常设的由相关部门人员、技术人员、公众代表等组成的规划委员会，负责各规划间的统筹协调和两大总体规划的编制调整等事宜，部门抽调人员采用流动制以更好地代表各部门利益，技术人员和公众代表采用常任制以更好地完成有关任务和代表公众利益。为充实次区域规划力量，规划委员会中可根据需要成立专门小组，负责次区域规划的编制实施和有关协调事宜。

国土、发改等部门的职责进行相应调整。如国土部门不再负责土地利用总体规划、国土规划的编制实施，而是主要负责土地调查和基础地理信息系统的建立、农地保护综合性专项规划、矿产资源综合性专项规划、基本农田保护行业性专项规划、土地综合整治行业性专项规划、矿产资源调查勘测行业性专项规划等任务；发改部门不再负责国民经济社会发展总体规划、主体功能区规划。

3.5 理顺空间规划层级关系

在欧洲，英国的规划政策陈述、德国的空间发展报告等本身没有约束力，主要是发挥间接的引导作用；在美国，联邦主要是通过环境政策、资金资助、技术支持等来间接影响各州和地方政府的规划编制实施。我国也应借鉴欧美经验，在国家和省级规划层面更加注重战略性和政策性，逐渐弱化指令性指标而强化资金资助、政策导引、法律规范、技术支持等手段。在县乡级规划层面，注重规划操作性和适应性，加强规划创新、注重规划特色，进一步强化城镇详细规划、村庄建设规划等基层规划的编制实施和公众参与，城镇控制性详细规划等应逐渐向法治化、民主化方向改进。

在英国，《规划政策陈述》强调所有的规划编制和政策决定都要在地方层级做出；在美国，对土地利用的控制和规制主要是州政府尤其是地方政府的权利和职责。我国的规划体系也应逐渐向地方政府放权，在中央政府除强化间接引导机制和保留必要强制办法外，应将规划的编制审批实施等权力下放给地方政府，使规划更加面向公众、企业、市场和地方的需要。

3.6 进行规划法制化建设

在上述规划体系重构和功能定位基础上，加强法制化建设。制定《规划法》，建立以经济社会总体规划、土地利用总体规划为统领和以城乡建设、生态环境保护、资源保护利用、产业发展、社会民生等专项规划组成的规划体系。明确两大总体规划相互关系，前者主要管"定性"，而后者主要是"定位"；规定规划的编制审批程序，建议两大总体规划均由各级人民政府组织编制，并须经上级人民政府和规划委员会的审议，最后由同级人民代表大会审批；各综合性或行业性专项规划在总体规划的指导下由各部门组织编制，并须经上级政府有关部门的审议，最后由同级人民政府审批；两大总体规划均五年一次进行小或大的调整并同步编制、相互协调、同步报批，各专项规划必须在总体规划批准后才能进入审批程序;规定各级政府设立规划委员会,明确其职责、权限和人员组成等。《城乡规划法》、《村庄和集镇规划条例》相应整合为《城乡建设规划法》,建立包括城镇、乡村、基础设施等的城乡建设规划体系,明确各法定规划的法律性质和法律定位,对有关非法定规划的编制实施也作出一些规范和指导;颁布《土地利用总体规划法》、《经济社会发展总体规划法》,明确两总体规划的法律地位和法律性质,对其编制主体、规划层级和主要内容、审批程序、修改、实施等问题进行详细的规范;制定《生态环境保护规划法》,建立包括水污染防治、大气污染防治、土壤污染防治、地质灾害防治、生物多样性保护、湿地保护等在内的生态环境保护规划体系,或单独编制实施规划,或对有关规划做出相关内容要求;制定《林地保护利用规划法》、《水资源保护利用规划法》、《矿产资源保护利用规划法》等法律,统筹协调各种资源的保护利用规划;制定《规划公众参与条例》等行政规章。严格依法行政,所有规划编制必须首先明确其规划权力的法律来源、规划审批修改的程序和条件、规划的法律效力等。

注释

① 部门规章有《建制镇规划建设管理办法》、《省域城镇体系规划编制审批办法》、《城市、镇控制性详细规划编制审批办法》、《城市绿线管理办法》、《城市紫线管理办法》、《城市黄线管理办法》、《城市蓝线管理办法》等,技术标准有《城市规划基本术语标准》、《镇规划标准》、《城市用地分类与规划建设用地标准》、《城市居住区规划设计规范》、《城市道路交通规划设计规范》、《城市排水工程规划规范》、《城市工程管线综合规划规范》等,规范性文件有《关于加强和改进城乡规划工作的通知》(国办发 [2000]25 号)、《关于加强城乡规划监督管理的通知》(国发 [2002]13 号)、《转发建设部关于加强城市总体规划工作的通知》(国办发 [2006]12 号) 等。

② 目前已编制实施有长江三角洲地区、珠江三角洲地区、黄河三角洲地区、东北地区、图们江区域、辽宁沿海经济带、关中-天水经济区、中部地区、成渝经济区、鄱阳湖生态经济区、皖江城市带、江苏沿海地区、海峡西岸经济区、广西北部湾经济区、浙江海洋经济发展示范区、河北省沿海地区等十几个国家级区域规划;浙江省编制实施有环杭州湾地区、温台沿海地区、金衢丽地区等省级区域规划。

③ 国土资发 [2001]59 号和国土资发 [2003]178 号文件选择以天津市、深圳市、新疆维族自治区、辽宁省为国土规划试点,广东省于 2004 年 9 月也被纳入试点范围。在试点基础上,国土资源部 2009 年启动了福建、重庆、山东、广西、浙江、上海、贵州以及河南中原城市群、广西北部湾经济区、湖南长林潭经济区等 10 个省区市或经济区的国土规划编制工作,2010 年 9 月通过了《全国国土规划纲要编制工作方案》而正式启动全国国土规划前期研究和纲要编制工作。

④ 部门规章有《土地利用总体规划编制审查办法》,技术标准规范包括市级、县级和乡级土地利用总体规划的制图规范、编制规程和数据库标准等,规范性文件有国土资厅发 [2009]51 号、国土资发 [2009]27 号、国土资厅发 [2009]79 号、国土资发 [2010]8 号等。此外,浙江省有地方法规《浙江省土地利用总体规划条例》对于规划的部门职责、制定、审批、实施、修改、监督检查等做了详细规定。

⑤ 其中国民经济和社会发展总体、区域与专项规划虽以经济社会发展等非空间内容为主,但考虑到其在我国的特殊地位和其诸多具有空间意义的内容,此处将其纳入空间规划体系进行讨论。

⑥ "主体功能区规划"侧重国家和省级大中尺度层面,对于县乡级的中小尺度其适用性和指导性堪疑;"国土规划"如引入后有可能造成更大的部门权力冲突,其与土地利用总体规划的关系也难处理。目前"土

地利用总体规划"纵横全覆盖的体系、以土地调查和地理信息系统为基础的数据技术支撑、"指标+分区+管制"的规划模式使其适合作为统筹性和基础性的空间规划。

⑦ 为避免混清，也可称之为空间总体规划、国土总体规划等；此处强调的是，其应以目前土地利用总体规划实践为基础经内容充实、地位提高而来。

参考文献

[1] ［英］泰勒. 1945年后西方城市规划理论的流变 [M]. 李白玉，陈贞译. 北京：中国建筑工业出版社，2006：7-20.

[2] Council of Europe. European regional/spatial planning charter （Torremolinos Charter，1983）[EB/OL]. http://www.coe.int /t /dg4/cultureheritage/heritage/cemat/versioncharte/Charte_bil.pdf.

[3] Friedmann Jhon. Strategic spatial planning and the longer range[J]. Planning Theory & Practice，2004，5（1）：49-56.

[4] 王纺，唐燕. 德国著名城市规划学者克劳兹·昆斯曼教授访谈 [J]. 国际城市规划，2008，22（1）：127-129.

[5] Jones M. T.，Gallent N. & Morphet J. An anatomy of spatial planning：coming to terms with the spatial element in UK planning[J]. European Planning Studies，2010，18（2）：239-257.

[6] 周建明，罗希. 中国空间规划体系的实效评价与发展对策研究 [J]. 规划师，1998，14（4）：109-112.

[7] 王金岩，吴殿廷，常旭，等. 我国空间规划体系的时代困境与模式重构 [J]. 城市问题，2008（4）：62-68.

[8] 王利，韩增林，王泽宇. 基于主体功能区规划的"三规"协调设想 [J]. 经济地理，2008，28（5）：845-848.

[9] 曲卫东，黄卓. 运用系统论思想指导中国空间规划体系的构建 [J]. 中国土地科学，2009，23（12）：22-27，68.

[10] 苏强，韩玲. 浅议国家空间规划体系 [J]. 城乡建设，2010（2）：29-30.

[11] 吴志强. 德国空间规划体系及其发展动态解析 [J]. 国外城市规划，1999（2）：2-5.

[12] 曲卫东. 联邦德国空间规划研究 [J]. 中国土地科学，2004，18（2）：58-64.

[13] 李远. 德国区域规划的"区域管理"及其组织机构 [J]. 城乡建设，2006（2）：61-64.

[14] 张志强，黄代伟. 构筑层次分明、上下协调的空间规划体系——德国经验对我国规划体制改革的启示 [J]. 现代城市研究，2007（6）：11-18.

[15] 谢敏. 德国空间规划体系概述及其对我国国土规划的借鉴 [J]. 国土资源情报，2009（11）：22-26.

[16] 刘飞. 城乡规划的法律性质分析 [J]. 国家行政学院学报，2009（2）：45-48.

[17] 新华网（转载之瞭望新闻周刊）. 规划编制的"三国演义"[EB/OL].http://news.xinhuanet.com/politics/2005-11/10/content_3757733.htm，2005-11-10.

[18] Campbell S. Green Cities，Growing Cities，Just Cities? Urban Planning and the Contradictions of Sustainable Development[J]. Journal of the American Planning Association，1996，62（3）：296-312.

[19] Godschalk David R. Land Use Planning Challenges：Coping with Conflicts in Visions of Sustainable Development and Livable Communities [J]. Journal of the American Planning Association，2004，70（1）：5-13.

发达国家空间规划体系类型及启示 ❶

蔡玉梅 ❷　高　平 ❸

空间规划是社会经济发展到一定阶段后，为解决空间问题而采取的政策工具或措施。1999 年欧盟委员会通过了《欧洲空间展望》，对推动欧洲各成员国空间规划的开展发挥了重要作用，也带来了如何衔接模式各异的各国空间规划体系问题。我国"十二五"规划纲要也提出，"推进规划体制改革，加快规划法制建设，以国民经济和社会发展总体规划为统领，以主体功能区规划为基础，以专项规划、国土空间规划和土地利用规划、区域规划、城市规划为支撑，形成各类规划定位清晰、功能互补、统一衔接的规划体系"。但基于我国目前空间规划呈现多规并存（主要包括主体功能区规划、土地利用规划、城乡规划以及正在编制的国土空间规划）的现实，这幅蓝图的有效实施尚需时日。也可以说，我国的空间规划体系正在构建之中，国土空间规划如何定位面临挑战。借鉴国际上空间规划体系经验，探索适合中国特点的国家空间规划体系路径，对实现"十二五"规划蓝图大有裨益。

1　三种空间规划体系类型

在发达国家，从不同空间规划类型之间的结构出发，空间规划体系分为垂直型、网络型和自由型三种。

1.1　垂直型空间规划体系典型：德国。

德国《宪法》规定，空间规划是联邦和州共同管理的领域，联邦以及各州的《空间规划法》和《空间规划条例》等为相关规划提供法律依据。与政权组织形式对应，联邦空间规划分为联邦、州、区域和地方四级。德国空间规划体系具有自上而下分工明确，层级关系联系紧密但职能清晰的特点。各级规划的编制都遵循对流原则和辅助原则，构成具有垂直连贯性的体系。同时，各个层面的空间规划既能从整体区域的角度进行考虑，又可与部门规划以及公共机构相互衔接和反馈，形成有主有次、完整灵活的空间规划体系。

1.2　网络型空间规划体系典型：日本。

日本空间规划的法律基础是《国土形成规划法》、《国土利用计划法》、《城市规划法》等。日本的空间规划分为国家、区域和都道府县和市町村四级。空间规划体系中具有国土空间规划、土地利用规划和城市规划"三规"并存的特点，规划类型较多，总体表现为网络型。

---

❶　本文来源：《中国土地》2013年第2期。

❷　蔡玉梅，国土资源部土地利用重点实验室。

❸　高平，中国土地勘测规划院。

1.3 自由型空间规划体系典型：美国。

美国一直没有全国性的空间规划，也没有全国性的统一空间规划体系。美国州以下政府通常分市、县、镇及村政府。与此相对应，具有代表性的是区域规划（跨州、跨市）、州综合规划或土地利用规划、县镇村规划。从土地利用规划情况看，全国只有四分之一的州制定全域用地规划和政策，有的把规划发展目标作为本州的法令通过，强制要求地方政府在各自的总体规划中贯彻体现，如夏威夷州等；有的则通过复杂的公众参与和听证程序，由专门的委员会出台一套州规划目标，要求各区域和地方予以贯彻体现，如俄勒冈州；有的州政府要求各地方政府首先制定发展规划，然后总结和综合所有的地方规划，形成全州的总体规划，如佐治亚州。因此说，美国的空间规划具有多样性和自由型的特点。

2 多因素影响国家空间规划体系

国家空间规划体系是在一定历史条件下，受多种因素影响而形成的，并具有动态性特征。主要包括政治体制、经济体制、经济发展特点、历史文化、地域面积等多种因素。

2.1 行政组织体系对国家空间规划层级起基本作用。

各国基本按"一级政府，一级事权，一级规划"原则构建本国的空间规划体系。日本政府是由中央政府、都道府县以及市町村的行政组织与规划层级相对应。德国联邦政府行政组织体制分为联邦、州、地方县（市）及市镇的组织体系与其空间规划层级相对应。通常国土面积较大国家设置的行政组织层级也多，但是规划层级类型总体上只有三类，即国家级（战略性），区域级（衔接性）和地方级（操作性）。

2.2 经济体制影响国家空间规划不同层级的功能。

经济体制对空间规划体系影响体现在不同层级规划发挥作用的方式和程度。日本是行政主导型的市场经济国家，空间规划不仅体系完备，与相关规划的关系也尤为密切，属于强干预型。德国是社会市场经济国家，联邦层面的规划比较宏观，底层的规划尤其乡镇级规划比较具体，属适度干预型。美国是自由市场经济国家，至今都没有国家级的空间规划，属于地方自治型。

2.3 经济发展阶段驱动国家空间规划体系的转变。

经济发展阶段决定了国土空间开发的类型和方式，导致空间规划体系模式有所不同。英国早在 1968 年就建立了结构规划和地方规划二级空间规划体系。针对加强区域空间管理和强化地方管理的需求，2004 年颁布《规划与强制性购买法》，将国家政策导则简化为国家政策陈述，区域政策导则调整为区域空间战略，并强化了地方发展框架，增加了公众参与的要求。适应人口老龄化等新时代特点，日本在连续五轮编制全国国土综合开发规划的基础上，2005 年通过《国土可持续利用法》，将传统的三级国土空间规划调整为二级，简化了网络型空间规划体系，向垂直型转化。

3 构建国家空间规划体系模式是定位国土空间规划的基础

3.1 国土空间规划的定位取决于国家空间规划体系的模式。

当前，我国土地利用总体规划侧重各类社会经济发展的用地安排，规划层级之间的关系尚在进一步完善。城镇体系规划以落实城镇化发展空间战略为主，主体功能区规划定位为上位规划，但是与相关规划的衔接不足，影响了规划的有效实施。各类空间规划自成体系，在现行体制下应求同存异。但是目前日趋交错的情况表明我国空间规划体系正在孕育与形成之中，是社会经济发展的急迫需求。国土空间规划定位取决于空间规划体系模式的选择。

3.2 前述影响因素，同样对我国空间规划体系模式的形成具有塑造作用。

当前，我国正处在政治经济体制改革的转轨时期，国家空间规划体系同样面临构建和转型双重问题。"优化行政层级和行政区划设置"以及"稳步推进大部制改革，健全部门职责体系"是党的十八大关于深化行政体制改革的重要内容。上海市和深圳市等地方率先合并土地利用规划部门和城市规划部门，对地方空间规划体系产生影响。"处理好政府和市场的关系，必须更加尊重市场规律，更好发挥政府作用"是十八大关于全面深化经济体制改革的重要内容，对空间规划管制的范围和程度的界定直接影响空间规划体系中层级关系的选择。

从发展阶段看，我国已进入工业化城镇化快速推进阶段，空间结构的急剧变动，资源环境约束下的国土空间开发和空间协调等问题也日益突出，更对国家空间规划体系建设提出了新的要求。但与垂直型、网络型和自由型不同，我国独特的空间规划体系成长阶段决定了国土空间规划的定位具有明显的多宜性和动态性，统筹协调各类、各级空间规划之间的关系尤为重要。优化国土空间开发格局，规范国土空间开发秩序，首先要规范空间规划秩序，实现这一目标任重而道远。

第二章 | 规划协同

试析城市规划与土地利用总体规划的相互协调 ❶

吕维娟 ❷　杨陆铭 ❸　李延新 ❹

在我国目前的规划体制下，战略规划管理出现了国家发改委、建设部和国土资源部"三权分立"的状况，其中由建设部和国土资源部分别主管的城市规划和土地利用总体规划之间矛盾和冲突尤为突出，协调难度也很大。从其基本作用来看，城市规划指导城市建设，土地利用总体规划指导土地利用。但城市建设离不开土地利用，土地利用也不能脱离城市建设。两者在规划空间上的统一、编制内容上的重叠和管理对象上的交叉，使得这两个规划在实际工作中必须进行衔接和协调。而法律地位上的平等和行政主管部门的并列使这两个规划在实际运作中出现了衔接不够、协调难度大的问题。那么，法律法规对这两个规划的衔接在哪些方面进行了规定？实际规划和管理工作中造成矛盾分歧的原因在哪里？土地利用总体规划对城市规划工作有何启示？如何实现两者的协调？本文对此进行了分析和探讨。

1　有关法律法规对城市规划与土地利用总体规划相互衔接的规定

1.1　在规划内容上的衔接

根据《土地管理法》的规定，两个规划需要在两个方面进行衔接：一是在城市建设用地规模上，城市总体规划、村庄和集镇规划中建设用地规模不得超过土地利用总体规划确定的城市、村庄和集镇建设用地规模。二是在城市规划区内、村庄和集镇规划区内，城市、村庄和集镇建设用地应当符合城市规划、村庄和集镇规划。

1.2　在建设项目可行性研究论证阶段的衔接

根据《城市规划法》和《土地管理法》的有关规定，城市规划区范围内的建设项目在进行可行性研究论证时，必须同时附具城市规划行政主管部门的选址意见书和土地行政主管部门的建设项目用地预审报告。

1.3　在国有土地出让转让阶段的管理衔接

《城市国有土地使用权出让转让规划管理办法》作出了如下衔接规定：

（1）城市国有土地使用权出让前，应当制定控制性详细规划。

（2）国有土地出让转让合同必须附具城市规划行政主管部门提供的规划设计条件和附图。改变规划设计条件的，须经城市规划行政主管部门的同意。

（3）取得建设用地规划许可证后才能办理土地使用权属证明。

---

❶　本文来源：《城市规划》2004年第4期。

❷　吕维娟，武汉市城市规划设计研究院。

❸　杨陆铭，武汉市城市规划设计研究院。

❹　李延新，武汉市城市规划设计研究院。

（4）土地出让金的测算应当把出让地块的规划设计条件作为重要依据之一。在城市政府的统一组织下，城市规划行政主管部门应当与有关部门进行城市用地分等定级和土地出让金的测算。

2 规划和管理工作中产生的冲突及其原因

2.1 城市规划与土地利用总体规划在城市建设用地规模的确定上有差异

城市规划与土地利用总体规划最核心的矛盾就在于城市建设用地规模的确定上。土地利用总体规划的总体指导思想是：严格控制农用地转为建设用地，切实保护耕地，因此在1997年全国范围内开展土地利用总体规划编制工作期间，原国家土地管理局以 [1997] 国土 [规] 字第 100 号文向各省下达了建设占用耕地、补充耕地和净增耕地等三项耕地总量动态平衡控制指标（1997 ~ 2010 年）。规划期内年均建设占用耕地指标仅为过去 10 年来年均建设占用耕地数量的 21%。该指标通过省、市（地）、县（区）、乡（镇）四个层次逐级分解，下级确定的控制指标不得超过上级的下达指标。如此严格地通过行政手段控制建设占用耕地指标，导致了各地确定的城市建设用地规模偏小。土地利用总体规划实施 7 年以来，各地普遍出现了预支规划期内建设占用耕地指标的现象（预支现象一方面同指标偏紧有关，另一方面同征地补偿安置标准过低、部分地区大肆圈地导致耕地流失有关）。

城市规划确定的建设用地规模，常常是在国家规定的人均用地指标范围内，结合人口增长和城市社会经济发展需要来确定的；同时不可否认的是部分地区的城市规划受长官意志的影响，在确定城市建设用地规模时有贪大求洋的现象。这两种推算方法都会不可避免地与土地利用总体规划确定的城市建设用地规模有差异。

土地行政主管部门审查城市建设用地规模的重要依据是《城市用地分类与规划建设用地标准》（GBJ137-90），但原国家土地管理局在 1997 年发布的《县级土地利用总体规划编制规程》有关城镇建设用地规模的需求预测中，在国家标准确定的规划人均建设用地指标之上又附加了人均耕地面积条件，导致城市规划在进行城市建设用地规模测算时受到更为严格的条件制约。如：人均耕地面积小于 1 亩的地区，在现状人均建设用地水平允许采用的规划指标等级中，只能采用最低一级。以武汉市为例，1996 年人均城市建设用地指标仅 69.6 平方米，按照国家标准，可采用第 I 级（60.1 ~ 75.0 平方米 / 人）和第 II 级（75.1 ~ 90.0 平方米 / 人），但由于附加了人均耕地面积指标条件（武汉市人均耕地面积不足 1 亩），因此最终武汉市城市总体规划审批时人均城市建设用地指标被调整为 74.9 平方米。

此外两个规划在用地分类标准、城市人口核算方法上的不一致，也会导致在城市建设用地规模测算上的差异。

2.2 在规划城市建设用地范围的确定上两者不尽一致

对于各城市土地利用总体规划来说，其上报审批的成果图必须有中心城区建设用地控制图，通常比例尺是 1/50000，这张图最能从空间布局上反映两个规划相互协调的程度。受多方面因素的影响，这张图反映的城市建设用地范围与城市规划所确定的发展范围不尽一致，其主要原因是：

（1）受建设用地规模指标的限制，土地利用总体规划所确定的城市建设用地范围往往小于城市规划所确定的城市建设用地范围。

（2）部分地区土地行政主管部门未听取城市规划行政主管部门意见，另行确定了城市建设用地范围。

（3）两个规划在编制上存在着时差导致在城市建设用地范围上的不一致。例如：城市规划审批在前，其对城市将要发展的建设用地的预测并不完全准确；而土地利用总体规划编制在后，并根据实际情况及时地调整了城市规划中与现实建设用地发展方向不符合的内容。

（4）由于土地管理体制上的原因导致两个规划在城市建设用地范围上的不一致。土地管理中存在着一个"圈内"和"圈外"的概念，位于"圈内"和"圈外"的建设用地的审批权限大不相同。对土地利用总体规划须上报国务院审批的城市来说，"圈内"也即规划城市建设用地范围内的农用地转为建设用地的审批权限在国务院，"圈外"农用地转为建设用地的审批权限在省政府。"圈内"的用地门槛高于"圈外"，导致部分城市在编制土地利用总体规划时，并不想把"圈内"画得过大。

2.3 建设项目可行性研究阶段可能出现的分歧

建设项目可行性研究报告报请发改委批准时，建设项目选址意见书和建设项目用地预审报告两者缺一不可。实际操作中，可能会出现一方同意选址、另一方不同意用地预审的情况，导致建设项目不能立项。

2.4 违反法定程序操作导致部门之间的矛盾

土地行政主管部门在建设单位未取得建设用地规划许可证的情况下，就为其办理了土地使用权属证明；或未经城市规划行政主管部门同意，单方修改土地有偿出让合同中的规划设计条件。以上情况在规划、土地行政主管部门分别设置的城市比较普遍。

3 土地利用总体规划对城市规划工作的启示

随着国家对土地资源宏观控制力度的加强以及节约和合理利用土地、切实保护耕地等可持续发展观念的逐步深入，社会各界对于土地利用总体规划的探索和实践不断加强，在土地利用总体规划的编制体系、审批和管理体制及土地利用现状调查制度上取得了一定的经验。这些经验对城市规划工作不无启示。

3.1 规划编制体系的启示

土地利用总体规划分为全国、省、地、县、乡五级进行编制，规划体系上是全覆盖的，而且上下级规划之间必须协调，上级规划对下级规划有指导和约束作用。与土地利用总体规划编制体系相类似的是城市规划编制体系中居于最高层次的城镇体系规划。城镇体系规划分为全国、省、地、县四级，上级对下级城镇体系规划有指导作用。但多年来，城镇体系规划工作未受重视，各地实践最多的是城市总体规划；但城市总体规划具有法律意义的管理范围仅限于城市规划区，而现实中很多建设项目选址均位于城市规划区范围以外，这样城市规划区范围外的建设布局规划便出现了真空。此外，区域建设发展不协调的问题也愈来愈突出。城镇体系规划的重要性已引起了城市规划管理层的高度重视。

应进一步强化城镇体系规划的法律地位，深化编制内容，为各城市在编制土地利用总体规划时提供有关城镇职能定位、发展方向、基础设施建设和重大项目建设空间布局方面的依据。同时，城市规划行政主管部门应强化自上而下编制规划的思路，完善各级城镇体系规划的编制工作，加强更大区域范围内的城镇体系规划对下一层次城镇体系规划的指导和约束作用。

3.2 审批和管理体制的启示

城市总体规划和土地利用总体规划的审批权限基本相同，但在规划管理权限上却大不相同。土地管理实行严格的建设用地审批管理制度，农用地转为建设用地的审批权限全部上收至国务院和省政府，各城市的土地管理受到国家和省土地行政主管部门的严格约束。与土地管理体制不同的是，城市总体规划一旦审批通过后，与城市建设密切相关的控制性详细规划的审批和管理权限则在地方政府和地方城市规划行政主管部门，城市建设受上级城市规划行政主管部门的约束很少。这种管理体制使得城市规划管理具有很大的随意性。因此，在目前城市建设的管理权限仍在地方政府的情况下，城市规划应建立一种通过严格的规划审批门槛来限制地方无序建设的监督机制和处罚机制。

3.3 土地利用现状调查制度的启示

根据《土地管理法》和相关法规的规定，县以上土地行政主管部门建立了土地利用现状调查制度，逐年更新现状调查数据和图件，国家和地方还建立了土地管理信息系统，为编制土地利用总体规划提供了大量的土地利用基础数据和图件。

相形之下，《城市规划法》对城镇建设用地现状调查没有明确规定，各地仅在编制城市规划阶段进行现状调查。因此，应进一步加强有关城镇建设用地现状调查方面的基础工作，建立城镇建设现状变更制度，及时更新城镇建设现状发生改变的信息，为城市规划编制工作提供准确可靠的基础数据和图件。

4 对两个规划相互协调的探讨

在目前的规划体制下，城市规划和土地利用总体规划是具有同等法律地位的部门规划，两者不是局部和整体的关系，而是在某些层面上互为依据、彼此衔接的关系。两者均要以区域规划为依据，但目前法律对区域规划的编制权没有明确约定，行政设置上也没有一个能组织区域规划的部门。在意识到区域规划重要性的前提下，城市规划行政主管部门和土地行政主管部门都在赋予自己主管规划以新的内涵，想在区域规划的编制上占据主导位置。这种相互渗透之势如果不进行规范和协调，势必会形成新的矛盾和冲突，两者要进行衔接的将不仅仅是城市建设用地规模和城市规划区内的土地利用，而且还将包括区域范围内的环境保护、基础设施建设工程、各类产业园区和农村居民点布局等内容。

本文从不改变现行规划的法律体系和行政体系的前提出发，谈谈对这两个规划相互协调的有关建议。

4.1 在规划编制内容上进行明确分工

由于两个规划在编制内容上存在着很大的交叉面，因此要明确各自的编制重点，避免在同一编制内容上的另起炉灶、重复编制。

土地利用总体规划的编制重点应是切实保护耕地，确保粮食安全，严格控制农用地转为建设用地；依据国家产业政策，统筹安排各类产业发展所需的用地空间；引导土地开发复垦和整理工作，促进土地利用集约水平的提高和生态环境的不断改善。土地利用总体规划确定的建设用地总量是城市规划进行建设用地规模预测的重要依据，但土地利用总体规划在涉及城镇建设用地发展方向、内部功能布局以及集镇、村庄建设规划布局上，不应另立标准，自行编制，而应以城市规划为基础进行编制。

城市规划应树立规划全覆盖的观念，对行政管辖范围内的城镇、开发区、各类产业园区、集镇和村庄建设进行统一规划，明确各级城镇（含开发区和各类产业园区）的职能定位、发展方向和用地规模，引导集镇和村庄的集中统一建设，对区域综合交通体系建设、基础设施建设和重大建设项目进行选址安排，对风景名胜区、历史文化保护区和各类生态敏感区提出明确的建设控制要求，为土地利用总体规划提供建设用地空间布局和建设控制要求方面的依据。

4.2 更新规划编制思路

土地利用总体规划是统筹各行业用地需求的规划，既有保护耕地的任务，又有保障合理的建设用地需求的任务。在对建设用地总量进行严格控制的前提下，应建立奖惩制度。对土地浪费严重、建设用地产出水平低的地区核减相近年份的建设用地指标，而对土地复垦和整理力度大、建设用地产出水平高的地区予以一定幅度的建设用地指标鼓励。

城市规划应牢固树立节约用地、切实保护基本农田、尽量不占和少占耕地、提高城市土地集约利用水平的思想，同时应结合新形势、新问题，尽快修改完善现有的建设用地标准。《城市建设用地分类与规划建设用地标准》（GBJ137-90）和《村镇规划标准》（GB50188-93）分别是1990年和1993年颁布的，反映了我国20世纪80年代城市建设用地的水平。但随着城市建设的迅猛发展，一方面城市居民对于居住、商业、文娱设施和绿化空间有了更高的要求；另一方面工业化和城市化进程加快，全国各地出现了大量的经济技术开发区、高科技园区、工业园区和农村产业化园区，各类园区建设游离于城市建设的统一管理之外，用地规模缺少一定的标准来制约；而农村产业化园区的建设又使得城市和乡村已很难截然分开。针对以上新形势和新问题，有必要对各类园区的产业用地标准、配套用地标准、比例关系以及城市、建制镇、集镇和村庄的用地水平进行全面的研究，尽快修改和完善现有的两个标准，做好与土地利用总体规划的衔接工作。

4.3 建立同步编制制度

建议城市规划行政主管部门和土地行政主管部门在各自发布的技术规范上要进行衔接，将编制基期年和目标年予以规范化、制度化，并对需要进行衔接的内容进行明确规定，做到同步编制，互为依据。

4.4 建立社会参与制度

两个规划仅在会审阶段邀请有关部门进行协调衔接是不够的。无论是城市规划还是土地利用总体规划，均应建立社会参与制度，增强规划编制的开放性。成立包括规划和土地行业专家和部门领导在内的多行业、多部门的顾问组。在规划编制阶段，相互听取对方意见，甚至在涉及对方行业管理范畴内的某些专题研究或专项规划编制时，直接邀请对方进行研究和编制。如土地利用总体规划的建设用地需求量预测专题（附中心城区建设用地控制范围图）可直接以城市规划设计部门为主进行编制，最后由土地行政主管部门根据建设用地指标进行综合协调。

4.5 信息一体化建设

土地管理信息系统的建设内容和城市规划信息系统的建设内容应是互为补充的，两个部门可考虑信息一体化建设，以实现数据共享。

参考文献

[1] 杨伟民.规划体制改革的理论探索 [M].北京：中国物价出版社，2003.

[2] 严金明.中国土地利用规划：理论、方法、战略 [M].北京：经济管理出版社，2001.

[3] [美]林肯土地政策研究所.土地规划管理——美国俄勒冈州土地利用规划的经验和教训 [M].国土资源部信息中心译.北京：中国大地出版社，2003.

[4] 牛慧恩，陈宏军.试论我国战略规划编制与管理中存在的问题——深圳市国土规划试点工作中的一些体会 [J].城市规划，2003（2）.

[5] 王静霞.团结奋进勇于创新——探索具有中国特色的城市规划理论与实践 [J].城市规划，2003（2）.

[6] 吕维娟.城市总体规划与土地利用总体规划异同点初探 [J].城市规划，1998（1）.

国土规划、区域规划、城市规划

——论三者关系及其协调发展 ❶

牛慧恩 ❷

随着我国从计划经济向市场经济的纵深发展，规划作为政府干预市场的重要手段，越来越得到从中央到地方各级政府的高度重视，我国的规划事业正面临着前所未有的大好发展时机。因此，我国各种、各级规划主管部门都在付出努力，积极推动规划工作的开展和试点工作。国土资源部在 2001 年开始了新一轮的国土规划试点；国家发展与改革委员会（以下简称"国家发改委"）于 2003 年开始了区域规划的试点工作；建设部在城市规划领域也不断进行着新的探索，为了增强城市规划的可操作性，2003 年开展了以大城市为主的近期建设规划的编制。尤其是面对我国日益迫切的区域协调发展问题，国土资源部、国家发改委、建设部可以说是"三面出击"，形成了国土规划、区域规划、城镇体系规划等对"区域"的"围攻态势"，突出反映出目前我国空间规划编制与管理的无序状态。从某种角度说，大家都来关心规划，探索如何做好规划，推动规划工作的开展，是促进规划事业发展和走向兴盛的有利条件。但是，空间规划要成为政府的执行决策，要走法制化道路，要得到有效实施，就必须摆脱编制无序和管理混乱的局面。因此，从理论方法到管理实践，如何理顺国土规划、区域规划、城市规划三者之间的关系，已经成为制约我国空间规划协调发展的一个关键问题。

1　理论与经验借鉴：三者的联系与区别

1.1　国土规划、区域规划是从城市规划发展而来的

国内外规划发展历程表明是先有城市规划，后有区域规划和国土规划，国土规划、区域规划是在城市规划的基础上逐渐发展而来的，而且城市规划与区域规划及国土规划的联系非常密切，不是能够截然分割和彼此独立的。例如，1933 年制定的《雅典宪章》指出："每个城市应该制定一个与国家规划、区域规划相一致的城市规划方案。"

区域规划在西方国家出现于 20 世纪二三十年代，主要目的是要从大的空间范围协调解决城市以及区域发展中的一些问题，如城市就业问题、区域均衡发展问题等。与此同时，在城市规划中，也日益强调城市与周围地区的整体性或不可分割，如著名的"大伦敦规划"、"巴黎区域指导性规划"都突出体现了这一点。我国近年来的城市规划实践，也是越来越重视区域分析工作，注重从区域范围把握一个城市的发展。90 年代开始的城镇体系规划，

---

❶　本文来源：《城市规划》2004年第11期。

❷　牛慧恩，深圳市城市规划设计研究院。

就是应我国城市规划对区域背景分析的客观要求而产生的，所以说"城镇体系规划实质上就是区域规划"（仇保兴，2004）。

国土规划的概念源自日本，而日本的国土规划也是在西方国家区域规划的影响下形成和发展起来的[①]，这可能与日本国土面积不大有关。日本"国土规划"一般是指它的五次全国综合开发规划；不过也有人把日本"国土规划"理解为一个体系，包括日本《国土综合开发法》中要求制定的一系列规划。但是，仔细分析不难发现，日本《国土综合开发法》中要求制定的一系列规划，其实是由国家规划和区域规划两个层次的空间规划构成的。日本的所谓国土规划实践是从区域规划开始的。日本在 1950 年就颁布了《国土综合开发法》，但是经过了 10 多年的区域规划实践和经验积累之后，1962 年才编制完成了它的第一个全国综合开发规划。

1.2 国土规划、区域规划、城市规划是不同层次的空间规划

尽管"区域"与"城市"之间的界线有时并不很清晰，但是，如果说城市规划和区域规划是两种不同层次的空间规划，应该不会引起太大的争议。因此，"国土规划、区域规划、城市规划是不同层次的空间规划"之说能否成立，关键在于对国土规划的理解，也就是到底该把国土规划理解为"国家规划"？还是"国家规划＋区域规划"？甚至"国家规划＋区域规划＋城市规划"？从逻辑上讲，如果国土规划、区域规划、城市规划要并列存在，那么只有在"国土规划"即"国家规划"的前提下，三者的并列关系才是成立的；否则，如果国土规划包括了区域规划甚至城市规划在内，三者的并列关系则不能成立。

对应于中文的"国土规划"，英文中有 national planning 和 territorial planning 两个词，前者即"国家规划"，后者则可用来指空间规划体系（但多用于一些非英语国家），如立陶宛的 territorial planning 就明确说明包括了国家、区域、都市规划三个层次；德国的空间规划体系（raumordnung = spatial planning）也是我国国土规划学习借鉴的主要对象，它包括了"联邦国土整治纲要"、"州域规划"、"区域规划"、"城市规划"、"控制性土地利用规划"等多层次的空间规划。不过，在英文词汇中，也只有 national planning，regional planning，urban/city planning，在概念上没有包容关系，是可以并列的。

因此，如果国土规划、区域规划、城市规划作为三类空间规划并行存在，就不应该存在概念上的包容关系，即不能有空间上的重叠，只能是空间规划体系中不同层次的规划；那么，国土规划应该是最高层次的规划，区域规划次之，接下来是城市规划；在规划内容上，三者应各有不同侧重，但需要彼此衔接，共同构成一个统一的空间规划体系。

国土规划、区域规划、城市规划是三个大的空间层次，每个层次还可以下分若干子层次，如我国城市规划就下分为总体规划、分区规划、详细规划等层次；国土规划和区域规划同样也都可以下分若干子层次，尤其对于我国这样一个国土大国来说，国土规划不一定仅仅是整个国家尺度的，区域规划子层次的划分也极为重要，国土和区域规划的空间层次如何界定以及子层次如何细分都还有待于深入研究。

2 我国空间规划的发展现状及存在的问题

我国目前的国土规划、区域规划、城市规划是由三个部门分头管理，国土规划、区域

规划、城市规划分别是国土资源部、国家发改委和建设部的行政职能，虽说这种状况与我国空间规划发展所处的初级阶段有关，但这明显带有中国特色，与我国以往计划经济以及部门权力制衡的传统管理模式也有一定的关系。

2.1 建设部主管的城市规划

我国的城市规划经过了 50 多年的发展，在城市规划技术及其实施管理上都积累了一定的经验，形成了相对比较规范的管理体制，打下了一定的专业教育基础，建立了一支数万人的规划师队伍。20 世纪 90 年代中期，受快速城市化发展进程的推动，适应城市与周围地区整体协调发展的要求，建设部开始主抓城镇体系规划的编制工作，近几年又开始推进城市群和都市圈规划，建设部的规划触角实际上早已拓展到了区域范围，这符合空间规划从城市到区域的一般发展规律。

在我国目前的三大规划主管部门中，建设部的城市规划应该说是最具有技术和管理实力的。但是，在我国的管理部门分类上，建设部属于专业管理部门，不是综合管理部门。因而，尽管有《城市规划法》作支撑，建设部的城市规划在综合作用的发挥上还是受到了较大的制约。例如，目前仍有不少人认为城市规划就是规划城市，不涉及城市以外的地区；在内容上，认为城市规划所作的主要是布局城市道路、市政设施和公共设施等技术性工作；甚至还认为城市规划属于专项规划或部门规划而非综合规划。

2.2 国家发改委主管的区域规划

区域规划在我国开展的并不算晚，20 世纪 50 年代，我国学习引进苏联的区域规划经验，为了推动新工业城市的建设，1956 年国家建委就做出了《关于开展区域规划工作的决定》。在 1978 年的全国城市工作会议上，又再一次决定要开展区域规划工作。但是，由于多方面的原因，我国在区域规划及其管理方面一直没有形成体系，与城市规划之间的衔接关系也没有很好地建立起来，尤其是 80 年代引入国土规划以后，区域规划基本上被国土规划掩盖了，因此至今还普遍存在着"国土规划就是区域规划"的认识和说法。然而，在行政管理职能的划分上，国土规划与区域规划的关系并没有得到明确，区域规划和国土规划仍然是当时国家计委的两项职能。1998 年国土规划职能划归新成立的国土资源部时，区域规划的职能仍然留在了国家计委，即目前的国家发改委。

为了适应市场经济发展的需要，国家发改委成立以来，十分重视其职能范围内的区域规划工作，加强了区域规划研究，并着手开展区域规划试点，还明确提出要在"十一五"规划中，把区域规划放在突出重要的位置。从行政职能角度来说，国家发改委抓区域规划是名正言顺，而且它具有综合协调职能，但其空间规划技术力量与管理基础都比较薄弱。

2.3 国土资源部主管的国土规划

从 80 年代初开始，我国就开始了为期不短的第一轮国土规划工作。十一届三中全会以后，在新的发展形势下，资源的合理开发和有效利用成为人们关注的热点。经过考察学习日本的国土规划、西德的空间规划等，我国提出了开展以国土资源开发、利用、整治为核心的国土规划工作。1981 年国家建委成立了国土局，不久因国家建委撤销，国土局被划归到国家计委。随后，国土规划工作从松花湖地区、京津唐地区等国土规划试点开始，迅速向全国各省区推广；国家计委还组织力量编写了"全国国土总体规划纲要"。90年代初，全国多数省区都编制了省区级国土规划，有些还编制了省内经济区、地区或县域国土规划。90年代中期以后，国土规划工作基本上处于停滞状态。对我国第一轮国土规划的评价，普遍认为在摸清资源家底方面取得了一定成绩，但没有起到多少规划的指导作用。

1998年国家机构调整，把国土规划管理职能划归新成立的国土资源部，2001年国土资源部开始力抓新一轮的国土规划工作，首批确定了天津和深圳两个试点。目前首批试点工作已经基本结束，第二批的新疆和辽宁两个试点正在编制的过程之中。国土资源部也是一个专业管理部门，空间规划的技术和管理工作基础也都比较薄弱，在行使国土规划职能的过程中，显得有些力不从心。

2.4　空间规划发展中存在的主要问题

目前，我国空间规划发展中存在的突出问题是规划缺乏协调和实施不力；在基层则具体表现为规划打架，各种规划之间相互矛盾、彼此冲突，令地方政府无所适从，规划难以得到执行和实施。这些问题与我国空间规划的三头管理现状有着一定的关系。因为各部门都从各自主管职能出发抓层层落实，其结果就是从上到下一竿子插到底，各种规划都不分层次地全国、省、市、县、乡层层编，就出现了针对同一城市空间，不仅有城市总体规划，还有国土规划甚至区域规划，由此带来的规划内容重复和空间重叠问题可想而知。

如果规划仅仅作为政府决策的参考或信息源，或作为研究问题和统一认识的一个必要过程，在不考虑规划成本的前提下，规划做的多些甚至彼此不协调，关系也不是很大，政府领导层或主要决策者在决策过程中可以汲取其中有用的部分，或从中再去进行必要的平衡。然而，如果规划本身就已经是决策或是要执行的政策，甚至被赋予了法律效力，那么规划之间的相互矛盾和彼此冲突带来的问题就严重了，尤其是在市场经济条件和入世以后的形势下。因此，在没有理顺国土规划、区域规划、城市规划相互关系及其管理体制的前提下，片面强调各种规划的法制化是不足取的。

因此，从空间层次、规划内容和行政管理三个方面，理顺国土规划、区域规划、城市规划三者之间的关系，已经成为关系到我国空间规划协调发展的关键所在。

3　关于我国空间规划协调发展的三点建议

3.1　加强对大尺度空间规划的理论研究和广泛讨论

目前，大尺度空间或区域协调发展问题已经成为影响我国城市化进程和国际竞争力的重要方面，区域发展中需要协调的问题越来越多，不仅基础设施协调建设方面的问题突出，资源开发与环境保护方面需要协调的矛盾也很多。因此，我国客观上存在着对大尺度空间规划的广泛和迫切的需求，这也是我国开展新一轮国土规划和提出把区域规划作为"十一五"规划工作重点的主要原因。

然而，新一轮的国土和区域规划都还处于试点工作阶段，我国以往在国土规划和区域规划方面积累的经验不多，在学习和借鉴国外经验方面研究的也不够深入，尤其是结合国情做得很不够，如上一轮国土规划的开展，并没有完全了解国外的空间规划体系与管理架构，盲目地学习照搬国外经验，没有充分考虑国土规划与我国已有规划管理体制的结合。所以，目前我国空间规划发展中的薄弱环节或存在问题较多的是大尺度规划，三大空间规划的协调发展的重点在于高层次规划。

在理论和方法研究层面，目前也还缺乏对大尺度或高层次规划的相应支撑。如在国土规划和区域规划试点工作中，都要求对国土或区域规划的定位、性质、目的、作用以及与其他规划的关系等基本问题进行深入研究。在我国的空间规划研究领域，目前对于国土规划、区域规划、城市规划三者之间的关系还没有一个明确的说法，或者在认识上尚未统一，因此我国空间规划体系以及不同层次规划内容的明确和彼此衔接，更是有待于深入研究的问题。

因此，我国大尺度空间规划工作的开展，包括国土规划和区域规划，目前迫切需要的是加强理论和方法研究，并进而统一认识。目前，这方面的工作都在进行，但主要是各部门内部在做，如国土规划部门在探讨国土规划的系统发展，区域规划部门在研究自身的体系问题，城市规划部门在寻求城镇体系规划的发展之路等。然而，问题的症结并不在每一个小系统，而在整个空间规划大系统，这也不是哪一个规划主管部门内部的事，而是三大空间规划主管部门共同的事，是我国空间规划研究工作者们共同的事。只有大家一起坐在空间规划这个统一的平台上，共同探讨我国空间规划的协调发展问题，国土规划、区域规划、城市规划之间的关系才有望从根本上得到理顺。

3.2 建立我国统一协调的空间规划体系

理顺我国国土规划、区域规划、城市规划三者之间关系，主要办法和根本出路在于建立我国统一协调的空间规划体系。

前面讨论提到，目前我国三大空间规划主管部门都在考虑自成体系的发展，各自不太可能从三者协调发展的角度考虑问题。如国土规划部门提出的国土规划空间体系基本上就是国外的空间规划体系，把区域规划、城市规划基本上都涵盖了，只是挂上了"国土规划"的标签而已。区域规划部门根据主管部门的性质，把城市规划、国土规划都归入了专项规划，认为只有区域规划属于综合性规划，排他的结果无非也是要自成体系地发展。如果这样发展下去，其结果很令人担忧。即使最终有一天三者能实现殊途同归，但这期间要走多少弯路？因此，尽快破除部门意识，建立统一的空间规划体系，是我国空间规划走向协调发展的根本性举措，也是理顺各层次规划之间关系的根本基础。

建立统一的空间规划体系，核心是要进行空间层次的合理划分，确定各层次规划的主要内容，明确上下层次规划相互之间的衔接关系，并将空间规划体系与政府行政管理体系及其管理权限挂起钩来。

3.3 理顺我国空间规划管理体制

从以上不难看出，理顺空间规划的管理体制是解决我国空间规划协调发展问题的重要一环，这其中不同管理层面的工作重点不同。

（1）在国家管理层面，理顺我国空间规划管理体制的现实出路有两条：一是实行空间规划的统一管理，将空间规划职能统一到一个主管部门之下；二是在三头管理的现行体制下，通过建立统一的空间规划体系，明确各部门相应的事权范围，避免规划内容上的交叉和空间上的重叠，也就是要对国土规划、区域规划、城市规划各管到哪一个空间层次以及规划的主要内容进行必要的明确。

（2）在地方管理层面，关键是如何加强大尺度或高层次空间规划的管理工作。如针对三大都市圈地区的综合规划，国务院发展研究中心的林家彬博士建议，在我国三大都市圈地区分别设置由中央政府和有关地方政府代表组成的"规划办公室"，作为常设的区际协调机构，该机构在对都市圈的综合规划工作负责的同时，负有受理有关地方政府对区际利益冲突的申诉、进行调查、组织协商和提出协调意见的职责，国务院授权其对区域内的区际利益冲突进行协调与仲裁。

（3）在基层管理层面，重点是建立和增强总体或综合性规划及其管理工作的权威性，统一的综合性空间规划应成为基层空间开发建设的共同行动纲领，各个部门应该共同协力做好一个综合性空间规划，而不是每个部门各做各的，彼此缺乏协调，相互之间又不买账。

总之，国土规划、区域规划、城市规划都是空间规划的组成部分，促进和实现三者的协调发展，不仅是我国空间规划发展的客观需要，更是在市场经济条件下充分发挥规划调控作用的前提条件。要做到这一点，目前应该强调提高和统一认识，紧紧围绕我国统一空间规划体系的建立这一核心，重点展开理论支撑性研究和行政管理协调两方面的工作。

注释

① 1950年，战后的日本政府为了实现国土资源的综合开发和有效利用，促进产业合理布局，提高国民生活水平，颁布了《国土综合开发法》。根据该法，中央和都道府县两级政府要制定综合开发规划，其中中央政府负责制定全国综合开发规划、各大地区综合开发规划、大城市圈综合开发规划和特殊地区发展规划；都道府县政府负责其所辖范围地方综合开发规划的制定。大地区综合开发规划包括北海道地区、东北地区、北陆地区、中国地区、四国地区、九州岛地区和冲绳七个地区；大都市圈规划包括以东京为中心的首都圈、以名古屋为中心的中部圈和以大阪为中心的近畿圈的规划；特殊地区发展规划则包括半岛、山村、偏僻岛屿、暴风雪地区、特殊土壤地区、低开发地区、新产业城市建设、工业建设特殊地区、奄美群岛、小笠原群岛等地的规划。1962～1998年，日本共编制了五次全国综合开发规划，分别简称为"全综"（1962）、"新全综"（1967）、"三全综"（1977）、"四全综"（1987）、"五全综"（1998）。

参考文献

[1] 仇保兴.论五个统筹与城镇体系规划[J].城市规划，2004（1）：8-16.

[2] 深圳市规划与国土资源局，深圳市城市规划设计研究院.深圳市国土规划2020——人地和谐的城市发展之路[Z].2003，12.

[3] 林家彬.建立有效的区际协调机制[N].经济参考报，2003-12-3.

近期建设规划与"十一五"规划协同编制设想[1]

邹　兵[2]　钱征寒[3]

建设部部长汪光焘曾在多次讲话中强调了城市规划的公共政策属性，明确了今后城市规划发展和努力的方向。笔者认为，从城市规划所擅长处理的空间问题出发，以空间资源的配置和空间利益关系的协调为切入点，构建协调统一的空间政策体系来引导和促进城市的可持续发展，应成为当前城市规划的工作重点和目标，也是实现城市规划向公共政策转化的切实可行的"路径依赖"。

要发挥空间政策的作用，首先要实现城市的空间发展与社会经济发展在目标与行动上协调一致，这就涉及城市规划与社会经济发展规划之间的关系。今年是"十五"计划实施的最后一年，与此同时，各地城市按照统一年限（2003～2005）编制的上一轮近期建设规划的期限将至。中央和地方的"十一五"规划都在紧锣密鼓地进行编制，而新一轮的近期建设规划的修编工作在部分城市才刚刚展开，有的尚未启动。两个规划在实施期限上已经实现了同步，但要真正建立起两个规划协同编制和实施的机制，避免过去规划与计划"两张皮"的矛盾，还需要对组织方式和操作程序进行深入探讨。而强化城市规划作为空间政策的重要性质和效能，是构建这一机制的有效手段。

1　空间政策对于当前我国城市发展的重要意义

1.1　空间与空间政策

在城市发展过程中，城市空间发展方向的选择和空间布局安排对于城市的长远发展将产生长久和深刻的影响，历来都是空间政策关注的重点。但空间政策的内容并不限于此，而是包括一切与空间直接或间接相关的目标性与实施性政策的内容集成。城市空间对于经济社会活动的深刻影响，决定了空间政策具有对城市经济社会活动实施调控的重要作用和意义，而且对于正处在快速城市化阶段的中国城市将体现得越来越显著突出。

1.2　空间问题已经上升为中国城市发展过程中面临的最突出矛盾

1.2.1　空间资源的短缺

人多地少、资源匮乏是我国的现实国情，而空间资源短缺已经成为制约我国城市化和现代化进程的严重障碍。许多城市在经济增长和城市化的初期阶段，由于空间资源相对充裕、环境容量相对较大，有可能支撑以土地和劳动力等初级生产要素推动的规模扩张的外

---

[1]　本文来源：《城市规划》2005年第11期。
[2]　邹兵，深圳市城市规划设计研究院。
[3]　钱征寒，深圳市城市规划设计研究院。

延模式，并隐忍由这种模式引发的诸多矛盾；但长此以往，必然难以为继。空间资源短缺将是我国城市发展需要长期面对的状态。

1.2.2　空间利用的低效

与空间资源短缺极不相称的，是众多城市对于空间资源利用的严重低效。在城市建设用地规模急剧扩张的同时，存在土地资源大量闲置的严重问题。据初步调查，全国城镇区规划范围内共有各类闲置和空闲土地近 400 万亩，占城镇建设用地总量的 7.8%[①]；而已建设用地产出效益也普遍不高，中国大中城市单位建设用地 GDP 普遍在 10 亿元 / 平方公里以下，远低于亚洲的香港、新加坡、首尔等城市。某些城市以招商引资为名大搞开发区的"圈地运动"、土地出让方面的恶性竞争以及由此引发的农民失地问题，已经导致有限空间使用效益的巨大损失，并造成各种社会矛盾冲突的加剧和恶化。促进空间资源利用的集约化和高效化已成当务之急。

1.2.3　空间利益的冲突

当空间资源短缺上升为主要矛盾后，各利益主体对资源的争夺就变得非常激烈，过去隐性的、可以容忍的矛盾就凸显或爆发出来，并集中演化为空间上剧烈而尖锐的冲突。在空间紧缺的条件下，社会阶层的分化必然产生严重的社会空间分异，并形成巨大的空间落差。这就十分容易引起一系列社会矛盾的激化，如城中村带来的社会不安定因素。空间资源短缺使得政府的任何一项选择或调整的决策都由于缺乏回旋余地而成为"非帕累托改变"，难以兼顾"多赢"。这就迫切需要建立一整套空间秩序来调节和平衡各种利益矛盾，这也是建设"和谐社会"的必然要求。

1.3　空间政策是政府有效调控市场的重要手段

空间政策对城市发展的调控作用体现在宏观与微观两个层次：在宏观层次上，空间政策通过空间供给、基础设施配套、环境改善等一系列联动措施支持城市的经济发展，为全方位的统筹发展奠定基础；同时，通过设施的供给和服务体系的完善等各种软硬件手段，促进社会的公平，保障社会整体利益的实现。在微观层次上，空间政策可成为对各项具体的城市建设活动进行协调的工具，通过对各项城市建设活动进行基于社会利益的重新组织和空间技术的协调，使它们能够共同处于有序的架构中，从而避免政府行政资源的浪费，为整体发展目标的顺利推进发挥更大的作用。

总之，空间政策作为城市发展统领性的政策，一方面要切实反映城市各组成要素在城市发展过程中的政策取向，另一方面要保证城市各方面关于未来发展的政策和行动统一在共同的基本框架中，发挥对于城市发展的引导和规范作用。在这一运作体系框架中，城市规划应该而且能够发挥十分重要甚至是关键性的作用。

2　充分发挥城市规划对于空间政策体系中的整合与统筹功能

2.1　空间政策体系框架的构建

城市空间的发展受到许多其他因素的影响，一个城市发展的空间政策框架应围绕有关空间发展的要素来确定，除了包含有关城市空间发展的总体布局结构、发展目标与规模、建设重点与时序等内容以外，还应有更加丰富的内涵与更广泛的外延。笔者认为，至少应将以下几方面的政策内容纳入空间政策范畴：产业空间政策、交通政策、土地政策、基础设施政策、人口政策、住房政策、环境政策。

2.2 当前城市空间政策缺乏统筹和整合的平台

目前城市发展和城市建设并非缺乏政策，政策目标指向也并非不明确。但是，如果以系统化、综合化的要求和城市空间发展目标来检验我们现行的相关政策和决策，就会发现由于缺乏对空间发展的整体协调机制，缺少对各项政策进行统筹整合的平台，导致政策不到位、不协调和不配套的现象十分严重，反而对实现城市发展目标形成阻滞和障碍。

2.2.1 政策之间缺乏连贯和一致性，造成政策效应的抵消甚至冲突

城市发展过程中出现的矛盾和问题纷繁复杂，这些问题相互作用和影响，决定了政府政策目标的复杂性和多重性。特定时期针对某一方面问题而出台的政策，具有特定的目标和价值取向，如果缺乏系统周密的政策设计，就可能因为制定各项政策的出发点不同而产生政策之间缺乏连贯和一致性，造成政策效应的抵消甚至冲突。

深圳的生态环境保护问题历来受到高度重视，除了一系列环境保护政策外，还有强有力的立法支持，政策力度不可谓不大。但与此同时制定的其他方面的政策，由于政策目标的不一致，客观上起到了弱化上述环境保护政策的执行效果。如市政府曾经大力推进"同富裕工程"，积极鼓励欠发达地区通过建设"同富裕"工业园，发展集体经济脱贫致富。这一强调效率与公平结合的产业发展思路当然无可厚非，但却传达给基层政府不同的信号，提供了不同的政策预期，客观上鼓励了"三来一补"等低层次产业的进一步发展，为一些位于生态保护地区的集体和个人发展工业、侵占生态用地提供了政策上的依据。

2.2.2 各项政策的协同性较弱，大大降低了政策执行的效果

目前，城市建设中各项政策的出台和实施往往都是各部门按照各自的职能划分分别进行运作的。由于部门视角的局限和部门利益的影响，在具体行动上缺乏统筹和协调，往往难以形成合力，实施效果不佳，如深圳近年来投入巨大的河流污染治理实际上是一项综合性的系统工程，非环保、城管等一个或几个部门单力可为。河流污染表面上是由于未经处理的污水直接排放所致，根本原因却是由于缺乏成系统的管网而造成建成的污水厂无法发挥作用，而更深层次的根源则是粗放发展模式下的低水平建设行为所致。如果不从改变发展建设模式入手来解决问题，建再多的污水厂也好比是隔山打牛，难以明显收效。

进一步分析造成上述问题的根本原因，在于现行的行政架构和运行机制中，无论是哪个层次，自上而下的监管和调控基本上都是通过"条条"管理而实现的。在国家和省级层面上，由于各项政策以宏观协调和指引功能为主，距离实际的操作层次还有一定距离，强调"条条"管理可能是行之有效的。但深入到城市层面甚至更基层，往往面对的是各个"块块"的综合性问题，所有政策最终都需要落实到空间上直接面对操作实施，出自各个"条条"的政策相互之间冲突和抵触的可能性大大增加，由此导致上下级政府行为各异，各职能部门的行动也是相互制约，政策的缺位、不配套和缺乏协同，造成了政策实施效果大打折扣甚至南辕北辙。要加强对于基层的调控，必须针对城市一级政府的管理特点，更加关注和强化对"块块"的综合管理，而不能继续简单引用国家或省级层次的以"条条"管理为主的模式。因此，迫切需要统一的城市空间政策，统筹各职能部门的具体建设行为（各项政策），确保所有政

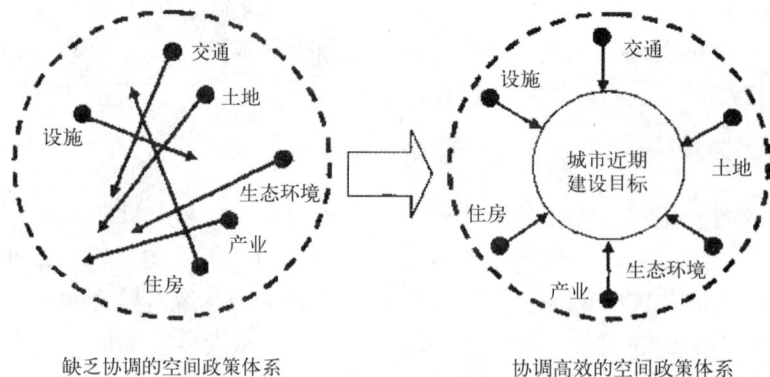

图 1　空间政策体系的重构

策措施在空间上形成协同，使得有关城市建设和发展的决策能够保持在同一方向上（图1）。

2.2.3　现有的综合部门和调控模式，难以促进空间政策整体效应的有效发挥

在传统的行政体制中，发改部门（原计划部门）是最具综合功能和权威的部门；其主导编制的国民经济和社会发展五年规划和年度计划是指导和统筹城市经济社会发展的纲领性文件，其综合协调职能体现在：对于政府主导的公共投资项目，是根据城市经济社会发展目标与各部门、各行业的需求，并结合政府的财政能力进行综合协调和平衡，合理安排财政投资方向；对于市场型项目，主要是产业类项目，则主要是通过制定产业目录等产业政策予以引导。但这种调控模式和运作机制存在的最大缺陷是与空间资源的配置结合不够紧密，使得协调功能不能充分体现。因为对于政府项目，在投资方向上的综合平衡并不一定能够达成空间上的协调；而对于市场项目，产业政策的引导功能实际上是十分有限的，关键还是通过制定环境标准、设定准入门槛等手段予以调控。因此空间政策的引导就显得十分重要。但由于缺乏整合空间资源的有效手段和能力，现有的综合部门和调控模式无法实现对空间政策的引导和协调。

2.3　强化城市规划的地位和作用，统筹整合空间政策体系

在空间资源短缺条件下，必须以空间发展目标为核心，整合与空间相关的政策系统，建立和完善城市空间发展的政策作用平台，形成对各项行动进行综合协调的有效保障机制。而以城市规划作为对空间政策进行统筹和整合的主要操作平台，既能改变以往政策不协调的局面，也能充分发挥城市规划对城市发展的引导作用。

首先，从本质而言，城市规划是城市政府关于城市空间发展的政策陈述，其自身就应作为一种较为综合性的空间政策。城市规划不仅应成为对社会公众各项行为的规范，也应成为政府各部门各项决策和行动的基础。尽管由于涉及既定的部门职能划分和权力格局调整，关于城市规划究竟是属于综合性规划还是专项规划在各部门之间存在不同的认识。但空间规划和空间政策的重要性已经得到各方面的高度重视，空间政策对社会经济活动的调控作用也得到高度的认同。目前，传统的综合性部门都越来越重视空间规划和空间政策的制定工作，如国家发改委正在积极组织编制区域规划，国土部门也在组织编制国土规划。无论如何，空间资源的配置和有效利用是城市规划历来所擅长的工作领域。

虽然过去主要以物质空间设计为主，但长期的实践也形成了其他部门难以比拟的技术基础，包括较为雄厚的技术力量培养和信息资料积累。城市规划在处理空间问题方面拥有其他行业难以比拟的技术优势，可为协调统一的空间政策体系的建构提供有力支持。《城市规划法》实施多年来，城市规划的作用和地位逐渐凸显，内容的综合性和广泛性也不断提高，同时也建立了较为完备的制度保障体系，得到了公民的普遍认可，是作为统筹整合空间政策的理想平台。

其次，将城市规划作为空间政策操作平台，既符合城市规划本身的作用和发展趋势，也有助于规划本身地位和作用的提高。城市规划长期被视作一种工程技术工作，与社会政治过程相脱离，大大弱化了指导调控城市发展的功能。近年来，城市规划的地位虽然有所提升，但仍然缺乏有效的保障机制，常常使得实施效果与规划目标相偏离。由于缺乏对各项空间政策和行动的主导统筹能力，实践中各个"块块"多向决策、分散行动的机制使得规划的思路难以落实；各部门"条条"管理上的缺乏协同，无法保证规划实施的综合效益的实现，城市规划在实施中实际上被"块块"架空，被"条条"肢解，无法有效发挥作用。由于城市规划没有被提升到公共政策的地位，现实中没有规划依据进行开发建设、违反规划或屈从经济发展压力随意修改规划、规划监管乏力等现象也屡见不鲜。只有将城市规划提到空间政策平台的地位，才能得到政府和社会各界的普遍重视，才能保证规划意图的真正落实。

总之，城市规划是实施空间政策最有法律依据、最强有力的手段，必须进一步提高和强化城市规划引导城市发展的综合协调功能，以城市规划为核心，搭建空间政策的操作平台。

3 以近期建设规划为核心，构筑"十一五"期间城市空间政策的操作平台

城市规划应发挥对城市空间政策的主导作用，但城市规划本身又是一个十分复杂庞大的体系，还有宏观规划和微观规划的工作层次区分，其自身系统也存在着诸多缺陷与不足，还处在不断的调整完善过程之中。因此，在现阶段城市规划要作为一个整体转化为空间政策有很大难度。笔者认为，近期建设规划从规划内容到操作程序上最贴近政策，是当前最可操作的一个突破口。目前"十一五"规划编制工作正在进行中，各部门各行业都在组织编制本系统的发展规划，而这些规划的落实都必须以空间为依托和载体。在城市发展空间十分局促和紧缺的条件下，这些发展设想和计划就难以避免地存在着许多冲突和不协调，迫切需要整体性的政策框架进行整合才能产生整体最优的效果。必须将政府各项政策、发展规划和建设行为放到可操作的五年时间内和确定的空间平台上进行整合，提出未来几年城市发展的系统性、整体性空间政策，通过城市总体布局结构和重点发展地区的调整，辅之以各项协调性政策的覆盖，保障有统一的平台整合各项政府工作重心，形成政府工作合力，避免公共资源的浪费和政策效应的相互掣肘和抵消。

近期建设规划是落实城市总体规划的重要步骤，是城市近期建设项目安排的依据，具有针对性和时效性强的特点，且在编制期限上与国民经济和社会发展五年规划一致，与项目结合紧密，操作性好。应将近期建设规划作为近期落实空间政策的主要手段，通过与国民经济和社会发展规划的高度协调，统筹财政与空间两大资源，共同促进经济、社会、环

境的协调发展。基于上述认识，在深圳筹划国民经济和社会发展"十一五"规划与新一轮近期建设规划的前期准备工作中，我们完成了《深圳市近期发展策略》（下简称《策略》）的研究报告，就构建近期建设规划与"十一五"规划协同编制机制、落实空间政策，向深圳市委、市政府提出了初步设想和建议，其要点是：

3.1 构筑由近期建设规划和"十一五"规划组成的综合协调各项城市发展建设行为的"双平台"

近期建设规划作为总体性的城市空间规划，在编制时限上与国民经济和社会发展规划一致，这就为两个规划的协调配合提供了良好的契机。应该把城市近期建设规划提高到与国民经济和社会发展规划同等重要的地位，一并作为"十一五"期间指导城市发展和建设的纲领性文件。这对于空间资源极其紧缺、已构成经济社会持续发展的"瓶颈"的深圳而言，是完全必要的。

《策略》报告还提出了关于两个规划的分工协调机制的设想：国民经济和社会发展五年规划统一调配财政资源，引导各级政府、各部门、各行业和机构的决策行动在投资方向上的协同；近期建设规划统一调配空间资源，引导各项投资在空间上的协同。国民经济和社会发展"十一五"规划应制定"十一五"期间城市在总体经济社会发展方面的各项目标和指标，并确定投资总量和投资项目类型；而近期建设规划则制定该时期内城市建设和空间发展的目标与规模，确定重点发展区域和相关设施安排，确定投资在空间上的重点方向。这样，近期建设规划与国民经济和社会发展规划相辅相成，分别作为城市发展在空间和非空间方面的纲领性文件，构成综合协调各项城市发展建设行为的"双平台"，既可避免政府各项政策和行动自相矛盾，又能保证总体发展目标通过具体建设行为加以落实（图2）。两者的协调不仅要在国民经济和社会发展五年规划与近期建设规划的编制内容和程序上得到充分体现，还应在社会经济年度计划与年度建设计划的编制和实施中得到具体落实。

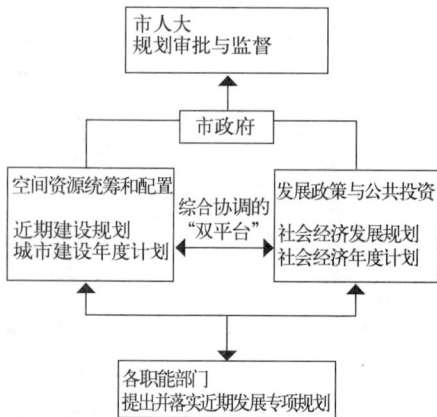

图2 城市发展综合协调的双平台

需要指出的是，构建"双平台"的设想是基于在不对现有部门的设置和职能进行重大调整的前提下，强化空间政策对城市发展的作用而提出的阶段性、过渡性策略。从长远看，近期建设规划与国民经济和社会发展五年规划合二为一，成为协调城市发展的各项政策、统筹空间和财政两大资源、调控城市发展的统一平台，才是要实现的目标和努力的方向。

3.2 建立近期建设规划与"十一五"规划协同编制的工作机制，高效组织推进两个规划的编制工作

与其他城市一样，深圳市上一轮近期建设规划也是在"十五"计划实施中期编制的。

由于当时城市许多重大项目和投资计划已经做了部署安排，规划的引导调控作用发挥受到一定程度制约。尽管如此，上一轮近期建设规划对于后来深圳开展的"十五"计划中期检讨评估、现代化指标体系调整等重大决策产生了重要影响，证明了规划的重要意义和作用。今年深圳市委和市政府领导班子面临换届，而城市也将进入一个新的发展周期。"十一五"期间是城市转型的关键期，而通过以近期建设规划为核心的空间政策加强对整个社会经济运行的引导和调控，将有利于实现由"速度深圳"向"效益深圳"与"和谐深圳"转型的战略目标。因此，《策略》报告提出，应抓住开展"十一五"规划编制的有利时机，及时启动和积极推进近期建设规划的编制工作。具体建议为：

（1）将"以协调统一的空间政策落实科学发展观、引领城市可持续发展"的内容写入即将召开的深圳市第四次党代会的报告以及市人大的政府工作报告中，以统一思想认识，并将城市近期建设规划与社会经济发展"十一五"规划作为 2005 年最重要的两项工作一并进行部署，及时推进。

（2）成立由市领导挂帅、各部门参与的近期建设规划领导小组，统筹协调规划的编制工作。由于此前已经成立了"十一五"规划领导小组，建议两个领导小组合二为一，从领导和组织上保证两个规划编制工作的协调，同时要加强部门之间在规划编制方面的合作，各职能部门应向规划编制部门提交本部门的专项规划以供审查和统筹。

（3）加强近期建设规划与"十一五"规划编制和实施工作的协调。负责规划编制的两个部门——规划局和发展改革局在工作中应紧密配合，充分沟通，确保两个规划在目标上的一致和在细节上的契合，两个规划应同时纳入市人大审查的内容范畴，其实施也应置于人大的监督之下，其执行情况应成为市政府向人大报告的重要内容之一。

3.3 通过修订《深圳市城市规划条例》，建立空间政策作为主导政策的长效保障机制

空间资源短缺将是深圳在未来很长一段时期内发展中难以回避的问题，为了确立空间政策作为政府主导政策的地位并得以有效贯彻实施，必须通过制订相关法律，建立其长效保障机制。为此，可充分利用深圳市特区立法权的有利条件，通过《深圳市城市规划条例》的修订，实现这一目的：

（1）建立以近期建设规划为核心的空间政策协调机制。确立城市规划作为空间政策的先导、主导和统筹的重要地位，明确其对城市发展的协调功能；提升近期建设规划在规划体系中的地位和作用，通过近期建设规划编制、审批、实施、监督等具体程序的设定，建立与社会经济发展规划的协调机制；提高规划的公信力和权威性，进一步增强其可操作性和有效性，将其作为落实空间政策的主要核心。

（2）明确城市总体规划和近期建设规划对专项规划的指导作用。城市总体规划和近期建设规划作为城市总体层面的规划，是安排市内重大建设项目、制定相关专业和专项规划的基本依据。必须明确城市总体规划和近期建设规划对各专项规划的统筹、指导作用，确保各层面、各部门规划形成有机、统一、衔接的体系。在具体操作上，有关空间的所有专项规划在编制时，必须与总体规划相协调，征求规划部门的意见并加以充分吸纳；在获得批准实施前，必须经规划部门依据总体规划审查同意后，方可交法定审批机关审批。

（3）设立城市建设年度计划制度。虽然近期建设规划在一定程度上解决了总体规划编

制和审批周期过长、城市远景目标与近期主要工作脱节的问题，但在现实情况中，每年都有新的建设项目出现，建设用地计划也都在调整。建议将现行的全市土地开发供应年度计划、重大项目建设年度计划整合为全市城市建设年度计划，对建设用地供应计划和公共投资项目、重大项目的建设进行年度安排，作为一年中城市政府进行建设活动的最基本指南。对于公共投资项目，应通过社会经济年度计划与年度建设计划两重筛选，确保其符合政府社会经济发展政策，并优先考虑重点发展地区，建立符合城市社会经济发展需求和空间发展需求的项目库，并为其提供相应的建设用地安排。

这些内容设想，也可以作为目前国家正在修订的《城乡规划法》的参考。同时，地方政府可以先行修改地方性法规，率先进行探索和实践，为在全国范围内全面推广提供更丰富的经验借鉴。

3.4　完善、深化建设项目审批机制

为了确保各个部门的政策经协调后能有效体现在具体建设项目上，建设项目审批应作为空间协调的主要突破口。对于公共投资项目而言，近期建设规划和年度建设计划所设立的项目库应作为政府公共投资项目的最重要依据，政府部门应身体力行，严格按照规划所确定的时序、选址进行建设。对于市场投资项目，尤其是产业类项目，要设立较目前更为细化的审批制度；在不影响审批效率的情况下，提高审批质量。除投资门槛外，还应进行排污、就业岗位和劳动保障以及建设时序安排方面的评估，确保各项政策落在实处。

3.5　建立动态的空间信息决策支持系统

城市空间信息的掌握能力和管理水平的低下，在一定程度上影响着城市空间管理水平的提高。及时、准确地掌握相关信息在空间上的分布，是确保空间政策在决策方面科学、有效的重要前提，也是编制高质量城市规划的必然基础，尤其是对于近期建设规划和年度建设计划这种时效性强的动态规划而言，就显得更为重要。在这方面，市政府应确定有关部门，运用"数字城市"理念，搭建共享的空间信息平台，改变各个职能部门在信息方面各自为政的局面，实现包括社会经济信息在内的相关信息在空间上的集成表达和动态更新，作为空间决策的重要支撑，并定期向外发布，接受群众监督。

在不久前结束的深圳市第四次党代会和市人大做出的有关决议中，已将近期建设规划和"十一五"规划作为2005年头等重要的工作任务进行了部署安排，并基本按照《策略》提出的设想成立了相应的组织机构，表明《策略》提出的建议内容已经得到了市委市政府的采纳。目前，近期建设规划的编制工作正在按计划稳步推进之中。我们希望通过不断的探索和努力，逐步建立城市近期建设规划和"十一五"规划协同编制和实施的机制，构建协调统一的空间政策体系，引领城市的可持续发展。

（衷心感谢王富海院长对本项目研究及本文写作的悉心指导。）

注释

① 据国土资源部部长孙文盛关于纪念第十五个"全国土地日"时的讲话"节约集约用地，促进科学发展"。

现阶段"两规"的矛盾分析、协调对策与实证研究^{*❶}

杨树佳 ❷   郑新奇 ❸

土地利用总体规划，城市规划都涉及土地资源的合理利用。前者是对一定区域未来土地利用在时空上做出的超前性计划和安排；后者是指在一定时期内对城市发展的计划和各项建设的综合部署，是城市各项建设工程和管理的依据。因此，土地利用总体规划与城市规划（下文简称"两规"）存在密切联系，特别是在城镇建设用地规模上需要相互协调，否则用地控制将无所适从。在我国目前的规划体制下，战略规划管理出现了国家发改委、建设部和国土资源部"三权分立"的状况，其中由建设部和国土资源部分别主管的"两规"之间矛盾和冲突尤为突出，协调难度也很大。从其基本作用来看，城市规划指导城市建设，土地利用总体规划指导土地利用[1]。但城市建设离不开土地利用，土地利用也不能脱离城市建设。两者在规划空间上的统一、编制内容上的重叠和管理对象上的交叉，使得这两个规划在实际工作中必须进行衔接和协调。

1 "两规"编制现状

新中国成立后为适应国家建设事业的需要从20世纪50年代就开始广泛编制城市规划。以后几经波折，70年代后期又开始了大规模编制城市规划。至今，很多城市都在着力或完成编制第三轮城市总体规划。总的来说，城市规划经过大量的实践，相对来说比较成熟，无论从规划人才培养、规划编制队伍建设，还是从规划管理队伍来看，都比较强，虽在规划理论与实践中仍有许多不完善之处[2]。城镇体系规划的任务是：综合评价城镇发展条件；制订区域城镇发展战略；预测区域人口增长和城市化水平；拟定各相关城镇的发展方向与规模；协调城镇发展与产业配置的时空关系；统筹安排区域基础设施和社会设施；引导和控制区域的合理发展与布局；指导城市总体规划的编制。在同一个区域里编制城镇体系规划和土地利用总体规划，两者的关系最为密切。城市总体规划的任务是：确定城市的性质、发展目标和发展规模；划定城市规划区范围；拟定城市主要建设标准和定额指标；总体布置城市建设用地布局、功能分区、综合交通体系、河湖和绿地系统；编制各项专业规划、近期建设规划。城市总体规划的核心是城市规划区内的土地合理利用，城市总体规划是行政区域土地利用总体规划最重要的组成部分，两者的关系也是十分密切的。城市详细规划则是城市土地利用的深化，与目前的土地利用总体规划关系不大。

土地利用总体规划是在一定区域内，根据国家社会经济可持续发展的要求和当地自然、

---

* 国家自然科学基金项目资助（项目批准号：40571119）；山东省自然科学基金项目资助（编号：Y2004E04）；济南市国土资源局：济南市土地利用总体规划修编（2005～2020）资助。

❶ 本文来源：《城市规划学刊》2006年第5期。

❷ 杨树佳，山东师范大学地理研究所。

❸ 郑新奇，山东师范大学人口资源与环境学院。

经济、社会条件对土地的开发、利用、治理、保护在空间上、时间上所做的总体安排和布局 [3]。它是土地利用规划的一个组成部分。我国土地利用总体规划起步较晚，无论是在理论研究还是在实践工作中都不成熟，专业人才培养、规划编制队伍、规划管理队伍都在发展建设之中。第一次全国性的土地利用总体规划是 1988 年开始的，1991 年和 1994 年国家土地局相继发布了《土地利用总体规划编制审批暂行办法》和《县级土地利用总体规划编制规程（试行）》，因多种原因这次规划编制存在的问题较多，质量不高，对土地管理工作指导性不强。1996 年开始了第二次全国性的土地利用总体规划工作，国土局于 1997 年 10 月出台了《土地利用总体规划编制审批规定》和《县级土地利用总体规划编制规程（试行）》，各地在 2000 年前相继完成了土地利用总体规划编制工作。虽然这次规划工作的质量较第一次有明显提高，但由于规划依据、方法等尚不成熟，规划专业队伍良莠不齐，所以规划仍侧重于土地类型、用途的数字平衡，而在图面与实际管理的可操作性方面仍存在较多的问题，与目前正在陆续编制的城镇体系规划和城镇总体规划以及乡镇与村镇体系规划存在较多的矛盾。

全国第二轮土地利用总体规划从 1997 年开始编制，规划期至 2010 年，但自进入 21 世纪后已普遍不适应用地发展的要求。2002 年底，国土资源部确定了 14 个全国地（市）级土地利用总体规划修编试点城市，揭开了新一轮规划修编的序幕。

2 "两规"之间的矛盾浅析

在城市建设和城市管理中，"两规"在经济建设与实施可持续发展战略中起着关键的作用，它们相互联系又相互制约，既是统一的又是对立的。"两规"的依据都是国民经济长期发展规划，其核心内容都是土地的合理利用，但研究的对象、范围、实施年限、方法、步骤等各有侧重，规划深度也悬殊较大。长期以来"两规"在规划和实施过程中仍存在衔接不到位，难以协调统一的问题，因此产生不少的矛盾。

2.1 "两规"正处于不同的成长阶段，成熟程度不同

在发达国家，土地利用总体规划是城市规划和其他规划的基础，城市规划布局高度服从于土地利用总体规划。在中国正好相反，这主要是因为在中国，城市规划在长期的规划实践中，吸收和借鉴了国外优秀的城市规划理论与方法，规划编制水平有了较大幅度的提高，规划编制较为成熟，规划的科学性与可操作性也较强。相比之下，土地利用规划在中国开展不久，20 世纪 80 年代土地利用总体规划编制工作才起步，但未得到深入贯彻，直至 1996 年才得以全面展开。由于土地利用总体规划滞后，而且没有相应的法律保障。所以，城市用地基本限于按照已经颁布的城镇规划蓝图来办理用地手续。即使已经有了土地利用总体规划的城市，被随意突破和变动的现象时有发生，造成"摊大饼"式膨胀扩展 [4]。同时，由于规划本身很少与用地计划、用地管理等紧密联系起来，而且还存在着"重编制，轻实施"的倾向，因而在城市土地利用管理中，一直难体现土地利用总体规划的权威性与约束力 [5]。

2.2 "两规"的编制分属不同部门，他们的出发点和目的不同

目前，"两规"在行政上是同级单位，其工作均在各自的行政体系内完成，在规划编

制过程中均接受各自上级行政部门的指导与监督。在这种相对封闭的空间内，使得国土部门与规划部门缺乏有效沟通。土地利用总体规划是立足于当地土地资源现状并遵循"十分珍惜、合理利用土地和切实保护耕地"，求得土地资源在各地间的合理配置，特别强调优先保护耕地，对建设用地的供给推行供给制约和引导需求，以实现土地的社会、经济、生态效益[6]。而城市规划则强调城市发展的需要，虽然也强调合理用地，节约用地，但对土地的供给量考虑不多，主要还是从城市用地需求出发，要求进行外延扩展，占用了城市郊外许多优质耕地。这与土地利用总体规划中将优质土地优先用于农业发展，城市建设尽量占用非耕地和未利用地的要求不一致。

2.3 "两规"编制不同步，城镇用地规模的规划缺乏可比性

1998 年新修改的《土地管理法》对土地利用总体规划作了原则性规定，明确了土地利用总体规划的法律地位。《城市规划法》的颁布早于《土地管理法》，为城市规划的编制和实施提供了法律保障，因此在城市建设中发挥的控制作用明显。再加上"两规"的编制和实施工作分属于两个不同的部门，工作起点、基础不同，往往在各地的编制过程中规划的起点和规划期限也不同，这样使得"两规"在表述城镇用地规模时明显存在不同，其结论缺乏可比性[7]。

2.4 "两规"编制所依据的基础资料和统计方法不一致

土地利用总体规划依据的是土地详查资料及土地利用变更调查的更新成果，信息的获取首先应用遥感技术，然后经实地调查、核实、纠正而形成的，可信度较高；而城市总体规划依据的是城建部门的统计资料，对用地进行统计时，往往采取抽样调查的方法，所得到的数据为概查和估算数据，与遥感监测实地调查资料存在一定差异。此外，两部门统计口径不一致也是造成基础数据不一致的原因之一，如：城市规划部门在统计城市建设用地时，往往将已划入已有城市总体规划区的、还没有建设的郊区或部分农村也计入城市现状用地，土地部门则以实际成为城市建设用地或已办理了建设用地手续的用地作为现状城市建设用地，所以统计的城市建设用地面积会大于土地利用详查及变更调查数据；土地利用总体规划的人口现状数据来自于统计局公布的统计数据和公安局、计生委的调查数据。人口自然增长率采用计生委提供的资料，机械增长率采用公安局提供的资料。城镇人口指城镇建成区的常住人口，在暂住人口较多的城市，城镇人口也包括暂住人口（即居住一年以上的人口）。城市总体规划中提出的城市人口，是指居住在或相当于居住在城区内，享用和消耗城市水、电、气、路等基础设施的人口总数。它不仅包含城区中的非农业人口，还包括居住在城区范围内的农业人口和暂住期一年以上的外来人口。因此，城市总体规划预测人口范围比土地利用总体规划预测人口范围大，造成前者预测的人口明显高于后者[8]。

2.5 "两规"编制所依据的用地分类不统一

城市规划用地分类采用的是 1991 年开始施行的《城市用地分类与规划建设用地标准》（GBJ137—90）和 1994 年施行的《村镇规划标准》（GB50188—93），两者均为强制性国家标准，具有权威性和法律效力。土地利用规划目前采用的《土地分类》于 2002 年开始试行

至今,第二轮土地利用总体规划普遍采用的是 1984 年制订的《土地利用现状调查技术规程》中的"土地利用现状分类及含义"和 1989 年制订的《城镇地籍调查规程》中的"城镇土地分类及含义",试行的《土地分类》在此两者的基础上修改、归并而成。但无论是新、老标准的制定都没有考虑与城市规划标准的衔接问题,与城市规划标准存在明显差异,造成了"两规"协调衔接上的巨大困难,实质也是规划指标和用地范围无法统一的重要原因[9]。

3 "两规"相协调的可行性分析

虽然"两规"之间存在一些矛盾问题,但总体上仍有协调的可行性,表现在以下几个方面:

3.1 有关法律法规对"两规"相互衔接的规定

3.1.1 在规划内容上的衔接

《中华人民共和国土地管理法》第二十二条规定:城市总体规划、村庄和集镇规划应当与土地利用总体规划相衔接,城市总体规划、村庄和集镇规划中建设用地规模不得超过土地利用总体规划确定的城市和村庄,集镇建设用地规模。在城市规划区内、村庄和集镇规划区内,城市和村庄、集镇建设用地应当符合城市规划、村庄和集镇规划。《中华人民共和国城市规划法》第七条也规定了:城市总体规划应当和国土规划、区域规划、江河流域规划土地利用总体规划相协调。

3.1.2 在建设项目可行性研究论证阶段的衔接

根据《城市规划法》和《土地管理法》的有关规定,城市规划区范围内的建设项目在进行可行性研究论证时,必须同时附具城市规划行政主管部门的选址意见书和土地行政主管部门的建设项目用地预审报告。

3.1.3 在国有土地出让转让阶段的管理衔接

《城市国有土地使用权出让转让规划管理办法》作出了如下衔接规定:

(1)城市国有土地使用权出让前,应当制定控制性详细规划。

(2)国有土地出让转让合同必须附具城市规划行政主管部门提供的规划设计条件和附图。改变规划设计条件的,须经城市规划行政主管部门的同意。

(3)取得建设用地规划许可证后才能办理土地使用权属证明。

(4)土地出让金的测算应当把出让地块的规划设计条件作为重要依据之一。在城市政府的统一组织下,城市规划行政主管部门应当与有关部门进行城市用地分等定级和土地出让金的测算[10]。

3.2 "两规"均以合理用地、节约用地为核心

"两规"都必须遵守自然规律,以适应社会和经济的发展;都必须研究自然、经济、社会综合体——土地的特性及空间分布规律。土地利用总体规划本质上是对土地的开发、利用、治理和保护所进行的一项综合部署,其中心任务是确定土地利用结构、土地利用布局和土地利用方式,以达到合理用地、节约用地和保护土地的目的。而城市总体规划重点是用地规模的确定、用地选择和用地分类及布局等。由于土地数量的有限,土地资源的稀

缺性决定了"两规"在用地上都要以节约和合理利用土地为核心[11]。

3.3 可持续发展是"两规"的基本原则

中国政府制定的《中国 21 世纪议程——中国 21 世纪人口、环境与发展白皮书》提出了可持续发展作为我国的发展战略之一。毫无疑问，土地利用总体规划要保障土地的可持续利用，城市规划要保障城市的可持续发展，土地利用总体规划和城镇体系规划都要保障区域的可持续发展。有了这个共同的理念，一些认识就可以在此基础上谋求统一了。

3.4 实现现代化是"两规"坚定不移的战略目标

土地利用总体规划在强调"一要吃饭，二要建设"的时候，也必须强调发展是硬道理，强调加快实现现代化的战略目标。解决吃饭问题需要保护基本农田、保护耕地，但更需要通过经济的整体发展，通过农业科技的发展，通过现代化建设来根本解决吃饭问题。如果有了这样的认识，"两规"的协调就比较容易了。众所周知，城市化是现代化的重要标志，在我国城市化滞后于工业化的情况下，拉动经济发展需要加快城市化步伐，而加快城市化步伐则需要较快地扩大城市规模，需要增加必要的城镇用地。对于合理增加城镇建设用地的要求，如果仍拘泥于在过去认识基础上的用地总量控制以及某些人为的原则，就会贻误加快现代化建设的时机，这是从中央到地方各级政府都不愿意的[12]。

3.5 统筹安排各类用地是"两规"的共同任务

区域城镇体系规划和乡镇与村镇体系规划的重点是统一规划预测城乡居民点的人口规模和用地规模；城镇总体规划重点是统筹安排规划区，主要是规划建成区内的各项建设用地；土地利用总体规划的各类用地在规划行政区域是全覆盖的，是土地利用的全局性规划。土地规划和城镇规划各有侧重，必须协调，才能使"两规"的管理有可操作性[13]

3.6 "两规"的理论依据和分析方法基本相似

"两规"都必须遵循一定的规律，以期适应社会、经济的发展。因此同作为自然经济社会综合体的土地规划和城市在规划就必须遵循一些相同的规律和理论；如土地经济学中的级差地租理论、土地报酬递增理论、土地利用区位理论，生态经济学的地域分异规律、生态经济规律，以及价值规律、景观学理论、系统论等。在分析方法上两者一般都采用系统分析法、统计分析法以及静态与动态、宏观与微观、定性与定量分析相结合的方法[14]。

4 "两规"相协调的对策

"两规"协调和衔接的中心内容是城市的用地扩展规模和用地扩展方向。为此，不但要发挥土地利用总体规划的宏观调控功能，加强土地的总量控制，根据土地资源的供给量制约和引导需求，而且要发挥城市规划的微观管理功能，实现土地的用途管制，根据土地的适宜性安排好每块地的用途，对农地转非农地进行管制，合理发展城市规模。具体要做好以下几点：

4.1 "两规"编制部门密切配合，发挥各自特长，并实现"两规"的同步编制

为了搞好土地利用总体规划和城镇总体规划的协调与衔接，土地管理部门和城市建设部门需要密切配合，对于各自的编制和修订情况，双方不但要互相联系，互通情况，而且要互相提供必要的资料信息，如出现新情况和新问题时，要及时通知对方，采取措施进行协调，争取把问题和矛盾都能在编制过程中处理解决。甚至，可以在某些级别上合并国土资源管理部门和城市规划部门，使两个规划出自一个规划管理系统应该不失为一个精兵简政的举措。在城市总体规划和土地利用总体规划的编制过程中，建议城市规划行政主管部门和土地行政主管部门将"两规"编制的基期年和目标年予以规范化、制度化，做到同步编制，并且其他相关规划也应在规划期限内进行编制，不得随意改变规划编制的期限[15]。

4.2 加强土地总量控制和用途管制，正确处理"吃饭"与"建设"的关系

"吃饭"与"建设"两者的问题集中表现在农业用地与非农业用地的关系上。保护耕地是土地利用总体规划的第一目标，其他目标无论其重要性如何都要让位于耕地保护。而城市规划中往往由于城市性质的更迭，未能预期到的发展机遇而需要拓展用地，使市郊大量高产农田被侵占，从而导致某些城市土地利用效率低。由此必须加强土地的总量控制和用途管制。

首先城市发展用地规划要以土地利用总体规划确定的用地结构调整为依据，要制定发展用地规模和控制范围，不得突破土地利用总体规划对城市发展用地的控制指标。城市建设用地应严格控制占用耕地，要充分利用旧城改造，提高旧城的土地效益，使旧城用地布局、结构和功能更紧凑合理；还要充分利用废弃地和空闲地；对那些倒闭、停产、闲置的企业和单位，通过兼并、重组、调整使用等形式来盘活城市存量土地；适当增加建筑密度、容积率和建筑高度，通过内涵挖潜，集约化利用来提高土地利用率，即挖掘城市的内部潜力，走内涵发展的城市建设道路，而不是走向周围拓展、辟建新区的外延发展道路。其次城市建设用地必须符合土地用途管制要求。对不合理的用地，要根据土地利用总体规划和城市总体规划的要求作局部调整，以求科学、合理地利用土地，任何部门、单位和个人的建设用地都要服从土地利用总体规划[16]。

4.3 "两规"编制过程中，相关方面的统计要注意协调

4.3.1 "两规"的人口规模预测要协调

城市总体规划和土地利用总体规划人口规模的预测关系到建设用地规模的预测，因此，在"两规"的协调过程中，首先必须在人口统计口径上达到一致，统一采用公安局、统计局、计生委等部门的调查统计数据；其次两者统计的行政区域范围必须一致，统一以城市所在区镇的市区人口或镇域人口或城市现状建城区人口等，这样的话，两者所用的数据基础是一样的，由此确定的规划建设人均用地指标也显得科学合理。

4.3.2 城市规划区范围划定要协调

《城市规划法》第三条定义的城市规划区，是指城市市区、近郊区以及城市行政区域内因城市建设和发展需要实行规划调控的区域。城市规划区的具体范围，由城市人民政府

在编制的城市总体规划中划定。由于城市规划区的定义不清晰，故各城市划定的规划区范围差异较大。从国务院审批的城市中可以看到，规划区范围有的定为市区辖地，大多数则是介于市区和市辖范围之间。规划区范围为远期规划建设用地的倍数差异也很大。城市规划区范围是制定和实施城市规划的范围，也是城市房地产管理法、城市绿化条例、建设项目选址规划管理办法等法律法规的实施范围。规划区范围划得过大，城市规划行政管理部门实际上是管不过来的，与土地利用总体规划及土地管理部门的矛盾也会比较多些。从城市发展建设的实际与预期需要考虑，城市规划区范围也不宜过大，毕竟这是城市规划，而不是区域规划[17]。

4.3.3　人均建设用地规模指标的协调

从建设现代化的城市角度考虑，对一些用地条件许可的城市，人均用地可适当突破100m^2，但不允许超过120m^2，以满足汽车时代城市道路拓宽和停车场建设的需要，满足城市绿地的较大幅度增长需要，满足新居住小区高品位建设的需要。重点建制镇的建设用地也可以适当放宽，但一般镇、乡集镇和村庄建设用地以及分散的乡镇企业用地要严加控制。

4.3.4　"两规"的用地分类指标协调

主要是土地利用总体规划中的城镇村庄工矿用地等，要进一步细分使两者有对应关系。

4.4　"两规"在用地布局上要宏微观相协调，且实施上要一致有效

土地利用总体规划侧重的是整个城市的宏观布局，主要是确定整个行政区内中心城市、重要基础设施工程、重要工矿项目等用地的规模和布局；而城市总体规划则侧重的是城市建成区的微观布局，仅仅只是土地利用总体规划在其中心城区的细化。因此，在"两规"的协调过程中，城市总体规划应以土地利用总体规划为指导，土地利用总体规划在用地布局上只是起宏观调控作用，城市总体规划则详细地布置城市规划区内各类用地的布局[18]。

"两规"只有通过实施，才能够真正实现其自身的价值。在"两规"的实施过程中，各级政府应在科学发展观的指导下，为实现人与自然的和谐，经济发展与人口、资源、环境相协调，对"两规"的实施予以同等重视。"两规"的实施都应注重法律、行政、经济、技术等手段的综合应用。此外，应加强规划宣传、社会的监督和进行规划实施评价，建立规划公众参与制度、规划公示制度和规划管理公开，调动公众的主动意识，促进政府部门的公正执法，提高工作效率，制约和避免各种违反规划行为的发生，保证规划的实施。

5　实证研究

济南市是国土资源部确定的14个全国地(市)级土地利用总体规划修编试点城市之一，济南市国土资源局在统一思想的指导下，相对其他城市较早地开展了土地利用总体规划修编工作，与此同时，济南市规划局也在加紧进行着济南市城市总体规划的编制工作，两者的同步进行，为"两规"编制的协调提供了必要前提。

"两规"的负责部门在编制过程中多次召开规划编制协调会议，两部门项目负责领导与技术人员集思广益、求同存异，并在专题编制上克服了多项技术难题，为"两规"的协调做出了巨大努力，并取得了可喜的成果，为"两规"协调在其他城市的全面展开起到了

很好的示范作用。

如济南市《土地利用总体规划修编》规划主城区 2020 年建设用地规模为 420 平方公里，济南市城市总体规划确定的发展规模 2020 年为 430 平方公里，城市规划确定的用地规模明显大于土地规划确定的用地规模。经过认真研究，比较统一了统计口径，合理地压缩城市建设规模，使两个规划能够相衔接，以维护土地规划的宏观控制地位及权威性。此外根据《土地管理法》第二十二条的规定对不合理的城镇规划，采取有效的措施进行修编，使"十分合理利用每寸土地，切实保护耕地"的基本国策得到有效的贯彻执行。

济南市城市总体规划修编工作从一开始就十分重视两个规划的衔接问题，充分发挥规划与国土两局的优势，不仅从用地规模上做到两个规划相衔接，而且从用地布局、耕地保护、占补平衡等各方面采取相应的技术手段保证两个规划相互衔接，为两个规划的顺利实施创造良好的条件。本次总体规划由于规划范围及两个规划统计口径的不同造成统计数字不相一致，如果换算成相同规划范围、相同口径则相一致。最后总体规划确定的用地规模，也符合土地利用总体规划的要求。

6　结语

综上所述，"两规"的协调发展对于中国而言具有重要的现实意义。主要表现有两个方面，一是为合理控制城市规模提供依据，二是提高了人们保护耕地的意识。今后只要土地利用总体规划在修编过程中本着坚持市场经济法则、耕地总量动态平衡的原则、突出保护耕地和兼顾重大建设用地的指导原则；城市规划的编制本着坚持坚决服从土地利用总体规划的原则，那么"十分珍惜、合理利用土地和切实保护耕地"的基本国策就可以得以完全贯彻，同时还可以提高土地的利用效率，并实现土地的可持续平衡发展。

参考文献

[1]　萧昌东 ."两规"关系探讨 [J]. 城市规划汇刊，1998[1]：29-33. 上海：同济大学出版社 .

[2]　徐巨洲 . 现实主义的城市土地利用与发展观 [J] 城市规划，1999[1]：9-13.

[3]　吴效军 . 二图合一的实践与思考 [J]. 城市规划，1999[4]：5-56.

[4]　钱铭，论土地利用总体规划和城市总体规划的协调与衔接重托 [J]. 土地科学，1997[5]：13-15.

[5]　许德林，欧名豪，杜江 . 土地利用规划与城市规划协调研究 [J]. 现代城市研究，2004[1]：46-49.

[6]　蔡雪雄 . 关于城市规划的思考 [J]. 经济问题，2004[7]：13-15.

[7]　邹自力 . 土地利用总体规划中的几个问题讨论 [J]. 华东地质学院学报，2003[3]：17-21.

[8]　曹荣林 . 论城市规划与土地利用总体规划相互协调 [J]. 经济地理，2001[5]：605-608.

[9]　夏早发 . 发挥土地利用总体规划功能加强土地总量控制与用途管制 [J]. 中国土地科学，1997[S1]：34-38.

[10]　王国恩 . 城市规划与城市土地利用规划 [J]. 城市发展研究，1977[6]：46-49.

[11]　朱才斌 . 城市总体规划与土地利用总体规划的协调机制 [J]. 城市规划汇刊，1999[4]：10-13. 上海：同济大学出版社 .

[12]　徐邓耀 . 土地利用总体规划的理论探讨 [J]. 四川师范学院学报，1996[2]：27-29.

[13]　杨伟民 . 规划体制改革的理论探索 [M]. 北京：中国物价出版社，2003.

[14]   严金明 . 中国土地利用规划：理论、方法、战略 [M]. 北京：经济管理出版社，2001.

[15]   林肯土地政策研究所著 . 国土资源部信息中心译 . 土地规划管理——关国俄勒冈州土地利用规划的经验和教训 [M]. 北京：中国大地出版社，2003.

[16]   吕维娟 . 城市总体规划与土地利用总体规划异同点初探 [J]. 城市规划，1998 [1]：34-36.

[17]   牛慧恩，陈宏军 . 试论我国战略规划编制与管理中存在的问题——深圳市国土规划试点工作中的一些体会 [J]. 城市规划，2003[2]：67-69.

[18]   王静霞 . 团结奋进勇于创新—探索具有中国特色的城市规划理论与实践 [J]. 城市规划，2003[2]：44-47.

[19]   王万茂，韩桐魁 . 土地利用规划学 [M]. 北京：中国农业出版社，2002.

主体功能区规划与城乡规划、土地利用总体规划相互关系研究 ❶

史育龙 ❷

城市规划和土地利用规划是理论基础和技术规程比较成熟，在实际工作中已经发挥重要指导作用的空间规划类型。正在进行的主体功能区规划也是为规范国土开发秩序进行的空间规划。就全国而言，对同一空间对象从不同角度开展三类各有侧重的空间规划，必然会在规划内容和工作程序上产生一定的交叉重叠。为此，从目标、任务、重点、实施、管理等方面研究三类规划之间的分工互补关系，探索建立协调衔接、融合共享机制，逐步建立起科学合理的空间规划体系，对于确保三类规划有序、准确、充分地发挥各自作用具有重要意义。

1 现有空间规划及相互关系

1.1 城市规划（城乡规划）

城市规划是历史最悠久的空间规划。它以城市空间中的物质形态部分为对象，以一定时期的经济和社会发展目标为指导，通过确定城市的性质、规模和发展方向，对城市实体发展格局涉及的道路系统及其他基础设施、建筑物、产业及其他城市功能单元在空间上作出安排，协调安排城市各类功能的空间布局，实现合理利用城市土地，有序推进城市空间开发。因此，城市规划是建设城市和管理城市的基本依据，是确保城市空间资源有效配置和土地利用的前提和基础，是实现城市经济和社会发展目标的重要手段之一。

早期的城市总体规划并不对城市的外部空间以及城市间的关系进行分析，因此可以看作是以城市内部空间结构为主要内容的微观形态规划。1990年4月起实施的《城市规划法》要求"设市城市和县级人民政府所在地镇的总体规划，应当包括市或者县的行政区域的城镇体系规划"。从此，以解决区域范围内城市间关系为重点的城镇体系规划成为与城市总体规划直接关联的区域性发展规划，而且确立了自身的法律地位。

近年来，由于大量城市以"50年、100年不落后"为理由，片面追求以"宽马路、大广场"为代表的豪华建设，这被认为是造成全国耕地数量持续下降的重要原因之一。城市总体规划作为政府调控城市发展的重要手段，对于城市空间非理性的过度扩张控制不力，因此受到了很多的批评。在此背景下，从法律层面把城市规划扩展到城乡规划的广义范畴，从源头上努力把城市与其所在的区域纳入到一个统筹发展的框架，逐渐成为各个方面的共识。2008年1月1日，取代原《城市规划法》的《城乡规划法》正式生效，城市规划在

---

❶ 本文来源：《宏观经济研究》2008年第8期。

❷ 史育龙，国家发展改革委宏观经济研究院科研部。

由空间领域向经济社会领域扩展延伸的同时，空间范围也由城市内部扩展到区域空间层次。城市规划进入了城乡规划的新时代。

1.2 土地利用规划

作为政府依法采取的行政管理行为，土地利用规划的编制实施要晚于城市规划。1986年颁布的《土地管理法》首次提出"各级人民政府编制土地利用总体规划"。1999年1月以后，以土地利用总体规划为基础的土地用途管制制度成为修订后的《土地管理法》的核心。规定：土地利用总体规划是指由国家或地方各级人民政府依据国民经济和社会发展规划、国土整治和资源环境保护的要求、土地供给能力以及各项建设对土地的需求而编制的总体利用规划。显然，土地利用总体规划的主要目的是协调各部门的用地需求，充分、合理地利用有限的土地资源，为国民经济和社会发展提供土地保障。

根据1997年10月原国家土地管理局颁布的《土地利用总体规划编制审批规定》，土地利用总体规划的主要任务是：(1)具体落实土地利用总量平衡分解指标的数量与分布（年度计划管理）；(2)土地生产潜力等级和土地质量等级划分及图形编制（规划编制和成果管理）；(3)土地用途管制（规划实施和管理）；(4)土地开发、整治、复垦项目的落实与实施（开发整理项目管理）；(5)土地利用动态变化信息反馈（规划跟踪监测）。

1984年，原国家农业区划委员会颁布了《土地利用现状调查技术规程》，其中根据土地的用途、利用方式和覆盖特征等因素，将我国土地分为了耕地、园地、林地、牧草地、居民点及工矿用地、交通用地、水域和未利用土地共8大类、46小类。1998年，修订后的《土地管理法》将我国土地分为三大类，即农用地、建设用地和未利用地。《土地管理法》规定："农用地是指直接用于农业生产的土地，包括耕地、林地、草地、农田水利用地、养殖水面等；建设用地是指建造建筑物、构筑物的土地，包括城乡住宅和公共设施用地、工矿用地、交通水利设施用地、旅游用地、军事设施用地等；未利用地是指农用地和建设用地以外的土地"。2001年，国土资源部又将土地分类细划为15个二级类和71个三级类（表1）。这一分类体系就是现行土地利用总体规划执行的用地类型划分方案。

土地利用分类和土地利用基本状况指标体系 表1

第一层	农用地 A1	建设用地 A2	未利用地 A3
第二层	耕地 B11	商服用地 B21	未利用土地 B31
	园地 B12	工矿仓储用地 B22	其他土地 B32
	林地 B13	公共设施用地 B23	
	牧草地 B14	公共建筑用地 B24	
	其他农用地 B15	住宅用地 B25	
		交通运输用地 B26	
		水利设施用地 B27	
		特殊用地 B28	

1.3 城乡规划与土地利用总体规划的关系

城乡规划与土地利用规划都是依据国民经济和社会发展规划，对规划区内各类用地作出相应的空间安排。依照法律规定，其编制主体都是城市人民政府。只是城乡规划注重从满足城市功能的需要出发，合理安排其空间布局方案，是一种以项目为载体的空间规划；土地利用总体规划注重从空间地块出发，合理安排其使用方向，是一种以用途管制为主线的空间规划。

土地利用总体规划是对整个城市行政区划范围内的土地使用方向作出规定；而城市规划则是在城市建设项目所及的城市建设用地范围内，对各类城市功能在空间上作出合理安排，只有城镇体系规划的范围才扩展及整个城市的行政区划范围。显然，土地利用总体规划与城市规划的衔接点在于确定城市用地的范围。

尽管现行《城乡规划法》和原有《城市规划法》以及《土地管理法》都规定要与其他规划相衔接，但以《城市规划法》为依据、由城乡建设规划部门负责的城市总体规划已经开展了多轮编制和修订，而以《土地管理法》为依据、国土资源管理部门负责的土地利用总体规划直到20世纪90年代以后才开始进行。同时，按照法律规定，两个规划的审批权限不同，规划控制和引导的着力点也各不相同。因此，城市总体规划和土地利用总体规划相互衔接、协调甚至服从的制度安排，往往只能停留在法律条文的纸面上，在实践中两个规划的脱节，甚至相互抵触的问题，仍是十分突出的。

1.3.1 规划关系的法律规定冲突

《城乡规划法》第5条明确规定："城市总体规划、镇总体规划以及乡规划和村庄规划的编制，应当依据国民经济和社会发展规划，并与土地利用总体规划相衔接。"现行《土地管理法》第22条规定："城市总体规划、村庄和集镇规划，应当与土地利用总体规划相衔接，城市总体规划、村庄和集镇规划中建设用地规模不得超过土地利用总体规划确定的城市和村庄、集镇建设用地规模。"现行两部法律都要求城乡规划与土地利用规划相"衔接"，但都没有明确规定"衔接"的方式，以及争议解决程序。在对空间规划体系缺少整体设计和相应制度安排的情况下，这种"衔接"规定在实践中往往会遇到很多障碍，这也是造成两者产生矛盾冲突的根源所在。

此外，《城乡规划法》第17条规定："城市总体规划、镇总体规划的规划期限一般为20年。城市总体规划还应当对城市更长远的发展作出预测性安排。"但我国的国民经济和社会发展规划通常都是以5年作为规划期，而且目前基本不做更长期限的展望。要求以20年甚至更长期限的城乡规划依据5年目标的国民经济和社会发展规划，显然难以具有现实操作性。

1.3.2 规划的空间范围日趋重叠

通过土地利用分区，对五类农用地、建设用地和未利用土地空间范围作出明确区分是土地利用总体规划的重要内容。其中，城市建设用地范围内各类城市功能的空间布局则是由城市总体规划完成的。根据《城乡规划法》，城市总体规划的空间范围应当在规划区内，但由于法律对于规划区的确定采取比较弹性的规定。在实践中越来越多的城市在编制和修订城市总体规划时，倾向于尽可能地扩大城市规划区范围，如北京城市总体规划的规划区就已经扩展到了全市的行政区划范围。这就造成在同一规划区范围内出现了两种基于不同理念编制的城市总体规划和土地利用总体规划，在具体用地安排和开发时序等方面产生的矛盾和冲突就是很难避免的了。

1.3.3 规划理念和编制程序相反

城市总体规划的基本思路是根据区域经济社会发展的要求，在明确城市性质、发展目标和规模的前提下，提出城市空间发展方向，并根据城市主要建设标准和定额指标，统筹安排城市功能分区和各项建设用地布局，提出城市综合交通体系和河湖、绿地系统的布局方案等。显然，从安排用地的角度看，城市总体规划是按照"以人定地"、"以需定供"地原则自下而上进行的。1999年1月1日起实施的《土地管理法》规定，地方各级人民政府编制的土地利用总体规划中的建设用地总量不得超过上一级土地利用总体规划确定的控制指标，耕地保有量不得低于上一级土地利用总体规划确定的控制指标。因此，土地利用规划对于用地供需的安排则是严格按照自上而下的方式进行的。

规划理念和编制程序相反，使得两个规划在用地安排方面更加容易出现矛盾冲突。

1.3.4 审批和实施制度抵触掣肘

我国的城市总体规划实行分级审批制度，从直辖市到建制镇，相应的总体规划审批也由国务院一直到县级人民政府，均拥有规划审批权。

土地利用规划则规定了十分严格的审批制度。新《土地管理法》则将土地管理方式由以往的分级限额审批制度改为土地用途管制制度，强化了土地利用总体规划的法律地位。通过土地用途管制、基本农田保护和占用耕地补偿等一系列制度安排，严格控制耕地转为非耕地。对于建设项目占用土地，涉及农用地转为建设用地的，必须办理农用地转用审批和征用手续。对审批机关的资格也作出了较高的要求。只有国务院和省级人民政府才能够审批土地利用总体规划，乡（镇）土地利用总体规划可以由省级人民政府授权的设区的市、自治州人民政府批准。

能够审批土地利用总体规划的机关（最低到经过授权的设区的市和自治州人民政府）才有权在土地利用总体规划确定的建设用地规模范围内，按土地利用年度计划分批次审批农用地的转用。市、县人民政府只能在已批准的农用地转用范围内，审批建设项目用地。征用土地的权限最低只到省级人民政府。

2 现有空间规划发展演化趋势

近年来，随着空间规划越来越受到各级政府的重视，规划的种类不断翻新，但规划自身的法律地位，以及由此带来的规划审批和实施职责不明、各类规划之间关系日趋复杂等问题也日益突出，现有规划纷纷开始转型。

2.1 从综合平衡向保护耕地转型的土地利用总体规划

前文已经分析，实现供需双方的综合平衡是传统土地利用规划的主要目标。近年来，随着我国耕地面积持续下降问题日趋严重，耕地保护形势日益严峻。在中央多次强调加强土地管理，实施最严格的耕地保护制度的背景下，土地利用总体规划担当起了从源头上控制耕地面积减少的重任。在加强国家对土地利用的宏观控制和计划管理，同时协调各部门用地需求两大任务并重的同时，土地利用总体规划更多地倾向于保护耕地，呈现出以突出强调耕地保护未主线的鲜明特征。2006年9月国务院第149次常务会议做出暂缓批准《全国土地利用总体规划纲要》的决定，要求将2010年保持18亿亩耕地的规划目标持续到2020年，同时对规划期间的基本农田保护面积以及建设用地规模作出了更为严格的规定。国土资源部提出要进一步深化对生态退耕、基本农田保护面积以及建设用地总量等主要控制指标的研究，加强对土地利用的城乡统筹、土地利用主体功能区的划分以及土地节约集约利用的机制等问题的研究。土地利用总体规划的"控制"特征不断得到强化，而协调平衡特征则日渐弱化。

2.2　从单体发展向区域协调转型的城市规划

突出强化城镇体系规划的地位，使其成为城乡规划的重要组成部分并为总体规划提供依据，是《城乡规划法》的一大突破，也表明城市规划的区域化是城乡规划有别于传统城市总体规划的重要特点。按照原有《城市规划法》的规定，城镇体系规划是总体规划的组成部分，没有自身独立的法律地位。《城乡规划法》将城镇体系规划从总体规划中独立出来，与城市规划、镇规划、乡规划和村庄规划并列，共同构成城乡规划体系。并要求全国城镇体系规划要用于指导省域城镇体系规划和城市总体规划的编制（第12条）。

传统意义上的城市总体规划只是将各类城市功能与相应的用地范围一一落实，形成布局方案。这种着眼于城市内部的规划，因为缺少对区域整体的把握，越来越多地表现出就城市论城市、缺少城乡统筹和区域统筹视角的问题。在此背景下，以区域范围内各级各类城镇关系研究为重点的城镇体系规划应运而生。近年来，规划界借鉴国外经验，引进了区域研究为基础、以空间关系为重点制定城市发展重大战略的概念性规划，城市总体规划的区域性特征更加突出。因此，从城市单体的总体规划转型为更加重视从区域角度研究解决城市发展问题的城乡规划，既是城市发展实践的必然要求，也是贯彻落实科学发展观，统筹城乡发展的必然要求。

2.3　从生产力布局向空间管制转型的区域规划

改革开放初期，我国曾经借鉴国外经验，开展了国土规划工作。由于种种原因，这一工作没能持续下去。但以国土规划为蓝本的各类区域规划，在缺少明确法律地位的情况下，因其能够为各级政府指导区域经济社会发展实践提供依据，呈现出繁荣发展势头。

早期的国土规划由各级计划部门负责，着重对行政区划范围内的生产力布局、重大基础设施和国土整治项目作出长期安排，与建设部门负责的城镇体系规划各有侧重。随着社会主义市场经济体制逐步完善，市场配置资源的基础性作用不断加强，政府通过计划手段在产业发展领域的功能弱化。与此同时，由于竞争引发区域间的重复建设和恶性竞争等问题日益突出，通过规划对相邻行政区之间的基础设施、生态建设和环境保护等作出统筹安排，以此促进协调区域关系成为建设与发展实践的需要。

在此背景下，以行政区或跨行政区的特定区域为对象的发展规划沿着不同的路径演变。一是城镇体系规划更加关注跨行政区、处于快速成长阶段、具有区域发展龙头功能的城市密集地区，出现了不同空间尺度的城市群或都市圈发展规划，如国家层面的珠三角城市群规划，地方层面的山东半岛城市群规划、武汉都市圈规划等；二是对于全国或地方发展具有关键意义的区域受到各级发改部门的重视，如长三角和京津冀区域规划、辽宁沿海地区、广西环北部湾区域等；三是以具备特定地理特征或特殊功能的类型区域，如三峡库区、南水北调丹江口库区等，也成为一种新的区域规划类型。这三类规划均源自国土规划或城镇体系，虽然内容与经济社会发展规划基本一致，但由于法律地位不明确，在规划完成后的审批以及监督实施等方面没有统一的一定之规，实施效果往往取决于政府的行政意志。

2005 年 10 月，为指导正在进行的国民经济和社会发展"十一五"规划的编制工作，国务院发布了《关于加强国民经济和社会发展规划编制工作的若干意见》（国发 [2005]33 号），提出要建立国家、省（区、市）和市县三级，总体规划、专项规划和区域规划三类的规划管理体系。规定区域规划是以跨行政区的特定区域国民经济和社会发展为对象编制的规划，是总体规划在特定区域的细化和落实。跨省（区、市）的区域规划是编制区域内省（区、市）级总体规划、专项规划的依据。跨省（区、市）的区域规划由国务院发展改革部门组织国务院有关部门编制，省内区域的规划由省（区、市）人民政府有关部门编制。

3 主体功能区规划与现有空间规划的关系

在近年来日趋激烈的竞争中，许多城市和地区为了加快发展，不惜过度开发资源、超前建设基础设施、以破坏生态环境和历史文化为代价招商引资，损害自身持续发展能力，造成城市与区域功能定位不准、发展方向冲突、开发秩序混乱、开发强度随意的局面，对贯彻落实科学发展观，促进区域经济协调发展产生了严重的负面影响。为此，"十一五"规划纲要提出推进形成主体功能区，就是希望起到从源头上贯彻落实科学发展观、重塑区域开发新格局的作用。在已经有多种类型的空间规划，而且相互关系没有完全清晰到位的情况下，首先需要明确主体功能区规划的定性与定位，在此基础上才能形成科学有序的空间规划体系。

3.1 主体功能区规划的定性与定位

制定主体功能区规划的主要意图是希望明确各个区域的开发方向，控制开发强度，规范开发秩序，完善开发政策，形成可持续的国土空间开发格局。资源环境承载能力、现有开发密度和发展潜力是区域间客观的基础性差异，也是确定区域主体功能的基本依据，在此基础上，根据全国人口分布、经济布局、国土空间利用和城镇化发展格局等因素，统筹考虑各个区域在全国总体发展格局中的任务，对各区域的主体功能作出合理的强制性安排，形成了主体功能区规划。

从规划内容看，确定优化开发、重点开发、限制开发和禁止开发四种主体功能类型，是以约束开发冲动为主旨，以开发强度为单一坐标对各个区域作出的层次性类型划分。由于主体功能以开发强度等级为标志，不涉及具体的开发方向要求，不同层级规划之间必然产生重叠关系，同一类型（实际上是同样开发强度等级）的主体功能区必然会包含其他类型（开发强度等级）的功能区。也就是说，在国家级的优化开发区中，可能会出现省级的重点开发区、限制开发区甚至禁止开发区。因此，这种主体功能的确定，只是宏观的、原则性的开发强度要求，而且只是阶段性的识别结果。针对四种类型（实际上是四个层次）编制的主体功能区规划更大程度上体现的是一种以区划为基础的空间管治目标方案。

如果上述定性成立的话，主体功能区规划不是整合现存各类空间规划形成的一个新规划，而是在现有各类空间规划之外，能够为城市规划、土地利用规划以及环境保护、交通等各类专项规划提供基本依据的空间规划。显然，主体功能区规划只有与现有各类空间规划建立起合作而不是替代的关系，成为具有长期性、战略性和基础性特征的框架性规划纲要，才能够满足为其他规划提供基本依据的要求。在提出各种主体功能类型区划方案和相应的政策措施之后，其空间管治目标的实现可以通过各级土地利用总体规划得到具体落实。

3.2 主体功能区规划与城乡规划、土地利用规划的关系

现行的土地利用总体规划与城市总体规划在本质上都是对目标地块的使用性质提出意见。但切入的角度不同，土地利用规划是从地块出发，确定各不相同的使用功能实现规划意图；城市规划则从城市功能出发，为各类城市功能确定恰当的空间区位实现规划意图。两个规划的切入点不同，规划过程中需要研究考虑的因素条件也各不相同。如果将主体功能区定位于一种新的空间规划类型，则需要在目标、任务、重点、实施和管理等方面明确主体功能区规划与城乡规划、土地利用规划之间的关系，并建立相应的协调衔接机制。

3.2.1 目标、任务与重点

主体功能区规划的目标是建立起以开发强度等级差别控制的空间开发管制方案，以此作为实现区域协调发展的基础，促进形成有序有度、整体协调的空间开发格局。土地利用总体规划按照确定的土地利用类型，通过对各类用地的统筹安排，协调各部门的用地需求，力求充分、合理地利用有限土地资源，为国民经济与社会发展提供土地保障，使主体功能区规划确定的管制方案在空间上得到具体体现。城乡规划则以在空间上协调各类城乡建设活动布局为目标，以土地为核心开展空间资源的合理配置和安排，规范城乡各项建设活动，保障社会发展整体利益，促进可持续发展。显然，三种规划目标的共同点都是在不同层面上对目标区域的土地利用格局作出统筹安排。不同点在于主体功能区规划不是为每一地块确定具体的用地开发方向，而土地利用总体规划必须为具体的地块确定用地性质，即开发使用方向，以此作为实行土地用途管制制度的基础。因此城乡规划的目标更加明确具体。

主体功能区规划的主要任务是明确四类主体功能区的数量、位置、范围、定位、发展方向、开发管制原则以及相应的政策措施等。土地利用总体规划的主要任务应当包括具体落实土地利用总量平衡分解指标的数量与年度计划，土地生产潜力等级和土地质量等级划分、通过规划实施和管理实现土地用途管制以及土地开发、整治、复垦项目的落实与实施等。城市规划的主要任务则是确定规划期内的发展目标、行政区域内居民点与基础设施的发展布局、用地布局和建设用地规模、空间发展方向、关系安全的重要设施的建设布局、交通与绿地建设布局、防灾减灾措施、生态环境保护措施、自然与历史文化遗产保护措施、近期建设安排等。

3.2.2 规划的实施与管理

土地利用总体规划是以《土地管理法》为依据，按照行政区划单元由各级人民政府组织编制的。同时，《土地管理法》还对于不同级别行政区域的土地利用总体规划制定了完整的分级审批程序。土地利用总体规划的实施，主要通过制定土地利用年度计划并将其列入国民经济和社会发展计划执行情况向同级人民代表大会报告制度、土地调查制度和土地统计制度加以落实。

城市总体规划是以《城乡规划法》为依据，城市总体规划和县城镇总体规划分别由城市人民政府和县级人民政府负责组织编制，全国和各省、自治区、直辖市的城镇体系规划分别由国务院城市规划行政主管部门和省级人民政府组织编制。城市规划的实施，主要通过《城乡规划法》确定的城市规划许可制度加以落实，具体地，就是依据经批准的城市规划，对城市土地利用和建设活动核发"一书两证"，即建设项目选址意见书、建设用地规划许可证和建设工程规划许可证。

3.2.3 规划的协调衔接和融合共享机制

土地利用总体规划与城市总体规划在本质上是一致的，都是对目标地块的使用性质提出意见。两者的不同在于规划对象的土地利用性质不同，因此规划过程中需要研究考虑的因素条件也各不相同。从主体功能区规划经土地利用总体规划到城乡规划，形成一个从宏观到微观，从长期到近期的系列，并依次形成指导关系。

主体功能区规划是宏观层面上的框架性规划，自身并不具备落实空间管制方案的手段。因此，针对区域开发强度等级确定的主体功能类型，需要通过城乡规划和土地利用规划等空间逐一落实。但这要求主体功能区规划应当对每一类型的主体功能区中各类开发建设活动提出尽可能具体的指导意见。如需要明确在限制开发区中的城市建设，在绝对规模、定额标准、用地比例等方面，是否与优化和重点开发区中的城市有所不同，以及如何体现这种差异等。只有这样，主体功能区规划确定的开发强度等级目标才可能得到落实。

国发 [2005]33 号文件将我国国民经济和社会发展规划确定为三级三类的规划管理体系。按行政层级分为国家级规划、省（区、市）级规划、市县级规划；按对象和功能类别分为总体规划、专项规划、区域规划。主体功能区规划不同于国民经济和社会发展规划，因此不能直接进入三级三类体系中。为此，需要在国民经济和社会发展规划体系之外，建立起我国的空间规划体系。

我国空间规划体系以主体功能区规划为基础，应当包括土地利用规划、区域规划、城镇体系规划和城市总体规划等。理论上讲，应当对主体功能区规划确定的各个区域（特别是重点开发区和优化开发区）编制区域规划，主要内容包括土地利用、人口和区域城镇体系空间分布、重大基础设施布局等，但鉴于目前区域规划没有明确的法律地位，继续保持区域规划、土地利用总体规划和城镇体系规划相对独立，以土地利用总体规划为核心同时接受主体功能区规划指导（图1）。土地利用规划一方面体现主体功能区规划确定的空间管治目标方案，另一方面又将管治目标方案细化为具体的指标要求，对其他类型的空间规划提出要求。

解决目前在一定程度上存在的各类规划各自为政、衔接协调不足、实施不力的问题，首先，要以法律的形式建立我国空间规划体系，明确主体功能区规划在其中的基础性、指导性地位。其次，要对各类主体功能区域中土地利用、城市发展、基础设施和生态环境等方面功能在空间上提出具体的量化要求，以便在土地利用总体规划和城市规划中加以落实和具体体现。第三，以空间划分为核心，以纲要形式编制框架性主体功能区规划，将微观层面具体的空间管制交由土地利用规划以及城市规划完成。第四，规定土地利用总体规划与城市规划相冲突的地方，在主体功能区规划纲要中加以协调衔接。

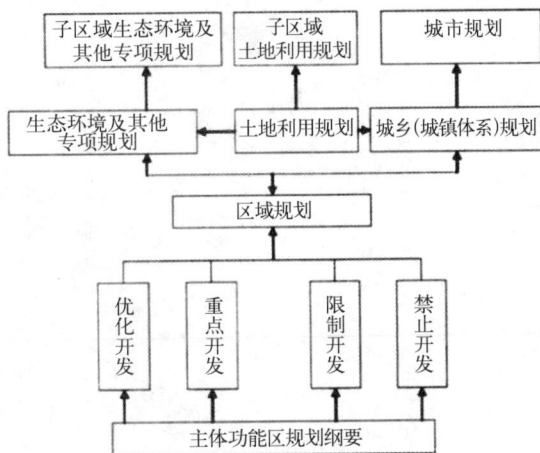

图 1 我国空间规划体系设想

参考文献

[1]　陈潇潇，朱传耿 . 试论主体功能区对我国区域管理的影响 [J]. 经济问题探索 . 2006，12.

[2]　陈常优，张本昀 . 试论土地利用总体规划与城市总体规划的协调 [J]. 地域研究与开发 . 2006，8.

[3]　樊杰 . 我国主体功能区划的科学基础 [J]. 地理学报 . 2007，4.

节约型社会视角下的海盐"两规"衔接研究 [1]

闫 岩 [2] 陈培阳 [3]

1 研究背景

新世纪以来,我国面临着高速城市化带来的一系列问题,如建设用地的快速无序扩张、耕地资源相对紧缺等,土地资源的相对匮乏已成为制约城市发展的关键瓶颈。然而长期以来,作为我国两大法定空间规划的城市总体规划和土地利用总体规划存在诸多不衔接因素,在指导思想、规划重点、规划方法等方面存在较大差异。"两规"不衔接加剧了城市建设用地供需矛盾,造成了土地利用效率低下,因而"两规"也就无法科学指导城市的开发建设,导致了公众对于规划可实施性的诟病。

随着新一届中央政府的成立,科学发展观、城乡统筹、两型社会等一系列新的发展政策和理念相继提出,新的《城市规划编制办法》及《城乡规划法》先后颁布,土地集约利用和"两规"衔接也日益受到各级政府的重视。在人地矛盾尖锐的浙江省,上述关注表现得尤为突出。2006 年,浙江省率先要求开展县市域总体规划的编制,同步针对性地开展"两规"衔接工作,以整合全省空间土地资源,确保城乡土地的集约使用。

本文以节约型社会为研究视角,以海盐县域总体规划与土地利用总体规划"两规"衔接专题研究报告为基础,系统开展对"两规"衔接的实证研究。

2 节约型社会的研究视角

2005 年中央政府提出建设两型社会,即资源节约型社会和环境友好型社会,强调用科学发展观统领全局,要求规划更加关注区域协调发展、城乡统筹建设、资源和生态环境的有效保护、能源和水资源以及土地资源的节约使用,促进社会、经济和环境的协调发展。其中,节约型社会有着丰富的内涵,其内容涉及社会经济的诸多方面,从城市规划的角度探讨节约型社会的可行性,应充分发挥城市规划的统筹与宏观调控功能,从能源、土地、水资源和原材料的节约与高效利用四个核心环节入手,并深入到更为具体的层面上去。

"两规"衔接工作强调的是土地资源的高效使用与节约利用,它从节地的视角体现了节约的思想,与构建"节约型社会"的目标不谋而合。因此,从节约型社会的视角研究"两规"衔接问题具有极强的理论意义和实践意义,能够反映衔接工作的时势性、针对性和普适性,能够将城市规划与国家宏观政策结合起来,赋予其新时期、新背景下的崭新意义,同时也

❶ 本文来源:《生态文明视角下的城乡规划——2008中国城市规划年会论文集》,大连出版社2008年9月出版。

❷ 闫岩,南京市交通规划研究所有限公司城市规划部。

❸ 陈培阳,南京大学地理与海洋科学学院。

能提升城市规划和土地利用规划的地位。从节约型社会的研究视角出发，"两规"衔接的研究可以从以下三个角度展开：

2.1　从保护耕地资源，集约利用土地的角度

"两规"衔接的根本目标是保护有限的耕地资源，科学合理地集约利用各类土地。当前，城市总体规划和土地利用总体规划同时涉及土地的安排和使用，而两者在耕地保护、建设用地指标等问题上长期未能有效衔接，造成了耕地保护政策无法贯彻实施、土地利用思路混乱、非法占用耕地、土地利用方式过于粗放以及土地资源未能合理配置等问题的普遍存在，违背了节约型社会关于"节地"的分解目标。

因此，从保护耕地资源，集约利用土地的角度研究"两规"衔接，一方面要求城市总体规划树立耕地保护的观念，尤其是基本农田的保护，合理利用和珍惜每寸土地，科学地引导和控制城市规模的发展；另一方面土地利用总体规划应积极贯彻国家"实施城镇化战略，促进城乡共同进步"的发展方针，调整区域土地利用结构，严格控制分散的村庄和乡镇企业对耕地的占用。"两规"应统一制定土地集约利用的一揽子指标，如地均工业投入指标、地均 GDP 产出指标等，对不符合集约指标的土地予以整合。

2.2　从指导城市建设，降低风险成本的角度

城市总体规划与土地利用总体规划作为我国空间规划体系的重要环节，对于城市建设和区域发展均有广泛的指导作用。然而"两规"往往在城市的发展定位、人口规模预测、用地规模及发展方向、空间管制措施等方面表述各不相同。二者不衔接必然会导致城市发展思路不明确，"两规"也就无法有效指导城市建设，可能增加地方政府决策和城市发展的风险。

同时"两规"通常采用单指标、单模型预测人口和用地规模，单方案的思路会导致对人口和用地规模预测的合理性论证不足，而且两规所采用的技术手段不尽相同，这种情况下所作出的预测结果必然大相径庭。此外，"两规"对于城市发展方向选择造成的机会成本考虑不够，也可能导致规划决策的武断和不科学。

从指导城市建设，降低机会成本的角度研究"两规"衔接问题，要求"两规"在工作的指导思想、技术手段以及在城市发展思路等方面协调统一，采用多方案、多目标预测比选的技术路径，尽可能地降低城市发展的机会成本，促使两规更加科学地指导城市建设和地区发展。

2.3　从整合部门机构，节省规划资源的角度

长期以来，规划建设部门与土地管理部门作为两个平行单位对于土地规划的编制和土地使用有着各自的审批权和管理权，两个规划部门以及两套规划模式并存带来了一系列问题：从行政效率来看，土地审批权和管理权的分割必然造成规划行政部门效率的低下，土地审批周期过长且手续冗繁，浪费了大量的人力、物力和财力；从规划编制角度来看，两种规划的编制往往各自为政，乐于闭门造车，导致在土地利用的关键问题上矛盾突出；从技术力量角度来看，两个部门的规划编制单位有着各自的技术人员和配套资源，两种规划的编制内容有许多重叠的部分，组织两套人员从事相近规划编制工作，且成果无法协调，

实施性不强，本身就是规划技术力量的浪费。

从整合部门机构，节省规划资源的角度考虑"两规"衔接问题，要求整合规划建设和土地管理两个部门机构，提高行政效率；要求整合城市总体规划和土地利用总体规划的编制，避免规划的反复编制，节省政府规划专项经费的开销；要求整合两个规划编制部门的技术力量，节约规划编制所需的人力资源和费用成本。

3 县市域总体规划——"两规"衔接的创新平台

长期以来，城市总体规划一般作为对接土地利用总体规划的平台，其编制内容的重点在于对中心城区建设用地的控制，而对区域空间的乡镇建设用地以及非建设用地考虑不够。城市总体规划与土地利用规划的对象是点与面的关系，规划范围和重点都无法统一，"两规"衔接也就无从谈起。这种情况下，带有区域规划性质的城镇体系规划似乎成了"两规"衔接的有效平台，然而城镇体系规划的内容框架过于宏观，远未落实到土地利用指标及具体空间布局上，因此在深度上无法满足衔接需要。据此，城市总体规划和城镇体系规划作为对接土地利用总体规划的两大平台具有无可避免的缺陷，前者"无心"衔接，后者"无力"衔接，如果不对规划内容进行创新调整，必然会延续"两规"的矛盾和冲突。

在这样的背景之下，县市域总体规划作为一种新型的区域规划应时而生，它首创于浙江，是在新的政策环境、区域背景以及新的发展阶段下产生的。浙江面临着高速城市化和城镇建设用地快速扩张带来的一系列问题，如人地矛盾、资源短缺、区域资源未能统筹配置等问题，而原有的城镇体系规划、城市总体规划以及土地利用总体规划难以适应上述发展背景的要求，也无法解决现实存在的问题。由此，县市域总体规划的出现有着极强的现实意义，而且它完全可以作为"两规"衔接的平台。

就性质而言，县市域总体规划是以科学发展观为指导，以资源节约型和环境友好型社会为目标，确定县市域整体地域的发展定位，综合布局城乡发展空间和基础设施，确定各类土地总量指标，制定空间管治措施，维护社会公平公正，保障公共安全，保护生态环境和人文资源的规划[1]。从表1可以看出，对比其他规划县市域总体规划突破了城镇体系规划的内容框架，引入城市总体规划的工作路径，注重城乡协调、区域协调，力图做到规划一张图和区域全覆盖，同时它充分尊重原有各类规划，通过对其进行整合协调来构建区域规划的新范式。因此，县市域总体规划自身的特点决定它完全可以起到县市一级区域规划

县市域总体规划与城镇体系规划及城市总体规划的比较　　表1

规划类型	主要内容	规划要点	规划特点
城镇体系规划	城市化战略、城镇组织体系、城镇体系支撑系统、空间管制协调、城镇体系组织机制等	城镇体系空间结构、职能结构、等级规模结构，基础设施网络	"三结构一网络"的传统范式，结构性的全覆盖
城市总体规划	城市发展条件评价，城市经济社会发展目标，城市性质、规模、空间布局和发展方向等	城市形式、城市内部用地布局	重城市，轻农村，建成区的覆盖
县市域总体规划	功能定位与总体发展战略、土地利用与空间布局、空间管治与协调、基础设施建设、生态环境保护等	县市域及各城镇用地布局、乡村空间规划、县市域协调发展策略、基础设施共建共享	统筹区域统筹城乡区域全覆盖

和城镇体系规划的作用，通过对两者的梳理融合，在这一层面起到承国民经济与社会发展规划之上，启城市总体规划之下，中与土地利用总体规划衔接的作用。

4 海盐"两规"衔接实证研究

海盐县位于长江三角洲的东南端，东濒杭州湾，西南邻海宁，北连平湖和嘉兴。从 2000 年开始，随着长江三角经济一体化的发展，海盐县区位优势开始凸显，经济步入稳步快速的发展时期，连续四年跻身全国百强县前 50 位。选取海盐作为研究对象，其结论经验可以推广至长三角水乡平原地区。

4.1 确定"两规"衔接的原则

4.1.1 "分段衔接、侧重近期、总量平衡、留有余地"的原则 [2]

首先保证两规在基础数据、基本图件、预测方案等方面的充分衔接，形成共同工作的基础；根据规划目标，在发展指标上严格控制，在建设用地布局规划方案上留有余地，指标分配重点落实近期，保证规划的可操作性。

4.1.2 综合平衡的原则

一是充分考虑城镇建用地需求和保障农业的关系，以利于国民经济的均衡与协调发展；二是保持土地的总供给与总需求的平衡。在土地利用率较高，土地自然供给量不可能增加的情况下，尽可能通过提高土地利用集约度，即提高土地经济供给能力的途径，解决土地的供需矛盾。

4.1.3 保证土地利用指标实现的原则

土地利用总体规划中耕地保有量、基本农田数量、建设用地占用耕地数量等指标是自上而下分配所得，属于刚性指标，"两规"衔接必须充分保证这些指标的实现。对海盐来说，其依据是新一轮土地利用总体规划大纲，具体目标为：到 2020 年耕地保有量不低于 26666.44 公顷，基本农田面积不少于 21889.65 公顷，建设用地占用耕地不高于 3030.93 公顷。

4.2 "两规"衔接的工作准备

4.2.1 统一基础图件和基础数据

本研究所采用的基础图件是海盐县国土资源局提供的 2005 年土地利用现状图，同时采用 2005 年拍摄的高分辨率卫星遥感图作为现状调查分析的统一工作图件。针对两规部门使用的不同坐标体系，本文统一采用测绘部门提供的参照坐标，即海盐坐标系，使用国土局提供的 1954 北京坐标系－海盐坐标系 AutoCAD 插件，将两规的现状图和规划图转换到海盐坐标系中，根据卫星遥感图和补充调研数据，在叠加、调整修正后划定现状建设用地范围、规划期建设用地范围和占用耕地边界。

4.2.2 统一用地统计口径

研究中土地利用现状数据的分类标准采用国土资源部发布的《土地分类》(过渡期适用)规定的土地分类标准，在分析城乡功能布局结构时，按照《城市用地分类与规划建设用地标准》(GBJ137-90) 规定的建设用地分类标准体系进行用地结构分析。

土地利用现状数据以 2005 年土地利用变更数据为基础，同时考虑由于海盐县域总体规划和土地利用总体规划在建制镇范围线的划定、用地分类等方面存在较大差异，后者现状图中也存在与实际建设情况不符的事实，本次研究工作首先协调统计口径，按照实际重新划定建制镇范围线，调整各类用地指标，理清现状用地结构，将建制镇范围控制线内的各类建设用地归纳为建制镇用地，包括土管口径下的建制镇用地、交通用地、水利设施用地、农居点用地及部分农用地和未利用地，涉及的相应用地数量在土管口径用地构成表中予以扣除。同时将独立工矿用地、特殊用地全部并入建设镇用地，在用地平衡表中不再保留此二类，三者共同构成新的城镇建设用地。另外农居点用地改称乡村建设用地，交通用地和水利设施用地不变。最终得到调整后的县域土地利用平衡表和土地利用现状图。

图1 2005年海盐县土地利用现状图

县域现状土地利用平衡表（单位：公顷）　　　　表2

地　类		2005 年	
		面　积（公顷）	占土地总面积比重（%）
土地总面积		53473.19	100
农用地	合计	36218.07	67.73
	耕地	26199.38	49
	园地	4942.94	9.23
	林地	1697.98	3.18
	其他农用地	3377.77	6.32
建设用地	合计	10241.38	19.15
	城镇建设用地	3295.93	6.16
	乡村建设用地	6360.35	11.89
	交通运输用地	482.03	0.9
	水利设施用地	103.07	0.19
未利用地	合计	7013.74	13.12
	未利用土地	245.26	0.46
	其他土地	6768.48	12.66

4.2.3　对接规划管理及编制单位

海盐两规衔接专题报告是在海盐县规划建设局、国土资源局的联合委托下，由海盐县域总体规划与土地利用总体规划大纲的两家编制单位合作完成，衔接后形成的专题成果必

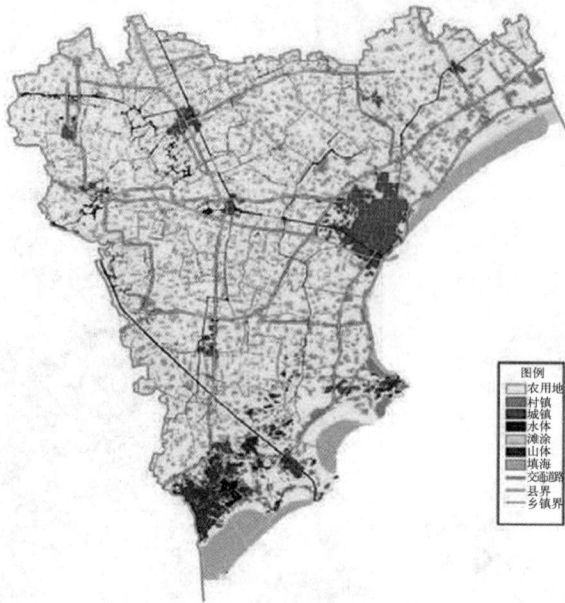

图2　2005年县域卫星影像分析图

须得到四家单位的认可，同时由编制单位将主要内容反映到各自的规划中去，用以指导下一轮海盐县总体规划及土地利用总体规划的编制。因此本文基于衔接专题的实证研究部分具有极强的实践意义和可实施性。

4.3 "两规"衔接的工作内容

4.3.1 人口规模预测衔接

本文首先进行了县域人口适度规模的计算，采用了土地资源容量、水资源容量、环境容量以及上位规划确定的容量作为海盐县域适度人口规模测算的依据，确定海盐未来县域人口容量的上限是95万人，建议海盐的人口规模最终应控制在80万～90万人以内。

在人口规模预测方面，本文采用海盐县历年统计年鉴人口数据作为预测分析的现状数据基础，使用综合分析法和多元非线性回归分析法分别对县域人口进行了预测，最终确定海盐县域总人口2010年为53万人，2020年为70万人。

4.3.2 建设用地规模预测衔接

本文按照"做减法"的思路首先明确不可建设用地，确定可建设用地总量，以此作为建设用地的上限。海盐县域非建设用地包括县域内的耕地、园地与林地、河流水域以及山地等。通过GIS技术对卫星影像图的分析，可以统计出非建设用地的总量，将海盐县域用地总面积减去上述确定的非建设空间面积，即得可建设用地的总量。

在城乡建设用地规模的预测方面，选取趋势外推法（时间序列）、回归分析法（因果分析）、行业部门分析法、城乡预测法（人均指标法）等方法进行预测（表3）。

海盐县2006～2020年建设用地规模多方案预测表（单位：公顷）　　表3

	预测方法	2010年总规模	2006～2010年新增规模	2020年总规模	2011～2020年新增规模	规划期合计新增规模
一	趋势外推法	10534	292.62	11981	1447	1739.62
二	回归分析法	11560	1318.62	17627	6067	7385.62
三	行业部门法	11112.19	870.81	12589.75	1477.56	2348.37
四	城乡预测法	11332.23	1090.85	13285.99	1953.76	3044.61

从以上四种预测方法比较看，城乡预测法和基于各行业分项预测的新增用地规模和确定的新增用地规模较为接近。与基于历史新增建设用地趋势外推预测方法相比，年均增加较为明显，体现了规划期海盐县发展优势逐步凸现，经济发展速度持续加快在土地利用上

的特征。城乡预测法在一定程度上体现了集约用地的原则，也更符合海盐县用地的实际情况，具有较强的可操作性，因此本文将城乡预测法确定为推荐方案。

4.3.3　建设用地供需平衡研究

根据海盐城镇体系规划、海盐城市总体规划以及各镇总体规划，在总建设用地不超过前文预测的基础上，对各建制镇用地规模进行分配，同时根据上述预测结果，调整各城镇总体规划图，拼合以后进行局部调整形成近远期海盐县域土地利用规划图。根据土地利用规划图，划定近远期城镇建设用地增长范围控制线（图3），并与土地利用现状图叠加，分析增长范围线内的用地构成，发现近远期城镇建设用地较之 2005 年分别增加 1533.39 公顷和 3445.49 公顷，这部分土地主要来源于耕地（指标内和指标外）、围垦用地、农村居民点整理等（表4、表5）。

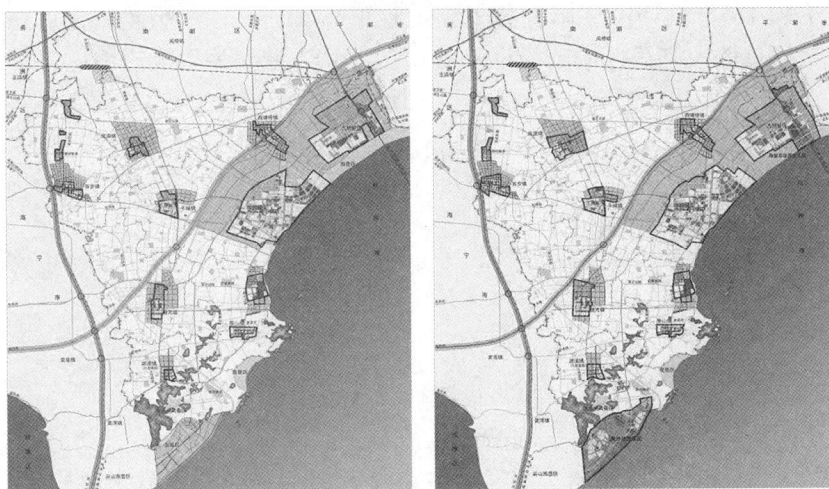

图 3　2010 年、2020 年海盐县城镇建设用地控制线

新增城镇建设用地来源构成（单位：公顷） 表 4

		近期（2006～2010）	远期（2006～2020）
新增城镇建设用地总量		1533.39	3445.49
供给构成	农居点整理	65	112
	围垦	650	1200
	指标内占用耕地	755.18	1878.19
	指标外占用耕地	0	127.61
	园林地及其他	63.21	127.69

县域建设用地供需平衡表（单位：公顷） 表 5

	需求总量	建设用地内部调剂	围垦	耕地	园、林地及其他
城镇建设用地	3445.49	112	1200	2005.8	127.69
交通用地	1210.17	0	200	752.97	257.2
水利设施用地	248.3	0	0	161.16	87.14

4.3.4 建设用地空间布局衔接

两规除了对各类用地总量控制上进行衔接以外，还应在空间布局上予以衔接，具体而言，就是要将县域总体规划对于建设用地的安排反映到土地利用规划的图纸中去，同时将土地利用总体规划对于非建设用地的安排反映到县域总体规划的图纸中去，思路如下：

4.3.4.1 参照海盐近期建设用地控制线，优先保证近期增长建设用地的供给，占用的全部耕地在新一轮土地利用规划图中用地性质予以调整，占用的园林地、农居点用地、围垦用地以及其他用地同步调整。

4.3.4.2 参照海盐远期建设用地控制线，线内耕地由两部分构成，即指标内占用耕地和指标外占用耕地。为体现"留有余地"的弹性原则，不对两类耕地范围进行具体划分，而是根据今后建设开发的实际需要确定占用耕地的范围。需要说明的是，虽然在空间上保持一定弹性，但是在耕地占用总量上要严格控制——在政策指标不变的情况下，耕地占用数量不允许突破1878.19亩的上限。如果土地政策有所松动，上级政府追加耕地占用指标和异地代保指标，该控制线以内的指标外占用耕地优先调整为建设用地。

另外对控制线内占用的园林地、农居点用地、围垦用地在土地利用总体规划图纸中的用地性质予以调整。

4.3.4.3 建设用地以外的各类用地空间布局安排，应按照土地利用总体规划相关成果在县域总体规划图纸中予以标明。

5 结论

本文对海盐县"两规"衔接工作路径进行了实证研究，总结出如下几条经验，对于全国类似地区相同工作的开展具有一定的借鉴意义：

首先是协调统一的规划理念。研究与中央政策紧密结合，如节约型社会、城乡统筹、集约利用的土地政策等；研究采用先进的规划理念，如多方案比选、规划刚性与弹性相结合、公众参与、强调规划的时序性和实施性等。

其次是多部门合作的编制组织方式。海盐县域总体规划在编制过程中得到各部门的大力配合，广泛吸纳了各部门的规划研究成果。"两规"衔接专题报告是由规划建设和国土资源两家规划主管部门以及两个规划编制单位合作完成，有利于衔接成果的编制和实施。

第三是相对完善的工作技术路径。依据问题导向型思路形成了完整的工作内容体系，从基础资料的统一到人口、用地等具体内容的衔接，再到土地集约利用指标体系的建立，体现了研究的针对性；其次，在研究工作中采用了先进的技术手段，如使用现代GIS技术分析土地利用现状图，利用SPSS软件多模型预测人口和用地规模等。

参考文献

[1] 张寒晖，郭晖.论县市域总体规划与土地利用总体规划的协调[J].安徽农业科学，2007，35（19），5986-5987.

[2] 浙江省建设厅，浙江省国土资源厅.关于切实加强县市域总体规划和土地利用总体规划衔接工作的通知[Z].2007.9.

[3] 南京大学城市规划设计研究院.海盐县域总体规划与土地利用总体规划衔接专题报告[R].2007.12.

主体功能区划与城乡规划的关系探讨 ❶

王金岩 ❷　吴殿廷 ❸

1　引言

2006 年 3 月《国家"十一五"规划纲要》明确提出："根据资源环境承载能力、现有开发密度发展潜力，统筹考虑未来我国人口分布、经济布局、国土利用和城镇化格局，将国土空间划分为优化开发、重点开发、限制开发和禁止开发四类主体功能区，按照主体功能定位调整完善区域政策和绩效评价，规范空间开发秩序，形成合理的空间开发结构"[1]。这是完善我国经济、社会与国土空间发展策略的一个重大战略步骤，是对现行空间规划体系的试探性统筹。

在编制的基本原则上，主体功能区划以国土部分覆盖、适度突破行政区及自上而下为原则；明确了要构建"国家"和"省"两级主体功能区划分体系，并以地级单位（设区市、地区、自治州）、县级单位（市、县、区）作为主体功能区划分的基本单元①。较之于主体功能区划，城乡规划则要立足于"五个统筹"，对城乡发展规模和发展方向进行调控，编制要基于上位规划的指导，合理、节约、因地制宜地对城乡空间进行引导与调控。城乡规划要立足于行政体系，引导市场调节和公众参与，其基本原则贯穿于城乡规划法律、法规之中。在这种情况下，我们不仅要研究主体功能区划的重大战略意义和具体的操作方法，更重要的是立足空间管制与公共政策策略的具体落实，探讨其与城乡规划的关系②，进而探讨主体功能区划对城乡规划的深刻影响及二者的整合。

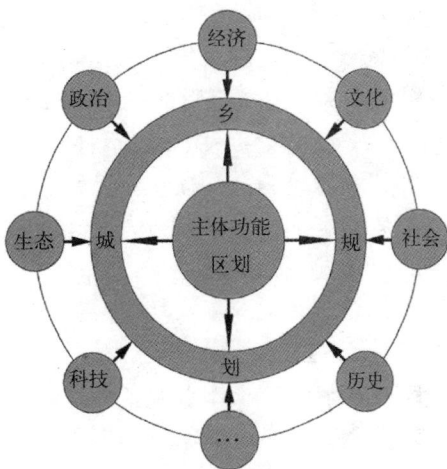

图 1　主体功能区划与城乡规划的关系

2　主体功能区划与城乡规划的内在关系

在英文中，区划可以解读为"Division into Districts"、"Compartment"或者"Zoning"，规划则是"Planning"。所以，区划与规划并不一样，前者是对现实空间状况的类型界定，

---

❶　本文来源：《规划师》2008年第10期。
❷　王金岩，北京师范大学地理学与遥感科学学院。
❸　吴殿廷，北京师范大学地理学与遥感科学学院。

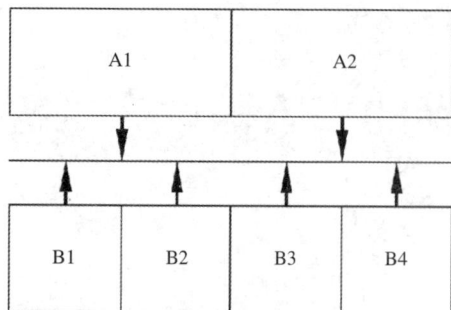

图 2　主体功能区基本单元与乡镇的政
策传递关系

而后者则是对空间发展前景的一种预测与政策建构[2]。

传统的地理科学中，对空间的划分主要采用广义的"经济区划"方法，并且还进行"自然区划"和"行政区划"等的划分。经济区划的方法论及理论基础，来源于18世纪的英国古典政治经济学。其创始人亚当·斯密（Adam Smith）论证了劳动地域分工问题，之后，大卫·李嘉图（David Ricardo）和俄林（BertilOhlir）对劳动地域分工进行了理论提升，直到前苏联著名经济地理学家巴朗斯基（N.N.Baranshiy）才提出了比较系统的地域分工论。巴朗斯基认为劳动地域分工就是社会分工的空间形式。经济区划则是对这种社会分工的空间投影[3]。进一步延伸，所谓"区划"，就是根据区域的经济、自然、政治、社会等客观存在，按一定的标准与价值尺度划分区域，并确定区域的主导性质的行为。主体功能区划根据资源环境承载能力、现有开发密度和发展潜力这三个基本要素对人口分布、经济布局、国土利用和城镇化格局进行区划，并落在国土空间上，形成优化开发、重点开发、限制开发和禁止开发四类主体功能区，并形成政策、绩效评价体系和开发秩序。其具体技术路线既继承了传统的区划思路，又突破了传统的区划模式。其核心实质是对经济、社会、文化和国土空间的一种综合性的但又是基本的描述性划分，是国土空间调控与发展的依据；更有对国土空间未来图景的理性展望与发展趋势的建构。应当注意的是，2006年中共中央经济工作会议及2007年《国务院关于编制全国主体功能区规划的意见》文件中均使用了"主体功能区规划"一词，以示与传统"区划"的不同。由于"主体功能区规划"的技术路线依然以"区划"为核心，因此本文暂用"主体功能区划"一词。

那么，城乡规划的方法定位与主体功能区划有何关系呢？从学理上讲，规划是人类对相对完美、理想的经济、社会、文化及国土空间的一种预测与建构。无论是硬质取向的物质形态规划，还是软质取向的社会与经济规划，其方法的实质都是具有前瞻性和倡导性的。现今的城乡规划则必须依托人类发展的多元要素"生命之网"[4]，对人类发展与国土空间进行政策与物质的多元建构，是综合考虑当地的自然、经济、社会等条件，选择最适合的方向、目标，提出相应的措施和策略的过程。

因此，主体功能区划相对于城乡规划的最大特点是围绕空间的现实状况，强调描述性的多元空间划分，并进行发展方向定位及空间前景的展望。在"主体功能区划"中，"对国土空间的分析与评价"及"确定主体功能区"是核心内容，"完善区域政策"则是依托"区划"，对接"规划"的过渡性、操作性安排。主体功能区划是战略性、基础性、约束性的"规划"，是城乡规划空间运作的现实政策基础和进行空间布局的基本依据③；而城乡规划则以区划的定位为依据，对空间进行具体的多元政策与策略建构。主体功能区划侧重于国土空间的"描述性划分"，而城乡规划强调"空间可操作性策略"通过规划的实施管理策略和具体措施在国土空间上的具体落实。二者具有清晰的、连贯的逻辑关系，图1描绘了"主体功能区划"相对于"城乡规划"的现实"基础性"。

3 主体功能区划与城乡规划的相互作用与衔接

主体功能区划的出现，在理论上将会对城乡规划产生重大影响；同时，只有其与城乡规划等空间规划类型实现有机衔接，主体功能区划根据资源环境承载能力、现有开发密度和发展潜力划分的优化开发、重点开发、限制开发和禁止开发四类主体功能区才能在空间上得到落实。

3.1 主体功能区划对城乡规划的影响

主体功能区划理论与编制问题的提出对城乡规划理论与实践的影响包括以下两个方面：

(1) 在策略层面上，"主体功能区划"所确定的"主体功能区"突破了过去单一的"均衡"与"非均衡"空间发展模式[5]，为构建中国特色的国土空间与城乡空间定位理论探索了新的道路。城乡发展进程中对空间进行定位的问题，是城乡规划理论中亟待解决和亟需弥补的问题之一[6]。在全国协调发展及城乡统筹发展的背景下，城乡空间必须有个清晰的定位，才能理性地引导城乡空间演化及重大基础设施布局等公共政策和策略的制定。

在传统空间定位的实际运作中，只是笼统地把区域与国土空间进行东、中、西部划分，并制定发展政策。这种"同质化"政府对"异质化"区域进行同质化管理的方法[7]，掩盖了区域发展的矛盾，甚至引发了一系列区域的不协调发展，造成了宏观尺度空间与中观尺度空间的严重不衔接，使得国家宏观的空间定位思路无法落到实处。比如，"东、中、西"差距背景下，省域、市域等内部的发展问题，需要一个立足中微观地域的空间政策，要求上级政府实施"异质化"的导引，而不是政策思路上的"一刀切"。在市场经济条件下，粗放的同质化政策只会使市场的自发调节作用受到干扰，最后还是会流入行政区经济与行政区划"潜规则"的泥淖之中。主体功能区划以"县"为基本单元确定的四类功能区相对于原来"粗放"的"东、中、西"划分，在空间的定位上发生了质的跃迁，使国家宏观区域政策的可操作性得到切实的深化和加强。另外，主体功能区划理论提出了衡量区域发展的多元化指标，除了经济指标外，还要考虑生态指标和社会指标。这对于科学合理引导城乡规划的编制具有重大的意义，能够有力地指导和对接中观尺度的城乡规划编制，指导城市性质、发展规模、发展目标、土地拓展范围，以及确定重大基础设施布局等，使城乡规划的编制获得理性依据，也使城乡规划对空间的定位变得有据可参。

(2) 在制度层面上，主体功能区划对现行以城乡规划为法定规划核心的空间规划体系重构进行了试探性统筹④。在实际的规划运作中，城乡规划往往得不到"上位规划与区划"的有力引导，而自成封闭系统，国土规划、土地利用规划、区域规划、城乡规划"各自为政"的情形长期存在。在缺少上位规划对下位规划理性定位的情况下，城乡规划的编制无法从"统筹区域发展"、"统筹城乡发展"等宏观层面上对空间的发展策略进行把握，城市与城市间的盲目攀比、城乡之间的利益冲突、区域之间的严重不协调现象就难以避免。规划也往往建立在"虚假前提"基础上，空间发展流入"恶性循环"。空间定位的扭曲造成了区域的恶性竞争，浪费了总体的发展成本，使得区域发展机遇在"内耗"中错失。所以，很多大中城市编制"城市发展战略规划"、"概念规划"等"非法定规划"来研究城乡发展的定位，弥补空间规划体系中宏观策略层面规划不足的情况，并为城乡规划的编制寻找战略依据，这说明制度环节存在不理顺，甚至是局部"制度真空"的现象。"主体功能区划"提出后，其"主体功能"必定要通过国土规划、区域规划的传递作用，最终通过城乡规划才能落实到具体的城乡建设中。樊杰认为，目前主体功能区划采取的技术路线就是通过"区划"，先为每个主体功能区域确定一个总体功能的基本定位，明确开发方向和管制原则，未来再通过下位规划来进行区域内部的空间组织和协调发展的统筹部署[8]。从"城乡用地"最终落实的层面看，要求城乡规划必须打破闭合"体系"，主动以主体功能区划传递下来的政策为依据进行编制。主体功能区划和城乡规划分别承担着基础性和操作性——最高、最低的"终端"功能。从统一的国家空间规划体系建构的层面看，这里引申出了空间规划体系整合和关系重新理顺的问题。主体功能区划一方面使国家空间规划体系变得更加密实；但是另一方面也是对我国现行空间规划（国土规划、区域规划、城乡规划等）相互割裂的一种尝试性统筹与策略性完善，更是由政府出面干预"空间规划体系割裂"窘境的重要举措之一。

3.2 主体功能区划与城乡规划的衔接

要实现主体功能区划与城乡规划的衔接，本文认为有三个问题值得关注。

（1）二者的运作整合需要一个"磨合期"。从近期的规划运作来讲，主体功能区划是对现行城乡规划的"事后追认"。从区划与规划的逻辑关系上讲，主体功能区划应该在前，并为城乡规划编制提供空间功能定位及发展思路定位。但是，从近期来讲，现有的城乡规划无法实现与主体功能区划的对接，只有在修编的时候进行调整。这反映了主体功能区划的静态性和城乡规划的动态性，两者在运作上的理顺是需要时间的。在二者整合的阶段，如果现有的城乡规划对城乡发展的定位出现了与主体功能区划严重不协调的现象，如在现有城乡规划中确定的城市的发展方向、产业定位、土地利用模式等与主体功能区划所确定的优化开发、重点开发、限制开发和禁止开发的价值取向严重不统一，应该如何处理两者之间的矛盾？应该按照主体功能区划对空间的定位进行操作，及时地按照法定程序调整修编城乡规划，直到两者的运作理顺了，衔接就实现了。

（2）积极探索主体功能区对城乡规划进行"弹性"导引的多元路径。在主体功能区划分过程中，国外的一些例子值得我们借鉴。美国经济区划的一个显著特点就是区划的层次、数量都很明确，且区划的层次、数量和范围随着经济的发展而不断调整，以适应经济发展的需要；既有综合性的经济区划，又有针对不同经济发展水平而划定的特殊类型经济区（Problem Region，或者 Trouble Region）[9]。我国的主体功能区划尚处在探索阶段，并且在近期没有苛求国土空间的全面覆盖。应当说，根据资源环境承载能力、现有开发密度和发展潜力三个要素，将国土空间划分为优化开发、重点开发、限制开发和禁止开发四类主体功能区，较之于过去，虽然有重大的突破性，但是，从对空间的理性调控上看，层次、数量和范围的深度、弹性依然有待在实践中进一步细化。主体功能区划的空间策略和构想，只有通过城乡规划的公共政策手段才能逐渐落实到具体的土地空间上。如果主体功能区的"自上而下"划分在层次、数量和范围上过于硬性，或者说区划本身存在"制度性缺陷"或"定位不当"，那么地方政府在组织城乡规划运作时，无法执行甚至抵制"区划"的状况就很难避免。主体功能区划对于城乡规划的指导又会落入可有可无的境地。

（3）二者政策传递的基本空间单元，在具体技术层面上还需进一步研究。主体功能区基本空间单元的划分状况直接影响了区划对空间定位的成效。主体功能区以"县"为基本单元划分，这种划分模式在与城乡规划进行空间对接上存在潜在问题。高国力在解释以"地级"、"县级"作为主体功能区基本单元的时候认为，如果空间单元过小，如以乡镇为基本单元，区域的主体功能相对容易确定，当空间单元数量较多时，数据收集和整理的难度就较大；而以省级为基本单元，区域的主体功能又难以确定[10]。但是，本文以为这并不能成为将"县级"作为主体功能区划基本单元的理由。另外，由于我国东、中、西部差距极大，县与县之间的差别也是很大的，西部地区一个县的县域面积常常是东部地区一个县的几倍，并且其下辖乡镇的数量也不确定。例如，新疆于田县面积为 39095 平方公里，人口为 22 万（2004 年），山东省高青县面积为 830 平方公里，人口为 36 万（2004 年），二者虽然人口规模相当，但是用地规模相差近 50 倍，前者辖 15 个乡镇，后者辖 9 个乡镇。这种"县级"行政地域下现实状况的差异是巨大的，即使在同一省域内的不同县域之间也不易把握。在城乡规划中，对带动区域发展的城市（镇）型居民点可以精确到镇（乡），这在《城乡规划法》和《城市规划编制办法》中有明确的规定。假设按照"县级"单元划定主体功能区，那么，如果在"相对均质"的以"县"为基本划分单元的某一主体功能区内，存在着发展水平和发展潜力不同的"镇"，又该如何定位？这些不同发展水平的乡镇的城乡规划思路都要立足于先行确定的其所在"县"的"主体功能"吗？如图 2 所示，A1、A2 为以"县"为基本单元的主体功能区，B1、B2、B3、B4 为不同发展类型的城镇（乡镇），二者在政策传递上存在着潜在"错位"。因此，以"镇（乡）"——这个城市型居民点的最低层次，作为主体功能区划的基本单元，这更接近"以城带乡"及政府主导下的统筹城乡发展的实际，更有利于实现主体功能区划对城乡规划的科学导引，实现主体功能区划与城乡规划的有机对接。即使存在着"乡镇合并"、"撤乡并镇"等精简基层政府的行政区划改革，主体功能基本单元也是"划细"更好；合并后的"乡镇"可以在新的"镇"域内，按不同地域以多种思路进行城乡规划运作。

4 结语

主体功能区划是社会经济发展到一定阶段，人们对于发展的价值需求进行重新认识和重新审视后的结果，是我国国土空间区划与规划理论中的一个重大突破，是城乡规划编制的重要基础和依据。同时，也启发了城乡规划的理论与实践的创新。由于主体功能区划是我国空间区划与规划调控机制中的新生事物，因此其本身也存在着一系列潜在的问题需要解决。希望在主体功能区划运作过程中引入多部门协调的合作机制的做法，能够为以城乡规划为核心的国家空间规划行政体系、运作体系和法律体系的整合带来契机。

注释

① 详见高国力《关于我国主体功能区划若干重大问题的思考》的文章。该文章是国家发改委宏观院国土地区所课题组《我国主体功能区划分及其分类政策的初步研究》报告的第二部分。

② 我国的空间规划体系除了城乡规划，还有国土规划、土地利用规划、区域规划等，但区域规划的编制常常跨越行政区，具有空间不确定性，国土规划也在进行新一轮的探索，本文略去不论。

③ 在《国务院关于编制全国主体功能区规划的意见》（国发〔2007〕21 号）中，提出全国主体功能区规划是战略性、基础性、约束性的规划，是国民经济和社会发展总体规划、人口规划、区域规划、城市规划、土地利用规划、环境保护规划、生态建设规划、流域综合规划、水资源综合规划、海洋

功能区划、海域使用规划、粮食生产规划、交通规划、防灾减灾规划等在空间开发和布局的基本依据。

④ 其实，在空间规划体系中，真正算得上法定规划的仅为城乡规划和土地利用规划，国土规划、区域规划等并非严格意义上的法定规划。

参考文献

[1] 中华人民共和国国民经济和社会发展第十一个五年规划纲要 [R]. 2006.

[2] 徐伟金. 关于主体功能区划有关问题探讨 [J]. 浙江经济，2006，（10）：17-18.

[3] 杨万钟. 经济地理学导论 [M]. 上海：华东师范大学出版社，1999.

[4] 大卫哈维. 希望的空间 [M]. 南京：南京大学出版社，2005.

[5] 孙姗姗，朱传耿. 论主体功能区对我国区域发展理论的创新 [J]. 现代经济探讨，2006，（9）：73-76.

[6] 吴志强，于泓. 城市规划学科的发展方向 [J]. 城市规划学刊，2005，（6）：7.

[7] 邓玲，杜黎明. 主体功能区建设的区域协调功能研究 [J]. 经济学家，2006，（4）：60-61.

[8] 樊杰. 谈我国的主体功能区规划 [EB/OL]. http://www.cas.ac.cn/html/Dir/2007/08/21/15/23/02.htm.

[9] 吴殿廷. 区域经济学 [M]. 北京：科学出版社，2003.

[10] 高国力. 关于我国主体功能区划若干重大问题的思考 [EB/OL]. http://theory.people.com.cn/GB/49150/49152/4771436.html.

"两规"协调体系初探 ❶

尹向东 ❷

我国分别在 1988 年和 1996 年开展编制了第一轮和第二轮土地利用总体规划，为了适应经济社会发展的需要，我国将开展第三轮土地利用总体规划修编工作，新的规划将成为 2020 年以前我国城乡建设、土地管理的纲领性文件。同时，到目前为止，国内大多城市已编制完成了 20 世纪 80 年代以来的第三轮城市总体规划。在"十分珍惜和合理利用每寸土地，切实保护耕地"的基本国策指导下，新一轮土地利用总体规划和城市总体规划仍需进一步协调和衔接，以更为有效保护和合理利用土地资源，保障国民经济和社会的可持续发展。本文通过探讨城市总体规划和土地利用总体规划的协调体系，从需要协调的内容出发建立"两规"的协调框架，以加强"两规"协调的可操作性和实践能力。

1 "两规"协调研究概述

国内关于土地利用总体规划与城市总体规划的协调已开展了大量研究，特别是在 1996 年开始的上一轮土地利用总体规划编制期间。吕维娟（1998）和萧昌东（1998）分别就"两规"的异同点和关系进行了分析和探讨[1-2]，随后朱才斌（1999，2000）等对"两规"的协调机制作了深入讨论[3]，并从构建新的规划体系着眼提出相应的协调措施[4]。同时，丁建中（1999）、刘利锋（1999）、付重林（1999）、曹荣林（2001）等分别从"两规"不协调的原因和主要分歧点着手，探讨了"两规"协调衔接的途径与办法[5-8]。

新一轮土地利用总体规划开展过程中，结合新形势、新变化，不同专家、学者对"两规"协调提出了新见解，吕维娟等（2004）结合土地利用总体规划的特点，提出了土地利用总体规划对城市规划的启示[9]；陈银蓉等（2006）提出应从人口基数选取、建设用地规模控制目标统一等方面寻求"两规"协调的途径和方法[10]；陈常优等（2006）则认为规划应主要在人口规模、用地指标、城镇规模、建设工程规划项目及基本农田的划定等方面进行协调[11]。

上述针对"两规"协调的研究虽都涉及"两规"协调的内容，但主要还侧重于从"两规"不协调的现象到原因、从协调途径到措施的通盘考虑，对需要协调内容的研究尚未形成体系。借助对"两规"协调内容的深化、细化，亦可从技术角度做到"两规"协调。

2 "两规"协调体系

从法律规定的内容看，"两规"协调的内容主要是城镇建设用地规模和城镇发展方向。从"两规"协调的源头考虑，还应建立相对统一的用地分类体系、用地指标、指导思想，

---

❶ 本文来源：《城市规划》2008年第12期。
❷ 尹向东，广州市城市规划勘测设计研究院。

结合规划期限、建设项目、修编方法的协调，最终确定"两规"完整的协调系统。

2.1 规划协调内容

（1）人口规模和用地规模协调。

"规模协调"是"两规"协调的重点内容，将人口规模和用地规模从需要协调的内容中独立出来，突出"规模协调"的重要性。用地规模是两规协调的核心，要求"两规"首先在城镇用地规模上取得一致，同时考虑农村建设用地、工矿用地以及其他建设用地的一致；用地规模的协调一致要建立在人口规模一致的基础上，包括城市人口、城镇人口以及农村居民点人口的协调，人口口径宜选用常住人口。

（2）指导思想和原则。

"两规"要取得大体的协调一致，首先要在指导思想和规划原则上取得大体的协调一致。指导思想均应综合考虑供给与需求，尽可能达到供需平衡。"两规"的规划原则重点要在"节约、集约和高效利用土地、合理布局建设用地、控制建设占用农用地"、"保障重点区域和重点发展项目、保障近期用地需求"、"高度保护耕地和基本农田"等方面取得一致。

（3）规划编制期限。

编制期限的协调确保了同一时期内城市发展方向、重点建设项目的一致性。"两规"同一时期的规划修编，修编基本期限应控制在同一个 5 年规划内。首先依据同一个 5 年规划，使得重点建设项目和城镇发展方向取得完全一致，既可保障重点区域，又可保障重点项目；其次，能够使规划目标年取得一致，使得大体的用地规模取得一致。

（4）城镇发展方向。

土地利用总体规划与城市总体规划要在城镇发展方向上确保一致。一般情况下，由城市总体规划确定城市发展空间战略，确定城市的重点发展方向和区域，通过修编土地利用总体规划提供相关的土地利用需求。若土地利用总体规划修编时，还没有确定城镇的发展方向，就要通过专题或研究论证城镇空间布局结构，提出土地利用的主要布局区域。

"两规"协调体系 表 1

	协调内容	协调目标
内容协调	人口规模	人口口径和人口规模取得一致
	用地规模	用地口径和用地规模取得一致
	指导思想和原则	节约和集约利用土地、控制新增建设占用农用地
	规划编制期限	修编基本期限控制在一个 5 年规划内，目标年一致
	城镇发展方向	城镇发展方向大体取得一致
	土地控制形态	适宜 - 控制 - 限制，允许 - 控制 - 禁止
	重点建设项目	依据同一个 5 年规划，取得高度一致
标准协调	土地利用分类	城市用地、城镇用地、农村居民点用地、工矿用地
	人均利用指标	人均用地指标依据用地分类确定
方法协调	规划编制方法	自上而下、上下结合
	管理信息系统	建立"两规"统一管理信息平台，一图双规划

（5）土地控制形态。

根据城市总体规划"调整优化 - 重点开发 - 适度开发 - 严格控制"的土地空间调控体系，在土地利用总体规划中落实相关的土地使用形态，确保新一轮土地利用总体规划新增的建设用地主要集中在重点开发区，确保基本农田同时成为"两规"的严格控制区域。

（6）重点建设项目。

重点建设项目是建设用地增长的最主要因素。在上述规划编制期限协调的基础上，两规要同时做好与社会经济发展规划的协调，保障在同一个 5 年规划中，城市总体规划和土地利用总体规划的重点建设项目完全一致，此外，在规划实施过程中，两种类型规划都要优先满足重点建设项目的用地需求。

2.2 规划标准和规范

（1）土地分类的协调。

整合"两规"现有的土地分类体系，调整土地利用相关数据，明确城市建设用地、城镇建设用地和村镇建设用地现状与规划的边界，以控制边界匡算相关数据；其后明确独立工矿、对外交通、水利设施、特殊用地数据，结合以控制边界确定的城市、城镇、村镇等用地数据，建立"两规"统一的土地利用分类体系和数据体系，确保土地利用数据的一致性，确保用地规模的协调。具体可建立"两规"统一的管理信息系统指导"两规"的实施。

（2）用地指标的协调。

在土地分类协调的基础上，分别根据实际情况，确立人均城市、人均城镇、人均村镇乃至人均建设用地的用地指标，根据同一地域范围内的人口现状和规划（计算范围必须与用地计算范围相一致），确定现状与规划的城市用地、城镇用地和村镇用地规模。反之，也可根据相关的人均用地指标核查用地规模是否符合标准和要求。通过用地指标的协调，使得"两规"在人口规模和用地规模上取得一致，使得人口的空间布局和用地的空间布局取得一致。

2.3 规划方法协调

（1）改进规划编制方法。

改进上轮土地利用总体规划"由上至下"分配指标的做法，充分体现地方和基层发展的需求，基本做到"由上至下、上下结合"；"两规"要共同落实"政府组织、专家领衔、部门合作、公众参与、科学决策"的组织方针，要在科学规划的基础上确保"两规"协调；把握实事求是的规划作风，"两规"的编制要共同体现出刚性与弹性结合、制约供给与引导需求结合。

（2）规划管理信息平台。

依据统一的坐标体系、协调后的土地分类标准、用地指标体系和土地控制形态等，建立"两规"统一的管理信息系统，实现"两规"现状与规划等基础数据的共享。管理平台同时叠加土地利用规划耕地与基本农田保护界限以及城市控制性详细规划数据，在此平台基础上，城市规划的选址、征用地信息能迅速反馈到土地管理过程中，土地管理中的卫片监测、土地变更也能尽快反馈到城市建设管理过程中。进一步把统一的"两规"管理信息平台与城市其他部门的管理平台对接，统筹协调全市的行业管理和土地利用。

3 "两规"协调途径

3.1 确立统一的"土地分类体系"

国家从统筹城乡的角度出发，调整了城市规划法的适用范围，颁布《中华人民共和国城乡规划法》，打破了城乡二元的城市、村镇规划体系，将城市（镇）规划范围扩展到全地域，而不仅仅是城市（镇）规划区，取得与土地利用总体规划一致的规划范围，对确立"两规"协调的"土地分类体系"提出客观要求。土地总体规划覆盖全地域的土地利用分类提供了"土地分类体系"的统一基础，建议以土地利用规划过渡地类为依据，扣除水域和其他用地，将城市（镇）用地作为整体成为土地利用规划的城市（镇）用地，确立"两规"土地利用口径的一致性。

要确立统一的"土地分类体系"，首要问题是解决"两规"用地名称相同而内涵相异，使得相同名称的土地类型在面积和布局上均取得一致。如"城市（镇）用地"统计口径，应以《城市用地分类与规划建设用地标准》（GBJ-90）为基础标准，分别以城市（镇）现状建成区和规划区统计现状与规划的"城市（镇）用地"数据，即城市（镇）用地统计向城市总体规划的相关标准和要求靠拢，"城市（镇）用地"具体包含城市规划土地利用分类标准除 E 类之外的其他 9 类用地；全市（镇）域土地利用数据统计中，E 类用地分别核算于土地利用规划中的农用地、未利用地及建设用地中的农村居民点和独立工矿用地；现状建成区到规划区城市（镇）用地的增加主要来自农村居民点和工矿用地的转化，实现新一轮土地利用总体规划农村居民点用地减少和城镇建设用地增加挂钩的要求。这样划分，能分别确保城市用地、城镇用地、农村居民点用地以及独立工矿用地与各自人口的对应统一，便于人均用地水平测算、城市化水平测算以及相应的规划管理。

2007 年 9 月，国家最新发布的《土地利用现状分类》，第一次对我国土地利用现状分类设立了统一的国家标准，该标准采用了一级（12 个）、二级（56 个）两个层次的分类体系，其中一级类包括耕地、园地、林地、草地、商服用地、工矿仓储用地、住宅用地、公共管理与公共服务用地、特殊用地、交通运输用地、水域及水利设施用地、其他土地。该土地分类方式将避免各部门因土地利用分类不一致引起的统计重复、数据矛盾、难以分析应用等问题，建立了"两规"（甚至"多规"）协调土地分类方式的基本框架，但能否实现"两规"的真正协调，还有待在实践中探索求证。

3.2 建立"一图双规划"的管理信息平台

建立"一图双规划"管理信息平台，是"两规"协调的空间信息基础平台。其操作机制为在一张管理图上同时叠加城市规划和土地利用总体规划相关信息，形成有效可行的信息共享机制。城市规划主要叠加城市（镇）总体规划、分区规划和控制性详细规划，土地利用总体规划叠加市、区（县）、镇三级土地利用总体规划和土地利用现状信息，并确保管理平台的"两规"取得高度一致。在此基础上，建设项目选址将综合"两规"规划信息，尽可能避开耕地和基本农田保护区，选择在合适地区布局；城市规划与土地利用总体规划修编也将各自在上轮规划基础上，较好保持与另一规划的协调衔接，确保"两规"的相对一致性；"一图双规划"管理信息平台亦可配合规划与国土审批机制的改善，成为政务平台的构成部分。

3.3 确保"两规"的有效实施

在确立统一"土地分类体系"和建立"一图双规划"管理信息平台基础上,还要确保"两规"的顺利和有效实施。通过法律途径,设立专项的规划管理条例、土地利用规划法等法律措施,通过加大批后管理力度,强化违法必究、执法必严以及全面监督、定期清查的行政措施,通过市场化途径加强土地开发权转移、开展生态补偿等经济措施,通过公众参与、公众咨询、全民监督的社会化措施,以及通过信息化建设、提高管理科技水平的技术措施,确保"两规"有效实施,并积极实现"两规"实施过程中的动态协调。

4 结语

基于我国人多地少的特殊国情,国家提出了严守18亿亩耕地红线的严格要求,并顺应对新一轮土地利用总体规划提出进一步保护耕地和基本农田、高效节约和集约利用土地以及控制新增建设用地规模的修编要求。基于此,城市总体规划和土地利用总体规划必须有效协调和衔接起来,才能满足"一要吃饭、二要建设"的土地利用方针。而通过建立包括规划指导思想、人口和用地规模、规划标准和规范、规划方法在内的"两规"协调体系,尤其是通过确立统一的"土地分类体系"和建立"一图双规划"管理信息平台,能从规划技术层面确保"两规"在编制前、编制中以及编制后等过程中的动态协调。

参考文献

[1] 吕维娟. 城市总体规划与土地利用总体规划异同点初探 [J]. 城市规划, 1998, (1): 34-36.

[2] 萧昌东. "两规"关系探讨 [J]. 城市规划汇刊, 1998, (1): 29-33.

[3] 朱才斌. 城市总体规划与土地利用总体规划的协调机制 [J]. 城市规划汇刊, 1999, (4): 10-13.

[4] 朱才斌, 冀光恒. 从规划体系看城市总体规划与土地利用总体规划 [J]. 规划师, 2000, (3): 10-13.

[5] 丁建中, 彭补拙, 梁长青. 土地利用总体规划与土地利用总体规划的协调与衔接 [J]. 城市问题, 1999, (1): 24-27.

[6] 刘利锋, 韩桐魁. 浅谈"两规"协调中容易产生的误区 [J]. 规划师, 1999, (3): 21-24.

[7] 付重林, 黄劲松, 周生路. 试论土地利用总体规划与城镇规划的协调 [J]. 土壤, 1999, (5): 270-273.

[8] 曹荣林. 论城市规划与土地利用总体规划相互协调 [J]. 经济地理, 2001, 21 (5): 605-608.

[9] 吕维娟, 杨陆铭, 李延新. 试析城市规划与土地利用总体规划的相互协调 [J]. 城市规划, 2004, (4): 58-61.

[10] 陈银蓉, 梅昀, 汪如民, 等. 城市化过程中土地利用总体规划与城市规划协调的思考 [J]. 中国人口·资源与环境, 2006, 16 (1): 30-34.

[11] 陈常优, 张本昀. 试论土地利用总体规划与城市总体规划的协调 [J]. 地域研究与开发, 2006, 25 (4): 112-116.

论建构统一的国土及城乡空间管理框架

——基于对主体功能区划、生态功能区划、空间管制区划的辨析 ❶

汪劲柏 ❷　赵　民 ❸

1　导言

相对于人类几乎无限的开发建设欲望，客体的空间资源总是有限的，因而需要对空间资源施以管理（management）或管制（control）①。同时，由于客体的国土及区域城乡空间是一个整体，建构统一的地域空间管理体系，或者说空间管制体系，是有意义的和必要的。政府无疑是国土管理的主导力量，国土资源管理的必要性已经为我国有关部门所认识，并对某些现存的问题已经给予高度重视；近几年高层政府频频出台加强土地资源管理的"新政"，空间管制日益成为"硬约束"。

在中国条块分割的政策框架下，空间资源管理的多渠道并行是既成事实。目前，除了土地利用规划以外，至少还有3种区划发挥着用地空间管理的重大作用，即主体功能区划、生态功能区划和空间管制区划。它们分别出自"发展与改革委员会"、"环境保护部门"和"规划建设管理部门"②；它们以"划分不同性质地区施行不同政策"的方式为手段，各有不同的制度框架和内涵特征，但彼此之间的关系尚未理顺或明晰。总的来看，就是针对同一个用地空间体系进行管理的职能，被分散到多个政府部门，这些部门之间的政策和权能边界不够清楚，部分地方甚至有重叠，加之行政行为的法源层次混乱和不协调，从而难免导致具体管理中的低效。目前，这几种区划方式，都是专业领域的热点话题，基本都处在积极推进实践和研究之中。对于两两关系的研究也有一定开展 [1-2]，但是全视野的研究成果还较少。

在这样的背景下，本文力图较全面地辨析相关概念的内在关系，使相关的实践经验能够有所提炼和提升，进而有助于促进用地空间管理体系走向高效、实用；而另一目的则是试图推进空间规划学科的发展。文中首先对主体功能区划、生态功能区划与空间管制区划的各自内涵、运作及相关研究分别加以介绍；进而对三者进行若干比较和辨析；然后探讨在国情语境下，在当前及未来一段时间内构建统一的国土和城乡空间管理框架的可能性及运作要点。

❶　本文来源：《城市规划》2008年第12期。
❷　汪劲柏，同济大学建筑与城市规划学院。
❸　赵民，同济大学建筑与城市规划学院。

2 对三种区划体制的认知

2.1 主体功能区

应该承认，关于区域功能区划的传统由来已久。但"主体功能区"的概念从提出到作为一个讨论热点是近几年的事情。中国知网 5 库检索显示③，与"主体功能区""主题精确相关"的文献有 323 篇，其中绝大部分（322 篇）为 2005 年以后发表，且文献发表数量呈逐年递增趋势。具体考察这些文献的数量和内容分布可以看出，2005 年是相关讨论的开端，以辨析和引进概念为主；2007 年则展开了全面的讨论，涉及内涵、理论基础、实践经验，以及与其他类似概念的关系等；2008 年讨论有进一步升温的趋势，其中结合实践的现实性探讨明显增多。

与主体功能区划概念有些类似的是早期的以功能与生产力布局为主要内容的经济区划。早在新中国成立初期的"一五"期间，中国就从苏联引进了区域规划的理论，开展过生产力布局的区划实践。1960 年后的很长时间，区域规划理论研究与实践出现停滞；直到 20 世纪 80 年代开始从"国土整治"入手，兴起了新一轮的区域规划高潮；许多地区编制了地区性国土规划，还参照日本的经验编制了《全国国土总体规划纲要》，其中的许多提法至今仍有现实意义 [3]④。在这个时期的区域规划工作中，已将主体功能的确定置于核心位置，这在一定程度上反映了主体功能区划的思路；当时的区域规划工作所对应的学科主要是地理科学，城市规划学界也参与了部分工作。随后的机构调整和事权划分，尤其是发改委（原计委）、国土部、建设部的分野，客观上导致了区域规划的式微，并演变成两种趋向：一种是国民经济发展五年计划（规划）对区域空间的概要性安排，另一种是属于城市规划范畴的城镇体系规划。其中，对区域功能的引导性定位一直是核心内容之一。

至 2005 年，"主体功能区"概念的提出被看成是"十一五"规划工作的突出创新之一，并在随后（2006 年）正式纳入国家"十一五"规划纲要（以下简称"纲要"）。"纲要"中关于"主体功能区"的主要论述包括："根据资源环境承载能力、现有开发密度和发展潜力，统筹考虑未来我国人口分布、经济布局、国土利用和城镇化格局，将国土空间划分为优化开发、重点开发、限制开发和禁止开发四类主体功能区，按照主体功能定位调整完善区域政策和绩效评价，规范空间开发秩序，形成合理的空间开发结构"[4]。随后下发的《国务院办公厅关于开展全国主体功能区划规划编制工作的通知》，标志着主体功能区规划编制工作的全面启动。

2007 年 7 月，国务院发布了《关于编制全国主体功能区规划的意见》（以下简称"意见"），进一步明确了"编制全国主体功能区规划是十一五规划中的一项新举措……各地区、各部门必须高度重视"[5]。这里强调了"主体功能区"规划的重要地位。"意见"在"纲要"的基础上进一步明确了主体功能区规划的主要任务，即：在分析评价的基础上确定主体功能区，分为全国和省级两个层面和"优化开发、重点开发、限制开发和禁止开发"四种类型，全国层面是要突出重点管理对象而不完全覆盖，省级层面再完善补充；同时进行配套政策设计，包括财政政策、投资政策、产业政策、土地政策、人口管理政策、环境保护政策、绩效评价与政绩考核政策等；基本目标是"引导形成主体功能定位清晰，人口、经济、资源环境相互协调，公共服务和人民生活水平差距不断缩小的区域协调发展格局"。同时也明确了各级"发展与改革委员会"是规划编制的主要组织单位。

正是在这样一系列国家层面的积极号召和推动下，促使了"主体功能区划"超越空间领域和一般规划领域，形成对全社会的影响力，并冀求对各级政府和各项发展建设行为形成约束力。这种高度和影响力似乎是前所未有的，这让相关的规划人员感到兴奋和激动，也多少给其他类似的规划带来了无形的压力⑤。

相关的学术讨论也很多，热点主要集中在 4 个方面。第一，主体功能区划的影响。学者们一致肯定了主体功能区划将对中国的区域发展格局产生积极影响，是扭转"唯 GDP 发展模式"的转型契机之一，但是也有一些学者的评说较为冷静，认为主体功能区划体系庞杂，"不能包治百病"[6]。第二，主体功能区划的制度化问题。虽然中央的政策性文件中给出了较为明确的工作界定，但是其内容较为宏观，距离具体实施还有一定距离，许多学者对其涉及的制度层级、配套政策、法规建设、与其他规划（如生态功能区划、区域规划）的关系等进行了探讨，从而丰富了理论概念。第三，主体功能区划的技术基础问题。部分学者对主题功能区划分的技术标准、编制方法等进行研究和总结。第四，主体功能区划的实践总结。有一些省市地方政府已尝试开展了主体功能区划工作，从而产生了一批对相关经验进行总结的研究文献。

全国的主体功能区划已经于 2007 年底形成初稿，但是由于种种原因尚未公布。初稿方案大致包括 6 个方面的内容⑥，首先是对"国土空间的自然本底"的总体描述，第二、三部分探讨由自然约束条件引起的开发理念与开发原则，第四部分是具体目标，第五部分具体阐述优化、重点、限制和禁止开发区域的各自应有功能，第六部分是关于配套政策及保障措施[7]。据称在规划方案的议决过程中，仅对争议较少的禁止开发区⑦有明确的界定，而其他的三类区域的划分虽有初步框架但仍不确定。据有关分析，其中的突出困难在于：第一，区划所配套的七项政策（财政、投资、产业、土地、人口、环境和绩效考核）涉及多个部门，与既有的多个政策体系存在交互，短时间内难以协调；第二，地方政府多想挤入重点发展区而不愿成为限制开发区的一员，中央的整体调配与地方逐利行为之间存在距离；第三，技术基础较薄弱，纲领文件已经明确的若干划分标准难以度量，导致具体区划的科学性和权威性存在争议，同时编制主体侧重经济社会发展与宏观调控，在处理空间规划问题方面显得不足，导致出现了诸如尺度混乱、空间边界难以界定等基础性问题[8]。这些方面的问题可以概括为横向部门矛盾、纵向层级矛盾以及技术基础薄弱。除此之外，社会资源调配的市场化运作与政府作用的逐步弱化是主体功能区划面临的另一个硬约束。这些问题都是制约主体功能区划深入推进的关键所在。

据报道，目前许多省市已进行了主体功能区划的实践。如山东省的主体功能区划，建构了 12 因子的指标体系，采用状态空间的划分，形成了空间区划的成果，与已有的区域发展政策差异不大[9]。湖北省遵循"复杂性系统工程——简单化假设处理——合理化分析识别"的总体思路，采用矩阵分类、矩阵分类与标准定位相结合两种路径进行主体功能适宜性评价，而区划方法采用的是综合集成法，包括修正的熵值法和主成分分析法、系统聚类法、矩阵判断、叠加分析和缓冲分析等，该区划成果在一定程度上打破了县级行政区界限，但保持了乡镇行政区的相对完整性[10]。此外，江苏、浙江、云南、四川、辽宁、重庆等省市开始了初步实践，采用的方法不尽相同，但都以空间区划为主要内容，以生态环境和开发建设为主要考察维度。总体看，已有的实践多集中于空间如何划分，对市场化背景下的配套政策研究相对较少。

2.2 生态功能区

生态功能区的划分是近年来兴起的另一种区域划分途径，由原国家环保总局（现国家环境保护部）会同中科院发起，在全国引起了较大反响，相关的理论和实践日趋丰富。

从中国近代的自然环境科学的发展历史看，基于"生态环境"视角进行区域划分的传统早已有之。早在1931年，著名科学家竺可桢就曾提出"中国气候区域论"，随后黄秉维先生在1940年提出了"中国之植物区域"划分，后又于1956年领衔中科院编制"中国综合自然区划[11]"。这些科学家都是近代中国自然区划的先驱。此后，20世纪80年代以来，还曾编制过全国层面的"农业区划"、"生态区划"等，推动了自然生态区划的进一步发展，也增进了对国情的认知并为制定区域差异化政策提供了依据。

不过，从"生态功能"的视角进行国土"分区"却是新世纪之后才兴起的。通过中国知网检索®发现，与"生态功能区"主题精确相关文献406篇，其中402篇发表于2000年以后，并且文献数量呈逐年递增趋势。

对生态功能的重视缘起于人们对于生态环境认知的发展，即自然要素或资源的意义不仅仅是其"自然存在和演进"，同时还在于人类发展和自然演进中发挥某种服务和支撑作用，即生态功能。但人类的过度发展会影响到这种功能的有效性和可持续性，从而导致生态危机。故而，生态环境保护的基本出发点是保持生态功能的可持续性，而不是维持自然生态的原真性®。这反映了生态功能区划与之前的综合自然区划、农业区划、生态地域区划等有着不同的理念和导向。

2000年国务院颁布了《全国生态环境保护纲要》，要求各地"抓紧编制生态功能区划"，这是国家层面的第一次号召。2005年《国务院关于落实科学发展观加强环境保护的决定》再次要求"抓紧编制全国生态功能区划并报国务院批准实施"，显示了国家对生态功能区划的重视。

从2001年开始，原国家环保总局会同有关部门开展了全国生态环境现状调查。同时，国家环保总局请中国科学院生态环境研究中心以甘肃省为试点开展了省级生态功能区划的研究工作，并据此编制了《生态功能区划暂行规程》（2003年5月实施）。

《生态功能区划暂行规程》对生态功能区划的概念、意义、做法等做了明确界定。"生态服务功能"®指生态系统及其生态过程所形成的有利于人类生存与发展的生态环境条件与效用，例如森林生态系统的水源涵养功能、土壤保持功能、气候调节功能、环境净化功能等；生态功能区划是"根据区域生态环境要素、生态环境敏感性与生态服务功能空间分异规律，将区域划分成不同生态功能区的过程，其目的是为制定区域生态环境保护与建设规划、维护区域生态安全，以及资源合理利用与工农业生产布局、保育区域生态环境提供科学依据，并为环境管理部门和决策部门提供管理信息与管理手段"；同时，该规程也界定了生态功能区划的3级分区，一级区的划分以大区域自然气候和地貌特征为依据，二级区的划分以主要生态系统类型和生态服务功能类型为依据（城市及城市近郊区可以作为二级区），三级区的划分以生态服务功能的重要性、生态环境敏感性等指标为依据[12]。

2002～2004年，在中国科学院的技术支持下，全国31个省、自治区、直辖市和新疆生产建设兵团完成了其辖区的生态功能区划编制工作。随后，原国家环保总局会同中国科学院生态环境中心对省域生态功能区划进行了汇总，形成了《全国生态功能区划》。该项成果于 2007 年 7 月通过专家论证。2008 年 7 月 31 日，环境保护部和中国科学院在北京联合召开《全国生态功能区划》新闻发布会。据报道①，《全国生态功能区划》对我国生态空间特征进行了全面分析，对生态敏感性、生态系统服务功能及其重要性进行了评价，确定了不同区域的生态功能，提出了全国生态功能区划方案。据此方案，全国被划分为 216 个生态功能区。其中，具有生态调节功能的生态功能区 148 个，占国土面积的 78%；提供产品的生态功能区 46 个，占国土面积的 21%；人居保障功能区 22 个，占国土面积 1%。此外，该成果中还确定了对保障国家生态安全具有重要意义的区域，涵盖生物多样性保护、水源涵养、土壤保持、防风固沙、洪水调蓄等重点生态功能。由此可见，《全国生态功能区划》是一项重要的基础性工作，不仅仅对全国的生态环境状况进行了全面的梳理，更是从生态系统服务功能的角度进行了重要性的划分，为国家生态环境保护的"全局稳定"和"重点突出"奠定了基础。

与之同时，"生态功能保护区"这一概念获得了推广。自 2002 年首倡"生态功能保护区"概念以来，迄今全国 16 个省、自治区已开展了 18 个国家级生态功能保护区的试点建设。

2006 年，原国家环保总局联合国家发改委、财政部、农业部、国土资源部、水利部、国家林业局、国家海洋局等完成了《国家重点生态功能保护区规划（2006 ~ 2020）》。该规划与前述的"生态功能区划"中的"生态功能"概念有所不同。徐嵩龄（2008）认为，生态功能区划针对包括人与自然的"大生态"，其含义宽泛；而"重点生态功能保护区"则相对明确地针对自然生态系统的"小生态"[13]。

2007 年我国正式出台了《国家重点生态功能保护区规划纲要》。这是生态功能区保护领域的规范性文件。该文件明确指出，生态功能保护区是指在涵养水源、保持水土、调蓄洪水、防风固沙、维系生物多样性等方面具有重要作用的重要生态功能区内，有选择地划定一定面积予以重点保护和限制开发建设的区域，属主体功能划中的限制开发区，不包括自然保护区、世界遗产区、地质公园等主体功能划中的禁止开发区，其中的重点区域（对保障国家生态安全具有重要意义、需要国家和地方共同保护和管理的区域）为国家重点生态功能保护区[14]。

2.3 空间管制区划

空间管制区划是城市规划领域近年来受到较多关注和重视的概念，与前述的区划类型有类似的渊源，但是侧重点有明显差别。

早在 1998 年，国家建设部在《关于加强省域城镇体系规划工作的通知》中将"区域开发管制区划"列为省域城镇体系规划中"需要补充和加强的规划内容"之一[15]。基于这样的规定，城镇体系规划不能局限于传统的城镇点的结构体系，而是要将视野扩展至全部行政区域。2000 年发布的《县域城镇体系规划编制要点》将"协调用地及其他空间资源的利用"作为其主要内容之一，体现了类似的思想[16]。而在这之前的 1991 年部颁规章《城市规划编制办法》，并没有将区划作为市域城镇体系规划的基本内容之一，而是突出了城镇点的结构体系，同时针对城市建设用地进行空间布局和功能分区的安排。

其实，城镇体系规划本身就是区域规划的一种类型，需要应对现实的需求，发挥区域规划的某些功能。在省级建设管理层面，"区域空间管制区划"已经被提上了议事日程，并成了城市规划编制的内容。比如江苏省建设厅发布的《县（市）域城镇体系规划编制要点》，对县、市域层面都提出了空间管制区划的要求[17]。在《珠三角城镇群空间协调规划（2004～2020）》中，列有"政策分区与空间管治"的独立章节[18]。此外，山西省域的城镇体系规划[19]、长春市的城镇体系规划[20]等都对空间管制区划作了专门研究和规定。

随着时代的发展及实践经验的积累，制度性的变迁势在必行。2002 年，国务院号召并由建设部正式发布了《城市规划强制性内容暂行规定》，明确要求城市规划划定建设控制区域，为进一步的制度建设提供铺垫。2008 年 1 月 1 日起施行的《中华人民共和国城乡规划法》明文规定："城市总体规划、镇总体规划的内容应当包括：城市、镇的发展布局，功能分区，用地布局，综合交通体系，禁止、限制和适宜建设的地域范围，各类专项规划等"[21]。（第十七条）在这之前于 2006 年 4 月起施行的新版《城市规划编制办法》已经引入了空间管制区划的概念，并有着具体规定。诸如：市域城镇体系规划纲要内容包括"……提出空间管制原则……提出禁建区、限建区、适建区范围"（第十九条）；中心城区规划包括"……划定禁建区、限建区、适建区和已建区，并制定空间管制措施……"（第二十条）；城市总体规划的强制性内容包括"……市域内应当控制开发的地域，包括：基本农田保护区，风景名胜区，湿地、水源保护区等生态敏感区，地下矿产资源分布地区"（第三十二条）[22]。城乡规划法律和规章中关于"划定禁止、限制和适宜建设的地域范围"的提法，是空间管制区划的明确法理依据，这使得空间管制区划获得了明确的法律地位。

虽然有着丰富的实践积累以及制度层面的保障，但是关于空间管制的相关理论研究却并不多见。经中国知网五库检索①可得的"空间管制"与"空间管治"主题精确相关的文献分别仅为 81 篇和 98 篇。文章的主题较多是关于区划与管制体制变革问题，一般都涉及需禁止或控制开发、需引导或激励开发这两大类区域。张京祥[23]、马海龙[24]等引入西方管治理念，或者把美国的增长管理理论当成是其理论渊源[25]，孙斌栋[26]等结合总体规划的变革展开讨论；还有学者研究数字城市的空间管治体系[27]。而关于空间管制区划的技法、原理、体制、实施等的具体研究尚不多见。所涉及的一些技术问题尚未有定论，比如空间管制区划的具体划分标准、管制主客体与奖惩机制、是否全覆盖、如何实现区域空间多尺度的对接等，都有待进一步的研究及实践探索。

值得注意的是，"空间管治"与"空间管制"的概念常常混用。两者之间的细微差别似可简单概括为：前者趋于指向区域空间治理的行为及创新，偏重于"治理"，而后者则主要趋于区划建制及其行政管理机制，偏重于"制度"。见诸于法律文件的规范用语是"空间管制"。

3 对三种区划体制的辨析

综合上述分析可以得出，三种区划方式都是针对国土及城乡空间管理的策略，涉及保护与开发等不同的政策导向，并使之空间范畴具体化。其宗旨都是对空间资源的利用行为加以调控，避免区域间的非积极博弈和不可再生资源（如用地、空间）的不当消耗。从这一点讲，三者具有内在的统一性。

但是三种区划途径的差异性也很明显，主要体现在主管部门不同、内容侧重点不同、空间范畴不同、法律地位不同、技术基础不同、运作机制不同等。

（1）主管部门不同。

主体功能区划的主管部门是国家发展与改革委员会，生态功能区划的主管部门是国家环保总局（现为国家环境保护部）及其相关机构，而空间管制区划则属于国家建设部（现住房和城乡建设部）主管的城乡规划中的内容。政出多门、又缺乏总体协调，难免会产生种种困惑或不利。

（2）内容侧重点不同。

主体功能区划是一种政策分区，是从自然和经济社会综合视角考查区域发展的趋向，从可持续发展和区域协调的价值判断出发而进行政策分区及确定主体功能定位。其目的是为国家和地方政府制定发展方略提供框架指引，是基于空间定义的综合性政策引导。

生态功能区划则是一种功能分区，主要是对区域生态环境特征的梳理和功能定位，侧重于对客观特征的总体认识和功能性划分，为区域发展方略的制定提供生态环境本底的专业技术型支持。虽然也会涉及制定相应的管理政策，但影响力相对较小。

空间管制区划也是一种政策型分区，但与偏重于宏观的主体功能区划不同，其主要针对总体发展势态相对明确的城市及周边区域，对具体用地区块进行管制区划。其内容主要是建设与非建设等的空间管理策略，其成果表达为规范化文本条目及图纸，可为管理提供羁束性的依据。

与之相联系的还有国土部门主管的土地利用规划，它也是侧重于对于土地功能的划分，并且以农业用地的数量维护为重点。

（3）空间范畴不同。

主体功能区划和生态功能区划主要针对宏观空间范畴，在全国层面进行安排，虽然有进一步的细分，但是基本属于宏观层面的工作。

空间管制区划主要针对城市及其周边区域，从空间范畴看，较近似于针对主体功能区与生态功能区中划定的主要用于"建设"和"人居"的那部分区域；在禁止建设的自然保护区内，不存在城乡建设规划的编制及其规划框架下的空间管制区划。

另一方面，城乡规划常常以行政区划为空间范畴，而主体功能区划和生态功能区划都有一定程度的跨行政区特征，因而可能与城乡规划框架下的空间管制区划产生交叠。

（4）法律地位不同。

城乡规划中的空间管制区划以《城乡规划法》和《城市规划编制办法》等国家法律和行政法规为法源，其空间范畴相对较小，却有着最为明确的法律地位。虽然在方法和程序上还有一些可改进之处，但包含空间管制区划的城乡规划编制、审批、实施的体制已经运行多年，空间管制区划成果的条文和图纸表达也都较为成熟。总之，空间管制区划的法定作用较为明确。

而主体功能区划和生态功能区划都是相对较新的工作，虽然有中央政府的政策精神支撑，且广受关注，但目前主要是部门在具体推进，尚无直接的立法支持。这种状况的背后，是某些概念尚缺乏有深度的理论研究和充分的经验积淀；在实践中将面对宏观政策所无法预料也无法解决的诸多实际问题。所以，其成熟和走向法制化还有待时日。

（5）技术基础不同。

主体功能区以资源环境承载能力、现有开发密度和发展潜力等为划定标准，这些标准本身是可变而难以明确界定的，因而以此为基础的区划技术其基础尚薄弱，例如关于"限制开发区"、"优化开发"和"重点开发区"的明确界定，只能流于宏观和模糊的判断，在实践中的可操作性不强。当然，除此之外的"禁止开发区"主要是针对自然保护区，其界定简单清晰，且自然保护区具有相应的法律保障，因而可有较为严格的约束。

空间管制区划虽然有较为明确的法规界定，但就其技术基础而言也是较薄弱的，尚缺乏严谨的划分方法、标准以及基于深入研究的理论支撑。目前主要是基于经验判断的定夺；另一方面，由于城乡规划本身的价值特征及空间决策依据的多元性，这些基于经验的"准理性行为"也具有不可替代的作用。

相比较而言，生态功能区划的科学性强、技术基础较为扎实——有较清晰的标准界定，区域生态环境要素、生态环境敏感性与生态服务功能空间分异性规律等具有相对明确的涵义和可操作性，三个层级生态功能区划分也有较明确的界定。但也存在不足，比如由于生态系统的整体性而导致区划的边界难以明确区分，同时，生态服务功能的可度量性和确定性也值得商榷。

4   建构统一的国土及城乡空间管理框架

4.1   整体逻辑框架

对于中国这样一个幅员辽阔的大国而言，政府管理体系的某种条块分离状况有其必然性，短期内也难以改变。同时，在快速发展和不断改革创新的转型时期，政策思路的前后矛盾及部门横向间不协调等也难以避免。在这样的背景下，对于国土及城乡用地空间的管理，既需要积极构建高效精干的统一管理平台和政策分区体系，又不能急于打破既有的部门分治的空间管制体制。目前亟须要做的是深入解析不同类型的功能分区和政策分区的技术内涵，寻找内在结构和逻辑关系；抓住主要矛盾及需要协调的关键点，以之为核心基础进行外延和结合多部门进行整合建构，从而形成既合时宜又具实效的国土及城乡用地空间管理的整体框架。

基于前文的认识，三种区划体系有其内在的统一性，又有其各自的优势及问题，部分甚至彼此矛盾，拟可从建构整体逻辑框架入手进行整合（图1）。以下分别从技术内涵的整合和制度框架的整合两个方面加以论述。

（1）技术内涵的整合。

从空间管理的角度，不同分区的划分，最终是为了形成针对不同地域空间的不同管理政策。从前文的分析中可以看出，主体功能区划和空间管制区划，都以开发建设调控为主要内容，以差异化政策和法规调控为主要途径，可作为空间管理的基本平台。但二者分别指向宏观引导和具体地块微观管制两个层面，针对不同层面空间特征有不同的管理内容，两者之间可以互相借鉴和彼此完善。

与这二者相比，生态功能区划基于全盘整

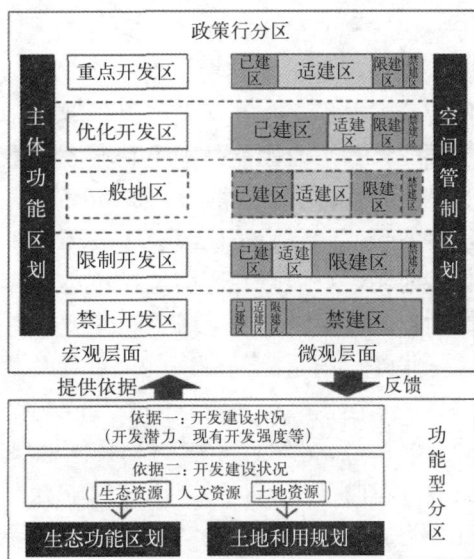

图1   各类国土和城乡空间区划的逻辑关系及整合框架示意

理和评估全国生态环境状况，对生态环境的关键区域做出判断（生态功能划分），为设定空间管理政策（尤其是禁止和限制开发）提供依据。与之相类似的是国土部门主持的土地使用规划与管理。其在基本农田保护和重大土地资源管控方面已有较多的经验，是具有法律基础的用地空间管制机制，也可作为设定空间管理政策的依据。

因而，在开发建设调控中，可以主体功能区划和空间管制区划作为政策性管理平台的主体，以生态功能区划和土地利用规划作为分区管理政策制定的依据。

具体而言，对于"生态环境"、"历史文化"、"基本农田"等关键性区域，都是禁止开发和严格保护，这方面各种区划方式的思路是一致的。但在鼓励、调控、限制开发等方面，由于缺乏科学或严谨的标准体系，都有进一步发展的余地。

此外，土地使用规划具有较为成熟的从宏观到微观的一以贯之的技术体系，包括将全区域的农地控制具体化到每一块具体的用地，从而形成全覆盖、系统化的用地管理技术体系。这是值得其他的区划方式学习和借鉴的。但由于受前些年宏观环境的影响及受地方政府的强烈发展冲动的冲击，土地使用规划与管理运作的困难重重，甚至难以为继。由于中央政府的高度重视，目前的土地管理已趋于"硬约束"，甚至具有"高压线"般的威慑力。

（2）制度框架的整合。

由于主体功能区划的重点在于宏观政策引导，以其优势可演变成为区域规划的主体内容，突出政策引导职能以及不拘泥于中微观层面的用地划分细节；但其中的"禁止开发区"划定应强调精确性。而空间管制区划则是直接针对具体地块的法制化管理，在市场经济、法制化社会和政府职能转变的条件下，将会发挥不可替代的空间法制化管理平台的作用，将是用地空间管理的中、微观层面的基础工具。

生态功能区划的优势在于对生态环境的深刻把握，可为分区政策制定提供依据和数据支持。但除了作为禁止开发区的自然保护区外，在其政策和规则的制定中不能孤立地以"生态"论"生态"，而应有整体的考量。

在这样的整合框架下，既有的体制框架不需要被先行打破；而是通过差别定位和互相协调而获得升华。其中，对于高层级政府的"发改委"，主体功能区划或许恰好可以弥补传统"国民经济与社会发展五年规划"在空间安排方面的不足。对于生态和环保领域的主管部门，其主要职能是国土和城乡生态环境变化的监控，包括对生态环境敏感地区的重点管制；其基础在于获得和分析环境数据，这也是生态功能区划的独特贡献之处。对于城乡建设主管部门，由于已经有了较为成熟的法制化管理和技术运作体系，其突出之处是针对具体地块，在中微观层面发挥不可替代的空间管制作用，可与相应层面的经济与社会发展规划有效对接，形成区域空间管理的完整体系。

此外，国土部门管理的土地使用规划和地政管理，其体制虽具有很明确的法律基础，但其具体运作中存在诸多混乱和问题，突出表现在宏观过细、微观宽松，模糊了不同层面的空间特征；忽视政策引导和具体地块管制相互补形成体系的必要性，从而导致诸多管理失效。着眼于全局，可突出其国土数据全面丰富的优势，以及基本农田保护严格权威的特征，为体系化的国土及城乡用地空间管理框架提供支撑，其部门政策及规则的制定需呼应整体框架。

4.2 运作问题

前文在反思区划体制"政出多门"的基础上，提出了建构统一的国土及城乡空间管理框架的设想。以下分为三个层次进一步讨论未来新框架下的空间区划运作问题。

（1）空间的层次性。

不同尺度的国土及城乡用地空间存在非常大的差异性，因而空间管理需要区分宏观、中观、微观层面，制定及运用相应的管理规则和手段，并上下衔接。具体而言，主体功能区划适用于宏、中观层面，宜结合"区域规划制度"的建立，谋求大区域层面空间管理的创新；并以空间定义的综合性政策引导为主体，形成规范化的体系。而空间管制区划则更适用于中微观层面，适宜于纳入城乡规划体系，通过推进人居较为密集区域的以开发建设为主要对象的用地空间管理创新，加快城乡规划体系的完善。就生态功能区划而言，也需要区分宏观、微观层面，分别加以研究，区别对待；其中较为重要的是确立生态环境的约束效力，特定的生态环境保护应该成为主体功能区划和空间管制区划的强制性内容。

（2）管理的有效性。

管理的真正有效，不仅是有赖权威的控制，而且是要有一个引导与控制相结合的管制体系，即"疏导"与"控制"相结合。具体而言，主体功能区划偏重于在宏观尺度上的发展政策导引；而空间管制区划则需要落实到具体用地的法定管控；生态功能区划主要是功能性分区，为其他两种区划提供科学依据及数据支撑，其关注的"关键性"保护内容应体现在前两种区划之中，通过综合性机制而加以落实。

（3）运作的协作性。

具体而言，主体功能区划的突出优势在于依托国家经济发展的权威管理部门，可延伸出政策引导及资源配置的"定夺"机制；空间管制区划的突出优势在于可落实到法定管控——空间发展的法定许可；生态功能区划的突出优势在于监控职能、底线控制，以及数据基础。这些职能互相间无法替代，因而需要积极有效的协作；在一个统一的框架下各部门各司其责，形成系统化的管理体系。

5 结语

一般而言，多部门并行的国土和城乡空间管理模式本身并不一定是"问题"。因为多种职能的精细划分往往能够使管理更加高效，但是这必须以共同目标为前提，以良好的分工协作为基础。在我国目前多部门并行管理的体制下，企图以单一部门的区划来覆盖所有的用地空间管理是难以奏效的。因而，建构统一框架下的"部门分工与协作"的国土和城乡空间管理体系，是具有深远意义和值得共同努力的事业。

注释

① 这里无意深入辨析管理（management）、管制（control）及管治（governance）等概念的差别。本文关注如何在既定的国家体制背景下对特定对象进行引导、控制、激励或禁止等行为，并施以法律保障。

② 同时，还有国土资源管理部门的土地使用规划，以及相关管理规则，覆盖了大范围的土地，是以储备管理为重点的被动管理，在农业用地管理及土地资源整理方面较为有效。对此本文暂不作深入讨论。

③ 中国知网跨五库（电子期刊全文数据库、世纪期刊全文数据库、优秀硕士论文库、博士论文库、重要会议论文库）主题（题名、关键词、摘要）精确检索，检索时间为 2008 年 7 月 16 日。http: // www.cnki.com.cn。

④ 尽管当时的国土规划尚属计划经济体制的产物，在内容和方法论上还存在不少问题，但《全国国土总体规划纲要》（1985～1987 年编制）对全国东、中、西三大经济地带的划分，将沿海和沿长江作为一级开发轴线，把沿海的长三角、珠三角、京津唐、辽中南、山东半岛、闽东南，以及长江中游的武汉周围和上游的重庆－宜昌一带均列为综合开发的重点地区，至今仍具有现实意义。资料来源：中国区域规划的演变与展望，胡序威，地理学报，2006，6，585-592。

⑤ 最近发表在专业期刊的相关文章对此有所反映，如《全国城镇体系、主体功能区与"国家空间系统"》（罗志刚，城市规划学刊，2008（3）：1-10）一文认为"主体功能区则又一次敲响了警钟"，"如果观念不革新、概念仍守旧，城市规划的引领地位就有被取代的可能"。虽然其观点不一定合理，但是反映了一部分业界人士的担忧。

⑥ 由于全国主体功能区划尚未公布，这部分内容部分引自《第一财经日报》对杨伟民先生的独家专访报道（杨伟民为国家发改委副秘书长和全国主体功能区规划编制领导小组办公室主任），他亲历了主体功能区从概念提出到思路形成的整个过程。具体报道内容详见：宋蕾. 主体功能区整体规划：成就"井"字状城市圈. 第一财经日报，2008 年 1 月 14 日。

⑦ 有关规定对禁止开发区的界定明确，包括国家级自然保护区、世界文化自然遗产、国家重点风景名胜区、国家森林公园、国家地质公园，皆为经过法定划界和单独管理的特别区域，是各方面普遍认同的禁止开发区域。但是其他的三种区划都存在标准不清晰、边界难严谨的问题。

⑧ 中国知网跨五库检索，方法同前。

⑨ 暂且不论这种观点的对错。这种从人类中心出发的相对主义自然生态环境保护观，在推动人类主动保护生态环境的实践中，无疑是能够产生一定实效的。

⑩ 从概念内涵上看，生态功能和生态服务功能应该有所区别，但是在已经发布的纲领文件中并没有就此进行深入解析，对此，本文以多种区划关系的解析为主体，对生态功能的认识则以既有的纲领性文件为基础。

⑪ 新华网，全国生态功能区划新闻发布会于 7 月 31 日在京召开。http://news.xinhuanet.com/fortune/2008-08/01/content_8890926.htm。

⑫ 中国知网跨五库检索，方法与时间同前。

参考文献

[1] 《生态功能区划与主体功能区划的关系研究》课题组. 必须明确生态功能区划与主体功能区划关系 [J]. 浙江经济，2007，（2）：36-39.

[2] 王金岩，吴殿廷. 主体功能区划与城乡规划的区别及若干问题分析 [J]. 开发研究，2007，（6）：24-28.

[3] 胡序威. 中国区域规划的演变与展望 [J]. 地理学报，2006，61（6）：585-592.

[4] 中华人民共和国国民经济和社会发展第十一个五年规划纲要 [M]. 北京：人民出版社，2006.

[5] 国务院关于编制全国主体功能区规划的意见（国发 [2007]21 号）[Z]. 2007.

[6] 魏后凯. 对推进形成主体功能区的冷思考 [J]. 中国发展观察，2007，（3）：28-30.

[7] 宋蕾. 主体功能区整体规划：成就"井"字状城市圈 [N]. 第一财经日报，2008-1-14（A08）.

[8] 杨伟民. 推进形成主体功能区 优化国土开发格局 [J]. 经济纵横. 2008, (5): 17-21.

[9] 张广海, 李雪. 山东省主体功能区划分研究 [J]. 地理与地理信息科学, 2007, 23 (4): 57-61.

[10] 刘传明, 李伯华, 曾菊新. 湖北省主体功能区划方法探讨 [J]. 地理与地理信息科学, 2007, 23 (5): 64-68.

[11] 燕乃玲, 赵秀华, 虞孝感. 长江源区生态功能区划与生态系统管理 [J]. 长江流域资源与环境, 2006, 15 (5): 598-602.

[12] 中国科学院, 国家环保总局. 生态功能区划暂行技术规程 [Z]. 2003.

[13] 徐嵩龄. "生态功能保护区"概念的行政透视 [J]. 绿叶, 2008, (2): 103-110.

[14] 国家环境保护总局. 国家重点生态功能保护区规划纲要 [Z]. 2007.

[15] 中华人民共和国住宅与城乡建设部 (原建设部). 关于加强省域城镇体系规划工作的通知 (建规 [1998]108 号) [Z].1998.

[16] 县域城镇体系规划编制要点 (建村 [2000]74 号) [Z]. 2002.

[17] 郑文含. 城镇体系规划中的区域空间管制——以泰兴市为例 [J]. 规划师, 2005, 21 (3): 72-77.

[18] 广东省人民政府. 珠三角城镇群空间协调规划 (2004-2020) [R]. 广东, 2005.

[19] 徐保根, 张复明, 郭文炳. 城镇体系规划中的区域开发管制区划探讨——以山西省为例 [J]. 城市规划, 2006, 26 (6): 53-56.

[20] 韩守庆, 李诚固, 郑文升. 长春市城镇体系的空间管治规划研究 [J]. 城市规划, 2004, (9): 81-84.

[21] 中华人民共和国城乡规划法 [M]. 北京: 法律出版社, 2007.

[22] 城市规划编制办法 城市黄线管理办法 城市蓝线管理办法 [M]. 北京: 中国法制出版社, 2006.

[23] 张京祥, 崔功豪. 新时期县域规划的基本理念 [J]. 城市规划, 2000, 24 (9): 47-50.

[24] 马海龙. 区域治理: 一个概念性框架 [J]. 理论月刊, 2007, (11): 73-76.

[25] 张京祥. 城市与区域管治及其在中国的研究和应用 [J]. 城市问题, 2000, (6): 40-44.

[26] 孙斌栋, 王颖, 郑正. 城市总体规划中的空间区划与管制 [J]. 城市发展研究, 2007, 14 (3): 32-36.

[27] 周立. 论数字城市空间管治体系 [J]. 规划师, 2002, 18 (12): 67-69.

从技术层面看三大规划的冲突 ❶

—— 以江苏省海安县为例 *

罗小龙 ❷ 　陈 雯 ❸ 　殷 洁 ❹

我国的规划体系主要由国民经济和社会发展规划（下文简称5年规划）、土地利用总体规划和城市规划构成，它们在地域开发中发挥了重要的作用。但是在快速发展与社会经济的转型时期，规划体系也面临着诸多问题。理论界认为各类规划在城市发展和控制城市蔓延中并非有效。伍美琴认为规划无效的原因主要在于缺乏有效的规划体系[1]；徐江和伍美琴认为主要是政府长官意志[2]；其他一些学者将规划无效归咎于政府的企业家行为和寻租行为[3-5]。近来，归口于发展改革委、国土部门和建设部门的5年规划、土地利用总体规划和城市规划三大规划之间的冲突和交叉，更是成为学术界和决策者关心的焦点问题，"三规合一"成为规划体系改革与探索的新方向。王学锋最近指出，城镇规划应当是全面的规划，包括产业发展、空间整合、资源利用、交通综合、城乡统筹、生态安全、社会发展和文化传承等诸多方面[6]。

各部门规划冲突的深层次原因在于条块分割的管理方式[7]，规划已经成为地方政府显示政绩和争夺资源的工具[8]。但从技术层面（规划编制层面）探讨"三规"到底在哪些方面存在冲突及其原因对于促进"三规合一"也同样重要。该文将以江苏省海安县为例，对5年规划、土地利用总体规划与城市规划进行梳理和研究，从技术层面探讨规划的冲突及其原因，内容涉及规划出发点的差异、发展思路的变化，以及规划目标、空间结构、规划用地等诸多方面的冲突。该研究的意义在于，把握与认识"三规冲突"是从技术层面上实现"三规合一"的基础。

1 研究区域与研究方法

海安县位于长三角北缘，属南通市管辖，总面积1168平方公里，人口95.33万人，共辖14个镇，其中海安和城东两镇为县城所在地（图1）。海安县经济增长迅猛，地区生产总值从1996年的50.11亿元增加到2005年的147.2亿元，年均递增12.38%。2000年以来，经济发展势头尤为强劲，年均增长率达到15.11%（图2）。工业化的快速发展也推动了城市化的进程[9]，海安城市化率从1992年的20.02%增加到2005年的40.25%，增长了

---

* 　基金项目：中国科学院南京地理与湖泊研究所领域前沿项目（CXNIGLAS200812）；国家自然科学基金资助项目（40601031）。

❶ 　本文来源：《地域研究与开发》2008年第6期。

❷ 　罗小龙，中国科学院南京地理与湖泊研究所。

❸ 　陈雯，中国科学院南京地理与湖泊研究所。

❹ 　殷洁，南京大学地理与海洋科学学院，南京林业大学森林资源与环境学院。

20个百分点。经过近10年来的快速发展，2005年海安开始步入全国县域经济基本竞争力百强县市和全国中小城市综合实力百强县市行列。应当指出，规划冲突是我国城市面临的普遍问题，在快速发展的沿海地区该问题尤为突出。

该研究主要采用了开放式访谈的研究方法，对规划冲突进行了有针对性的访谈。作者也对各乡镇城镇和工业集中区的建设与规划进行了调查，收集了5年规划、土地利用总体规划、城镇体系规划和城（镇）总体规划，获取了大量的部门专项规划与相关政府文件。这些资料使我们能够较为全面地把握各种规划编制的背景与目的，有助于梳理出规划的冲突所在。

图1　海安政区与区位图

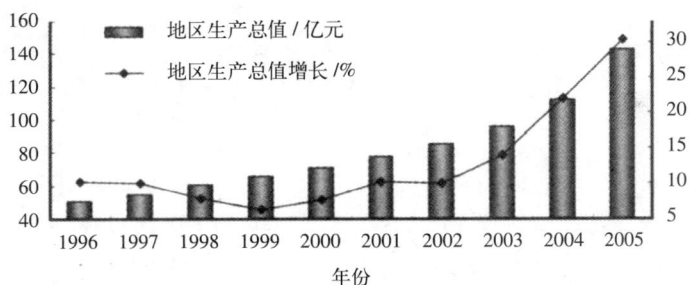

图2　1996～2005年海安县地区生产总值及其增长率

2　规划出发点的差异与规划思路变化

根据《中华人民共和国城乡规划法》和《中华人民共和国土地管理法》规定，城市规划应当依据5年规划，并与土地利用总体规划相衔接。但在具体操作中，由于各规划的出发点不同和发展思路的调整，各规划很难衔接与协调。

2.1　规划出发点的差异

三种规划有着不同的出发点，在经济社会发展中扮演着不同的角色。由海安发改委编制的国民经济和社会发展规划是以5年为规划期限的全县综合性规划，重点放在地区及城市发展的方略和全局部署上，对生产力布局和居民生活的安排做出轮廓性考虑，内容涉及经济社会发展的目标、产业发展、城市化等。国土部门编制的海安土地利用总体规划以13

年为规划期限（1997～2010），以保护土地资源（特别是耕地）为主要目标，在比较宏观的层面上对土地资源及其使用进行划分和控制。建设部门编制的城镇体系规划和城市（镇）总体规划以20年为规划期限，是一个长期的规划。规划主要侧重城镇的发展规模、职能分工、发展方向和建设用地布局等。由于规划的侧重点和编制办法不同，很难做到"三规合一"。

2.2 发展思路的变化

规划思路是随着地方发展思路的调整而不断变化的。在具体操作中，当一个规划的思路调整后，其他规划往往不能及时进行修编调整，从而带来了规划的冲突。"十五"时期，海安确立了"贸工农"三足鼎立的发展思路。这一时期海安经济的迅猛发展要求调整发展思路。因此，"十一五"将发展思路调整为走"新型工业化"的发展道路，突出先进制造业和高新技术等产业的发展（表1）。城市规划按照加快工业化的新思路进行了调整，扩大了建设用地规模，而土地利用总体规划却未及时修编，造成两者用地上的冲突。

规划思路的变化 表1

编制年份	规划类型	思路
1998修编，2002调整	土地利用总体规划	严格保护基本农田，控制非农建设占用农用地；统筹安排各类、各区域用地
2001	"十五"计划	将海安建成贸工农一体化的经济强县
2003编制，2006修编	城镇体系/县城总体规划	建设新兴工业城市，苏中地区的交通枢纽，南通市域的次级中心城市
2006	"十一五"规划	以推进新型工业化为主线，把海安打造成上海都市圈中重要的交通枢纽、先进制造业和发达加工业基地、高新技术产业集聚地

说明："十五"时期，"5年规划"称"5年计划"。

当然这同时也带来法律上的问题——城市规划和土地利用总体规划等长期规划如何"依据"短期的、发展思路不断调整的5年规划进行编制？由此可见，就发展思路变化而言，三大规划的协调应当是一个动态的互动过程。建立一个动态的、富有弹性并具有效力的规划体系是我国规划体系改革的重要环节。

综上所述，规划出发点的不同和规划思路的变化是造成三规冲突的根本原因。规划思路的变化使规划本身就是一个不断调整的过程，造成规划衔接的困难。同时，规划出发点的不同，导致规划目标甚至空间结构等总体性框架的差异。

3 总体目标和框架的冲突

规划目标与空间结构是引导县域发展和开发的总体性框架。即使是规划目标和空间结构上的较小差异，也会导致用地需求与布局、基础设施建设导向的巨大变化。

3.1 规划目标的差异

在实际工作中，由于发展的不可预测性、预测方法和各部门利益考量等原因，各种规划在总量指标设定上并不完全一致。在海安"十一五"规划、城市规划和土地利用总体

2010 年各项总量指标比较表　　　　表 2

总量指标	"十一五"规划	城镇体系规划	城镇总体规划	土地利用总体规划
GDP 增长率 /%	>16	15	15	-
2010 年 GDP / 亿元	300	158	150[1]	400
2010 年总人口 / 万人	-	105	98	104
2010 年城镇人口 / 万人	-	46	49	42
2010 年城市化水平 /%	50	45	50	40
城镇建设用地 / 公顷	-	5520	-	5782

说明：城镇体系规划中预测数据为 2007 年数据，其中城镇建设用地按照城镇体系规划的指标测算；1）按照海安县县城总体规划中 19 亿美元换算。

规划的经济指标和城市化水平预测上差别较大，其中土地利用总体规划和城市规划的差别最大（表 2）。造成总量指标的差异主要由以下几方面原因：首先，各部门在编制规划时，主要出于对部门利益和部门职能的考虑，设定自己的发展目标。其次，预测方法的差异。"十一五"规划中各目标的预测主要采用趋势外推法预测；城市规划的目标预测主要是通过预测城镇人口规模，再按国家的人均建设用地面积指标估算城市用地规模和设施水平；土地利用总体规划则是围绕上级政府下达的建设用地占用耕地指标、耕地和基本农田保有量进行预测和空间配置。第三，三大规划编制 / 修编的年份不同，因此预测的基数不同（表 1）。

3.2　空间结构的矛盾

规划结构是空间规划的核心内容，是发展的导向性框架，但在海安的"十一五"规划、城镇体系规划和县城总体规划中，却有不同的空间结构（图 3）。"十一五"规划提出以县城为核心、交通干线为骨架的"一心三带三区"城镇空间格局；城镇体系规划中则提出"一心一带三区"的格局；而海安县县城总体规划中提出"一心两轴三区"的城镇体系空间结构。应当指出，虽然三个规划中的"三区"均指东、中、西 3 个城镇经济区，但是对核心范围和发展轴带的界定却不相同。

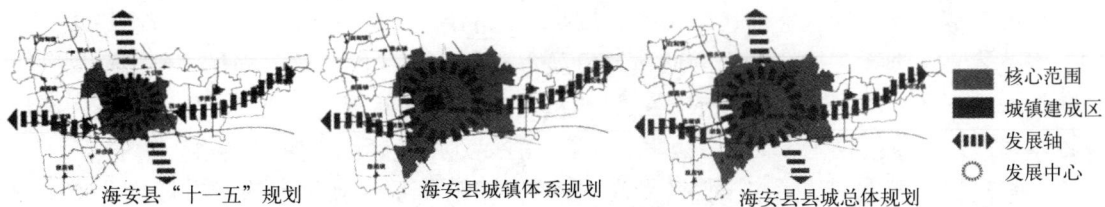

海安县"十一五"规划　　　海安县城镇体系规划　　　海安县县城总体规划

核心范围
城镇建成区
发展轴
发展中心

图 3　不同规划中的空间结构

即使作为下层次规划，县城总体规划的空间结构也并不与城镇体系规划的空间结构一致。在我们调研和具体规划实践中，"同一城市，不同空间结构"的现象相当普遍。带来的问题是，各种规划层出不穷，接踵而来，但规划的操作者却无所适从。究其原因，主要是规划设计单位将空间结构视作规划"创新"，在高喊"三规合一"的同时，却否定既有规划，不断"推陈出新"。因此，规划师在追求创新的同时，更应该切实践行"规划衔接"。

综上所述，在规划的编制中，由于部门考量、预测方法和预测基数的差异，各部门确定的规划目标并不一致。同时，各部门规划对空间结构的"创新"也带来宏观政策指引的冲突，造成基础设施建设、产业布局和重大项目布局等无所适从。宏观层面的规划目标与空间结构的差异，进一步影响到用地的需求和布局，最终带来政府操作层面上的问题——规划用地冲突。

4 规划用地的冲突

土地是政府实施规划的重要资源，也是政府进行规划管理的重要抓手。然而，规划用地的矛盾是各类规划冲突的焦点，反映了部门间和行政单元间的利益冲突。用地的矛盾不仅出现在不同部门的规划中（城镇总体规划／土地利用总体规划），也出现在同一部门的不同规划中（城镇体系规划／城镇总体规划）。由于5年规划不涉及具体的空间配置，下文将着重分析城镇总体规划／土地利用总体规划，以及城镇体系规划／城镇总体规划中的用地冲突。

4.1 城镇规划与土地利用总体规划的用地冲突

国土部门编制的土地利用总体规划强调土地数量指标控制和耕地保护，城市规划部门编制的城市规划强调土地空间布局与使用指引。根据土地管理法，"城市总体规划、村庄和集镇规划，应当与土地利用总体规划相衔接，城市总体规划、村庄和集镇规划中建设用地规模不得超过土地利用总体规划确定的城市和村庄、集镇建设用地规模"。但各地的城镇规划往往突破土地利用总体规划的用地限制，成为我国城市发展与耕地保护面临的突出问题，海安当然也不例外。对海安城镇规划中的规划建设用地进行测算（建设用地包括城镇规划用地和工业集中区规划用地两大部分），发现规划建设用地占用基本农田面积达到8.54%。城镇规划与土地利用总体规划之间存在着极大的冲突。在这两大规划纷争的背后，实际上是中央与地方博弈的隐在[10]。

4.2 城镇体系规划与城镇总体规划的用地冲突

不仅各部门规划间存在着用地冲突，同一部门的规划也存在着用地冲突。建设部门编制的城镇体系规划旨在控制和引导城镇的发展方向和规模，但在具体操作中却屡屡被其下层次的城镇总体规划所突破。由表3可见，县城规划用地甚至达到222.2平方公里，超出城镇体系规划控制规模186.2平方公里；墩头镇的规划用地超出控制规模的7.9倍。

这种规划冲突可从两个方面解释。一方面，城镇体系规划确定的城市规模原本就不合理，不能满足城镇发展的需要。这表明照搬照套规划规范中人均用地指标，来匡算城镇规模，并不能指导像海安这样的快速工业化地区的发展。因此，有必要对这种计划式的、控制性的城镇体系规划进行根本的改革，探索能够适应全球化、市场化与分权化的新型城镇体系规划。另一方面，这也表明城市规划管理的缺位——大量的、违反上层次规划的城镇总体规划竟能被批准实施？因此，如何调控地方高涨的发展热情，避免大批好大喜功的规划产生是规划管理必须正视的问题。地方政府应当从体制上加强规划的监督和管理，促进规划和谐。

综上所述，规划用地的冲突不仅出现在土地利用总体规划和城市规划间，也出现在城

城镇体系规划与城镇总体规划中 2020 年的规划用地　平方公里　　表 3

城镇	城镇体系规划	城镇总体规划	突破用地
海安县城（海安、城东、胡集）	36.00	222.20	186.20
李堡	5.40	14.90	9.50
曲塘	4.80	30.50	25.70
南莫	4.20	5.74	1.54
大公	4.80	30.49	25.69
西场	3.00	16.22	13.22
孙庄	2.40	2.70	0.30
雅周	2.40	10.34	7.94
墩头	2.40	23.36	20.96
白甸	2.40	4.06	1.66
角斜	2.40	5.58	3.18
老坝港	3.00	12.00	9.00

镇体系规划和城镇总体规划间。土地利用总体规划和城市规划中规划用地冲突的原因不仅在于前文提及的规划出发点的差异，中央与地方博弈也是重要原因。城镇体系规划和城镇总体规划的冲突在于编制的城镇体系规划并不合理，不能指导城市规划；规划监督和管理的缺位也是造成冲突的重要原因。我们需要在实践中，不断探索平衡"合理"规划与"合法"规划的关系。

5　结论

三大规划冲突反映了条块分割管理模式的缺陷。当前，各部门、各地区缺乏一个综合的、统一的平台以协调各方利益，规划体系的建设与完善任重道远[10]。从技术层面上，探讨三大规划的冲突对协调各类规划也同样重要。该研究对海安的三大部门规划进行实证研究，从技术层面上对 5 年规划、土地利用总体规划、城镇体系规划和城镇总体规划中的冲突进行梳理，研究三大规划的冲突。具体有以下结论。

首先，三大规划出发点的差异和发展思路的变化，使规划从根本上难以协调。三大规划有着不同的出发点，土地利用总体规划着重耕地保护和控制建设用地，城市规划着重城市用地的拓展与布局，5 年规划是综合性和 5 年的短期规划。三大规划相互补充，在社会经济发展中起着不同的作用；但同时又是矛盾的统一体。从根本上，很难也不可能做到三规"合一"，只能追求三规和谐。此外，发展思路的变化要求规划及时做出调整，进一步增加了规划协调的难度。因此，各类规划应当建立起动态的、富有弹性的规划协调与沟通机制，在不断的磨合、滚动发展中，使各类规划尽可能地保持和谐。

其次，总体目标和空间结构的冲突。总体目标和空间结构的微小差异，也会导致用地需求与布局、基础设施建设导向的巨大变化。三大规划在总体目标设定、空间结构等方面存在着矛盾和冲突。总体目标的差异主要是由于部门编制规划的考量不同、预测方法和预测基数的不同造成。解决规划总体目标冲突的关键在于加强各规划间的沟通衔接，与时俱进地调整发展目标。空间结构的冲突主要在于规划设计单位将空间结构视作对规划的创新，因此构想出不同的空间结构。因此，我们呼吁地方政府和规划师应当对规划少一分"创新"，对既有规划多一分尊重。

第三，规划用地的冲突是规划冲突的焦点。规划用地的冲突不仅出现在不同部门规划间，也出现在同一部门的不同规划中。城市规划极大地突破了土地利用总体规划的用地规模，城镇总体规划也不再受城镇体系规划的束缚。土地利用总体规划和城市规划中规划用地的冲突是由于规划出发点的不同而造成——土地指标自上而下的分配与城市实际发展需要/地方政府发展冲动的矛盾。这两大规划的冲突也是中央与地方博弈的反映[10]，只有对现有制度进行完善和改革，才能做到和谐规划。城镇体系规划与城镇总体规划用地的冲突不仅反映了规划管理体系的缺位，而且也表明现有城镇体系规划编制方法的不合理性，不能用以指导城镇总体规划的编制和城市发展。因此，在健全规划管理体系的同时，也要改变城镇体系规划生搬硬套规划规范的编制方法，清理一些不合理、不合时宜的法规和规范。

最后应当指出，我国规划冲突的困局是当前管理体制弊端的集中体现，简单的改革已经不能完全和有效地解决规划体系中暴露的问题。我们只有通过对规划体系的根本性重构，体制内建立统一的国家空间规划体系，才能真正促进各类规划各司其职，和谐共存。关于国家空间规划体系的研究与实践才刚刚开始，它涉及各部门职能的重组与改革，这将是解决规划冲突的根本方法。

参考文献

[1] NgMee Kam，Xu Jiang. Development Control in Post- reform China：The Case of Liuhua Lake Park，Guang zhou[J]. Cities，2000，17（6）：409-418.

[2] Xu Jiang，Ng Mee Kam. Socialist Urban Planning in Transition：The Case of Guangzhou，China [J]. Third World Planning Review，1998，20（1）：35-51.

[3] Wei Yehua Denn is，Li Wangming. Reforms，Globa lization，and Urban Growth in China：The Case of Hang zhou[J]. Eurasian Geography and Economics，2002，43（6）：459-475.

[4] Zhang Tingwe i Land Market Forces and Government's Role in Spraw l The Case of China [J].Cities，2000，17（2）：123-135.

[5] Zhu，Jieming. Local Development State and Order in China's Urban Development During Transition [J]. International Journal of Urban and Regional Research，2004，28（2）：424-447.

[6] 王学锋.城镇密集地区规划的重点命题和对策思路 [J]. 城市规划，2008（5）：25-30.

[7] 何克东，林雅楠.规划体制改革背景下的各规划关系刍议 [J]. 理论界，2006（8）：49-50.

[8] 惠彦，陈雯.政府间竞争行为与地方发展规划编制 [J]. 地域研究与开发，2008，27（2）：20-24.

[9] 姚士谋，陈振光，王波，等.我国沿海大城市发育机制与成长因素分析 [J].地域研究与开发，2008，27（3）：1-6.

[10] 田春华.新一轮土地利用总体规划渐行渐明：关于规划的最新话题 [J]. 中国土地，2007（5）：6-15.

基于部门协调的区域规划法制管理探讨 ❶

胡　荣 ❷　吴唯佳 ❸

全球化背景下，增强区域竞争力、加强区域协调已成为国内外特大城市地区发展的共识。通过法制途径，促进特大城市地区的区域协调与区域规划的落实，成为较为有效的手段之一，正如德国学者康拉德·科佩尔所指出的："区域规划作为政府的任务同法律打交道是必要的和很自然的"[1]。随着我国依法治国基本方略的提出和逐步落实，区域规划管理的法制化问题日益受到重视。不仅如此，在构建中国特色社会主义的进程中，当今的区域规划不应该再是计划经济下的"摸清家底，寻求发展思路"的研究性建议，而应该是法制经济下"协调矛盾，指明区域发展出路"的区域发展建设依法管理的依据[2]。

1　我国区域规划涉及的部门关系

在现有制度框架下，我国各地区至少有10余个部门对区域空间具有规划、决策权（图1）。有的部门侧重于经济、产业发展，如发改委、工信部；有的侧重于空间布局、土地利用，如建设部、国土部；有的侧重于专项规划，如环保部、水利部、交通部等。不少地区面对纷繁复杂的规划成果，显得有些不知所从。有些只是将各有关部门的规划、布局方案拼凑汇总在一起，既未协调，又不整合，是综而不合；有些没有与利益冲突的各方充分协商，更没有取得他们的共识和认可，因而难以建立共同遵守、相互监督的机制，在实践过程中各部门仍然只能各行其是。如何理顺区域中各类规划的关系已成为当前一个突出问题。

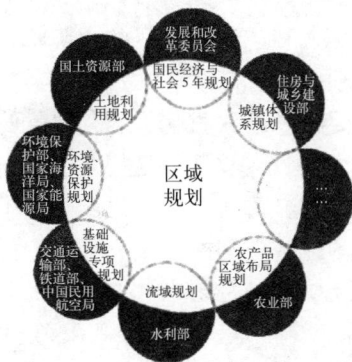

图1　区域规划涉及的部门

2　区域规划的法制管理实践

2.1　部门协调的法制化管理

（1）国外部门协调机制。

20世纪90年代以来，西方主要国家的区域协调治理进入了组织网络联盟时代。在一些国家中，基于国家管理与市场调节，以及社会沟通合作缓解社会冲突等理念，通过有关

---

❶　本文来源：《规划师》2009年第3期。
❷　胡荣，清华大学建筑学院。
❸　吴唯佳，清华大学建筑与城市研究所，清华大学建筑学院。

组织之间的相互联系、作用，形成了一种相对稳定的合作形态，并积极尝试利用社会性的公共决策、联合行动提供规划的公共服务。类似的做法得到了学术界和社会的广泛认可[3]。

在这种背景下，新的区域协调与合作机制强调了协作与自愿参与的重要性，采用了更为民主和弹性的管理方法，不再去成立大量的区域性政府。在具体措施层面，各国出台了不同的解决办法，其中部分内容涉及了区域规划的法律程序。

英国社区与地方政府部在 2008 年发布新的"地方空间规划的规划政策指令"①，以协调地方空间规划（Local Spatial Planning）与国家政策、地方空间规划中区域空间战略（Regional Spatial strategy）与开发规划文件（Development Plan Documents）及同层次中经济、基础设施、住宅建设等的相互关系，旨在建立结构完整、权责清晰的规划系统。美国、加拿大等国家主要依靠合作伙伴关系来解决工作中涉及的协调问题，目前虽尚没有相应的法规，但加强调控的理念也日益受到重视，美国区域规划协会在《美国 2050》研究中提出：美国需要长期发展战略来解决各地方政府各自为政、缺乏协调和长期目标的状况，以应对资源紧缺等世界性重大问题②。

德国、日本、法国等国家注重通过法规对区域协调给予较为严格的控制。例如，德国在《空间秩序法》中明确指出区域规划的目的是"消除区域发展中不同部门、单位之间的利益矛盾，为区域项目提供相关措施，以实现区域的经济、社会、环境和谐发展的长期目标"。该法规定，区域规划必须执行法律规定的目标原则，充分考虑已有政府决策、公共机构和私人利益建设项目的实际情况。在人口稠密地区，重要的跨地区区域规划措施要通过相邻地区的协商达成共识，并制定共同的区域规划或者签订非正式的规划议定书。受联邦政府委托的公共机构或自然人可以承担区域规划和措施的制订工作；但制定的规划和措施如果违背了空间秩序法规定的目标原则，缺乏完整的法律依据，这些规划或措施则不具备法律约束。为此，参与区域规划制定的机构和自然人要承担违背目标原则的责任。同样，在执行区域规划中，如果出现违背目标原则的行为，那么这些行为将被无限期禁止。在法律中，区域规划制定方和执行方的行为、权责，以及相互之间的协调等问题，均得到了具体的规范③。但是，在实践中，《空间秩序法》所确定的协调机制，也有一定的局限。由于德国区域规划和各个专业规划是协同编制的，而空间秩序法并没有赋予区域规划对专业规划进行协调的权利，因而随着专业部门规划的逐渐专门化，便出现了部门之间、部门与地方之间的协调需求不断增加的情况，又由于专业部门具有垂直管理的特点，专业规划有关部门往往寻求联邦和州政府进行沟通协调，所以出现了区域规划中协商能力被边缘化的局面，区域规划只能为上级规划部门提供所需要的区域信息、政策及可能的妥协空间。

（2）我国的部门协调措施。

目前，我国对与区域相关的各部门规划，主要通过两种途径加以规范和协调，一是强化立法，尝试在区域层面整合出一套规划编制与管理体系；二是在现有的综合规划基础上，以其中一种为基础，其他相关规划为补充，通过政府协调，形成各个部门协力执行的区域规划体系。

前者，主要采取制定区域规划实施条例的方法，如珠三角、长株潭等地区。在珠三角，2006 年开始实施《广东省珠江三角洲城镇群协调发展规划实施条例》，目标是建立一套高效的区域城乡规划管理新架构，具体内容可以概括为"三大阶段，十项制度"（图 2）。目前该地区正在向"协作规划"、"务实规划"、"部门联动"逐步推进[4]。在长株潭地区，

2008 年开始实施的《湖南省长株潭城市群区域规划条例》，具有"该区区域专项规划和三市市域规划编制依据"的基础性地位。条例明确湖南省发改委负责长株潭城市群区域规划编制、实施和监督管理，省人民政府建立城市群区域规划管理的协调会议制度，联席会议负责对城镇群规划的编制、修编和实施等重大事项进行协调并做出决定，而专题会议主要对空间管治区域的范围、具有区域性影响的建设项目的确认及其规划选址等具体事项进行协调，专题会议协调不成的，报联席会议最终决定[5]。

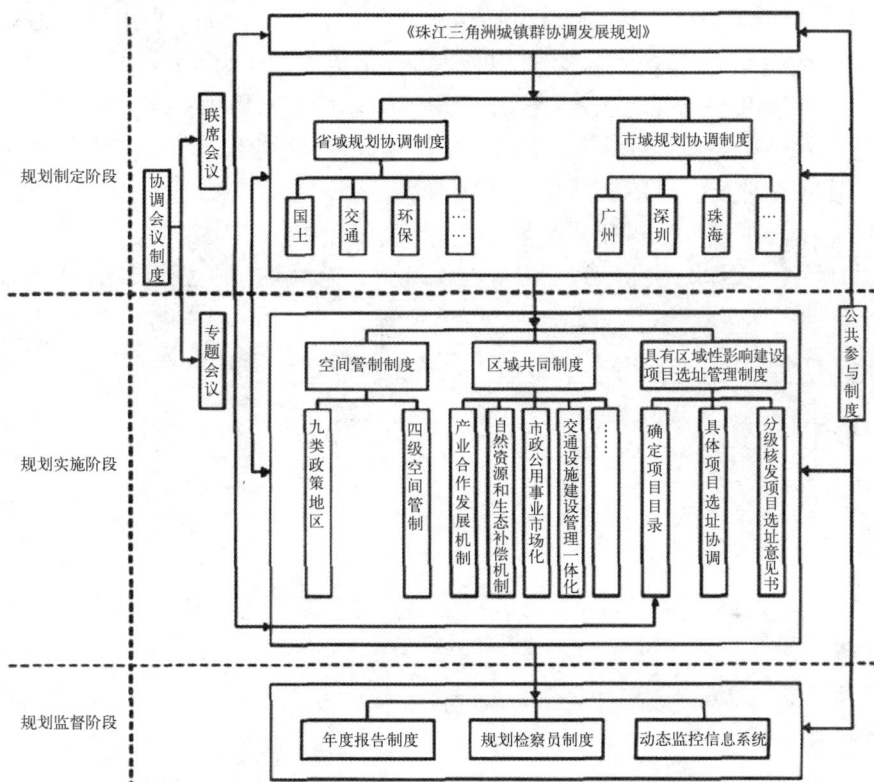

图 2　珠江三角洲城乡规划管理结构示意图[4]

后者在我国较为常见，大部分地方都结合现有的制度体系，将发改委、国土和城乡建设三个部门所编制的综合规划中的一个作为基础，开展区域规划相关工作。

在新近颁布的《城乡规划法》中，住房与城乡建设部主管的国家和省域城镇体系规划被纳入国家城乡建设规划的法律体系。国家和省域城镇体系规划具有综合规划的特点，是区域规划的一种类型。2004 年北京城市总体规划涵盖了中心城区及市域其他地区，统筹安排了北京市域包括 11 个新城在内的城镇建设用地、基础设施建设、环境保护等内容，在一定意义上具备了覆盖全市域的区域规划的特征；重庆市在进行新一轮区域规划时，也有意以城市总体规划为主导，集中力量做好相关专项内容与城市总体规划的衔接[6]。

国家发改委将国民经济和社会发展规划定格为对空间规划具有约束功能的总体规划，正式打出"区域规划"旗号；一度草拟了《规划编制条例》，希望将区域规划纳入国民经济和社会发展规划，作为其三大组成部分④之一，并且已开始着手行动，拟以"主体功能区规划"为基础，向区域规划进军⑤。目前正在开展跨省市的长三角和京津冀都市圈等区域规划工作。

国土资源部正在开展新一轮土地利用规划修编，其中增加了国民经济和社会各项建设对土地需求的预测、分区管治等内容。面对部门间争夺区域性规划空间的趋势，国土部门从 2002 年开始，选择深圳和天津开展市域国土规划试点，选择广东和辽宁开展省域国土规划试点，探索完善国土规划的内容和提升规划效力的方法，为新一轮轮国土规划提供前期研究[7]。

综上所述，现阶段我国在区域层面上并不缺乏具有法律约束力的规划，涉及区域的各有关部门大都依据相应法律法规或有关规定制订相关规划（表 1）。法律虽然赋予各部门制定规划的权利，但是没有对规划制定及执行过程如何相互协调、相互补充、共同发挥作用等问题进行程序和内容上的规范。以上问题导致这些依据本部门法律而制定的规划在执行过程中，往往在涉及区域的部分出现内容重叠、行政管辖边界越来越不清晰等状况；对于同一空间，不同规划往往做出了有利于自己部门的决策，造成"条条分割"，使部门之间在区域发展问题上协调困难，甚至出现有法难依、有规难循、互相牵制的局面。

我国现阶段区域层面的综合规划与专项规划　　　　　　　　　　表 1

区域规划内容	法律法规文件	程序控制—规划过程 编制 审批 实施 监督	文本的法律效力
国民经济与社会五年规划及远景目标规划	《中华人民共和国国民经济和社会发展"十一五"规划纲要》	暂无法律规定，5 年一次的规划编制、实施过程由发改委统一领导	各级人民代表大会审议通过
土地利用规划	《中华人民共和国土地管理法》、《中华人民共和国土地管理法实施条例》	规定了区域层面土地规划编制、审批的主体、程序、部门关系	有法律依据
城镇体系规划	《城乡规划法》、《城镇体系规划编制审批办法》	规定了城镇体系编制、审批的主体、程序、部门关系；对实施、监督暂无规定	有法律依据
以交通为主的基础设施规划	《中华人民共和国铁路法》、《中华人民共和国公路法》	规定了区域范围内铁路、公路规划编制、审批的主体、程序、部门协调关系；对实施、监督暂无规定	有法律依据
环境、资源保护规划	《中华人民共和国环境保护法》、《中华人民共和国自然保护区条例》、《中华人民共和国环境影响评价法》、《中华人民共和国水法》	对自然保护区发展规划、环境影响评价文件在编制、审批、实施、监督上均有规定；对江河的流域综合规划在编制、审批上有规定；对环境规划的部门与其他部门协调关系有规定	均有法律依据，并规定了《环境影响评价文件》主要内容

2.2　实施绩效总结

国内外区域规划管理的法律措施和手段可以总结如下：

（1）明确目标，细分职责。区域规划管理首先突出解决区域目标不一致、主体不到位的问题，重点明确制订区域规划的目的、需要遵循的基本原则及编制、实施程序。例如，德国在空间秩序法中规定了州级地方政府制定区域规划的程序。不同国家的区域规划法根据不同的国情赋予区域规划一定的法律地位，对区域规划的编制、审批、实施等相关程序或执行部门进行规定，明确了区域规划在制订或实施中的责任主体，这种程序不仅能够最大限度地调动区域内各城镇参与区域规划制定的积极性，也可避免规划颁布后实施主体缺位的问题。区域规划法通常致力于使平行部门的各类规划能够各司其职又互为补充、相互协调。针对部门规划出现的冲突情况，有的国家制定了各部门规划间互相控制的原则，有的将决定权交给上一级政府。

（2）规范内容，增强执行力。按照区域规划法的要求，区域规划必须表达"法定内容"。一般区域规划法普遍对区域规划所必须具备的内容做出规定。例如，德国的《空间秩序法》对各州区域规划方案的一般性内容做出了规定。要求包含由城镇社区、自然环境、基础设施等构成的区域空间结构，实施区域规划方案必需的规划措施等内容。规划成果需要具备相应的政策、法规依据，具有宏观控制性，以适应区域规划协调管理的要求。

（3）完善维护体制，提高实施效能。由于区域问题的综合性与复杂性，区域规划还需要进行经常性的规划维护。规划维护中对区域规划实施中暴露的问题，允许提出申诉，之后根据情况分清责任，采取调整修改、暂时维持不变或驳回申诉等几种情况加以处理。此外，区域规划政策性强，国家宏观政策的调整对区域规划影响比较大，区域规划因国家和地方政府政策的变动而调整的情况比较多，如英国、德国的区域规划政策均出现过数次调整。

（4）加强协调，形成合力。由于专业部门拥有垄断的专业信息和技术资源，在区域协调中常常处于优势不对称地位。规划的专业化导致了部门之间、部门与地方之间的协调需要不断增加，各种区域问题日趋复杂。在规划协调方面，区域规划法一般规定了协调的程序；多数情况下，地方规划和专业规划需要通过区域规划平台进行协调。此外，世界上多数国家赋予地方城镇政府拥有城镇建设管理的权利，区域规划无法取代城镇规划。这种限制使区域规划不能直接对城镇，特别是那些位于城镇内的自然保护区如水源保护区、地表资源开采区等进行规划。而只能通过区域政策措施、区域协调程序来影响城镇规划的编制和实施。在此背景下，完善区域规划的协调机制，尤其是增进公众和社会团体参与，成为推动实现区域规划目标的重要手段。

基于以上认识，反思我国的区域规划法制建设，可以看出我国区划规划的法制建设应该立足于建立一套适合我国国情的，用于规定区域规划编制、制订区域规划实施政策和措施的法定程序，尤其需要确立区域协调的工作程序。我国控制区域发展的权威部门多，制订适合各部门管理所需的法律法规并不少，区域规划工作框架的不明确并不在于缺少法规控制。相反，由于职能部门众多，法律依据政出多门，常常出现"管理权威最大化，部门承担风险最小化"的现象，造成"事事（有好处的）有人管，又事事（有麻烦的）无人管"的情况，部门间的冲突不断，并延伸至地方。因此，以法规的形式明确区域规划有关部门在区域规划中的权利和承担的责任及相应的协调等内容，不仅是必要的，而且有助于推动我国区域规划的健康、有效发展。

3　改善区域规划管理的建议

区域规划在我国不只是一项技术工作，更是一项政治过程、一种政府行为。针对区域规划"条块分割"严重影响了区域协调发展的情况，多数学者主要从政府管理机制上对其进行深入探讨。按照中央政府对地方规划调控能力强弱的区别，改革后的规划管理可以向着强调控模式、多元调控模式、弱调控模式等三个方向前进[8]。

3.1 强调控模式——独立的区域规划法制体系

强调控管理模式较接近德国、日本和法国的做法：拥有责权明确的区域规划体系，并配有相应的法律保障体系。理论上讲，建立国家的区域规划管理部门，统筹协调不同地区、不同部门区域规划、专业规划的编制及实施中的问题，是解决"条块分割"最为直接的方法。

强调控模式的机构设置显然与国家发改委现有的工作任务相符。发改委一度拟定了《规划编制条例》，试图理顺各项规划之间的关系（未获批准）。2004年，发改委又发布了《关于区域规划的若干问题》，提出："为保障区域规划得到有效实施，还应加强区域规划的立法工作，在法律上为区域规划的实施提供保障。区域规划保障机制在本质上是程序问题，要明确规划的编制、审批和实施主体⑥。"一些学者赞成这种模式，并提出多方面设想：在规划协调方面，建立统一的空间规划管理机构，建立"三规合一"⑦的规划编制体制。在规划程序方面，主张通过立法对区域规划的组织与管理主体，区域规划的编制、审批与实施及管理主体之间的事权等多方面的内容做出明确规定[9]。

实行国家制订的区域规划法能够使国家、省区及有关的区域性政府明确承担的区域规划任务，从而在区域规划中发挥积极的主导作用，通过区域规划的协调工作，也可能促进省区政府从管理型政府向服务性政府的转变。但是，过于统一的行政指导有可能在区域经济中人为地设置制度租金，破坏竞争的公平性，造成市场与政府的双重失灵。

3.2 多元调控模式——多种手段协调各部门规划

所谓多元调控模式，是指：①对各部门的综合规划进行协调。例如，国民经济发展规划中，利用城乡规划、土地利用规划将区域经济社会发展的任务落到城乡建设和土地利用的实处；城镇体系规划中，依托《城乡规划法》，通过城乡规划落实城乡空间布局，强化对区域生态环境、土地资源和历史文化遗产的保护，为国民经济社会的健康发展提供城乡基础设施的支撑平台：在土地利用规划中，加强对各项用地供需的综合协调。通过一定立法建立"多规合作"的协调机制，形成整体的区域规划与空间政策[10]。②在机构设置方面，渐进式地完善区域协调的组织机制。可以先由区域的主要城市牵头建立协调机构，挂靠在相关主管部门进行运作；然后在各部门分市设立联络办公室，为区域的协调和管理提供重要支撑；在各部门的跨区域协调机构完善以后，部门之间再进行横向沟通。随着沟通日渐成熟，可成立虚设的区域建设管理协调机构，由分管全省规划、建设等有关领域的主管省长牵头，各城市政府分管市长及具有跨区域管理职能的省级部门主要领导为成员，下辖综合协调办公室，负责具体事务[11]。

这类建议全面考虑了规划模式的可行性。在这种模式下，中央政府可以积极促成各级政府编制区域性的规划，并且在法律、政策、经济等多方面进行调控，此外还以制订、实施一些国家的综合规划来影响地区的发展，并要求地方规划服从这些全国性的综合规划。

3.3 弱调控模式—淡化区域规划立法

在整体制度环境和规划条件没有实质性改变的背景下，许多学者认为目前制订区域规划法没有实质意义，主要原因包括：区域规划在部门间、上下层规划中的定位难以确定；受区域利益的制约、牵制，高位协调机构难以设定⑧。

学者认为法规之外的灵活调控方式更适用于区域问题，如区域层面的战略规划在实施中，可能需要探寻一种"空间的组织管理方式"，而不是迟钝的"法律程序"[12]。作为一种探索性的规划，应该先作为非基本系列规划来操作，暂时不必过多强调规范性和制度化。将区域规划定位为一种咨询性、研究性规划，可为区内各个城市的法定规划编制提供依据和参考[13]。

我们可以考虑建立专门解决区域问题的协调机制，参与的成员根据实际需要而定，具有一定的权威性。例如，北京官厅水库的治理由国家环境保护部牵头，水库流域的各相关省市作为成员参与，成立官厅水库管理处，目前已取得了一定的进展。但是，现实中各个机构有着不同的管辖权限，又不接受统一领导，很难要求它们步调一致，省、县之间由于利益不同，也会发生矛盾。再加上城市与区域发展过程中受市场力量的作用和影响，通过区域协调所能解决的问题就更为有限。

综合各种模式，以及我国区域规划的管理现状，近期现实可行的行动方案是充分利用现有法规进行协调，在多头管理的现行体制下，通过建立可行的空间规划体系，明确各部门相应的事权范围，避免规划内容上的交叉和空间上的重叠，即对不同部门的管理权限及规划的主要内容进行必要的界定，形成类似于英国"四大战略"①的分工明确的区域规划系统。

4　结语

通过前述研究可知，我国区域层面的综合规划权限相互交叉，且分属不同的主管部门，造成不同部门、地区的区域目标相互不衔接，且使规划陷入混乱的困境。借鉴已有的经验，我们迫切需要明确区域规划的任务和目的，理清不同规划部门的权责，建立协调合作机制。在明确区域规划的任务和目的，解决区域规划的权责之后，应该及时开始区域规划立法工作，逐步建立起法制健全的区域规划体系，推动区域健康、协调发展。

注释

① 资料来源于：http://www.comunities.gov.uk/planning and building planning/region allocal/local development frameworks/ppsl2。

② 资料来源于美国国家战略空间规划（2050年）：http://www.america2050.org。

③ 资料来源于德国空间秩序法第一条、第四条、第五条、第九条、第十条、第十一条。

④ 《国务院关于加强国民经济和社会发展规划编制工作的若干意见》（国发[2005]33号）指出：国民经济和社会发展规划按对象和功能类别分为总体规划、专项规划、区域规划。

⑤ 樊杰认为："从主体功能区规划来说，目前采取技术路线就是通过主体功能区规划，先为每个主体功能区域确定一个总体功能的基本定位，明确开发方向和管制原则，未来再通过编制区域规划进行区域内部的空间组织和协调发展的统筹部署，既要合理安排主体功能的建设布局，也要合理安排非主体功能——特别是与主体功能相反的功能的发展建设布局"。

⑥ 资料来源于中华人民共和国发展和改革委员会网站：http://www.ndrc.gov.cn/zjgx/t20060421_67188.html。

⑦ 2003年，广西钦州发改委首先提出了"三规合一"的规划编制理念，即把国民经济与社会发展规划、土地利用规划和城市总体规划的编制协调、融合起来。钦州"三规合一"的做法得到了国家发改委的首肯并被推广。

⑧ 20世纪80年代国务院设立了上海经济区办公室，之后由于种种原因撤销，这成为不少学者杯葛这类高位协调机构的重要案例。

⑨ 根据英国中央政府的"规划政策指令"要求，英国的区域空间战略与区域经济战略、区域住房战略、区域交通战略协调一致，共同形成区域发展的战略体系。

参考文献

[1] 康拉德•科佩尔. 区域规划与法律 [J]. 国外地理科学文摘. 1994，(1)：91.

[2] 王兴平，易虹. 新世纪的区域规划：思路、框架与对策 [J]. 城市发展研究，2001，(4)：62-67.

[3] 张京祥，何建颐，殷洁. 战后西方区域规划环境演变、实施机制与总体绩效 [J]. 国外城市规划，2006. (4)：67-72.

[4] 房庆方，蔡瀛，宗劲松，等. 建立协调高效的区域城乡规划管理新架构——《珠江三角洲城镇群协调发展规划实施条例》带来的变化 [J]. 城市规划，2007，(12)：914.

[5] 湖南省长株潭城市群区域规划条例 [Z]. 2008.

[6] 余颖，唐劲峰. "城乡总体规划"：重庆特色的区域规划 [J]. 规划师，2008，(4)：30-38.

[7] 胡序威. 区域规划力避部门纠葛 [J]. 瞭望. 2006，(9)：34-35.

[8] 方创琳. 国外区域发展规划的全新审视及对中国的借鉴 [J]. 地理研究，1999，(3)：7-17.

[9] 李雪飞，张京祥，赵伟. 基于公共政策导向的区域规划研究——兼论中国区域规划的改革方向 [J]. 城市发展研究，2006，(5)：23-29.

[10] 武廷海. 新时期中国区域空间规划体系展望 [J]. 城市规划，2007，(7)：39-48.

[11] 徐海贤. 省级都市圈高位协调机构的建立与实施机制研究 [A]. 中国城市规划学会. 和谐城市规划——2007中国城市规划年会论文集 [C]. 哈尔滨：黑龙江科学技术出版社，2007. 13-19.

[12] 吴良镛，武廷海. 从战略规划到行动计划——中国城市规划体制初论 [J]. 城市规划，2003，(12)：12-17.

[13] 邹兵. 城市密集地区规划 [J]. 城市规划，2005，(11)：35-45.

空间规划体系的协调机制研究 [1]

——论城乡总体规划的创新与突破

曹春霞 [2]　丁湘城 [3]

引言

当前我国城镇化进程处于快速发展阶段，城乡发展建设呈现出空前的活力，作为指导城乡规划建设的空间规划面临着新的发展要求，各种类型的空间规划概念在不断的走向成熟的同时，也暴露出相互之间协调难的问题。近年来，关于空间规划体系协调的研究越来越引起规划行业的重视。综合目前现有的各项文献资料，从发展阶段来看，国内关于空间规划体系协调的研究先后经历了从"两规协调"到"三规协调"再到"四规协调"的不断探索，随着城市化发展的进程不断推进，衍生出来的各种矛盾将不可避免，需要协调的空间规划种类和数量都有可能不断增加。在城乡统筹的背景下，揭示城市化过程中的空间规划产生矛盾的本质因素，对症下药才是治本的关键。

1　我国规划编制体系分类概述

据有关文献统计，我国目前由法律授权编制的各类政府规划多达80多种，根据不同的划分标准，这些规划归属不同的规划类型和不同的规划层次。

1.1　不同类型的规划

从横向划分的角度来看，一般说来，有两种比较普遍的分类。

一种是根据规划的涵盖范围及编制内容，可以分为综合规划与专项规划两个层次。另一种是根据规划的空间属性及目标导向，可以分为发展规划与空间规划两个层次。在两种不同分类标准中，规划的类型是相互交叉的，即综合规划与专项规划可能是发展规划，也可能是空间规划，反之亦然。

1.2　同类型但不同层次的规划

从纵向划分的角度来看，在同类型的规划体系中，又可分为不同层次的规划。以城乡

---

[1] 本文来源：《城市规划和科学发展——2009年中国城市规划年会论文集》，天津科学技术出版社2009年8月出版。

[2] 曹春霞，重庆市规划设计研究院。

[3] 丁湘城，重庆市规划设计研究院。

规划和土地利用规划两大类为典型代表，具备较为成熟的编制机制和法制保障，在各自的领域，按照规划层次的不同，大体来说，都分为总体规划和详细规划两个主要的层面。

1.3 空间规划的概念界定

在我国的规划相关理论及法规体系中，并没有关于空间规划概念的明确阐述，更多的是学术界从专业角度出发，对于规划体系的一种理论探索。可以说，空间规划的概念，是从大众比较熟悉的物质形态规划的概念引申而来，但事实上，关于什么叫做物质形态规划，也并没有一个确切而又权威的定义。本文认为，空间规划应泛指涉及用地与空间布局的各种规划。

2 空间规划体系协调的实践及本质分析

空间规划体系协调涉及方方面面，既有同一类型规划不同层次之间的协调（称之为纵向协调），也有不同类型规划同一层次之间的协调（称之为横向协调），甚至还包含不同类型规划在不同层次之间的协调（称之为横纵向复合型协调）。鉴于研究视野的限制，并结合目前在实际操作中存在的主要问题，本研究仅限于空间规划横向之间的协调，即针对不同类型的规划在同一规划层次展开研究，提出相应的协调机制。

从空间规划体系的研究进程来看，从"两规"到"三规"再到"四规"，将来也许会出现"五规"、"六规"之类的概念，空间规划的内容不断地延伸与拓展。但是从本质上来说，其实质都是围绕用地而进行的，即任何规划要想实现，必须落实到土地之上，从这一点来说，在所有关于空间规划的体系之中，一旦涉及落地的问题，其间必然会产生相应的矛盾，这是与各种规划的出发点密切相关的，解决各项空间规划的实质是要解决好土地和规划之间的关系。可以这样说，空间规划的矛盾焦点在于土地，而直接表现为土地利用规划和传统城市规划之间的冲突，并衍生出其他空间规划之间的矛盾。

由于新的《城乡规划法》的实施及科学发展观的深入贯彻，传统的城市规划模式正面临全面的改革与创新，从以前的研究和实践来看，城乡二元分割现象是城市规划与土地利用规划之间矛盾产生的体制原因。从这一点上来说，实施新的城乡规划编制体系，将有可能从根本上扭转与土地利用规划之间的矛盾，并使其他相关空间规划之间的矛盾迎刃而解。

所以，从本质上来看，我国空间规划体系之间的协调最终还是要回到"两规协调"的模式，不过这里的"城市规划"已经完全改变成了"城乡规划"，城乡规划的区域全覆盖，使其整合区域规划、城镇体系规划、城市总体规划、新农村总体规划等四大空间规划成为一种现实。当然，这里提出以城乡总体规划为平台，并不是要取代其他部门空间规划，而是在其他空间规划的技术上，起到一种协调和联系的有机整合作用，其根本目的是为了使各项空间规划的职能得以更好地发挥效用，改变相互之间各自为政、矛盾交织的不良局面。

由此可见，空间规划体系协调的本质将演变成土地利用总体规划和城乡总体规划之间的协调，而核心则在于建设用地规模、建设用地分项指标的预测和规定。

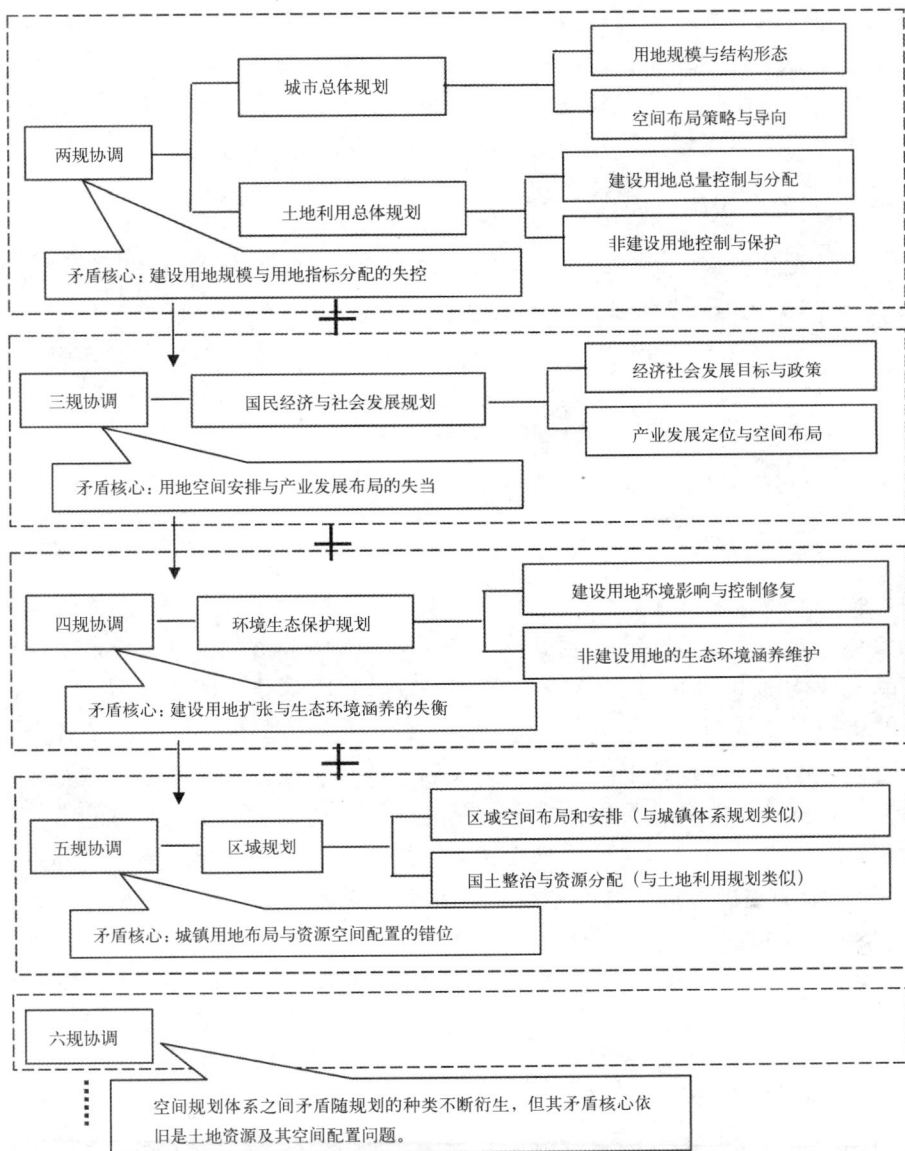

图 1　空间规划体系矛盾分析框图

3　以城乡总体规划作为空间规划协调平台

　　土地利用总体规划作为计划性规划，城市总体规划作为发展性规划，仅仅靠规划部门和土地部门双方的协调是不够的，必须通过更高层次的统筹规划的指导才有可能实现协调，必须在加强宏观性发展战略研究的基础上，研究区域的经济社会发展与环境资源关系的前提下进行协调，确定一个区域或一个城市需要发展的目标、合理的环境资源人口容量等问题。

　　以城乡规划和土地利用规划为切入点，寻求空间规划的协调机制，需要有一个可操作的平台。通过全面系统地认识传统城市总体规划和土地利用总体规划之间的联系和矛盾，我们提出城乡总体规划的新概念与体系，该体系以城乡统筹为目标，综合区域规划、城镇体系规划、城市总体规划、新农村规划等现有的空间规划内容，可以与土地利用总体规划实现有效的对接，从而解决空间规划体系之间最核心的矛盾。总体来说，以城乡总体规划为平台协调相关的空间规划，具有一定的科学性和合理性。

3.1　法制层面的保障

从政策背景和法理层面看，作为空间规划整合的理想平台，必须具备上下统一、畅通无阻的法规保障体系。就城乡规划而言，国家层面新的《城乡规划法》已于2008年1月1日起正式施行。伴随着这部新法的实施，地方政府也正在加紧制定《城乡规划法》的实施指导意见以及配套的法规条例，面向城乡规划的法规保障体系已初步具备。另外，就当前客观实际和宏观背景而言，以城乡总体规划为平台，实施城乡统筹的发展战略，既是落实地方经济发展目标的可行之路，也是贯彻科学发展观"五个统筹"战略目标的实施途径。

3.2　管理层面的保障

从规划管理与实施层面看，作为空间规划整合的理想平台，必须既具有发展规划对区域经济社会各个方面发展战略的弹性引导功能，又具有空间规划对涉及空间资源各项要素落地布局的刚性控制作用，同时还必须具备对区域长远发展趋势的宏观展望能力。城乡规划由传统城市规划发展而来，建立"刚性框架、弹性利用"的城乡空间发展理念，打破城市规划区限制，进行城乡全覆盖的用地布局规划，并且加强政策设计，突显城乡规划的公共政策属性，着重解决传统城市规划应对市场经济不确定性的灵活性不够的问题，使城乡规划同时兼有发展规划与空间规划的双重属性，但更侧重于空间规划属性。同时，城乡规划以20年为一个基本规划期，并展望更长远的远景发展状态，对区域长远发展趋势具有系统而科学的引导调控作用。综上所述，凡是涉及空间发展的各项要素，无论是宏观战略还是微观布局，都可以很好地整合到城乡规划这个平台上来，从而有效支撑空间规划协调工作的顺利开展。

3.3　技术层面的保障

从规划编制与技术层面看，传统的城市总体规划由于"城乡二元格局"的客观存在，在编制技术上，对于城市规划范围内外的建设用地采取两套指标、两种做法，核心规划范围仅限于城市规划区，区外的建设用地考虑不足，这样从规划范围和编制技术规定上就与土地利用总体规划产生较大的冲突。城乡总体规划的提出，从真正意义上实现了规划的全覆盖，首先解决了建设用地规划范围的一致性，同时由于涵盖了从城市到农村地区的整体规划，使得在技术规定和指标的修订中，能够做到有据可依、有理可循，将有效解决传统"两规"各项指标与技术措施不统一的问题。

4　城乡总体规划的协调方式与路径

通过以城乡总体规划为协调平台，可以有效地与国民经济与社会发展规划、区域规划、城镇体系规划、农村居民点规划以及其他具有空间属性的专项规划实现对接。有必要指出的是，城乡总体规划在具体编制过程中，并不是简单地把这些不同部门的规划完全拿来照搬，而是采取一定的技术方式，融汇吸纳，是在各部门规划的基础上突出城乡规划对用地空间和功能布局的统筹职能。

4.1 在发展目标上强化与国民经济与社会发展规划的对接

国民经济与社会发展计划是对国民经济和社会发展重要的调控手段，是各类空间规划编制的依据。在城乡总体规划的编制过程中必须首先加强对区域发展战略的研究。发展规划或发展战略虽也会涉及空间布局的内容，但只能是原则性、框架性的布局，不可能将各项建设布局在不同地域空间与人口、资源、环境进行具体的综合协调。通过加强对城乡发展战略目标的研究，可以有效地实现与国民经济与社会发展规划的对接。具有战略意义的城乡总体规划反过来也可为编制国民经济与社会发展规划提供依据。二者应是相辅相成、互为依据的关系。

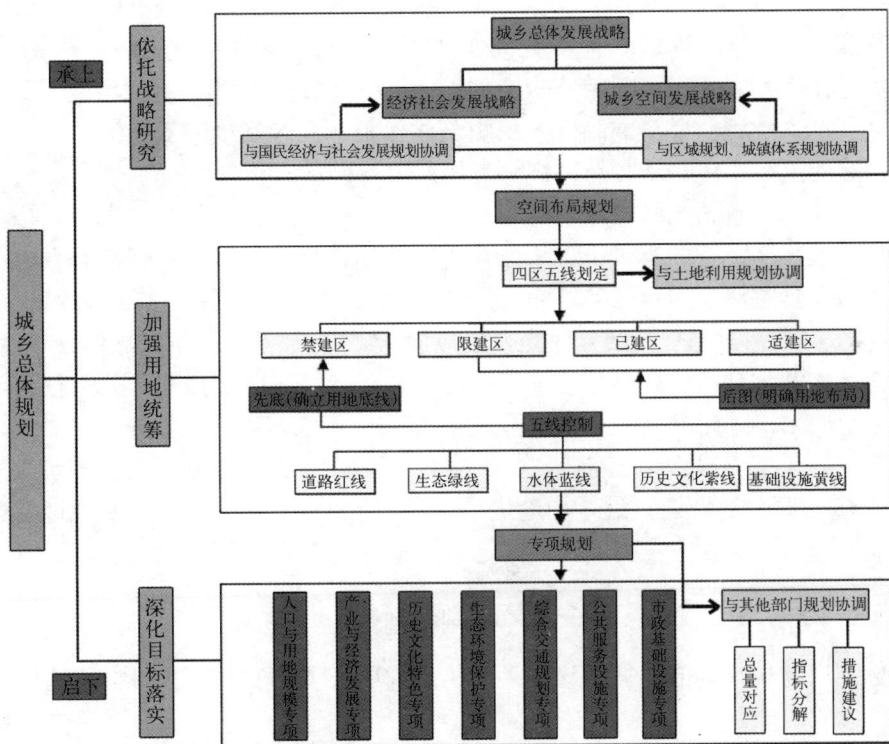

图2　城乡总体规划协调过程与技术路线

4.2 在空间战略上强化与区域规划的对接

虽然在编制范围上实现了城乡全覆盖，但事实上，城乡总体规划的内容仍旧需要包含对区域规划的整合。空间规划协调的理论框架中对于各种空间规划在规划内容、期限、政策等的协调必须是建立在有效协调的基础之上，否则都只是空话。必须在加强宏观性发展战略研究的基础上，研究区域的经济社会发展与环境资源关系的前提下进行协调。由此区域规划就被提到极其重要的位置。区域规划是指对未来一定时间和空间范围内经济社会发展和建设所做的总体部署。城乡总体规划应在以下方面实现与区域规划的对接：区域发展具体定位与发展目标；产业分工与产业布局；规划城镇体系建设规划；基础设施建设与布局规划；土地利用规划；资源的开发利用与保护规划；环境保护与生态建设规划；区域空间管治区域对策。

4.3 在用地统筹上强化与土地利用总体规划的对接

本研究认为，城乡总体规划在协调各空间规划的过程中，最核心的内容是在用地统筹上实现与土地利用总体规划的对接，具体包括理论和技术两个层面。

4.3.1 理论上强化对空间结构的研究工作

加强对空间发展时序规划的科学性研究，变静态规划为动态规划，增加规划的弹性。城乡总体规划的主要任务在于确定土地用途和组织空间结构。只有在"无限框架、有限发展"的规划思路指导下，依据空间发展时序的规划要求，才能保证城市发展各个时期用地紧凑、空间布局合理、协调发展；体现"城乡规划"而非"城市规划"的本质。城乡总体规划的重点在于对土地用途的限制和空间结构的引导上；必须加强这一方面的政策性研究。而土地利用总体规划的重点在于用地的计划性（用地数量）上，除不宜建设发展的空间（如资源保护区、基本农田、风景名胜区、历史文化保护区和各类生态敏感区）外，其他空间上的土地用途的限制，应与城乡总体规划对接。

4.3.2 技术上采用"先底后图"的规划模式

在土地分类体系一致的基础上，采取先进行非建设用地的规划，明确城乡建设用地发展边界，然后再确定建设用地的空间布局的"先底后图"的规划模式，这种做法在当前实际的总体规划编制过程中，已经得到了充分的应用。具体方法是优先确保非建设用地的安排，通过对用地条件的综合评价，划分出"三区五线"或者"四区五线"。"三区"是指禁止建设区、控制建设区、适宜建设区，"四区"是在"三区"的基础上，加上已建成区。"五线"是指道路控制线（红线）、绿化控制线（绿线）、水域控制线（蓝线）、文物控制线（紫线）、市政基础设施控制线（黄线）。通过用地边界与限制条件的具体方法，将有效地指导城乡建设在土地利用上的合理有序发展，从而实现与土地利用总体规划在用地统筹上的目标一致。

4.4 在具体落实上强化与相关专项规划的对接

城乡总体规划在与其他相关专项规划对接过程中，要分别从总量目标、指标分配与措施建议三个方面展开。

城乡总体规划要以资源环境保护为要务，重点研究本地区的资源（土地、水、能源）、环境问题，体现城乡的可持续发展。同时还要重点研究城乡发展的支撑体系，从人口、产业、交通等方面研究支持城乡未来发展的各种可能性。城乡总体规划的研究内容要从传统城市总体规划重视城市发展战略与城市内部空间布局和功能组织的框框中跳出来，更加注重对城乡人口分布和城乡土地发展的问题，注重与土地利用规划的协调问题，重视城乡空间的可持续发展问题和生态环境问题，着力改善城乡人居环境改善，解决城乡协调问题，安排城乡重大基础设施配置，强化城市更新改造、文化延续、弹性规划和动态规划及公众参与问题等。

5 重庆市城乡总体规划的试点与创新

2007年9月，《重庆市城乡总体规划（2007～2020年)》成为国务院首个批准的城乡总体规划。在此背景下，重庆市随后开展了合川、永川、璧山、垫江、梁平五个区县的城乡总体规划编制试点，在区县域范围内实现规划一张图、建设一盘棋、管理一张网的全新尝试。

在区县城乡总体规划试点过程中，按照"框架控制、预留可能、动态平衡、分步实施"的总体编制思路，通过对土地资源的总量控制与空间配置，有效提高了规划协调性、针对性和可操作性，实现了建设部门内部自身规划的衔接与整合。重庆区县城乡总体规划的编制，主要采取了"城市总体规划＋城镇体系规划＋新农村总体规划→城乡总体规划"的模式。这种模式不是对上述三个规划的推倒重来，而是对已有规划成果的发展延伸与适当的完善。另一方面，同时实现了与区县发改委、国土部门的规划以及其他专项规划的衔接与整合。实现了空间规划体系之间的统一规划目标、统一空间管制、统一空间数据等多项规划编制技术要求的协调。

结语

基于空间规划体系在横向和纵向上的复杂性，在本研究中，从空间规划体系矛盾的本质出发，以矛盾最尖锐、问题最集中的土地问题作为协调研究的突破点，从规划编制的技术角度出发，创造性地提出以城乡总体规划作为协调的统一平台，并以此平台提出了与相关空间规划协调的方式。重庆市"城乡总体规划"的试点，是建立在国家批准通过的《重庆市城乡总体规划（2007～2020)》的基础之上，在不违背现行政策的条件下，采取局部试点的做法，并希望通过未来的实践来检验其效果。重庆市作为国家首个批准通过的城乡统筹改革试验区，有理由在规划编制体系上先行先试，大胆创新，成为城乡统筹改革的试验先锋。

参考文献

[1] 吕维娟.城市总体规划与土地利用总体规划异同点初探[J].城市规划，1998，22（1）：34-36.

[2] 朱才斌.城市总体规划与土地利用总体规划的协调机制[J].城市规划汇刊，1999，(4)：10-13.

[3] 萧昌东.城市总体规划与土地利用总体规划编制若干思考[J].规划师，2000，16（3）：14-17.

[4] 牛慧恩.国土规划、区域规划、城市规划——论三者关系及其协调发展[J].城市规划，2004（11）：42-46.

[5] 张瑞平.城市总体规划与土地利用总体规划的协调发展研究[D].兰州大学，2006.

[6] 易峥.解读〈城乡规划法〉的宏观调控作用及区县"三规合一"的试点探索[J].山地城乡规划，2007.

[7] 许坚，等.城乡统筹与"两规"协调[EB].中国土地学会网站.2008.06.20.

[8] 余颖，唐劲峰.城乡总体规划：重庆特色的区域规划[J].规划师，2008（4）：69-71.

试析当前我国空间管制政策的悖论与体系化途径 ❶

陈 晨 ❷

1 问题的提出

随着我国城镇化进入高速发展时期，建设用地低效利用、不当利用与无序扩张等问题日益凸显，带来了一系列的空间资源管理矛盾。空间管制政策正是应对这些矛盾，"核心为建立空间准入机制，对区域各类空间资源的开发建设实施控制引导，以实现区域紧凑高效地增长"（郑文含，2005）。对此，中央政府的多个部门都负有使命。相应的，各部门出台了类型多样的空间管制政策，主要有主体功能区划、生态功能区划、空间管制区划、土地利用总体规划四种。

其中，主体功能区划①由发改委牵头编制，目前已经形成全国主体功能区划初稿，但由于种种原因并未公布，虽然部分省市已开始了初步实践，但总体还在探索阶段。生态功能区划②由环保部门组织编制，现已经完成《中国生态区划方案》③和全国 31 个省、直辖市、自治区等的省域生态功能区划编制，但由于其只关注自然生态要素，所以引起的共鸣尚不大。空间管制区划④由城市规划建设部门组织编制，该项工作是《城乡规划法》中的强制性内容，法定地位明确，但影响力基本局限于行业内部。土地利用总体规划⑤由国土资源部组织编制，目前已经修编和实施了两轮，一定程度上遏制了乱占土地的势头，特别是对于保护耕地和保障国家粮食安全起到了重要作用，但是政策本身的计划本质及在操作层面上的不足，使得控制指标被频频突破。总体而言，我国当前空间管制政策的实效性还有待加强。

不仅各空间管制政策本身尚存在可推敲之处，更关键的问题在于四者之间缺乏体系化的衔接——不但没有形成相互促进的协同效应，反而存在着显见的逻辑悖论，即四者尽管作用于同一空间范畴，却分属不同的政府职能部门管辖，各自在不同的领域发挥作用，彼此间既缺乏互相衔接的技术说明，也没有互相配合的路径设计和制度安排，在操作中显现出诸多弊端。

本文对我国当前四大空间管制政策进行比较分析和系统的考察，在厘清政策悖论的基础上，借鉴国内外空间资源管理的实践经验，对我国空间管制政策体系化架构提出若干原则性见解。

2 政策悖论的辨识和探源

我国当前四大空间管制政策既有相对一致的内在动机，又有着不同的具体目标、手段

---

❶ 本文来源：《国际城市规划》2009年第5期。
❷ 陈晨，同济大学建筑与城市规划学院。

和预期。从比较分析的角度入手，可从若干视角认识政策悖论的起源。

2.1 政策空间交叉错叠，难以实现协同管制

空间管制必以政策分区为基础、实行差异化管理。而我国四大空间管制政策在分区上就存在较大分歧。生态功能区划、空间管制区划和土地利用总体规划都以自然要素为基础，先分析要素均质性后确定边界，从理论上不应受到行政区划的束缚，是理性分区；而主体功能区划则以行政区边界为基础，先定边界后分析要素均质性，是主观分区。这种分区逻辑上的差异造成了同一空间范畴上形成数套不同的分区边界，而各政策分区的交叉错叠直接导致了空间资源使用和管理过程中的非合作博弈，难以实现协同管制。

2.2 部门各自为政，缺乏协作机制

从行政管理看，四大空间管制政策或定位为其他部门决策的依据[⑥]，或要求其他部门的相关政策制定与之相衔接[⑦]，这就要求该政策对其他部门的决策起到一致的约束作用。然而，不仅各空间管制政策的主管部门是平行的政府职能部门[⑧]，而且政策涉及的空间管制要素的界定，以及其行政管理也分散在多个平行的政府职能部门[⑨]。这些部门各自有着相对独立的专属权和职能范围，行政级别大致相同，任何一方无法对其他部门产生直接的行政约束。实际上，各部门之间不但没有协作机制，甚至还展开对同一政策空间话语权的争夺，这一现象已经引起了学术界的关注。如胡序威（2006）在分析我国区域规划的演变后认为，建设部、国土部和发改委三大系统现都在同时开展类似性的区域规划。这种部门间相互争夺区域规划空间的现象，尽管名目不一，各有侧重，但其内容多大同小异，导致大量工作重复，资源浪费，各搞各的，互不协调，甚至各不认账，严重影响规划的科学性、实用性和权威性。

从政策的出发点来看，一方面，生态功能区划是主体功能区划目标体系中的一部分；另一方面，空间管制区划作为城市总体规划的重要组成部分，职责在于管理城乡土地需求，与土地利用总体规划调控城乡土地供给的出发点完全相反。而政策出发点的差异的本质是部门职责和利益的分歧，这种分歧使得部门之间缺乏合作的原动力。

总之，四大空间管制政策的实施和制定都不同程度地需要其他职能部门的配合，但在实际操作中，任一部门制定的空间管制政策都无法对其他部门形成确定性的约束作用，既缺乏统一协作的制度安排，又没有主动合作的原动力，最终既"政出多门"，又难免"各自为政"。

2.3 空间管制的法源不全，行政行为的法定效力不清

当前我国四大空间管制政策中，生态功能区划和主体功能区划并无法源依据，均是靠政策文件或是"有关精神"来推行，这就产生了行政法治上的悖论。根据依法治国的宪法精神及行政法治原则，只有当政策文件转变为法律规范，或以"行政命令"的形式发布后，才对"具体行政"行为具有羁束力（赵民，雷诚，2007）。而法定地位的缺失，对具体行政行为的约束作用就会不确定，或是留下大幅度的自由裁量空间，政策客体也可能会根据自己的利益对政策选择接受、回避，或"有限参考"[⑩]。

同时，尽管空间管制区划与土地利用总体规划有明确的法定地位，也明文要求其互相衔接[⑪]，但在实际中并没有形成城乡建设部门和国土资源部门之间的交流协作机制。究其

原因，在于计划经济的思维仍在延续，而依法行政意识还尚薄弱。从历史的角度看，我国曾长期实行指令性的计划经济，一切以国家为"本位"；改革开放后，应对新旧制度复杂的发展局面、并为了抓住一切发展机会，采取了"摸着石头过河"的务实做法，往往是先实践后立法，因此必须赋予行政管理部门较大的自由裁量权，中央各部门较多是以行政性的"通知"和"办法"等来指引地方当局的"行政作为"和约束各类行为主体。这种做法尽管有其灵活性和效率，但其长期以来宽松的法制环境也使得行政主管部门的法制意识薄弱，行政作为随上级政策精神转移而变化，人治色彩浓厚。

2.4 空间管制缺乏整体逻辑框架，与其他规划的关系模糊

空间管制需要一个从上到下、逐层推进的过程，才能将中央政策精神和国家大政方针从宏观政策层面推向微观操作层面。而我国当前的四大空间管制政策之间却没有一个清晰的政策衔接或作用层级的逻辑框架，空间管制政策之间的衔接问题还没有引起学术界的重视[⑫]。

现有对当前空间管制政策的相互衔接性的研究或思考包括以下几点：（1）主体功能区是进行土地利用分区的宏观指导；而土地利用分区则是主体功能区在具体的国土空间上的微观实现（覃发超，李铁松等，2008）；（2）生态功能区划是主体功能区划的重要基础和依据，主体功能区划是保障生态功能区划落实的重要载体和途径（《生态功能区划与主体功能区划的关系研究》课题组，2007）；（3）生态功能区划与土地利用分区的研究对象具有一定的交叉或重叠性。土地利用分区是以各专项区划为基础、但又有别于各专项区划的综合性区划，对区域可持续发展更具有指导性（韩书成，濮励杰等，2008）；（4）土地利用总体规划与空间管制区划（城市总体规划）之间应在技术规范、法律、制度等方面作出统一协调的安排。因此，总体可以概括为：主体功能区划和生态功能区划是宏观层面的成果，是微观层面空间管制的依据；土地利用总体规划与空间管制区划是微观层面的成果，两者之间应互相协调。但"宏观层面"的成果如何与"微观层面"的成果相衔接则还有待进一步研究和阐述。

并且，空间管制政策只是空间规划政策中的一个组成部分，而我国尚未形成统一的空间规划体系，当前的四大空间管制政策与区域规划、农业区划、地理区划等的关系并不明确。同时，在我国还存在着有别于空间规划的发展规划，如国民经济与社会发展规划，它与空间管制政策的关系则更为模糊。总之，与其他类型规划的关系模糊也必将会制约空间管制政策的绩效。

3 比较和借鉴

发达国家在20世纪前半叶经历了城镇化的高速发展，在实践中形成了许多有成效的空间资源管理方法。我国城镇化发展较快的长江三角洲和珠江三角洲等地区的区域规划中也自发地孕育出了相应的空间资源管理模式。由此，下文试从国内外的实践经验中寻找可资借鉴的方面。

3.1 政策分区的划定

（1）分区的办法

部分国家区域规划政策分区表　　　　　　　　　　　　　表1

国家	规划名称	政策分区
英国	《东南区区域规划指引》	大伦敦地区、泰晤士门户区经济复兴优先区域、西部政策区、潜在增长区域
澳大利亚	《悉尼都会区策略性规划》	新开发区、主要特别用途区、主要运输通道、区域及次区域中心
美国	《新泽西州重建与发展规划》	都市规划区、城郊规划区、边缘规划区、乡村规划区、环境敏感区

政策分区是进行空间管制的前提，也是城市发展管理中常用的手段之一。表1总结了部分国家区域发展规划中的政策分区办法。

总体来说，发达国家在区域规划中运用的分区办法有两种指向，即"问题区域"和"标准区域"。如表1所示，英国《东南区区域规划指引》和澳洲《悉尼都会区策略性规划》是划出"问题区域"，并不进行全覆盖的规划，可称为针灸法；而美国《新泽西州重建与发展规划》则是在全覆盖的规划范围内划分标准地域，这样做的目的是在全辖区内落实政府的政策目标。

规划区域全覆盖或部分覆盖，按"标准区域"划分或按"问题区域"划分，对我国在空间管制中确定政策分区都有借鉴意义。对主体功能区划而言就存在两种比选方法：一种是以县级行政区为最小划分单元，依照国土部分覆盖的原则，只对地域均质性强的地域划定主体功能区，其工作量较小；另一种是以乡镇一级行政区为最小空间单位，以国土全覆盖为原则，作为普查性质的基础性工作，强调工作的技术支撑性，但工作量相对较大。就生态功能区划而言，现行的全覆盖方案虽然完备，但将所有分区都命名为某种"生态区"，实际上泛化了生态区的概念。

（2）分区的精度

关于政策分区的精度也有一些可资借鉴的经验。一般来说涉及广域的宏观发展规划，如英国《东南区区域规划指引》、美国《新泽西州重建与发展规划》等都是运用结构性和指示性的分区方式，分区界线是示意性的。而在地方性的发展规划中，由于日常管理的需要，要求分区界线具有较高的精度，呈现为刚性的控制界限。如《广东省珠江三角洲城镇群协调发展规划实施条例》对"区域绿地"和"重要市政廊道"的控制线进行定桩放线，并将界线坐标转换为统一的地理坐标，建立统一和共享的数据库，作为地方政府日常管理的依据。

政策分区的确定性或示意性，是空间管制规划中必须要明确的问题。对我国当前的四大空间管制政策而言，生态功能区划和主体功能区划是广域的宏观发展规划，强调基础性和政策规定性，因而应该以结构示意的方式进行；而空间管制区划与土地利用总体规划需要为日常管理工作提供依据，就要求分区线相对精确，形成刚性边界。

3.2　管制工具的选择

相对我国而言，西方国家在空间资源管理方面更强调通过多种集团的对话、协调、合作，以实现最大程度动员资源的目标[①]。相应的，管制工具也更为多元，包括管理法规、税收政策、审查程序等等（表2）。

西方国家在空间资源管理中发挥多元主体的参与积极性是以崇尚法制为前提的。我国的法制建设及法治氛围还很欠缺，在考虑借鉴其做法时须谨慎，在短期内过分强调多元并

E Fonder 归纳的部分管制工具　　　　　　　　　　　表 2

抑制（引导）增长类管制工具	保护土地类管制工具
城市增长界线 / 绿带	购买开发权
扩界限制	开发权转移
开发影响费	社区土地信托
足量公共设施要求	公共土地银行
公交导向型开发	预留开敞空间
社区影响报告	土地保护税收激励机制
环境影响报告	农田专区
调整分区控制指标	
设定增长标准	
增长率限制	
设定城市最终规模	
暂停开发	
投机开发限制	
住房消费限制	
税收激励机制	

资料来源：张进，2000。

不合时宜。但政府为了提高空间管制的绩效，完全有必要引入若干市场机制和经济调控手段。

发达国家在制定市场机制下政府调控的投资引导政策方面有较多尝试。如欧盟在《欧洲空间展望》（ESDP）提出的区域政策所以能对空间发展产生影响，是由于各成员国家和地区通过实施 ESDP，能够更容易获得欧盟的项目和资金支持，愿意实施区域合作的地区更容易受益于欧盟的区域政策（谷海洪，储大健，2005）。此外美国也有类似的情况，美国马里兰州通过政府为指定的"优先资助区"的开发项目优先提供资金帮助，促使这些优先地区的土地预期用途、最低密度限制等自觉满足州指定的标准，而对于非优先地区的"增长相关项目"则不再提供资金，甚至限制其发展。这些做法已经被实践证明是有效的，可用以丰富我国空间管制中已有的政策工具。

3.3　统一管制机构设置

设置统一管制机构的目的在于协调不同行政区或行政职能部门之间的日常工作，从而提高空间资源管理的行政效力。张京祥（2000）对西方国家城镇群体发展地区普遍实行的区域 / 城市管治制度进行了比较研究，总结了西方城镇群体地区普遍采用的一种协调组织模式：双层制管治模式。即组织上层政府承担少量的区域范围服务，资金来自于整个大都市区范围的相关税收及那些非自治市地区的特别税；而下层政府承担更具体的公共服务工作。该模式上下层政府之间事权较清晰，因而被普遍采用。我国幅员辽阔，人口庞大，即使在一级行政区内也必定是分级管理的。所以双层制的管治模式，应较为适合我国的国情和制度背景。

3.4　专项立法保障

从发达国家的实践经验来看，空间资源管理必做到专项立法和立法先行。以美国新泽西州为例，《新泽西州域规划法》首先明确了《新泽西州重建与发展规划》的主要目标、理念和指导原则，还规定自该法案颁布起18个月内，州域规划委员会应编制并审定《新泽西州重建与发展规划》，此后每三年至少修订一次。另外，美国著名的城市增长管理的成功也有牢固的专项立法保障。截至1999年，全美已有20个州政府通过立法程序，陆续建立了适用于全州或各次区及地方的全面的增长管理计划（张进，2000）。

3.5 统一的国土规划编制体系

发达国家的国土规划工作起步于20世纪的20年代，也是应对城市的无序蔓延、地区发展差距扩大、生态失衡、城乡矛盾激化等问题的空间规划对策。其总体特征为：作为空间规划体系的主干框架，分为全国到区域、再到地方的各个层次，"高层次的规划偏重于国土资源开发利用和国土管理的总体思路、原则方针等比较宏观的内容；低层次的规划则以具体的开发和整治项目布局、土地利用功能分区和土地利用规划等具体内容为主。高层次规划对低层次规划具有指导性和强制约束力"（黄勤，2003）。另外，其权威性和战略性得到强调，其他空间规划都以国土规划为依据，并在法律和制度上有很好的衔接，形成统一的国土规划编制体系，避免了不同规划之间的非合作博弈。德国、英国、日本等发达国家的国土规划都不同程度地体现了上述特征。

4 我国空间管制政策体系化架构的若干原则

基于上述从空间、制度和法规视角对政策悖论起源的辨识，借鉴国内外的实践经验，进而可研究我国当前空间管制政策体系化构架的问题。但鉴于研究对象的复杂性及个人的把握能力，仅对若干关键性问题提出原则性意见。

4.1 在统一的逻辑框架下分工协作，理清与其他规划的关系

为了使四大空间管制政策能够发挥最大的政策效能，四者应该与现有的各种规划有效整合，并在统一的逻辑框架下分工协作。

首先，由于历史和行政体制的原因，我国长期以来形成了发展规划与空间规划两大体系。其中国民经济和社会发展规划、区域发展战略等属发展规划体系；区域规划、城市规划、土地利用规划等，属空间规划体系。其中发展规划实际上是落实国家的大政方针和政策精神的指引性文件。以国民经济和社会发展规划为例，它已经存在了50年，在新中国的建设中发挥了重要的引领作用，其地位也深入人心。甚至于城市规划在很长时间内被定位为国民经济与社会发展规划的继续。在市场经济已经确立的今天，发展规划的形式还在延续，并从经济社会等延伸到空间，而空间规划又趋于越来越"综合"化，经济发展、产业结构等无所不包。两者在缺乏整体协调的状况下，各自"越界"而引发重复编制等矛盾是必然的。因此，亟需面向实际及未来，跳出"部门"而设计涵盖宏观"发展"和"空间"规划问题的统一逻辑框架，形成国家发展和空间资源管理的新的"体系"和"部门分工"。

其次，在空间规划方面，应加快推进我国国土规划的编制和实施，建立统一的从全国到省域、区域，再到地方的层层推进的国土规划体系，作为主干性的空间规划框架。现有的国土及城乡空间管理政策都要在各个层级上与该主干框架相衔接，包括进行必要的整合。

这个衔接和整合涉及城镇总体规划、区域规划、主体功能区划等在内的综合性规划，以及土地利用总体规划、交通规划、生态建设规划在内的专项性规划。

4.2 加强立法保障，统一行政法制

"建设社会主义法治国家"是载入《宪法》的治国方略。行政法作为公法，任何"行政作为"都要有明确的法源依据。因此，必须要认清新时期国家管理的法治环境特征和要求，要在依法治国的宏观框架下去构建空间管制体系。应该借鉴发达国家空间管制方面的经验，强调国土空间管理的稳定性和严肃性，加快《国土规划法》的立法工作和相关行政法的配套完善工作，使部门管理做到"有法可依"。同时，要确保行政法制的统一，不能站在部门的角度来制定法律法规。

4.3 从制度安排着手，推进依法行政

由于我国行政管理部门长期以来缺乏法治意识，因而不仅需要在行政法规中明文规定"行政作为"和"行政不作为"的权利和义务主体，还须在日常管理的制度安排上作出相应的调整，明确责任相关主体，做到"有法必依"。

我国当前的空间资源管理的权力分布在四个平行的政府职能部门，设想可以有某种组织创新来协调四个部门所涉及的空间规划的协调管理工作。如国务院设立独立于四个部门的专项管制机构，该机构对各部门均具有一定的行政约束力，负责协调各方的日常工作；或是授权其中某一个部门负责统筹工作，由该部门协调四个部门的有关工作；也可考虑将某些部门的相关职能合并，在统一的框架下，重构国家发展和国土空间规划管制体系，并合理设定及调整部门事权。其原则是要有一个统一的整体框架，进而明确各部门的责任边界，并从制度上保证明晰的事权划分，推进依法行政。

4.4 加强技术和制度创新，提高政策施行的绩效

空间管制政策领域的创新可分为空间和制度两个层面。就空间层面的技术创新而言，表现为规划支持系统的创新，如穷尽城市建设限制各种要素、选择限制单元和限制分区、管理规划条文和图件等方面，这些都有赖于现代信息技术。

空间层面的技术创新尽管较容易有所突破并获得成果，但也有其自身的局限性。现实所遇到的种种矛盾，往往需要通过制度创新来解决。在我国经济和社会发展较快的长江三角洲和珠江三角洲等地区，已有过制度创新的多种努力，涉及投资引导、税收政策、生态补偿、开发权流转等方面。总之，技术和制度创新是解决现有矛盾和提高未来空间管制政策绩效的必由之路。

5 结语

我国相对集中的行政管理体制是空间管制政策发挥作用的载体，但政策实效性还有赖于多方面共同努力。其中就包括各空间管制政策之间的互相配合，在制定和执行空间管制政策的行政主管部门之间建立有效沟通与通力合作的机制，并使政策本身和执行机制均获得确定的法源等。本文提出我国在空间管制体系方面存在的问题，并从整体逻辑框架、立

法保障、制度安排等方面提出体系化架构的若干原则，希望引起该方面的更为深入的探讨。

（感谢导师赵民教授的悉心指导。）

注释

① 国家十一五规划纲要中关于"主体功能区"的主要论述包括："根据资源环境承载能力、现有开发密度和发展潜力，统筹考虑未来我国人口分布、经济布局、国土利用和城镇化格局，将国土空间划分为优化开发、重点开发、限制开发和禁止开发四类主体功能区，按照主体功能定位调整完善区域政策和绩效评价，规范空间开发秩序，形成合理的空间开发结构。"

② 《生态功能区划暂行规程》规定，生态功能区划是"根据区域生态环境要素、生态环境敏感性与生态服务功能空间分异规律，将区域划分成不同生态功能区的过程。其目的是为制定区域生态环境保护与建设规划、维护区域生态安全，以及资源合理利用与工农业生产布局、保育区域生态环境提供科学依据，并为环境管理部门和决策部门提供管理信息与管理手段。"同时，该规程也界定了生态功能区划的三级分区：一级区划分以大区域自然气候和地貌特征为依据；二级区划分以主要生态系统类型和生态服务功能类型为依据，城市及城市近郊区可以作为二级区；三级区划分以生态服务功能的重要性、生态环境敏感性等指标为依据。

③ 据此方案，全国初步被划分为208个生态功能区，其中具有生态调节功能的生态功能区144个，占国土面积的76%；提供产品的生态功能区47个，占国土面积的23%；人居保障功能区17个，占国土面积的1%。此外，《中国生态功能区划》还确定了50个对保障国家生态安全具有重要意义的区域，涵盖了生物多样性保护、水源涵养、土壤保持、防风固沙、洪水调蓄等重点生态功能。

④ 2008年1月1日起施行的《中华人民共和国城乡规划法》第十七条规定："城市总体规划、镇总体规划的内容应当包括：城市、镇的发展布局，功能分区，用地布局，综合交通体系，禁止、限制和适宜建设的地域范围，各类专项规划等。"

⑤ 把土地分为农用地、建设用地和未利用地，其核心是对土地用途转变实行严格控制。

⑥ "生态功能区划是省域生态保护和社会、经济持续、健康发展综合决策的科学依据"（见《国家环境保护总局关于开展生态功能区划工作的通知》）。"全国主体功能区规划是国民经济和社会发展总体规划、人口规划、区域规划、城市规划、土地利用规划、环境保护规划、生态建设规划等在空间开发和布局的基本依据"（见《国务院关于编制全国主体功能区规划的意见》）。

⑦ 尽管在《城乡规划法》和《土地管理法》中都规定空间管制区划与土地利用总体规划相互衔接，但在政府日常管理中尚缺乏国土资源部门与城乡建设部门之间互相交流的制度安排。在现实中往往是先定下城市总体规划布局，再让土地利用规划作出相应调整。

⑧ 分别为环境保护部、住房与城乡建设部、发展与改革委员会、国土资源部。

⑨ 即国土资源部、住房与城乡建设部、环境保护部、交通部、农业部等。

⑩ 如以北京市为例，《北京市限建区规划》的编制侧重于对城市建设开发的限制性要素进行分析，其中使用了"生态功能区划边界"作为其重要的边界分析要素；而《北京市城市总体规划》则并未提到生态功能区划。可见在这一案例中，生态功能区划只是被理解为选择性的依据，而非强制性的依据。

⑪ 《城乡规划法》第五条规定："城市总体规划、镇总体规划以及乡规划和村庄规划的编制，应当依据国民经济和社会发展规划，并与土地利用总体规划相衔接。"《土地管理法》第二十二条规定"……城市总体规划、村庄和集镇规划，应当与土地利用总体规划相衔接，城市总体规划、村庄和集镇规划中建设用地规模不得超过土地利用总体规划确定的城市和村庄、集镇建设用地规模。在城市规划区内、

村庄和集镇规划区内，城市和村庄、集镇建设用地应当符合城市规划、村庄和集镇规划。"

⑫ 中国 CNKI 学术期刊网检索显示，分别以"主体功能区划"、"生态功能区划"、"空间管制区划（或城市总体规划）"、"土地利用总体规划"等"主题精确相关"的研究成果进行检索，结果以土地利用总体规划与城市总体规划（空间管制区划）相关联的研究居多，其余两两相关研究较少。而对三者及以上对象的比较研究仍为空白。

⑬ "由于信息、科技的发展及社会中各种正式、非正式力量的成长，人们如今所崇尚与追求的最佳管理（government）和控制（control）往往不是集中的，而是多元、分散、网络型以及多样性的———即'管治'的理念"（张京祥，庄林德，2000）。

参考文献

[1] 郑文含. 城镇体系规划中的区域空间管制——以泰兴市为例 [J]. 规划师，2005，21（3）：72-77.

[2] 赵民，雷诚. 论城市规划的公共政策导向与依法行政 [J]. 城市规划，2007（6）：21-27.

[3] 胡序威. 中国区域规划的演变与展望 [J]. 地理学报，2006，61（6）：585-592.

[4] 魏后凯. 对推进形成主体功能区的冷思考 [J]. 中国发展观察，2007（3）：28-30.

[5] 孙久文，彭薇. 主体功能区建设研究述评 [J]. 中共中央党校学报，2007，11（6）：67-70.

[6] 王金岩，吴殿廷. 主体功能区划与城乡规划的区别及若干问题分析 [J]. 开发研究，2007（6）：24-28.

[7] 李振京，冯冰，郭冠男. 主体功能区建设的理论、实践综述 [J]. 中国经贸导刊，2007（7）：18-20.

[8] 覃发超，李铁松，等. 浅析主体功能区与土地利用分区的关系 [J]. 国土资源科技管理，2008（2）：25-28.

[9] 《生态功能区划与主体功能区划的关系研究》课题组. 必须明确生态功能区划与主体功能区划关系 [J]. 浙江经济，2007（2）：36-39.

[10] 韩书成，濮励杰，等. 土地利用分区内容及与其他区划的关系 [J]. 国土资源科技管理，2008（3）：11-16.

[11] 任洪源. 论主体功能区划与生态功能区划的关系 [J]. 天津经济，2007（8）：46-49.

[12] 杨伟民. 推进形成主体功能区 优化国土开发格局 [J]. 经济纵横，2008（5）：17-21.

[13] 广东省人民政府. 珠三角城镇群空间协调规划（2004-2020）[R]. 广东，2005 年 4 月.

[14] 张京祥. 城市与区域管治及其在中国的研究和应用 [J]. 城市问题，2000（6）：40-44.

[15] 李铭，方创琳，孙心亮. 区域管治研究的国际进展与展望 [J]. 地理科学进展，2007，26（4）：107-120.

[16] 中国科学院编制，国家环保总局发布. 生态功能区划暂行技术规程 [Z].2003 年 8 月.

[17] 中华人民共和国国民经济和社会发展第十一个五年规划纲要（2006 年 3 月 14 日第十届全国人民代表大会第四次会议批准）[M]. 北京：人民出版社，2006.

[18] 中华人民共和国城乡规划法 [M]. 北京：法律出版社，2007.

[19] 中共中央关于制定国民经济和社会发展第十一个五年规划的建议 [M]. 北京：人民出版社，2005.

[20] 刘宏燕，张培刚. 增长管理在我国城市规划中的应用研究 [J]. 国际城市规划，2007（6）：108-113.

[21] 唐子来，张雯. 欧盟及其成员国的空间发展规划现状和未来 [J]. 国外城市规划，2001（1）：10-12.

[22] 黄勤. 新时期我国发展规划与国土规划的关系 [J]. 城市规划，2006（12）：20-26.

[23] 龙瀛，何永，刘欣，等. 北京市限建区规划：制订城市扩展的边界 [J]. 国际城市规划，2007（6）：108-113.

[24] 胡坚. 国内外国土规划比较研究 [D]. 重庆大学，2005.8.

[25] 黄卓，宋劲松，杨满伦，等. "协调规划"与"规划协调"——珠三角"一级空间管治区"的规划与实施 [J]. 城市规划，2007（12）：15-19.

[26] 孙彦伟. 城市总体规划与土地利用总体规划协调研究 [D]. 华中农业大学，2005.

武汉市"两规"衔接的探索和思考 [1]

汪 云 [2]

城镇化急速发展期,国家对集约节约用地、严格保护耕地的力度不断加大,《城乡规划法》的施行,进一步加强了城乡规划管理,促进城乡经济社会全面协调可持续发展,也标志着中国正在打破建立在城乡二元结构上的规划管理制度,进入城乡一体的规划时代。在此背景下,城乡规划和土地利用规划"两规"衔接的要求日渐突出。

在近几年的实践和探索中,武汉市在"两规"衔接方面作了一些积极的尝试和探索,也期望通过不断地剖析和总结,探寻一条真正可持续发展的"两规"协调之路。

1 基本认识

1.1 "两规"的基本概念

城乡规划是城市社会、经济和环境等各项事业发展在空间上的反映,是为在城市发展中维持公共生活的空间秩序而作出的空间安排,重点统筹安排各种资源和要素,旨在构建最符合城乡发展需求的空间格局,是政府指导和调控城乡建设和发展的基本手段。

土地利用规划则是以耕地保护为核心,对一定区域内的土地利用进行的总体安排,重点确定土地利用指标,如耕地保护、建设用地、耕地占用量、土地整理等,并相应向下级行政单元分解和分配。

1.2 "两规"衔接的法理基础

《城乡规划法》、《土地管理法》均明确规定,城市总体规划、村庄和集镇规划,应当与土地利用总体规划相衔接,城市总体规划、村庄和集镇规划中建设用地规模不得超过土地利用总体规划确定的城市和村庄、集镇建设用地规模。

《国务院关于促进节约集约用地的通知》也明确指出,各类与土地利用相关的规划要与土地利用总体规划相衔接,所确定的建设用地规模必须符合土地利用总体规划的安排,年度用地安排也必须控制在土地利用年度计划之内。

应该说,从国家法律和政策层面上看,城乡规划管理与国土管理共同涉及城乡空间的管理,空间规划对资源要素的配置均是实现国民经济和社会发展总体目标的物质空间载体,两者具有充分衔接的法理基础。

---

[1] 文本来源:《规划创新:2010中国城市规划年会论文集》,重庆出版社2010年9月出版。

[2] 汪云,武汉市规划设计研究院。

1.3 "两规"的异同比较

从规划目标和本质属性上看，城乡规划与土地利用规划均为物质空间规划，具有共同的空间管理与空间统筹目标。"两规"的规划目标均是促进经济社会又好又快发展，以科学发展观为指导，探索"集约、节约"的城乡可持续发展之路。"两规"既要确保国民经济和社会发展的总体目标，也要确保基本农田保护的总量指标，同时还要保证城镇发展的空间形态与结构的合理性和完整性。涉及空间管理，"城规"和"土规"的本质属性也决定了"两规"均以合理用地、节约用地为核心。

但同时，我们也应看到，"城规"和"土规"在出发点、工作核心、主要任务、侧重点、规划对象等方面也具有明显的差异性。"城规"的出发点是各类资源在空间上的统筹安排，其核心是空间资源的可持续发展。城规以城市或区域为对象，强调的是为达到城乡经济和社会发展的阶段性目标而进行的调控过程。而"土规"的出发点是保护耕地、保证粮食生产，其核心是"以供定需"的用地指标控制，以行政区域内的全部土地，主要是农业区为规划对象，侧重于用地总量的指标控制。

1.4 "两规"各自的局限性

从"两规"的规划编制模式和关注的侧重点来看，"城规"和"土规"在某种意义上说均存在一定的局限性。

城乡规划依据人均用地指标来确定城乡建设用地规模，这种对"量"的控制模式取决于对人口规模预测的科学性与准确性，由此推导出来的建设用地规模不能不说存在一定程度的主观性，不利于规划应对未来发展的不确定性，也不利于通过价格杠杆来调节土地资源和资本资源的空间配置。同时，城乡规划管理部门具备其专业上的技术和管理实力，这一点毋庸置疑，但其对于城乡空间在操作实施层面的调控，尤其在综合作用的发挥上却往往受到较大的制约。

而"土规"的局限性主要表现在：土地利用规划以耕地保护为主要约束条件，自上而下、刚性地分配土地利用指标，主要是耕地保有量与建设用地规模，从这一点上看，往往与地方以土地为核心的经济发展模式难以取得有效协调。在当前的财税体制下，紧缺的土地指标对于地方政府而言是巨大的财富，自上而下的土地指标分配制度将促使地方政府尽其所能夸大土地需求，从而为经济发展留足用地空间。

1.5 "两规"衔接的必要性

从当前普遍的现实情况看，"两规"之间在规划编制体系与规划管理、实施操作层面缺乏有效的衔接，主要表现在：一是城乡规划与土地利用规划在用地分类、城乡建设用地规模的定义上存在差别；二是城规、土规均有各自的一套空间布局系统；三是在未来规划发展区内存在城规、土规各自为政的规划；四是城规、土规在审批程序上存在衔接的空白。事实上，"两规"之间存在内容不一致、相互衔接差等缺陷，不利于城乡统筹发展。

所以，从空间层次、规划内容和行政管理等方面理顺"两规"之间的关系，形成"两规"的充分衔接，解决由于"两规"自身的"缺陷"所带来的困境，已成为关系到我国空间规划协调发展和空间合理利用的关键所在。

2 武汉的探索和实践

在国务院新近审批的《武汉市城市总体规划（2010～2020年）》中，将武汉城市性质定位于"我国中部地区的中心城市"。同时，作为国家"两型社会"建设综合配套改革试验区，武汉处于经济发展与资源节约、环境友好并重，实现可持续发展的改革创新前沿，城乡规划和土地利用规划工作面临着新的挑战。

当前，同全国大多数特大城市、大城市一样，武汉正处于快速城镇化、工业化和经济结构转型的深刻变革期。2008年，全市常住人口897万人，城镇化率71%，已进入城镇化的快速发展期。在这一进程中，武汉城镇空间迅速扩张，"城"与"乡"两个不同的经济体和发展界面的联系日趋紧密，城乡接合部成为城镇建设的热点区，亦是建设矛盾和冲突最为明显的区域，城乡规划和土地管理面临巨大挑战。为此，武汉市在探索"两型"社会建设的实践中，在"两规"衔接方面做了一些探索和思考，也付诸了切实的行动。

2.1 达成了"规、土"衔接的基本共识

武汉市经历了"规、土"两局"合—分—合"的发展过程，在当前两局合一的行政体制下，武汉充分发挥优势，在观念认识上对"两规"衔接予以了充分的重视。"两规"在"两型"社会建设中均以科学发展观为指导，集约、节约使用土地，以促进社会经济又好又快发展为根本目标，既确保国民经济和社会发展总体目标，也要确保基本农田保护总量指标，同时保证城镇发展空间形态与结构上的合理性和完整性，推动城乡可持续发展。

在具体的编制组织过程中，武汉在新一轮城市总体规划修编和土地利用总体规划编制中，实现了两大总规的同步编制，并在编制的成果上，取得"两规"在城镇发展规模和空间上的基本协调一致。两大总规在编制前期均组织多项软课题专项研究，国家、省、市发改委及其研究机构直接参与到城乡规划、土地利用规划的专题研究之中，"两规"在对人口、城镇规模等重大问题上形成统一认识。

2.2 形成了"规、土"基本对接的规划编制体系

在构建武汉城乡规划编制体系的过程中，武汉基本形成城规、土规相互对应的规划编制体系。市级土地利用规划与城市总体规划、市域城镇体系规划相衔接；区级土地利用规划与分区规划、各区城镇体系规划、乡镇总体规划相衔接（图1）。

2.3 取得了"规、土"基本一致的空间布局成果

在城规和土规的编制过程中，武汉采纳了同一套产业经济和社会人居系统的专项研究。同步进行了城市规模的预测，城规依据土规确定的城市规模展开空间布局规划，土规依据城规确定的空间布局进行土地利用安排。"两规"采取统一年限、统一范围、统

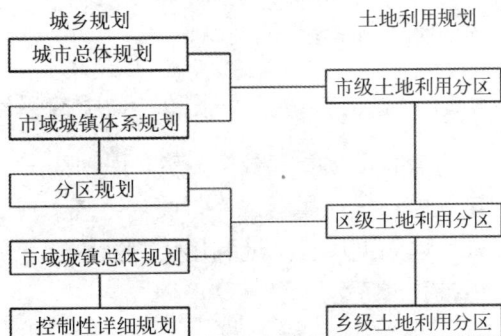

图1 武汉市"两规"编制体系对应关系图

一规划层次、协调规划进程的具体衔接方法，在编制过程中相互校核，互为依据，在空间布局方案上基本取得一致，特别是在城镇建设用地的边界上取得了充分一致。

同时，为有效协调矛盾冲突最为集中的城郊结合地区发展问题，武汉市又以城市总体规划为依据，在1:10000地形图上完成《新城组群分区规划》，实现对城郊接合部空间发展秩序的有效引导，也是首次将分区规划视野由主城区向外围远城区拓展。由于涉及远城区的用地指标、基本农田的保护等若干问题，新城组群分区规划在编制过程中，积极与各远城区区级土地利用规划的编制相对接，基本取得两者在空间、规模上的一致。

2.4 形成了"规、土"空间相互衔接的基本规则

城规、土规衔接的重点在于空间布局上的对接，而传统意义上的城规重点关注集中的城镇建设区的用地布局，土地利用规划则对城镇建设区外的非建区有更多的空间安排。为有效统筹建设区外广袤的非建区的土地资源，武汉市又专题组织编制了全市生态空间体系保护规划，对城市集中建设区外的非建空间进行统筹安排，划定"两线三区"，即禁建、限建、适建区，并结合武汉特色制定了一整套禁、限、适建区的空间管制策略，包括项目准入原则、准入类型和准入程序等。同时，考虑城市发展的不可预见性，城规预留发展备用地，并制定发展备用地的启用条件。

相应地，在空间管控上，土规提出"分区管制"和"用途管制"相结合的管制要求，提出"红"、"蓝"空间的规划模式。土规对建设用地规模实行总量控制，在总规模不突破的前提下，将城镇建设可能发展的控制区域划定为弹性发展区，安排空间但不安排规划建设用地指标，解决土地管理中存在的一系列问题，增强规划的可操作性。其指标来源一是核减规划建设用地区内的指标，二是通过城乡建设用地增减挂钩指标解决。

2.5 构建起一套"规、土"相互"对应"的基础数据与分类标准

在城规与土规的衔接过程中，武汉市"两规"编制形成了一套相互对应的现状基础数据。土规利用2004年的土地详查数据，以逐年的土地详查变更为依据。城规则在2006年城市总体规划修编开始时，展开了1:2000和1:10000地形图基础上的建成区现状用地调查，并在此基础上，与土规的现状相互校核，统一界定现状建成区范围，逐年滚动更新。对于非建区，城规用地现状参考土地详查变更图件数据，形成了两规的用地现状数据库。

同时，适应城乡发展的实际需求，武汉又组织研究具有较好兼容性的用地分类标准。目前在国标城镇建设用地分类的基础上，针对非建区研究提出《生态控制用地分类标准》，并取得和土规分类的互适性。

2.6 着力构建"一张图"数据库系统

为提高规划管理效率，整合规划信息，武汉近几年以严格审批程序和建库程序为基础，构建了规划管理用图"一张图"系统，成为规划管理依法行政的重要依据。这一系统包括基础地理数据库、土地利用规划数据库、城乡规划数据库、规划相关资料数据库、规划管理审批数据库。

3 思考与展望

3.1 几点困难

在实践中，我们发现，"两规"在协调过程中存在一些难以完全衔接的实际困难。

3.1.1 城规与土规的技术差异导致两规在规模数据上难以取得完全一致

城规与土规在现状基础数据的统计口径上存在差异，城规对现状建设用地的统计以是否建成为判别标准，统计结果缺乏配套程序和部门认定；而土规的现状城镇建设用地以历年的土地详查变更为主要依据，以出让手续为判别标准，数据结果经国土部门认定，具有延续性和权威性。由于数据结果在基本概念上的差异，导致最终"两规"在建设用地规模数据和增量的数据上不可能完全一致。

3.1.2 城乡建设用地增减挂钩政策和机动的土地利用规划指标调整对城规城镇空间布局带来影响

土规有一个自上而下的指标分解过程，省一级政府会在此过程中保留一定的机动权，但土规指标的调整对于已经严格按照土规确定的城市规模进行的城镇空间布局造成压力，对城市空间格局，特别是城镇生态空间格局，以及既有规划指标会带来一系列的影响，特别是区级政府自下而上突破城市用地边界发展的时候，城规往往会陷入被动。

同时，土地农村居民点增减挂钩政策，也会给建设用地带来一定的机动性。增减挂钩是一个富有弹性的好政策，但我们也应看到，增减挂钩政策是基于土规建设用地的内涵比较广泛的基础上，多为农村居民点用地转化为城镇建设用地，对相对细分的城镇体系规划也造成困扰，往往在事实上突破了城市规划中确定的城镇建设用地范围，成为各地方政府额外要地的一种说辞。

3.1.3 城规与土规保护重点的侧重导致空间布局上的衔接困难

城规对禁限建区的划定基于对城市生态安全格局、生态用地控制总量、生态框架体系结构而确定，更多地考虑山体湖泊、生态绿楔、生态廊道等必须控制的"生态底线区"的保护。土规对基本农田的划定出于对耕地保有量的控制，以及考虑适宜耕作区域，山边水边往往不宜划为基本农田。所以城规中确定的山边水边禁建区在各区年度土地利用局部调整中往往率先被各类建设项目突破的现象屡有发生。

3.1.4 城规与土规在实施管理程序上的差异也导致衔接的困难

按照《土地管理法》，县级（武汉市为远城区）土地利用总体规划，由远城区政府组织编制，报省人民政府审批，不需经市国土资源和规划局审查同意。因此，在这个层次缺乏法律依据和有效手段，要求"土规"的布局按照组群分区规划和控规导则提出的城乡规划要求予以执行，比如落实城规中确定的生态控制用地的控制要求等。

3.2 思考与建议

总体而言，武汉市在"两规"衔接的过程中，尽管有"规、土"两局合一的体制优势，但仍有一些问题无法完全避免，主要原因是两规均有各自的一套用地空间布局的系统，同时两规又有着不完全一致的理论和技术差异，与此同时，各界又由衷地希望两规能够完全"合一"。基于此，笔者建议，"两规"在协调工作中首先必须解析衔接的关键点与核心内容，合理分工，建立有效的、可持续的两规协调基础。

3.2.1　在衔接原则上，确定土规"定规模"、城规"定空间"的基本原则

"两规"之间存在互为依据、互相制约的衔接关系，在此基础上，我们寻找"两规"的交集，即：统一规划目标、统一空间管制、统一空间数据。

城规对于城镇空间的布局是综合了生态、地质、水文、安全、社会、经济等等诸多要素的基础之上的全盘考量的结果，因此，对于城镇空间的确定，应以城规为主。土规进行空间布局的主要目的是保护基本农田和其他农用地的不减少，首要确定保护基本农田的分期动态指标，考虑农用地的空间布局，在此基础上预留城镇可建设用地空间范围。因此，土规进行空间布局的重心主要是以基本农田为核心的农用地。根据我国地少人多的现实情况，国家政策要求城镇建设用地规模必须符合土地利用总体规划的安排，年度用地安排也必须控制在土地利用年度计划之内，故土规的指标是城规规模的前提条件。

所以，土地利用总体规划重点回答"有多少"，城乡规划则解决"放哪里"的问题。两规应建立成果互认机制，一方面城规不得突破土规建设用地指标，另一方面土规也不能突破城规用地布局，不得随意腾挪城规确定的各类功能空间。

3.2.2　判读城规土规必须确保的内容，划定两规协调的"底线"

城规划定的底线为禁建区，土规的底线为基本农田，两规的底线应相互对接。城乡规划编制过程中要保证基本农田，建设用地调整要征求土规意见；土规在基本农田保护区的划定上也要与城乡发展相衔接，尤其是和生态控制区的保护达成尽可能的一致。作为两规各自的底线所在，新增建设用地不能突破基本农田及禁建区的范围。

同时，针对两规不能灵活对接的问题，城规可在适建区的基础上以多种形式合理安排，为可能产生的土规指标留有布局的余地。基本上可以有两种形式，一是通过远景规划，预先进行更加长远的建设用地布局；二是通过在适宜建设地区范围内预留发展备用地来给予弹性。

3.2.3　加强制度建设，规范"两规"的定期长效协调保障机制

建议建立部与部、局与局之间的规范化的长效、定期的交流机制。对"两规"的职责范畴、核心内容和协调程序以法规或政策的形式予以明确，理顺空间管制的机制和流程。

同时，建议加强规划编制体系、规划协调机制、规划标准体系、规划法规体系等方面的制度建设，强化规划的实施和管理，使城乡规划和土地利用规划真正成为城市建设和空间发展管理的有效依据。

参考文献

[1]　莫然.重庆试验：城乡统筹"三规"合一 [J].中国人大，2007，23.

[2]　陈银蓉，梅昀，汪如民，赵冬.城市化过程中土地利用总体规划与城市规划协调的思考 [J].中国人口·资源与环境.2006，1.

[3]　丁成日."经规"、"土规"、"城规"规划整合的理论与方法 [J].规划管理，2009，3.

[4]　刘奇志，何梅，汪云.面向"两型社会"建设的武汉城乡规划思考与实践 [J].城市规划学刊.2009，2.

着力健全规划协调机制 [1]

胡序威 [2]

中国的经济体制已由改革开放前僵化的计划经济转变成为有较强活力的社会主义市场经济,具有市场竞争驱动与规划引导调控相结合的明显特色。经过近几个五年规划的发展,我国的经济社会面貌发生了翻天覆地的变化,其发展速度远超过众多自由市场经济国家。针对以往发展过程中存在的问题和不足,新近中共中央提出的关于制定"十二五"规划的建议,其发展方向和规划目标更突出科学发展、全面协调发展和可持续发展的战略指导思想。要以转变经济发展方式为主线,更加注重结构调整、技术创新、扩大内需、改善民生、城乡和区域协调发展、建设资源节约型和环境友好型社会。制定好科学发展规划,可为政府改善面向未来的宏观经济调控和社会管理提供重要依据。

规划的主要功能在于围绕已明确的规划目标,搞好各方面利益关系的综合协调。包括长远利益与近期利益的协调,国家整体利益与地方局部利益的协调,相关各部门之间的利益协调,不同社会群体之间的利益协调。由政府编制的各类规划,都应尽可能代表公共利益。由国家编制的总体规划,必须代表全国最广大人民群众的根本利益。制定好贯彻科学发展观的总体规划,还应搞好以下几方面的协调。

首先,要搞好经济发展与社会发展的协调。包括经济增长效率与社会公平和谐的协调,经济建设与社会文化建设的协调。在现阶段尤其要搞好工业化与城镇化的协调,二者应相辅相成,共同促进。工业化不仅要关注产业结构的提升,不断提高产业的科技含量、经济效益和现代化水平;同时还应重视为吸引大量农村富余劳动力进城创造越来越多的就业岗位,并为其提供住房、交通以及教育、医疗等各项社会服务。城镇化的重点,不是将农村土地转变为城镇建设用地的土地城镇化,而是由农村居民转变为城镇居民的人口城镇化。在全国现有城镇化水平还不到 50% 的城镇人口统计中,包含了占全国总人口 10% 以上的尚未享有与城镇居民同等待遇的进城农民工,这部分户籍仍留在农村的城乡两栖人口还只能算尚处于过渡阶段的半城镇化人口。因而,要使我国达到像发达国家那样的高度城镇化尚任重道远。积极稳妥地推进实实在在的人口城镇化,与社会主义新农村建设密切结合,着力提高城乡弱势群体的经济收入、社会保障和公共服务水平,可有效扩大内需市场,促进工业化的健康发展,而且也可为加速城镇化提供更多非农就业岗位。

第二,要搞好经济社会发展与人口、资源、环境的协调。经济社会发展要坚持以人为本。我国是世界上人口最多的国家,人均资源相对紧缺,环境承载压力相对较大。在高速发展进程中受资源环境的约束已日趋强化。现今我国的工业化早已进入以重化工业为重点的中期阶段,资源紧缺和环境污染的状况已相当严重。今后的发展,除大力提倡节能、节水、节地,发展循环经济,减少废弃物排放,治理环境污染外,还应严格控制高耗能、高

---

❶ 本文来源:《城市规划》2011期第1期。

❷ 胡序威,中国科学院地理科学与资源研究所,区域与城市规划研究中心。

耗水、高污染和占用大量土地的企业建设项目，坚决压缩那些产能已严重过剩的钢铁、水泥等重化工业的生产规模，防止发达国家将过多的高能耗、高污染产业向我国转移。应将产业发展的重点转向以利用我国潜力巨大的人力资源和智力资源为主的高新技术产业、高端制造业、现代生产服务业、全方位社会服务业和洁净生产的劳动密集型产业。要建设资源节约型和环境友好型社会，还要做好国土开发、产业发展和城乡建设布局与各地不同的人口、资源、环境条件在地域空间的相互协调。尽力使工业化、城镇化进程在不同国土空间与资源合理开发利用和环境治理保护相互协调，以促进经济社会与生态的可持续发展。

第三，要搞好不同类型区域之间的发展协调。我国国土辽阔，全国各地的地理区位、自然生态、资源结构、人口密度、民族文化、产业基础、经济社会发展水平等方面存在着显著的区域差异。因而指导全国的发展规划落实到不同类型区域，应因地制宜，各具特色。要构建和谐社会，遏止区域间贫富差距扩大，必须着力搞好发达地区与欠发达地区之间的协调发展。除了我国通常划分的代表不同发展水平和特点的东部、中部、西部、东北四大片之间的协调发展外，还应搞好由大都市及其周围城市群组成的城镇人口密集的经济核心地区与受其辐射影响的广大边缘地区之间的协调发展。不能将我国城镇化进程中新增城镇人口都集中到沿海现有的少数几个经济发达的城市群地区，这样不仅会更加扩大地区间发展的不平衡，而且还会因过密的人口和产业导致发达地区生态环境的严重恶化。在中西部地区积极培育新的城市群和经济增长核心区有其重要意义。然而也应看到具备上述有利区位条件的并不多。有人将城镇化和经济发展水平不高、城镇人口密度较低、城市间距离很大的地区任意规划成为重点发展的城市群地区，可能是由于对"城市群"这一概念的不正确理解所致。对我国城镇化的空间格局不能只强调发展城市群，要带动广大边缘地区的发展，还得通过广布各地的不同规模等级的中心城市和众多中小城镇的辐射传递。要加大发达地区对欠发达地区、核心地区对边缘地区、中心城市对经济腹地的支援，逐步加大财政转移支付的力度。

不久前编制完成的《中国主体功能区规划》根据各地不同的资源条件、环境容量、生态脆弱程度，以及现有经济发展水平、人口密集度和交通便捷度等多种指标，将全国划分为优化开发区、重点开发区、限制开发区和禁止开发区四种类型区。这对于从宏观上因地制宜指导国土开发和建设布局有其积极意义。但被列入禁止开发区或限制开发区的人口不可能都迁往重点开发区或优化开发区。对于留在那里为保护和优化国家生态环境作出贡献，因被禁止或限制开发而作出牺牲的人民群众，理应由这一规划的主要受益者重点开发区和优化开发区给予足够的生态补偿。

第四，要搞好不同层次地域空间的协调。国家层次的发展规划和空间规划需通过与省、市、县等不同层次行政区编制的规划相互上下协调，逐步落实。跨省市的区域规划应由国家负责组织协调，跨县市的区域规划应由省（区）负责组织协调。县或县级市是我国行政区划中的基本单元，我国有些县的面积比欧洲的小国还大。县域内自然环境与社会经济状况的地域差异也较大。因而国家和省区层面的总体规划应尽量落实到县域规划，尤其是指导国土开发与建设布局的空间规划必须落实到县域规划。例如，全国主体功能区规划只能以县为单位进行区划，若落实到县域规划即可发现，即使在整体上被划入禁止开发区的县内，也会存在一些尚可适度开发的较小地域空间。当前县域规划是我国规划系列中的最薄弱环节，县域内乱开发、乱建设、乱占地的现象较为严重。大力培育规划队伍，积极开展县域规划，已提到重要日程。

要搞好规划系列的相互协调，应先理清各类规划管理机构之间的关系。在我国经济与社会发展的规划系列，主要由国家发展和改革委员会系统在负责规划的组织协调和编制实施。有关国土开发利用和建设布局的空间规划系列，则由国土资源、城乡建设、发改委等多部门规划机构分头在抓。如国土部在抓国土规划和土地利用规划，住房和城乡建设部在抓城市规划、城乡规划、城镇体系规划，以及城市群、都市圈等城市地区的区域规划。发改委所抓的全国主体功能区规划，实质上具有国土规划性质；由其组织编制的京津冀、长三角等跨省市的区域规划，与住房和城乡建设部系统编制的城市群、都市圈规划有不少内容重复。而且由不同部门分头编制的空间规划互不协调，各不认账。为改变这一局面，建议将"发展和改革委员会"改名为"规划与改革委员会"，或"发展改革与规划委员会"，加强该综合管理部门对各类规划的综合协调功能。由综合性的规划委员会出面组织，以城乡建设和国土资源部门的空间规划机构为主要依托，适当吸纳环境、能源、交通、水利等各方面的规划力量参加，共同搞好与发展规划密切衔接协调的各类空间规划的综合协调。在合理分工协作的基础上，统一开展国土规划和各种不同类型地区的区域规划，为各地区进一步编制城市规划（或城乡建设规划）、生态环境规划和土地利用规划等不同类型的空间规划提供重要依据。落实到基层县域规划时，应将上述各类空间规划内容综合集成为一张比例尺较大的总体规划图纸，以利于对国土开发、建设布局和环境整治进行整体有效的空间管理。

要使各类规划真正发挥作用，必须增强规划的透明度，不仅要使规划广泛听取和吸纳公众的合理建议，也要使公众能正确理解规划所包含的政策内容。经法定程序通过的各类规划，在实施过程中应接受人民群众的监督。在社会主义市场经济体制下，发展规划对经济社会的发展不具指令性，只起指导作用。政府可主要通过法规及财政、税收、金融等各种经济手段，并辅以对重大项目需经立项审批等少量行政干预手段，按规划指引的政策和方向对市场驱动进行必要的调控管理。空间规划对国土开发、建设布局和环境整治有一定的刚性约束作用。例如有关部门对建设项目的选址、土地用途的改变、各类保护区范围的圈定和对规划建设项目的环境评估等，均有相应的行政审批决策权，可成为按综合协调的空间规划进行有效管理的重要手段。但在规划实施中运用行政手段，在法治社会必须依法行政，有法可依。而迄今我国对空间规划系列的立法还很不完善，仅有单项城乡规划法，另在土地管理法中有一章土地利用规划，高层次的空间规划国土与区域规划尚无法可循，因而有必要尽早建立一个能包含整个空间规划系列的使各类空间规划相互衔接协调的空间规划法规体系。

差异·融合

——对"三规合一"的再思考 ❶

黄叶君 ❷

前言

在我国，具有全面指导空间开发方向、规模、强度、性质等作用的规划，主要包括发改委系统的国民经济与社会发展五年规划、住建部系统的城乡规划和国土部系统的土地利用规划这三类（下文简称"经规"、"城规"、"土规"）。目前这三类规划存在明显的冲突矛盾，在基层则表现为规划打架，彼此冲突，令地方政府无所适从，规划难以得到有效执行和实施[1]。正如新华社记者王军所言，不同部门主导的规划正"三分天下"，规划编制呈现出"三国演义"格局[2]。

然而，空间资源具有唯一性，在现阶段强调城乡统筹、土地集约利用等背景和要求下，探索从"三规分立"走向"三规合一"的有效途径已成为各地促进可持续发展的重要任务，这对于经济社会快速发展的发达城市而言，意义可谓更加凸显。

1 内因解析：多方面的差异叠合

到底是什么原因导致"三规分立"？到底存在什么难点使得三规难以统筹协调？笔者认为，三规之间多方面的差异叠合是其内因所在，深度剖析三规差异将是寻求"三规合一"解决对策的重要出发点和突破口。

1.1 三规的内容和空间覆盖范围不同

经规是以国民经济和社会发展各领域为对象编制的规划，侧重于宏观经济、产业经济、社会发展和人民生活，是统领规划期内经济社会发展各领域的宏伟蓝图和行动纲领。城规也是综合性规划，但侧重于城乡空间布局，城市总体规划、镇总体规划的内容应当包括"城市、镇的发展布局，功能分区，用地布局，综合交通体系，禁止、限制和适宜建设的地域范围，各类专项规划"等。土规最重要的内容就是确定土地利用指标，包括耕地保护、建设用地、耕地占用量、土地整理和开垦等指标，并相应地向下级行政单元分解和分配。

经规、城规、土规不仅在内容上各有差异，在空间覆盖区域上也存在差别。区域上的

---

❶ 本文来源：《转型与重构：2011中国城市规划年会论文集》，东南大学出版社2011年9月出版。
❷ 黄叶君，宁波市城乡规划研究中心。

差别不利于在快速城市化过程中指导和管理城市的增长，进而不利于城市可持续发展和城市竞争力的提高。如图 1 所示，城市建成区的边界（城乡边界）决定于城市地租与农业地租曲线（简化模型，不计土地开发成本）。随着城市化和经济的发展，城市地租曲线向外推移。因此可以根据城市地租曲线将城乡地域划分为 4 个区，即已经建成的

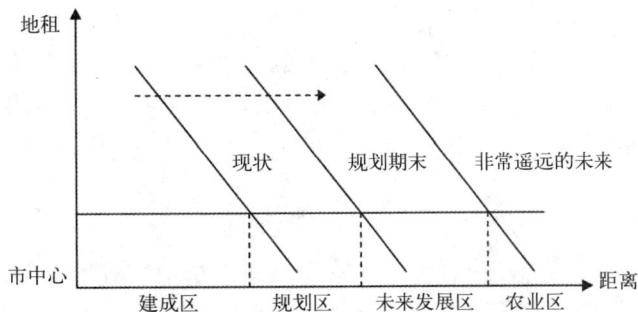

图 1　动态的城市建成区 [3]

城区、规划期内将要建成的城区、未来发展区和农业区。这 4 区在发展和规划上特点各异。

经规是根据行政单位编制的，规划对象覆盖上述 4 个区，但目前经规在空间上难以具有实际的指导意义。城规涉及的空间范围主要是建成区和规划发展区，而土规涉及的地域范围主要是未来发展区和农业区。由于城市建成区所占的国土面积非常有限，土规所覆盖的空间范围具有明显的非城市性。但由于规划区与未来发展区之间的边界应该是不确定的，具有一定的灵活性，因此城规和土规就容易在这 2 个区上面产生布局、规模、时序等矛盾。

1.2　三规的法律地位和效力不同

《中华人民共和国宪法修正案》（2004 年）第 99 条规定地方政府（县级以上政府）应该制定经济和社会发展规划（县级以上的地方各级人民代表大会审查和批准本行政区域内的国民经济和社会发展规划、预算及执行情况的报告），第 5 条规定"一切法律、行政法规和地方性法规都不得同宪法相抵触"。城规和土规的法律地位分别是由《城乡规划法》和《土地管理法》确立的，因此经规的法律地位高于城规和土规，如图 2 所示。

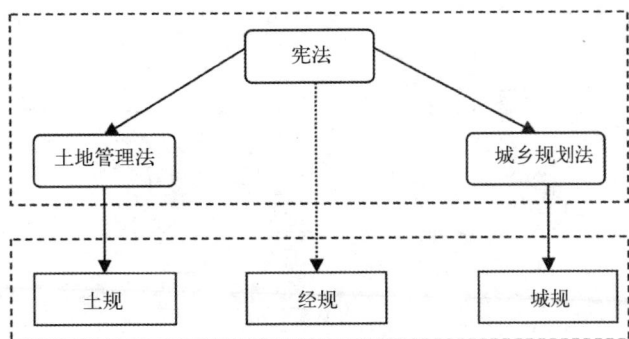

图 2　三规的法律地位关系

具体而言，《城乡规划法》第 5 条规定"城市总体规划、镇总体规划以及乡规划和村庄规划的编制，应当依据国民经济和社会发展规划，并与土地利用总体规划相衔接。"《土地管理法》第 22 条规定"城市总体规划、村庄和集镇规划，应当与土地利用总体规划相衔接，城市总体规划、村庄和集镇规划中建设用地规模不得超过土地利用总体规划确定的城市和村庄、集镇建设用地规模。在城市规划区内、村庄和集镇规划区内，城市和村庄、集镇建设用地应当符合城市规划、村庄和集镇规划。"[4-6]

根据上文，经规、城规、土规的规划期限一般分别是 5 年、20 年、15 年。但是，由

于经规的法律地位高于城规和土规，而且经规通常与地方城市政府执政年限相对应，因此现实中往往是拿着眼于长期的城规和土规来服从短期的经规。然而，经规在地方政府加快社会经济发展冲动下，一般都会尽可能做大人口和用地规模以求为未来发展争取更多资源，因此城规和土规的建设用地规模总是不断地被突破。

1.3 三规的编制和审批程序不同

三规在编制和审批的程序上、从中央到地方的规划纵向层次关系上各不相同，下文就以需要国务院审批城市总体规划的城市为对象分别阐述具体差异。

经规的编制和审批基本程序是：由市发改委牵头，先对上一轮经规实施评估，同时开展下一阶段发展的课题前期研究，然后进入新的经规思路研究和编写，成果广泛征求各有关部门、市委、市政府的意见以形成规划纲要，纲要出来后报第二年年初的市人代会讨论审议。从纵向看，由市人大批准的经规，无须经由国家和省发改委审批，与国家和省经规之间的约束关系并不十分密切，上一层次的规划要求很难具体、直接分解或体现在下层次中。因此，发展目标常受到地方政府政绩观及社会经济的快速发展和扩张影响而做大。

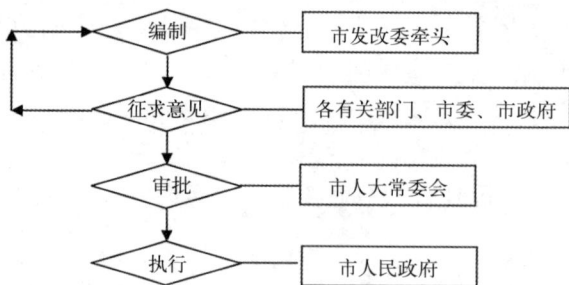

图 3　经规编制和审批流程

城规的编制和审批基本程序是：由市规划局牵头，首先对上一轮城规实施评估，同时开展前期研究，然后进入规划纲要编写，纲要广泛征求各有关部门、市委、市政府的意见后修改形成终稿，再上报国务院审批，通过之后在市人大常委会备案并由市人民政府执行。从纵向看，城规并没有严格意义上从上到下的规划体系，至多全国城镇体系规划和省域城镇体系规划可称为城规的上层次规划，但由于规划范围的不同和内容、重点的较大差异，除了城市定性定位外，基本很难找出相互间的严格约束关系。

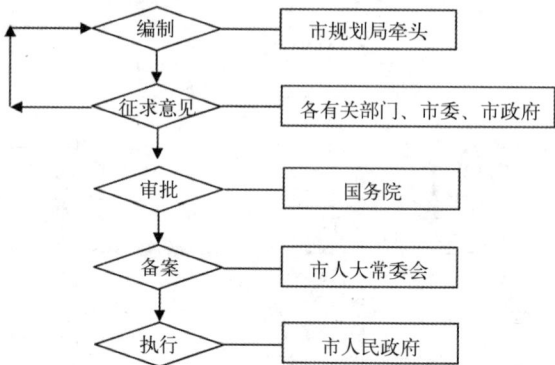

图 4　城规编制和审批流程

土规的编制和审批基本程序是：由市国土局牵头，在规划编之前组织进行土地调查以获得土地利用现状情

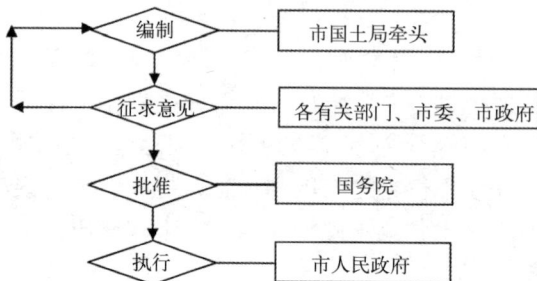

图 5　土规编制和审批流程

况，然后开展纲要编制，在广泛征求各有关部门、市委、市政府的意见后形成终稿，再上报国务院审批，通过之后由市人民政府执行。从纵向上看，土规分为全国、省（自治区、直辖市）、市（地）、县（市）、乡（镇）5级。上下级规划必须紧密衔接，上一级规划是下级规划的依据，并指导下一级规划，下级规划是上级规划的基础和落实。这表明上层次土规对下层次土规有严格的约束力。

虽然从规划程序方面看，三规的编制和审批程序有许多相似相通之处，都大致要经过"任务下达→纲要编写→纲要审批（审查）→规划编制→规划审批（审查）"几个阶段，并且在正式确定规划方案之前都要进行调查研究，掌握大量的第一手资料，确定规划方案时都可能需要对若干不同方案进行优选优化。整个规划从准备、编制到审批、实施及管理，都是一个动态追踪的发展过程。

但是，经规和城规存在着做大人口和用地规模以为未来发展争取更多资源的倾向，而以保护耕地为核心目标的土规则是严格遵守自上而下的编制方式，目标规模总是难以达到经规和城规的需求。而且，交由国务院审批的城规往往经历好几年，批下来的时候可能同期的五年规划都快实施完了，与土规之间的用地规模衔接已成矛盾。严重时甚至出现未来15年的新增建设用地指标在最初的5年内就被全部用完，导致出现初期粗放用地、而后期好项目却找不到用地空间的尴尬局面。

1.4 三规的技术方法和标准不同

除了上述宏观层面的差异之外，导致三规矛盾冲突的另一大原因就是微观层面的技术方法和标准不同。即规划编制过程中所采用的理念、思路、方法、数据、标准等不同。

（1）技术路线差异

经规一般根据地方社会经济的快速发展和扩张的需求，提出产业经济和社会民生的发展目标及策略，基本是自下而上的工作路线，侧重于经济和社会发展。虽然从"十一五"规划首次改"计划"为"规划"，但仍然烙印深深的计划经济色彩。

城规一般从各行业用地需求的角度出发进行各种土地利用的时空安排，基本也是自下而上的工作路线，侧重于城市的建设和发展。规划"以城为主，对城市规模求大"倾向明显，在不规范的规划市场条件下又缺乏区域规划体系的指导，指标自下而上，实行"市场"体制，造成规划建设用地规模的膨胀。

土规一般采取从总体到局部、从上到下、逐级结合的工作路线。土规编制尤其强调耕地保护，国土部门提出保护耕地的指标，严格控制建设用地占用耕地，按照行政级别逐级分解用地指标，不得突破，带有很强的计划性。

（2）规划基期差异

经规实现规划目标的期限通常为5年，通常与地方城市政府执政一届相对应的5年有比较完整意义的对应意义。城规的规划期限一般为20年，同时还应当对城市更长远的发展作出预测性安排。土规的规划期限由国务院规定，从实践看有不成文的规定为15年，上一轮和最新一轮的《全国土地利用总体规划》的期限分别是1995～2010年和2006～2020年。

所以，经规、城规、土规的规划期限一般分别是5年、20年、15年。目前，很多城市三规并非同时展开，三规的基年和目标年不一致。然而，现实是不断发展变化的，不一样的基年，预测所用到的数据和模型等等可能发生了变化，实际情况也发生了变化，这些若干城市三规基年比较   表1

城市	"十一五"规划基年	"十二五"规划基年	最新土规基年	最新城规基年
北京				2004
上海				1999
广州	2005	2010	2006	2010
南京				2007
杭州				2001

对规划预测都有影响，加上规划期限不一致，不同规划预测的数据有可能不能对照，导致规划之间无法相互参考和指导。

（3）统计口径差异

人口预测的基础是人口统计口径，不同规划的人口统计基数的差异直接造成人口预测结果的巨大差异。在人口统计上，1991年的《城市用地分类与规划建设用地标准》提出，城规计算建设用地标准时，人口数宜以非农业人口数为准。所以城规以常住人口为人口统计及预测对象。而土规及其他大部分专项规划中的人口主要是指户籍人口。因此，城规预测的人口数量往往大大超过土规。

（4）分类标准差异

虽然城规和土规的规划对象主要都是规划区域范围内的土地，但是目前由于不同规划分属不同主管部门，所以在土地利用分类上也存在巨大的差别。

土规，最初是1984年的《土地利用现状调查技术规程》中的"土地利用现状分类及含义"，全国土地分为8大类，46个小类，2002年后采用的是2001年国土部制定的《全国土地分类》（过渡期间适用），最新采用的是2007年8月起实施的《土地利用现状分类》，土地分为3个一级类，13个二级类。城规，1991年开始采用《城市用地分类与规划建设用地标准》，城市用地共分为10大类，46中类，73小类，用字母数字混合型代号，大类用英文字母表示，中类和小类各用1位阿拉伯数字表示，1993年还采用了《城镇地籍调

土规与城规用地分类差异示例   表2

土地利用总体规划					城市总体规划		
编号	三大类名称	编号	名称	编号	名称	编号	名称
		......					
				151	禽畜饲养地	E69	村镇其他用地	建设用地
				152	设施农业用地	E69	村镇其他用地	建设用地
				153	农村道路	E63	村镇公路用地	建设用地
1	农用地	15	其他农用地	154	坑塘水面	E1	水域	
				155	养殖水面	E29	其他耕地	
				156	农田水利用地	E69	村镇其他用地	建设用地
				157	田坎	E29	其他耕地	
				158	晒谷场等用地	E69	村镇其他用地	建设用地
	......						

查规程》中制订的《城镇土地分类及含义》，主要指导地籍调查工作 [7]。

城规采用城镇用地分类标准，土规采用土地分类标准，导致两规中相同类型的土地其代号系统有所不同，对照起来还需要转换。而且，两规中土地分类名称相同，而含义互相包含、各有侧重、内涵不同等现象也非常普遍。用地分类的明显差异，造成了两规协调衔接上的巨大困难，实质上也是规划指标和用地范围无法统一的重要原因。

2 对策建议：多维度的协调融合

虽然，导致三规难以统筹协调的深层次内因已经明晰，但是"三规合一"并非彻底消除这些差异。因为解决三规不协调的思路是"三规合一"，可"三规合一"并不是指只有一个规划，而是指三规在内容上的协调统一，即统一规划目标、统一空间管制、统一空间数据，减少各类规划之间的矛盾，加强各类规划的相互协调和衔接，实现各类规划在内容上的统一。同时，加强规划编制体系、规划协调机制、规划标准体系、规划法规体系等方面的制度建设，强化规划的实施和管理，使规划真正成为城市发展和建设的依据和龙头。

因此，本文在深入分析三规矛盾冲突的内因基础上，结合我国现有体制机制，分别从规划的内容、方法、标准、制度、实施等多个角度提出促进"三规合一"的若干对策建议（限于篇幅，本文针对的是规划和国土部门独立的大部分城市，不作行政机构调整方面的探讨）。

2.1 明确三规冲突的焦点，分时分类分重点加强衔接

"三规"协调体系 表3

	协调内容	协调目标
内容	指导思想	节约集约科学用地，合理高效促进发展
协调	编制期限	∨ 首先，建议三规编制的基年相统一； ∨ 若因实际情况不能实现统一，则将城规的近期建设规划（5年）编制与经规年限相统一，土规的年度计划与经规相协调
	人口规模	人口口径和人口规模取得一致。 ∨ 在编制过程中，首选采用人口普查数据，其次采用统计局公布的人口数据 ∨ 在衔接过程中，相同年份的人口现状数据要统一，相同年份的人口规划数据也要一致
	用地规模	用地口径和用地规模取得一致。 ∨ 在编制过程中，首选采用国土局每年的土地变更调查和规划局每年的规划区用地调查等数据 ∨ 在衔接过程中，相同年份的土地现状数据要统一，相同年份的土地规划数据也要一致 ∨ 在用地规模的对接上，可结合城乡建设用地扩展边界设定建设用地"弹性圈"，并通过前置性用地评价确保基本农田保护区不被侵占
	城镇发展方向	城规和土规在城镇发展方向上基本取得一致，以城规为主要依据
	重点建设项目	依据同期五年规划，取得高度一致
标准协调	土地利用分类	城乡建设用地以城乡规划部门的用地分类标准为主，非建设用地以国土资源部门的分类标准为主，整合形成城乡统一的用地分类
	人均用地指标	人均用地指标依据用地分类确定
方法协调	规划技术路线	"自上而下"与"自下而上"相结合
	技术方法应用	定性与定量相结合，并加强不同规划人员之间的技术交流
	信息资源共享	促进信息资源的共建共享，形成统一的宁波规划数字平台

2.2 促进信息资源的共建共享，形成统一的数据平台

规划涉及人口、用地、公共设施等众多信息数据，由于不同规划采用不同口径的数据也是造成三规矛盾冲突的重要原因，而且不同部门各自采集和处理数据也是一种公共部门的资源浪费和低效行为。具体而言，统计局每年都有覆盖社会经济众多领域的统计年鉴和统计公报等，国土局有每年的土地详查数据，规划局则有城乡建设各类用地数据，这些数据的衔接和共享是"三规合一"的技术基础。

建议各城市结合自身规划信息化的实际情况，打造共建共用共享的规划数据平台，包括建立规划支持数据库、优化提升规划成果数据库、完善规划数据的集成与共享、构建规划支持系统，为规划编制、规划实施管理、规划监督反馈的全过程提供支持。其中，规划支持数据库以人口分布数据、公共设施数据和开发强度数据等为主；规划成果数据库主要包括国民经济和社会发展规划、城市总体规划、土地利用总体规划、城市分区规划、详细规划数据及专项规划成果等，这将为动态推进的规划编制提供理论和依据。

2.3 深化规划融合的技术改进，完善内容和方法

在城市化和工业化快速推进的情况下，推行合理和可持续的规划及政策，应综合统筹考虑城市发展的各个方面，如经济发展、土地利用、住房供给、公共服务、基础设施、交通、公共空间等。这些因素分别从社会、经济和环境等不同角度，对城市发展具有重要影响，并且是构成城市竞争力及构建高质量城市生活的关键。但是，目前的规划编制往往急于求成，对现状分析、趋势预测、影响评价等深入不足，而且运用的方法技术较为流于模式化、浅表化，需要大力深化技术改进，完善内容和方法，因为这也是促进规划融合的前提和基础。所以，本研究提出较为详细的三规融合的内容和方法（表4），这些方法应得到充分利用，为合理规划提供科学依据[8]。

三规融合的内容和方法   表4

内容	方法	规划
城市发展预测、经济增长、战略研究	∨ 投入产出模型 ∨ 回归分析模型 ∨ 情景模拟分析等	经规 城规 土规
土地需求（住宅、商业、工业、公共设施、绿色空间等）	∨ 生产函数分析 ∨ 固定比例分析 ∨ 人均指标分析 ∨ 最小需求分析 ∨ 计量经济模型等	城规 土规
土地供给（环境、生态、文化、历史、特殊用途等）	∨ 可适宜性分析 ∨ 约束条件分析 ∨ 边界条件分析等	城规 土规
城市基础设施规划	∨ 人均指标分析 ∨ 最优投资模型 ∨ 空间布局模型等	城规
土地空间分配（土地利用功能分区、区位模式、城市发展形态等）	∨ 固定比例分析 ∨ 行为模型（交通需求和规划模型等） ∨ 公众参与（方案模拟规划）等	城规 土规
环境、绿色空间、文化历史等	∨ 影响评价分析 ∨ 情景模拟分析等	城规
规划和政策影响评价	∨ 指标分析（交通模型、土地利用模型、能源消费模型、计量经济模型等） ∨ 决策理论和模型（多目标效用函数）等	经规 城规 土规

2.4 搭建规划协调的制度平台，加大三规统筹力度

在现行的机构设置下，不同规划分别由不同部门编制，这些部门在行政上是同级单位，其工作均在各自的行政体系内完成，规划编制过程均接受各自上级行政部门的指导与监督。在这种相对封闭的空间内，使得各部门之间缺乏有效沟通，由于长期各自行事，使得沟通成本日益加大。这种体制和工作安排上的不尽合理，造成了不同部门在实际工作中的博弈行为。

虽然行政机构的拆并与职能调整可以大幅度改变这种博弈局面，但是由于涉及面宽，部门利益均衡复杂，相应产生的影响广泛而深远，往往实施难度较大。因此，在行政机构不作调整的情况下，本文提出搭建三规协调制度平台的两种途径：一是创新型途径，即成立城乡规划委员会；二是优化型途径，即升格已有的城乡规划联席会议为规划联席会议。

（1）创新型途径：成立规划委员会

建议以尊重当前各主管部门的法定规划职能为前提，以理顺三规职责分工、实现三规协调为目标，并结合国家机构改革方向，创新性建立各部门之间综合的、统一的规划协调平台——即成立规划委员会。

纵观国内外规划委员会的构成与运行情况，目前多以城市规划部门为核心组织建立的规划委员会，委员大都包括公务员、专家、社会人士等，成立的主要目的是"贯彻公平、公正和公开的决策原则，鼓励公众参与，监督规划的实施，提高城市规划决策的科学性"。然而，这仍然未能满足三规协调的需要，建议从更大范围、更深层次创新建立规划委员会，负责三规的编制和协调。

根据审议项目类型的不同和工作分工，建议规划委员会下设3个专业委员会：发展规划委员会、城乡规划委员会和土地规划委员会。专业委员会受市规划委员会委托，就各自的议事范围为规划委员会提供审议或审批意见。规划委员会负责人由市长担任，办事机构为秘书处。秘书处在市规划委员会的领导下，由秘书长负责，处理市规划委员会及其专业委员会的日常事务。各专业委员会的人员构成可以与市委、市政府相关智囊机构结合，充分发挥专业技术研究人员的作用。

规划委员会基本设想 表5

机构性质：	法定非常设官方机构
人员构成：	公务员、专家
主要功能：	审议＋咨询
决策方式：	2/3以上多数表决通过
下属机构：	发展规划委员会、城乡规划委员会、土地规划委员会
办公机构地址：	市政府
会期：	全体会议每年2次，各专业委员会会议根据需要不定期召开
经费来源：	政府拨款
主要负责人：	市长
成员数量：	30～40人（3个专业委员会各10人左右）
成员产生：	政府任命、聘任
任期：	5年

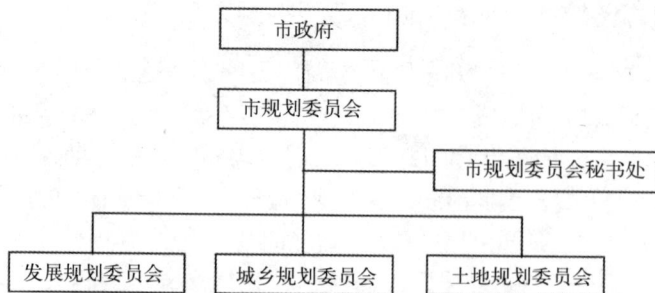

图6　规划委员会的组织结构

（2）优化型途径：升格规划审议联席会议制度

目前，很多城市为进一步规范城乡规划的审查行为，完善城乡规划审查机制，推进规划编制和审批的制度化、法制化、规范化，已建立起城乡规划审议联席会议制度，联席会议的常设成员单位为发改委、国土局、建委、交通局等主要相关单位，其中牵头单位为规划局，办公室也设在规划局。参加联席会议的代表为各成员单位的主要领导或分管领导。

该会议制度实现了对规划局组织编制的城市总体规划、专业（专项）规划、分区规划、重要地段的详细规划等法定规划进行联合审议，可及时发现规划实施过程中存在的偏差，并充分融合相关部门的意见和建议，为合理规划、科学决策起到了重要作用。但该制度的针对范围目前仅局限在城乡规划领域，而从"三规合一"角度出发，建议可在此制度上进行优化升级，创建"规划审议联席会议"，常设成员单位不变，但办公室设在市政府，经规、城规、土规的牵头单位分别为市发改委、市规划局、市国土局。

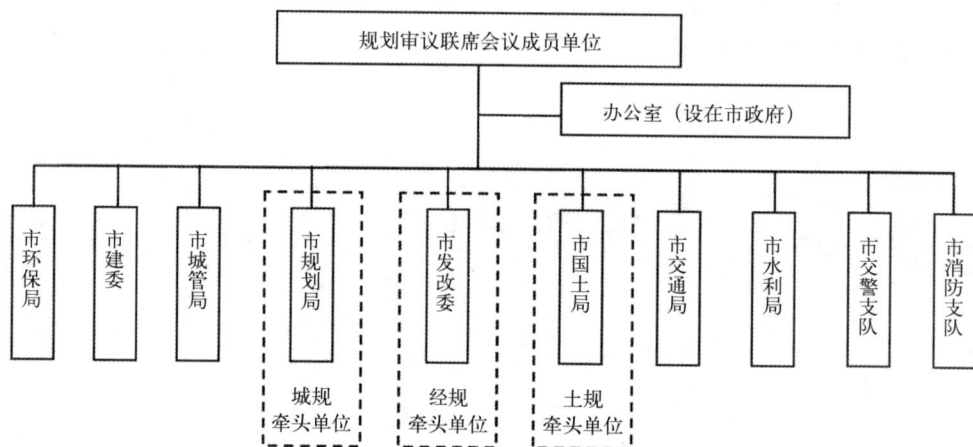

图7　规划联席会议的组织架构

3　结语

推进"三规合一"是新形势下规划工作非常重要的新任务，是深化规划体制改革的重要举措，是统筹城乡发展的重要内容，需要解放思想、用于创新，以更好地发挥规划作为城市发展建设的依据和龙头作用。本文认为引起三规矛盾冲突的内因是三规在内容、空间覆盖范围、法律地位、技术方法和标准等多方面的差异叠合，因此，本文力求从重点出发，并考虑到现实体制下的近期可操作性，提出了以上若干对策建议。但是，规划是随着城市化和工业化的不断推进而动态变化的，"三规合一"的研究还需不断跟进和深化。

参考文献

[1] 牛慧恩. 国土规划、区域规划、城市规划——论三者关系及其协调发展 [J]. 城市规划，2008 (11)：42-46.

[2] 规划编制"三国演义"[EB/OL]. http：//blog.sina.com.cn/s/blog_47103df6010001wd.html.

[3] 丁成日. "经规"、"土规"、"城规"规划整合的理论与方法 [J]. 规划管理，2009 (3)：53-58.

[4] 国务院关于加强国民经济和社会发展规划编制工作的若干意见 [EB/OL]. http：//www.china.com.cn/policy/txt/2005-11/04/content_6019891.html.

[5] 中华人民共和国城乡规划法 [EB/OL]. http：//www.gov.cn/flfg/2007-10/28/content_788494.html.

[6] 中华人民共和国土地管理法 [EB/OL]. http：//news.xinhuanet.com/zhengfu/2004-08/30/content_1925451.html.

[7] 曾乐春，王兆礼，简陆芽. 新旧土地利用分类体系对比分析 [J]. 土地管理，2004 (5)：53-55.

[8] 尹向东. "两规"协调体系初探 [J]. 城市规划，2008 (12)：29-32.

城市总体规划与主体功能区规划管制空间研究 *❶

韩 青❷ 顾朝林❸ 袁晓辉❹

改革开放 30 多年来，我国经济快速增长促进了城市与区域发展，也滋生了一系列区域发展不协调问题（顾朝林等，2007）。它不是简单的各地区经济总量之间的差距，而是人口、经济、资源环境之间的空间失衡（马凯，2006）。面对亟待解决的区域协调发展问题，国家发改委、住房城乡建设部等部门分别组织研究，形成了主体功能区规划和城市总体规划（以下简称"两规"）空间管制分区两套规划编制思路，从而形成这两类空间规划的空间划定互不衔接的状况，如不尽快研究两者的耦合关系，势必导致两类空间规划内容交叉重复，浪费规划资源，增加区域发展协调的难度。本文从空间界限、功能定位、指标控制等角度揭示城市总体规划空间管制分区（禁建区、限建区、适建区、已建区）和主体功能区规划（优化开发区、重点开发区、禁止开发区、限制开发区）功能空间的相似性和差异性，并对两者进行解构与重组，以探索"两规"的空间耦合关系。

1 "两规"管制空间划分及其进展

1.1 城市总体规划空间管制分区及其进展

目前我国实行城市总体规划空间管制的时间较短，尽管管制分区尚处于原则性划分阶段，但城市总体规划的空间管制区划已经列入《城乡规划法》中的强制性内容，法定地位明确。1990 年开始实施的《城市规划法》曾将城市规划区定义为"城市市区、近郊区以及城市行政区域内因城市建设和发展需要控制的区域"。2006 版《城市规划编制办法》规定城市总体规划按市域城镇体系规划需要划定城市规划区。据此，就大多数城市而言，城市总体规划的规划区范围已经拓展到全市域的范围。2008 年开始实施的《城乡规划法》第 2 条明确规定：规划区是指城市、镇和村庄的建成区以及因城乡建设和发展需要必须实行规划控制的区域。

针对扩大了的城市规划区范围，为了有效地实施城市总体规划的空间管制，谭纵波（2005）提出要对城市规划区范围内的土地利用实施"全覆盖"式的面状规划控制。裴俊生（2007）撰文介绍在烟台市城市总体规划中，将城市规划区作为介于市域与市区的中间层面，划分为禁建区、限建区、适建区和已建区，安排建设用地、农业用地、生态用地和

---

* 科技支撑项目"主体功能区规划与部门规划一致性评价与协同规划技术研究"（2008BAH31B05）和国家自然科学基金项目"中国城市化多维视角理论框架研究"（40971092）。

❶ 本文来源：《城市规划》2011年第10期。

❷ 韩青，中国城市规划协会。

❸ 顾朝林，清华大学建筑学院。

❹ 袁晓辉，清华大学建筑学院。

其他用地，为城市建设及村镇、农村居民点的布局提供依据；袁锦富（2008）建议在市域层面上划分禁建区、限建区、适建区三类空间，在中心城区层面上划分禁建区、限建区、适建区、已建区四类空间；金继晶（2009）计算出城市总体规划空间管制中的禁建区、限建区和适建区的适宜比例为10%、75%和10%左右，上下浮动不宜超过5%。

1.2 主体功能区规划空间管制区划及其进展

为落实"十一五"规划,国务院确定编制全国主体功能区规划,并于2007年7月发布《关于编制全国主体功能区规划的意见》(国发〔2007〕21号),提出将国土空间划分为优化开发、重点开发、限制开发和禁止开发四类，要求确定主体功能定位，明确开发方向，控制开发强度，规范开发秩序，完善开发政策，逐步形成人口、经济、资源环境相协调的空间开发格局。2010年6月国务院常务会议审议通过《全国主体功能区规划》，在国家层面将国土空间划分为优化开发、重点开发、限制开发和禁止开发四类区域，并明确了各自的范围、发展目标、发展方向和开发原则。目前按照国家和省级两个层面进行主体功能区规划编制，市县层面不进行主体功能区规划（图1）。

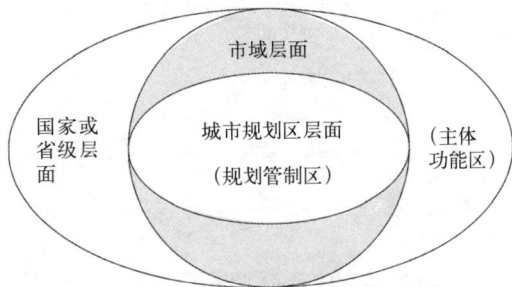

图1 "两规"空间管制区关系分析

2 "两规"管制空间划分目的分析

城市总体规划按禁建区、限建区、适建区和已建区实施空间管制分区，主要是对用地空间开发行为进行限制、约束或引导（郝春艳，2008），为科学合理地利用城市空间提供依据。

主体功能区规划主要是依据资源环境承载能力、现有开发密度和发展潜力进行空间划分，并对开发秩序进行安排。例如，北京市依据市域内各区域资源环境承载力、开发密度、开发潜力等，对市域空间进行了主体功能区划，将市域空间划分为首都功能核心区、城市功能拓展区、城市发展新区和生态涵养发展区四类功能区。

综上所述，"两规"空间划分都是以空间管制为目的，但因其空间管制的具体目标不同，两者在"区块功能"和"空间界限"上存在不一致性。主体功能区规划主要强调对国土空间的"管制"，是以资本、土地、劳动力、技术和政策等生产要素配置导引为基本原则；城市规划则是以用地功能确定为目标，为城市规划用地布局服务。

3 "两规"管制空间功能分析

3.1 城市规划管制空间功能及其意义

2006版《城市规划编制办法》第31条确定：中心城区应该划分禁建区、限建区、适建区和已建区，并制定空间管制措施。事实上，城市规划针对规划区的空间管制分区由来已久。在 2006 版《城市规划编制办法》颁布前，城市规划编制也参照地理区划方法进行了"优先发展区、控制发展区和限制发展区"的划分，起初名称为禁止建设区、调控建设区和宜建区（仇保兴，2006）。2006 版《城市规划编制办法》实施后，基于管制分区的禁建区、限建区、适建区和已建区"四区"划分逐步展开（袁锦富，2008），并确定了相关区块的功能和涵义（表1）。

城市规划"四区"功能及其涵义 表1

类型	原则性规定	区块功能	法律规定
禁止建设区	作为生态培育、生态建设的首选地，原则上禁止任何城镇建设行为	包括具有特殊生态价值的生态保护区、自然保护区、水源保护地、历史文物古迹保护区等不准建设控制区	必须永久性保持土地的原有用途
限制建设区	自然条件较好的生态重点保护地或敏感区	生态敏感区和城市绿楔	限制发展区应保持现状土地使用性质
适宜建设区	城市发展优先选择的地区	除禁止建设区和限制建设区以外的地区	科学合理地确定开发模式、规模和强度
已建区	-	-	-

划分"四区"旨在建立空间准入制度，确保城市规划的空间管制能有效实施。

3.2 主体功能区规划管制空间功能及其意义

主体功能区规划是促进区域协调发展的一个新思路（马凯，2007）。主体功能区规划根据资源环境承载能力、现有开发密度和发展潜力，统筹考虑未来我国人口分布、经济布局、国土利用和城镇化格局，将国土空间划分为优化开发、重点开发、限制开发和禁止开发四类主体功能区（表2）。

主体功能区四区区块功能理解 表2

类型	区块功能	发展方向
优化开发区	开发密度较高，资源环境承载能力有所减弱，是强大的经济密集区和较高的人口密集区	需改变依靠大量占用土地、大量消耗资源和大量排放污染实现经济较快增长的模式，把提高增长质量和效益放在首位，提升参与全球分工和竞争的层次
重点开发区	资源环境承载能力较强，经济和人口集聚条件较好的区域	要充实基础设施，改善投资创业环境，促进产业集群发展，壮大经济规模，加快工业化和城镇化，逐步成为支撑全国经济发展和人口集聚的载体
限制开发区	资源环境承载能力较弱，大规模集聚经济和人口的条件不够好，关系到全国或较大区域范围内生态安全的区域	要坚持保护优先、适度开发、点状发展，因地制宜发展资源环境可承载的特色产业，加强生态修复和环境保护，引导超载人口逐步有序转移，逐步成为全国或区域性的重要生态功能区
禁止开发区	依法设立的各级、各类自然文化保护区域以及其他需要特殊保护的区域	要依据法律法规和相关规划实行强制性保护，控制人为因素对自然生态的干扰，严禁不符合主体功能定位的开发活动

资料来源：根据国家"十一五"规划纲要资料整理。

但是主体功能区实质是区域发展政策区，因此应明确主体功能区规划的基础性、指导性地位（史育龙，2008）；否则主体功能区的空间指导和约束功能将不能得到充分体现，而且不同规划之间会产生新的冲突（方忠权，2008）。主体功能区规划并不能"包治百病"（魏后凯）。因此主体功能区规划必须与其他的规划协调配合起来，共同对国土空间进行约束、调控与引导。

4 "两规"管制空间划分方法分析

4.1 城市总体规划区划指标体系

城市规划对空间的约束主要是依靠红线、紫线、黄线、蓝线和绿线制度。2005～2006年北京市编制完成了《北京市限建区规划（2006～2020年）》。该规划将北京市域内对规模化城镇、村庄及各类建设项目有限制条件的地区划定为"限建区"。限建区规划以充分保护自然资源、尽量避让灾害风险为原则，从资源和风险两个角度出发，将现状资源环境要素分成水、绿、地、环、文5组16类56个限建要素，建立了110个数据图层，摸清了现有城乡建设相关因素的底数（图2）。

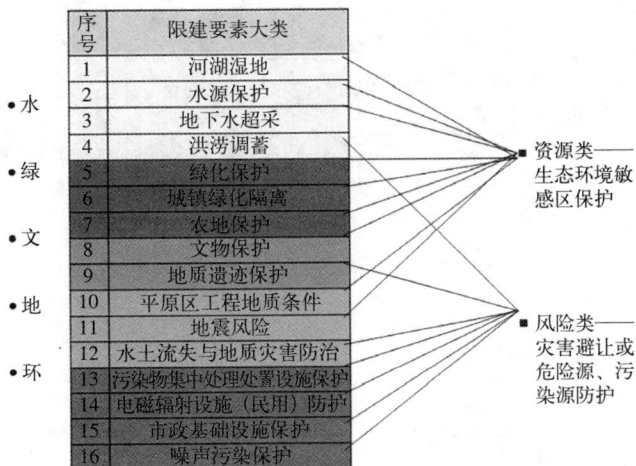

序号	限建要素大类
1	河湖湿地
2	水源保护
3	地下水超采
4	洪涝调蓄
5	绿化保护
6	城镇绿化隔离
7	农地保护
8	文物保护
9	地质遗迹保护
10	平原区工程地质条件
11	地震风险
12	水土流失与地质灾害防治
13	污染物集中处理处置设施保护
14	电磁辐射设施（民用）防护
15	市政基础设施保护
16	噪声污染保护

• 水　• 绿　• 文　• 地　• 环

资源类——生态环境敏感区保护

风险类——灾害避让或危险源、污染源防护

图2　北京限建区规划限建要素分类

笔者2010年进行的《长株潭绿心地区控制与发展规划研究》，根据保护与开发并重、保护优先的原则，最终确定形成禁建区、严格限建区、一般限建区、发展区和建成区五类分区（图3，表3）。

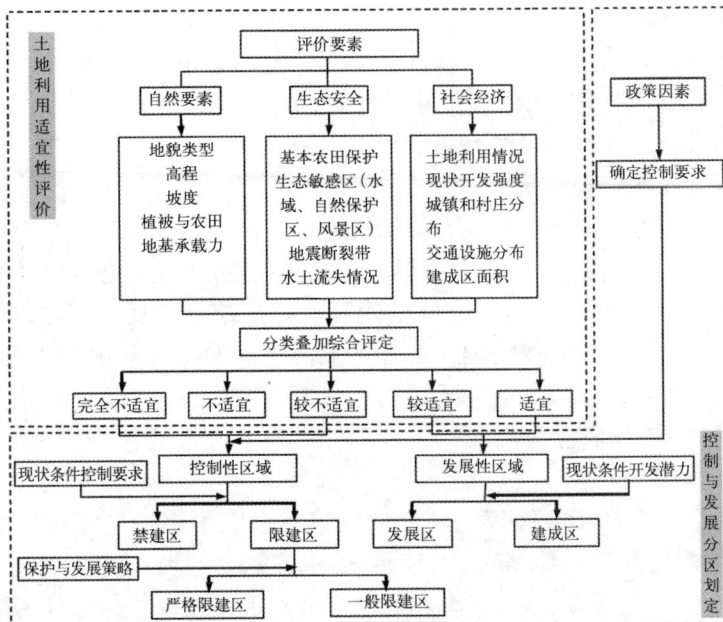

图3　长株潭绿心地区控制与发展分区划定技术路线

长株潭绿心地区控制与发展分区   表3

空间类型	划分依据	建设指引	面积（平方公里）	所占比例（%）
禁建区	高程值在200米以上且被集中连片的林地所覆盖的生态敏感区、坡度大于25%的山体、自然保护区及水源地保护区，是绿心的核心地区和重点保护的生态地段，包含了自然保护区、森林公园、风景名胜区、景观山体及湘江水系等	除生态建设、景观保护、土地整理和必要的公益设施建设外，不得进行其他项目建设，不得进行开山、爆破等破坏生态环境的活动	178.90	32.8
严格限建区	处于禁止开发区周边缓冲区范围内，包含土地利用适宜性评价中完全不适宜和不适宜建设的区域。该区域生态环境较好，地形多为山地，具备较高的保护价值，为禁止开发区的环境严格控制区	坚持保护为主、严格控制的原则，除生态农业、观光林业、自然保护区、风景名胜区少量服务性项目外，不得进行其他项目建设	117.13	21.5
一般限建区	处于禁止开发区周边第二层缓冲区范围内，包含土地利用适宜性评价中较不适宜建设的区域。该区域生态环境较好，地形多为丘陵，用地基本为高程相对较低的林地和大部分农田，具备一定的保护价值，为一般控制区	坚持保护为主、综合控制的原则，该区域可以在一定限制下发展农业、旅游服务、博览会展等建设量较小、不会对生态格局造成影响的产业	167.30	30.7
发展区	处于较适宜建设区和适宜建设区范围内，在现状条件方面具备较大开发潜力的区域	在保障绿心的整体空间架构及生态环境不受较大破坏的基础上，通过严格的评估审查认可后，可进行高品质、适度的开发建设	61.28	11.2
建成区	现状已集中连片建设的区域	可对该片区内不合理的用地结构进行调整和完善，如对已占用了禁建区的现状建设用地采取将建设项目逐步迁出的方式，加强对禁建区内建设活动的管制	20.38	3.8
总计			544.99	100.0

4.2 主体功能区划指标体系

功能区（functional region）是地理学概念，主要思想是将联系加入到均质性中作为区别区域的基础，强调区域内外联系，由此所引出的空间组织（spatial organization）已为观察社会不同层次的紧迫问题提供了有用的观点（苏珊，2009）。也可以说，功能区是指基于不同区域的自然条件、资源禀赋、经济社会发展现状以及发展潜力等，将特定区域确定为特定功能类型的一种空间单元（刘艳芳，2006）。传统功能区划以地域分异规律为指导，以定量与全覆盖区划为主，根据区域发展的统一性、区域空间的完整性和区域发展要素的一致性，逐级划分或合并地域单元，并按照从属关系建立地域等级系统，强调的是各组成部分的功能联系（顾朝林，2007）。主体功能区区划是在上述功能区划方法上的创新。在过去自然区划、经济区划、地理区划的基础之上，更加重视对区域人口、经济、资源环境的综合分析评价，并且充分考虑特定区域在高一级区域经济、社会、生态发展中的地位和作用，由此划分出具有某种主导功能的区域单元。主体功能区主要是指类型区，强调的是同质性（张可云，2007）。

根据中国科学院主体功能区规划研究课题组《全国主体功能区评价指标体系初步方案》，国家主体功能区划指标体系选择资源环境承载能力、现有开发密度和强度、发展潜力等方面的代表性指标，重点突出资源和环境方面的关键指标，体现资源环境对于经济和社会发展的约束作用（表4）。

全国主体功能区评价指标体系   表 4

指标体系	具体含义
建设用地	采用适宜建设用地丰度指标进行衡量
可利用水资源	采用可开发利用水资源丰度指标进行衡量
环境容量	综合分析环境对人类活动干扰的承受能力
生态敏感性	度量生态脆弱性程度的复合性指标
生态重要性	反映需要保护的特定动植物，以及水源、湿地、森林、草原、自然景观等特殊生态功能区
自然灾害	综合反映洪水、干旱、台风、地震、地面沉降等自然灾害频发程度
人口密度	每平方公里人口数量
土地开发强度	采用国土总面积中建设用地的比重指标
人均 GDP 及增长率	计算经济发展水平，直接反映开发密度、发展潜力，间接反映资源环境承载能力
交通可达性	综合评估某个区域到若干特指的不同影响力的中心城市的交通可达性
城镇化水平	人口城镇化的现状
人口流动	反映一个地区经济增长的活力、城镇化的状态以及就业的潜力
工业化水平或产业结构	反映工业化程度
创新能力	反映地区发展的创新能力
战略选择或区位重要度	用定性赋值的方式，区别国际化程度不同以及具有不同政策取向的区域

资料来源：中国科学院主体功能区规划研究课题组，《全国主体功能区评价指标体系初步方案》。

通过上述分析，显而易见，城市总体规划与主体功能区规划的空间管制划分的目标有一致性，也有非一致性，因此，在制定规划指标体系时也存在较大差异。

5 市域"两规"管制空间耦合构想

既然城市总体规划与主体功能区规划在空间界限、功能区块和指标体系等方面存在一致性和差异性，能否从市域建立"两规"管制空间的耦合关系呢？

5.1 "两规"管制空间互补展示

城市总体规划作为城市政府的法定规划，以市域为基础，以规划区范围为界限编制；主体功能区规划作为国家实行空间管制和相关政策的规划，以县域为单位，描述的是区域开发的主导功能。目前两者的主管部门分别是住房城乡建设部和国家发改委，"两规"各自在相关领域发挥作用，彼此间尚未形成互相衔接的技术，也没有互相配合的路径设计和制度安排。为此，有专家提出：既有的体制框架不需要被先行打破，可以通过差别定位和互相协调而获得升华并整合框架（汪劲柏，2008）。

通过对城市规划区与主体功能区空间界限的比较分析，可以看出：两类空间存在着比较大的范围不一致性。城市规划区主要应用在市域范围内，相对于市域来说，属于微观层面；而主体功能区更多地应用于国家与省级层面，虽然关于市县等中微观层面也有些涉及，但多属探索阶段，因此对于城市来说，它属于宏观层面；位于中间层面的市域范围，是两者范围之外的空白部分，需要两者相互配合，形成互补关系，而不是排斥关系。

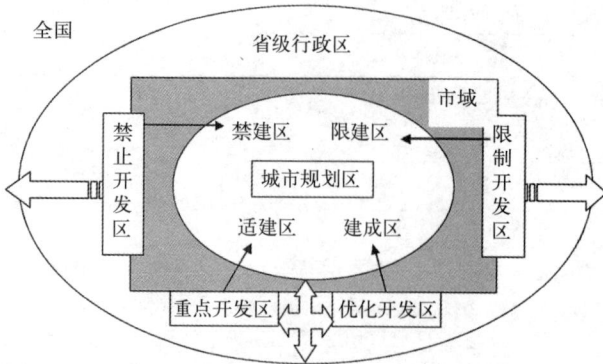

图 4　不同层级空间管理关系分析模型

图 4 将城市规划四区与主体功能四区表现在空间上，可以发现它们的对应关系，但是图中深灰色部分不属于"两规"的空间管制范畴，因此有必要探讨在这个层面的两者之间的耦合关系。

5.2　P-C-L-E 耦合空间模型

进行市域空间区划，是规划指导空间发展的重要行为，目的是推动空间的有序发展，但是城市规划管制空间划分不是城市空间增长的直接动力，要想对空间发展产生导向作用，还要基于主体功能区划分进行空间区划，由此决定城市的发展方向。空间区划在用地分区上坚持粗线条原则，关注的是终极开发容量，体现政策与战略引导，可以为下一步城市规划区层面的规划留有弹性和余地。目前由于不同地域空间特点，市域空间分区并不存在统一模式，常见的分区有：城市建设发展区、农业发展区、生态环境保护区，也有根据需要划分为严格保护区、控制保护区、规划调控区等（刘宏燕，2007）。因此，有必要研究市域空间统一模式，在此可以引入耦合概念，结合城市增长管理空间对市域进行空间区划，设定城市耦合空间（图 5）。

耦合空间主要指"三生一建"空间划分，是在划定禁止开发区、限制开发区、重点开发区与优化开发区的基础上，依据土地、资源、生态环境现状，重点加强对资源环境的统筹，

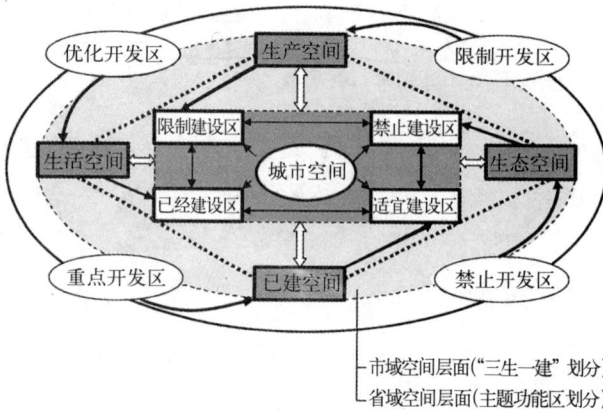

图 5　城市耦合空间的 P-C-L-E 模型

以保护市域生态环境、土地和水资源为目的，整合空间资源，将市域空间划分为生态空间、生产空间、生活空间和已建空间四大部分，也可以说是主体功能区规划在市域层面空间的延伸。这种空间区划的范围突破了城市总体规划的规划区，包括城市行政划分区域，根据不同空间所承载的功能，提出空间发展思路和管制策略，其中：生态空间是规划中以生态保护为主的空间；生活空间则是规划中以生活为主的空间，以乡镇县城居民点现状为主；生产空间是规划中用于基本生产要素配置和重组、承载生产经营活动的空间；已建空间则是已建成区占据的空间。

5.3　空间区块功能协同重组

事实上，城市总体规划和主体功能区规划都是针对空间资源的规划，只是它们根据不同的规划目标选择不同的规划内容，相互之间既有共同点，也有差异性（图 6）。

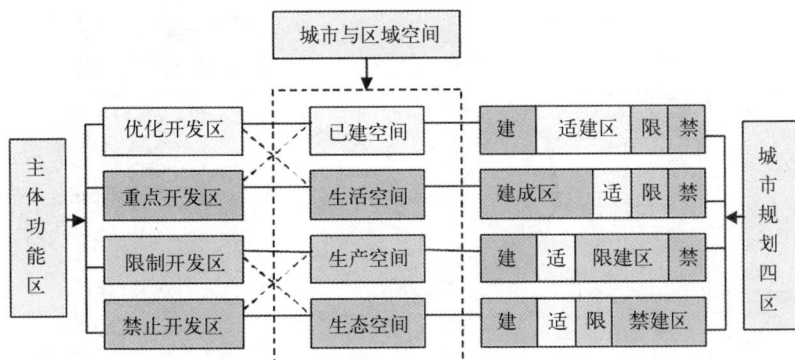

图6 主体功能区规划与城市总体规划空间协同性关系分析

5.4 市域空间的综合评价指标体系

为了定量与定性相结合进行科学的区域划分，需要建立空间的综合评价指标体系（表5）。主体功能区规划偏重于宏观的经济社会属性，城市总体规划的城市规划区规划偏重于微观的社会和用地空间属性，而作为处于两者之间的市域空间规划则应偏重于中观的综合属性。通过定性研究区位重要度、交通可达性、创新能力、自然灾害等，定量研究人口、用地、经济、水文、环境容量等，依托行政区，以乡镇为划分单元，分析地域资源环境承载能力，对土地资源、水资源、能源和环境等城市发展的基本要素进行综合分析，建立了市域空间管制指标体系——确定了4个因素层（发展潜力、可开发强度、可持续发展力、环境承载力）、15个因子层，并对因子功能进行界定，由此落实对市域空间的开发管制，

基于主体功能区理念的市域空间管制指标体系   表5

主体功能区	基于主体功能区理念的衡量指标			延伸到规划区
	因素层	因子层	因子功能	
优化开发区	发展潜力	人口密度	评价现有人口集聚程度和开发密度	已建区
		建设用地丰度	适宜建设用地丰度	
		城镇化水平	评估人口经济集聚能力、国土开发程度与潜力	
重点开发区	可开发强度	土地开发强度	国土开发利用强度	适建区
		人均 GDP 及增长率	评价经济开发密度和集聚能力	
		交通可达性	评价基础设施水平和地理区位条件	
		工业化水平或产业结构	评估经济发展水平和国土开发密度及发展潜力	
		人口流动	评价人口和经济集聚的能力和潜力	
		创新能力	科技开发投入和人均受教育年限	
		区位重要度	定性赋值评价战略地位	
限制开发区	可持续发展力	可利用水资源	可开发利用水资源丰度	限建区
		环境容量	分析环境对人类活动的承受能力	
		自然灾害	评价负面影响程度和限制程度	
禁止开发区	环境承载力	生态敏感性	生态脆弱性程度复合指标	禁建区
		生态重要性	评估重要程度和保护价值	

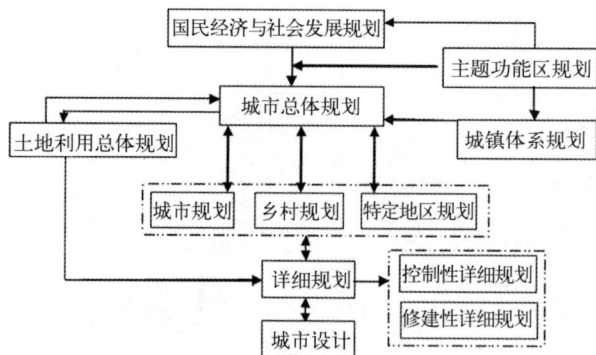

图7 走向一体化的空间规划体系分析

促进各层级规划的相互配合，实现社会经济与资源、生态、环境的协调发展。

6 走向一体化的空间规划

基于上述市域空间耦合构想，可以对城市总体规划提出编制方法的创新，以基本满足城市总体规划和主体功能区规划对空间区划的要求。建立不同主体功能开发区要求下的空间综合评价指标体系，将经济社会发展规划和城市建设规划有机结合起来，以资源环境承载能力为前提，提出合理的空间开发规划设想，为提高城市总体规划的科学性提供参考依据。这类空间规划，来自于城市总体规划和主体功能区规划，但又不是它们中的任何一个规划，这也就是走向一体化的空间规划（图7）。

参考文献

[1] 顾朝林，张晓明，刘晋媛，等.盐城开发空间区划及其思考 [J].地理学报，2007，62（8）：787-798.

[2] 马凯.《中华人民共和国国民经济和社会发展第十一个五年规划纲要》辅导读本 [M].北京：北京科学技术出版社，2006.

[3] 杜黎明.主体功能区区划与建设——区域协调发展的新视野 [M].重庆：重庆大学出版社，2006：27.

[4] 朱传耿，等.地域主体功能区划理论·方法·实证 [M].北京：科学出版社，2007：18.

[5] 袁锦富，徐海贤，卢雨田，等.城市总体规划中"四区"划定的思考 [J].城市规划，2008（10）：71-74.

[6] 金继晶，郑伯红.面向城乡统筹的空间管制规划 [J].现代城市研究，2009（2）：29-34.

[7] 裴俊生，王俊.烟台城市规划区规划研究 [J].城市规划学刊，2007（2）：109-112.

[8] 谭纵波.城市规划 [M].北京：清华大学出版社，2005.

[9] 彭小雷，苏洁琼，焦怡雪，等.关于城市总体规划中"四区"定义的探讨 [M]//中国城市规划学会.生态文明视角下的城乡规划——2008中国城市规划年会论文集.大连：大连出版社，2008.

[10] 郝春艳，黄明华.对城市总体规划中心城区空间管制分区的建议 [M]//中国城市规划学会.生态文明视角下的城乡规划——2008中国城市规划年会论文集.大连：大连出版社，2008.

[11] 汪劲柏，赵民.论建构统一的国土及城乡空间管理框架——基于对主体功能区划、生态功能区划、空间管制区划的辨析 [J].城市规划，2008，32（12）：40-48.

[12] [美]汉森.S.改变世界的十大地理思想 [M].北京：商务印书馆，2009：145.

[13] 刘艳芳.经济地理学 [M].北京：科学出版社，2006：126-127.

[14] 张可云.主体功能区的操作问题与解决方法 [J].中国发展观察，2007（3）：26-27.

[15] 王金岩，吴殿廷，常旭.我国空间规划体系的时代困境与模式重构 [J].城市问题，2008（4）：62-68.

[16] 史育龙.主体功能规划与城乡规划、土地利用总体规划相互关系研究 [J].宏观经济研究，2008（8）.

[17] 方忠权，丁四保.主体功能区划与中国区域规划创新 [J].地理科学，2008（4）：483-485.

[18] 龙瀛，何永，刘欣，等.北京市限建区规划：制定城市扩展的边界 [J].城市规划，2006，30（12）：20-26.

[19] 仇保兴.转型期的城市规划变革纲要 [J].规划师，2006，22（3）：5-14.

[20] 国务院发展研究中心课题组.主体功能区形成机制和分类管理政策研究 [M].北京：中国发展出版社，2008.

[21] 建设部课题组.完善规划指标体系研究 [M].北京：中国建筑工业出版社，2007：7-8.

[22] 刘宏燕，张培刚.增长管理在我国城市规划中的应用研究 [J].国际城市规划，2007，22（6）：108-112.

[23] 顾朝林，甄峰，张京祥.集聚与扩散——城市空间结构新论 [M].南京：东南大学出版社，2000.

我国空间规划协调问题探讨

——空间规划的国际经验借鉴与启示 *❶

林 坚❷ 陈 霄❸ 魏 筱❹

空间规划体系及规划协调是近年学术界探讨较为热烈的议题。空间规划体系是由不同类空间规划构成的,是相互独立又相互关联的系统,其中包括法律法规体系、行政体系等[1]。我国现行的空间规划体系具有横向和纵向的脉络,横向上主要包括主体功能区规划、土地利用规划、城乡规划和生态功能区划,纵向上包括国家级、省级、地(市)级、县级、乡镇级等多个层级,但尚未形成统一有序的格局。各类规划的具体编制分别由不同部门主导,总体协调与局部冲突现象并存,对合理配置城乡和区域资源、优化空间布局、提高空间效率、改善空间环境、规范空间秩序的统筹性不足。借鉴国际空间规划体系的经验,分析我国现有空间规划之间的内在联系及冲突所在,建立符合国情的空间规划协调机制,以期对我国加强空间管理、促进可持续发展有所裨益。

1 国际空间规划体系的经验借鉴

1.1 国外空间规划多为单一体系

国外空间规划体系以单一体系为主,即一个层级往往只存在一个空间规划指导全区的空间发展策略,这以英国、德国和瑞士为代表。

(1)英国。发达国家空间规划的兴起以英国最早,自 1909 年颁布的第一部关于城乡规划的法律——《住房及城市规划诸法》以来,英国就一直实行城乡融合的空间规划体系。纵向上,英格兰的行政区划分为国家级(英格兰)、区域级(虚体行政单位)、郡级和市镇级 4 个层次,空间规划也相应地由 4 级构成。英国的空间规划上下级之间的衔接主要通过政策的落实和细化而实现;国家级规划反映政府的综合政策倾向;中间的区域级和郡级规划不仅要细化和落实上级规划的政策要求,还要综合考虑区域内部的协调,对下级规划的制定提出政策引导;最基本的地方规划则非常注重规划的可实施性。值得注意的是,英国的空间规划成果直到郡级都只有规划文本和图表说明,没有规划图。只有地方规划在落实结构规划中的开发计划和土地利用政策时,才会划定各类用地的精确的边界,指导、协调

---

* 基金项目:国家自然科学基金(40971093);国土资源大调查项目"土地利用规划用途分类方法与技术"。

❶ 本文来源:《现代城市研究》2011年第12期。

❷ 林坚,北京大学城市与环境学院。
❸ 陈霄,北京大学深圳研究生院。
❹ 魏筱,北京大学城市与环境学院。

私人企业或其他单位进行具体的项目开发活动，是审批规划许可的直接依据[2]。

（2）德国。作为联邦制国家，行政层级分明，分为联邦、州和地区（市镇）3级。国家空间规划确定土地利用的原则和模式；州空间规划是国家级到地区级的过渡，对国家级规划的目标和原则进行细化，并对本州内的地区空间规划进行指导和协调，这两个属于战略的控制性规划。而在地区层级，则地区空间规划和地方建设规划并存，但彼此职责明确，都从属于一个规划体系，并有上下衔接关系。地区空间规划是对州空间规划政策的落实，以制定具体的空间发展政策为主要内容，不涉及具体地块的开发限制；而地方建设规划则是通过土地利用政策和房地产开发控制对实际开发起作用，这种格局与我国的城市总体规划和控制性详细规划比较类似[2-4]。

（3）瑞士。依《联邦空间规划法》，瑞士空间规划涉及全国概念规划、州级空间指导规划和地区级空间规划。与德国不同的是，瑞士在全国层面只是编制原则性、框架性的空间发展概念规划，协调区域空间发展，它不具有强制性，主要以重大基础设施建设、专项资金扶持等措施进行引导并鼓励各州、市镇向联邦希望的空间方向发展。而在地区（即市镇）层面，市镇政府依据《联邦空间规划法》和州的空间指导规划，在配套的《空间规划和建筑法规》、《地方政府建筑法规》等要求下，编制详尽的土地利用规划，内容涉及每块土地的开发要求，经市镇委员会批准、州政府审核后具有法律效力，成为审批具体开发活动的依据[2]。

1.2 并行体系的空间规划以日本为代表

除了单一空间规划体系外，以日本为代表，还存在一种并行体系。日本设置国土规划和国土利用规划，全国性的两个规划同为国土交通省下设的国土厅规划局编制，二者是平行和相互协调的关系，其下级行政单位也要分别编制区域的国土规划和国土利用规划[2][5]。早在1950年日本就制定了《国土综合开发法》，按照国家、地区、都道府县和市町村4级编制国土综合开发规划，从1962年起共编制了5次全国性的国土综合开发规划，其主要内容是综合开发、利用、保护国土资源，合理调整产业布局；2005年，日本出台了《国土形成规划法》，取代之前的《国土综合开发法》，并于2008年据此开展了《第六次国土形成规划》的编制工作，相应规划体系只包括全国规划和10个广域地方规划两级，均由中央的国土交通省国土规划局负责编制，宏观指导性更强，并给了广域地方较大的规划弹性空间。而国土利用规划是依据《国土利用规划法》开展编制，主要内容是确立国土利用的基本方针、各种用地的规模目标以及实现目标所采取的措施，其中"各种用地的规模目标"是指按照利用目的划分的农业用地、森林、荒地、水面、道路、建设用地等用地类别的规划面积目标值。国土利用规划自上而下分为全国、地区、都道府县和市町村4个层级，表面上看属国土规划的专项规划，但历次国土利用规划的编制时间都早于国土规划。日本的国土规划虽然经历了从"四级"向"两级"转变，规划体系从简，并适当放宽对地方的束缚，但并行体系的基础并没有改变，国土利用规划依然是四级运行，对各类用地规模的目标依然强调严格控制。

1.3 空间规划内容注重上下衔接、各有分工

无论是单一体系还是并行体系，发达国家的空间规划都非常注重上下级规划之间的

衔接。上级规划以制定空间发展政策为主，是一种战略性的、纲领性的规划，主要对下级规划起引导作用；而下级规划则主要根据本级地区或区域发展的实际需求，将上级空间规划政策加以落实，到基层的空间规划则需要结合地方现状，编制能落实到具体地块的实施性规划，作为具体开发管理的依据。如英国的国家政策导则和区域政策导则，德国的联邦级和联邦州级的空间规划，都属于战略性规划，主要是确定区域政策、国土开发整治的目标和原则、重点开发区、重大基础设施的布局和落实规划的主要措施等。而英国的结构规划和德国的地区空间规划则是空间政策到土地利用的过渡，对地区的开发制定指导和控制政策，但不对具体的地块开发直接起作用。地方规划（英国）和地方建设规划（德国）才是审批开发活动的直接依据。

日本的空间规划体系中的战略性与实施性还通过两个规划体系体现，国土规划是一种综合规划，是其他各专项规划编制的依据，各个层级的主要内容基本一致，只是规划的范围和详细程度不同。国土利用规划主要对各种用地的规模目标进行控制性的约束，上下级通过指标衔接，这与我国的土地利用总体规划比较类似。

2 我国空间规划协调状况分析

2.1 "多规"并行的空间规划体系

经过多年的发展，我国形成较为庞杂的空间规划体系，呈现依据行政体系设置的并行体系特点，即一个行政层级存在由不同职能部门主导编制的空间规划，大体上分为 4 类：一是发展与改革委员会系统（简称发改系统）主导编制的主体功能区规划和特定地区的区域规划；二是住房与城乡建设系统（简称城乡规划系统）主导编制的城镇体系规划、城市总体规划和城市详细规划；三是国土资源系统（简称国土系统）主导编制的土地利用总体规划；四是环境保护系统（简称环保系统）主导编制的生态功能区划，各规划的主要内容如表 1 所示。

我国主要的空间规划体系构成   表 1

编制主体	规划名称	规划层级	规划目标	主要内容	侧重点	作用与特点	法律依据
发改系统	主体功能区规划	二级：全国—省级	通过主体功能区规划指导未来国土空间开发的定位、方向、强度、时序和管制规则等	分析评价区域资源环境承载能力、现有开发密度和发展潜力；划分优化开发、重点开发、限制开发和禁止开发四类功能区；为各功能区制定相关的配套政策和保障措施等	划分四类政策区	区域空间开发指南，具有战略性和约束性的规划	行政文件：《国务院关于编制全国主体功能区规划的意见》
	区域规划	无，根据国家战略制定	协调区域资源配置，降低因行政划分而导致的负外部性	资源条件综合评价；社会、经济现状分析和远景预测；资源开发的规模、布局和时序；城镇布局及基础设施的安排；国土整治和环境保护；综合开发的重点区域等	统筹安排区域基础设施和确定重点开发区域	是区域经济发展战略、国民经济和社会发展计划在地域空间上的落实和体现，具有战略性和综合性	行政文件：《国务院关于加强国民经济和社会发展规划编制工作的若干意见》

编制主体	规划名称	规划层级	规划目标	主要内容	侧重点	作用与特点	法律依据
城乡规划系统	城镇体系规划	四级：国家—省级—（地、市—县级）	从区域的层面确定城市的规模性质和空间布局	提出城镇发展策略和空间管制措施；确定城镇规模等级、职能和空间布局三结构；原则确定重大基础设施的布局等	统筹安排行政区内城镇和基础设施布局	行政区内的协调规划，为城市总体规划提供依据	法律：《城乡规划法》；部门规章：《省域城镇体系规划编制审批办法》、《城市规划编制办法》等
	城市总体规划	三级：地、市—县级—镇级	依据区域城镇体系规划，结合发展自身条件，合理制定城市经济和社会发展目标，确定城市的发展性质、规模和建设标准，安排城市用地的功能分区和各项建设的总体布局	确定城市性质和发展方向；根据人口预测确定未来用地规模；安排各类用地和基础设施的布局；环境保护和旧城改造等	根据城市性质和发展方向统筹安排规划区内的功能用地规模和布局	整合社会经济和物质空间建设	法律：《城乡规划法》；部门规章：《城市规划编制办法》
	城市详细规划	依据上位总规编制	依据城市总体规划或分区规划，确定各项用地的控制性标准，为城市设计提供依据	确定地块的用途和具体界限；确定道路红线和断面等；确定地块的具体规划定额和技术经济指标；综合安排各工程管线的位置和用地等	确定具体地块的控制性标准	是开发建设审批的直接法律依据	
国土系统	土地利用总体规划	五级：全国—省级—地、市—县级—镇级	根据国家政策和当地自然、经济、社会条件，对土地的开发、利用、治理、保护在空间上、时间上所作的安排和布局，是国家实行土地用途管制的基础	提出未来土地利用的调控指标，并将指标分解下派到下一层级规划；确定土地利用规模与结构调整方案；通过差别化政策实现土地用途管制，确定土地利用格局	分解和落实用地指标，划分土地用途分区	通过控制土地供给的规模、性质和布局实现保护耕地和管控建设，从而达到宏观调控社会经济发展的目的	法律：《土地管理法》；部门规章：《土地利用总体规划编制审查办法》
环保系统	生态功能区划	二级：全国—省级	通过划定各类生态功能区明确国土空间对人类的生态服务功能和生态敏感性大小，有针对性地进行区域生态建设政策的制订和合理地进行环境整治	区域生态环境现状、生态环境敏感性与生态服务功能空间分异规律评价；生态系统服务功能重要性评价；将区域划分成不同生态功能区，并配套相应的管制措施	根据生态评价划分生态功能区	为地面物质环境提供其生态基础的"底图"，强调保持空间生态功能的可持续性	行政文件：《全国生态环境保护纲要》

2.2 "多规"并行下的空间规划协调状况分析

2.2.1 同类规划自成体系，纵向基本衔接

从规划实践来看，同类规划在纵向上基本衔接。表现有四：（1）同类规划使用的统计口径和数据系统一致，不同层级在确定规划基数时上下衔接；（2）规划管理目标相互衔接；（3）规划编制时序有先后衔接关系。土地利用规划体系中的下级规划要待上级规划确立了控制指标后，才能根据分配的指标进行具体规划；（4）规划的审批制度决定了上下级规划必须衔接，一般下级规划要经过上级相应的主管部门审核同意才能予以批准，如果下级规划与上级规划的发展方向和目标不一致，审批部门可以不予批准或要求修改后再批准。

但是，个别规划体系仍存在上下级衔接不够紧密的问题，如城乡规划体系的城镇体系

规划和城市总体规划的关系。这与城镇体系规划的法律定位不明确不无关系。根据《城乡规划法》要求，全国和省级城镇体系规划是用以指导城市规划编制的，但到市级和县级的城镇体系规划则包括在城市总体规划编制的过程中，前者类似后者的专项规划[6]。而且目前对城镇体系规划如何实施及监管缺乏相应的法律规定，直接导致各级城镇体系规划作用难以全面发挥。各地区在编制城市总体规划的过程中基本没有直接依据上级城镇体系规划，失去"面"对"点"的指导作用，当城市—区域发展中出现问题和矛盾时，缺乏处理的法律依据。

2.2.2 同一层级的不同规划存在局部冲突，横向协调难度大

尽管法律和政策对各类空间规划的衔接做出明确要求①，但受行政管理职能的影响，各类规划争做"龙头"，强调"以我为本"，规划间的横向协调难度不小，尤其是在省级和市级两个层面，规划内容重叠、冲突时有发生。主要表现在如下几个方面：

（1）各规划有各自的法律依据，缺乏主导性规划加以协调。

城乡规划系统的城镇体系规划和城市总体规划，以及国土系统的土地利用总体规划都是法定规划，编制依据分别是《城乡规划法》和《土地管理法》；而全国主体功能区规划和生态功能区划则依据国务院行政规章制定的规划，理论上法律地位较低。但是，伴随近年来区域发展的诉求日益增强，发改系统的综合职能地位突出，其编制的主体功能区规划和各类区域规划实际指导作用更加显著，有时甚至超过了同层次的法定规划。这样就导致国家、省级层面存在多种规划一同指导下位规划编制，各自目标和侧重点又不同，在分配区域资源上也各执一词。由于缺乏法定意义的主导规划在区域中协调，各地方政府为了在"城市竞争"、"区域竞争"中争夺发展主动权，必然会在同等条件下选择对其发展最有利的规划作为指引，使得各规划编制中应考虑的区域协调机制发挥不充分，城市和区域之间恶性竞争加剧[7]。

（2）规划编制基础缺乏协调和统一。

在地（市）级和县级规划层面规划编制的基础不同，会直接影响规划的结果，这主要体现在城市总体规划和土地利用总体规划的矛盾上。

首先，规划编制所依据的基础资料不一致。土地利用总体规划依据的是利用遥感和实地核查获取的土地详查资料及土地利用变更调查的更新成果；而城市总体规划依据的是城乡规划部门的统计资料，统计过程中采取抽样调查的方法，所得到的数据为概查和估算数据，与遥感监测实地调查资料存在一定差异[8]。

其次，规划编制的基础统计口径不一致。比如城乡规划部门在统计城市建设用地时，往往将已划入城市总体规划区、还没有建设的郊区或部分农村也计入城市现状用地，国土部门则以实际成为城市建设用地或已办理了建设用地手续的用地作为现状城市建设用地，所以统计的城市建设用地面积会大于土地利用详查及变更调查数据。

第三，规划编制采用的用地分类体系和标准不一致。土地利用总体规划采用的是依据国土资源部2009年颁布的土地利用规划分类，共3个一级类、10个二级类和17个三级类。城市总体规划中的用地分类长期沿用《城市用地分类与规划建设用地标准》（GBJ137-90），共分为10大类、46中类和73小类，修订后标准尚未正式实施。两套用地分类标准的侧重点不同，用地分类内涵不同，影响了规划指标的统计工作。

（3）规划编制的技术方法和路线不一致。

主体功能区规划是根据国家经济发展目标和战略，结合地区资源环境承载能力划分 4 类功能区，并针对不同的区域，制定相关的管制政策以指导未来区域国土空间的开发，但规划对象并不覆盖全部的国土空间；城镇体系规划和城市总体规划根据各区域的发展条件制定不同的城镇化战略，并在人口预测的基础上，结合人均指标确定城镇发展规模和城镇空间布局的方案，反映地方需求，是一种"需求为上"的规划预测方法[8、9、12]；而土地利用总体规划自国家级规划开始，自上而下依次分配给下级行政单元，在严格保护耕地的基础上最大限度地保障建设用地，解决"吃饭"和"建设"的平衡问题[10]，在确定建设用地规模时，采用"以供定需"的方法，反映中央的调控意图，逼迫地方政府挖掘土地存量，节约集约利用土地，提高土地利用效率。三种规划的出发点不同，导致规划的目标和结果也存在较大差异。

（4）规划编制时间和期限不一致。

1986 年国家颁布了《土地管理法》，并依法律规定实施土地利用规划制度。1988 年全国逐步开展了第一轮土地利用总体规划工作。其后陆续完善了《土地利用总体规划编制审批规定》、《土地利用总体规划编制规程》。新一轮土地利用总体规划是根据 2004 年国家修改后的《土地管理法》和《土地利用总体规划编制规程》的要求而开展的。1989 年全国人大常委会通过了《城市规划法》，1991 年国家建设部颁布了《城市规划编制办法》，后来又有一些相关的法律法规出台，2007 年 10 月全国人大常委会又通过了《城乡规划法》。从 1980 年代初至今，城市总体规划在全国范围内已进行了 3 轮规划编制或修编工作。在规划期限方面，根据《土地管理法》，土地利用总体规划的规划期限由国务院确定，具体是由国家土地行政主管部门正式发文，对各级土地利用总体规划的规划基期、规划期及规划基期数据做出明确的规定。而城市总体规划，其规划期限一般都由编制规划的政府部门根据城市的发展条件、发展趋势等自行确定，规划期限确定的随意性较大。由于两项规划开始编制的时间不同，导致规划方案编制的不同步，造成规划基期、规划期、采用基础数据时限等的不同，导致两项规划结果的不一致，使规划的可操作性降低。而主体功能区规划和生态功能区划都是近年新出现的空间规划，在编制时间和期限方面与前两者的协调也缺乏明确法律规定，其规划效果和可操作性也有待验证。

（5）规划编制过程各自为政，内容重复，缺乏协调。

目前各项规划自编制过程中自成体系，与其他部门的协调仅仅限于规划完成后的座谈，在规划编制过程中缺乏有效的衔接和协调。因此，许多地方编制的土地利用总体规划强调耕地保护，对城镇扩展要求缺乏深入了解；同样，编制的城市总体规划侧重于城市用地功能区划分，缺乏对全区域土地利用的考虑[11]。而二者为了争夺对资源的配置权力，在编制内容上也存在重复交叉，另起炉灶的情况，使得矛盾冲突时有发生。

3 加强我国空间规划协调的对策探讨

3.1 加强我国空间规划协调的原则

在我国当前行政体制下，要真正实现一个规划"一统天下"并不现实，而且目前这种"分割"的规划体制在一定程度上、一定条件下还有其存在的必要性与合理性。但要建立有效的规划协调机制，必须确立两个基本原则。

3.1.1 上下级规划间解决好"引导性"与"实施性"的问题

空间规划体系要协调的首要基础是明确各规划主导"引导性"还是"实施性"，不能强求每一个规划都要有实施性，这样才能从规划层面上将矛盾冲突的可能性降到最低。

主体功能区规划和生态功能区划只有国家级和省级两个层次，故宜突出其政策引导职能以及不拘泥于中微观层面的用地划分细节。

城乡规划体系中城镇体系规划应强调中观层面的引导性，而城市规划、村镇规划则应明确其"实施性"，杜绝规划的"假"、"大"、"空"。

土地利用总体规划的五级体系中，国家级、省级土地利用总体规划应强调引导性，对国家层面的宏观战略进行空间层面的资源分配；而地（市）级、县级规划应在宏观引导和微观实施两个层面之间做好衔接，以便于镇级规划能够将各项指标落实到地块，充分发挥其微观层面的"实施性"管制作用。

3.1.2 同级规划间解决好"发展性"与"限制性"、"政策性"与"功能性"的问题

管理的真正有效，不仅有赖于权威的控制，还需要一个"发展性引导"与"限制性控制"相结合的管制体系。具体而言，区域规划、主体功能区划偏重于在宏观尺度上的发展政策导引，"发展性"与"限制性"并重；生态功能区划的内容属于"限制性"内容。城乡规划主要基于地方经济发展和人口增长，属于比较明显的"发展性"规划；土地利用总体规划的出发点是"一要吃饭，二要建设"，重点是对土地资源的消耗进行有效控制，寻求可持续发展。

此外，同级规划之间还要解决好"政策性"和"功能性"的问题，既要发挥功能性规划的空间平台优势，又要发挥政策性规划的政策指导优势，建立起一套空间和政策相结合的双平台统筹机制，才能使规划之间有机协调[9]。主体功能区划是一种政策分区，是从自然和经济社会综合视角考察区域发展的趋向，其目的是为国家和地方政府制定发展方略提供框架指引；生态功能区划则是一种功能分区，侧重于对国土空间客观特征的总体认识和功能性划分，为区域发展方略的制定提供生态环境本底的专业技术型支持；城乡规划也是一种功能性分区，规划重点在于合理配置各类用地，改善城市综合功能，优化城市的各种设施。而土地利用总体规划是一种功能性政策分区，其内容主要是建设、非建设以及有条件建设的空间管理策略，对具体用地区块进行管制区划。

3.2 加强我国空间规划协调的对策

3.2.1 省级层面——整合区域空间规划，明确其法律地位

空间规划法律是实施规划公共政策目的的根本保障。发达国家和地区十分重视保证空间规划实施的法制建设。其空间规划都具有法律地位，而且还有相应的空间规划法以法律形式明确各级空间规划的实施主体的责任和义务，以及实施的保障措施等内容。

目前我国省级层面存在4种空间规划：省级主体功能区划，省级城镇体系规划、省级土地利用总体规划和省级生态功能区划，各规划在指导城市"点"建设时由于缺乏相关的法律依据，不能形成有效的协调衔接机制，建议进行整合，并给予较为明确的法律定位。这点可以借鉴日本的经验，虽然同为并行体系，但日本以国土综合开发规划作为区域整合的综合指导，还有相应的《国土综合开发法》保障规划的编制和实施，在指导下级规划编制时有明确的法律依据。因此，我国省级空间规划的理想模式是：主体功能区规划"定政策"，城镇体系规划"定需求"，土地利用规划"定供给"，生态功能区划"供底图"，在相关目标的引导下，综合平衡国土空间的需求和供给，通过相关的政策引导有限的资源配置到"底图"上。省级层面的空间规划应以政策引导性为主，不需要落实到具体的空间。

3.2.2 地（市）级和县级层面——加强城乡规划和土地利用总体规划的有效衔接与协调

我国地（市）级和县级层面主要存在城镇体系规划、城市总体规划和土地利用总体规划3类。而由于这两个层面的城镇体系规划是包含在城市总体规划中，因此实际上是两规协调。一方面通过相关的法律规范逐渐同步两规的编制基础，另一方面应该加强市域和县域层面的区域规划对城镇"点"的指导作用。目前我国地市级城市总体规划对区域的协调主要通过城镇体系规划实现，但规划实施的法律基础却没有跟上。到县级和镇级城镇为了多争取资源，盲目做大人口规模和用地规模，导致其城市总体规划突破上级规划的规模限制时有发生。而土地利用规划是国土部门的主导编制，必须严格依照上级规划的指标控制，往往对城镇发展的实际需求缺乏考虑。因而可以适当调整地（市）级和县级城镇体系规划和土地利用总体规划的编制内容，整合协调两个规划的编制时序。编制城市总体规划时同步编制土地利用总体规划，在定建设用地规模时综合考虑"供给"和"需求"，使二者达到一个较好的平衡状态。目前有的地方城市规划部门与土地管理部门合并，成立国土规划局，实行"一张图"管理。虽然有利于两规的协调，减少项目申请者的手续，但容易权力过于集中，造成腐败[8]。

这两个层次的空间规划应注重引导性和实施性并重，既要通过政策引导下级规划编制，又要具有一定的可操作性，是"政策"到"空间"的过渡。

3.2.3 规划编制过程中积极推进协商治理机制

我国目前的空间规划存在多部门交叉管理、规划地域空间的重叠等现象，应逐步建立我国空间规划协商新机制，才能有效解决多种空间规划并行带来的负外部性效应。具体来说，可以从推进更广泛的公众参与、加强区域合作和部门协调来实现。在公众参与方面，可以借鉴德国和英国等发达国家的经验，利用网络，以及在规划编制过程中以法定文件的形式反馈公众意见等方面来促进政府和民众的沟通。在区域协调方面可以借鉴英国的经验，即设立区域空间规划的专门机构协调空间资源配置；在部门协调方面可以借鉴德国的部长会议机制，负责不同规划的部门可以定期召开会议，交流各自对空间规划的设想，以达到沟通和协调的目的，从而最大限度地减少不同类规划之间的冲突。

4　结语

国际上空间规划经验表明，规划的单一体系和并行体系是同时存在的，关键要形成内容协调、分工明确的格局。我国空间规划由于行政制度、发展历史等原因，多规并行、互有交叉乃至发生冲突的状况客观存在。过分强调某一规划主导于事无补，做好规划间的相互衔接，建立有效协调机制是解决问题的正道。规划协调机制需要处理好上下级规划的衔接，也要解决好横向规划间的分工和协调，这在省级、地（市）级以及县级层面都应该有所侧重，而且协商治理机制应积极推进。

注释

① 《国务院关于编制全国主体功能区规划的意见》（国发 [2007]21 号）称"全国主体功能区规划是战略性、基础性、约束性的规划，也是国民经济和社会发展总体规划、区域规划、城市规划等的基本依据。"《城乡规划法》第五条指出"城市总体规划、镇总体规划以及乡规划和村庄规划的编制，应当……与土地利用总体规划相衔接。"第十一条规定"国务院城市规划行政主管部门和省、自治区、直辖市人民政府应当分别组织编制全国、省、自治区、直辖市的城镇体系规划，用以指导城市规划的编制。"《土地管理法》第二十二条："城市总体规划、村庄和集镇规划，应当与土地利用总体规划相衔接，城市总体规划、村庄和集镇规划中建设用地规模不得超过土地利用总体规划确定的城市和村庄、集镇建设用地规模。"

参考文献

[1] 何子张. 我国城市空间规划的理论与研究进展 [J]. 规划师，2002，22（7）：87-90.

[2] 张丽君，刘新卫，孙春强，等. 世界主要国家和地区国土规划的经验与启示 [M]. 北京：地质出版社，2000.

[3] 吴志强. 德国空间规划体系及其发展动态解析 [J]. 国外城市规划，1999，（4）：1-4.

[4] 张志强，黄代伟. 构筑层次分明、上下协调的空间规划体系——德国经验对我国规划体制改革的启示 [J]. 现代城市研究，2007，（6）：11-18.

[5] 林家彬. 日本的国土政策及规划的最新动向及其启示 [J]. 城市规划汇刊，2004，（6）：22-28.

[6] 周复多. 提高城镇体系规划的科学性和可操作性 [J]. 现代城市研究，2001，（6）：44-46.

[7] 林坚，田刚，等. 新形势下城乡规划应对空间发展问题的策略探析 [J]. 城市发展研究，2011，18（9）：71-77.

[8] 李玉梅. 快速城镇化进程中的城市总体规划与土地利用总体规划的协调研究——以重庆市南川区为例 [D]. 重庆：重庆大学建筑城规学院，2008.

[9] 徐东辉. "三规合一"的城乡总体规划 [A]. 城市规划和科学发展——2009 中国城市规划年会论文集 [C]. 天津：天津电子出版社，2009.857-866.

[10] 汪劲柏，赵民. 论建构统一的国土及城乡空间管理框架——基于对主体功能区划、生态功能区划、空间管制区划的辨析 [J]. 城市规划，2008，（12）：40-48.

[11] 王素萍，杜舰. 城市总体规划与土地利用总体规划的矛盾与协调 [J]. 国土资源，2004，（12）：26—27.

[12] 董黎明，林坚. 土地利用总体规划的思考和探索 [M]. 北京：中国建筑工业出版社，2010.

第三章 | 制度创新

空间布局协同规划的科学基础与实践策略 [*][1]

樊 杰 [2] 蒋子龙 [3] 陈 东 [4]

1 引言

长期以来，我国存在着重"发展计划"、轻"布局规划"的偏差，在时间序列上的社会经济发展目标、增长速度、产业结构、战略任务、保障措施始终是政府管理和调控的主要手段，布局规划中一枝独秀的"城市规划"还因为多种原因难以发挥其真正的价值。在我国有小康社会、现代化、两个百年等发展的战略及指标体系，但却没有描绘未来20年或50年国土空间开发利用的总体蓝图[1]；我国从上至下的决策层都能够准确地表达"产业结构"的水平和优化的目标，但很少有领导能够理解"空间结构"的变化规律和综合效益。空间布局规划的缺失、轻视，是我国发展进程中、特别是高度工业化和城市化进程中国土空间开发无序、区域发展失衡的重要原因之一[2]。近年来，区域协调发展战略不断丰富，空间布局规划类型不断创新，政府对布局规划和空间指引的重视程度不断提高，空间布局规划也开始在我国现代化建设中发挥作用[3]。一个国家健全的空间布局规划体系应该是，纵向系列的不同尺度的空间布局规划相互衔接，横向系列的不同类型的空间布局规划相互协调。空间布局的协同规划在提升布局规划价值和规划实施效益、指导国土空间有序开发和保护、形成可持续和富有竞争力的空间结构、营造优良的人居和投资环境等方面，具有重要的意义。

2 我国空间布局规划的协同状态

我国重发展计划、轻空间布局规划，通常被认为是学习前苏联计划体系模式所致[4]。但事实上，前苏联及原东欧社会主义国家在重视时间序列发展规划的同时，对空间布局规划也相当重视。由于当时这些社会主义国家以经济建设为主题，把经济区规划，特别是围绕工业化所需要的工业体系、工业枢纽、工业基地及工业区空间布局规划也作为空间规划一项重要的内容[5]，最发达的国家东德还开展了全国和地方的国土规划工作。但由于社会主义计划经济的政策体系不健全，特别是没有建立完备的工业化地区对原材料供给区域、农业区域的补偿机制，造成了苏联内部以及东欧社会主义阵营内部的巨大区域差距，使得人们对生产力布局和区域规划产生了怀疑。与此同时，资本主义国家将空间布局规划放在

---

* 　中国科学院重点部署项目（KZZD-EW-06-01），国家科技支撑计划项目（2008BAH31B00），国家自然科学基金重点项目（40830741）。

[1] 本文来源：《城市规划》2014年第1期。
[2] 樊杰，中国科学院可持续发展研究中心，中国科学院地理科学与资源研究所。
[3] 蒋子龙，中国科学院地理科学与资源研究所。
[4] 陈东，中国科学院地理科学与资源研究所。

了更为重要的地位,特别是西欧、日本、韩国等人口规模较大、人均国土资源相对紧缺的国家,空间规划成为约束这些国家政府、企业及民众进行空间行为的法律准绳。发达的资本主义国家在实现工业化和城市化过程中,能保持家园美丽、人居环境优越,主要归功于国土空间布局规划所发挥的作用。

近年来,随着科学发展观的确立和贯彻实施,特别是在我国高速增长之后,面临着资源环境与人口经济发展矛盾冲突不断加剧、区域发展不平衡以及城镇化进入了一个新阶段等诸多问题,空间规划越来越受到中央政府许多部门和地方政府的重视[6],空间规划成为政府的一种资源,我国空间规划的类型不断增多,包括主体功能区规划和区域规划(发改委系统主导)、土地利用规划和国土规划(国土部门主导)、城镇体系规划和城市规划(建设部门主导)等一系列规划都在优化我国国土空间开发格局中发挥了一定的作用,但是空间规划的资源面临着一系列急需整合的问题。以下将从存在问题的角度对我国目前空间布局规划的协同状态进行简单剖析。

2.1 发展类规划和空间布局类规划难以衔接

在规划体系中作为顶层规划的发展规划和空间布局规划难以衔接的重要表现之一,是两者的规划期限不一致,使得发展规划所确定的人口、经济总量、战略定位等一系列发展目标、发展速度以及重大的比例关系等难以成为空间布局规划的直接依据。

以北京市的发展规划和城市总体规划为例,北京市在"十五"计划期末(2005年)的常住人口目标是1440万人,城市总体规划确定的人口规模目标到2010年才达到1250万人;"十二五"规划期末的人均GDP目标是达到1万美元,在城市总体规划中到2020年这一目标才达到1万美元;同样,三次产业结构以及城市建设用地规模等也存在着类似的问题(表1)。众所周知,发展规划期限只有5年,而城市总体规划的时间跨度通常在15~20年。我国在国民经济和社会发展规划中也曾经一度用远景战略作为发展规划的重要内容,但是在"十一五"规划和"十二五"规划中都又回到了5年规划的发展目标。由于发展规划缺少远景的战略目标,所以对空间规划难以起到有效的支撑作用。

北京市五年规划期末与北京城市总体规划的规划期末主要目标对比　　　表1

规划项目 主要目标	"十五" 计划	"十一五" 规划	"十二五" 规划	城市总体规划 (1991~2010)	城市总体规划 (2004~2020)
常住人口规模(万人)	1440	—	—	1250	1800
地区生产总值增长	年均9%	年均9%	年均8%	翻两番	翻两番
人均地区生产总值(美元)	—	6000	>10000	翻两番	>10000
第三产业比重(%)	60	72	>78	—	>70
城镇建设用地规模(平方公里)	—	1400	1550	900	1650

2.2 不同空间规划对同一内容的规划结果不同

在国家层面上,对于我国城市化格局以及由城市化格局所确定的点轴开发系统的总体骨架,在几个重要的规划中存在着一定的差异。正在讨论中的全国国土规划纲要、全国城镇体系规划(已编制出方案,未进入审批程序)以及全国主体功能区规划所确定并在

"十二五"规划中采用的关于中国城市化战略格局的三幅图是不同的（图1）。三者在中国城市化战略格局中对核心节点的取向差异不大，主要差别表现在轴带的方向、数量及结构上。而轴带的打造往往是国家未来对整体国土空间进行开发方向引导的重要手段，也是设置国土空间开发重点区域、打造区域间新型合作关系以及推进区域协调发展的重要策略。

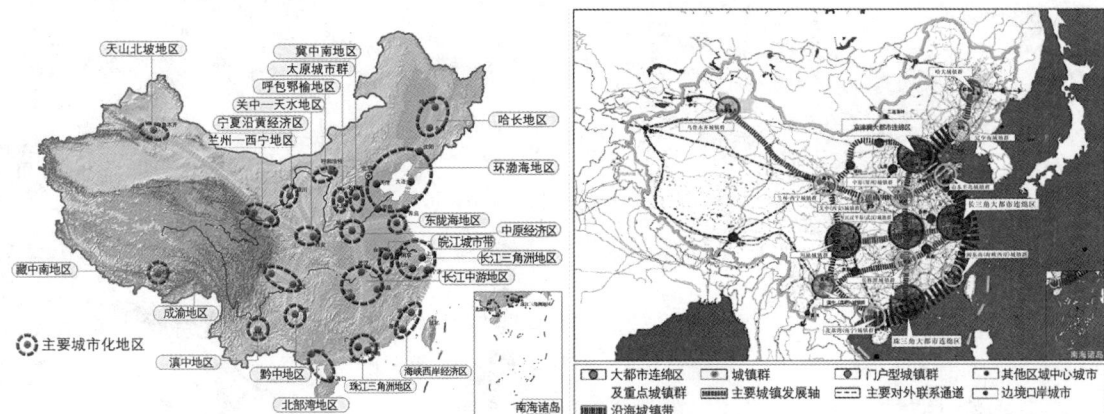

图 1　不同规划对中国城市化战略格局的表达

从全国城镇体系规划来看，它所表达的我国城市化战略格局更多地侧重了沿海的三个重要组团对我国中西部地区的带动作用，这一点是符合邓小平同志对我国国土空间开发总体部署的，即在 2000 年之后形成以东部带动中西部地区发展的格局。全国城镇体系规划增加了"长三角"地区和"珠三角"地区对我国西南地区的通道建设[7]，因此，东西向垂直于海岸带的轴带是它的重要布局指向。而"十二五"规划和主体功能区规划所确定的"两横三纵"城市化格局，则主要是依托我国已经形成的大的战略格局框架所形成的。长期以来，南北向的联系一直是我国主要的联系，例如，"北煤南运"、"南粮北调"等。且我国地形呈由沿海向内陆的阶梯状分布，所以垂直于海岸带的通道难以打造，而南北向的通道建设则具有比较好的自然条件。因此，在"十二五"规划和主体功能区规划确定的城市化格局中纵轴的数量多于横轴的数量。目前正在讨论的全国国土规划，则是综合了全国城镇体系规划和主体功能区规划城市化格局的总体蓝图。但无论如何评价，以及不管战略意图如何，对于同是由国务院部门主持编制的全国层面的规划，在城市化格局及点轴开发系统等方面应该是完全一致的，不应该出现对同一个问题在表达上的差异性。

2.3　同一类空间规划因行政区划不同而不相协调

以城市规划为例，对京津冀地区和辽宁海岸带地区由城市规划部门所编制的城市规划和园区规划进行了拼图（图2），从中可以看出不同的地方性规划之间存在着以下两大核心问题。

一是开发强度过大。简单地把各城市规划的建设用地规模、人口规模等求和，均远远超出了区域合理的总量规模。例如，辽宁海岸带仅开发区一项占地面积需求就超过4000 平方公里，按照这样的开发方式，高强度的开发面积占海岸带的比重达到 2/3，对未来海岸带生态资源保护和海岸带高品质开发带来了很大的负面影响。并且，这个问题

215

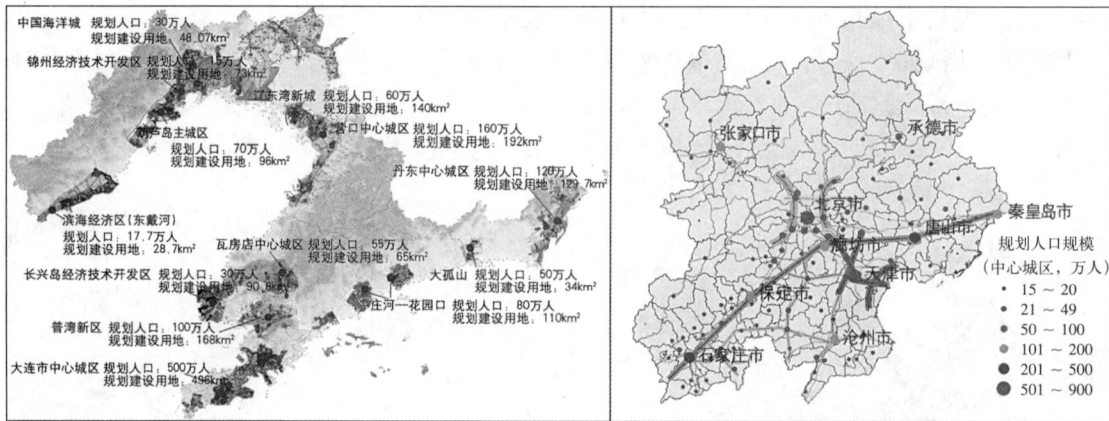

图 2　辽宁海岸带城市规划（左）与京津冀城镇体系规划（右）

在我国是普遍存在的，如果将我国各城市发展规划进行简单求和，建设用地规模、人口规模以及产值规模都将远远大于我国在同时期可能达到的总量规模。

二是空间结构无序。从京津冀的城镇体系规划来看，河北省未来打造的城镇发展主轴，放在京津冀区域整体来看显然是不合理的。河北南部的保定、石家庄等城市必然要将和北京、天津的联系作为未来区域发展、营造合理空间结构的主要方向，而在河北省城镇体系规划拼图中，将石家庄—保定—廊坊—唐山—秦皇岛等发展轴作为它的主轴，显然不具备任何战略意义[8]。如果从辽宁海岸带各城市规划来看，辽东湾新区的建设和营口老城在实体地域空间已经是同城化了，但是在规划编制过程中却是相互分离进行的，显然，只是一河（辽河）相隔的两个城市不能进行统一规划，对完整的实体地域空间来说，其未来城市的功能分工、基础设施建设以及城市品质打造都存在较大隐患。从更小的尺度来看，在鲅鱼圈开发中，由于行政管理分割，存在着"港—园—城"自成体系、规划和建设协调性差的问题（图 3）。

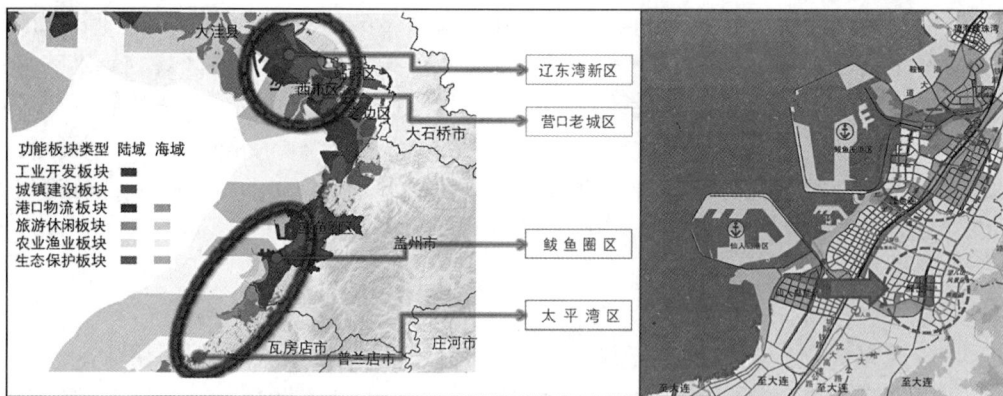

图 3　辽东湾局部区域地方性规划方案（左）、开发区规划方案（右）的空间关系

2.4　规划协同状态的原因简析

我国相关规划难以协调一致，究其主要原因在于缺乏顶层设计、整体安排、高效协调、动态优化的体制机制设计。在城市化水平达到 50%、区域发展及国土空间开发强度处于较高

水平的阶段，对于国土空间的开发、自上而下的体系安排及横向之间的协调，必须按照现代国土空间开发的理念进行整体的设计。简单地说，我国目前的国土空间开发速度要远远快于现代化体制改革的速度，即我国整体治理或者空间管制的体制机制安排已经滞后于国土空间实际的开发进程和管理的需求，使得国土空间开发及相应的规划体系出现一定程度的无序发展。此外，我国严重的部门和地方利益壁垒，也加大了空间布局规划衔接协调的难度。

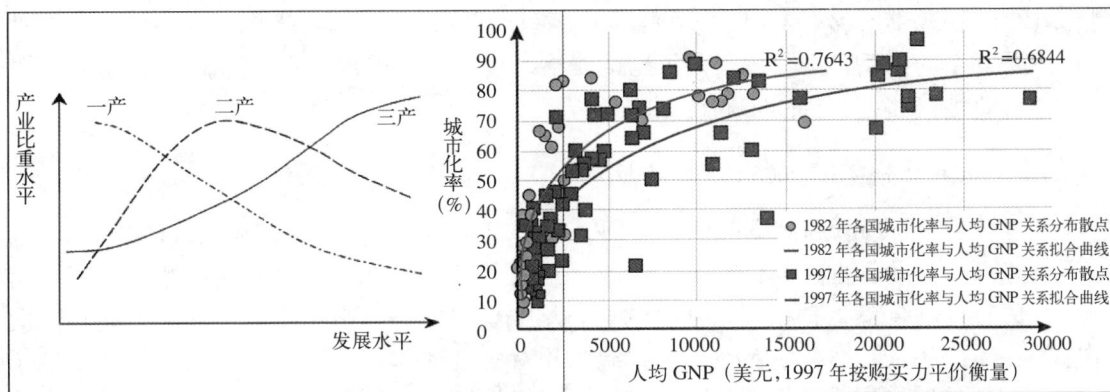

图 4　产业结构演变规律（左）和城市化发展规律（右）

另外，决策者和规划者自身缺乏对空间布局规律的认知和空间规划的科学素养也是产生空间规划协同问题的重要原因之一。目前，决策者和规划者对产业结构的演变规律已有了基本的认识，普遍了解三次产业结构演变的基本规律，"二三一"的产业结构效益是要高于"一二三"产业结构的。近几年来，决策者和规划者也越来越认识到城市化率所代表的城市化水平也是现代化建设进程的重要指标。所以，产业结构和城市化率已经成为决策者进行决策和制定规划时追求的重要目标。当然，这其中也存在着很多偏差，比如盲目追求产业结构的高度化，脱离了产业经济的发展水平，由此导致了产业的虚高度化。同样在城市化问题上，简单地认为城市化率高就是现代化水平高，忽略了由于不健康的城市化带来的城市化水平虚高而现代化水平低下的这一发展情况。尽管如此，产业结构和城市化的基本发展规律还是已经被广大决策者和规划者掌握了（图4），但空间结构规律却一直没有得到充分的认识。空间结构演变也是度量区域现代化建设状态的一个重要方面，存在着其科学机理和调控价值。以日本的国土空间结构演变为例，日本在30年的快速发展时期，由于城市化发展导致的城市空间所占比例提高了4个百分点，基本上是由农村建设空间减少4个百分点实现的（图5），粮食安全和生态安全得到保障，因此，

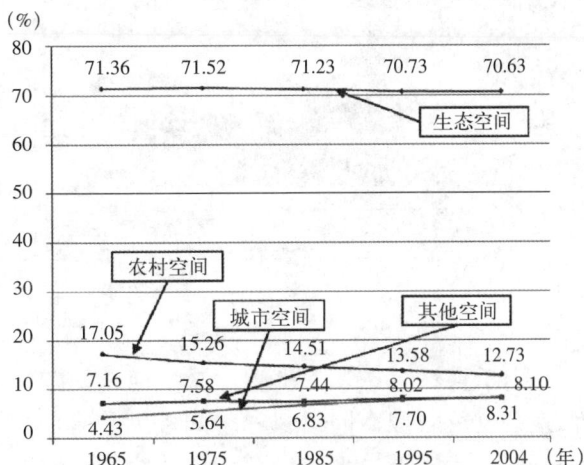

图 5　日本国土空间结构的演变过程

日本的国土空间结构演变是比较健康的，值得我们借鉴。

3 地表空间合理组织的科学机理

正确认识地表空间格局的演变规律是进行科学合理调控的前提和基础[9~10]。地表空间具有功能的多样性、结构的动态性、系统的复杂性和开放性、目标的多元化、不确定性以及自组织功能等多种特征，空间组织过程和通过政策工具、规划手段进行调控必然也是一个复杂的体系，这个体系要根据地表格局变化规律进行相应的协调、互动、统筹，才能够有效地发挥不同空间布局规划的价值。

3.1 从地球科学的视角认知地域功能

科学认识、合理利用复杂的国土空间，是实现人类与自然生态系统共存的重要前提。假设没有人类活动，自然界在地域空间上会形成差异化的自然地理地域功能类型[11~12]，进而形成有序的自然生态格局。这样的生态格局保障了不同自然要素之间和不同功能地域之间的作用联系，维系了自然生态系统的相对稳定性[13]。人类自诞生之日起就产生了生产和生活的空间需求，如果简单地按照最不干扰自然生态系统的情况配置人类生产、生活空间，显然是无法满足人类活动需要的。反之，如果仅从满足人类生产、生活的空间需要方面进行空间区位选择，也可能对自然生态系统产生破坏，导致可持续性发展基础丧失（图6）。因此，从"人"或"地"任何一个系统出发所构造的空间结构都是不合理的，需要进行综合的、集成的功能分区[14]。

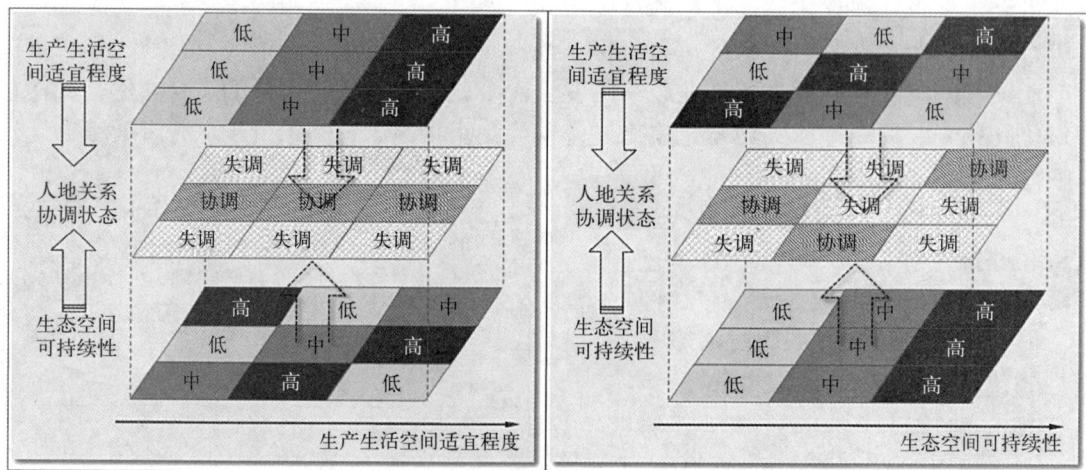

图 6 人文系统与自然系统空间耦合的状态

由于自然生态和人类生产、生活空间配置方案的不同会产生不同的效应，所以对地表系统进行合理空间组织和空间规划是有应用价值的。对地域功能的科学认知、识别和部署，需要既满足人类生产、生活空间不断增长和不断丰富的功能需求，同时还要满足自然生态系统的可持续发展能力不被破坏，这是进行一切规划的基础。所以国土空间的合理组织，首先是自然系统和人文系统的综合协调问题。世界上多数国家在进行国土空间规划时，均以地域功能管制的方式来进行空间的合理组织，将对地球表层的面状空间进行功能分区作为推动其空间结构有序化的重要方式。在城市规划中，对于城市建成区内部的各种功能的部署也是城市总体规划的重要内容。

3.2 空间结构的动态过程

如果简单地按照生产、生活、生态功能进行"三生空间"的划分，其三者比例关系和形态结构在时序发展及空间分异上是具有演变规律的（图7）。其中，从空间结构的时间演变过程来看，在农业文明时期，生态空间比例较高，生产、生活空间比例较低；进入工业文明时期，生产、生活空间比例快速增长并达到极值；到了生态文明时期，生产、生活空间比例增速开始趋缓，甚至生产空间比例有所减少。从"三生空间"的空间分异来看，在生态类功能区，例如我国青藏高原、西北干旱区等区域，生产、生活空间所占比例较小；在东部平原地区，生产、生活空间比例则相对较大[14]。同样，从空间形态来看，由于发展阶段或区域发展条件的不同导致不同区域的空间形态差异较大，有的区域呈点状开发形态，有的则呈点轴系统开发形态，部分区域则可能已处于网络化开发的形态。从空间结构的时空分异规律来看，无论是在空间结构比例上，还是空间形态上，空间结构均是一个不断变化的动态过程。

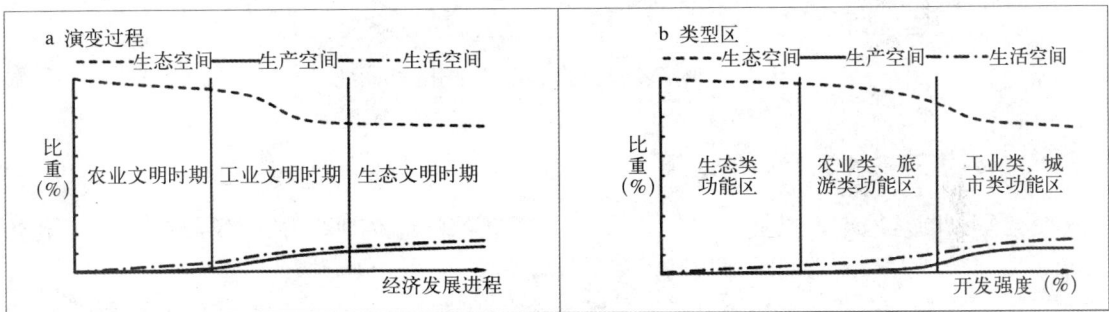

图7 三大空间比例关系演变过程（a）和类型区（b）示意

3.3 地表空间系统的复杂性

事实上，自然界和人类系统的空间体系不只是简单地由生态空间、生产空间、生活空间等三者构成，也不是简单的三者空间比例关系的演变过程。地表空间实际上是一个复杂的巨系统（图8）。假设A和B是两个城市，C是一个区域，若要对A城市进行城市的规模和性质的认知，以及城市内部合理布局方案的确定，首先必须深刻把握A内部的社会经济发展和资源环境的相互作用关系，而且要深刻地认知A内部社会经济的各种结构演变过程和

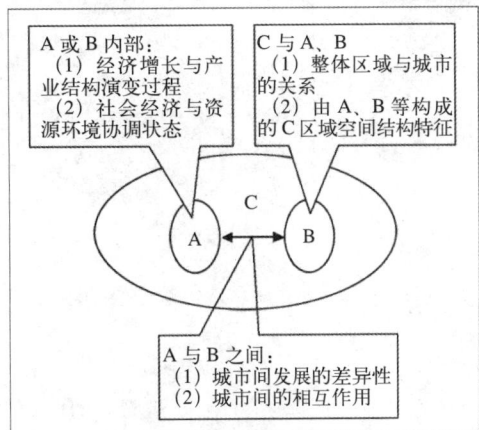

图8 区域发展综合研究的基本理论范畴示意

各种用地功能在空间上的合理配置规律，即 A 城市内部人的活动要与土地利用、自然生态环境等进行有机结合。在对 A 内部社会、经济、文化、生态、环境等全面认知的同时，还需要了解 A 和其相邻的城市 B 之间的差异与特点，以及两者之间的相互作用关系，从而确定 A 的发展功能定位和未来城市品质特色，以及 A 和 B 之间的分工协作格局、各自辐射影响范围等。在此基础上，还要了解 A 城市与 C 区域之间的关系，以及 A 城市的开发与整体区域 C 的发展是否呈良性的互动过程等。至于 A 城市内部的各种复杂关系，图 9 给出了城市内部各种自然和人文相互作用的复杂过程[15]。由此可见，地表空间是一个复杂的巨系统。

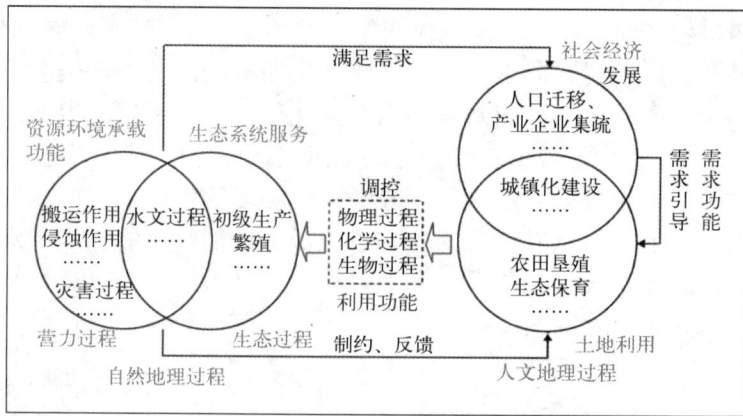

图 9　城市内部人文和自然系统的相互作用过程

3.4　系统开放和流空间的增强

更为复杂的是地球表层是一个开放的系统，随着全球流空间的快速发展，流对实体空间的影响越来越大。流空间的形成与发展对基于传统静止空间形成的一些基本理论、规则和形态带来了很大的影响，甚至可能使传统理论、规则等发生根本性的转变（图 10）。

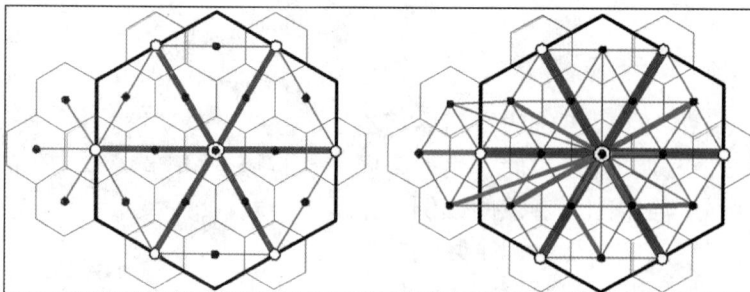

图 10　传统中心地规模等级结构（左）和流空间作用下的世界城
市组织分工格局（右）

在克里斯泰勒的中心地理论中，任何一个等级的城市都具有一个相对封闭、有限的腹地范围。但随着流空间的发展以及世界城市这种全球最高等级城市的出现，世界城市在空间上的影响范围已经是无边界了。而且传统中心地理论认为两个城市之间的共同辐射叠加区域往往是很小的，而现在两个世界城市对同一个区域可以同时进行作用，任何一个区域都可能同时接受两三个甚至若干个世界城市的辐射作用。由于传统中心地理论认为功能等级高的中心地要涵盖区域内其以下等级中心地的所有功能，所以等级越高的中心地，其规模也越大。流空间的形成使得最高等级的中心地集聚和扩散生产要素能力显著增强，使得高级中心地周边区域可以有机地组合成为整体。例如，在世界城市及以其为核心紧密联系的周边地区，在流空间网络高效运行下，彼此间的功能可以进行横向衔接，通过城市群的方式形成扁平化、专业化分工格局。在这种组织分工体系带动下，处于世界城市周边的一些城镇，尽管其城镇规模不大，但其功能等级远远高于其他地区同等规模的城镇，即功能越高并不意味着规模越大。总之，由于系统的开放和流空间作用的增强，过去已经形成的认知将会产生较大的变化。

3.5 目标多元化、不确定性与空间自组织功能

随着发展目标逐渐多元化，任何一个空间规划都要对内解决民生问题、对外解决发展的竞争力问题，代际之间还需要解决可持续发展的问题（图11）。从全球范围来看，多数空间规划都不约而同以社会—经济—生态效益三维目标综合效益的最大化作为空间规划重要的目标取向。

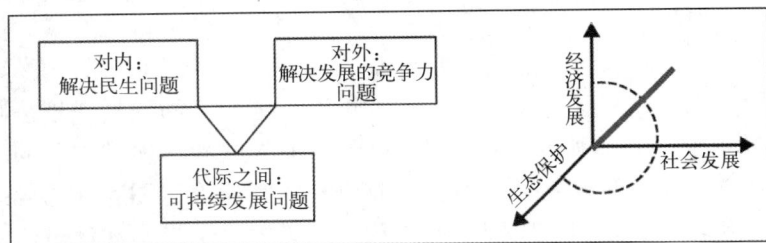

图11 空间规划的多元化目标（左）和三维目标综合效益最优选择（右）

此外，地球表层系统的空间自组织功能不断提高，以及自然生态系统和社会经济系统的不确定性逐渐增强，且不确定性本身就是不确定的，从而使得地表空间合理组织的目标系统、约束条件及影响机理等越来越复杂。所以，要在空间布局、时序安排以及系统组织上达成一个整体最优的目标也成为一个非常复杂的问题。

$$Max \sum_m \sum_t \sum_n F_{t,m}(a_1, a_2, \cdots\cdots, a_n) \tag{1}$$

式（1）中，m代表空间布局类型，t代表发展时序的安排，n代表系统的组织。即在地表空间复杂的约束条件下，追求m、t、n三者综合目标函数的最优解是空间规划的最终目标。

4 近期协同规划的实践策略

从以上地表空间合理组织的科学机理分析可以看出，地表空间的演化机理及影响因

素是极其复杂的，很难用一个或者几个空间规划对整个地表空间进行合理的组织安排，所以一个国家健全的空间布局规划体系，应该是纵向系列的不同尺度的空间布局规划是相互衔接的，横向系列的不同类型的空间布局规划是相互协调的。

吴良镛先生在研究复杂的动态巨系统时，认为对复杂系统的有限目标求解是解决现实问题的重要出路[16]。从规划体系来说，实现有限目标的求解在于任何一个规划的内涵都要界定清晰，在此基础上进行深入系统的研究，而对于外延方面则尽可能是有限的。科学机理阐释的关于地球表层空间系统的复杂性要求不同规划间要进行协同规划，通过不同规划的协调和统一，发挥空间规划对整体空间的有序管制。规划的纵向协调，主要是通过传递和反馈过程进行相互衔接，上层位规划主要通过传递过程将其发展思路、理念等传递给下层位规划，下层位规划要承接上层位规划的主要要求；反过来，下层位规划通过深入系统的研究又对上层位规划进行反馈，通过传递—承接—反馈过程实现上下规划的衔接。规划的横向协调，主要是通过空间规划和各种相关部门专项规划的集成—分解过程实现。所谓集成—分解过程，即作为综合性规划的国土空间规划在编制时，首先是要把部门专项规划的主要要点进行集成和提升；反过来，部门专项规划在编制时也要首先把综合性规划提出的目标进行分解，通过这种集成—分解的互动过程，实现综合性规划与部门专项规划的协同。

4.1 主要规划的核心价值和定位

从近期的协同规划实践策略来说，首先每个规划都应该对自身的核心价值和定位有一个清晰的认识。以下就围绕城市规划需要协同的几个重大规划的核心价值进行阐述。

（1）发展（战略）规划及总体规划。以五年规划为代表的发展规划是我国各类规划的顶层规划，原因在于其是国家意志和国家政治使命的映射，通过规划的公共政策手段和公共管理工具，来反映在一定时期内党和政府整体的发展意图和战略部署。因此，五年规划所确定的发展指导思想、原则、战略和目标等内容是包括各种尺度的国土空间规划在内的一切规划所应遵循的，特别是规划中涉及和"五个统筹"、"五位一体"建设等相关的目标、人口和经济的发展目标、城镇化速度、重要的结构参数（产业结构、城乡结构、三生空间结构）和重大关系等应该是其他所有规划应该贯彻和执行的。从"十五"规划开始，一些空间战略的内容，包括四大板块、主体功能区战略等，也开始融入发展规划之中，所以发展规划已不再是单纯的时间序列的发展规划，已经成为一个国家或区域的总体规划。所以，发展（战略）规划在融入空间战略之后，其他空间规划的编制都应该依据区域发展（战略）规划，从而实现真正意义上的协同和统一。这种方式可以成为"N规合一"的有效途径（图12）。在浙江等一些地方也已经开始通过编制总体规划指引下的各种类型的规划来实现"多规合一"。当然，今后总体规划或发展规划应延长规划期限，至少在重要指标的实现年限上应该与国土空间主要布局规划的年限相衔接，只有这样，发展规划或总体规划才能够真正发挥上位规划的作用，国土空间规划才能够成为发展战略的空间落实和布局规划。

（2）全国层面的国土空间整体规划。目前，全国层面的国土空间整体规划有两类，分别是主体功能区规划和全国国土规划。主体功能区规划的核心价值在于它是通过对资源环境承载能力、开发强度和开发潜力的整体分析，确定了我国不同区域的主体功

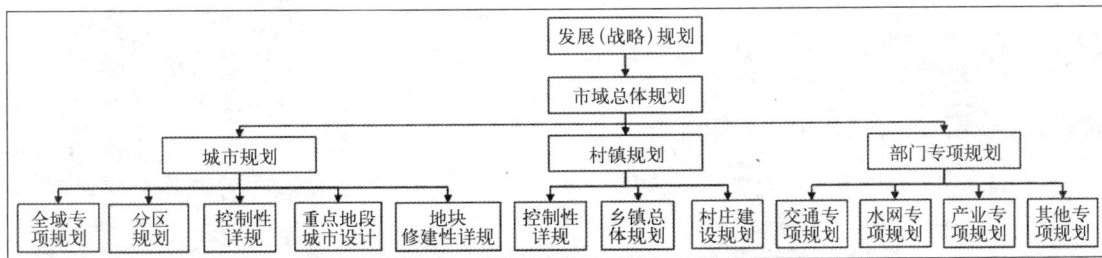

图12　发展（战略）规划对其他规划的指引

能。由主体功能定位所形成的空间结构格局构成了我国国土空间的总体布局蓝图。这种按照地域功能的不同对国土空间进行区划的方式是许多国家所依赖的主要方式，例如，荷兰就是以城市化地区、生态地区、农产品地区的功能区域划分作为其未来国土空间开发总体格局的远景蓝图（图13）。主体功能区规划所确定的功能定位，应该是其他一切规划所遵循的基本原则，其所划定的重点生态功能区应该作为国家生态红线管制的主要依据。另外，主体功能区实施的重要指标参数是开发强度，通过开发强度控制指标对各地"三生空间"的结构比例进行确定，应该是所有其他国土空间规划所遵循的基本指标参数。

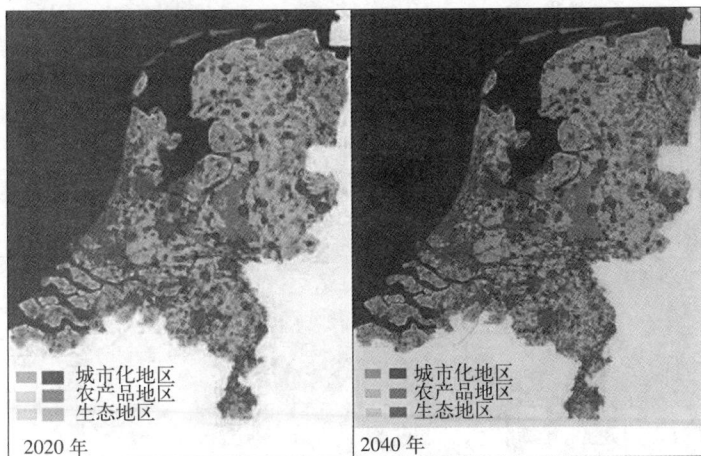

图13　荷兰国土空间开发格局的远景

序　……………………………
第一章　国土规划的战略目标………
第二章　国土开发的战略目标………
第三章　提升核心区域——珠三角…
第四章　国土均衡开发与协调发展…
第五章　优化生活空间………
第六章　调整生产空间………
第七章　整治生态空间………
第八章　国土支撑体系的建设………
第九章　土地资源的统筹配置………
第十章　规划实施的保障措施………

图14　广东省国土规划的内容结构

　　主体功能区是全国国土空间进行全面布局的重要方式，相对于主体功能区规划而言，全国国土规划通过对国土空间开发、整治与保护等三个维度的全面部署，更加丰富了主体功能区规划对国土空间的指引作用。从笔者在广东省国土规划中的创新实践来看，通过对生产空间、生活空间和生态空间全覆盖的研究，以及对重点区域珠三角和其两翼发展的协调研究，通过对支撑体系特别是基础设施支撑体系的研究，最终把规划落在土地资源的统筹配置上，因而使国土规划在国土空间整体规划上更加系统、全面和综合（图14）。未来我国可以通过将全国国土规划和主体功能区规划合二为一，或者将全国层面的土地利用规划、国土规划和主体功能区规划合三为一，来实现国土空间的顶层规划，对我国国土空间开发规划进行统一管理。

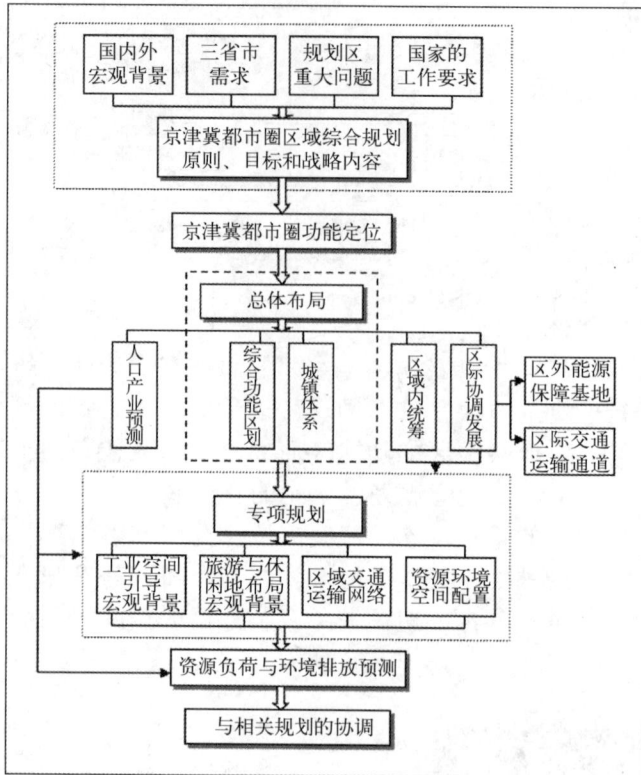

图15　京津冀都市圈区域规划研究的基本框架

（3）区域规划。从我国不断出台、日益增多的区域规划的内容构成来看，前半部分往往涉及区域的功能分区以及空间结构的打造等内容，后半部分则往往以产业发展等发改部门五年规划中的主体内容为主[8]（图15）。所以我国目前的区域规划是将发展规划和国土空间规划合为一体的纲要性规划。从我国这一轮大规模区域规划的首个实践——京津冀都市圈区域规划的技术流程看，区域规划更多是对区域整体空间结构的安排以及区域一些共性问题的研究，例如，城市的分工与协作、生态的共同建设、环境的共同保护及基础设施的一体化建设等。区域规划的基本内容应该成为该区域所包含的各个行政区下层位规划所遵循的依据，其所确定的区域之间的关系和共性目标应该成为下层位规划编制的依据。今后，区域规划应增强区域单元选择和规划内容确定的合理性，同时要加强研制空间落实的具体方案特别是具有刚性约束的布局方案。要高度重视落实规划编制和实施的主体、健全配套政策、完善监督评估机制，把区域规划逐步转变成主体功能区规划及国土规划的下位空间布局规划。

4.2　创新协同规划的体制机制

在充分认识主要规划的核心价值和定位基础上，在近期的协同规划实践策略上，还需要强化科学研究对规划的支撑，建立协同规划的工作流程，完善部门会签、依法仲裁等协调机制。

（1）强化科学研究对规划的支撑。目前我国空间布局类规划的编制尚未形成系统的标准和规范，导致编制依据不足，进而影响了规划的科学性。因此强化科学研究对规划的支撑作用，就是要在科学研究的基础上，对各类空间规划建立共同互通的话语体系，明确空间规划的编制技术规范，在数据库、土地利用分类及重要的建设标准等方面做到相互一致，从而保证规划的科学性和质量。

（2）建立协同规划的工作流程。建立协同规划的工作流程关键在于规划基点和重要指标参数的选择。在每个规划的编制过程中，首先要确定规划的核心任务和研究范畴，只有选择好规划基点，才能使规划内容不至于发生偏离。在明确规划基点的基础上，还要确定规划编制以哪些相关规划作为依据以及哪些重要指标作为参数，并在规划中实时同相关规划进行交流和反馈。

（3）完善部门会签、依法仲裁等协调机制。完善部门的会签机制，即是在规划方案的最终阶段进行部门会签，防止为了兼顾不同部门利益而丧失规划根本价值的现象出现。如果部门会签出现问题，还需要有依法仲裁的体制机制，通过法律仲裁的方式，确保合理的规划能够得以通过。

4.3 健全空间规划体系

在协同规划的实践策略上，目前我国亟需建立健全空间规划体系，即要建立一套自上而下、综合和专项相配套的空间规划体系。当然在空间规划体系中，可以根据不同时期的建设任务和不同地区的特殊问题，来增补不同类型的规划，但每个规划都应该在规划体系中明确各自的职能定位、边界以及和其他规划的关系等。德国经过长期探索，其空间规划体系已比较健全，应该为我国空间规划体系的构建所借鉴（图 16）。另外，在空间规划体系中，要分清政府管理与市场机制的关系，明确政府的职权，界定作为政府公共政策的规划的内容框架，通过政府和市场之间的相互补充、相互融合，促进区域合理有序发展。

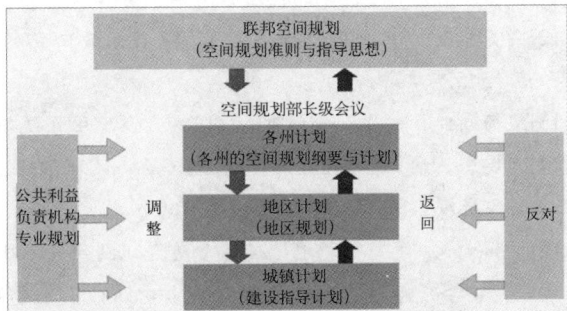

图 16 德国的空间规划体系

健全空间规划体系还必须完善相应的规划法律体系，即空间规划体系中的每项规划都是由法律所确定和保障的，每项规划需要完成的内容、任务等均被法律所认可。空间规划的编制与实施是一项长期的系统工程，要求有坚实的法律保障。我国现行的空间规划法仅有《城乡规划法》与《土地管理法》两部法律，而其他空间规划往往缺乏法律依据。因此，必须建立一套完整的规划法律体系，规范和明确不同规划的核心职能以及规划协调的重点，为协同规划提供法律依据。通过完善空间规划法律体系，将编制空间规划形成制度化的程序，并把要完成的所有的规划内容统统关进制度的笼子里，使得每项规划工作均能够依法有序开展。

党的十八届三中全会明确提出要"紧紧围绕建设美丽中国深化生态文明体制改革，加快建立生态文明制度，健全国土空间开发、资源节约利用、生态环境保护的体制机制，推动形成人与自然和谐发展现代化建设新格局"。从生态文明建设以及打造美丽国土的要求出发，只有健全了国土空间规划体系，在合理的空间规划引导下，中国才能实现空间结构的有序发展和打造美丽国土的远景目标。

（本文根据笔者在 2013 中国城市规划年会大会上所作报告整理。）

参考文献

[1] 樊杰.主体功能区战略与优化国土空间开发格局 [J].中国科学院院刊，2013，28（2）：193-206.

[2] 樊杰.我国主体功能区划的科学基础 [J].地理学报，2007，62（4）：339-350.

[3]   樊杰,洪辉.现今中国区域发展值得关注的问题及其经济地理阐释 [J]. 经济地理, 2012, 32 (1): 1-6.

[4]   胡序威.中国区域规划的演变与展望 [J]. 地理学报, 2006, 61 (6): 585-592.

[5]   班德曼•M•K.地域生产综合体 (TPC) 是解决区域问题的生产力组织的先进形式 [J]. 郭腾云译. 地理译报, 1989, 8 (2): 32-38.

[6]   刘卫东,陆大道.新时期我国区域空间规划的方法论探讨——以"西部开发重点区域规划前期研究"为例 [J]. 地理学报, 2005, 60 (6): 16-24.

[7]   汪光焘.全国城镇体系规划 (2006-2020) [M]. 北京: 商务印书馆, 2010.

[8]   樊杰.京津冀都市圈区域综合规划研究 [M]. 北京: 科学出版社, 2008.

[9]   陆大道.中国区域发展的新因素与新格局 [J]. 地理研究, 2003, 22 (3): 261-271.

[10]   樊杰.地理学的综合性与区域发展的集成研究 [J]. 地理学报, 2004, 59 (增刊): 33-40.

[11]   郑度.关于地理学的区域性和地域分异研究 [J]. 地理研究, 1998, 17 (1): 4-8.

[12]   吴绍洪,尹云鹤,樊杰,等.地域系统研究的开拓与发展 [J]. 地理研究, 2010, 29 (9): 1538-1545.

[13]   杨勤业,郑度,吴绍洪.中国的生态地域系统研究 [J]. 自然科学进展, 2002, 12 (3): 287-291.

[14]   樊杰,周侃,孙威,等.人文—经济地理学在生态文明建设中的学科价值与学术创新 [J]. 地理科学进展, 2013, 32 (2): 147-160.

[15]   陈小良.市县层级地域功能分类与识别研究 [D]. 北京: 中国科学院地理科学与资源研究所, 2013.

[16]   吴良镛.人居环境科学导论 [M]. 北京: 中国建筑工业出版社, 2001.

土地发展权、空间管制与规划协同 *❶

林　坚❷　许超诣❸

1　引言

中共十八届三中全会作出全面深化改革的决定，涉及市场和政府作用、城乡一体化、建设生态文明等一系列体制机制改革议题，对空间规划发展将产生重大影响。城乡规划和其他空间规划作为配置各类空间资源的公共政策，已经成为政府发挥宏观调控、市场监管、公共服务、社会管理、保护环境职能的重要手段。在新的历史条件下，加强空间规划协同至关重要。

现阶段，我国空间规划具有法律、制度基础、涉及全局又分属不同部门主管的主要有城乡规划、土地利用总体规划、主体功能区规划和生态功能区划四类，客观存在横纵难协调的问题，如规划目标、布局规模、分类标准不一致，乡村系统、土地产权问题考虑不足等[1~3]。为此，本文针对上述四类空间规划展开讨论，在剖析各自发展态势、基本特点和规划实质的基础上，探讨空间规划协同面临的问题及出路，并指出未来城乡规划发展需要关注的问题。

2　我国空间规划的发展态势

亨利·列菲弗尔（Henri Lefebvre）认为，空间是被带有意图和目的地生产出来的，它是政治经济的产物。现代经济的规划倾向于成为空间的规划，人们现在通过生产空间来逐利，空间就成为利益争夺的焦点[4]。空间规划体系是由不同类空间规划构成的、相互独立又相互关联的系统，其中包括法律法规体系、行政体系等[5]。多数发达国家通过一体化的空间规划体系来协调和引导空间发展方向，而我国的制度特征和基本国情决定了其空间规划体系内部构成的多元化[6]。我国在法律或政府文件中明确并具有全局影响的空间规划包括城乡规划、土地利用总体规划、主体功能区规划和生态功能区划，它们横向由住房和城乡建设部、国土资源部、发展与改革委员会、环境保护部四个部门归口管理，纵向涉及国家到地方、区域到城市、镇、村等多个层级，尚未形成统一有序的格局。从四类空间规划发展历程及趋势看，共同做法都在不断强化对空间边界的管控，空间管制成为共同关注和追求的手段。

---

*　国家自然科学基金项目（41371534），国家"十二五"科技支撑计划项目课题（2012BAJ22B02-04）。

❶　本文来源：《城市规划》2014年第1期。

❷　林坚，北京大学城市与环境学院，北京大学首都发展研究院。

❸　许超诣，北京大学城市与环境学院。

2.1　城乡规划：从"一书三证"到"三区四线"

我国城乡规划的空间管控以法定规划体系作为支撑，发展脉络完整，实践创新丰富。按照《城乡规划法》，规划主管部门通过核发"一书三证"（建设项目选址意见书、建设用地规划许可证、建设工程规划许可证、村镇建设工程规划许可证）来发挥项目控制和空间监管职能；《省域城镇体系规划编制审批办法》、《城市规划编制办法》、《城市、镇控制性详细规划审批办法》等明确了"三区"（禁止建设区、限制建设区、适宜建设区）和"四线"（蓝线、绿线、黄线、紫线）在城乡规划中的基本地位[7]；许多地方围绕区域空间管制和开发控制引导，进行了大量城乡规划的新探索，甚至上升到地方法规加以实施，如：《珠江三角洲城镇群协调发展规划（2004～2020年）》提出九类政策地区、四级空间管治，并上升为《广东省珠江三角洲城镇群协调发展规划实施条例》中的规定[7]；2005年，《深圳市基本生态控制线管理办法》出台，并在2013年完成"深圳基本生态控制线优化调整方案"，对"生态红线"划定进行了重要的探索[8]；北京市在城市总体规划的基础上，编制《北京市限建区规划（2006～2020年）》[9]，形成禁建、限建和适建"三区"体系。无疑，城乡规划地方创新实践中，空间管控重点聚焦建设和非建设的关系问题，尤其关注非建设性空间的保育和调控。

2.2　土地规划：从"用途管制"到"建设用地空间管制"

传统的土地利用总体规划是基于耕地特殊保护的用途管制规划。土地规划的核心是用途管制①，规划的程序性和政策性非常明显[10]，旨在处理好保护粮食安全和建设发展的关系，强调耕地保护，划定基本农田，明确各类土地的管制规则及改变土地用途的法律责任，其中，最底层、空间比例尺最大的乡镇土地利用总体规划是用地管理的主要依据。然而，在市场经济环境中，试图精准确定"每一块土地用途"的乡镇土地规划面临巨大的挑战，因为政府对资源配置的干预和调控始终无法决定市场参与主体的行为，也无法代替市场参与主体做出经济行为的决策选择，因此，土地规划在无法确定"种什么"、"建什么"的情况下，将管理思路转向"能不能建"、"要不要种"，重点在于"能不能建"。

《全国土地利用总体规划纲要（2006～2020年）》明确提出"建设用地空间管制"的概念和要求，土地规划也将"用途管制"的思路进一步延展到建设空间与非建设空间的管制上，从而形成了建设用地"三界四区"（规模边界、扩展边界、禁止建设边界、允许建设区、有条件建设区、限制建设区、禁止建设区）的管控体系②。

2.3　发展规划：从"目标规划"到主体功能区规划

国民经济和社会发展五年规划源于我国《宪法》，每五年编制一次，从"一五"到"十五"都称为"五年计划"，但从"十一五"更名为"五年规划"。按照传统的职能分工，明确一定时期内社会经济发展的各项目标是其主要功能之一，在学术界存在"发展规划管目标"、"目标规划"等提法。依据国家"十一五"规划及《国务院关于编制全国功能区规划的意见》（2007）③，2011年出台的《全国主体功能区规划》定位为我国国土空间开发的战略性、基础性和约束性规划，将全国国土空间划分为"优化开发、重点开发、限制开发、禁止开发"四类区域，配套安排了财政、投资、产业、土地、人口、环境保护、绩效评价与政绩考核七类政策，并由此提出了国土开发强度控制的概念和调控的具体方向。从"计划"到"规划"、主体功能区规划，发展规划表现出"管空间、要落地"的强烈意愿。

2.4 生态功能区划：三级功能区划分

我国的生态功能区划源于国务院批准的《全国生态环境保护纲要》（2000）④、《国务院关于落实科学发展观加强环境保护的决定》（2005）⑤。《全国生态功能区划》（2008）通过三级分区，全面梳理了全国的生态环境状况，从生态系统服务功能的角度划定了216个生态功能区，确定50个对保障国家生态安全具有重要意义的区域，旨在增强各类生态系统对经济社会发展的服务功能，协调人与自然、生态保护与经济社会发展的关系，增强生态支撑能力，促进经济社会可持续发展。全国生态功能区划为地面物质环境提供其生态基础的"底图"，强调保持空间生态功能的可持续性[6]，为国家生态环境保护的"全局稳定"和"重点突出"奠定了基础[11]，是生态文明建设的重要手段之一。

3 我国空间规划的基本特色

在我国，四类空间规划体系不同，规划实施手段和方式也不同，形成各自的基本特色（表1）。

我国空间规划的基本特色　　　　　　　　　　　　表1

类别	规划层级		规划内容		管理实施手段
城乡规划	五级规划	全国、省域—城市—镇—乡—村庄	城市规划三个层次	城镇体系规划	三区划分，一战略、三结构、一网络	"一书三证"制度
				中心城区规划	性质、规模、结构、布局、三区四线等	
				详细规划	以控规为例，用地性质、强度控制、设施安排、四线管控等	
土地利用总体规划	五级规划	全国—省级—地（市）级—县级—乡镇	计划调控	指标管理	耕地保有及占补、基本农田、建设用地（城乡建设用地、新增建设用地等）	通过年度计划、农转用制度、项目预审、后续督察和执法来实施，强调耕地、基本农田、建设用地规模"三线"控制和基本农田边界、城乡建设用地边界"两界"控制
				用途管制	基本农田、城乡建设用地等分区	
				建设用地空间管制	三界四区	
主体功能区规划	两级规划	全国—省级	四类分区	四类主体功能区	政策区划下的国土开发强度控制、七类配套政策引控	尚不明确
生态功能区划	两级规划	全国—省级	三级区划	三级功能区划	生态调节、产品提供与人居保障三类一级分区及其他两级分区	尚不明确

3.1 城乡规划：五级规划、三个层次，一书三证管建设

按照我国《城乡规划法》，城乡规划形成了全国和省域城镇体系规划、城市规划、

镇规划、乡规划、村庄规划五级规划体系，城市规划又涉及市域城镇体系规划、总体规划（主要是中心城区规划）、详细规划（含控制性详细规划和修建性详细规划）三个层级；城镇体系规划强调"三区"划分、"一战略、三结构、一网络"，中心城区规划确定城市性质、规模、结构、布局、三区四线等，详细规划中的控制性详细规划着重安排用地性质、强度控制、设施安排、四线管控等，并通过"一书三证"制度实现对建设项目的有效管理与实施。

3.2 土地规划：五级规划、计划调控，三线两界保资源

土地规划按行政区建制，分成自上而下、涵盖全国、省、地（市）、县、乡镇的五级规划体系，采取指标管理、用途管制、建设用地空间管制的调控手段，通过年度计划、农转用制度、项目预审、后续督察和执法来实施，尤其强调耕地、基本农田、建设用地规模"三线"规模控制和基本农田边界、城乡建设用地边界"两界"空间控制。值得注意的是，土地利用年度计划是土地规划实施的重要工具，也是土地规划与其他三类空间规划的重大区别，往往为适应经济社会发展的变化，年度指标并未完全依据规划指标的年均规模确定，可能存在"计划"超出"规划"的情形。

3.3 主体功能区规划：两级规划、四类分区，政策区划管协调

主体功能区规划分为全国、省两级规划体系，具有很强的政策协调和引导功能，通过四类主体功能区分区，提出在政策区划下的国土开发强度控制、七类配套政策引控目标，但其对空间管制的实施手段尚不明确。

3.4 生态功能区划：两级规划、三级区划，功能分区保本底

生态功能区划形成了全国—省级的两级规划体系，通过三级功能区划，提出全国范围的生态调节、产品提供与人居保障三类一级分区及其他两级分区，但其对空间管制的实施手段也尚不明确。

4 我国空间规划的实质探析：基于土地发展权的空间管制

按照前文分析，我国城乡规划、土地规划等四类空间规划都在强化空间管制，空间管制出于什么目的发生？对什么发生？空间管制和空间规划是什么关系？我国空间规划的实质性问题是什么？这些问题答案的聚焦点在于土地发展权。

4.1 土地发展权、空间管制与空间规划的关系

土地发展权是指在土地上进行开发的权利[12]，用于改变土地用途或者提高土地利用程度，以建设许可权为基础，可拓展到用途许可权、强度提高权。它最初源于采矿权与土地所有权分离而单独出售和支配，是一种可以和土地所有权分割而单独处分的财产权[13]。土地发展权始于1947年的英国《城乡规划法》，规定一切私有土地将来的发展权转移归国家所有，即涨价归公[14]；美国创立可转移的发展权制度，土地发展权归属土地所有者，即涨价归私；法国则公私兼顾。土地发展权的产生基于如下理念：保护自然资源与生态环境、

强化土地使用管制、调节因土地使用而产生的暴利与暴损、运用市场机制补偿受限制地区的权利主体。

"空间管制"是为制约人类几乎无限的开发建设欲望,对空间资源施以的管理或管制[11],通过划定区域内不同发展特性的类型区,制定其分区开发标准和控制引导措施,是一种有效的资源配置调节方式,其目标在于优化空间资源配置[15~16]、促进空间高效利用[17]、协调多方主体利益[18~19]等。

土地发展权源于空间管制,其与土地分区有着天然的密切关系[20]。法律往往赋予政府行使分区控制(规划的用途分区及分区管制)的权力,在很多西方国家,此种权力属于警察权,隶属于国家主权。土地分区管制的开发利用要求与条件是设定土地发展权的法定依据,而政府设定的空间管制正是限制土地发展权的直接原因。因此,空间管制是对土地发展权在空间上的分配,禁止建设区的土地发展权受到限制,适宜建设区或允许建设区的土地发展权得到体现。

空间规划是一种整体性的协调管理体系,关注经济发展与环境和社会平等的协调,主张强化规划的空间维度[21],聚焦空间融合、政策协调以及引导空间发展方向,各类空间规划所涵盖的核心内容是空间管制的具体表现,空间规划的实施手段正是空间管制,对空间资源实施管制是空间规划最直接、有效的手段。如:土地规划的指标控制、基本农田保护区划定以及建设用地空间管制、农转用许可、计划调控;城乡规划的城镇体系和总体规划的用地规模控制、三区四线划定、"一书三证"制度实施,等等。

4.2 我国土地发展权与空间规划体系

进一步从法理上分析,中国是否存在土地发展权? 答案是肯定的,其主要特色以及和空间规划的关系表现为:

(1)中国的土地发展权是隐性存在的。我国《土地管理法》及相关法律法规规定的土地权能体系包括占有权、使用权、收益权、处分权四项,并未明确提及"土地发展权",但无论是早期的项目立项,还是城乡规划实施的"一书三证"制度,管理的对象就是土地发展权(建设许可权、用途变更权、强度提高权),而且在实践中涉及土地发展权的问题实质性地存在。近10多年来,各地围绕土地发展权处置的土地管理改革探索相当活跃,如浙江省曾在2000年左右实行的建设用地指标区内转移和跨区交易、重庆实行的地票交易、广东"三旧改造"以及各地开展的城乡建设用地增减挂钩试点等,都离不开土地发展权。

(2)中国的土地发展权是国有的。土地发展权的配置首先要解决土地发展权的归属,明确配置主体。对土地发展权的归属主要有涨价归公、涨价归私以及涨价共享三种争论。中国研究土地发展权的学者大多认为土地发展权应该归国家所有[22~24]。按照我国现行的土地管理立法规定,我国实行土地的社会主义公有制,并且实行国家所有和集体所有的双轨制,其中,国家所有土地的权能是完整的,由国务院代表国家行使[⑥],而集体所有土地的权能不完整,主要体现在"隐性"的土地发展权受限制。我国《土地管理法》第四十三条规定:"任何单位和个人进行建设,需要使用土地的,必须依法申请使用国有土地;但是,兴办乡镇企业和村民建设住宅经依法批准使用本集体经济组织农民集体所有的土地的,或者乡(镇)村公共设施和公益事业建设经依法批准使用农民集体所有的土地的除外。"可见,只有兴办乡镇企业、村民建设住宅、乡（镇）村公共设施及公益事业建设三种情形下的农村集体所有土地才可能获得土地发展权，因此，集体建设用地拥有有限的土地发展权，而非建设用地则未设置土地发展权。基于上述分析，可以看出，在我国，土地发展权归国家所有，中央政府是土地发展权配置与管理的最高主体。

（3）中国存在着两级土地发展权体系，并基于土地发展权的空间管制形成中国特色的空间规划体系。有学者认为我国土地发展权在宏观、中观和微观三个层级配置和流转[22]。按照土地发展权形成条件的差异以及我国不同层级空间规划的管制特点，我国存在两级土地发展权体系（图1）。

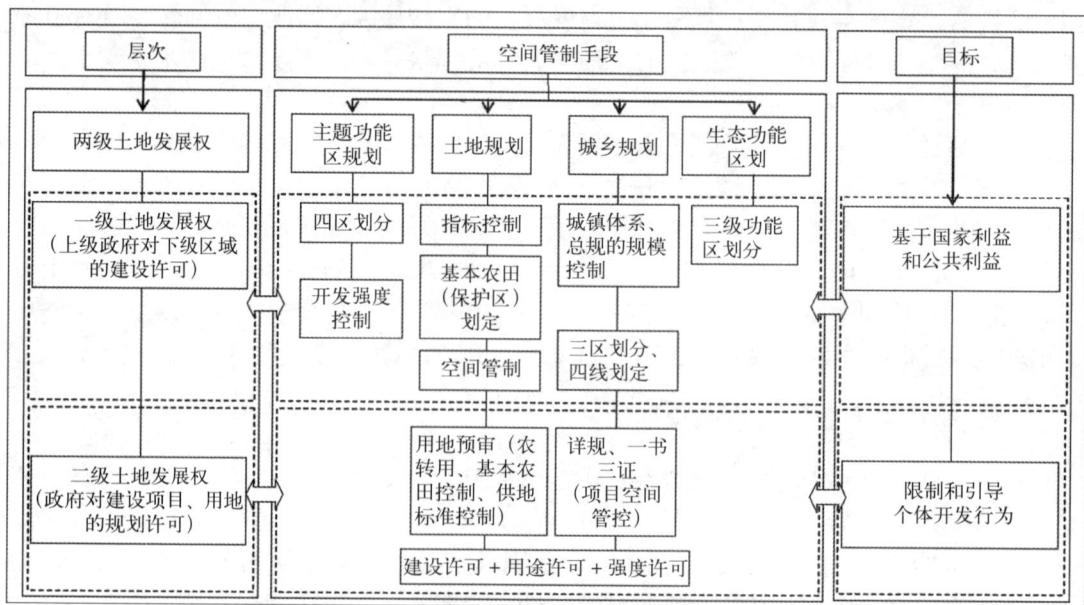

图1　中国的两级土地发展权体系

一级土地发展权隐含在上级政府对下级区域的建设许可中。上级政府根据基本农田保护红线、生态建设和环境保护原则、经济社会发展需求统一配置土地发展权。对土地发展权的空间管制思想在各类空间规划中都有所体现，如：主体功能区规划的四区划分、开发强度控制；土地规划的指标控制、基本农田保护区划定以及建设用地空间管制；城乡规划的城镇体系和总体规划的用地规模控制、三区四线划定；生态功能区划的三级功能区划分。但具有法律基础并实质性发挥作用的主要是城乡规划和土地规划。一级土地发展权的配置是出于维护国家利益和公共利益，决定是否赋予下级区域空间开发利用的权利，是国家运用土地及相关政策参与宏观调控的重要手段之一。

二级土地发展权隐含在政府对建设项目、用地的规划许可中，其使用是地方政府将从上级所获得的区域建设许可权进一步配置给个人、集体和单位的过程。例如，政府通过土地规划控制用地预审，包括土地农转用、基本农田控制、供地标准控制，实现二级土地发展权的配置；城乡规划通过详细规划和"一书三证"制度实现对项目的空间管控。相比一级土地发展权，二级土地发展权的显化相对微观，是具体建设项目和用地的建设许可、用途许可和强度许可，其根本出发点在于限制和引导个体开发行为；二级土地发展权的配置更加重视公民的财产权，平衡政府、开发商、原土地使用权人及其他相关人群等微观主体之间的土地权益分配与博弈关系，应当公平、公正地分配、分享因土地发展权改变而带来的土地增值收益。

围绕各自空间规划目标的差异，四类空间规划的实质是基于不同层级土地发展权的空间管制，两级土地发展权也直接对应着空间管制所形成的层级（图2）。其中，主体功能区规划、生态功能区划主要基于一级土地发展权的空间管制而设定，城乡规划、土地规划同时拥有一级和二级土地发展权的空间管制。

4.3 我国空间规划的"责任规划"与"权益规划"之分

按照中国空间规划的职责所在，规划面临成为"责任规划"还是"权益规划"定位选择，所划定的空间边界也有"责任边界"和"权益边界"之分。所谓"责任规划"、"责任边界"，强调基于国家利益和公共利益进行空间管制安排和土地发展权配置，侧重于自上而下的"责任"分解和"责任边界"控制；所谓"权益规划"、"权益边界"，强调在考虑土地权利人利益的基础上，对个体开发行为进行引导和限制，关注土地发展权价值的合理显化。

不同层级土地发展权下的空间规划具有不同的功能定位（图2）。一级土地发展权下的空间管制主要是国家与地方、上级政府与下级政府博弈，在这一层级，我国的城乡规划（全国和省域城镇体系规划，城市、镇、乡、村总体规划）、土地规划（全国、省、地、县规划）、主体功能区规划、生态功能区划都是"责任规划"，在空间上划定"责任边界"。而二级土地发展权下的空间管制职责是尽可能减少地方政府、潜在土地权利人与现有土地权利人在博弈过程中产生的负外部性，表现在微观空间尺度，以详细规划为代表的城

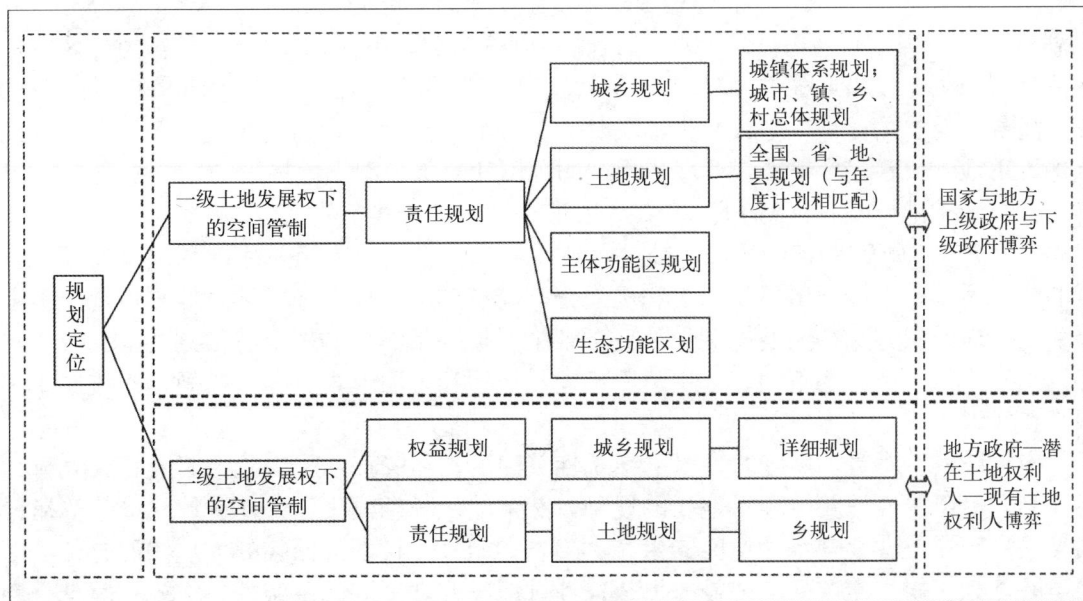

图2 空间规划与土地发展权对应的定位体系

乡规划体现"权益规划"思想，以乡级土地利用规划为代表的土地规划作为"责任规划"的延伸，通过两类规划的实施，共同协调和平衡各方利益。因此，基于土地发展权的空间管制构成了空间规划的实质性要素，它既要追求自上而下的责任约束，也要体现自下而上的权益维护。

探究我国各类空间规划的纵向关系，上位规划重点讲"责任"，下位规划往往求"权益"。尽管各类空间规划都强调公共政策的职能，但在制定和实施中，上下级规划由于出发点不同造成纵向不衔接的问题。就横向关系而言，四类空间规划多是责任规划，但责任尚未完全明晰并有交织，规划协同便成为未来空间规划发展必须关注的议题。

5 我国空间规划的协同策略探讨

5.1 我国空间规划协同面临的问题

在四类空间规划并存且共同呈现强化空间管制趋向的情况下，各规划的横向协调、纵向衔接、基础语言、关注对象、实施效果等，都遭遇一系列挑战。具体表现在：

（1）横向不协调，规划目标差异大。各类空间规划价值观、关注点乃至出发点不尽相同，导致规划目标、内容和结果大相径庭的现象时有出现。

（2）纵向不衔接，布局规模各说各。尽管各类规划具有上级指导下级或上级调控下级的要求，但现实的状况是下级规划从自身利益出发，存在逐级放大规模、调控布局的现象。例如，东部某县在其城镇体系规划中将空间结构定位为"一心一带三区"，而在县域总体规划中却是"一心两轴三区"，城镇体系规划的规划城镇用地规模为 73.20 平方公里，而县城和各城镇总体规划的规划城镇用地规模总计却高达 378.09 平方公里，是前者的 5.2 倍之多[25]。

（3）话语不一致，分类标准不统一。城乡规划的用地分类标准从《城市用地分类与规划建设用地标准》（GBJ137-90）、《村镇规划标准》（GB50188-93），更新为《城市用地分类与规划建设用地标准》（GB50137-2011）、《镇规划标准》（GB50188-2007），新的标准增加了对整体区域性建设用地的关注，区分建设用地和非建设用地，关注城乡居民点建设用地，一定程度上扩展了城市用地的范围和对象。而土地规划的用地标准从 2001 年的《全国土地分类（试行）》、2002 年的《全国土地分类（过渡期）》、《土地利用现状分类》（GB/T21010-2007），到市（地）、县、乡镇三级土地利用总体规划编制规程中相应的分类体系，土地利用现状分类和规划分类尚有差异。横向上，城乡规划用地分类主要关注土地使用方式，土地规划用地分类则主要按利用类型和覆盖特征划分，两者侧重点不同，用地分类内涵不同，适用范围不同，体系和表现形式有异，给规划对接造成了困难和障碍。

（4）城乡不对等，规划对乡村的系统性关注少。尽管开展了大量的新农村、农村社区规划，但系统性地关注乡村地区的规划依然欠缺。长期以来，快速城镇化导致的建设用地扩张正在侵占大量乡村地区的生产、生态空间，乡村地区面临的人口资源与环境压力不断加大，规划管控问题突显，但是，乡村地区的规划缺乏系统性，实施管理也长期缺位。

（5）百姓不认同，规划对土地产权考虑少。随着社会发展和《物权法》等实施，国家依照法律规定保护公民合法的私有财产权，建设用地使用权等以用益物权形式出现，得到国家法律的保护。过往，我国土地用途管制制度，强调国家以财产所有者的身份管理其财产的权力，强调维护国家和公共利益，对业已形成的私有土地财产的尊重不够，规划常常成为凌驾于私人合法财产权之上的理想化蓝图，一旦面临私人权益维护，其实施将耗费巨大的执行成本，变得难以操作。在玉树地震灾后重建的初始规划编制中，由于没有充分考虑私有土地财产权问题，规划方案难以获得百姓的认可[①]。

5.2 规划协同策略思考：共同责任下的协作配合

何为"协同"？上海辞书出版社的《辞海》和《辞源》对"协同"一词的解释，都是同心协力、互相配合，其涵义可概括为不同主体实现同一目标的过程行为。因此，空间规划协同的关键是"共同责任"下的协作配合。为此，推进规划协同，需要做到以下几点。

（1）规划协同应建立在"保生态红线、保发展底线"共同目标的基础之上。"我国是单一制国家，实行中央统一领导、地方分级管理的体制"[⑧]，这就决定了不论哪级政府、哪级规划，规划的总体目标应该是一致的。因此，各级规划应共同树立起"保生态红线、保发展底线"的目标，即保生态安全和粮食安全"红线"与稳增长、保就业、保民生、保稳定"底线"。

（2）规划协同应将优化"三生"空间、尊重主体权益作为共同责任。一方面，优化国土空间格局、实现生产空间集约高效、生活空间宜居适度、生态空间山清水秀是生态文明建设、"美丽中国"建设的重要内容，优化"三生"空间必须成为各类空间规划的共同责任。另一方面，中共十八届三中全会明确提出，使市场在资源配置中起决定性作用和更好地发挥政府作用。无疑，不同层级的土地发展权将成为各类利益主体关注的重点，尊重多元主体的权益，促进多元利益主体之间形成一种良性关系，在国家与地方、上级政府与下级政府博弈，地方政府、潜在土地权利人与现有土地权利人的博弈过程中寻求"最大公约数"，应成为各类空间规划的共同责任，同时也是规划管理者、编制技术人员的共同责任。

（3）规划协同应是在价值取向、管理机制、技术途径、反馈机制等方面协作配合。统一各类规划的价值观，明确各类规划的"底线"和"红线"，重视土地发展权，维护受管制的利益主体权益；完善部门间和上下级政府间协作的规划编制和管理流程，建立清晰分明的权责、分配机制，构筑部门协作平台与互动机制；应建立可互通、能衔接的"三生"空间分类体系，满足规划协调、评估的需求，建立可共享的基础信息数据库；将规划协调报告作为各类规划必备的前期研究和相关部门督察的依据，并且建立定期的规划实施评估制度。

5.3 "规划协同"需求下的城乡规划发展思考

在各类空间规划走向协同的时代背景下，城乡规划应立足自身，明确不同层级规划的"责任规划"和"权益规划"职能和相互关系，促进各级法定规划的有机逐级衔接，使城乡规划的公共政策职能得以更好地发挥。为此，需要注意以下几点。

（1）城乡规划工作者应明确自身角色定位和职责所在。在城乡规划法定规划体系中，城镇体系规划和城市总体规划当属责任规划，在这两级规划中，规划师应当坚持扮演"中立的顾问"或"中立第三方"的角色，规划管理者则应当坚持维护国家利益、公共利益的立场，促进基于一级土地发展权的空间管制方案的合理制定和有效落实。详细规划主要体现权益，规划师应当扮演好"利益的协调者"的角色，而规划管理者也应当致力于平衡各方利益，促进基于二级土地发展权的权益规划合理限制和引导个体开发行为，减小负外部性。

（2）城乡规划应更加重视土地发展权和各方权益。玉树地震灾后重建后期规划中，结合规划前期调查阶段、规划方案设计阶段和施工图设计及建设实施阶段，围绕震前产权、公摊比例、院落划分、户型选择、施工方案等确认，采取了"五个手印"的协作规划模式，通过居民自行确认事关其产权所有和自身利益的五个关键环节，保证居民充分参与，维护其土地发展权不受侵占，使灾后重建工作得以顺利实施，也为未来城乡规划编制和实施提供了一条可实施的新路径。因此，城乡规划发展的成败，关键取决于能否处理好整体利益（中央政府、地方政府）与个体利益（开发商、原住民、其他居民）之间的关系，这就要求规划工作者扮演好"纽带"角色，从"物质空间"分配者转变为实现"多元价值"的调解者，既尊重产权又确保居民和群众团体的参与权，从而提高规划的可实施性[26]。

（3）城乡规划应探索乡村地区的详细规划途径。未来城乡规划应拓展方向，积极探索在广大乡村地区实施积极有效的空间管制手段。上海市正在创新实践的郊野地区（单元）规划，主要针对集中城市化地区之外的乡村地区，探索了一条融合城市规划和土地规划需求的规划模式，核心是围绕建设用地减量化政策，将土地整治规划、城乡建设用地增减挂钩规划与城乡规划的内容相互结合，主要内容包括农用地整治、建设用地整治和专业规划整合三部分，重点解决城乡用地布局、土地整治项目安排等问题。关注乡村地区的规划和空间管制，将有力地助推新型城镇化、城乡统筹，促进生态优先、节约集约利用土地。

（4）城乡规划应关注"三生"空间的合理利用。生产、生活和生态空间合理利用是未来国土空间优化的重要指向，基础在于合理的"三生"空间分类，这也是各类空间规划协同的基础。要综合考虑区域国土空间、城镇空间、乡村空间以及各类型空间内部等多尺度的空间划分与管制要求，以及现行各类各级规划的空间分类方式与精度，形成具备兼容性的多层级空间分类体系，既保证城乡规划和其他空间规划的内容对接、方案评价，也保障不同层级空间管制的落实。

6   结论与讨论

我国城乡规划、土地利用总体规划、主体功能区规划、生态功能区划四类空间规划在法律、制度安排等方面各具特色，但空间管制是它们共同的发展态势，同时面临各类难协调的问题。基于土地发展权的空间管制恰恰是各类空间规划的实质，在我国，受土地所有制的影响，业已形成在两级土地发展权下的空间管制体系，未来各类空间规划的协同要强调共同责任下的协作配合，城乡规划也要注重衔接、注重权益、关注乡村、关注"三生"

空间合理利用。

围绕空间规划的实质和彼此协同的目的,还应进一步明确:空间规划应当成为"管""用"规划,强化空间管制与合理利用,注重可实施性;空间规划应当明确"权""责"分工,协调责任边界与权益边界,注重可评判性,无论从经济价值、经济利益的角度评判还是从社会价值的角度评判,都需要建立一套可评判规划优劣的方法与对应体系。

(本文根据笔者在 2013 中国城市规划年会大会上所作报告整理。)

注释

① 我国土地利用总体规划的法律基础是《土地管理法》。《土地管理法》规定:"国家实行土地用途管制制度。国家编制土地利用总体规划,规定土地用途,将土地分为农用地、建设用地和未利用地。严格限制农用地转为建设用地,控制建设用地总量,对耕地实行特殊保护"。"县级土地利用总体规划应当划分土地利用区,明确土地用途。乡(镇)土地利用总体规划应当划分土地利用区,根据土地使用条件,确定每一块土地的用途,并予以公告"。

② 允许建设区是指城市、镇、村庄规划建设用地范围,其用地规模与规划指标保持一致,故允许建设区的外边界称为"规模边界";有条件建设区紧贴允许建设区,是为应对城市、镇、村庄建设中空间布局可能发生调整而设置,是土地规划中确定的、在满足特定条件后方可进行城乡建设的空间区域,其与允许建设区合并后的外边界称为"扩展边界"。"特定条件"包括:(1)作为可以和允许建设区进行调整对换的弹性空间,有条件建设区和允许建设区进行空间对调时,建设用地规模应保持一致;(2)有条件建设区可以作为城乡建设用地增减挂钩试点的"建新地块"区域。城乡建设用地增减挂钩是指依据土地利用总体规划,将若干拟复垦为耕地的农村建设用地地块(即拆旧地块)和拟用于城镇建设的地块(即建新地块),共同组成建新拆旧项目区,通过建新拆旧等措施,实现耕地不减少、质量有提高、建设用地不增加、布局更合理、节约集约用地等目标的土地整治活动;限制建设区、禁止建设区与城乡规划有相近之处,其中,限制建设区内可以开展交通、水利、旅游、军事设施等建设行为,城市、城镇、村庄建设行为只能在各自"扩展边界"内开展。为了控制城市、城镇空间扩张,国土资源部在 2012 年下发文件要求"尽快将城镇建设用地管制边界和管制区域落到实地,明确四至范围,确定管制边界的拐点坐标,在主要拐点设置标识,并向社会公告",无疑,这将对未来城镇建设空间扩张以及城乡规划等编制带来极大的影响。

③ 2007 年 7 月 26 日,《国务院关于编制全国功能区规划的意见》(国发〔2007〕21 号)。

④ 2000 年 11 月 26 日,《国务院关于印发全国生态环境保护纲要的通知》(国发〔2000〕38 号)。

⑤ 2005 年 12 月 3 日,《国务院关于落实科学发展观加强环境保护的决定》(国发〔2005〕39 号)。

⑥ 我国《土地管理法》第二条规定:"中华人民共和国实行土地的社会主义公有制……全民所有,即国家所有土地的所有权由国务院代表国家行使"。第八条规定:"城市市区的土地属于国家所有。农村和城市郊区的土地……属于农民集体所有"。

⑦ 在青海玉树地震灾后重建第一轮规划方案征求意见中,百姓对土地权利的争议导致方案无法通过。百姓意见列举两例。居民甲:"要建学校、公共设施我没有意见,但为什么偏偏占我的地?我不关心你们规划重建怎么做,我只想知道自己的房子和院子在哪里,你们凭什么拿走我的土地?"居民乙:"我的土地是从爷爷那辈传下来的,全家都住了好几十年,为什么地震了就要我们进入楼房居住?我坚决要住在自己的院子里,绝不进楼房。"(引自参考文献[26])

⑧ 引自《李克强在地方政府职能转变和机构改革工作电视电话会议上的讲话》（2013 年 11 月 1 日），http://www.gov.cn/ldhd/2013-11/08/content_2523935.htm。

参考文献

[1] 许德林，欧名豪，杜江.土地利用规划与城市规划协调研究 [J].现代城市研究，2004（1）：46-49.

[2] 蔡云楠.新时期城市四种主要规划协调统筹的思考与探索 [J].规划师，2009，25（1）：22-25.

[3] 杨树佳，郑新奇.现阶段"两规"的矛盾分析、协调对策与实证研究 [J].城市规划学刊，2006（5）：62-67.

[4] Saunders P. Social Theory and the Urban Question[M]. London，New York：Routledge，1986.

[5] 何子张.我国城市空间规划的理论与研究进展 [J].规划师，2002，22（7）：87-90.

[6] 林坚，陈霄，魏筱.我国空间规划协调问题探讨——空间规划的国际经验借鉴与启示 [J].现代城市研究，2011（12）：15-21.

[7] 李枫，张勤."三区""四线"的划定研究——以完善城乡规划体系和明晰管理事权为视角 [J].规划师，2012，28（11）：29-31.

[8] 盛鸣.从规划编制到政策设计：深圳市基本生态控制线的实证研究与思考 [J].城市规划学刊，2010（7）：48-53.

[9] 龙瀛，何永，刘欣，等.北京市限建区规划：制订城市扩展的边界 [J].城市规划，2006，30（12）：20-26.

[10] 王利，韩增林，王泽宇.基于主体功能区规划的"三规"协调设想 [J].经济地理，2008（5）：845-848.

[11] 汪劲柏，赵民.论建构统一的国土及城乡空间管理框架——基于对主体功能区划、生态功能区划、空间管制区划的辨析 [J].城市规划，2008，32（12）：40-48.

[12] 胡兰玲.土地发展权论 [J].河北法学，2002（2）：143-146.

[13] 李世平.土地发展权浅说 [J].国土资源科技管理，2002（2）：15-17.

[14] 靳相木，沈子龙.国外土地发展权转让理论研究进展 [J].经济地理，2010（10）：1706-1711.

[15] 张京祥，庄林德.管治及城市与区域管治——一种新制度性规划理念 [J].城市规划，2000，24（6）：36-39.

[16] 宋志英，宋慧颖，刘晟呈.空间管制区规划探讨 [J].城市发展研究，2008（增刊）：306-311.

[17] 郑文含.城镇体系规划中的区域空间管制——以泰兴市为例 [J].规划师，2005，21（3）：87-90.

[18] 孙斌栋，王颖，郑正.城市总体规划中的空间区划与管制 [J].城市发展研究，2007，14（3）：32-36.

[19] 崔莉.城乡空间管制规划方法初探 [J].中华建设，2009（10）：50-51.

[20] 孙宏.中国土地发展权研究：土地开发与资源保护的新视角 [M].北京：中国人民大学出版社，2004.

[21] 张伟，刘毅，刘洋.国外空间规划研究与实践的新动向及对我国的启示 [J].地理科学进展，2005，24（3）：79-89.

[22] 张友安，陈莹.土地发展权的配置与流转 [J].中国土地科学，2005（5）：10-14.

[23] 汪晖，王兰兰，陶然.土地发展权转移与交易的中国地方试验——背景、模式、挑战与突破 [J].城市规划，2011（7）：9-13.

[24] 沈守愚.论设立农地发展权的理论基础和重要意义 [J].中国土地科学，1998（1）：17-19.

[25] 罗小龙，陈雯，殷洁.从技术层面看三大规划的冲突——以江苏省海安县为例 [J].地域研究与开发，2008，27（6）：23-28.

[26] 杨亮.玉树复杂土地产权关系条件下的灾后重建规划方式初探——以统规自建区规划为例 [D].北京：中国城市规划设计研究院，2013.

论快速城市化时期城市土地使用的有效规划与管理 [1]

赵 民[2] 侯 丽[3]

1 改革开放以来我国城市发展的回顾

改革开放以来，我国进入了快速城市化的时期，据统计，1985～1995年，全国城市由324个增加到640个；全部城市建成区面积由9386平方公里增加到19264平方公里，平均年递增7.5%；城镇人口（指城市市区和建制镇两部分的市镇人口）总数由25094万增加到35174万，平均年递增3.4%，约为同期全国总人口年均增长速度的2.5倍；城市市区非农业人口总数由11826万增加到20021万，年递增5.4%。20世纪末的中国城市不但在中国的社会经济发展中占据着举足轻重的地位，就其城市用地的绝对数额而言，也已经成为中国国土资源开发利用的重要组成部分。

1989年颁布的《中华人民共和国城市规划法》（以下简称《规划法》），第一次从国家法律的层面肯定了城市规划对城市规划区内的土地利用和各项建设的法定指导地位，明确提出了"严格控制大城市规模、合理发展中等城市和小城市"的全国性城市发展方针。从表1看，各类城市的增长基本上符合既定的发展战略。小城市在20世纪90年代的发展则表现出迅猛的势头，人口六年间增长了41.8%，占到1995年全国城市人口总数的43%和土地面积的68%，人均建设用地达到了143平方米/人，几乎是特大城市人均建设用地的2倍，用地指标明显偏高（见表2）；100万人口以上的特大城市，尤其是200万人口以上的特大城市虽然在城市数量上变化不大，它的土地面积和建成区面积却有了相对较快的增加（见表3），超过了其他规模城市的发展速度，从城市人均建设用地的变化也可以看出，特大城市的人均用地的增长在1991年以后是各类城市中最快的，其中北京、上海、广州、重庆等特大城市建成区面积均出现了大幅度的增长。

1990～1995中国城市增长分类统计 表 1

	城市数			人口 (10000 人)			土地面积 (万 km²)		
	1990	1995	年增长率	1990	1995	年增长率	1990	1995	年增长率
20万人以下	291	373	5.1%	15145	21476	7.2%	89.8	113.2	4.7%
20万～50万人	117	192	10.4%	7950	15141	13.8%	20.5	39.3	13.9%
50万～100万人	28	43	9.0%	2516	4309	11.4%	5.3	7.1	6.4%
100万～200万人	22	22	0.0%	3853	4024	0.9%	3.1	4.6	8.2%
200万人以上	9	10	2.1%	4078	5051	4.4%	2.0	3.0	8.4%
总计	467	640	6.5%	33542	50001	8.3%	120.8	167.2	6.7%

资料来源：据《中国统计年鉴》1991、1996推算而得，表中的人口及土地面积指城市行政区划范围内的统计数据。

---

[1] 本文来源：《城市规划汇刊》1997年第6期。
[2] 赵民，同济大学。
[3] 侯丽，同济大学。

1981 ～ 1995 中国城市人均建设用地变化　　　　表 2

		合计	特大城市	大城市	中等城市	小城市
人均城市建设用地（平方米/人）	1981	74.1	68.86	62.21	76.48	102.51
	1991	87.08	65.32	85.45	99.62	126.76
	1995	101.2	74.64	87.97	107.94	142.67
年均增长率	1981 ～ 1991	1.8%	0.5%	3.7%	3.0%	2.4%
	1991 ～ 1995	3.2%	2.9%	0.6%	1.7%	2.5%

资料来源：我国设市城市建设用地基本情况，《城市规划》1996（2），P36-37。

1990 ～ 1995 中国城市建成区面积的增长　　　　单位：平方公里　　表 3

		1990	1995	1995 年较 1990 年增长
特大城市（>200 万人）	北京	397.4	476.8	20.0%
	天津	334.9	359.3	7.3%
	上海	249.8	390.2	56.2%
	广州	187.4	259.1	38.3%
	重庆	86.5	184	112.7%
	平均	198.1	249.11	25.7%
100 万 ～ 200 万人	平均	104.9	119.1	13.5%
50 万 ～ 100 万人	平均	59.0	69.2	18.3%
20 万 ～ 50 万人	平均	34.6	42.4	23.9%

注：据《中国统计年鉴》1991、1996 不完全数据计算。

　　中国城市在进入 20 世纪 90 年代以来，既有城市化加速发展，中等城市的发展速度相对较快的一面；同时也有大城市的发展并未能获得有效的控制的一面，特别是近几年来一些特大城市的外延发展毫无节制，不但过多地占用了耕地，客观上也造成了城市房地产供需失衡，损害了城市区域的生态环境。

2　改革以来城市发展的背景分析

　　从总体上看，城市的发展与国家的政治、社会、经济宏观环境的发展息息相关，也与城市微观环境的转变有着密切的联系。要实现对新时期城市发展的有效引导与控制，理解改革以来城市的发展过程，针对城市发展过程中存在的问题及时作出正确的反应与对策，促进城市化的健康、合理和有序的发展，必须对改革以来城市发展的社会经济背景拥有足够的认识。中国在 1949 年至 20 世纪 70 年代末的城市化进程由于当时特殊的政治、社会背景始终处于动荡不定的状态，城市人口的增长几经反复，造成城市化水平严重滞后，不符合中国同时期经济发展的实际水平。80 年代以来中国城市化发展速度的迅速提高，一定程度上可归结为补偿前 20 多年城市化进程的欠账，同时更重要的是国家的各项改革开放政策和城市社会、经济的快速发展变化的推动作用。

　　（1）农村剩余劳动力的释放

　　我国农村人均耕地资源严重不足，尤其是在东南沿海一带土地资源更为稀缺。1990年底，苏南、浙江、福建、广东及三个直辖市的人均耕地均少于 1 亩，以劳均四亩计算，农村里的剩余劳动力达三分之一以上。如此大量的过剩劳动力是一股无法长期压抑下去的力量。1978年以前，由于户籍管理制度等一系列硬性的限制政策和当时特殊的社会背景，虽然农村人口始终存在向城市流动的倾向，大量的农村剩余劳动力仍滞留在农村。农村家庭承包制经营方式的推行不仅提高了农业生产效率，而且使农村劳动力从以往那种社区经济组织的统一管理、集体劳作的束缚中解脱出来，使长期积蓄的潜在过剩劳动力变成现实的过剩劳动力。越来越多的农村剩余劳动力进入城镇或就地转向非农产业（乡镇企业）寻找就业机会，形成城市化的"乡村推力"。

（2）城市经济持续高速发展

城市经济发展是城市化的直接动因。由于城市经济发展而带来的城市产业部门所需要的新的劳动力不仅从城市内部，而且大量从城市外部吸收，以满足产业与社会进一步集聚发展的需要；当原有的城市空间容纳不下新的人口和产业时，便开始向城市的外缘地区扩展。中国自20世纪80年代初起国民生产总值的年增长率始终保持在10%上下，其中主要的贡献来自第二产业和第三产业，即非农产业产值的迅速增长。城市社会经济的持续高速发展使城市对劳动力、基础设施、用地有了越来越大的需求，城市人口和用地规模的扩大便是在这样的需求推动下产生的；如果这样的供需关系没有达到平衡，无论是供大于求还是供不应求都会影响到城市与社会经济的正常发展。在西方国家经济快速发展的同时都存在着快速城市化的现象，这是城市化进程中的一个必然阶段。值得注重的是，改革以来中国经济持续的高速增长，主要是依靠扩大经济规模来实现的，城市规模的迅速扩大在很大程度上源于目前中国经济增长的粗放模式及阶段性的经济"过热"现象。

（3）行政体制改革：权力下放带来的地方政府自我发展积极性的提高

中国体制改革一个重要的特征就是地方自主权力的增强。财政包干和产权分层提供给地方政府（城市政府）强大的动力去推动地方社会经济的发展。由于城市政府能越来越多地从城市自我的经济发展、城市开发中获利，城市的发展便与城市政府息息相关，城市政府之间的竞争由此越来越激烈。这种转变客观上来说有利于城市的发展，但城市政府的这种行为方式如果缺乏宏观的有效导向和调控，便会影响到区域和国家的整体利益。这既是近年来城市得到了迅速的发展，也是在新一轮城市规划修编热潮中部分城市规模过度扩大的重要原因之一。

（4）经济体制改革：企业—城市经济组织的贡献

改革以来在公有制经济持续发展的同时，集体经济、个体私营经济和合资、外资等多种经济成分逐步发展壮大，成为中国经济结构中的重要组成部分。至1995年，全国集体、股份制、外资、个体等非国有单位的投资占到总投资的45.6%（1980年为18.1%），国家预算外资金（自筹、贷款、外资等）由1980年的63.4%提高至1995年的97%。国有企业在现代企业制度改革中也拥有相当程度的自主权，不再只是单纯的行政体系的附属物和实现国家计划的基本单位。企业更多地以资产增值为目的而介入市场机制运作后，企业的用地方式、用人方式较改革前更多的是经济上的考虑，能够扩大再生产、提高经济效益是企业的目标所在。表现在城市层面上，则由以往被动等待国家计划分配变为主动选取对自身有利的投资方向和经营方式，国家计划不再具有计划经济时代那种严格的约束力。企业这一城市经济组织行为方式的转变使城市发展动力呈现多元化势态，企业生产链的延伸、土地级差效益的追逐、劳工的外来化倾向等既赋予了城市发展的活力，也对城市管理包括城市规模的控制提出了新的挑战。

(5) 土地制度改革：土地有偿化为城市开发带来的活力与利润

土地使用制度改革无疑是近年城市发展中最引人注目的一项制度改革之一。在城市土地使用制度由行政划拨体制向有偿有限期使用的市场化体制转轨的过程中，城市的土地使用越来越依赖市场机制的作用，土地有偿的概念已经深入人心，相当程度地刺激了城市土地的流动与有效配置。但同时由于改革是一个渐进的过程，"双轨制"或"多轨制"的存在成为制度改革过程中特殊而必然的产物。土地产权划分、配置、使用和利益分配上制度及约束不健全、不对称的现象对同时期城市用地的置换与扩展产生了深远的影响，在土地经济价值得到重视的同时，土地配置亦出现了种种无序现象。农村集体所有土地使用的有偿化改革与城市国有土地相比更处于相对滞后的阶段，农村集体所有土地的入市、农地转非的规范管理都存在着亟待改进的地方，农村土地，尤其是城乡接合部的土地在城乡土地的巨额差价的驱使下纷纷转化为城市建设用地，不免带有盲目性。

3 完善土地使用规划与管理，促进城市健康发展

由于这场深刻的改革浪潮波及了城乡社会、经济结构的每一层面，城市发展的动力机制、目标选择、决策过程和利益分配等与计划经济时代相比发生了很大的变化。在这样的发展背景下，中国城市化的进程既取得了相当的成绩，为国家资源的集约利用和社会经济发展作出了很大的贡献，也出现了种种负面的问题，例如盲目设立开发区、城市建设用地总量失控、区域内基础设施重复建设等。在中国这样一个地少人多的国家，提高城市化水平，促进社会、经济和环境的协调发展，集约利用资源是唯一选择。要解决城市发展中存在的种种问题，只能基于城市发展概念和发展方式的转变，通过完善城乡土地使用规划与管理制度，加强政策引导，达到提高资源利用效益、实现城乡社会经济持续发展的目的。

在城市一级政府中，对城乡土地配置与使用负有管理职能的主要是计划部门、城市规划部门和土地部门，土地利用计划也是由这三个部门编制的建设用地计划、城市规划和农田保护规划所组成的综合体系。计划部门对土地供应的控制是通过投资计划的审批来实现的。改革以后社会投资主体和投资的资金来源已呈多元化，但计划部门仍然负责统一管理全社会的投资活动，所有的基本建设用地只有在计委批准立项后，才能进一步选址和划地。1988 年起，鉴于耕地的迅速减少，建设用地计划被纳入国民经济计划内容之中，主要包括耕地占用控制指标和非耕地占用控制指标，其中前者是国家指令性计划指标。城市规划部门对土地使用的影响主要体现在两个方面，一是对城市土地使用规划的编制，一是通过对城市规划区内土地开发建设项目的审批来控制项目用地面积、性质、开发强度和其他规划技术指标。土地使用者的选址得到城市规划部门批准后，持批件到土地管理部门申请征用或取得土地。土地管理部门负责执行政府征用土地、出让土地使用权和对地籍、地证的登记和管理等。土地管理部门也是编制农田保护规划的主管部门，主要是对城市规划区外的农业地区的土地，尤其是耕地的管理规划。

如上所述，伴随着国家经济体制由计划向市场的转型，城市经济环境、城市社会结构体系发生了显著的变化，而现有的土地规划及管理体制对比社会经济环境的转变还存在一

些亟待改进的地方，根据我们的调查，主要有以下几方面：

（1）土地计划管理体系内部之间的脱节

土地管理职能部门之间的协调工作是城市土地使用管理顺利运转的关键。部门之间的协调体现在两个方面，一是规划（计划）的编制，一是管理职能的分工协作。建设用地计划、城市总体规划和土地使用总体规划在编制时已经注意了相关部门的参与，但在计划与计划之间的协调、延伸、细化上仍然相对薄弱。年度用地计划既没有考虑城市规划在相应规划年限中规划的用地规模增长，城市规划也未就每年的国家建设用地计划在城市用地增长、用地结构方面做相应的安排。同样的问题也存在于土地使用总体规划与城市规划、建设用地计划之间。城市建设用地与农业用地，尤其是耕地之间的总量平衡和整体协调是目前规划工作的又一薄弱环节。计划编制的不完善、相互脱节也影响到了土地使用的管理。尤其在城市规划部门与土地管理部门之间，随着城市规划区扩大至全市行政管辖范围，城市建设用地与农村用地的管理归属和城乡接合部土地使用的管理归属成为一个十分模糊、亟待划清的问题。

（2）规划与管理的脱节

当前，在已编制完成的规划与规划管理工作之间尚未建立起有机的羁束性联系，从而使规划由编制到实施的过程缺乏有效的保证手段。在城市总体规划与地区详细规划之间，在详细规划与具体项目审批之间缺少硬性的承启关系（例如有的城市当项目用地小于3公顷，时可以免于编制详细规划，只需符合有关技术规定，即可按项目审批，一些开发商为突破详规的控制指标遂采取化整为零的方法申报，使原有的详细规划被突破，成为一纸空谈）。建设用地计划和农田保护规划也存在类似的问题，计划的实施不是作为硬性的审核标准而是笼统的工作成绩。规划与管理间的联系缺少法律保障的体制在计划经济向市场经济转型过程中逐渐暴露出它的弱点。当土地使用者或开发者拥有越来越大的投资和财务自主权时，土地选址、开发内容、开发强度就不可能按照过去全盘的国家计划模式由政府主管部门全权择定，企业不但对用地选址有发言权，而且希望在法规允许范围内尽可能采取对本企业经营最有益的开发内容与强度，在目前规划编制往往滞后于现实、规划行政的自由量裁权限过大的条件下，必然会产生局部与整体、经济利益与社会利益等的冲突。规划只有获得国家法律的权威保障，才有可能提高自身坚持规划原则、抵制外来压力的能力。如果城市规划和土地使用计划体系不能够与具体的实施与管理联系起来，城市规划的管理仅能对每一个具体的建设项目进行基本的规划技术约束，不能遵循其应有的整体性、长远性的方法论，也就失去了对城市发展和土地使用的指导意义。

（3）土地使用规划和计划编制方法本身存在缺陷

受前苏联模式的影响，中国的城市规划较多地偏重物质形态规划，即所谓"蓝图规划"（BLUE PRINT PLAN-NING）的形式，注意技术性的、美学的原则以及城市规划期限内预期达到的理想规模状态。这种非动态性的规划较多地面向城市发展的终极状态，确定规划期限、规划的人口和土地规模、城市土地使用的理想模式。由于它要确定一个理想的规划形态，需要充分调查、了解现实城市发展状况和与未来发展相关的各项因素，编制前期需要大量的准备工作，但通常的规划编制只简单参照国民经济计划中的几个主要指标，而且由于经济体制的转换，相关城市建设的投资开发越来越由企业等城市经济组织掌握主动权而并非完全由国家确定投资计划，因而很难充分掌握和预测城市经济活动，这就使"蓝图"式的规划常常还没有完成编制与审批就已经与现状不符，降低了规划的可实施性。在总体规划过于具体、编制审批程序周期过长、可实施性差的同时，现行的分区规划、控制性详细规划等等也面临着提高规划合理性和可操作性、充分体现或延续总体规划意图等一系列问题。另一方面，计划部门的建设用地计划的编制与国民经济计划中的固定投资计划十分相似，年度用地计划总量的确定通常是根据计划期间基建项目和项目预期用地面积累积计算，并参照往年用地量作经验性的加减，计划编制缺乏科学性。

针对在向市场经济转型时期的城市发展和土地使用中出现的种种问题和缺陷，在规划与计划、规划与国土，以及规划自身的编制和管理等方面要有观念上的转变和制度上的创新。

（1）城市规划与社会经济计划之间的协调

在计划经济条件下，城市规划的作用在很大程度上是社会经济发展计划的继续和城市建设的蓝图，同时，空间规划的编制又是与社会经济发展的五年计划及年度计划相脱节的。规划在实施中主要是具体建设项目的安排。

在转向市场经济的条件下，政府从投资的主体变为对市场的调控主体，城市规划本身具有了更综合的含义。面对市场主体，城市规划作为政府调控经济的空间过程的手段有了独立的地位，与计划的关系已不再是决策—执行的关系。在社会主义市场经济的运行框架中，政府的社会经济发展计划与城市规划有了新的整合的意义。

具体而言，城市的建设发展和规划是城市整体发展战略的组成部分。城市规划既要研究、体现城市经济社会发展计划的目标，又不是消极地服从既定的目标，因为城市规划即使就其空间问题而言也是一个系统，既受社会经济、资源等条件约束，同时也作用于社会经济发展目标的选择和实现。

在发达的市场经济国家中，政府的城市规划部门有的已演变成了社会综合规划发展机构[①]。在我国，目前城市政府的城市规划和社会经济计划职能还置于不同的机构，两者显然存在着不少脱节和不协调。

在贯彻国家发展方针，实施经批准而具有法律效力的城市规划的目标和规定方面，计划部门往往比规划部门起着更有力的作用。实践表明，这些年来在某些地区和城市中出现的过多占用耕地和过度追求外延发展的倾向以及随之出现的开发区"热"、房地产"热"等，主要是经济发展宏观指导思想上的偏差以及项目计划审批中缺乏科学合理的控制，同时也表现为对法定城市规划的轻视及对既定的城市发展目标、发展规模和空间布局的随意突破。规划受到的冲击既来自市场，亦来自政府经济发展的调控主体。

因此，贯彻国家城市发展的方针，实施经法定程序批准的城市规划绝不是规划部门自身的努力就可以奏效的。国家法律和法定规划的约束力以及社会经济发展的"两个"转变的抉择都要求城市规划与社会经济发展计划两个体系之间形成紧密的整体协调。这种协调在宏观层面上，要求城市规划的编制和实施要与有关的社会经济发展计划更紧密地结合起来，而社会经济计划的编制和实施要与城市规划相衔接，不能随意突破规划已有的限定；在微观层面上，规划和计划作为面对市场的主体发挥双重的、互补的调控和引导作用，把执行社会经济计划与遵守法定城市规划及有关法规、规章统一起来。

（2）城市规划与土地利用规划之间的协调

城市规划的重要工作是编制和实施城市土地使用规划，土地管理部门编制的土地利用规划覆盖各有关行政辖区的全部土地，特别是划定耕地保护区，由于分属两个部门，两项土地使用规划往往不一致。

鉴于我国国土资源的稀缺性，特别是耕地资源的减少已接近临界值，所以，保护耕地是一项战略性的、紧迫的任务。在大城市及其周边地区，这项任务尤其突出。同时，经济建设、城市化的发展也必须要使用土地，包括一部分耕地。所以，城市规划、城市发展与土地管理及耕地保护要有协调的战略，不是简单的谁服从谁的问题，也不是谁先谁后的问题。

在目标一致的前提下，这两项工作要结合起来。城市规划总图的最高一个层面应是国土利用规划，在这个层面与土地管理部门达成一致，然后在指定的城市化和城市建设用地范围内细化、深化城市用地的规划，这方面国际上已有很成熟的经验。

在城市规划土地使用图制定后，就必须在规定的范围内建设，而不可以不经修改规划而在划定的城市建设用地以外批准建设项目。这也是国外实行区划法管理的普遍做法。

在人口和城镇密度高的城市化区域，城市和城镇的规划用地不宜仅作点的控制，而是应将整个行政区域都纳入城市规划范围，明确用地分类控制，使规划管理和土地管理真正实现整体协调。

这方面，珠江三角洲经济区城市群规划的做法值得借鉴。为了防止城市无秩序蔓延和乡村地区非农业产业的过分发展，确保区域内一、二、三产业协调发展，形成良好的区域环境，珠江三角洲城市群规划确定了四种用地发展模式，即都会区、市镇密集区、开敞区、生态敏感区。不同的用地分区，将实施不同的发展策略，承担不同的区域功能，控制不同的开发强度。这实际上就是国土规划，为具体的城市土地使用规划和农田保护规划提供了一个整体的框架。[②]

（3）建立系统的规划网络和工作程序

城市规划的意义在于它对城市化发展的指导和控制。它只有在城市化发展的实践中发挥了作用，才真正具有存在的意义。规划的管理是规划理念实现的一个重要环节，但纵观目前城市土地使用的管理制度，城市规划的作用较多地限于微观的建设项目"两证一书"的发放，在土地使用的宏观管理层面上则少有作为。合理的规划指导思想和规划目标一旦建立，政策的执行就需要有效的行政机制保障；鉴于规划管理部门是施行城市建设发展宏观调控的重要部门之一，城市规划部门自身应当积极地发挥从城市土地宏观调控政策的制定到执行的综合职能，体现规划和计划意图，完善建设用地总量控制体系，保证城市整体和公共利益的实现；同时建立起完整的城市建设监控体系，及时了解城市建设现状，掌握全面市场信息，以便健全宏观调控由制定—实施—反馈—调整的动态管理体系。

在大城市，特别是特大城市中，规划行政管理必然是分级的，市级、区县级以及乡镇一级政府均享有一定的规划行政管辖权权限和审批权。分级管理并不是意味着上级部门的管理职能的放松，相反，上级的规划部门面临着更大的宏观管理、综合平衡的任务。目前的分级化分权还没有建立起有效的整合机制，各区县以及乡镇建设往往偏于一己的利益而忽略了城市整体发展战略，对整体发展带来了一定的消极影响。要改变这种状况，有赖于土地使用规划管理整合机制的及时建立。市级、区县级以及乡镇规划管理是一个有机的网络和整体，城市规划管理部门作为规划管理网络的宏观层面，应当负责编制战略性规划、系统性的规划、总量控制及对全局意义的重要项目的规划管理负责，并对下级规划管理担负起指导、协调和检查的职能，即宏观管理的职能；下一级根据上一级的规划编制地方性的总体规划和详细规划，并负责规划的具体实施，涉及"两证一书"的审批等微观管理层面的工作。形成责权明确、体系完整的行政管理制度和网络，是规划发挥作用的重要保障。

在一些大城市地区的规划实施中，还应该解决好地级市带（代管）县级市的规划分权和协调。现在往往出现这样的情况，当县改市后，就为省辖，一般委托县级市所在的地级市代管，但规划的管辖一般仍在省里。这样，即使地级市与县级市在空间上是连接在一起的，它们的城市总体规划也是各自编制，分级分头审批的。这种彼此孤立的做法很容易产生区域的冲突和不协调，今后的方向亦应按照有机网络及分层的思想和方式来调整，这方面还需立法上的调整和完善。

（4）规划要实现法制化、适应法制化

城市规划的各项工作都要以法律、法规为依据。同时，规划的法制化对规划工作内容、方法等也有很高的要求，可以说，没有科学、准确、系统的规划工作基础，也就不可能实现规划的法制化。所以规划的法制建设要从规划立法工作与规划工作方法自身的科学、合理性两方面入手。

由于城市规划涉及的是城市土地资源的分配与布局，关系到城市社会各个阶层的利益，如果缺少政策和法律上的保护，就非常容易受到城市社会、经济、政治各方面的压力影响。并且由于土地的规划与管理是从国家、区域的整体和长远利益出发，有时会与城市的地方利益出现冲突，因此，它不但要承受土地使用者的压力，还会有来自地方政府的影响。要保证规划在实施过程中不变形，抵制住各方面因素的冲击，就必须从编制阶段起注重依法行事。另一方面，要使规划成果获得行政和立法的效力，城市规划文本的编制也具有非常重要的意义。目前的规划编制还缺乏建立分级准确、严密的法规性的城市规划文本的积极意识。与前者相呼应的是，法制化同样需要宏观层面的总体规划编制偏向战略性的规划而非过于详尽。高层次的、战略性的规划过于详尽从技术角度讲反而会失去对下级规划指导的合理性和准确性，从而会影响到战略性规划的严肃性。这是当前规划实践中亟待研究和解决的一个问题。

4　结束语

伴随着经济的稳步增长，许多发展中国家都正经历着快速的城市化过程。与其他国家不尽相同的是，中国同时也在进行着经济体制等各方面制度的改革，社会经济结构在发生着巨大的变化。处于这样一个快速的发展和变化的时期，要继续保持国民经济的持续稳定增长和社会的安定团结，同时又要注意资源环境的保护和城乡可持续发展，各项管理制度、政策、法律必然要适时地不断进行调整完善。城乡土地的合理利用与配置关系到城市经济和空间形态的健康发展，也关系到国家基础产业—农业的产出和耕地的保护。对应新时期条件的变化，建立科学完善的土地使用规划管理体制，将有助于国家社会经济全面的协调发展，并真正有效地贯彻国家关于"严格控制大城市规模、合理发展中等城市和小城市"的方针，促进生产力和人口的合理布局。

注释

① 张庭伟，中国规划走向世界——从物质性规划到社会发展规划，《城市规划汇刊》1997（1），
P5～10，同济大学出版社。

② 房庆方等，区域协调和可持续发展——珠江三角洲经济区城市群规划及其实施，《城市规划》1997（1），
P7～10。

参考文献

[1] 陈吉元，韩俊.中国农村工业化道路.北京：中国社会科学出版社，1993.

[2] 费孝通.乡土重建与乡镇发展 [M].香港：牛津大学出版社，1994.

[3] 王建民，胡琪.中国流动人口。上海：上海财经大学出版社，1996.

[4] [英] W•鲍尔.城市的发展过程 [M].北京：中国建筑工业出版社，1981.

[5] 吴国光.国家、市场与社会——中国改革的考察研究 [M].香港：牛津大学出版社，1994.

[6] 保护耕地问题专题调研组.我国耕地保护面临的严峻形势和政策性建议 [J].中国土地科学，1997，1.

[7] 徐巨洲.怎样看待城市人口的发展问题 [J].城市规划，1997（1），P17-20.

广州城市土地供应与规划管理策略研究 ❶

20 世纪 90 年代初,广州市同我国许多城市一样,受到"房地产热"、"开发区热"等宏观因素以及管理机制的影响,土地供应存在着盲目、混乱的局面。近年来,广州市政府及有关管理部门已经意识到这个问题并开始闲置土地的清理和过期用地批文的注销。随着广州现代化中心城市建设的思路调整①,有必要进行全面的土地供应与管理策略的检讨和研究。

1 20 世纪 90 年代以来广州市土地供应和管理的调查与分析

1.1 土地供应的总量

对于土地供应的定义是:经市用地会批准并已在广州市城市规划局办理《建设用地规划许可证》,即为供应土地。1992 年下半年~1999 年上半年广州市供应土地 213.09 平方公里。

从表 1 可看出,供应土地量最多的年份是 1998 年及 1993 年。其中 1993 年是由于在"房地产热"的大背景下,房地产用地的过量批租造成的。而 1998 年则是为了改善城市环境质量,供应的大部分用地为道路交通、市政、绿化用地及高新产业用地等,用于房地产开发的用地比例则大大降低。

1992 年下半年~1999 年上半年土地供应总量各区分布表　单位:公顷　　表 1

	东片			南片		北片			小计
	天河	东山	黄埔	海珠	芳村	越秀	荔湾	白云	
1992 年下半年	414.1	11.5	162.1	238.6	69.6	60.9	62.4	491.2	1510.3
1993 年	1347.2	51.5	676.3	887.7	244.3	16.2	65.8	1487.5	4776.4
1994 年	506.6	198.7	193.2	212.7	28.7	19.5	80.6	851.6	2091.6
1955 年	649.5	275.6	208.4	77.8	13.7	17.5	117.1	930.7	2290.3
1996 年	314.9	38.4	147.0	389.5	99.5	3.6	6.5	370.1	1369.5
1997 年	385.3	36.1	8.1	96.1	10.9	6.0	17.7	158.5	718.9
1998 年	1007.0	161.4	194.7	1148.2	781.0	2.2	5.1	4291.5	7591.1
1999 年上半年	321.0	60.3	140.4	75.6	9.9	12.0	28.9	312.6	960.7
合计	4945.6	833.5	1730.2	3126.2	1257.8	137.8	384.2	8.893.6	21308.8
比例	23.21%	3.91%	8.12%	14.67%	5.90%	0.65%	1.80%	41.74%	100.00%

1.2 土地供应的空间分布

由表 1 可看出,广州市于 1992 年下半年~1999 年上半年期间土地的供应以白云区和

天河区为主，而又以白云区为最，这与城市总体规划中东南方向为主导的发展方向是不相符合的，北部地区的大发展势必给流溪河水源的保护带来威胁。

1992 年下半年～ 1999 年上半年供应土地功能结构表　单位：公顷　　　表 2

	居住用地（R）	公共设施（C）	工业用地（M）	仓储用地（W）	对外交通（T）	道路广场（S）	市政设施（U）	绿地（G）	特殊用地（D）	水域及其他(E)
面积	6293.4	2739.1	2335.1	160.7	3410.3	2353.8	841.6	1013.3	613.7	1547.6
比例	29.53%	12.85%	10.96%	0.75%	16.01%	11.05%	3.95%	4.76%	2.88%	7.26%

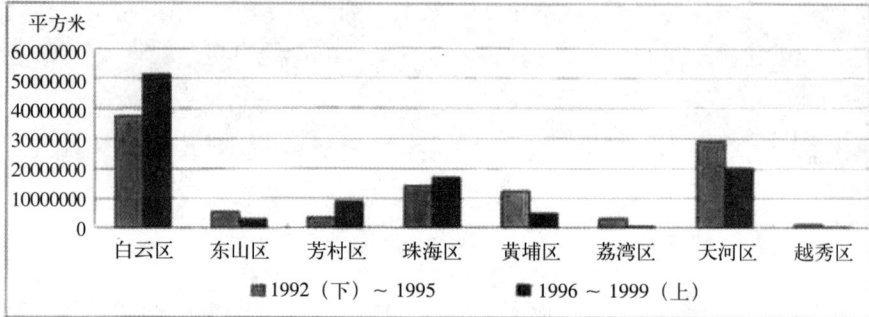

图 1　1992 年下半年～ 1995 年与 1996 年～ 1999 年上半年供应土地分布比较图

1.3　土地供应的功能结构

1996 年以前由于国家宏观政策的影响、房地产过热、广州市当时的土地政策等原因，居住用地、公共设施用地、村自留地明显高于 1996 年后。相反，由于土地政策的调控、城市基建设施的建设、重视城市整体环境质量的提高等原因，对外交通用地、道路广场用地、绿地 1996 年后明显高于 1996 年以前（图 2）。

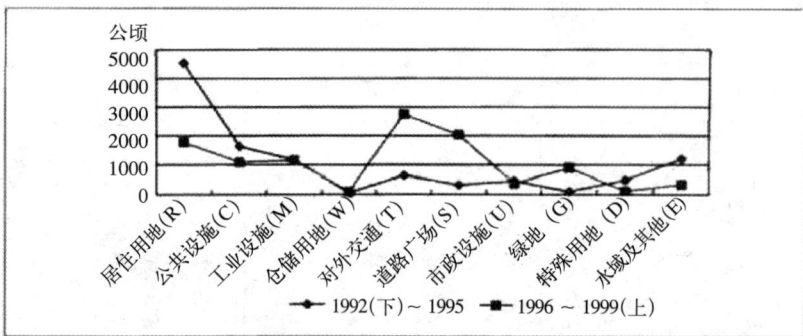

图 2　1992 年下半年～ 1995 年与 1996 年～ 1999 年上半年供应土地功能结构比较图

1.4　供应土地的使用状况

通过《建设用地规划许可证》、《建设用地通知书》、《建设用地批准书》三者之间的比较（图 3、图 4），目前的土地供应在管理上很难控制《建设用地规划许可证》，即土地供应量与实际开发量相一致；从分布上看，新发展区的实际利用率相对于老城区小，这与新

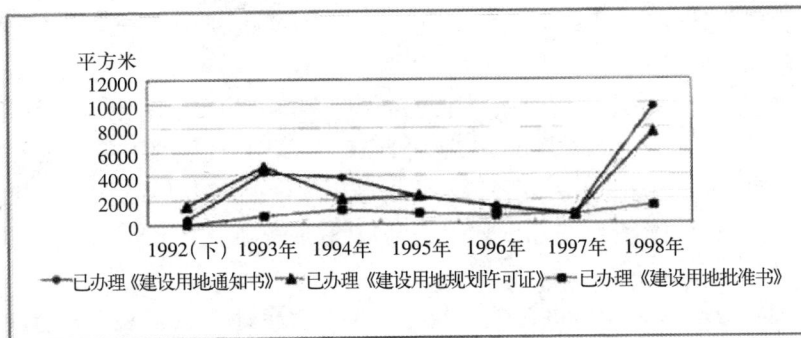

图3 办理《建设用地规划许可证》与办理《建设用地通知书》、办理《建设用地批准书》年际变化比较图

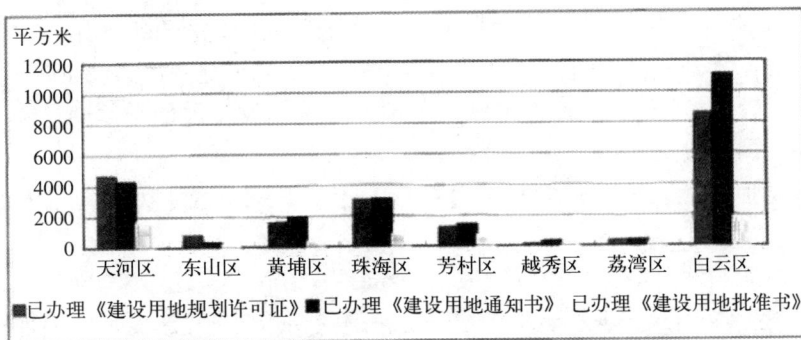

图4 办理《建设用地规划许可证》与办理《建设用地通知书》、办理《建设用地批准书》分布比较图

发展区公共配套设施、市政基础设施等相对薄弱有很大关系。

2 20世纪90年代以来广州市供应土地和管理中存在的问题及其后果

2.1 存在问题

2.1.1 土地供应总量失控

对广州市1986～1999年批地量的统计表明,1986～1991年,批地量和征地量基本平衡。1991年以后,批地量开始远超过征地量(1996年后又有回落)。尤其是1993年房地产热期间,广州市一年内的土地划拨量即超过"七五"计划的总量。1991～1997年,广州市建成区的面积增加了89平方公里,相当于1990年建成区面积(187平方公里)的47.59%。

从1992年7月至1998年6月30日,广州市规划局发出《建设用地规划许可证》的房地产项目有2208宗,面积60.2平方公里,而实际已发出的《建设用地批准书》只有765宗,用地面积9.3平方公里,仅占规划红线的16%,即使办理了用地手续的,还有相当一部分也没有按规定如期开发。这就意味着,目前至少有84%的规划红线没有按规定进入征地、拆迁阶段,在土地市场停留。虽然上述用地中还包括一些补办历史用地和其他建设用地,但也足以说明房地产开发用地的闲置状况是比较严重的，土地市场已明显出现供过于求的局面。

2.1.2 土地供应用地结构失调

通过历年供应土地的功能结构回顾，在总体供应结构方面可以看出，过去在土地供应方面明显偏重于居住用地（R），忽略了公共设施用地（C），绿化用地明显不足。在内部构成方面，居住用地中房地产开发用地占比例较大，公共设施用地中偏重于办公用地（C1）、商业用地（C2），其他公共设施用地相对较少；工业用地（M）偏重一类工业（M1）、二类工业（M2）。

2.1.3 供应时机把握不当

目前我国大部分城市的土地供应缺乏长远计划，对租地者有求必应，造成我国有限的土地资源短期内被供应殆尽，没有给远期的发展留有充分的余地。由于短期内推出大量土地，造成土地市场供过于求，土地价格下跌，带来政府收益的流失。如广州市地铁一号线的建设采取了利用沿线房地产开发为地铁建设筹集资金的方式，希望通过沿线 28 个地块的开发筹集到地铁建设资金 43% 的费用。但就在地铁沿线地块供应期间，广州市在天河新区、广州经济技术开发区等地又以优惠政策批出了数倍于地铁沿线物业的土地，对沿线物业的开发造成较大冲击，这是使得地铁从土地所获得的收益远低于预期目标的原因之一。

2.1.4 土地供应缺乏空间分布上的引导

土地供应呈现零乱无序的局面和见缝插针的土地开发造成了城市建设的混乱与无序。表现在：

（1）与城市的用地发展方向、环境发展目标等不相适应。几年来，广州市的土地供应与城市总体规划所确定的用地主导发展方向不相一致，使得开发建设呈现遍地开花的局面，导致城市以"摊大饼"的方式扩展开去，造成城市土地资源、基础设施等无法集约利用。

（2）土地供应的无序性还对城市的某些重点项目造成冲击，使之无法达到预期的目标。如珠江新城的开发早在 1992 年即提上议事日程，但由于地价高，竞争力甚至比不上其他同期开发的许多项目。至今，其开发只完成预期建设量的不到 10%，预计完工的周期要推迟 10 ~ 20 年甚至更长。

（3）土地供应未与基础设施紧密结合，一些地区大量开发，而基础设施、公共设施配套建设却没有相应跟上，带来交通、子女入托、入学难等一系列问题。

（4）部分供应用地占用了城市公共用地的发展空间，给城市发展埋下隐患。更甚者，一些供应用地甚至占据老城区中宝贵的公共设施用地和绿地，使得老城区的公共用地日益减少，环境质量日趋低劣。

（5）未能从优化城市功能和空间结构，引导城市产业升级和城市空间结构优化的方向进行土地供应，导致城市功能失调，城市空间结构模糊，妨碍城市可持续发展。原因是土地审批是"依申请"审批方式而非有计划地有效引导和控制"依规划"审批方式。

2.2 城市土地供应失控带来的后果

2.2.1 政府土地收益的大量流失

（1）土地供求市场的不平衡，使得土地的价格一直停留在较低水平，不能真正体现其价值。据了解，1993 年广州市出让土地 296.65 万平方米，实收出让金额 15.79 亿元，每平方米地价平均只有 529 元，若按广州市颁布的基准地价出让土地，政府的土地出让收益应达 104.63 亿元，相当于实际收入 15.79 亿元的 6 倍。而与之形成鲜明对比的是，仅供应

1平方公里的土地，香港政府就可获得近300亿元人民币的土地收益，新加坡政府也可获得100亿人民币的土地收益。

此外，土地供求的买方市场还引发了土地价格的一路下跌，进一步削弱了政府从土地开发中获得的收益。广州未来新城市中心——珠江新城商业用地的价格1996年以前一直维持在3500元/平方米（楼板面积），但由于受到宏观土地市场过量供应的影响及其他方面的影响，1996年后地价反降至2800元/平方米（楼板面积）。

（2）许多开发公司以低廉的价格从一级市场获得土地，但由于资金不足无力开发，于是要么闲置弃荒，要么转手炒买炒卖，使得政府税收大量流失。由于土地隐形市场的存在，目前流失了大量土地资产收益。

2.2.2 政府宏观调控能力下降

土地供应是市场经济条件下政府对城市建设进行宏观调控的有力手段。在进行重大基础设施的建设时，土地还可作为吸引私人投资的主要手段之一。因此，保留足够的土地储备量，对政府而言至关重要。但遗憾的是，许多城市在进行土地供应时只看到眼前利益，而忽视了长远利益，短短几年内不仅批完了城市近中期建设用地，远期建设用地也所剩无几。

2.2.3 影响土地市场发育

在我国，由于对土地供应、出让、转让等的管理尚未走上法律化、规范化和科学化的轨道，使得土地市场的发育呈现明显的初始状态。机构不全、体制不顺、法规不细、管理薄弱等一系列问题，严重制约着土地市场体系的健全发育。以行政划拨和协议出让形式取得的土地进入市场，造成了土地市场的不公平竞争，严重干扰土地市场的健康发展，加重了土地市场的管理难度。

此外，大量土地划而不征、征而不用，长期闲置，征地单位少用多占，造成了土地资源的巨大浪费，这些由各单位、各开发公司占有的存量土地，随时都可能干预市场，给政府调控带来困难。

2.2.4 损害城市空间形象，严重影响城市规划的实施

城市土地供应的无序失控造成大量土地闲置，由于乏人管理，工地上杂草丛生、垃圾遍地，严重损害城市空间形象。

此外，由于土地供应在空间分布引导上的不足，使得零星建设的现象突出，尤其是高层建筑见缝插针、遍地开花的建设，不仅使旧城区的轮廓线遭到破坏，亦使得新区呈现出一派混乱、无序的面貌。

3 城市土地供应管理策略建议

3.1 制订、公布和执行年度土地供应计划

3.1.1 年度土地供应计划的制订

广州市政府应依据城市的发展情况和市场土地需求，结合前几年的土地供应和使用情况，每年度10月份开始制订下一年度的土地供应计划，该土地供应计划应同时包括土地供应总量以及房地产用地、市政设施用地、公共设施用地、工业厂房用地、对外交通用地、道路广场用地等各类型用地的数量和比例以及各类用地的空间分布。

该土地供应计划制定的依据包括：

（1）总量控制参考：依据土地利用总体规划和国家及省下达的土地利用计划指标。

（2）土地需求的预测值估算：根据建立的模型，选择合适的参数，推算出近期和远期内城市土地需求量。

（3）城市发展规划：土地供应计划实质上是城市规划实施在空间上的落实，因此城市总体规划尤其是近期建设规划是最直接的依据。

为了配合该土地供应计划的制订，要求全市需要用地的单位和部门（包括市属、区属部门）必须在每年8月1日～9月30日向市规划局申报下一年度的用地申请计划，凡没纳入申报计划的用地申请一般不予以考虑，以保证广州市的土地供应纳入有计划供给的轨道。

广州市城市规划局将收到的申请用地归类整理制图，依据城市规划，特别是结合城市近期建设规划，考虑到市政基础设施投资计划和城市重点项目建设规划，按照用地管理政策进行筛选制表后会同建委、国土、计划、财政、环保及区有关部门认真研究讨论，以合理确定下年度土地供应计划。

3.1.2 年度土地供应计划的公布

广州市城市规划局根据上一点所提到的要求制订详细的土地供应计划并报市政府或市用地会审查，经审定后的本年度土地供应计划于每年年初向社会公布。

3.1.3 年度土地供应计划的执行

广州市的土地利用必须严格按照所公布的年度土地供应计划执行，除特殊情况外，凡未纳入供应计划的土地一般不予受理，特殊情况报市用地会研究。

规划部门会同国土和计划部门每年年底要对土地供应计划进行详细检讨，对土地供应计划的实施进行监督并向市用地会报告计划的执行情况。

3.2 建立健全土地供应和管理机制

3.2.1 完善城市土地管理机制

广州市应该完善城市土地管理机制，以适应城市规划和土地利用管理的需求。应强化建设用地审批领导机构的宏观调控作用，突出用地审批小组在土地供应的计划制定和计划管理工作上的重要地位。

为了保证土地供应计划的顺利实施，政府必须建立一套健全的土地收购、土地征用、土地整理、土地储备和土地供应机制，并强化土地开发中心的职能。该机制的职能在于依据城市规划合理收购和征用有潜在价值或尚未开发的土地，并对其进行前期开发和整理，把它转变为熟地，纳入政府土地的储备，再根据城市建设的要求、市场需要和土地供应计划在适当的时机进行分批公开出让，从而有效地调控土地供应市场，增加政府土地收益。

3.2.2 垄断土地供应一级市场

为了加强政府对土地市场的宏观和微观调控，政府必须垄断、控制和有计划地支配土地供应一级市场，成为土地供应的唯一源头。具体措施有以下几方面：

（1）对经营性质的建设用地采取有偿出让、出租和土地资产入股等方式，掌握一级市场合理和科学的"度"，防止超越城市建设和经济发展的需要，大面积地、盲目地出让土地；

（2）大力清除闲置用地，净化土地市场，严格把好加名、改性关，对过期未用的土地坚决依法收回；

（3）加大力度查处违法、违章用地，对临建项目严格管理；

（4）强化对农村集体土地所有制的管理，制止农村集体土地直接进入、违规进入土地市场，非农建设用地要严格控制在上级下达的用地指标内，严格按计划供地；

（5）科学合理地控制中心城区以及周边地区的房地产市场，在促进房地产市场健康发展的同时，避免由于短期经济效益引起的盲目增长对其他产业和房地产业本身的可持续发展所形成的阻力。

3.2.3　重视城市土地收益管理

土地收益是政府财政收入的一个重要来源，政府必须重视对城市土地收益的管理，建立正确的地价、地租制订机制，对土地价值和土地出让费进行合理的制定和评估。在土地供应计划里除明确每年的土地供应量外，还应注明预期的土地收益数。

3.2.4　建立土地管理信息系统

要建立一个符合广州市发展需要的土地供应模型，必须要有长期和稳定的市场信息来源与历年资料的积累来支持，因此需要有一套先进的土地管理信息系统，通过运用现代的方法（借助遥感、卫星等），对土地的使用状况进行及时了解和监控，并对违法用地等各种问题及时发现并采取必要的措施。完善的土地供应信息系统既是政府掌握市场的准确信息来源，也是制订合理的城市规划和土地供应计划不可或缺的助手，将为城市规划和土地管理带来事半功倍的效果。

　　[注：参加广州市城市土地供应与规划管理策略研究的人员有：施红平、李红卫、胡显文、陈重新、王保森、孙月、刘卫、田莉、黎栋梁（广州市城市规划局），黎振伟、鱼建东、魏屹嵘（广州珠江恒昌顾问公司研究部），William Seabrooke、杨志威、邓宝善（香港理工大学），魏清泉（中山大学）、刘明（广东三维地产策划公司）。]

注释

① 2000 年 6 月广州市行政区划调整，番禺、花都撤市设区，本文研究使用的是原市属八区的基础资料。

参考文献

[1]　饶会林 . 城市经济学（上、下）[M]. 大连：东北财经大学出版社，1999.

[2]　陆红生，王秀兰 . 土地管理学 [M]. 北京：中国经济出版社，2000.

[3]　夏明文 . 土地与经济发展 [M]. 上海：复旦大学出版社，2000.

[4]　广东省国土厅 . 年地租体系：研究与探索 [M]. 深圳：广东省地图出版社，1988.

[5]　毕宝德 . 土地经济学 [M]. 北京：中国人民大学出版社，1998.

[6]　谢贤程 . 香港房地产市场 [M]. 北京：商务印书馆，1992.

[7]　陈顺清 . 城市增长与土地增值 [M]. 北京：科学出版社，2000.

[8]　赵常青 . 关于城市土地储备制度若干问题的探讨 . 地政月报，2000.

[9]　黄亚平，丁烈云 . 地价评估与城市规划 [J]. 城市规划汇刊，1997（6）.

[10]　1992-2000 广州市统计年鉴 .

[11]　1992-2000 广州年鉴 .

[12]　1998-2000 广州城建统计 .

中国城市土地开发及其供给问题研究 [1]

刘卫东 [2]

1 改革开放以来中国城市土地开发的主要特征

1.1 工业化推动城市化发展，城市建设用地面积扩大

自 1978 年实行改革开放以来，我国经济发展迅速，工业化水平提高。1999 年全国国民生产总值达到 80422.8 亿元，人均国内生产总值为 6534 元，按可比价格计算，分别比 1978 年增加了 5.73 倍和 4.22 倍。国内生产总值的构成中，第一、二、三产业的比例关系由 1978 年的 28.1：48.2：23.7 变成为 1999 年的 17.7：49.3：33.0；工业总产值占工农业总产值的比例由 1978 年的 75.2% 提高到 1999 年的 83.7%。工业化推动城市化，我国城市土地开发获得了很大的发展。1978 年，全国只有城市 193 个，建制镇 2687 个，市镇总人口 17245 万人，城市化水平为 17.92%，城市建成区土地面积 7140 平方公里。到 1999 年，拥有城市 667 个，建制镇 19184 个，市镇总人口 38892 万人，城市化水平为 30.89%，城市建成区土地面积 21524.5 平方公里。1999 年我国城市建成区面积比 1978 年扩大了 2 倍以上 [1]。

1.2 土地使用制度改革显化城市级差地租，土地区位优势得到了发挥

我国城市土地利用，受到建国初期变"消费城市"为"生产城市"，"先生产，后生活"等城市建设观念的影响，大多存在着生产用地多、生活和服务用地少的问题。例如，上海市中心城区在 20 世纪 90 年代初期，和发达国家的同类城市相比，工业、仓储用地面积比例大约高 10 个百分点，而绿化、道路交通和公共设施用地面积比例相应低近 10 个百分点 [2]。90 年代后，我国通过城市土地使用制度改革，将过去城市土地无偿、无限期、无流动使用变成为有偿、有限期、有流动使用，显化了客观存在的城市土地级差地租。大城市中心城区实行"退二进三"的产业结构调整，使其土地区位优势得到了发挥，优地优用，提高了城市土地利用的效率和效益，也促进了城市土地资产的保值和增值。据统计，我国城市土地的出让价格，1989 年平均为 72 元 / 平方米，1991 年为 111 元 / 平方米，1992 年 240 元 / 平方米，1994 年 200 元 / 平方米 [3]，虽然地价存在着时间的波动，但总体趋势是上升的。

1.3 城市人均用地和绿化标准相对提高，环境经济建设效益显著

近年来，我国许多城市通过开发区、工业园区等城市新区的建设和对老城区的大规

---

❶ 本文来源：《城市规划》2002年第11期。
❷ 刘卫东，浙江大学东南土地管理学院。

模旧城改造，进行工厂搬迁和棚户简屋拆迁，疏散了城市中心区的过密人口，城市人口密度有了一定的下降。我国城市人均建设用地面积，1981 年小城市（<20 万人）为 95.31 平方米，中等城市（20 万～ 50 万人）为 84.81 平方米，大城市（50 万～ 100 万人）为 69.86 平方米，特大城市（>100 万人）为 59.83 平方米。到 1995 年，这些城市各自的人均建设用地面积分别提高到了 143 平方米、108 平方米、88 平方米和 75 平方米 [4]。随着城市人均建设用地面积的提高，城市基础配套设施和生活服务设施水平有了明显改善。1999 年，我国城市人均居住面积达到 9.78 平方米，城市人均拥有铺装道路面积 8.8 平方米，人均公共绿地 6.54 平方米 [1]，分别较 1986 年的 6.0 平方米，5.0 平方米和 3.4 平方米，提高了 63%，76% 和 92%。城市土地开发注意城市环境建设，取得了良好的经济效益。例如，1992 ～ 1999 年，大连市用于污染治理、房地产开发、商贸设施、邮电通讯、港口交通、供电、供水、供气、供热等环境基础设施累计总投资 1543.8 亿元人民币，按投入产出模型测算，拉动相关产业实现总产值 4770.3 亿元人民币，占同期国内生产总值的 63%，综合投资回报率为 216.5% [6]。

1.4 城市土地开发同区域经 济发展水平相联系，地域差异明显

我国城市建设受自然、经济和历史因素的影响，主要集中于东部沿海地区。1999 年，中国城市分布，按照三大地带[1]划分，东、中、西三大地区分别拥有城市 300 个，247 个和 120 个，城市建成区总计面积分别达 10405.24 平方公里，7586.11 平方公里和 3533.19 平方公里。其中，全国超过 100 万人口的特大城市 37 个，东部地区有 18 个，西部地区只有 7 个，中部地区 12 个。城市土地开发，特别是土地出让面积，也是东部地区占有优势。1999 年全国房地产企业总计完成土地开发面积 9319.6 万平方米，东部地区达 6199.1 万平方米，占 66.52%，而西部地区只有 1283.8 万平方米，仅占 13.78%。就土地利用经济效益而论，也一般是大城市高于中等城市，中等城市高于小城市；东部高于中部，中部高于西部。根据国家统计局对 1996 年全国综合实力最强的 50 个城市与全国所有地级以上的城市的比较分析，前者每平方公里 GDP 的贡献值为 2236.5 万元，是地级以上城市平均水平的 2.7 倍 [5]。就具体城市高新技术开发区单位面积产值比较，东部地区土地利用效益最高的北京每平方公里工业产值达 625292.6 万元，而中部地区最高的武汉只有 384503.7 万元，西部地区最高的西安仅 196498.2 万元。这三个城市高新技术开发区单位面积土地取得的净利润值，分别比全国 53 个高新技术开发区的平均水平高 383.96%，246.73% 和 9.88% [7]。

2 中国城市建设用地需求及其供给存在的主要问题

我国城市化滞后于工业化，不利于中国的现代化建设和社会经济发展，已经获得广泛的共识，加快城市化发展成为了"十五"计划期间（2001 ～ 2005 年）的重要发展战略。根《中华人民共和国国民经济和社会发展第十个五年计划纲要》，"十五"期间城镇新增就业和转移农业劳动力各达到 4000 万人，按照目前中国城镇从业人员和市镇人口 1：1.85 的比例，预计 2005 年中国的市镇总人口最少将达到 5.3 亿人，全国城市化水平将达到 40% 左右。以目前的城市人均建设用地的标准计算，"十五"期间中国需要新增加城市建设用地面积 7800 平方公里。城市建设用地年均增加 1560 平方公里，远高于 1986 ～ 1999 年城市建成

区年平均扩大 874.1 平方公里的速度。为了保证城市化的健康发展，就目前中国城市土地供给的情况分析，应当注意克服以下几个方面的问题：

（1）耕地资源稀缺，城市建设占用耕地不可忽视。

我国拥有世界人口的 22%，耕地面积却只有世界耕地的 7%。虽然近年来中国政府实行了严格的耕地保护政策，但 1996 ～ 1999 年平均每年耕地减少面积仍然达到 2900 平方公里，高于 1996 年以前几年每年减少耕地 1333.3 平方公里的速度。中国耕地面积减少，虽然有 2/3 是由于农业结构调整，退耕还林、还牧等引起的，近年来新增加的城市建设用地只占同期耕地减少的 3% ～ 5%。但是，城市建设在中国农业单位面积产量高的东部沿海对于耕地减少的影响不可忽视。据 1994 年资料统计，中国东部沿海地区城镇建设占其耕地减少的比例平均为 15.97%；在城镇用地增量中，耕地的比例为 63.23%[8]。

（2）城市土地利用粗放，土地利用率低。

据统计，1986 ～ 1996 年中国城市非农业人口只增加 59.7%，但城市建设用地却增加了 106.8%，城市用地增长弹性系数 1.79，远高于中国城市规划设计研究院研究认为中国城市用地增长合理的弹性系数为 1.12 的水平。有关部门的调查表明，中国城市目前建筑的容积率不到 0.3，按照专家估计应当达到 0.5，有 40% 的土地属于低效利用。全国城市闲置晒太阳的土地占 5%，特别是开发区盲目批地造成的土地闲置情况严重。到 1997 年底，全国征而未用的土地达 1160 平方公里。1991 ～ 1996 年全国设立各级、各类开发区达 4210 个，开发区闲置土地达 406.7 平方公里[9]。即使是土地利用集约化水平较高的中国大城市，各个城市间的差别仍然较大。1996 年包头市、兰州市和唐山市人均占地面积分别达到了 174.27 平方米、152.96 平方米和 144.99 平方米，作为特大城市其人均土地利用面积比全国城市平均水平 133 平方米还要高出 31%，15% 和 9%。中国小城镇人均用地超标现象更加严重。以河北省为例，全省调查了 112 个县城，建成区面积 480 平方公里，人均用地 241 平方米，其中 40 个县城人均用地超过了 300 平方米[10]。

（3）城市土地市场行为不规范，土地供给总量控制困难。

我国城市土地使用制度的改革，确立了城市土地资产的价值，使土地产权在经济上得到了实现。但是，由于对城市土地资产运营缺乏经验，在制度和管理上存在着某些缺陷，使得中国城市土地的市场供给行为至今仍然不大规范。据土地证书的首次年检结果统计，中国城镇土地中划拨土地占国有土地总宗数的 80% 和总面积的 98% 以上，出让土地仅占国有土地总宗数的 15% 和总面积的 1%[11]。在出让土地中，协议出让占有绝对大的比例，而招标、拍卖方式出让的土地不到 10%。我国法律上规定的土地出让年限相当于政府每届干部任期的 10 ～ 17.5 倍，由于目前在制度上没有将政府领导批准土地出让的权力和保证土地资产保值增值的责任相联系，以地生财，过量土地批租现象容易发生。同时，由于中国城市存在着大量无偿划拨的土地，城市边缘农村土地归集体所有，划拨土地和农村集体土地以不规范的隐形土地交易方式进入土地市场，扩大了城市土地的供给来源，也容易造成中国城市土地供给的巨大波动，使地价偏低，土地收益流失严重。

（4）城市规划依据不充分，土地供给制度欠完善。

城市土地供给应当以规划为依据，以供给引导需求，通过市场来实施规划。然而，我国城市土地开发过程中，规划滞后，先批租后规划，或者边批租边规划的现象并不鲜见。有的地方，对于城市规划的实施管理不力，为了扩大招商引资，在一些城市开发区建设中，经常出现外商希望投资什么就开发什么。有的开发区,把降低地价作为招商引资的致胜法宝。实践证明,一些开发区开而不发,甚至出现土地闲置,并不是由于规划控制太严或者地价过高,而是因为其缺乏周密的城市规划管理和土地价格管理制度,往往使得一些长期投资者,特别是跨国公司,因为担心不确定性因素太多会带来风险,而不积极投资。在有些地方,由于缺乏规划对土地发展权的控制,投资者对城市土地的不合理开发,既会造成对城市统一规划和土地合理利用的干扰,也影响了城市土地的后续供给和土地所有者权益的实现。

3　城市土地合理开发及其供给调控机制的建立

城市土地开发是新城镇建设、城市更新或城市空间扩张的直接表现,是城市化发展的客观需求。我国城市土地开发在确立符合中国国情的城市化发展道路[12]的基础上,应当建立起科学和完善的城市土地供给调控体系。

3.1　实施城市发展战略,加强城乡土地统一管理

我国"十五"计划纲要明确提出,要实施城镇化战略,促进城乡经济共同进步。为了保证城市发展用地的供给,并按照中国政府严格耕地保护的政策,实现耕地占补平衡,加强城乡土地用地统一管理的重要性特别突出。

城市化从人口和土地利用方面看,是人口从农村向城市迁移,农用土地变成城市土地的过程。城市土地与农用土地比较,其土地利用集约化水平高,单位面积人口容量大,从整体上讲城市土地的扩大有利于耕地的保护和实现耕地占补平衡。但是,在城市化过程中,经济集聚、人口迁移和耕地节约在空间上客观存在着不一致性。城市化发展快的地区是人口迁入区,城市建设会随着城市人口的增加,占用更多的土地,其耕地面积会出现减少,如果耕地后备资源不足,就很难实现耕地的占补平衡。而城市化发展慢的地区是人口迁出区,通常其经济相对落后,土地利用率低,本身有较多的耕地后备资源存在,扩大耕地面积有一定的潜力;再加上大量的劳动力外出打工,对"空心村"和分散布局乡镇企业向城镇或者工业园区集中留下的土地进行整理复垦,增加耕地容易做到。

实行城乡土地统一管理,把人口迁移和耕地保护联系起来考虑。对城市化发展快、外来人口净增加区,应当按照吸引外来人口就业数和当地人均占有耕地面积核减其耕地保护面积指标,相应增加其城市建设用地供应指标。对城市化发展慢、人口净迁出区,则应该考虑按照其人口迁出量和人均耕地占有面积,增加其耕地保护指标,核减其城市建设用地供给面积。为了维护地区经济利益,在城市化过程中使公平和效率相统一,城市化发展快的地区,需要按照其核减的耕地保护面积指标向耕地保护面积指标增加的地区提供经济补偿,政府部门也应当根据耕地保护面积指标的区域调整情况,将耕地占用税、耕地开垦基金等相关费用通过区域转移支付,给耕地保护面积指标增加区提供经济支持。在中国城市化进程中,以城乡土地利用相互联系和城乡土地管理相互支持的观点来协调城市土地的供给,可以促进各个地区资源和经济优势的发挥,缓解城市发展和耕地保护的矛盾。

3.2　提高城市规划水平,实行严格的土地用途管制

中国城市土地供应不仅要有总量控制,还要有结构控制。也就是说,城市土地供应要

根据城市发展需要，保持各种不同性质用地合理的比例关系，促进城市理想的空间形态布局的形成。这就要求在土地供应中必须强化土地利用规划，对城市土地利用实行严格的土地用途管制。为了达到对城市土地供给的具体指导作用，城市规划不仅要认真研究具体城市的发展方向、功能和结构优化，注意研究城市和相邻城市、不同层次城市的相互关系，从建立和完善城镇体系和区域经济分工与协作的角度，来研究城市用地的规模、用地的性质和合理的比例关系，对土地供给分布定位。并且，还需要认真研究土地开发的市场经济机制，处理好规划和市场的关系。要使城市规划成为土地市场运作的前提，在制定城市规划过程中，就应当自觉运用地价杠杆，按照土地的级差收益和城市土地利用的空间竞争规律，来研究规划实施的技术经济前提，使规划的城市土地开发不仅具有生产布局的合理性，而且供给的城市土地在投入产出上具有较高的经济效益。城市土地供给在市场经济条件下，能够通过土地价值的显化和土地开发效益的发挥，建立起利益机制来引导城市土地开发，促进城市规划的实施，实现城市土地的合理配置。

3.3 建立城镇土地储备机制，形成城市土地供给的良性循环

中国城市土地供给，是一个对原来土地利用权属关系、土地利用结构进行重新调整和资源再分配的过程。城市土地供给过程中，新增的城市土地是由农用土地或自然土地转变而来，它不能简单地剥夺原有土地使用者的合法权益，而必须通过征用、征购等手段对原来土地使用者的权利转移提供经济补偿。它需要通过城市土地开发，土地资产经营，来实现土地资产的增值，使其不仅能够支付获得城市土地的征用和征购费用，而且还有能力无偿提供城市基础设施和公共服务设施等建设需要的用地。中国城市土地供给，要维持城市土地开发良好的市场秩序，防止土地作为国有资产的流失，需要垄断城市土地供应的一级市场，通过建立城镇土地储备制度和机构，来保证城市土地供给是"一个管子抽水，一个池子蓄水，一个龙头放水"。因为，它一方面可以有效地防止农村集体土地非法进入市场，可以促进城市郊区耕地的合理保护。另一方面，通过土地供给的垄断，可以对城市地价、城市土地供求平衡进行合理调控，防止由土地供应过量造成地价下降，或因土地投机造成地价过高。城镇土地储备机构，应当利用政府在城市规划决策上的有利地位，根据城市土地市场供求平衡，通过土地征用、征购和控制土地出让面积，来主动干预土地的征用、征购和出让的价格；负担整个城市全部建设用地供给的任务。从本质上讲，城镇土地储备机构是一个非营利机构，却必须做到自负盈亏，最好是能够收支平衡后有所结余，这样才能使城市土地供给有扩大的能力，在经济上能够实现良性循环。

3.4 消除城市土地闲置现象，挖掘城市土地利用潜力

城市土地供给是规划、交易和管理的统一。中国城市土地的供给，不仅要通过依据城市规划来引导城市土地的合理利用；通过土地市场来进行土地交易，实现土地资产增值，通过土地储备来扩大城市土地供给能力；更重要的目标是要提高城市土地利用的效率和效益。城市土地供给，首先要注意盘活城市存量土地，要消除城市土地的闲置现象，挖掘城市土地利用的潜力。对于某些用地单位获得土地使用权后长期占而不用，多占少用的，要按照有关法律和法规，坚决收回。对某些城市零星地、插花地，城市建设无法有效利用的，一般应当进行绿化，以改善城市生态环境。根据城市建设需要，也可以通过市地重划和土

地整理，按照现代化城市发展的要求进行城市更新。对城市批租的土地，不能以土地交易的完成为终结，应当通过加强城市土地供给的合同管理、土地用途管制和土地产权产籍管理，来督促城市用地单位按时进行土地开发，按规划进行土地利用。

注释

① 中国三个地带划分的地域范围是，东部地带包括辽宁、北京、天津、河北、山东、江苏、上海、浙江、福建、广东、广西、海南，西部地带包括新疆、宁夏、甘肃、青海、陕西、西藏、四川、重庆、云南、贵州，其余省、区属于中部地带。

参考文献

[1] 国家统计局．中国统计年鉴（2000年）[M]．北京：中国统计出版社，2000.

[2] 刘卫东．上海城市土地可持续利用研究 [J]．城市问题，1997（4）：36-39.

[3] 金双华．完善城市土地收益制度的探讨 [J]．国有资产研究，1999（1）：30-31.

[4] 《城市规划》编辑部．编辑絮语 [J]．城市规划，1997（3）：1.

[5] 国家统计局城市社会经济调查总队．新中国城市五十年 [M]．北京：新华出版社，1999.57.

[6] 吕功政．培育大连环境经济发展的有效途径 [J]．城市开发，2001（2）：20.

[7] 科技部火炬高技术产业开发中心，等．中国火炬计划统计资料（1999年）[Z]．4-9.

[8] 张文奇，等．城市用地结构和人口规模研究 [M]．北京：中国建筑工业出版社，2000.11.

[9] 周永康．国土资源与可持续发展 [M]// 中国科协首届学术年会特邀报告汇编，1999.5-8.

[10] 吴未，等．城市发展中土地利用的几个问题 [J]．中国土地，1999（9）：31-32.

[11] 孙国瑞．土地市场的新成长——"九五"回顾与思考 [J]．中国国土资源报，2001-03-20.

[12] 刘卫东，彭俊．我国城市化的可持续发展 [J]．科技导报，1997（4）：58-61.

规划导向型的土地开发供应计划

——深圳土地开发供应计划体系的建立与完善 ❶

施　源 ❷

1　运行背景

深圳市从 1988 年开始编制和执行土地开发供应计划，其背景有二：一是土地使用制度改革，二是用土地收入成立国土基金，专门用于土地征用、土地开发与城市基础设施配套。

计划经济体制下的传统土地供应制度，以对土地实行单一的行政划拨供给制和无偿、无限期使用，以及排斥市场流通为特征，这种计划色彩浓厚的传统土地开发供应管理制度不能适应深圳市场经济体制改革的要求，也不利于合理、节约使用土地，实现城市建设资金的良性循环，存在诸多弊端，亟待改革。

从 1986 年起，深圳市开始探索适应社会主义市场经济的土地管理体制。1987 年 2 月，深圳市委、市政府批准了《深圳经济特区土地管理体制改革方案》，提出在坚持土地社会主义公有制的基础上，实行土地有偿、有限期使用制度，建立规范化的土地开发供应计划制度。深圳市之所以要建立土地开发供应计划制度，是出于如下一些考虑：一是城市建设资金缺乏，需要通过改革土地开发供应管理制度开辟新的财源；二是深圳市经济体制改革和市场经济的发展客观上要求土地这一最基本的生产要素投放市场以完善社会主义市场体系；三是深圳市地少人多、耕地不足和大规模经济建设占用土地带来的土地危机，迫切需要寻求一种有效的土地开发供应计划机制，以遏制土地资源的浪费，而传统的土地供应制度无法解决上述矛盾。国土基金与城市财政的分离，又加大了土地开发供应管理制度改革的迫切性。在此背景下，深圳市从 1988 年起开始探索适应社会主义市场经济体制的土地开发供应计划制度。

2　运行机制与实施效果

通过 10 余年来不断总结得失，深圳市土地开发供应计划现已形成一个目标明确、体系比较完整、内容比较充实、形式比较规范的适合深圳市实际情况的土地开发供应计划。深圳市现行土地开发供应计划体系包括：（1）土地使用权出让金及土地开发基金平衡计划；（2）土地开发计划；（3）土地出让计划；（4）土地开发基金投资市政工程计划；（5）固定

---

❶ 本文来源：《城市规划》2002年第11期。
❷ 施源，深圳市城市规划设计研究院规划研究所。

资产投资项目计划；(6) 住宅区配套工程计划；(7) 商品房预售计划；(8) 成片开发区土地开发计划；(9) 成片开发区土地转让计划。

深圳市土地开发供应计划根据对土地市场预测情况以及社会经济发展计划、深圳市城市规划制订，经市政府批准后，纳入全市的年度社会经济发展计划，并公布实施。

深圳市土地开发供应计划目前基本可划分为两大块，一块是供应市场的，一块是供应非市场的。供应市场这一块计划由市规划与国土资源局管理与执行，在执行中按市场实际情况适当调整。房地产市场"热"时则少卖，住宅多就不批或少批住宅用地，运用出让土地来调控整个房地产市场，适应社会经济发展需要。供应非市场这一块的计划仍按计划模式来运作，即先计划立项，再报市规划国土领导小组批地。

历年土地开发供应计划实施情况一览表　　　　　　　　　　　　　表 1

	1994	1995	1996	1997	1998	1999	2000
土地供应	131%	155%	100%	121%	190%	21%	58
基金收入	222%	96%	88%	128%	246%	157%	159
基金支出	204%	108%	87%	113%	182%	133%	100

经过十几年的运作，土地开发供应计划执行情况总体良好，近几年执行情况详见表 1。

深圳市土地开发供应计划基本实现了控制城市建设用地增量、平衡城市建设资金等目标。土地作为资源，在配置上实现了市场化；作为资产已经成为政府的重要财源；作为生产要素，已经成为政府调控经济的重要手段。深圳市土地开发供应计划突出表现在以下两个方面：

(1) 规划导向性。

土地开发供应计划在编制过程中是以土地利用总体规划和城市规划作为主要依据，反过来，土地供应计划的实施又可以保证土地利用总体规划和城市规划的实施，这主要表现为以下几个方面：

①深圳市年度土地供应计划的出让土地的用地性质是依据城市总体规划、分区规划和法定图则来确定的，由于其是土地供应的执行计划，可操作性较强，它的实施直接保证了城市规划的实施。

②通过土地开发供应计划保证重点发展区域的开发。政府通过土地供应计划来合理分配资金投向，并按照规划的要求组织土地出让，确保重点发展区域的基础设施适度超前建设，以此来引导城市开发方向。

(2) 纠正土地市场运行的偏差。

国民经济和社会发展计划难以直接担当土地市场的调节角色，必须通过土地开发供应计划这个"桥梁"来发挥作用。开发商对土地需求及开发往往有一定盲目性，开发商的投资信息通过市场调查、同行交流或政府公报而得。在土地市场上，问题不在于土地市场运行是否出现偏差，而在于经济调控力是否能够纠正这些偏差。由于土地的开发和使用单位本身的局限性，不可能了解国民经济发展和城市建设全局，从国民经济综合平衡和城市总体布局的角度来安排自己的活动，土地市场的运行往往会出现偏差。土地开发供应计划能够使土地市场迅速摆脱调节功能紊乱的境地，并对造成的后果采取必要的补救措施。

近年来，深圳市土地开发供应计划的市场指导作用日益增强。暂停供应办公及高层住宅用地、限制合作建房及商品房用地、控制土地出让规模等设想在计划中得到体现。

但深圳市土地开发供应计划毕竟是一项探索性工作，在实施方面也存在着如下一些问题：深圳市土地开发供应计划目前只是年度计划，尚未形成长期、中期和年度计划相结合的完整序列；土地出让计划未完全在空间上定位，不能充分发挥与城市规划协调从而引导规划实施的作用；从实施效果上看，土地开发供应计划的约束力较弱，受房地产市场波动、大型建设项目资金需求等因素影响，超计划或未完成计划的情况较为普遍；对计划实施的跟踪控制力度不够。

3 土地开发供应计划的调整与完善

针对目前深圳市土地开发供应计划在编制和实施中存在的问题，土地开发供应计划体系调整与完善目标应为：借鉴香港经验，建立"一个中心（城市规划）、两条主线（土地与资金）、三个时期（长期计划、中期计划和年度计划）"的规划导向型土地开发供应计划体系，与全国土地管理计划、土地利用总体规划、城市规划和国民经济与社会发展计划密切衔接，并对城市房地产市场进行宏观调控。

3.1 加强城市规划对土地开发供应计划的导向作用

城市总体规划对城市用地做出合理的安排，要靠中长期的土地供应计划进行部署，分区规划、法定图则对城市用地进行具体配置，要靠年度土地供应计划具体落实。城市规划控制城市用地总量、用地结构和用地强度，土地开发供应计划控制土地出让时序，两者相辅相成，缺一不可。只有规划没有计划，规划只能是"墙上挂挂"，难以实现；只订计划而不遵循规划，只会是无的放矢，城市建设只能是杂乱无章的。

城市规划对土地开发供应计划的导向作用表现在土地出让总规模、用地性质、开发强度、空间布局和市政基础设施配套（国土基金支出）等几个方面，目前深圳市土地开发供应计划与城市规划衔接不够紧密，主要表现在两个方面：一方面是土地供应计划在确定土地出让总量时未充分考虑与城市规划的衔接；另一方面是土地供应计划在制定土地出让计划时，较侧重于土地出让量，对出让土地的空间定位考虑不够。要加强深圳市土地开发供应计划的规划导向，应从这两个方面着手。

（1）以城市规划为依据，确定土地出让量。

依据城市总体规划、土地利用总体规划来确定中长期土地出让总量（这在下文中将有所论述），在确定了中长期土地出让总量的基础上，再根据中长期出让总量确定年度土地出让量，这就可以确保在土地出让总量控制方面，土地供应计划与城市总体规划、土地利用总体规划是相一致的。

（2）以城市规划为依据，增加土地出让计划的空间定位内容。

在土地开发供应计划与规划的衔接方面，深圳土地利用总体规划和多数城市规划并非以法规形式公布，土地开发供应计划有时难免会与这些规划发生冲突，这就只能依靠政府各部门之间的协调。由于法定图则是法定的，年度土地开发供应计划的制定必须以法定图则为依据。

3.2　增加长期、中期开发供应计划，以形成长期、中期和年度计划相结合的完整体系

深圳市目前的土地开发供应计划以年度计划为主，缺乏中、长期土地开发供应计划，计划在年际间的相互协调不足，各年度计划的统筹协调较差。同时，也与土地总量调控的宏观性特征相背离。而且，更重要的是，单一的年度计划也限制了其与城市规划、国民经济与社会发展计划的紧密联系。因此，应在现有计划体系的基础上着力增加中、长期计划的相关内容，完善土地开发供应计划体系的时间序列，切实保障城市规划、国民经济与社会发展计划相关内容在土地开发供应计划中的有效实现。

长期土地开发供应计划，一般指10年以上的土地开发供应计划，主要制定长远的、战略性的土地开发利用管理目标、基本方针和策略。它依据国民经济和社会发展规划、城市规划和土地利用总体规划进行土地开发供应全面系统的部署和安排，是制定中期土地开发供应计划的依据。

中期土地开发供应计划，一般指5年左右的土地开发供应计划。它要依据土地开发利用长期计划、城市规划和土地利用总体规划，同时它又是编制年度土地开发供应计划的依据。中期土地开发供应计划与整个国民经济和社会发展的五年计划期限一致，它是根据中期的预测趋势，制定中期的土地开发供应控制目标，规定相应的建设用地管理任务和调节措施。以5年为期来编制土地开发供应的中期计划，与长期计划相比，周期比较短，可以对建设用地需求的发展趋势和前景做出比较准确的估计，因而可以制定比较切合实际的任务和比较合理的计划控制指标；而同年度计划相比，它又以5年的时间跨度足以贯彻执行某些主要的土地开发供应计划调节措施，保证土地开发供应计划控制目标的实现，同时可以避免年度计划中因缺乏预见性而采取的某些简单的行政干预对土地开发供应带来的不良影响，给那些较大的跨年度的建设项目创造稳定的环境。因此，中期土地开发供应计划是很重要的，在整个土地开发供应计划体系中应起到承上启下的作用。

在建立土地开发供应长期、中期和年度计划的完整体系及协调各计划关系方面，我们可借鉴香港做法：香港批地计划分为下一财政年度的卖地计划和后四个年度的土地发展计划，即"1+4"计划，计划逐年滚动，卖地计划是定位的，而发展计划仅定量。这样，既包含了年度计划，又与中期计划相衔接，并且可根据计划的执行情况和市场需求的变化逐年推进、调整；在必要时还可依据土地发展计划对年度的卖地计划进行适当调整，既满足社会经济发展和市场需求，又不影响计划的延续性。但由于我国国民经济和社会发展计划为5年期固定的，而非逐年推进，因此土地开发供应计划如何与该计划衔接，尚有待进一步研究。

3.3　深化落实国土基金使用，加强计划与国民经济发展计划的衔接

土地开发供应计划的制定应以国民经济发展计划为依据，深化落实社会固定资产投资中由国土基金承担的部分，如土地开发、市政工程、住宅区配套等固定资产投资。目前深圳市土地开发供应计划对这类国土基金使用的计划调控有待深化落实，尤其是对由市土地开发基金投资的全市重点基础设施建设缺乏统一管理。因此，宜新建相关计划，在时间与资金上对全市重点基础设施建设进行协调，合理安排建设进度。又因基础设施建设一般建设工期较长，多跨年度，故新增计划应为中、长期计划（如5～10年）。

3.4　重视土地整理，实现存量土地的有效调控

10 余年来，深圳市的土地开发供应对象一直以增量土地为主，未利用土地资源不断减少，2000 年末全市建成区面积已占可建设用地面积的 60%，这就要求土地管理（主要为土地开发出让）的主要对象应逐步由增量土地市场向存量土地市场转移，远景土地开发管理的主要内容应是全市存量土地开发整理的有效调控，尤其是闲置土地的开发管理。

从现有的土地资源分布和利用情况分析，通过土地整理，深圳市仍可增加其土地开发潜力。随着全国土地整理的迅速发展，深圳市宜以此为契机，将全市土地管理的重心有目的、有计划的由增量土地市场向存量土地市场转移。由于旧城（村）改造是土地整理的重要内容，因此，深圳市土地开发供应计划中可新增"深圳市旧城改造计划"和"深圳市旧村改造计划"等内容，对存量土地开发整理进行有效调控。

3.5　增大计划管理内容，有效调控房地产市场

当前，深圳市房屋市场流通除商品房销售与商品房预售等二级市场外，还包括合作建房和自用房转商品房出售等三级市场，并且三级市场所占比例有不断上升的趋势。显然，政府对房地产市场的宏观调控应将这几个方面同时纳入其中。尤其是合作建房和自用房转商品房出售市场亟待规范，更需加强计划管理，进行总量控制。因此，可考虑新增"深圳市商品房供应计划"，从多级市场对比的角度对房地产市场进行总量调控，以有效避免三级市场对一、二级市场的冲击。同时，可新增"深圳市合作建房计划"和"深圳市自用房转商品房出售计划"，与原有的"深圳市商品房预售计划"一起对深圳市各种途径的房地产供应分别进行调控。

香港的卖地和土地发展计划，从宏观和微观两方面对房地产用地进行了控制，这种做法值得我们借鉴。其卖地和土地发展计划在对土地的不同用途分类时，不仅单列了住宅用地，还按照建屋密度进行了细分；对于建屋计划用地，分别列出了公营房屋、私人住宅楼宇和私人机构参建房屋计划等的土地供应计划量，并以"预计住宅单位数量"为指标对这些土地供应的建屋计划进行了控制。在微观方面，政府对拍卖、招标及申请售卖的每幅土地都规定了具体用途和地积比率，并在批地条款中做出了更具体的要求。通过这些措施，政府既保持了房地产市场的自由运作，又有效地进行了必要和适度的干预。深圳市在这些方面也进行了有益的探索，但相对香港而言，还可以进一步改进。

香港政府在计划之外还额外提供土地给房屋委员会依据公房计划兴建公营房屋，这与深圳市对党政机关和市政建设用地实行非市场的计划模式管理是类似的，但深圳市在计划模式管理方面也应简化审批程序，加强监管力度。

3.6　在计划编制与实施过程中，明确咨询机构的职能

香港在编制计划前，主要由非官方人士组成的常设咨询机构——土地及建设咨询委员会在对全港的土地需求、土地使用情况和房地产市场的现状及趋势评估的基础上提出建议，供政府部门参考。该委员会还定期对主要土地用途的需求和供应进行检讨，以了解长期土地供求的最新情况，确保各类主要土地使用需求都得到足够供应。而深圳市还没有这样的专门机构，编制计划时只能委托其他学术、咨询机构提出一些建议，尚不能较系统、全面

的考虑公众和社会的意愿。深圳应广泛吸收非官方人士建立各级土地管理咨询机构、顾问班子，给土地开发供应计划的编制提供各方面的建议，以使计划更科学、更民主。

3.7 增强对计划的检讨与跟踪

加强对计划实施情况的跟踪与检讨，既是确保计划实施与城市规划、国民经济发展计划相协调的关键，也是保证计划实施对房地产市场正确引导的关键，跟踪与检讨内容应包括两个方面：一个方面是跟踪检讨是否与城市规划、国民经济发展计划相符；另一方面是从房地产市场（工业、居住）、公共服务设施与市政基础设施配套、片区建成度等方面，对土地开发供应计划的实施进行即时评估。要增强对计划的检讨与跟踪，需先建立相应的统计制度和跟踪制度。

4 需要进一步研究的问题

4.1 通过其他手段（如房地产税）来代替土地使用权出让金和土地开发基金

由于土地资源的不可再生性，可资出让的新土地已十分有限，如何挖掘土地出让及开发基金收入潜力，增加收入，保证土地开发基金以及城市建设的正常运作与良性循环，是政府必须研究的重要课题。

可以考虑借鉴香港做法对出让土地征收年租。特别是对于以前无偿划拨的土地，应尽快收取土地使用费，或由政府收回重新出让，逐步改为有偿使用。

4.2 基础设施建设与土地开发之间的关系

土地使用与基础设施建设的联系非常密切，在大多数国家里，政府都用不动产税或财产税的收入来为基础设施的建设和维护以及公共服务提供资金。在此方面的深入研究可以包括如下内容：(1) 与基础设施建设相关的计划与审批程序；(2) 现行资金渠道与筹资手段；(3) 基础设施建设和土地政策之间的相互作用与关系。

参考文献

[1] 中国社会科学院财贸经济研究所，美国纽约公共管理研究所.中国城市土地使用与管理 [M].北京：经济科学出版社，1992.

[2] 赵民，鲍桂兰，侯丽.土地使用制度改革与城乡发展 [M].上海：同济大学出版社，1998.

[3] 欧阳安蛟.中国城市土地收购储备制度，理论与实践 [M].北京：经济管理出版社，2002.

[4] 李邨.中国房地产法学 [M].深圳：海天出版社，1995.

[5] 周维平，韩继东，郭楚，蒋士伟.跨越"九七"的香港财政 [M].深圳：海天出版社，1997.

[6] 陈征.社会主义城市地租研究 [M].济南：山东人民出版社，1996.

适应城市规划的土地利用计划体系初探 *❶

韩 荡 ❷

1 引言：规划实施与土地利用计划

规划的实施密切关系到土地使用者、开发商、土地所有者（政府或农村集体）三者之间的切身利益。另一方面，在市场经济条件下，土地价值的凸显，使规划实施中矛盾的焦点集中于土地，并愈加尖锐。这些焦点问题已经超出规划范围，可以说规划实施问题，不仅是规划问题，也是经济发展和土地管理问题。

周期较短的土地利用计划比周期相对较长的规划更具体、更便于实施，而作为矛盾焦点的土地在反映各方面复杂利益关系时比规划更直接、更准确。因此，借助于土地利用计划来实施规划便不失为一个理想的选择。

2 土地利用计划的缘起与现状

目前各地实行的土地利用计划基本上按照国土资源部的统一要求制定，并加以执行。这种土地利用计划按时间序列可分为中期计划和年度计划，其中年度计划一般由土地开发利用计划、开发区建设用地计划、土地使用权出让计划以及非农业建设项目用地计划四部分构成。

然而，这种土地利用计划基本上针对我国广大农村地区的特点而设计，以保护耕地为核心任务。例如，在土地开发利用计划的非农建设用地、农业建设用地、土地开发这三项指标中，非农建设用地指标在于控制城市建设对耕地的占用，农业建设用地指标在于保证农业用地数量与质量，土地开发指标在于增加农用地特别是耕地数量。显然，这种土地利用计划不适合城市土地特别是城市建设用地的管理。这是因为，与农业土地相比，城市土地特别是城市建设用地作为一种重要的生产要素，其使用权可以依法转让。这就意味着政府可通过出让土地使用权获得大量城市建设资金，受让者可进行房地产开发或用于生产经营，消费者可通过购买房地产或其他产品（土地已计入成本）完成土地交易过程。在此过程中，城市土地已不仅仅作为一种自然资源，而且成为一种重要的经济资产。可见，城市土地管理不仅是一般的资源管理，而且是一种重要的资产管理，以保护耕地资源为核心的土地利用计划显然不能胜任这一任务。

另外，目前的计划只是对城市建设用地总量的控制，而没有对建设用地结构与布局的

---

* 国家自然科学基金资助项目（批准号：40071041）。

❶ 本文来源：《城市规划》2002年第11期

❷ 韩荡，深圳市城市规划设计研究院。

规定，也缺乏对土地使用条件进行规划上的限制，难以落实到具体地块，从而严重影响了计划的执行力度与调控作用的发挥。例如，土地使用权出让计划也仅在于控制建设用地的增量，并未提出建设用地的具体用途及相应使用条件。因此目前的计划几乎变为一种数字游戏，失去了应有的控制作用与约束力度。

因此，在城市土地管理日益转变为资产管理的形势下，以往的土地利用计划已不能适应这一要求，必须建立全新的城市土地利用计划体系。新的城市土地利用计划应当强调土地资产管理，应当符合城市土地利用的特点，并与城市规划相衔接。

3 新型城市土地利用计划的理论框架

3.1 目标

为适应城市土地管理的新要求，克服目前计划的弊端，理想的城市土地利用计划应当达到如下三个不同层次的基本目标：

（1）综合平衡各类土地利用关系，特别是城市建设与生态环境保护、农业生产之间的矛盾。按照土地用途管制的要求，严格控制城市建设用地总量，对非城市建设用地实行保护或进行保护性利用，以实现土地资源的可持续利用。

（2）提高土地使用效率，实现城市建设用地的集约利用。

（3）宏观调控土地市场，促进房地产业的发展。

3.2 土地利用计划体系的构成与控制要素

为保证上述三个层次基本目标的实现，理想的城市土地供应计划体系也应当实行分层次控制（图1）。

3.2.1 土地综合利用总体控制层次

该层次计划针对第一条基本目标，为实现城市土地资源的综合利用而设计。该层次计划确定并控制期内的重点发展或治理地区及其总体用地规模与宏观用地

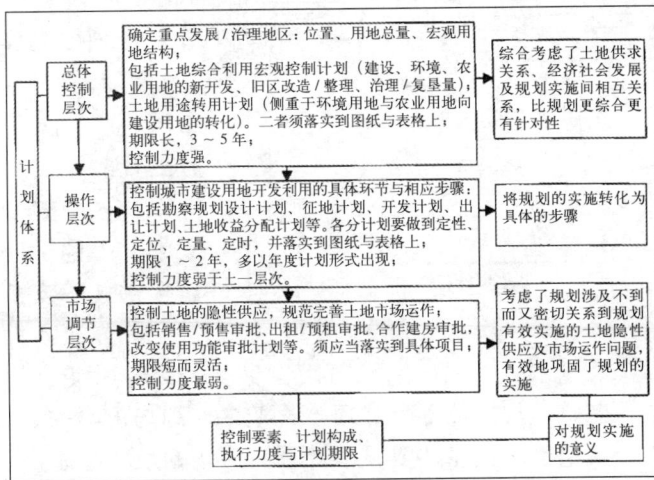

图1 新型土地利用计划体系及其对规划实施的意义

结构，对于不同的用地类型采取不同的控制内容。具体来说，对于规划的城市建设用地，计划期内应控制土地开发①（七通一平）、供应②（出让）、改造、新建的规模与位置；对于规划的农业用地，应确定复垦或改造的规模、位置与宏观结构（如果园、耕地等）；对于规划的环境用地，则应确定治理、保护的规模、范围。发挥该层次计划控制的关键是严格控制转用环节特别是农业用地、环境用地向城市建设用地转化的环节。因此，该层次计划包括两部分内容，一是土地综合开发利用宏观调控计划，二是土地用途转用控制计划。计

划的表达形式必须包括图纸与表格两部分内容。

制定该层次计划时首先要与规划相衔接，计划确定的重点发展地区必须在特定用途的规划区内，该区的开发利用行为必须符合规划要求。制定计划时还必须考虑国民经济与社会发展形势、资源开发与环境保护的长期发展战略，特别要重视与"国民经济与社会发展五年计划"、基本农田保护区、自然保护区、水源保护区等之间的衔接关系。在确定城市建设用地开发、供应规模时，必须综合考虑土地市场供求平衡，不仅要分析人口、投资、国民经济发展水平与土地需求之间的定量关系，还要从资源环境约束出发考虑土地供给的制约条件。

该层次计划的期限一般为3年左右，最长可达到5年。

该层次计划的控制力度最强，一经通过不得随意更改，必须严格执行。

由于该层次计划除满足规划要求外，还充分考虑了制约规划实施的社会经济发展问题与土地问题，比规划更有针对性。

3.2.2 城市建设用地开发供应操作层次

该层次计划针对第二条目标而设计，是实现城市土地集约利用充分发挥土地效率的关键，也是实施城市规划的核心步骤。该层次计划将城市建设重点发展区（上层次计划确定）内土地的规划、征用、开发、供应、收益及其分配视为一个相互关联的统一整体，通过控制上述各个具体环节来实现土地的集约利用。一般包括规划编制计划、征地计划、开发计划、供应计划、土地收益及分配计划等内容，各个分计划要做到定位、定性、定量、定时，即要确定特定用途地块的征地开发供应量、范围、完成时间。计划成果的表达必须包含图纸和表格这两种形式。规划编制计划根据有关规划、上层次计划及收益状况制定；征地计划根据详细规划、上层次计划、开发方案、收益制定；开发计划根据详细规划、上层次计划、土地供应计划、实际土地收益状况制定；供应计划根据土地需求、市场行情、开发状况、预期收益制定；土地收益及分配计划根据供应计划、土地收益来源、开发、征地以及勘察规划设计的预期支出制定。在该层次计划中，土地供应是核心，规划设计、征地为土地供应提供技术支持并做出相应准备，土地开发是土地供应的先决条件，而土地收益则是土地供应的直接结果并保证了各个环节的有效运作（图2）。

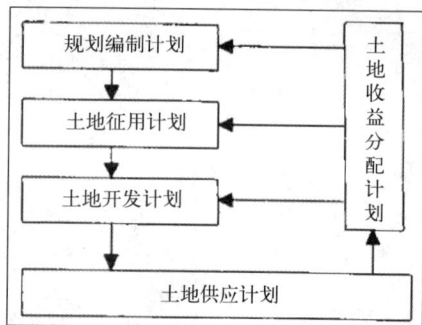

图2　各操作层次之间的关系示意

制定该层次计划时必须妥善把握计划与市场的关系，使计划在符合规划的同时，又不破坏土地市场秩序。要寻求计划与市场的最佳平衡点，将土地供应分为经营性土地及非经营性土地两类，对非经营性土地制定严格的供应计划，对经营性土地供应实行完全市场调节，仅在供应总量上进行适当引导。

由于该层次计划对经营性土地预留了很大的弹性，所以控制力度弱于上一层次计划。同时由于该层次计划更具体，所以期限也比上一层次计划短，一般为1~2年，多以年度计划的形式出现。

由于该层次计划综合平衡了土地开发利用的各个关键环节及所涉及的复杂利益关系，妥善解决了计划与市场的关系，同时还提出了"定位、定性、定量、定时"的明确要求，具有很强的操作性，成为规划实施的关键步骤与核心内容。

3.2.3 土地（房地产）市场调控层次

该层次计划针对第三条基本目标，为规范房地产市场而设计。尽管完善的土地市场本身并不需要计划调节，但考虑到现阶段我国土地供应还处在传统划拨与市场供应的转型期，土地市场还存在着种种漏洞特别是土地的隐性供应问题，必须采取计划手段加以规范引导。

由于不论土地的隐性供应以何种形式出现，这类土地或建成的住房最终将在房地产市场上销售或出租，同时鉴于房地产预售与出租在土地市场运作中具有举足轻重的意义，通过控制销售与出租特别是预售，将有效地抑制这种隐性供给。该层次计划就是针对销售与出租特别是预售与预租的审批进行控制，还包括对合作建房、改变使用功能等的审批控制。此外，比上一层次计划更具体更细致的投资开发计划也可以纳入到该层次计划当中。该层次计划应当控制到具体项目。

该层次计划的设计应针对各地的实际，依据当地土地市场中出现的具体情况而定，不宜强求统一，应允许不同的城市、同一城市的不同阶段出现不同的调节计划。

由于该层次计划针对现阶段各地土地市场的特殊性而设计，为临时的权宜之计，计划的期限与控制力度比其他层次计划具有更大的灵活性。

由于该层次计划处理了规划涉及不到但又影响当前建设用地规模失控的微观市场运作问题，是规划有效实施的进一步深化与有力保障，具有不可替代的作用。

4 新型土地利用计划的实践——以深圳市为例

深圳市于 1988 年率先突破传统土地利用计划的框架，开始了土地利用计划管理改革的探索。经过十几年的发展，深圳市目前采用的土地开发供应计划已经基本具备了新型土地利用计划的雏形。通过对深圳市几个实例的简单介绍，可以大致说明新型土地利用计划应用的可行性与优越性。

在编制第一层次计划进行用地规模预测时，深圳市摒弃了以往通过人均用地标准确定用地规模的办法，综合考虑了人口、社会、经济发展因素，建立了如下数学模型：

城市建设用地 = $0.5534[-845.99 + 75.8074 \times Ln$（GDP）$] + 0.6043[121.445 - 0.1337 \times$ 总人口 $+ 0.0016 \times$ 总人口$^2] - 0.0132[0.6192 \times$（全社会固定资产投资总额）$^{0.4413}] - 0.1319[-672.27 + 74.2901 \times Ln$（财政支出）$] + 0.0028[-734.21 + 76.8213 \times Ln$（实际利用外资金额）$]$

结果表明，这种方法更准确、可靠，预测值与实际情况非常接近，据此下达的计划指标更易于达到。

在第二层次计划中，深圳市通过法定图则编制计划、土地开发计划、土地出让计划、土地使用权出让金及土地开发基金平衡等四个分计划，基本上控制了从规划到开发到出让的规划实施的大部分过程。

在第三层次计划中，深圳市目前采用商品房预售计划来调节房地产市场，采用成片开发区土地开发、出让计划对影响当前规划统一实施的敏感问题进行控制。在过去合作建房风行，冲击正常土地市场秩序时，还曾采用过合作建房计划。

深圳市的实践表明，新型土地利用计划具有明显的优越性。以 1998 年为例，全市土地供应计划下达数量为 804.39 万平方米，实际完成 693.96 万平方米，完成计划比例为86.3%，土地开发供应计划有效控制了土地供应。

5 结论

（1）鉴于规划实施问题已超出规划本身范围，借助土地利用计划实施规划是一条理想的途径。

（2）以往土地利用计划存在种种弊端，已不适应城市土地资产管理的需要，必须用新的土地利用计划来替代。

（3）理想的土地利用计划需要达到三个基本目标，可相应通过三层次的计划控制来实现。

（4）深圳市的实践表明，新型土地利用计划具有一定的可行性与优越性

注释

① 这里的开发指通过"七通一平"等措施将生地变为熟地的过程。

② 这里的供应是指采取招标、拍卖、协议等方式将经开发后的土地出让出去的过程。

参考文献

[1] 董柯.国家干预下的市场经济——中国城市土地利用的可持续发展之路 [J].城市规划，2000（2）.

[2] 深圳市规划国土局.深圳市规划国土局依法行政手册 [Z].1996.

[3] 石成球.关于我国城市土地利用问题的思考 [J].城市规划，2000（2）.

[4] 杨秀珠.探索适应土地使用权出让需要的规划工作方法 [J].城市规划，1993（1）.

[5] 叶嘉安.土地使用权出租与城市规划 [J].城市规划，1993（1）.

[6] 张晓华，黎雨.中国土地管理实务 [M].北京：中国大地出版社，1997.

土地资产经营机制中的城市规划管理 ^❶

盛洪涛 ^❷　周　强 ^❸

1　引言

土地不仅是国土资源管理工作的核心内容，也是城市规划管理工作的核心内容之一。

改革开放以来，随着经济建设的发展，全国各地的城市面貌发生了显著变化，但是也出现了盲目扩大城市用地规模，违反城市规划擅自批准开发建设等问题，影响了城乡建设的可持续发展。另一方面，随着土地使用制度改革的不断深化，土地的资产价值逐步得到体现，适应了各地城市建设、企业改革和经济结构调整的需要。但是土地资产的市场配置比例还不高，隐性交易仍然存在，国有土地资产流失较为严重。

在这样的形势下，国务院先后下发了《关于加强国有土地资产管理的通知》（国发[2001]15号）和《关于加强城乡规划监督管理的通知》（国发[2002]13号）两个重要文件。以上文件要求，在国土资源部《关于整顿和规范土地市场秩序的通知》、《招标拍卖挂牌出让国有土地使用权管理规定》，建设部等九部委《关于贯彻落实〈国务院关于加强城乡规划监督管理的通知〉的通知》等部门文件中得到进一步的细化和明确。其目的都是通过强化政府宏观调控力度，控制建设用地的总量和布局，实现土地资源的资产价值最大化，确保城乡经济社会的健康发展。

加强土地资产管理进而建立健康有序的土地资产经营机制，离不开加强城市规划管理；城市规划管理作用的强化是对土地资产管理的有力支持。因此在加强土地资产管理和建立土地资产经营机制过程中，必须正确认识和充分发挥城市规划管理的作用，加强管理力度和改进管理手段。

2　对土地资产经营机制的认识

良性运作的土地资产经济经营机制，必须具有明确的经营目标和完善的系统构成。

2.1　经营目标

土地资产经营的主要目标在于：适应城市建设和经济发展的需要，按照市场运作规律来建立和规范土地市场，有计划地对土地实行统一规划、统一储备、统一供应，提高土地利用效率，实现土地资产的保值增值，通过积聚城市建设资金来实施城市规划，进而提升

---

❶　本文来源：《城市规划》2004年第3期。

❷　盛洪涛，武汉市城市规划管理局。

❸　周强，武汉市城市规划管理局。

城市功能和优化产业结构，改善城市人居环境和实现可持续发展。

2.2　系统构成

（1）决策协调机制。指保障城市政府及有关管理部门对土地资产的市场配置实施宏观决策，协调各级政府、各管理部门间关系的制度和运作过程，包括决策领导机构、部门间横向协调机制和部门内纵向协调机制。

（2）市场调控机制。指通过对土地市场供需关系进行跟踪调查和反馈，保障城市政府进行全面市场调控的措施和手段，通常包括城市规划和土地利用规划体系、土地供应年度计划管理制度、法定图则管理制度和市场供需分析制度。

（3）操作管理机制。指具体实施土地资产的收购、储备、供应和公开交易等的一系列操作过程和程序化规定。土地储备制度和土地交易制度是其中两种最基本的制度，专门的土地储备机构和土地交易有形市场是其运行的载体。

（4）效益保障机制。土地资产经营是以效益最大化为目标的，但经济效益不是衡量土地资产经营效果的唯一标准，还应兼顾社会效益和环境效益。效益保障机制是维持土地资产经营机制正常运作的关键，包括综合效益评价标准、地价标准、税费制度、投入产出及再分配制度等。

3　城市规划管理在土地资产经营机制中的作用

3.1　实施城市规划是土地资产经营的主要目标

3.1.1　物质形态方面的城市规划实施

作为物质形态方面的城市规划实施，主要是通过积累城市建设资金，落实规划确定的城市性质、发展目标和空间布局，实施城市规划确定的基础设施配套要求，进而完善和提升城市整体功能，这些共同构成了土地资产经营的主要目标之一。

3.1.2　非物质形态方面的城市规划实施

城市规划不仅包含物质形态方面，还包括非物质形态如环境、社会和经济等方面。在土地资产经营过程中，需要把城市规划在非物质形态方面的理论观点和目标，也贯穿到土地资产经营之中。一是要树立可持续发展的观念，避免对土地资产的过度经营和开发；二是要树立以人为本的观念，避免对人居环境（特别是人文环境和城市文脉）的破坏；三是要树立优化经济产业结构、提高经济效益的观念，同时还要兼顾社会效益和环境效益的观念，避免在土地资产经营中过分强调经济效益。

3.2　加强城市规划管理是实现土地资产经营目标的重要手段

3.2.1　决策协调机制中的城市规划管理

土地资产经营的决策协调机制，离不开统一的决策领导机构、政府部门间横向协调机制和纵向协调机制。

首先，城市规划管理部门在城市政府的统一领导下，直接参与土地资产经营决策，并成为决策领导机构的重要组成部分。其次，建立政府部门间横向协调机制，必须依靠规划、国土、财政、建设、计划等政府部门间的相互合作，这是确保土地资产经营机制正常运转的必要条件。其中以城市规划、国土资源管理部门间的相互合作最为关键，离开了两部门的通力合作，土地资产经营机制必将无法正常运转。

此外，城市规划管理部门也需要建立良性的城市规划管理纵向协调机制。城市规划管理权必须集中于县级以上城市规划管理部门。在设区的市，可由市级城市规划管理部门设立区级派出机构。

3.2.2 市场调控机制中的城市规划管理

市场调控机制包括城市总体规划和土地利用总体规划体系、土地供应年度计划管理制度、法定图则管理制度、效益及市场分析制度。按照城市规划法，城市规划区内的土地利用，必须服从城市规划的统一安排。

（1）城市规划对土地供应"量"的调控作用。国务院国发 [2002]13 号和 [2001]15 号文都强调要严格控制建设用地总量（土地供应总量），这也是实施土地资产经营的基本前提。城市规划实施对土地供应"量"的调控，主要是通过控制规划期内的城市建设规模和实施土地供应年度计划管理来实现的。而土地供应年度计划则直接承担了控制土地供应总量的任务，具体包括收购储备计划、新增地计划和出让计划等内容。在土地供应年度计划编制过程中，必须贯彻城市总体规划（以及土地利用总体规划）的控制要求，在规划的指导下，按照批准的城市建设规模和年度经济发展需要，从严控制土地供应规模。

（2）城市规划对土地供应"质"的调控作用。从宏观层次来看，城市规划确定的发展目标、用地发展方向、人口和产业布局等要求，对土地资产经营特别是进行土地成片储备开发具有指导作用。进行土地成片储备开发，必须服从城市规划确定的用地发展方向、人口和产业布局要求。此外，优化用地结构是城市规划法赋予城市规划管理的基本职能之一。在各个规划层次上，从城市总体规划、分区规划到控制性详细规划乃至修建性详细规划，都明确规定了各种性质用地的合理比例。因此，进入土地市场的产业用地和房地产开发用地之间、不同性质用地（如公共设施、居住、工业、绿化、道路、市政设施等）之间的结构比例，必须遵照城市规划的要求合理确定。

从微观层次来看，任何一宗地块在进入土地市场时，必须由城市规划管理部门首先提出该宗地的土地使用和规划设计条件，对用地性质、容积率、建筑密度、建筑高度、绿地率和其他控制内容提出明确要求，作为国土资源管理部门进行土地招标、拍卖和挂牌出让的必备条件。未经城市规划管理部门批准，任何单位和个人都不得擅自改变土地使用和规划设计条件。

（3）城市规划对土地前期储备开发的指导作用。土地资产经营强调有计划地对土地实行统一规划、统一储备、完善基础设施配套后再进行"熟地"出让，它改变了以往实行土地"生地"出让，开发商自行配套建设，造成配套不完善和配套标准参差不齐的局面。城市规划确定的道路、水、电等基础设施配套标准，配套设施等方面的要求均可指导土地前期储备开发，有助于在储备土地上形成较高标准和较为完善的基础设施配套体系，有利于土地资产在储备开发过程中不断增值。

3.2.3 操作管理机制中的城市规划管理

在操作管理机制中，无论是土地储备制度还是土地交易制度的运作，都必须主动与城市规划管理部门的管理程序和过程相衔接，自觉把土地储备和交易过程纳入城市规划管理程序之中，落实城市规划管理程序的切入点（包括时机、内容、权限和分工等内容），并接受城市规划管理部门对有关执行情况的监督。城市规划管理部门有权根据《城市规划法》的规定，对土地储备和交易的全过程实施管理和监督，对不符合规划管理要求的事项责令立即纠正，并保留相应的处罚权。

3.2.4　效益保障机制中的城市规划管理

与农村土地不同，城市土地的经济价值主要体现在地上允许的建设用途和可建设的规模，而城市规划所确定的具体地块的用地性质和开发强度，直接决定了具体地块的经济价值，从而决定了土地资产经营的经济效益。对于同一宗地而言，作为商业用途与作为市政设施或公共绿地用途，其经济效益相差极为悬殊。即使在同一商业用途下，容积率在 2.0 ～ 5.0 之间，其经济效益也相差几倍。在土地资产经营过程中，从单纯积累城市建设资金角度出发，必须重视土地资产经营的经济效益。但是绝不能把土地资产经营等同于房地产开发，单纯追求经济效益，在很多情况下需要把社会效益和环境效益放在更重要的地位。土地资产经营还需要落实城市规划确定的公共用地、开敞空间（广场和绿化）、基础设施配套等控制要求，为整个城市的可持续发展和全体市民服务，这些要求共同决定了土地资产经营的社会效益和环境效益状况。

4　土地资产经营对城市规划管理的新要求

4.1　从全过程管理转向以前期管理为重点

传统的城市规划管理采取全过程的管理方式，从建设项目选址审批、建设用地规划审批再到建设方案规划审批，通过建设项目选址意见书、建设用地规划许可证和建设工程规划许可证（"一书两证"）来实现。在土地资产经营机制中，为适应市场配置土地的需要，城市规划管理必须突出重点，将管理环节前置，重在对进入市场的土地在"量"和"质"两方面进行前期管理和指导。一旦土地进入了市场并且建设单位通过土地市场以公开方式取得土地，后续的城市规划"一书两证"管理，除了在技术上进行一定程度的细化外，更多的是履行必要的法律程序，不可能改变其实质性建设内容。

4.2　从审批式管理转向契约式管理

在审批式管理过程中，城市规划管理部门作为管理方与作为被管理方的建设单位之间的地位是完全不平等的，被管理方之间的地位也不可能做到完全平等，往往受到权力、关系和其他多种因素的干扰。土地资产经营机制中的城市规划管理必须是一种契约式的管理。它与审批式管理不同，市场中的管理方与被管理方具有一定程度上的平等地位，而被管理方之间的地位则是完全平等的。城市规划管理部门只能在土地进入市场之前公开提出其具体管理要求，要求今后无论是谁取得土地都必须遵守，其他未提出的以现行的法律法规规定为准。对于已取得土地的一方，城市规划管理部门既不能提出超出现行的法律法规规定和超出事前提出的具体管理要求之外的要求，也不能擅自许可已取得土地的一方提出的额外要求。否则，对于取得土地的一方和参与市场竞争但未取得土地的其他各方都是一种不公平。

4.3 从被动管理转向主动指导管理

在建立土地资产经营机制以前，城市规划管理部门实施的是建立在申报制基础上的具体项目管理，通常有一个建设单位主动来申报建设项目选址、建设用地许可和建设工程许可。城市规划管理部门根据规划要求，决定同意或不同意、许可或不许可，处于相对被动的地位。在土地资产经营机制中，城市规划管理部门需要主动加强对土地资产经营的前期指导，明确城市规划管理目标和具体要求。否则，一旦城市规划管理部门错过了前期管理环节，后续管理就会落空，陷入更大程度的被动之中。

5 武汉市的实践情况

5.1 基本框架

武汉市土地资产经营机制的基本框架，体现在武汉市人民政府颁布的《武汉市加强土地资产经营管理实施方案》中，涵盖了决策协调机制、市场调控机制、操作管理机制和收益保障机制四个子系统。具体包括：

（1）一个委员会：土地资产经营管理委员会；

（2）两套规划：城市总体规划（1996～2020年）和土地利用总体规划（1997～2010年）；

（3）两个管理办法：《土地储备管理办法》和《土地交易管理办法》；

（4）七个配套文件：包括土地资产机制运行、各区土地供应管理、土地供应收费、土地供应计划和地价标准等各个方面。

5.2 加强城市规划管理的主要做法

5.2.1 理顺城市规划管理体制

武汉市长期以来坚持实行城市规划、土地（国土资源）管理局合署办公体制，在建立土地资产经营机制的过程中，进一步理顺了两个部门的关系。除中心城区已实施城市规划、国土资源合署办公外，城郊各区也开始逐步推行。武汉市城市规划、国土资源管理局在中心七个城区和东湖风景区设立派出机构，实施垂直管理；城郊各区城市规划、国土资源管理部门由市局和区政府共同管理，市局以备案形式加强对城郊各区的监督管理。在武汉市成立的土地资产经营管理委员会中，国土、规划、建设、财政等部门负责人为委员会成员，领导小组办公室设在武汉市城市规划、国土资源管理局，负责日常工作。这为城市规划管理部门加强对土地资产经营的管理创造了有利的条件。

5.2.2 把实施和推进城市规划作为土地资产经营的主要目标

武汉市人民政府颁布的《武汉市加强土地资产经营管理实施方案》，明确提出了把实施和推进城市规划列入土地资产经营的主要目标。这就意味着落实武汉市城市总体规划所确定的城市性质、发展目标等要求，将在土地资产经营中得到贯彻和体现。

5.2.3 实行土地供应年度计划管理制度

在建立土地资产经营机制过程中，武汉市合理测算了建设用地需求总量，在落实国务院国发[2002]13号文严格控制建设用地规模的精神基础上，编制了2002年武汉市土地供应计划，确定武汉市中心城区、城郊各区的产业用地和经营性用地供应总量。对于经营性用地采取不饱和供地即求大于供的供地原则，对于产业用地供应采取鼓励措施。

5.2.4　健全城市规划体系，完善中心城区控制性详细规划

为配合土地资产经营机制的建立，武汉市在整理和完善前几年编制的分区规划和控制性详细规划基础上，全面完成了中心城区控制性详细规划，基本覆盖了中心城区的规划城市建设用地，为指导土地资产经营创造了必要的条件。对于土地供应年度计划确定的供应地块，将逐步试行法定图则管理，以强化管理的法律效力。

5.2.5　突出管理重点，加强规划前期管理和指导

在土地储备和交易制度中，加强规划前期管理和指导。对于纳入土地供应年度计划的地块，由土地储备中心委托规划咨询中心，统一进行前期咨询论证。咨询的重点是在控制性详细规划确定的地块使用性质、容积率、建筑密度等强制性控制指标基础上，结合市场情况进行经济、社会、环境等多方面的评价，确定地块的合理使用要求，向市城市规划管理局提交咨询报告。经城市规划管理部门批准后，咨询报告中提出的规划设计（土地使用）条件，作为土地进入市场的必备条件，纳入招标、拍卖和挂牌出让文件对外公示。待以公开方式成交以后，再根据土地成交确认书和规划设计（土地使用）条件，在5个工作日内直接换发建设项目选址意见书和建设用地规划许可证。以上操作模式，既增加了规划管理的技术含量，又将城市规划管理人员从繁琐的事务性管理中解脱出来，提高了规划管理效率。

参考文献

[1]　全国城市规划执业制度管理委员会.城市规划管理与法规 [M].北京：中国建筑工业出版社，2000.

[2]　潘蜀健.房地产经营学 [M].北京：中国建筑工业出版社，1996.

[3]　饶会林，郭鸿懋.城市经济理论前沿课题研究 [M].大连：东北财经大学出版社，2001.

[4]　韩荡.适应城市规划的土地利用计划体系初探 [J].城市规划，2002（11）.

[5]　张志坚，等.市场经济下城市规划与土地利用的良性互动 [J].城市规划，2002（11）.

[6]　陈虎，等.关于城市经营的几点再思考 [J].城市规划汇刊，2002（4）.

[7]　盛洪涛，周强.对武汉市建立城市土地资产经营管理机制的再认识 [J].武汉学刊，2003（4）.

从城市规划视角审视新一轮土地利用总体规划 ❶

顾京涛 ❷　尹　强 ❸

1　相关背景

全国第二轮土地利用总体规划从 1997 年开始编制，规划期至 2010 年，进入 21 世纪后已普遍不适应用地发展的要求。2002 年底，国土资源部确定了 14 个全国地（市）级土地利用总体规划（以下简称"土地总规"）修编试点城市，揭开了新一轮规划修编的序幕。

与新一轮规划试点相伴随的，是国家宏观调控和土地市场治理整顿取得重要进展，《土地管理法》的重新修订和《土地规划法》即将出台，这些举措无不预示着国家新的土地管理政策即将发生重要变革，新的规划体系亟需完善。

2　上轮土地利用总体规划的实施成效与存在问题

第二轮土地总规吸取了首轮规划未能获得有效实施的经验教训①，建立了以耕地保护为主、指标加分区为特点的规划模式，实施成效明显：1997 ~ 2002 年全国实际占用耕地控制在约 1646 万亩，年均占用耕地 274 万亩，与 1991 ~ 1996 年间的年均 440 万亩相比下降了 37%；全国实现耕地总量动态平衡的省市区由 1997 年的 17 个增加到 2000 年的 29 个。但规划本身的问题较多，可操作性差。

2.1　土地管理失控

这是各省市乃至全国普遍出现的问题，体现在：耕地流失严重，截止到 2002 年，有 20 多个省耕地保有量突破 2010 年的指标；违法用地大量出现，2002 年全国共发现各类土地违法行为超过 14 万起，涉及土地面积 314.6 平方公里，其中耕地 148.7 平方公里。2003 年土地市场治理整顿之初对 10 个省市的统计，在 3000 多平方公里园区实际用地中，未经依法批准的用地就有约 2100 平方公里，占 68.7%。

2.2　基础调查不准确

基础数据多以各地区土地详查数据、历年用地情况统计、土地后备资源调查数据等为基础，工作时间跨度大，某些城市甚至在两三年时间内仍无法完成；工作手段粗放，存在

❶ 本文来源：《城市规划》2005年第9期
❷ 顾京涛，中国城市规划设计研究院。
❸ 尹强，中国城市规划设计研究院。

大量不符合实际的情况，进而影响规划指标分解和用地分区的准确性[②]。

2.3 城镇建设用地布局不合理

对城市发展方向的判断存在明显偏差，造成非建设用地与城市发展的矛盾显著，许多地方已经到了只要有项目，就要调整规划的地步。

2.4 指标安排粗放且欠缺弹性

规划指标分解不合理，上下级规划脱节，在逐级分解规划指标的过程中，有的供求缺口偏大，有的突破了上级规划指标，实施中拆东墙补西墙的情况普遍。规划本身过分强调刚性，指标一次性安排到位，但又没有明确规划修改和调整的基本原则、使用范围和工作程序，保障措施不能及时跟进，由于某些规划的项目因故无法实施，有些项目又不能选址在规划区域以内，造成指标浪费，增加了执行难度。

2.5 独立选址项目规划不到位

能源、旅游、采矿等项目分布不集中，规模难以预测，规划对其重视不够，安排不到位，调整频繁。

2.6 农村居民点等用地规划难落实

县级以上土地总规确定的各类用地指标，最终要通过乡级土地总规落实到具体地块，但以农村居民点等为主的一些用地规划执行难度大，用地范围不落实和违法占用土地的情况时有发生；对土地开发复垦整理难作充分调查研究，定位落实效果不理想。

从现有情况上看，由于新一轮土地总规在编制方法上与上轮规划保持了较强延续性，因此以上问题很可能仍会普遍存在于新一轮土地总规的实施过程之中。

3 新一轮土地利用总体规划的特点

3.1 多学科的开放性

部分城市委托专业科研事业单位编制土地总规，增强了规划的合理性；规划本身由多个部门的多个专题支撑，尤其是国土资源部在审批过程中强调了"城市空间发展战略专题"作为审批所需的必备材料，体现了多学科参与的开放性。

3.2 多部门的协调性

编制过程中各地方政府大多予以高度重视，充分征求各部门意见，与以往相比体现了更高的协调性。

3.3 强调科学发展观和节地原则

规划编制大多强调对经验的总结和上轮规划的检讨，重视生态保护，强调工业园区建设与城镇建设统一安排，优化用地布局结构，对土地的高效利用提出了一些新的尝试，在国家加强耕地保护政策和宏观调控的形势背景下，更加强调节地原则并在措施中予以深化。

4 土地总规与城市总规的矛盾

由于现实中土地总规和城市总规的编制大多不同步，两个规划的矛盾大多通过编制周期、分类标准等方面的差异得到了掩盖与回避，但在两规同步修编、互为依据的前提下，以下问题集中暴露出来：

4.1 现状数据难协调

两个规划对于现状的调查方法不尽相同，造成了现状认知上的差异，进而影响规划布局的协调。

4.2 指标预测有矛盾

大城市规划最终的审批都由国家或省级相关部门组织完成，因此指标预测受到了较为严格的制约。由于城市规划和土地规划对于人均建设用地指标的认识存在较大分歧，造成了两个规划的预测指标难以统一[③]。

4.3 用地范围存差异

一方面，在土地开发复垦激励机制要求下，在城市周边需要预留一定的机动指标用于安排建设置换区和补偿用地，客观上要求城市规划适当扩大覆盖范围，增大规划建成区；另一方面，两个规划对城市建设用地的认定标准存在一定的差异，如城市外围占有相当用地比例的公共绿地和防护绿地就较少被土地规划计入建成区[④]。

4.4 用地分类不统一

城市规划用地分类采用的是 1991 年开始施行的《城市用地分类与规划建设用地标准》（GBJ137-90）和 1994 年施行的《村镇规划标准》（GB50188-93），二者均为强制性国家标准，具有权威性和法律效力。土地利用规划目前采用的《土地分类》于 2002 年开始试行至今[⑤]，是非国家标准，与城市规划标准存在明显差异，造成了两规协调衔接上的巨大困难，实质上也是规划指标和用地范围无法统一的重要原因。

5 关于土地总规编制的思考与建议

5.1 如何妥善解决"占"与"保"的矛盾

一方面，我国是一个人多地少的国家，人均耕地 1.43 亩，仅占世界平均水平的 40%，其中优质耕地仅占 1/3，国家粮食安全战略决定了必须将耕地的严格保护作为极其重要的基本国策之一；另一方面，越来越多的认识表明，城市发展是国家和区域发展的主动力，城市化是解决三农问题的根本出路，而城市建设用地正是社会、经济发展不可或缺的载体[⑥]。某种程度上说，在平均占地水平不变的情况下，城市发展越快，保护的耕地就越多，单位土地的产出效率就越高。没有城市的集约发展，资源的保护既无保障也无动力[⑦]。

"保"与"占"是相互依存又相互矛盾的两极，需要理性认识，不应片面强调一方面的重要性。目前的土地总规则是以耕地保护为主要约束条件的单一目标规划体系，规划的实用性和可操作性大打折扣，不可能做到最优化的土地利用。应从提高土地利用价值的角度出发，建立多约束多目标的优化利用体系，既要"统筹合理安排建设用地"，也要"统筹合理保护耕地"。现实表明，再不通过正确的方法引导城市的发展，土地的侵占就会失去控制。

当前土地总规不能妥善解决"占"、"保"矛盾的直接体现在于：

（1）缺乏指标评价上的合理性。当前的规划管理体制下，即使再高明的发展战略，其实施终将落实到规划的用地指标上来。目前的指标配置是一个主观性较强、技术含量较低的评判体系，以"供给制约和引导需求"为主要指导思想，通过自上而下的编制方法，将规划指标逐级向下分解，尚不能从宏观需求和人地关系的角度提高规划的合理性，加之现状评估不准确，导致脱离实际的情况屡有发生，规划的脆弱性暴露无遗。

（2）没有体现区位条件的差异性。不可否认，我国的城市建设中存在大量的圈地现象，但如果把单位固定资产投资占用耕地的面积以及单位面积承载人口数作为评价用地效率的指标，可以发现，我国城市化水平高的地区用地效率也高，城市化水平低的地区往往用地效率也低。根据实践经验判断，在经济发达地区和首位度高的大城市周边，由于发展速度快、用地指标控制紧，闲置率相对较低，实际建设提早突破规划用地规模是一个比较普遍的现象；处于中等发展水平地区的中小城市，用地发展速度与规划估测大体相当[⑧]；经济落后地区实际建设量往往小于规划预期。

采用相同的指标配置模式，就存在着发展条件好的地区用地突破、建设失控，而发展条件差的地区用地指标过大、开发水平低的状况，这样就不可能真正高效率地配置资源。

（3）不能正视规模控制的导向性。我国目前土地管制较为严格的地区是城市地区，越大的城市用地控制越是严格，小城镇和村庄的管理相对薄弱。现实情况是，城镇规模越小，土地的使用效率就越低，村镇的人均用地普遍超出了特大城市1倍以上，即使是在东部发达地区，村镇土地的浪费也达到了惊人的程度[⑨]。此外，小城镇和村庄的数量巨大，规模大多不经济，致使城镇功能弱小，社会服务和市政基础设施配套性差，发展缓慢，大量圈而未用的土地，很大程度上也是分散在村镇土地上的开发区造成的。即使不再向这部分地区配置新增用地，现有的存量盘活也足够用上20年。如果不对村镇土地的无序蔓延加以限制，所谓保护耕地、集约利用土地将成为舍本逐末的一纸空谈。

因此，土地总规建设用地指标的确定要突出国家应对不同发展条件下，对全国土地进行分区、分类使用的原则，做好经济、人口发展对规模的影响预测，并通过人均用地水平、城镇规模和区位条件等制约因子的引入增强规划合理性。

5.2 如何与城市空间发展战略结合

在城市发展的中观层面，如果说上一轮土地总规重点强调了用地的分区和指标的分解，新一轮的规划应当更加重视土地利用与空间发展战略的结合。规划一定程度上意味着上级对下级政府"发展权"的调控，单纯的指标分配，容易在不同城际政府间的博弈中走向均衡，这与社会经济高效发展的"非均衡"原则背离，其结果必然是指标均等分散、开发多方出击、建设四面开花、用地紧缺和资源浪费现象并存。建设用地规模在规划期内不翻倍的原则或许在宏观层面大体是合理的，但在某些微观区域却未必符合发展的规律，尤其是在发达地区城市的主要发展方向上，可能存在着从无到有、从慢到快的突变，如果仍以常规的原则考量，以等同于以往的管理方式对待，势必造成建设的无序⑩。

在两规同步修编过程中，土地总规常常在一些根本问题上影响着城市总规布局，土地利用与城市空间发展战略的结合程度，意味着在未来的空间规划格局中，城市规划究竟能够发挥多大的作用，意味着城市规划究竟有多少话语权。新一轮土地总规虽然强调了城市空间发展战略研究的必要性，但其应当并可以在多大程度上影响规划的实质内容，依然是悬而未决的问题。

5.3 如何处理好刚性与弹性

不少学者认为，我国的土地利用规划是一个彻底的防守型规划，多年来始终没有改变难以适应现实发展的被动局面。我国拥有着当今世界上最多、最严格的土地政策，而现今的土地总规本身也强调了近乎完全的刚性，但严格的政策为何没有带来严格的管理和预期的目标？刚性的规划为何没有带来刚性的保护⑪？诚然，对于体现粮食、能源、生态安全等影响要素的原则性问题需要一定的刚性要求作保障，但缺少了必要的弹性，就意味着出现的是绝对化的终极蓝图和近乎完全的自上而下视角，意味着否定了认识和需求变化对发展的推动作用，意味着杜绝了通过利益机制引导空间优化的可能性。这就不难理解基本农田划死、用地指标难定、土地利用失控、规划被动调整的背景原因。

我国正处在计划经济向社会主义市场经济过渡的转型时期，面临的是政府职能的转变，是发展主体与利益主体的多元化，是城乡功能与产业结构的成长、调整和转移，是经济发展目标与社会、文化、环境发展目标的冲突。当前土地利用总体规划的编制仍然欠缺应对和适应市场经济所需要的方法和手段，在城市化快速发展时期和土地管理政策即将变革的背景之下，规划将有可能面临前所未有的冲击。

5.4 如何理顺规划机制与事权

一方面，土地管理的中央事权与地方事权划分过分集中和简单化，尤其是政府对经济社会事务的管理责权和手段还缺乏足够的定位，引发了土地规划本身编制难搞、审批困难；另一方面，当前的土地政策尚不能充分利用经济杠杆和利益机制引导城乡发展，加之受制于某些地方行政的管理缺位，使得规划实施效果不理想。

同时也应看到，我国的各级土地利用总体规划开始编制至今还不足20年时间，虽然积累了不少有益的经验，但规划过程中投入不够、技术含量不足的现象仍然普遍存在，编制方法不够成熟。正因如此，在全国新一轮空间规划修编热潮中，土地总规已明显滞后于城市总规的编制。有必要研究制定更为规范、合理的土地总规编制和实施办法，同时与城市规划部门协同修编各自的用地分类标准，做到协调、统一，以减少两规不必要的技术矛盾。

6 结语

现阶段，在我国基本政策制度不变的前提下，土地利用总体规划和城市总体规划的分别编制有其必要性和必然性，应当通过两规的协调，使"切实提高土地使用效率"成为二者共同的导向与目标。新一轮土地利用总体规划是在新形势下区别于以往、有待不断酝酿完善的技术体系，与城市规划的紧密结合是其获得加速完善的重要方式。

注释

① 首轮土地利用总体规划基期为 1985 年，规划期为 1996 至 2000 年。尽管有《土地管理法》为依据，但由于没有具体规定规划审批等事项，没有得到很好的实施。但是就科学的方法而言，对后来的规划起到重要的指导和借鉴作用。

② 如某市上轮规划中心城市的建设用地基数为 188 平方公里，后经卫片和实地证实，建设用地总量已达 215 平方公里，超出了 27 平方公里；某些地区将一些不具备耕作条件的用地误作耕地划入基本农田等。事实上，现状用地的调查统计是牵涉到地方利益的大事，加之各利益主体在认知程度和技术水平上的差异，逐级上报的核查方式存在客观上的不足之处。现阶段，卫片和航测等技术手段还很难大面积应用于现状核查工作。值得注意的是，各城市在土地总规的检讨过程中，几乎都不约而同地将基础数据不准确归入了规划不合理的主要原因之中。

③ 总体规划中的人口预测是涉及规划审批和多部门协调的敏感性、复杂性问题。国土部门在规划审批中对规划人口预测的要求相对较为宽松，但对建设用地的增加和人均用地指标通常有着严格的约束，一般情况下城市人均建设用地不大于 100 平方米（部分省市规定不得大于 80 平方米或更低），并根据现状人均耕地指标严格限制，《城市用地分类与规划建设用地标准》作为参考。建设部门对于人口的增长预测有着较为严格的审定，同时对于人均用地有相应国家标准衡量，具体的指标认定常常大于国土部门标准。

④ 现实中城市征地绿化的情况在用地指标紧张的前提下付出成本过高，很难按规划比例实施，也不符合当前的政策要求和现实发展的趋向，目前非城市用地的绿化形式在许多地区已经取得了很好的范例。

⑤ 第二轮土地总规普遍采用的是 1984 年制订的《土地利用现状调查技术规程》中的"土地利用现状分类及含义"和 1989 年制订的《城镇地籍调查规程》中的"城镇土地分类及含义"，试行的《土地分类》在此二者的基础上修改、归并而成。但无论是新、老标准的制定都没有考虑与城市规划标准的衔接问题。

⑥ 近年来地级以上城市经济增长速度平均达 15.5%，是全国平均速度的两倍，城镇人口每增加 1 个百分点，可拉动 GDP 增长 2 个百分点；城市为主的非农建设产出效率巨大，以某市为例，2002 年农业生产率达到 1.72 万元 / 公顷，工业生产率达到 685.35 万元 / 公顷，二者相差近 400 倍，1998 至 2002 年 5 年间非农建设用地每增加 1 亩，就产生新增 GDP41.3 万元。

⑦ 《2002～2003 中国城市发展报告》：城市化和乡镇企业的分散程度对土地的利用效率具有重要的影响，乡镇企业遍地开花不利于耕地的保护，应鼓励城市的发展，缩并自然村，使乡镇企业向城市和中心城镇靠拢；进一步健全城市和乡村土地流转机制，使土地资源集约利用，城市化的土地成本达到最小。

⑧ 分析部分城市典型案例：以经济发达地区某市为例，该市主城区实际建设量 2002 年即已超出 2010 年规划用地规模 57 平方公里，突破幅度占规划用地规模的 1/4，而在土地总规实施的头 5 年间，建设占用耕地指标就用了 91.7%；以中部地区某地级市为研究对象，比较 1995 和 2005 两版城市总体规

划现状建成区规模，10年中建设用地实际年均增加 1.2 平方公里，可以估测出规划期末建设用地发展与规划指标大体相当；某欠发达地区县城，10 年用地增加 2 平方公里，仅占规划预期的 1/4。

⑨ 根据珠江三角洲核心区域某小城镇所做的总规现状调查，该镇实际居住人口 15 万，但人均建设用地高达 166 平方米，人均村庄居住用地达 53 平方米，而这些住宅大多数又处于空置状态，每户拥有多个宅基地现象和空心村现象十分普遍，多数村的住宅空置率约在 20%～70% 不等，该镇的现状在我国发达地区具有一定的普遍性和代表性。

⑩ 某试点城市的土地总规编制过程中就曾将用地指标按比例相对均衡的分配给各区市县的重点镇，但在实施过程中各地方政府却强烈要求将远离中心城市的用地指标调换到中心城市周边，可见脱离空间发展要求的指标分配既违背了市场化的选择意愿也与应用主体的利益要求相违背。

⑪ 在土地总规编制试点初期，国土部门曾经明确了允许通过"可耕地"属性划定基本农田的探索性尝试，但在 2004 年底再次强调了不得将果、林地等可耕地划入基本农田的规定，预示着刚性的规划、管理模式在新一轮土地规划中得到了维持与强化。

参考文献

[1] 柯瑶. 城市规划与土地利用总体规划 [J]. 城乡建设，2004（5）.

[2] 蔡玉梅. 土地利用规划与社会经济发展——我国两轮土地利用总体规划的评价 [EB/OL]. 人民网房产城建频道，http://house.people.com.cn/tdxh/tudi20040627-07.htm.

[3] 吴迅锋，李伟芳. 土地利用总体规划修编理论与技术的初步探讨 [EB/OL]. 宁波市国土资源局 http://www.nblr.gov.cn/Article.aspx?Id=619，2003.11.

上海土地储备"十一五"规划的研究与实施对策 *❶

陈 伟 ❷

上海土地储备"十一五"规划是指导上海"十一五"时期土地储备重要的纲领性规划，是城市发展中实现土地资源合理分配的指导性纲要。笔者通过总结上海"十五"时期城市经济发展对土地供求的规律，研究上海 GDP、固定资产投资规模、房地产投资规模与土地供求之间相互关系；分析 20 世纪 90 年代以来上海经济高速发展时期，特别是 1995 ~ 2010 年房地产业发展与土地供求的变化规律，从而对上海土地储备"十一五"规划进行前瞻性地研究。

根据上海土地储备"十一五"规划中的目标要求，提出上海实施土地储备的分布范围、重点区位和储备区域等；在保证经济发展的前提下，以最大限度地实现国有土地增值、提高土地利用集约效率和节约土地资源为目的，按照上海土地储备"十一五"规划的量化指标，进一步明确储备土地的合理分布区域、分阶段的重点区间和分时期的储备重点等；分析在实施土地储备"十一五"规划将面临的问题，并提出需要采取的相应策略与建议。

1 上海土地储备"十一五"规划的编制目标、原则和任务

1.1 编制规划的目标

编制上海土地储备"十一五"规划目的旨在深化宏观调控、加强政府调控土地一级市场，从"定性、定量、定时、定位"角度在对上海"十一五"时期土地需求预测分析的基础上，研究土地储备的数量、质量和分布，并提出实施土地储备"十一五"发展规划所面临的难题和具体对策。

1.2 编制规划的原则

以科学发展观、可持续发展观作为上海土地储备"十一五"规划编制工作的理念；优化城市空间布局、优化产业结构、优化发展环境是编制工作的核心内容；节约土地资源、统筹城郊均衡发展是战略重点；推进土地储备机制建立与深化将是落实上海土地储备"十一五"规划的关键环节和制度保障。

1.3 编制规划的任务

上海"十一五"时期是实现"四大国际中心"、构筑国际化大都市、加快城市化进程的重要战略时期，是城市职能由初级化向高级化转变、由一般性向特殊性转向、由战术性

* 国家出国留学基金项目（22831006）；国家自然科学基金项目（59878034）。
❶ 本文来源：《城市规划》2006年第9期
❷ 陈伟，上海市土地储备中心，上海地产（集团）有限公司。

向战略性转型的关键时期，因此，编制上海土地储备"十一五"规划的核心任务是：必须从城市中长期发展战略的高度确立城市核心战略思想和整体战略布局，以拓展城市功能、完善城市形态和提升城市核心竞争力为重点，全面构筑和打造城市价值链体系。

2 上海土地储备"十一五"规划的意义、背景和规划纲要原则

2.1 编制规划的意义

较为准确地预测城市经济发展对土地供求规律的影响，制定科学的城市土地储备发展规划，指导城市建设用地发展计划；合理配置土地资源，优化城市功能结构；保护耕地资源，提高土地利用集约化程度；实现上海城市资源节约型、循环经济的城市发展战略。

2.2 编制规划的背景

基于国家宏观调控的背景下对房地产市场秩序的治理整顿，制定土地储备"十一五"规划有助于深化宏观调控的绩效，增强政府对土地一级市场调控，转变土地供应机制，有序实现城市规划。上海"十一五"期间土地储备规划编制过程，需要研究解决土地利用过程中存在的问题：资源总量有限、后备资源缺乏导致土地供求矛盾尖锐；占用农用地和耕地生态环境质量下降；土地利用结构和布局不合理；中心城区"人地矛盾"日益严重；郊区城市化水平不高，产业和农村居民点分散导致土地利用效率低等。

2.3 编制规划的纲要原则

上海土地储备"十一五"规划纲要是依据城市可持续发展和循环经济的原则，实现城市资源、环境和经济协调平衡，促进城市经济稳定持续增长；推进上海城市化进程中城郊建设均衡发展，中心城区实现"双增双减"即"增加公共空间和绿化开放空间、减少人口和开发强度"，郊区实现"三集中"即"人口向城镇集中，工业向园区集中，农业向规模经济集中"规划原则；作为保障城市建设的土地"蓄水池"，满足城镇居民日益增长居住需求。规划编制注重运用系统论方法对土地利用战略研究，既要通过对存量土地的调整、挖潜和整理等方式使土地利用达到合理、高效；又要通过对增量土地的规划、设计和优化研究使得城镇建设规模总量控制，以及土地利用率和产出率提高，缓解对耕地占用的压力。

3 上海土地储备"十一五"规划的量化目标体系

3.1 总量目标

上海土地储备"十一五"规划量化指标体系的建立，在科学合理地分析城市建设用地供需规律，建立长期有序的供应机制，满足城市均衡持续发展的动力方面，尤为重要。在根据产业政策和区域经济发展对土地需求规律分析的基础上，运用系统论、计量经济和神经网络等方法，利用 Excel、SPSS、MATLAB 等数值计算和统计分析软件，建立相关的一般线性模型（General Liner Model）、非线性模型（Non-liner Model）和 BP 人工神经网络模

型（ANN 即 Artificial Neural Network Model），运用描述性统计分析（Descriptive Statistics）、回归分析（Regression）、分类分析（Classify）、相关分析（Correlate）等，进行数据趋势预测分析和量化分析。通过对具有时间数列的历史数据资料的分析，以及对土地需求、土地储备与土地供应的关联分析，建立相关的计量数学模型，提出至 2010 年上海经济发展对土地需求的预测分析；通过对具体指标的细化分析，进一步分解经营性用地的土地需求总量，包括住宅和商业和办公用地需求等用地数量、中期与远期土地储备量等指标等。

只有实际租售房屋需求所对应的土地需求，才是有效需求；只有土地有效需求的数量，才是需要用于土地储备的数量。住宅用地、办公和商业用地的比例占到六类经营性用地绝大多数，对于它们的储备，将作为上海土地储备的重点，得到经营性建设用地的土地储备量。根据上海经济发展对土地需求规律与量化分析，可以得出"十一五"期间上海住宅用地和商办用地比例占到经营性储备用地面积比例的 91.95%，需要进行土地储备的六类经营性用地为 13086 万平方米 [1]。

3.2 结构目标

3.2.1 满足不同类型用地需求前提下的土地储备量

根据所建立的 BP 人工神经网络模型的预测结果，经过综合判断，得出上海经营性土地储备结构量化指标：住宅用地储备面积 11072 万平方米、商办用地储备面积 960 万平方米，其他旅游文化娱乐等用地储备面积 1054 万平方米。

3.2.2 达到不同熟地供应量前提下的各个时期的土地储备量

根据"十一五"期间各个年份所要求达到的"熟地"供应比例，即完成土地动拆迁和"七通一平"等前期开发，以及社会市政设施和配套公共服务设施等基础性建设后，才上市供应的地块，各年份的土地储备量应为表 1 所示。由于目前供地方式主要为"生地"供应，土地储备机制建立的目的之一是要改变供地方式，随着《上海市土地储备办法》颁布和实行，将按照一定比例、分阶段地逐步地实施起来。

"十一五"期间上海市各年份的土地（熟地）储备量（万平方米）　　表 1

年份	2006	2007	2008	2009	2010
熟地供应比例	25%	30%	36%	40%	66%
土地（熟地）储存量（万平方米）	568 ~ 595	681 ~ 714	795 ~ 833	908 ~ 952	1249 ~ 1310

3.2.3 达到不同市场调控比例前提下的各个时期的土地供应量

根据"十一五"期间，土地储备机构如果要逐步地实现达到调控土地一级市场的目标，实现"一个水龙头"出口供应土地，那么按照不同市场调控比例前提下所要求达到的各年份的土地供应量应如表 2 所示。

"十一五"期间上海市各年份按不同市场调控比例下的土地供应量（万平方米）　　表 2

年份	2006	2007	2008	2009	2010
市场调控比例	25%	30%	45%	65%	85%
土地供应量（万平方米）	623	747	1121	1618	2114

3.3 战略目标与规划布局

上海土地储备"十一五"规划的布局目标依据城市发展区域战略和城市远景规划。上海经济自1990年代进入经济快速增长期,城市建设规模迅速扩张,土地资源作为经济发展的支撑要素,参与市场化配置,并得到充分地利用[2]。

"十五"期间是上海房地产市场进入新一轮发展时期,面对经济的高速发展,全社会对土地需求将继续增加,预计在"十一五"期间将达到新的需求高峰,增长趋势将趋于平稳,构筑高位长平台[3]。"十一五"期间由于重大工程建设和黄浦江两岸开发建设,新一轮旧区改造工作的加快,郊区城市化进程加快,郊区产业园区、工业基地和"一城九镇"的农业用地转变为建设用地,以及产业结构调整实行的"退二进三"政策,使得中心城区的工业企业搬迁到郊区等,这些都将增加土地需求,同样,需要增加相应的土地储备。

3.3.1 结合高速公路网、轨道交通网和道路交通网规划,实施土地储备。

"十一五"期间上海高速公路以连接外省市、枢纽型对外交通设施的线路为重点,形成"一环八射"网络体系,与城镇体系、产业布局调整形成良好配套,增强集聚辐射功能。市中心基本建成由"十字加环"和若干条放射线组成的轨道交通网络框架,并加快大型换乘枢纽、市郊铁路建设,建成"一桥三隧"越江设施,完善市中心路网系统,加快综合交通性枢纽、静态交通设施建设。初步形成轨道交通与地面公交相配套的网络体系。

政府加大对道路交通基础设施的投资建设,需要把由此投资带来的土地增值收益收回,必须通过规划和土地储备将这些土地资源预先控制好,才能确保政府的收益[4]。

3.3.2 结合重大工程、重点项目和重点地区,实施土地储备

"十一五"期间上海将加大环境建设,以苏州河水环境治理为重点,带动中小河道整治;以大型公共绿地为重点,完善布局、丰富种类,基本建成环城绿带、楔形绿地、干道与河岸、平面与立体、市区与郊区相配套的都市绿化系统。重污染工业区治理,调整能源与产品结构,加强烟尘、粉尘、废气治理[5]。

"十一五"期间上海土地储备需要结合"重大工程、重点项目、重点地区",实施土地储备机制与"重大工程、重点项目"投融资机制相结合。上海"十一五"期间的"重点地区"有黄浦江地区、世博会地区等;"重大工程、重点项目"有:高速公路A30郊区环线北段;越江工程有外环线黄浦江下游越江隧道工程;轨道交通建设和市内骨干道路中环路工程拓宽;上海铁路南站及配套工程等。

3.3.3 结合"一城九镇"重点区域发展,推进郊区土地储备

从目前的土地利用的地域分布特点,以及土地利用空间结构的规律,能够用于土地储备的土地资源总量已经非常有限,主要分布在中心城区、内外环线之间,只是占土地储备总量的极少部分,然而,大量的土地储备资源主要分布在外环线以外以及郊区产业园区、城镇地区。增量土地主要是分布在外环线以外,属于市郊集体土地,大多数为农用地和新增的滩涂资源等。

"十一五"期间上海土地储备战略重点是需要建立"市区联手郊区增量土地储备机制",推动郊区城市化进程。以松江新城、临港新城和朱家角、安亭、枫泾、罗店、高桥、周浦、奉城、浦江、陈家镇等中心镇为重点,带动集镇和一般镇建设。在明确功能定位和完善城镇规划的同时,实施"规划引导、战略控制、联手储备"土地储备策略。做到将基础设施

建设用地与周边土地捆绑，"联合打包收储"，确保由政府投资建设重大基础设施投资带来的土地增值收益，最终能够还原到城市建设中。

4 实施土地储备"十一五"规划的对策与政策建议

4.1 建立基于科学发展观的土地储备战略机制

上海土地储备"十一五"规划的土地储备是上海特大型城市管理体制和上海特定"两级政府、两级管理"行政机构模式下的土地管理重要环节，上海土地储备机制实现"政府主导、市场运作、市区联手、分责共享"的运作机制，可以达到增强政府对土地市场调控力度、完善土地供应方式、确保政府对土地的增值收益等目的。

建立市区联手土地储备运作机制，首先，必须是政府主导型，体现在：政府通过土地储备作为调控土地一级市场的手段之一；根据国家宏观经济政策和城市经济发展需要，采取适度的土地储备管理政策来调节土地市场；制定适应城市发展和经济需要的土地储备中长期战略规划；制定土地供应计划和用地指标分配等行政手段，规范土地市场秩序，发挥"一个蓄水池"和"一个水龙头"的作用。其次，土地储备机构在运作中也要采用市场化手段。在土地收购过程中采用土地市场评估来判断土地价值；采取双方协商谈判确定收购价格、交地条件和交地标准。最后，采取"市区土地储备机构联手合作、分清双方职责和互利互惠"，市土地储备机构发挥在资金、计划和指标等方面优势；区土地储备机构发挥动拆迁等土地前期开发管理优势。

4.2 建立多元化的土地储备运作模式

上海土地储备"十一五"规划的土地储备要分为存量土地、增量土地和滩涂资源。根据城市土地储备中长期发展规划，存量土地是"按需储备"，主要配合城市功能布局调整，参与一些重大枢纽性工程或成片"退二进三"土地储备；郊区增量是"联合储备"，是土地储备的重点，应按照土地储备中长期规划，密切联系"三个集中"、城镇建设和重大工程规划，通过市区土地储备机构联手收储土地，达到政府调控土地市场的目的。

滩涂资源是由市土地储备机构作为惟一的资源管理代表，实行"垄断储备"，封闭运行，资金盈亏都在封闭管理中得以体现。政府将现有的政策集中起来支持滩涂开发，实现总体平衡。

储备策略由中心城区存量土地的储备，转变为把增量土地作为下一步储备重点。由法规出台前土地协商取得土地方式，改变为通过建立市区联手土地储备机制来保证土地来源，按照进行市区合作土地储备。法规明确了市区土地储备机构的分工范围，市级机构以滩涂、国有农用地、特定范围的土地储备为主，同时对郊区增量土地的必须由市区联合储备。

4.3 构筑公平合理的投资收益平衡机制

市土地储备机构和区县土地储备机构联合储备土地的，除市政府另有规定外，按照下列规定确定投资比例：储备拟依法征收后实行出让的原农村集体所有土地的，市土地储备机构与区县储备机构所占比例各为50%；除此以外，市土地储备机构所占比例为30%，区县土地储备机构所占比例为70%。市、区土地储备机构共同出资，按照一定投资比例，在储备地块交付政府出让后，合资公司扣除土地储备的成本开支、管理费和土地出让金后的增值收益部分，按双方出资比例分成。

在现阶段城镇管理体制以及市区合作框架下，为保证镇政府在增量土地储备中合理利益，有利于推进郊区土地储备工作，建议适当增加区机构所得收益的比例，同时在其中由区政府明确镇政府的合理收益。探索解决土地征转分离时要妥善考虑农民的利益的方式，考虑土地增值收益中兼顾政府投资因素和农民原始积累的因素。建议在土地增值收益中体现直接对农民的合理补偿，需要在制定具体相应政策和操作程序上做进一步地探讨。

4.4 探索深化土地储备运作机制的建议

上海土地储备"十一五"规划实施，需要依托上海政府主导、市区联手土地储备的运作机制的建立，发挥城镇按照区位优势，实现资源条件、人口规模和经济发展水平、规划布局建设相互协调，达到"人口集中、产业集聚、土地集约利用"。通过土地储备机构参与城镇基础性开发、基础设施建设等投资和建设获得土地增值收益，来推动郊区新镇建设、消化旧镇改造问题，探索出新的城镇建设途径。

从土地储备业务分工和土地管理角度，土地储备机构是从事土地原料收购、加工后，提供政府按照土地利用总体规划、城市规划和土地储备计划、土地供应计划等上市供应的特定机构，从事调控土地一级市场的行为，行使政府授予的特定职责，政府对土地储备机构的管理更多地体现在政策上的支持和业务上的指导；给予土地储备机构的政策和管理职能不是削弱了政府管理权利，反而是提供政府管理市场的调控手段之一，加强宏观调控的绩效。

参考文献

[1] 陈伟.基于BP神经网络模型对上海土地需求的量化研究[J].城市管理与科技，2005，(2)：80-82.

[2] 桑荣林.上海房地产市场宏观走势及其若干问题的认识与思考[J].上海房协，2002，(7)：12-14.

[3] 上海市房产经济学会.上海房地产波动规律研究[J].上海房地，2003，(6)：10-20.

[4] 陈伟.上海经济发展对土地需求的规律与量化研究[J].上海土地，2005，(2)：10-14.

[5] 朱金海.上海经济增长中的周期性风险研究[J].上海社科院刊，2002，(2)：16-20.

城市规划实施机制的逻辑自洽与制度保证

——深圳市近期建设规划年度实施计划的实践 ❶

陈宏军 ❷ 施 源 ❸

从 2002 年开始编制、目前已实施完毕的第一轮近期建设规划的绩效来看，不同的城市效果有所不同，但其确实起到了调控城市发展的作用①。笔者认为由于国家九部委联合发文要求编制第一轮近期建设规划时，对相关制度并未做系统规定，使各地在实际操作时有较大发挥余地，因此相应提供了制度创新的空间。以深圳、广州为代表的部分城市政府及时把握住了这样的机会，如深圳市在规划的内容安排、政策制定等方面进行了有益的探讨，并对审批后的规划实施情况进行全程跟踪与检讨。正因为有了这样的关注和工作基础，深圳的规划工作者逐渐认识到，体制转型过程中城市规划实施机制的完善，不能仅满足于规划体系内部各层次的分工细化与技术完善，而忽略规划体系外部政府现行操作机制中国民经济和社会发展五年规划（及其年度计划）的主导地位，这既是我国城市规划实施环境与市场经济成熟国家城市规划实施环境的最大不同，同时也应成为现行制度环境下完善规划实施机制的切入点，由此提出了近期建设规划应与"十一五"规划协同编制，以及建立近期建设规划年度实施计划制度等政策建议，以试图探索一条城市规划实施机制的逻辑自洽和自我完善之路。

1 现有规划实施机制的检讨

1.1 体系内部：逐层分解机制存在的问题

近年来，我国城市规划体系在纵向和时间两个维度都有所变革：其中在纵向层级维度，规划在向两端延伸，宏观层次更重视不同行政单元之间的协调向区域层次延伸（区域规划），而微观层次则重视规划的法定化向操作技术规定延伸（法定图则）；在时间维度，规划强化了时段上的分解，各层次规划都开始尝试增加近期甚至年度计划，其中，尤以总体规划的变革最为突出，2002 年国务院发文要求各设市城市今后每五年均要根据城市总体规划编制与当地国民经济五年规划年限相一致的近期建设规划，使近期建设规划从城市总体规划的一个内在组成部分演变和显化为一个独立规划，为宏观层次规划的实施搭建了一个平台（图 1）。这一做法在深圳、广州等城市均取得了较好的实施效果②。

但是，由于各类规划在两个维度中的定位和关系尚未理清，使相关规划的编制和实施易出现逻辑上的混乱。依据《中华人民共和国城市规划法》（1990 年），城市规划分为总体规

---

❶ 本文来源：《城市规划》2007年第4期。
❷ 陈宏军，深圳市城市规划设计研究院。
❸ 施源，深圳市城市规划设计研究院。

划、分区规划和详细规划，各城市的规划体系也基本上是在此框架下根据城市自身实际情况重点进行了纵向层级维度的细化，如深圳1998年颁布实施的《深圳城市规划条例》，增加了城市发展策略、次区域规划、法定图则和详细蓝图等类型，在规划层次划分上较国家有所细化，但仍主要局限于纵向层级的深化。在此框架下，规划实施的主要逻辑是：总体规划的目标与内容通过纵向各层次规划进行逐层分解，总体规划

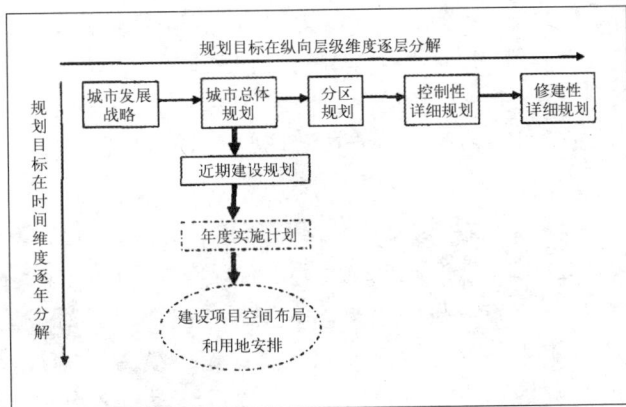

图1　城市规划在纵向维度和时间维度的分解

是策略性的，越到分区或详细规划，实施性越强。这种规划实施机制存在两方面问题：一是实施时序难以衔接，总体规划的目标要通过次区域规划、分区规划、法定图则等逐层分解，姑且不论有多少分区规划、详细规划的规模是严格按照总体规划的规模来进行逐层分解，单从分区规划、详细规划编制与审批所消耗的时间上看，当这些规划在上层次规划的指导下完成新一轮的编制与审批时，它们的依据（即城市总体规划）往往又该修编了。除了因审批周期造成的客观上时序滞后之外，在时间维度上的控制力不足，使得宏观层次规划的目标经过逐层细化后对详细规划的指导性不足，各详细规划分头分步实施的结果往往会使总体目标失控。二是这种规划实施机制主要着眼于规划体系内部层次的优化和技术细节的完善，而在政府实际运作过程中，规划实施更需要其它部门相关配套政策和实际行动加以推进，也正是意识到这一点，近年来宏观层次规划往往在文本中增加一章"规划实施的保障措施"，这种做法虽有积极意义，但仍停留在技术完善层面，并未将规划控制要求很好地融入政府操作体系中。关于这一点将结合政府现行运作制度在下文中做进一步分析。

1.2　体系外部：与政府现行操作体系脱节

在现行城市政府的操作体系中，国民经济和社会发展五年规划居于主导地位，但其具体落实则依赖于各类年度计划，主要包括国民经济与社会发展年度计划、年度政府投资项目计划、年度财政预算(草案)等。其中，年度国民经济与社会发展计划和年度政府投资项目计划由计划部门组织编制，年度财政预算（草案）由财政部门组织编制，都需报市人大批准，这些计划共同对城市社会经济发展起到引导和调控作用，是各类项目审批和行政许可的主要依据（图2）。

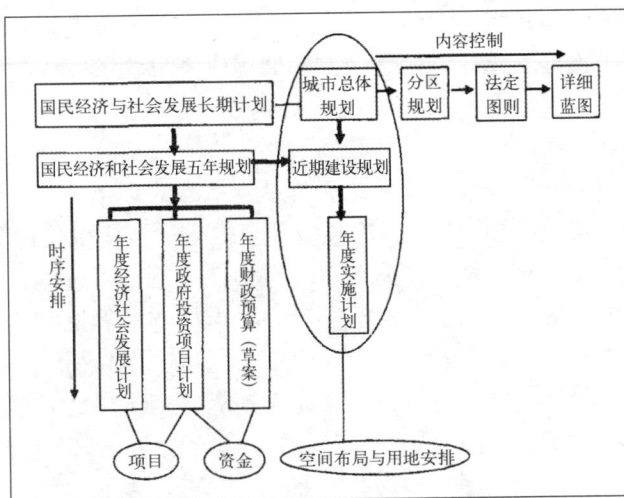

图2　城市规划与政府操作体系的关系

国民经济和社会发展五年规划的实施机制侧重于时序安排，将五年规划目标与要求在年度上进行分解，并通过人大审批的形式来确定年度计划的法定地位，其实施绩效也要定期向人大汇报，由此来强化其实施机制。在此现行架构中，城市规划只是落实国民经济五年规划及其年度计划的技术工具，其本身尚未成为政府计划体系的一部分，因此可以说，城市规划与政府现行操作体系的脱节是影响规划实施以及制约规划龙头作用发挥的一个主要原因。

城市规划的实施来自两方面的努力，一是市场推动，二是政府引导。市场操作的主体、时间、空间分布都比较分散，而政府操作的主体集中（各级政府部门）、项目影响力大（大多是影响市场投资决策的大型公共设施、基础设施）、整体性强（采取国民经济与社会发展五年规划及其年度计划的方式进行统筹协调），且政府内部已形成一套得到各部门认可的协调机制。城市规划实施必须得到政府各有关部门的密切配合，同时，城市规划也只有在编制内容、实施机制等方面融入政府日常操作体系，才能从单纯的技术工具演变为政府公共政策。但是，如上文所述，城市规划的现行实施机制主要依赖于规划内容在纵向各层次的分解，这是当前城市规划实施的一条主要路径（图2），这条路径与政府现行运作体系处于两个维度，两者之间缺乏有机结合的衔接点。

2 从政府运作角度对规划动态实施体系的初步探讨

如图2所示，在现阶段行政规则下，要强化城市规划体系与国民经济计划体系的有效衔接，较为可行的选择是将城市总体规划做时间维度的进一步分解，一方面使总体层面规划能与国民经济计划在重点上充分衔接，另一方面也强化了总体规划对以下详细层面规划的控制力，保证规划目标的落实，提高城市规划的实施绩效。其中，近期建设规划是对城市总体规划的5年分解，对完善规划实施机制、加强与国民经济与社会发展规划的衔接有一定的促进作用，深圳在新一轮近期建设规划编制中，提出近期建设规划与国民经济和社会发展规划要在编制时限上保持一致，在调整对象、内容、编制审批程序、效力等方面互有侧重，就是因应以往规划实施力不足而提出的一条解决之路。其中，国民经济和社会发展五年规划主要在目标、总量、产业结构及产业政策等方面对城市的发展做出总体性和战略性的指引，侧重于时间序列上的安排；近期建设规划则主要在土地利用、空间布局、基础设施支撑等方面为城市发展提供基础性的框架，侧重于空间布局上的安排。

但笔者认为，仅在五年规划层次建立城市规划与国民经济计划体系的衔接是不够的，因为在以国民经济计划为核心的现行政府操作体系中，五年规划主要侧重于5年总体发展指标，较少涉及项目，而其最为核心的环节则是一系列年度计划，包括国民经济与社会发展年度计划、年度政府投资项目计划、年度财政预算等。因此，虽然在城市规划体系内部，将近期建设规划作为5年的操作性规划是可行的，但由于其很难与政府的操作性年度计划相对接，将在很大程度上制约城市规划实施机制的完善，也影响规划对城市发展空间统筹作用的发挥。针对这一问题，我们不只局限于五年规划层次的衔接[3]，而是在"十一五"开局之年就开始探讨近期建设规划年度实施计划制度，将近期建设规划确定的目标、行动通过年度实施计划来加以落实，以此建立"城市总体规划—近期建设规划—年度实施计划"的完整时间序列和动态体系[4]，并对从空间角度对项目进行统筹以及对建设量和时序进行安排的方法做了较为深入的探讨。

2.1 基本思路

2.1.1 基于用地和布局两个角度对项目进行统筹

在 2006 年度实施计划中,我们是通过两道"筛子"对预申报项目进行空间统筹,一道"筛子"是用地,另一道"筛子"是布局,这两道"筛子"与发改部门的资金"筛子"一起来决定项目的取舍,以弥补目前运作规则中过分侧重从资金角度对项目进行取舍而导致的用地总量失控、结构失衡等问题。

用地"筛子"包括用地盘子和结构,形象地说,用地盘子就是"筛子"的口径,5 年规划期内用地结构趋向合理导向下的各类用地年度盘子就是"筛孔",比如年用地量控制目标是 20 平方公里,要使用地结构逐年趋向合理,工业用地规模应控制在 6 平方公里以内,而现有 100 个好的项目,资金都有保证,需要占地 10 平方公里,如何取舍?必须从空间角度,规划部门与发改、贸工等部门一起对项目重要度进行排序,排在前面的项目的用地量一旦达到规划目标,后面的项目只能"忍痛割爱"。在空间资源软约束条件下,空间是支撑条件,需要办多少事,就提供多少土地,是"量体裁衣";而到了空间资源硬约束条件下,空间是先决条件,有多少地,就办多少事,是"量布裁衣"。有了用地"筛子"来对项目进行取舍,就可以确保近期建设规划确定的用地规模能够得到控制,用地结构能够达到逐年优化。

布局"筛子"是指从空间分布角度对项目进行筛选,也就是从近期建设规划实施角度,优先考虑有助于优化城市空间结构、有利于重点地区发展的项目,用地供应向能带动、支撑重点地区发展和改造的项目倾斜。有了布局"筛子"来对项目进行取舍,就可以确保近期建设规划确定的城市空间结构能够逐步形成,重点发展地区和重点改善地区的规划目标能够实现。

2.1.2 基于量和时序两个方面对项目建设做出安排

在对上轮近期建设规划实施绩效进行深入检讨的基础上,我们逐渐意识到,只有通过开发强度来对实际建设量进行控制,才能达到引导城市宏观发展及调控房地产市场的目的,因为同样一块土地,开发强度不同,对城市功能的完善和房地产市场的影响也是完全不同的。本轮近期建设规划及其 2006 年度实施计划,不只停留在提出居住用地的规模,更从满足居住需求及调控房地产的角度,提出了居住面积及住房套数,从而对各类居住用地的开发强度做出规定。

将项目按续建、新建、供地、选址和前期研究等类型来进行控制,并分别明确各项目的规划控制要求,使互有关联的各类项目在建设和投入使用的时序上保持高度协调,形成投资合力。如道路建设与周边地块出让及开发时序上的协调,给水厂、污水处理厂建设与配套管网建设时序上的协调等,这种建设时序的协调主要是从空间配置的角度,与发改部门从资金角度对建设时序进行安排相配合,确保城市各项投资能发挥最大效益。

2.1.3 基于政府与市场两种机制对年度重点提出指引

针对政府主导的公共配套与市政基础设施项目和政府统筹的产业项目及经营性用地项目,年度实施计划分别采取不同的控制手段,兼顾计划的刚性和弹性:其中,政府主导的公共配套和市政基础设施类项目,在计划安排中落实到具体地块,并在推进时序上做出安排,明确该项目年度主要工作是选址供地还是前期研究;政府统筹的产业类项目,为确保

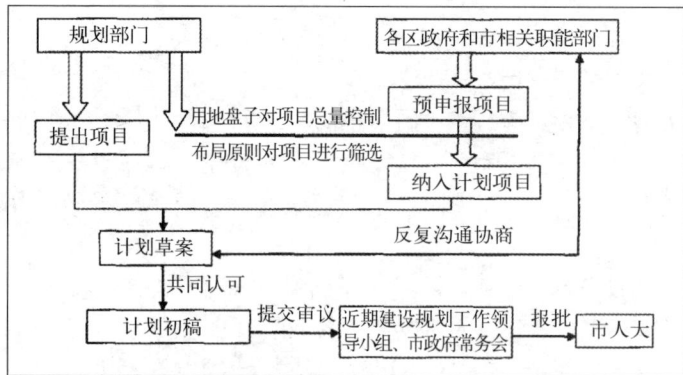

图3　年度实施计划的工作步骤

计划的弹性，计划提出重点推进的园区指引，并在产业园区外，安排年度机动用地指标；更新改造类项目，城中村（旧村）具体到年度改造规模,旧城、旧工业区、旧住区改造则明确片区并部署年度工作重点。

2.2　工作步骤（图3）

第一步，规划部门对全市建设用地现状及其使用情况进行分析，根据空间资源潜力和规模控制、结构优化的要求，提出年度各类建设用地盘子，以及建设项目空间布局和用地安排的指导原则；

第二步，各部门（包括各区政府、市相关职能部门等）向规划部门提出建设项目规划许可预申报，规划部门根据城市发展空间拓展、城市功能完善、基础设施配套的要求，对预申报项目是否符合规划实施要求进行核查，去除不符合规划要求的建设项目，并在预申报项目的基础上，补充提出实施近期建设规划必须推进的项目，与预申报项目一起形成年度实施计划项目备选库；

第三步，规划部门就预申报处理结果及备选项目库书面征求各区及各职能部门意见，进行反复沟通协商，形成规划部门和各区政府、市各职能部门共同认可的年度实施计划草案；

第四步，规划部门将完成的计划草案报近期建设规划工作领导小组、市政府常务会审议,并与国民经济与社会发展年度计划、年度政府投资项目计划、年度财政预算(草案)一起,共同报市人大批准。

2.3　意义作用

2.3.1　延伸规划实施体系的时间序列

年度实施计划制度的逐步建立，将使城市规划的实施体系形成从远期到中期到年度的完整时间序列，规划期内的目标将通过5年和年度予以分解，行动则依托年度计划予以落实。通过年度实施计划实施情况的检讨，还将有助于规划实施检讨与动态调校机制的完善，从而可以形成一年一检讨、五年一调校制度，以此来增强宏观层次规划的适应性。

2.3.2　完善政府现行计划体系

在现行政府操作计划中，发改部门（原计划部门）是最具综合功能和权威的部门，其主导编制的国民经济与社会发展年度计划主要安排各类项目及其建设时序，与其配合的年度政府投资项目计划和年度财政预算（草案）主要安排年度政府投资总额和本级财政预算在各类政府投资项目中的使用。从内容上看，政府现行计划主要侧重于从资金角度对项目进行安排，较少从空间资源配置角度安排项目及其建设时序，缺乏空间上的统筹与协调，各类项目由于空间配置和建设时序上的不协调，导致应有的协同效益难以发挥。

随着社会主义市场经济体制的逐步建立，土地和财政越来越成为城市政府调控城市发展的两大"闸门"。投资主体多元化和融资渠道拓宽使地方财政的作用在逐步减弱，相应地，侧重于资金与项目安排的国民经济计划的作用也在减弱。与之相反，土地资源的日益短缺使空间在调控城市发展中的分量越来越重，正成为城市政府掌握的重要调控手段。在此背景下，政府现行操作体系中必须增加空间资源配置及空间政策的内容，对项目筛选及其建设时序安排应更多地考虑空间配置要求。

因此，在空间资源短缺条件下，通过增加近期建设规划年度实施计划，以空间发展目标为核心，侧重于空间与用地安排，与现行的国民经济与社会发展年度计划、年度政府投资项目计划、年度政府财政预算（草案）相配合，将可以较为有效地扭转政府现行计划侧重于资金与项目安排而缺乏空间上的统筹与协调的被动局面，形成对各项行动进行综合协调的有效保障机制，强化政府公共投资对城市发展的引导和调控作用。

2.3.3 促进建设用地合理有序供应

一方面，以近期 5 年的规划控制目标为依据，在全面掌握土地资源现状的基础上，结合未来社会经济发展对用地需求的预测，可以确定年度建设用地供应的合理规模、结构和空间分布，使五年规划目标得到逐年落实；另一方面，可通过规划许可预申报全面了解下一年度各类用地开发需求，在多部门共同参与的基础上，制定各部门共同认可的年度实施计划，为城市各项发展提前做好用地上的准备，并重点保证政府投资项目的用地落实，确保政府固定资产投资计划能顺利完成。

2.3.4 作为用地管理与行政审批的重要依据，提高用地行政审批效率

年度实施计划经人大批准后，纳入计划的供地或选址阶段的项目将成为下年度建设用地管理和行政审批的重要依据，纳入计划的前期研究阶段的项目则仅供相关部门在用地管理和行政审批时参考。

对于年度实施计划安排供地的公共配套和市政基础设施项目，在用地审批环节将实行市府常务会议备案制，简化审批手续，切实提高此类项目的用地审批效率，加快推进此类项目的建设进程。

3 相关保障制度的逐步建立

近期建设规划及其年度实施计划的提出有助于总体层面规划在时间维度的细化，并为城市规划与政府操作体系的衔接提供了平台，但这一做法仍处于初步探索阶段，其有效实施需要逐步建立一系列制度来保障。

3.1 建设规划许可预申报制度

指各行业主管部门、各区以市国民经济和社会发展五年计划和近期建设规划为基础，根据前两年的实际用地情况，每年第三季度组织申报并汇总下年度行业和辖区建设项目和用地需求情况。该制度是全面了解下一年度各类用地开发需求，科学制定下一年度的年度实施计划的重要基础。深圳在制定 2006 年度实施计划的过程中，预申报制度已得以初步建立，并通过《中共深圳市委深圳市人民政府关于进一步加强城市规划工作的决定》以政府令的形式予以明确。

3.2 协调制度

作为城市长期发展战略和近期建设规划的年度安排，年度实施计划的申报、制定、调整工作应与国民经济和社会发展年度计划等政府相关年度计划相协调，具体包括编制审批程序协调及内容协调两个方面。

编制审批程序的协调方面，近期建设规划年度实施计划应与发改、财政等部门的年度计划同步编制，在计划编制过程中充分协调，共同报人大审批后同步实施。特别是针对政府年度投资项目和重大项目，应在年度实施计划中明确征地拆迁等前期工作要求，以确保政府投资计划能如期完成。

在内容协调方面（图4），年度实施计划中的供地、选址和前期研究项目与相关计划中项目的关系如下：对下年度国民经济和社会发展计划，年度实施计划的供地项目与选址项目大部分将反映为下年度国民经济和社会发展年度计划中的 B 类项目[5]，少部分反映为 C 类项目；年度实施计划的前期研究项目大部分将反映为下年度国民经济和社会发展年度计划中的 C 类项目，进展快的将反映为 B 类项目。对国土部门的土地出让计划，年度实施计划的选址项目将对同年度土地出让计划提出土地整理的具体要求，以为下一年度供地做好准备，体现规划的先导作用；而年度实施计划的供地项目中的经营性用地应与土地出让计划的地块保持协调。

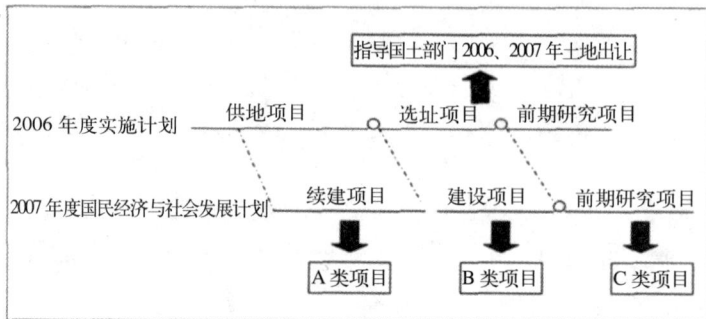

图4 年度实施计划与政府相关计划的衔接

3.3 计划执行的监督与考核制度

为保障计划的有效执行，需要在监督与考核制度方面重点加强，可考虑作如下安排：年度实施计划一经批准，各区、各相关部门负责计划的执行，由市纪委、监察、审计、法制、规划、国土部门人员及城市规划委员会若干非公务员委员联合组成规划巡视组，对年度实施计划执行情况进行监督检查并向市委、市政府、市人大报告；市人大对年度实施计划的执行情况进行考核，以每年1月1日至12月31日为考核年度，考核结果作为编制下一年度计划的依据。通过以上监督与考核制度，发动全社会力量，来确保年度实施计划的顺利推进。

4 结语

随着社会主义市场经济体系的逐步建立以及土地资源的日益紧缺，城市规划作为调控城市发展的重要手段正越来越得到各方的认同，但与此同时，关于提高规划的实施力和可操作性的呼声也越来越强烈。如何在现行行政规则下，完善规划的层级体系及实施机制，充分发挥规划的统筹、先导作用，正成为一个日渐突出和重要的问题。通过完善规划体系建设，建立年度实施计划制度，将有助于在宏观规划与微观规划、城市规划与其他类型规划之间构筑一个沟通平台，有助于实现城市规划尤其是总体层面规划实施机制的逻辑自洽。但是规划体系中各有关规划在时间与纵向层级这两个维度中的定位和关系如何？能否在一个规划体系中表述？如何进一步强化各层次规划的实施机制？这些问题都需要我们在下一步的实践中逐步寻求答案。

注释

① 详见中国城市规划学会学术工作委员会于 2005 年 6 月组织的"近期建设规划学术研讨会"发言录音整理。

② 根据深圳市城市规划设计研究院于 2005 年完成的《近期建设规划（2003～2005）实施评估报告》，《近期建设规划（2003～2005）》确定的重点发展地区和重点改善地区的规划实施率达到 60%，重点功能区的规划实施率达到 50% 以上，交通、公共和市政等重大设施建设项目实施率接近 50%。

③ 2005 年 11 月出台的《中共深圳市委深圳市人民政府关于进一步加强城市规划工作的决定》中提出：必须突出强调城市近期建设规划与国民经济和社会发展五年规划的相互衔接、相互协调，共同发挥对全市经济社会发展及城市建设的引导和综合调控作用。

④ 广州市在此方面已先行一步，从 2003 年起就开始探索"战略规划—城市总体规划—城市近期建设规划—年度实施计划"规划实施机制，其核心环节是制定年度实施计划，作为城市近期建设规划的年度实施安排，经过 3 年实施取得了较为理想的效果，年度实施计划已成为城市规划实施机制中的重要一环。

⑤ 深圳市"国民经济和社会发展年度计划"将项目按进度分为 A、B、C 三类，其中：A 类项目是指续建项目或初步设计概算已经审核的新开工项目、单纯的设备购置项目以及市政府明确一次性定量补助的项目；B 类项目是指可行性研究报告已获批准的项目，或项目建议书批准文件中明确直接进行初步设计且用地落实的项目；C 类项目是指项目建议书已获批准的项目。

参考文献

[1] 建设部. 中华人民共和国城乡规划法（草案）[Z]. 2005-6-22.

[2] 深圳市规划局. 深圳市近期建设规划 2006 年度实施计划 [Z]. 2006-2-20.

[3] 广州市人民政府. 广州市建设用地年报（2003-2005）[Z].2003.

[4] 王富海，陈宏军，邹兵，等. 近期建设规划：从"配菜"变成"正餐"——《深圳市城市总体规划检讨与对策》编制工作体会 [J]. 城市规划，2002，(12).

[5] 邹兵，钱征寒. 近期建设规划与"十一五"规划协同编制设想 [J]. 城市规划，2005，(11).

[6] 周建军. 加强和改进近期建设规划——快速变化与多重冲突下城市规划的应变 [J]. 城市规划，2003，(3).

[7] [法] 德巴什·夏尔. 行政科学 [M]. 上海：上海译文出版社，2000.

[8] 李国鼎. 台湾的经济计划及其实施 [M]. 南京：东南大学出版社，1995.

[9] 毛寿龙，李梅. 有限政府的经济分析 [M]. 上海：上海三联书店，2000.

面向规划实施的土地整备机制探讨

——以深圳土地整备规划工作为例 ❶

施 源 ❷ 许亚萍 ❸ 李怡婉 ❹

1 工作背景：城市建设进入土地刚性约束 ① 阶段

深圳市经过 28 年的高速发展，首先面临了土地生产要素的瓶颈。截止到 2007 年底，全市建设用地规模约 750 平方公里，其与全市可建设用地的比值已达 80.2%，城市发展开始进入建设用地的刚性约束阶段，突出表现在：(1)"地少"。目前全市剩余可建设用地面积不足 200 平方公里，这还包括了约 30 平方公里的填海用地，如按照 2000～2006 年均新增建设用地约为 36 平方公里的使用速度，剩余可建设用地 6 年将消耗殆尽；(2)"难用"。这一方面表现在剩余可建设用地的自然条件上，在近 2 万块剩余可建设用地中，面积不足 1000 平方米的畸零地块占 57%，且多分布在山边、海边、城边，普遍存在设施配套不足的问题，这部分不规则或小规模的土地，如不经整合很难形成有效供给；另一方面表现在剩余可建设用地大多存在着各种历史遗留问题，主要包括：城市化过程中仍有部分可建设用地未征为国有土地；历年征地中有相当部分用地补偿不清，手续未完善；部分土地发生过非法转让行为，利益关系和产权关系复杂，难以直接利用；历史上各类安置补偿用地未能有效落实，使相关利益主体对本社区内新增土地出让有抵触情绪等。剩余可建设用地上存在的这些历史遗留问题如不能得到很好解决，将严重影响用地的有效供给。剩余可建设用地"难用"更加剧了"地少"问题的严重性。

深圳市作为先发地区，率先在用地方面遇到了国内其他城市可能还没有遇到的严峻挑战，但我国人多地少，耕地资源稀缺，当前又正处于工业化和城镇化的快速发展时期，建设用地供需矛盾突出将会是未来很长一段时间困扰国内大城市发展的一个问题，只是由于目前发展阶段和用地条件的差异，用地矛盾的表现程度上不如深圳市那么突出。如何在用地紧约束条件下，满足用地的持续供给需求，保障城市规划的顺利实施，促进社会经济持续健康发展，在快速城市化地区显得越来越重要。针对面临的问题，深圳市率先在国内开展了土地整备机制的研究，以破解规划实施面临的用地困境，并从土地整备的工作机制、工作层次和工作方法等几方面进行了探讨，逐步建立面向规划实施的土地整备机制。

---

❶ 本文来源：《生态文明视角下的城乡规划——2008年中国城市规划年会论文集》，大连出版社2008年9月出版。

❷ 施源，深圳市城市规划发展研究中心。

❸ 许亚萍，深圳市城市规划发展研究中心。

❹ 李怡婉，深圳市城市规划发展研究中心。

2 工作机制：服务于规划实施超前开展土地整备

2.1 原有机制存在的问题

2.1.1 现有土地储备机制存在的问题

在我国大中城市目前都已建立了土地储备制度，这是我国在土地管理方式逐步从计划经济体制向市场经济体制转变，土地利用方式由外延粗放型向内涵集约型转变的背景下，为了合理配置城市土地、提高土地使用效率、寻求更多的土地收益、规范土地市场等目标而产生的制度革新，其基本思路是：由政府控制的土地储备机构运用政府的公权力，通过各种方法取得土地的使用权，将土地使用者手中分散的土地集中起来进行土地整理和开发，变成可再出让的"熟地"，再有计划地将土地投入市场，以供应和调控城市各类建设用地需求。而在实际操作过程中，土地储备制度逐渐暴露出一些问题，具体表现在：

（1）与城市规划脱节

目前，就大多数实施土地储备制度的城市而言，土地储备的整体运作未能与城市规划紧密结合，土地储备缺乏规划的统筹和指引，即规划实施的重点区域和重要项目的用地往往未能提前得到及时储备，造成"储东用西"的局面，这样一方面加剧了规划实施中的用地困难；另一方面，进入储备库的土地，也由于不在规划实施的重点区域，不能得到及时盘活，影响土地资金的有效回笼。

（2）储备对象以经营性土地为主，公共利益得不到保障

土地出让取得的收益已成为地方政府计划外财政收入的重要来源，这决定了地方政府较少有动力去储备一些没有直接经济效益的公益型设施用地。从国内城市 10 多年的实践看，土地储备的重点几乎都是那些有巨大赢利空间的经营性地块，而用于社会公共事业的用地储备则是少之又少。由于现状土地储备对赢利性目标的单一追求，导致许多城市公益型设施由于用地清理难度大、周期长而影响实施进程，甚至出现由于规划选址用地不能得到及时控制而导致用地被占作它用的情况，严重损害城市公共利益。

（3）现有储备计划局限性大，难以统筹多部门工作

土地储备是一个综合性的工程，在整个运作过程涉及土地、规划、计划、建设、财政等许多部门的职能，一旦部门之间不能很好地衔接，就会产生相互扯皮，影响土地储备工作的运作。虽然目前有土地部门制定年度土地储备计划，以此来统筹安排下年度的工作，但由于储备计划往往以土地基金的平衡为重要前提，未对全市用地清理需求进行统筹考虑，相应的，其计划内容也往往缺乏对相关部门工作的统筹和指引。

2.1.2 目前规划实施中土地供应流程存在的问题

目前，规划实施中的土地供应的流程是"规划实施—规划选址—用地清理—用地出让"，在能有效供给的新增建设用地比例日益减少，越来越多的规划选址用地需要通过前期清理或存量改造来实现的情况下，许多规划选址都涉及较大工作量的用地前期清理工作，而用地清理又是一项周期较长[②]的工作，导致供地流程在"用地清理"环节产生瓶颈，不能顺利供地。

周期较长的用地清理工作被压缩到规划选址后来进行，实践中往往导致两个后果：规划实施被严重滞后或规划频繁另选址。这种迫于现实用地条件的选址反复调整往往与规划最初的设想大相径庭，换句话说，在某些项目的建设中，表面上看是"规划主导"，实际

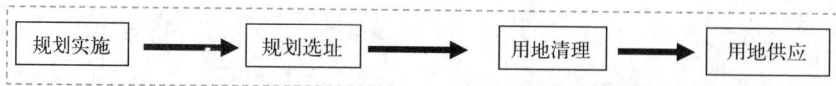

图 1　现状土地供应流程图

上已是"用地主导"，这必将损害规划对城市资源合理配置的功能，影响城市的整体效益。

2.2　基于工作层面的机制创新

2.2.1　土地整备更加强调工作的超前性、主动性和目的性

（1）土地储备

根据 2007 年颁布的《土地储备管理办法》，土地储备是指市、县人民政府国土资源管理部门为实现调控土地市场、促进土地资源合理利用目标，依法取得土地，进行前期开发、储存以备供应土地的行为。土地储备的主要目的是政府通过取得土地来垄断一级土地市场。

（2）土地整备

土地整备与土地储备只是一字之差，但反映出完全不同的工作理念。这一概念在国外及我国台湾地区相对比较成熟，从实践来看，它是一项综合性的工作，包括城市更新、土地收购、土地征收、配套基础设施建设等，其主要目的是服务于城市规划和土地利用规划的实施。相比土地储备，其更加强调服务于规划实施的土地提前清理与准备。

2.2.2　建立在土地整备上的规划实施新机制

在资金和土地清理周期的限制下，不是所有的土地都适合或应当纳入土地整备的范围，应通过加强规划超前引导，使得土地整备在规划引导下，有目的性和计划性的展开。深圳在不对现有部门职能进行调整的前提下，按照"以需定储、以储定供"的原则，正在逐步建立规划导向型的"规划实施—土地整备—规划选址—用地供应"的实施机制，通过土地整备，建立起"规划实施—土地供给"的桥梁。由于以规划实施为导向，城市规划与土地整备在空间上有较好的结合，将土地整备与规划重点发展地区和重大建设项目相结合，从而保障规划选址能在时序和空间上真正落实，为实现统一规划、统一配套、统一开发、统一建设、统一管理，提高城市土地资源配置效率提供基础；由于建立了"整备－选址－供应"的用地滚动机制，在时序上将工作周期较长的土地整备工作提前至规划选址前，在时间上给处理各类复杂的用地状况预留了足够的时间，通过超前的土地整备满足一定时期内有效用地供给。同时也通过构建这种用地滚动机制，将各个相关政府部门的力量通过规划的引导形成一股合力，将"有限"的可建设用地潜力转化为"有效"供给。

基于土地整备的规划实施新机制能够达到以下目标：（1）搭建城市规划和土地利用规划的桥梁，一方面通过平衡各类土地利用关系，来落实规划期内重点区域和重大项目的建设用地需求，另一方面通过土地储备情况来反馈城市规划存在的问题，及时调整用地布局和安排；（2）提高城市土地使用效率，实现城市建设用地的集约利用；（3）加大城市规划在建设用地管理中的主导作用，强化规划对用地开发的空间统筹和协调，促进城市资源的合理配置。

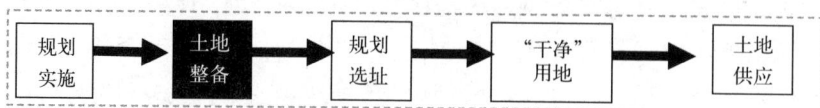

图 2　土地供应新流程

3 工作层次：通过建立完善的土地整备规划体系来落实各层次规划实施的土地整备要求

为了与城市总体规划、土地利用总体规划、国民经济社会发展五年规划、近期建设规划和年度实施计划等规划相衔接，土地整备机制应包括中长期土地整备规划和年度土地整备计划，以构建空间上宏观—中观—微观逐层深入，时间上远期—近期—年度逐步递进的完整的序列。

3.1 中长期土地整备规划

城市总体规划和土地利用总体规划确定了城市建设的发展方向和建设规模；城市近期建设规划和国民经济和社会发展五年计划明确了近期重点发展地区、重大建设项目和资金安排，这都为土地整备的方向和规模提供基础性的依据，在规划指引下开展中长期的土地整备规划，一方面为土地整备工作提供了计划和安排，同时也为规划实施提供用地保障。长期土地整备规划，一般指10年以上的土地整备规划，主要制定土地整备的总体策略和原则，对城市发展的长远目标提出土地整备总量、空间结构和工作时序的总体安排和指导要求。它主要依据城市总体规划和土地利用总体规划进行；中期土地整备规划，一般指3～5年左右的土地整备规划，在长期土地整备规划的指引下，提出切合近期城市发展目标的土地整备要求，包括整备用地总量及构成、具体空间分布和时序安排、基础设施配套要求和资金预算安排等。与长期土地整备规划相比，由于周期比较短，可以对土地整备的数量、空间和时序安排不仅定性还做到定量。可以说，中期土地整备深化和落实了长期土地整备规划的要求，同时又是年度土地整备计划的主要依据，它在整个土地整备规划体系中起到承上启下的作用。

近中期土地整备规划编制完成后，相关部门要依据该规划要求来安排部门近期的工作，例如：规划部门要依据规划完成整备地块（或所在区域）的详细规划，土地主管部门依据本规划来制定近中期土地储备计划；建筑工务署应优先安排整备用地的土地平整和基础设施配套工作。

3.2 年度土地整备计划

由于近中期土地整备规划更多还是停留在指导性层面而不是操作和实施层面，虽然提出了近期用地的规模需求和空间分布，但城市发展面临很多不确定性，可能有些地区没有按照规划设想发展起来，而部分地区发展可能超出规划预期，而整备用地范围没有覆盖到，而且近中期土地整备规划对相关部门的工作统筹是指导性和目标性的，难以满足指导操作和实施的要求，因此有必要开展年度土地整备计划，通过年度整备计划的滚动实施，逐步落实近期土地整备规划的要求。可以说，年度土地整备计划是落实近中期土地整备规划的重要步骤，是土地整备内容在年度的具体安排，同时，也是下年度规划选址和供地的主要空间基础。

年度土地整备计划除了落实近中期土地整备规划要求外，还应了解各部门及市场在下一年度的用地需求，对近中期整备规划内容进行动态调校，更好地满足"自下而上"的用地需求。整备计划包括下一年度拟使用地块的面积及具体的空间位置，及周边的具体配套

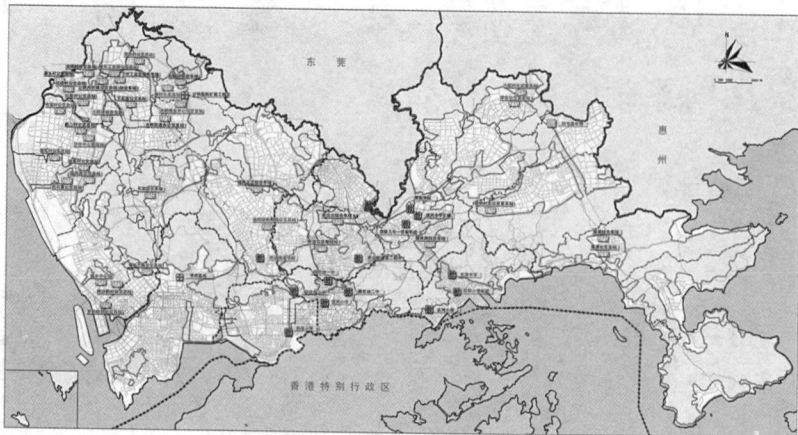

图 3　2008 年度重点项目用地整备指引图

设施建设要求等。

　　年度土地整备计划完成后，土地部门应依据它拟定年度土地开发和储备计划，城管部门依据它拟定年度违法用地和建筑清理计划等，并且可以依据年度土地整备计划的要求，加强对相关部门工作任务完成情况的核查。

4　工作方法

4.1　关于整备对象的确定

　　土地整备对象的确定要围绕规划期内的规划实施的用地需求来展开。原则上，整备对象应包括规划期内规划实施所需要的各类用地，既包括住宅、产业、商服等通过招拍挂出让的用地，也包括市政、交通、医疗等公益型设施用地。但根据规划实施重点的不同，整备对象可以通过不同的方式来体现，例如，服务《深圳市近期建设规划（2006～2010）》实施开展的《深圳市近期建设规划（2006～2010）之土地整备规划》从重点发展地区、重要类型用地、轨道沿线地区、重要交通及市政基础设施用地等几大方面出发来落实《深圳市近期建设规划（2006～2010）》的用地需求。

4.2　关于整备规模的确定

　　土地整备规模的确定应重点考虑以下因素：（1）考虑到土地整备工作周期长、实施难度大的特点，在整备规模确定上应预留足够弹性；（2）根据不同用地类别的特征，弹性系数的确定应有所差异，例如，像居住、工业、商服等经营性用地，由于整备难度相对大一些，整备规模的弹性应相对大一些；而体现社会公共利益的公益型设施的用地整备，主要通过征地拆迁的方式进行，整备规模的弹性系数相对小一些或不考虑弹性。

4.3　关于工作深度的把握

　　土地整备从工作时序上可划分为三个阶段：信息整备、红线整备、实物整备。对应于这三个阶段，相应地需完成一系列有关整备规划、计划工作。其中，信息整备是指在清理土地之前，根据目标的需求，收集土地的各种信息，进行统计分析，锁定目标区域，为土地清理做好积极准备，即根据土地利用规划及城市规划对城市某区域或地块进行控制性预留整备。土地整备规划应在信息整备阶段完成。

4.4 关于主要内容的确定

土地整备规划（计划）的工作内容应包括以下几方面：

（1）分析现状及相关规划：了解规划范围内的土地利用现状和规划情况，从城市规划角度确定重点整备用地的空间来源。

（2）核查地块，确定整备地块：对近期重点整备地区进行地块权属详细核查，划定近期或年度可整备地块。

（3）确定整备时序和整备指引：在近中期土地整备规划中，综合评价规划编制情况、城市建设重点、区位条件的优劣、地块的现状情况、土地权属状况、整备实施的难易程度等因素，对整备用地进行打分、排序，确定整备时序，以便制定下一阶段的年度整备计划。

（4）制定整备图则：在规划划定的可整备地块的基础上，逐一编码，并制定可整备地块图则，以方便进行土地整备下一阶段的工作。

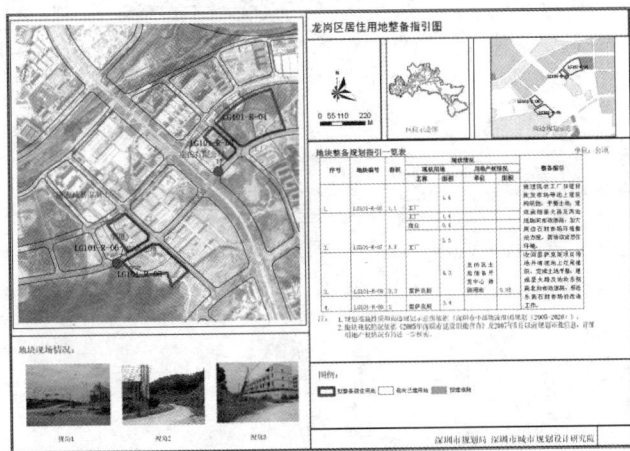

图 4　居住地块整备图则

5　结论

（1）在城市建设进入土地刚性约束阶段，鉴于现有的土地储备机制及规划实施存在的问题，有必要开展服务规划实施的超前土地整备，建立规划导向型的"规划实施—土地整备—规划选址—用地供应"的土地整备机制。

（2）在中长期土地整备规划实施方面，深圳市规划部门已完成《深圳市近期建设规划（2006～2010）之土地整备规划》编制，并已提交国土部门来开展相关的土地清理工作，成为2008年度土地开发计划和整备计划的重要参考。在年度整备计划实施方面，考虑到深圳市已确立近期建设规划年度实施计划制度，形成了一套相对完备的编制、管理和实施机制。因此年度土地整备计划主要借助年度实施计划这个平台来开展，在《深圳市近期建设规划2008年度实施计划》中，专门增加了"年度土地整备"的专项计划。

（3）总之，规划实施、土地整备和土地供给之间如何更好地协调还处于工作探讨和制度设计阶段，不论在技术上，还是实践上都还存在许多要完善的方面，需要规划行业和其他相关行业的同仁进行更多探索。

注释

① 以已建设用地与可建设用地的比值来表示土地资源的稀缺性，当比值 <10% 时，城市发展处于无约束阶段；当比值为 10% ～ 30% 时，城市发展处于低约束阶段；当比值为 30% ～ 60% 时，城市发展处于中度约束阶段；当比值为 60% ～ 80% 时，城市发展处于高度约束阶段；当比值 >80% 时，城市发展处于刚性约束阶段。——王爱民等。深圳市土地供给与经济增长关系研究。热带地理，2005，3：19 − 22。

② 用地清理是一个反复协商谈判、利益多方博弈的过程，处理周期至少需要半年，一般 2 ～ 3 年，随着《物权法》的实施，这个过程可能进一步延长。

参考文献

[1] 张京祥，吴佳，殷洁 . 城市土地整备制度及其空间效应的检讨 [J]. 城市规划，2007，12.

[2] 深圳市城市规划设计研究院 . 深圳市近期建设规划（2006 − 2010）之土地整备规划研究报告 [R]. 2008.

[3] 深圳市城市规划设计研究院 . 深圳市近期建设规划 2008 年度实施计划研究报告 [R]. 2008.

土地储备与城市规划良性互动的机制研究 *❶

范 宇 ❷ 王成新 ❸ 姚士谋 ❹ 于 春 ❺

　　长期以来，城市土地由城市规划和土地管理两个业务主管部门分工管理。在计划经济体制和土地无偿使用制度的背景下，规划和国土部门直接根据各单位及个人申请，完成行政审批任务。由于管理粗放，按部就班，部门之间缺乏沟通协调，导致城市土地利用的结构、布局和利用强度不合理，土地利用的方向和规模失控，区域间城市结构趋同、重复建设造成土地资源和财力、物力的巨大浪费。

　　随着我国市场经济体制的逐步完善，土地使用制度改革由有偿使用阶段进入到运营土地阶段。运营土地目标的实现，是政府通过建立"公开、公平、公正"土地市场环境，主动优化配置城市土地资源，在为城市健康稳定发展，提供可持续资源条件的基础上，促使土地资源实现最大的资产价值。这推动了政府规划和土地管理部门工作思路由被动审批转为主动作为，主动优化配置城市土地资源，由此，作为土地使用权临时管理的土地储备机构应运而生。当前看，政府要促进国有土地资产保值、增值及变现，城市规划和土地储备是两个重要手段和前提，前者侧重为土地资产变现提供基础、创造条件，后者为土地资产变现提供平台，两者须协调配合，进行良性互动，才能有效促进城市的可持续发展。

1　土地储备和城市规划互动存在的问题

1.1　土地储备缺乏城市规划的有效引导

　　多数城市在确定土地储备标的时存在盲目性。一是土地储备与城市发展战略和发展方向不相适应。近年来，随着我国经济的快速发展，规划部门受到来自开发商和用地单位等多方面的压力日益加大，导致城市规划在与经济利益博弈中处于被动局面，往往造成政府土地储备与城市规划所确定的用地主导方向不相一致[1]。二是储备与基础设施建设未能紧密结合。城市以"摊大饼"的外延扩张的方式无序蔓延，不仅造成城市土地资源、基础设施难以高效利用，而且导致政府很难在基础设施配套完善的地区实现战略储备，政府难以充分享受由自身投资产生的土地升值及由此带来的丰厚回报，影响城市建设资金的良性循环。三是当前大多数的土地储备机构所储备的都是经营性用地。但在实际操作中，由于城

＊　基金项目：国家自然科学基金项目（编号：407711066）资助。

❶　本文来源：《经济地理》2009年第12期。

❷　范宇，中国科学院南京地理与湖泊研究所，中国科学院研究生院。

❸　王成新，山东师范大学人口，资源与环境学院。

❹　姚士谋，中国科学院南京地理与湖泊研究所。

❺　于春，江苏省建设厅。

市规划的用地分类中对经营性用地的界定较模糊，导致土地储备的用途类别不清，没有做到应储。如除商业、住宅、办公用地外，一些具备经营性用地潜质的地类，如，加油站、社区中心、农贸市场甚至物流用地都没有能实现充分储备，土地储备的结构较为单一。

1.2 土地储备整体运行效率不高

首先，当前土地储备大多存在多头储备的现象，即政府土地储备库有多个，没能真正达到"一个渠道井水，一个池子蓄水，一个出口放水"的统一储备目标，从而导致土地储备对土地市场的调控能力不够，未能有效管理政府土地资产。以南京市为例，目前南京市市区土地储备运作主体，主要有市级土地储备中心、土地储备分中心、江宁、浦口、六合三郊区土地储备中心。其中市区土地分中心有八家，多头格局明显。其次，储备地块的代征和配套用地较多，实际可有效出让面积比例不。作为政府储备理应为社会多代征和配套些土地，利于改善城市环境和提高居民生活质量。但政府储备用地和其他社会用地，在规划上没能得到相同的待遇，如理应在社会其他用地上配套的用地，却被直接挪到相邻的储备用地中，降低了储备土地的收益。第三，由于规划信息的不对称，土地储备过程中往往时机把握不当。主要体现在两方面：一方面，前期拆迁时机把握不当；另一方面，后期出让时机把握不当，导致土地资产低效变现。

1.3 城市规划缺乏用地市场需求分析

由于目前规划体制还留有计划经济体制的烙印，规划编制人员对城市建设项目的市场需求往往考虑不够。在安排城市用地开发项目时，缺乏熟悉土地市场、物业市场以及城市开发咨询的人员参与，不可避免地存在局限：首先，城市规划编制时安排的土地开发内容，可能是符合城市规划刚性原则，但市场对规划用地的需求怎样，在当前规划体制下，却超出了规划师的工作范围[2-3]。在市场经济环境下，城市建设的投资主体已不光只是政府，更是主要依靠社会资本，这必将带来市场对用地项目规划弹性的增加。其次，在单个地块上，未能做到在不违背规划原则的前提下，充分提高土地利用效率：在成片开发时，未能合理安排规划开发时序，确保政府综合土地收益最大化[6]。第三，当前规划更多侧重关注于规划方案本身的科学合理性，往往对方案建设成本缺乏考虑，规划方案需要投资多少，适合什么样的公司来投资，依照该城市的地位和市场情况，能否找到有足够资金实力的发展商来投资，若没有资金支持，应如何调整或分期开发才不至于因无人投资而造成土地长期闲置。在但现实中，这已经超出了城市规划的工作范围。当前规划项目用地一旦与市场脱节，项目就难以实施，因此对规划提出了更高的要求，要求规划在注重规划刚性原则的基础上，也要以市场需求为导向[5]。

2 土地储备与城市规划两者互动关系

2.1 城市规划对土地储备的引导机制分析

2.1.1 城市规划促进土地资源的合理配置，提高土地储备效率。从城市规划编制层面看，城市不同区域和不同地段的土地具有不同的投资收益，其对应的土地价格不同。为能高效、集约地配置土地资源，城市规划一般将投资回报率高的产业，布局在土地价格较高的区域。再结合产业发展所需的基础设施等相关配套要求，以及人类对居住、工作、生活、休闲等多方面的需求因素，科学配置土地资源，形成合理的城市空间结构[4]，为土地储备创造良好环境。

从城市规划实施层面看，规划的实施带来土地权属和用途的改变，带来城市空间的有序延伸，这些都给土地储备创造了很多时机，提高储备效率主要体现在三方面：土地入库、土地整理和土地出库、土地入库，即将土地纳入土地储备库，城市规划根据近期建设项目。基础设施专项规划以及未来城市延伸的方向，为土地储备入库创造条件。土地储备机构在规划的指引下，超前入库，预储土地，最终实现土地资产控制在政府手中，今后因政府投入所产生的土地增值收益也归政府，从而实现城市建设资金的良性循环，促进城市可持续发展。土地整理即对在储备库中的土地实施前期开发，实现地块的净地出让。土地整理的时机将直接决定前期成本和未来土地收益的多少。在配套完善之前完成拆迁整理，然后适时出让，将减少社会矛盾，促进土地资产的有效保值增值。土地出库，即政府组织公开土地出让，在城市规划参与下，把握出库时机，将直接决定了土地资产价值的显现

2.1.2 城市规划对土地资产价格影响明显。城市规划所确定的城市性质、职能与规模，城市土地配置的合理程度、功能布局及城市基础设施的发展水平，以及城市建设总体容量控制标准都能够对城市土地价格的高低产生影响。其一，城市发展定位对地价的影响。城市发展定位要求城市功能与城市形象相互适应，这使得不同性质、职能与规模的城市，其土地的供求关系、对容积率和土地利用强度的要求也不同[2]。其二，城市用地结构对地价的影响。城市规划确定了城市用地功能分区，由于不同功能用地的级差地租不同，决定了不同的地价水平。总体上表现为商业用地地价最高、住宅用地次之，工业用地最低。其三，宗地用地指标与对地价的影响。对具体地块而言，土地的微观利用情况将直接影响地块的地价水平。同一地块如果设定不同的用途和容积率等控制性指标，将导致地价的巨大差异。其四，配套设施完善度对地价的影响。配套设施完善度就是对居住、商业等各类用地上的公共设施和市政设施建设所提出的配置要求，其程度的高低将直接影响地价水平的高低。城市规划通过对配套设施完善程度的控制来改善城市发展的软硬环境，从而促进城市地价总体水平的提高[8-9]。

2.2 土地储备对城市规划的反馈机制分析

土地储备从出现到现在已有10余年了，从1996年上海成立第一家土地储备机构，目前全国成立了近2000多家土地储备机构[11]，土地储备制度对社会经济的影响已今非昔比。对城市规划也能形成积极的反馈机制。

2.2.1 土地储备促进城市布局结构更趋合理。土地储备对城市空间结构的影响表现在两方面：一方面是建成区内的空间重构，另一方面是新城市扩张。伴随着国有土地使用制度改革，城市土地的资产价值越来越被重视，市场经济条件下的地租理论得到了充分验证，支付得起最高地租的零售业占据城市的最好区位，居住其次，工业最低。因此，原来位于中心区的普通住宅和工厂，要转变为商务和高级住宅用地：原来狭窄拥挤的马路，要拓宽和植绿：郊区的农用地要被征用，邻近城市的要变为居住用地[12]。这些内生需求必将对城市空间结构产生重要的影响，而促使这一需求转变为现实的原动力就是土地储备，土地储备通过收回、收购、征收等方式将原土地使用权收回，并对土地进行拆迁整理后，将土地以净地方式公开推向市

场。土地储备实施的过程，促进了城市用地结构、布局形态功能分区趋于合理，促进城市各类功能用地在空间上分布更加合理，能够获得最佳区位，推动城市规划水平的提高。

2.2.2 土地储备促进城市的更新与拓展，促进城市规划的实施。 旧城更新与新区开发，是城市规划面临的两大任务。旧城更新过程中，由于拆迁难、规划指标不符合市场需求等原因，一直未能启动。通过土地储备，一方面与市场紧密结合，搜寻有意向的受让方，另一方面及时与城市规划部门沟通，共同研究适合市场需求的合理规划要求，同时及时筹措资金推动老城区土地拆迁和出让，推进布局结构和功能分区进行更新和完善，推动规划实施[7]。

开辟新区是城市重要的一种拓展方式，在城市规划的指导下，通过土地储备先期介入，在新区配套基础设施的过程中，将大量的土地先由政府进行储备，实施"统一征地、统一拆迁、统一规划、统一配套、统一出让"。政府在新区建设过程中，一方面可按规划意图，通过市场化的手段，为开发商提供可直接开发的土地，高效率落实新区建设，另一方面，为城市建设提供资金，便于政府不断完善相关配套，促使新区环境更加优美，从而进一步提升城市整体形象。

3 市场经济条件下构建两者良性互动机制

鉴于城市规划与土地储备现状关系，为促进土地储备制度更加顺畅地运行，城市规划对土地利用起到更大的引导作用，推进可持续发展，构建两者良性互动的机制尤为必要。最主要是建立土地储备规划和计划编制和运行为核心的工作框架（图1）。

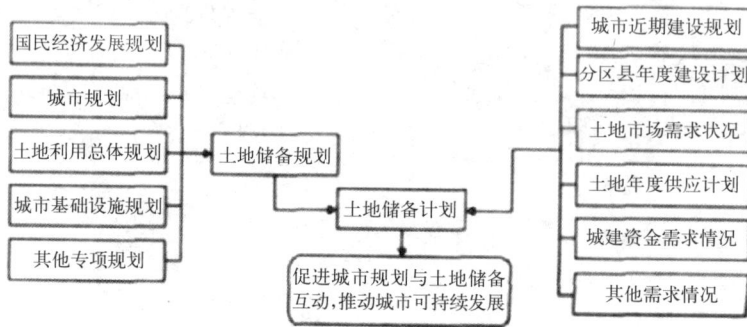

图1 土地储备与城市规划互动机制示意图

3.1 土地储备规划

土地储备规划是对城市经营性土地资产进行有效控制和统筹安排的专项规划。从城市规划管理角度来看，该规划结合了国民经济发展计划、城市总体规划、城市近期建设规划等方面的内容，是自实行城市国有土地有偿使用制度以来，城市规划管理方面尝试建立起与土地有偿出让、转让机制相适应的规划用地管理机制。从土地管理角度，该规划结合了土地利用总体规划内容，以繁荣土地市场，构建公平、公正、公开的土地出让制度为目标，以盘活存量，控制增量，严格保护耕地资源，切实加强土地节约集约利用为抓手，遵守市场经济规律，统筹土地供给和需求，着重从加强土地资产管理角度，切实做到守土有责，保护资源和保障发展。其现实作用如下：①为土地资产定位，定量。自土地有偿使用制度推行以来，城市土地成为一种重要的资产。政府要有效盘活土地资产，就必须首先知道所辖区域内有多少土地可变现，以便为未来城市发展作统筹考虑。土地储备规划就是明确了市区范围内具备盘活条件的土地资产的范围、量及空间分布，为政府土地资产管理，和垄断土地一级市场奠定基础。②明确规划实施主体，促进规划实施。在以往的规划中，规划只从技术角度提出土地用途和布局，并没有在实施层面明确由谁来实施，因此规划实施的效率比较低。而土地储备规划则是为实施土地储备而制定的总纲，为土地储备机构明确了储备土地的范围、量及空间分布。规划中所涉及的土地，由"生地"到"熟地"由"毛地"到"净地"的演替，以及土地最终受让方的确定，都由土地储备机构来落实。规划实施主体的清晰界定有助于规划的实施。土地储备机构目前大多隶属于土地管理部门，在规划实施过程中所涉及的一系列问题，土地储备机构可及时与规划部门沟通，由此为疏通土地利用对城市规划的反馈渠道创造了条件。同时鉴于规划初步明确储备土地的临时管理机构，在一定程度上能控制城市的非理性扩张。③有利于建立政府土地储备库，增强政府调控土地市场能力。土地储备制度和机构建立的目标就是在地区范围内实现"一个渠道进水、一个池子蓄水、一个龙头放水"的土地集中供给，为政府有效调控土地市场创造条件。由于在实际操作层面往往存在多头储备的现象，由土地储备实现的土地有效供给仅占其中一小部分，政府有效调控土地市场能力较弱。土地储备规划从政府专项规划层面，明确了在储备规划范围内的储备土地全部由土地储备机构来组织实施土地的前期工作，推动了土地储备库的建立，有利于形成统一储备的局面，增强了政府调控土地市场的能力。

3.2 土地储备计划

土地储备计划是一种适应城市规划的土地利用计划体系，它根据土地储备规划、城市近期建设计划，各区县每年度的城市建设计划，以及土地市场的需求状况，由土地储备机构在对具体地块进行可行性研究的基础上统筹编制，该计划综合平衡了土地开发利用的各个关键环节及所涉及的复杂利益关系，妥善解决了计划与市场的关系，同时还对纳入储备计划的具体地块，提出了"定位、定性、定量、定时"的明确要求，具有很强的操作性，是指导土地储备年度工作的实施计划 其作用如下：

3.2.1 有效弥补现有土地出让计划的不足。目前的土地出让计划只是对出让用地总量的控制，而没有在空间上定位，以及对土地使用条件进行规划限制，难以落实到具体地块，使得当前出让计划几乎变为一种数字游戏，从而严重影响了计划的执行力度，没有应有的控制作用和约束力度[10]。在城市土地管理日益由资源向资产管理转变的背景下，土地出让计划已不能适应这一要求，必须建立全新的城市土地利用计划体系，这一体系应当强调土地资产管理，应当符合当前城市土地利用管理的特点，并与城市规划相衔接。土地储备计划能有效弥补当前土地利用计划的不足，为土地精细化管理奠定基础。

3.2.2 有效整合了各方面实施计划。土地储备计划是一个系统计划，它不仅结合了城市近期建设规划，各区县和各行业的城建计划、土地供应计划、土地市场和城建资金需求等方面的内容，使得计划促进城市建设和发展，而且为所涉及的每一块土地制定了详细征地、拆迁、配套、供应以及资金计划，为储备土地由"生地"转为"熟地"，"毛地"转为

"净地"制定详细步骤,实现储备土地精细化管理。

3.2.3 促进城市建设资金实现良性循环。土地储备制度建立后,城市建设逐步集中体现在两个方面,一方面是公益性基础设施建设,另一方面就是经营性用地前期整理开发并出让的土地储备过程。前者是政府巨量资金的投入,后者是土地资产变现后政府收益的回笼。政府公益性基础设施建设投入,必将改善设施延伸区域的环境,带来土地升值,将这些即将升值的土地预先纳入政府储备,由土地储备机构制定储备计划,进行整理养地、再适时出让,是实现城市建设资金良性循环的关键。

3.2.4 土地和规划部门互动反馈的直接源头。土地储备计划为两部门反馈机制的形成,提供了渠道。首先,土地储备机构在储备计划形成之初,就已经充分遵循了规划的意见,并有专门的人员就储备土地规划审批的相关事宜,形成对接;其次,在土地储备计划实施的过程中,土地储备机构会根据项目前期的投入,以及市场对项目的合理化建议及时反馈至规划部门,以便于规划部门在规划刚性的基础上,作出合理化调整,推进项目实施,从而推动城市规划的实施。通过土地储备计划,才能促进城市规划能够更加主动、积极地适应瞬息万变的市场发展需要,加强规划对城市土地开发利用的引导作用。

4 结论

土地储备事业在我国方兴未艾,全国各地储备机构在这些年的实践中遇到很多问题,其中土地储备与城市规划的关系是大多数城市所面临的比较普遍而且重要的问题。本文从土地储备与城市规划目前所存在的问题入手,分析了两者存在一定的互动基础,最后提出了以土地储备规划和土地储备计划为纽带,构建土地储备与城市规划良性互动的机制。

21世纪是全球化和城市化的世纪,在快速发展的同时,人类也付出了高昂的代价,如何促进大都市空间的理性成长成为关注城市化问题专家热议的焦点[13~15]。通过建立土地储备和城市规划互动的机制,政府能在政策层面进行有效引导,促进城市规划得到有序实施,一定程度上遏制了城市无序蔓延的冲动,并且在互动的过程中,政府通过科学地确定每一块地的合理容量和完善的配套,并统筹衡量实施地块的社会成本,生态成本,服务成本等综合成本,能在微观上助推城市的精明增长。

本文从理论上提出了两者互动的机制框架,在实践中还需要不断磨合,直至形成良性的运作体系。这一体系形成后,将为笔者在实践中,进一步探讨包括轨道交通、高速公路等基础设施对沿线地区城市化以及土地高效利用,优化土地资产运营策略等方面提供基础,并未实现城市建设资金实现良性循环,促进城市的健康有序发展搭建平台。

参考文献

[1] 谢晖.城市规划与房地产开发的协调机制研究[J].经济地理,2003(5):393-397.

[2] 黄亚平,丁烈云.城市规划对地价的作用机制研究[J].城市发展研究,1998(4):23-26.

[3] 王益澄.城市规划与房地产开发的关联与协调[J].宁波大学学报(理工版),1998,(3):36-40.

[4] 田莉.城市土地批租:控制和引导[J].城市规划,1999(23):21-24.

[5] 戴小平,陈红春.城市规划的制度作用和制度创新[J].城市规划,2001(2):23-25.

[6] 王红.从城市经营理念出发改进城市规划工作[J].城市规划,2002(8):23-25.

[7] 石成球. 关于我国城市土地利用问题的思考 [J]. 城市规划, 2000 (2): 11-16.

[8] 董柯. 国家干预下的市场经济——中国城市土地利用的可持续发展之路 [J]. 城市规划, 2000 (2): 16-19.

[9] 张志坚, 金良富. 市场经济条件下城市规划与土地利用的良性互动 [J]. 城市规划, 2002 (11): 53-54.

[10] 韩荡. 适应城市规划的土地利用计划体系初探 [J]. 城市规划, 2002 (11): 46-49.

[11] 盛洪涛, 周强. 土地资产经营机制中的城市规划管理 [J]. 城市规划, 2004 (3): 48-51.

[12] 陈荣, 吴明伟, 宋启林. 准市场机制下的中国现代城市开发 [J]. 城市规划, 1996 (2): 24-27.

[13] 姚士谋, 陈振光, 朱英明. 中国城市群 [M]. 合肥: 中国科技大学出版社, 2008: 315-316.

[14] 姚士谋, 帅江平. 城市用地与城市生长 [M]. 合肥: 中国科技大学出版社 1995: 115-120.

[15] 陆大道, 姚士谋, 刘慧, 等. 中国区域发展报告——城镇化进程及空间扩张 2006[M]. 北京: 商务印书馆, 2007: 9-14.

县（市）级城乡规划的改革创新与体系构建

——以浙江省富阳市规划实践为例[1]

胡海龙[2]　王　波[3]

郡县治，天下安。县级城市是我国行政体系中的基本单元，也是城乡空间体系与城乡居民点体系的一个重要层次，是科学发展最直接、最有效的实践平台。党的十七届三中全会作出的《关于推进农村改革发展若干重大问题的决定》中，明确提出要建立促进城乡经济社会发展一体化制度，要求以县级为单元"统筹土地利用和城乡规划，合理安排市县域城镇建设、农田保护、产业聚集、村落分布、生态涵养等空间布局"，对以市县域为单元的城乡规划工作提出了新的要求。

《城乡规划法》颁布实施后，城乡二元的结构正在被逐步打破，城乡统筹发展的时代已经来临。在这种背景下，作为行政基本单元，县级城市原有的规划管理工作机制已经无法适应城乡一体发展的需要。适时加快城乡规划工作的改革与创新，成为落实科学发展观、推进城乡一体化发展的关键与重要途径。

浙江省富阳市作为东部沿海发达县（市），2007年以来，结合县级行政管理体制改革、城乡统筹发展与城市发展战略转型，按照"理念创新、机制创新、载体创新"的要求，在城乡规划管理体制的改革方面进行了一些实践与探索。

1 富阳市基本概况

富阳地处长三角南翼腹地、杭州主城西郊，隶属杭州市，距杭州市中心30公里、上海180公里。富阳历史悠久，人文荟萃；山清水秀，景色绮丽。独具特色和魅力的山水资源为城市发展提供了优质的自然本底。改革开放以来，富阳经济发展迅猛，综合实力稳步提升，拥有造纸、通信器材、运动器材等具有优势的制造业门类，连续多年位居全国百强县（市）前30强。2007年，全市实现生产总值289亿元，财政总收入38.76亿元，人均GDP达到6000多美元，为未来的发展奠定了良好的基础。但从更高阶段、更高层次发展的要求看，在经济全球化、区域一体化的背景下，富阳面临着增长方式粗放、产业结构不合理、城乡二元结构矛盾突出等一系列问题，面临着城市转型、产业转型、整体发展战略转型。

---

❶ 本文来源：《城市规划》2011年第4期
❷ 胡海龙，浙江省富阳市规划局。
❸ 王波，浙江省富阳市规划局。

2 城乡发展面临的主要挑战

2.1 城市化滞后于工业化

富阳的造纸、通信器材、运动器材等优势产业,为典型的传统块状产业,工业形态"低、小、散","离土不离乡、进厂不进城"的发展模式一定程度上阻碍了城市化的正常推进,导致产业低水平重复建设与生态破坏相对严重,基础设施滞后于产业集聚,生态保护滞后于经济发展,土地资源集约度不高,人口未能有效集聚等一系列问题。2007年,富阳工业增加值占国内生产总值的比重已达62.7%,而城市化水平仅为51.7%,低于浙江省54.0%的平均水平,城市化明显滞后于工业化,统筹城乡发展任务艰巨。

2.2 资源特色与产业优势的错位

富阳经济的高增长过度依赖造纸、通信器材、有色金属冶炼(铜业)、体育用品等传统产业支撑。2007年,造纸、通信器材、有色金属冶炼三大传统支柱产业产值占富阳市工业总产值的57.8%。全市第二产业与第三产业占GDP的比重分别为62.7%和29.8%,第三产业比重比浙江省平均水平低10.6个百分点,比全国平均水平低9.3个百分点,服务业滞后于制造业发展;而从富阳的资源禀赋来看,最具特色的比较资源优势为富春山水优势与大都市的近郊优势,而现有的产业发展重点未能充分发挥山水资源优势,资源特色与产业优势错位。

2.3 生态保护与产业发展的矛盾

富阳长期以来形成的"低、小、散"产业结构,特别是造纸业、铜冶炼的存在,导致富阳污染相对严重,环境压力较大。富阳地处杭州的上游,是钱塘江上游重要的生态保护区,浙江省对富阳的主体功能定位与富阳以传统工业为支柱产业的发展现状之间存在矛盾,富阳在节能降耗和环境保护方面面临较大压力,这将在一定程度上制约其未来产业升级的方向和重点。

2.4 区域发展不均衡

富阳的地形四周高,中间低,中部为沿富春江的河谷平原地带与低丘缓坡区,是工业发展密集区与城市化快速推进地区;东部受降镇等地区与杭州西湖区无缝对接,成为杭州重要的功能组团;市域西北与西南为高山偏远地区,主要为生态涵养与保护区,受地形与环境条件的制约,这些地区城乡发展建设与生态环境保护在空间上重叠,生态功能建设同加快经济开发之间存在着一定的矛盾。由于中部沿江地区同西部山区的经济发展水平差距较大,因此,如何突出差异,因势利导,实现全域统筹发展;如何制定合理的可持续性发展路径,探索东西差异、合作双赢的发展机制,是富阳区域统筹、城乡统筹发展中面临的挑战。

3 对城乡规划工作的反思

3.1 规划的前瞻性和导向性不足

规划的前瞻性和导向性不足,一方面表现在规划对城市的定位不清晰,没有对城市的资源特色、环境承载力、竞争力等要素进行科学、系统的把握与分析，导致在城市发展定位上与长三角的区域竞合态势、与地区产业升级的发展趋势存在偏差，城市规划目标与规划定位模糊；另一方面表现为在城市空间发展方向上举棋不定，四面出击，导致城市空间无序蔓延。

3.2   规划管理机构不完善，规划管理多头

规划机构设置不健全，规划局为建设局下设的二级局，人员编制不足 10 人，不仅要管理 820 平方公里的城市规划区，还要指导全市域 1831 平方公里范围内的建制镇、乡集镇、中心村和自然村的规划编制和管理，规划管理机构与技术力量不足。规划空间被分割，省级经济开发区自成体系，搞封闭管理；各类规划多头管理，条块分割，专业规划各自为政，各行业自行其是，城市规划与建设丧失了整体性和统一性。

3.3   规划滞后于建设，规划编制体系不健全

20 世纪 90 年代以来，富阳一直处于城市化快速推进期，城市建设快速发展，而规划相对滞后，规划编制体系不健全。在区域空间上，重城市轻乡村，没有实现规划管理全覆盖，主要表现为城乡分割，乡村地区缺乏规划指导。在城市规划区内，法定规划体系不完善，城市总体规划多次修编，但从未按法定程序报批过；控制性详细规划覆盖面低，在实际建设中不得不"一事一议"，往往是项目指导规划，对建设行为无法做出有效的控制与监管。另外，基础设施规划等专业规划缺乏，基础设施建设短期行为多、局部建设多，缺乏统筹配置，不利于城市基础设施整体网络的形成。另外，规划政出多门、互相打架，规划修改调整频繁，导致规划刚性不足。规划滞后于建设，严重制约了城市健康可持续的发展。

4   城乡规划工作的创新

4.1   改革的基本思路

以科学发展观为统领，按照全面协调可持续的要求，在《城乡规划法》的指导下，围绕富阳市城乡发展面临的挑战与城乡规划管理中的突出问题，积极推进城乡规划管理的理念创新、体制创新、载体创新、机制创新。按照"规划立城"的理念，加深对规划意识与观念的理解；按照改革政府行政管理体制的要求，健全城乡规划统筹机制与机构；按照城乡统筹、规划全覆盖的要求，构建完善的具有特色的城乡规划编制体系；按照科学决策、民主决策的要求，完善规划决策机制；按照"集中管理、强化服务"的要求，完善城乡规划实施管理与监督机制。通过全方位的规划管理工作的改革实践，形成相对成熟并适合当地的城乡规划管理生态链。

4.2   规划理念创新：规划立城

富阳市委市政府对规划管理工作的改革，首先从提高对规划的认识与理解着手，提出"规划立城"的理念，将对规划的认识与重视提到前所未有的高度；提出规划是战略思维，

是一种生产力,是政府科学合理调配资源的重要手段和公共政策。在规划总体导向上,提出按照科学发展观要求,在更高层次、更大范围、更宽领域、更新理念下思考、编制、实施规划,实现"公共利益最大化、资源效益最大化、城市功能最大化、长远利益最大化",全面推进城乡建设可持续发展。在规划实施路径上,提出要"谋定而后动",制定规划要依据自身的资源禀赋条件,找到区域比较优势,确定发展目标和定位,统筹整合资源要素,打造个性特色品牌,构筑城市综合竞争力;通过规划超前、规划完整、规划有效,加强规划的控制力、引导力,促进经济建设的持续发展。在城乡统筹发展中,要坚持理念先行、规划先行、设计先行。"规划立城"理念的创新,使富阳社会各阶层的规划意识与观念全面提升,规划的龙头地位得到了很好的体现。

4.3 规划统筹机制创新:建立大部门的规划统筹委员会与乡镇分类考核制

4.3.1 统筹部门规划资源,建立大部门的规划统筹委员会

党的十七大提出"加大机构整合力度,探索实行职能有机统一的大部门体制,健全部门间协调配合机制"。富阳按照现代政府的统筹整合理念与现有的部门分工体系,建立大部门体制的专委会制度,在不改变原有机构设置及人员编制的基础上,设立了13个专委会,初步构建起"大规划、大财政、大国土、大三农、大工业、大商贸、大建设、大交通、大环保、大社保、大监管"的工作格局。各专委会分别由1名副书记、6名副市长担任主任,实行牵头部门负责制,组成部门包括各职能相关的局、委、办等。按照制度设计,专委会是在现有政府架构之上虚设的协调执行机构,不行使重大事项决策权,决策仍按法定程序进行。

作为13个专委会之一,规划统筹委员会(以下简称"规委会")的主要功能是统筹整合各类规划资源,协调部门规划力量;主要职责是统筹各类规划编制,统筹协调各部门的专项规划,审查各类规划与重大项目的选址和经济技术指标,检查、督促、落实规划与项目的实施。

在机构和职能上,规委会成员由政府各职能部门主要领导组成,下设一办二组,即办公室、专家咨询组、规划方案联合审查组。办公室设在市规划局,负责规委会日常工作和各类规划方案编制、审查的牵头协调工作;专家咨询组聘请省市知名专家任组长,负责对各类规划及重大建设项目规划进行评审;规划方案联合审查组由市规划局牵头,市发改局、建设局、国土局为成员,负责各类规划、重要项目设计方案及经营性用地指标的审查。规委会会议由规委会主任按照工作计划或根据办公室建议确定召开,主任由分管副市长担任。

三年来的实践表明,规委会的成立淡化了部门概念,增强了整体合力,在重大项目的实施中逐步实现了规划决策定位、计划安排到位、土地供应落实的同步配合;逐步理顺了部门体制,整合利用各部门的力量,提高了规划工作效能;统筹城乡各类规划,充分体现了"大规划"的资源配置统筹力、导向力,充分发挥了政府规划的整体功效。

4.3.2 规划差异引导,建立乡镇分类考核制

按照国家推进主体功能区与城乡空间管制的要求,根据各乡镇区位优势、自然环境条件、生态承载力、原有发展基础,按照主体功能差异引导的要求,统筹规划各乡镇城乡空间主体功能,把全市25个乡镇(街道)分为综合发展型、工业主导型、农业生态型三大类型,分别制定不同的目标评价体系,实施非均衡发展战略,实行分类考核、同类竞争,有效推进了县域层面主体功能区与空间管制"四区"的落实与形成。

4.3.3 统筹次区域发展，建立乡镇组团制

根据地缘关系、区位特点、产业结构、发展水平和全市发展格局，编制完成了《富阳市中心镇、中心村布局规划》，结合各城镇现状发展基础和发展定位，按照"分片集聚、组团配套"的原则，从有利于带动富阳城乡整体发展和共建共享城乡公共服务设施的角度，合理确定中心镇的分布。按照中心镇带动的要求，以中心镇为中心，与周边乡镇组成 1+X 的若干次区域组团，在组团内统一优化配置资源要素，统筹区域协调发展，推动人口集中、产业集聚、基础设施共建共享、土地节约利用；加强组团内乡镇（街道）的分工合作，调整空间结构和规范空间开发秩序，突出不同乡镇的空间功能的主体性。实现城乡发展的梯度分布、梯度推进、梯度集聚的格局，实现一体化发展、差异化竞争。

4.4 规划决策与审查机制创新：建立分级分层的规划决策与审查机制

为规范和完善城乡规划的决策机制，制定了《富阳市城乡规划分级审查制度》，规定各类规划按照项目的重要性实行分级、分类审查；建立规划局—部门联席会议—规委会—市政府常务会议等多级决策与审查机制。审查程序为：各类规划首先由市规划局以集体审查会议形式进行审查；市规划局审查后需进一步审议的，提交市发改、规划、国土部门联席会议进行审议；部门联席会议审议后需进一步审议的，提交规委会审议，如有必要，由规委会组织专家组及人大代表、政协委员、市民代表等进行论证、听证；重要规划经规委会审议后，先向市人大、政协征求意见，然后提交市政府常务会议审定，并向市委常委会议报告。

分级、分类审查制度的建立提高了规划决策的科学性，充分体现了部门力量整合、统分结合、科学高效的管理思路与理念，在具体项目的实施过程中取得了良好的效果。

4.5 规划管理机制创新：完善机构，集中管理

4.5.1 完善城乡规划管理机构

富阳市规划局在杭州市域内率先从建设局中独立出来，拥有了独立法人地位；规划局内设三科一中心（城市管理科、村镇管理科、测绘管理科，规划编制中心），局人员编制达到 35 人。完善的规划管理机构为科学编制和实施城乡规划提供了组织保障。

4.5.2 统一规划，集中管理，理顺管理体制

上收职能部门、开发区、乡镇的各类城乡规划编制权和规划审批权，实现全市城乡规划编制和审批权限的统一集中管理。加强农村地区的规划管理与监督，探索"城乡一体、集中统一"的城乡规划管理新机制。

4.5.3 建立全额财政配套的规划经费投入机制

建立规划编制项目年度计划制定制度。规划编制项目年度计划制定紧紧围绕市委、市政府中心工作展开，广泛征集市相关职能部门、各乡镇（街道）政府关于规划项目编制的意见，制定年度项目计划；根据规划设计行业收费情况，拟订年度规划项目经费预算，报市政府讨论通过；市政府将规划经费统一纳入年度政府财政预算。从 2007 年 5 月市规划局成立至 2010 年 12 月，富阳市累计投入规划编制经费 8000 多万元。全额财政配套的规划经费投入，确保了城乡规划事业健康发展。

4.6 城乡规划编制体系创新

4.6.1 建构城乡全覆盖与城市特色相融合的规划编制体系

根据城乡统筹的思想，在《城乡规划法》指导下，按照城乡一体、规划全覆盖的要求，将辖区内城乡的每一块土地都纳入规划，不留空白。按照战略引领、规划布局、项目支撑的要求，形成战略规划—市域总规—分区规划（乡镇总规）—专项规划—控制性详细规划—修建性详细规划（村庄建设规划）—城市设计多位一体的城乡全覆盖的规划编制体系。在法定规划编制体系的基础上，结合市委市政府提出的"富裕阳光之城"的城市总体定位和"运动休闲之城"的特色定位，创新规划体系，提出了构建包括"交通融入、运动休闲、山水特色、民生提升"四类规划的"富裕阳光之城"的特色规划体系（图1）。2007年至今，共编制完成各类规划与研究100多项，基本实现城乡规划全覆盖。

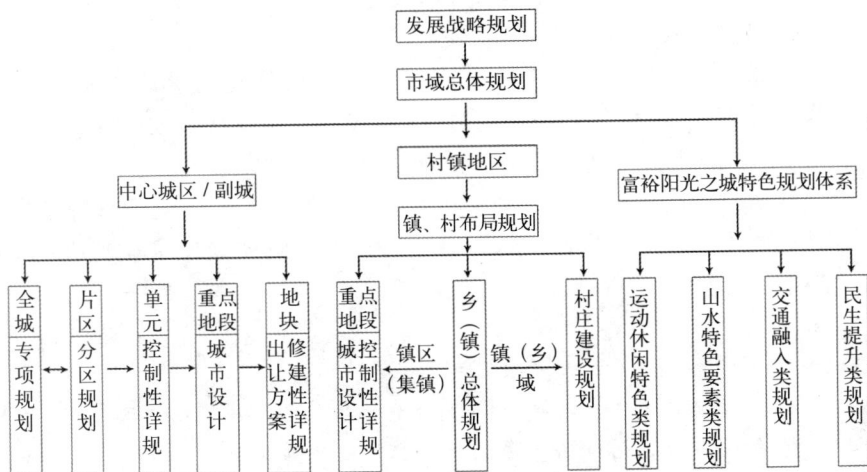

图 1 富阳市城乡规划编制体系

4.6.2 全民参与发展战略规划，实现发展战略规划在地方层面法定化

按照战略引领、打基础、利长远的要求，富阳市高度重视发展战略规划的编制，力图通过战略规划的编制来解决好富阳发展的空间形态、功能布局问题，解决好产业、城镇、人居、环境统筹协调发展问题。

《富阳市发展战略规划》的编制实施，在理念认识、编制方法、审查颁布上都进行了一些创新。在理念认识上，把战略规划认识为一个地方的"宪法"，是一个地方发展的总纲。在编制方法上，通过"专家参与、广泛讨论、全民论证"的形式，广泛征集各方意见，力图体现全体富阳人民的意志，为战略规划的顺利实施奠定坚实的民意基础。在审查颁布上，战略规划作为非法定规划，在广泛征集各阶层意见基础上，由市委召开全委会审议通过，并由市人大审议批准后颁布实施，实现了战略规划在地方层面的法定化，使战略规划成为富阳地方发展的总纲。

4.7 规划参与机制创新：实现"政府规划"到"市民规划"的转变

在规划参与机制方面，通过制度建设保证公众对规划的知情权、参与权和建议权，实现"政府规划"向"市民规划"的转变，让人民的监督检验成为保证规划的延续性、刚性与权威性的最重要手段。

4.7.1 规划进入乡土教材

把《富阳市发展战略规划》、《富阳市市域总体规划》等影响未来城市发展全局的规划内容编入富阳市中小学乡土教材，让代表未来的学生了解规划、宣传规划、监督规划。

4.7.2 公众参与机制

在规划编制与管理的各个阶段加强公众参与，建立多种公众参与的渠道。建立了"三会一公示"制度，通过召开调研会、论证会、座谈会、公共场合设置公示牌等形式，深入社区倾听民声、落实民意。在规划编制调研阶段，召开调研会，广泛听取市民和社会各界的意见；在项目论证会与重大规划项目的评标过程中，邀请市民代表参与发表意见；在规划成果草案阶段，召开座谈会，向市民讲解规划听取意见，实现规划图进社区；在与公众相关的建设项目规划选址等工作中，征询听取公众意见。

4.7.3 多渠道的规划宣传机制

建立全方位、多层次、多渠道的规划宣传机制。将最新规划成果录制成规划专题片，通过网络、电视台等媒体以及广场展示等途径进行宣传。建设富阳城市规划展览馆，利用展览馆平台，向社会宣传规划知识与公示规划成果。编印规划宣传册、规划专题挂历、台历，免费发放给市民与村民，实现规划图册进社区。在城市主要街道设置城市规划宣传橱窗。通过让规划贴近市民，走进百姓生活，让百姓全面了解规划、理解规划，成为维护规划、监督规划的主要力量。

参考文献

[1] 中共中央关于推进农村改革发展若干重大问题的决定（2008年10月12日中国共产党第十七届中央委员会第三次全体会议通过）[Z].2008.

[2] 高举中国特色社会主义伟大旗帜 为夺取全面建设小康社会新胜利而奋斗（2007年10月15日在中国共产党第十七次全国代表大会上的报告）[Z].2007.

[3] 王国平.推进城市有机更新 走科学城市化道路 [J].政策瞭望，2008（6）.

[4] 杨玲.重庆市区县规划管理体制改革探索 [J].现代城市研究，2008（8）.

[5] 傅立德.试谈县级规划部门的改革和发展 [J].规划师，2005（3）.

[6] 周建军.对我国城市规划管理体制若干问题的思考 [J].城市规划学刊，2008（3）.

建立"一张图"平台，促进规划编制和管理一体化[1]

张文彤[2] 殷 毅[3] 吴志华[4] 潘 聪[5]

我国正处于城市化的加速期，城市快速发展给规划带来了更大的压力。然而规划编制与管理相互脱节，规划多而无序、体系结构繁杂、各类专项规划彼此孤立的现象普遍存在，对规范管理、依法管理造成了诸多不良影响。如何使规划编制成果顺利地从技术层面向公共政策层面转化，使规划编制与规划管理有效衔接，同时加快规划编制和管理的法制化、民主化建设进程，是目前全国各地规划研究的重点问题。

武汉市规划管理用图（简称"一张图"）建设工作正是以解决上述问题为目的，通过梳理和整合已有各项规划成果、加强和规范规划编制和审批工作管理、加大信息共享和公开的力度等各种手段，完善规划编制体系建设，推进规划编制和管理一体化进程。

1 我国城乡规划及国土资源行业"一张图"建设基本情况

在国土行业，由于规划结构和管理体制的关系，土地利用规划实质上已形成了"一张图"的管理模式。近年随着第二次全国土地调查工作的开展，国土资源部正式提出建设全国"一张图"综合监管系统的概念，除土地利用规划和现状信息外，还纳入了国土资源的计划、审批、供应、补充、开发等行政监管内容，形成综合动态监管信息系统。其行业规划的编制、管理、实施工作与政策的结合程度已走在城乡规划行业前面。

与国土行业自上而下推动"一张图"建设的方式不同，城市规划行业提出"一张图"概念的时间虽然较早，但在建设上还是各自为政。随着《城乡规划法》的出台，控规的地位得到了提升，因此全国多数城市的"一张图"都以控规为建设基础，主要服务于规划审批管理工作，如广州、南京等地。以广州市为例，其"一张图"以控规导则为核心，同时按照"一网三层"的系统结构分别纳入城市规划相关的各类空间信息内容，为规范规划审批行为提供技术支撑。

同时因为体制上的原因，全国多数城市的城乡规划"一张图"与国土"一张图"都自成体系、相对独立，仅有成都等少数城市实现了国土信息和城乡规划信息的结合。

2 武汉市规划编制管理的困境

为了进一步理顺规划管理体制，提高行政效能和依法行政水平，保障规划事业长远发展，

---

[1] 本文来源：《城市规划》2012年第4期。

[2] 张文彤，武汉市国土资源和规划局。

[3] 殷毅，武汉市国土资源和规划局。

[4] 吴志华，武汉市规划编制研究和展示中心。

[5] 潘聪，武汉市规划编制研究和展示中心。

2007 年武汉市启动了城乡规划体系研究及建设工作。通过清查 1997 ~ 2007 年间 2151 项城乡规划项目，全面回顾和评价了武汉市城乡规划编制及实施情况。10 年间，武汉市规划设计水平不断提高，城乡规划工作为促进城市建设和经济发展做出了较大贡献，但随着规范管理、依法管理的不断严格，规划编制自身及与实施管理的衔接等方面存在较突出的问题。

2.1 规划编制管理程序规范性不强，缺乏科学的编制计划

近年来，对规划编制程序和方法的研究和讨论比较多见，但是对规划编制、审查、审批及实施、评价这一整套程序如何完善优化的研究则几乎没有。多年来规划编制管理工作的程序一直不够规范，由于管理程序不到位，加上有些地区和部门不遵守规划、随意更改规划等原因，导致有的地区规划大量重叠，规划间彼此"打架"，有的地区却又缺少城市设计、旧城改造、地下空间等较实用的专项规划。

2.2 编制工作和管理工作脱节，规划成果的针对性不强

长期以来规划编制都作为一项纯技术工作，忽视了规划管理对其实施性的要求。规划编制人员一般注重考虑城市长远发展和整体布局的合理性，忽视了短期效益和局部建设项目对城市经济发展的影响，同时对规划实施及管理的规律性方面考虑较少，技术与政策的结合力度不够，导致编制成果操作性不强，难以应用于规划管理工作；同时在规划编制工作中缺乏深入细致的现状调查、难以掌握相关行政审批信息等也导致了规划编制与规划管理工作脱节的现象日益严重。

2.3 规划信息化缺乏统筹管理，各部门彼此间信息孤立

武汉市规划信息化建设整体工作在全国起步较早，但各自为政的情况较为严重，缺乏统筹管理。规划编制单位和规划管理部门之间、各行业部门之间、规划管理内部各专项之间缺乏有效的信息沟通渠道。信息的不对称导致各部门都从自身角度出发编制规划、实施规划，缺乏通盘考虑和相互协调。

2.4 公众参与和规划宣传等管理环节有待进一步加强

公众参与是城市规划理论和实践的一个基本组成部分，而我国的公众参与还处在初级阶段，大都停留在少数局部的试验中，并且公众多处于被告知和接受的地位。就武汉市来说，规划宣传和公众参与的范围仍然较狭窄，手段也比较单一，很多完成了编制或审批通过的规划，仍不为社会公众所知或是难以为公众所理解。

为了提高规划管理的法制化、规范化水平，消除规划不统一、基础设施不对接、前后规划不连贯的问题，同时拓宽公众参与渠道，武汉市提出了"一张图"的建设思路。

3 武汉市"一张图"的体系构成

3.1 武汉市规划编制体系建设

规划编制体系是"一张图"的理论基础和支撑。针对规划编制和管理工作中存在的问题，

武汉市提出了"1+6+1"的规划编制体系，其中："1"是主干体系，即总规、分规、控规3个层次；"6"是专项规划，即城市设计、历史文化名城保护、交通及市政、地下空间、旧城更新和改造以及其他要素专项规划；"1"是基础研究，包含规划政策和技术标准研制。

随着2009年武汉市机构改革工作的进行，国土和规划两部门再次合并，利用这次难得的契机，武汉市提出了城乡规划和土地利用规划"两规合一"，与其他专项规划"多规协调"的设想以及创建"两规合一"的城乡规划和国土资源规划编制体系的目标。新编制体系可以归纳为"两段五层次、主干加专项"的框架（图1）："两段"是指导控型规划＋实施型规划，"五层次"是指导控型规划3个层次，即"城乡总体规划＋市级土地利用总体规划"、"分区规划＋区级土地利用总体规划"、"控规＋乡级土地利用总体规划"，以及实施型规划2个层次，即"近期建设规划＋中长期土地储备规划＋功能区实施规划"和"年度实施计划＋年度土地储备供应计划"。

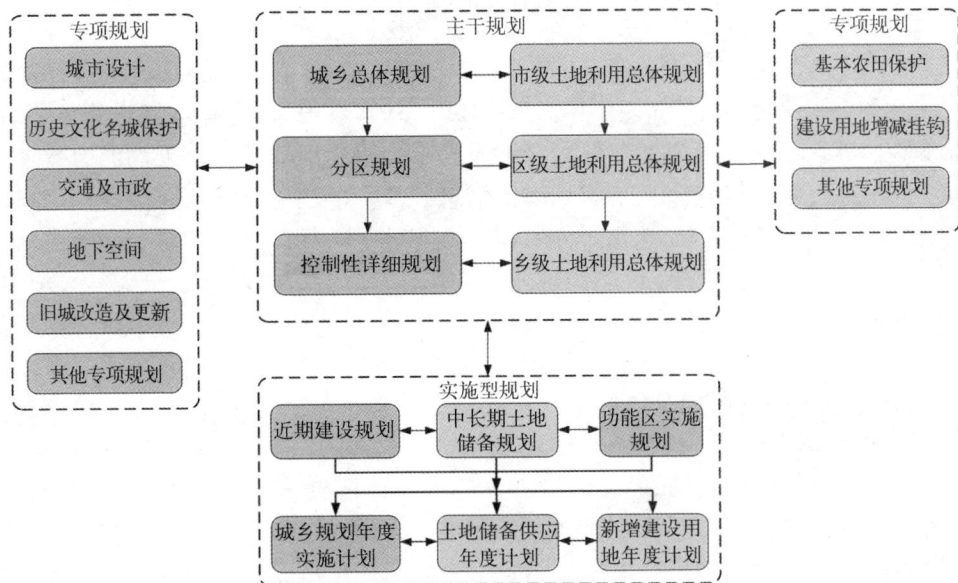

图1　武汉市规划编制体系结构

立足新的规划编制体系，武汉市国土资源和规划局开展了"一张图"建设工作，力图建立一个全市统一的规划管理工作平台，提高全市规划管理的法制化、规范化水平，推进规划编制和管理一体化进程。

3.2　"一张图"的主要概念及构成

"一张图"是以基础地理信息、规划审批信息和用地现状信息为基础，以控制性详细规划和乡（镇）级土地利用规划层面为核心，系统整合各层次、各专项规划成果，具备动态更新机制的信息共享管理平台，是规划编制成果转化为规划管理法定依据的主要技术平台。

"一张图"由"统一规划管理用图"和"法定规划库、专项规划库与现状信息库"构成（图2），其中"统一规划管理用图"是规划管理的直接依据，由经法定程序审查通过

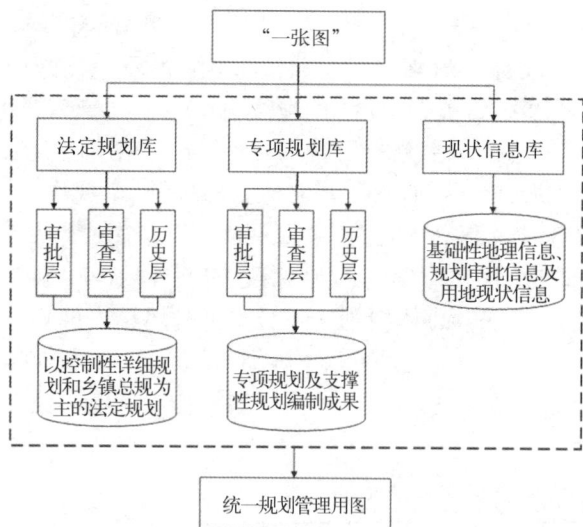
图 2 "一张图"构成示意

或审批的规划的法定内容组成，以控制性详细规划和乡（镇）级土地利用总体规划为主，同时纳入修建性详细规划、大型单位总平面、规划论证报告和市政基础设施专项规划等。

法定规划库由经合法审批、审查后的控制性详细规划、分区规划、城乡总体规划和乡（镇）级土地利用总体规划、区级土地利用总体规划和市级土地利用总体规划等法定规划构成。

专项规划库由通过合法审批或局技委会、业务例会等相关会议审查同意的交通市政、城市设计、历史文化名城保护、地下空间、旧城改造与城市更新、基本农田保护、城乡建设用地增减挂钩、城中村改造、重大项目专项规划和规划咨询报告等支撑性规划编制成果构成。

现状信息库由用地现状信息、规划审批信息、基础地理信息以及在编规划信息构成。

根据入库项目的审批情况，法定规划库和专项规划库分为审批层、审查层和历史层。其中，已审批的城乡规划和已备案的土地利用规划成果进入审批层；局技委会、专题会、业务例会、重大项目审查会等相关会议审查通过、但尚未正式审批的规划成果进入审查层；被新的规划成果取代的原信息内容进入历史层，历史层的规划成果不作为规划编制与管理依据。

自 2007 年起，经过近 4 年的努力，武汉市"一张图"已初步建成，于 2009 年开始试用，2010 年 9 月正式发布，在武汉市规划管理工作中发挥了重大作用，有效解决了长期以来困惑规划管理的"多头规划"和"规划打架"问题，明确了规划管理依据，初步实现了"编管"信息集成，加大了信息共享和公开力度，进一步保障了规划决策的民主性、科学性，推进了规划管理法制化、规范化、制度化，为武汉市高水平规划、高标准建设和高效能管理提供了强有力的技术支撑。

4 "一张图"的效用

4.1 促进规划编制和管理高效衔接，提高规划管理工作效率

通过"一张图"建立全市城乡规划和土地规划的编制、管理一体化平台，彻底解决了规划管理者面对众多规划依据难以把握的问题，促进规划管理工作规范化、高效化发展。

在"一张图"体系建设过程中，通过严密的程序进行了规划符合性和有效性的审查和筛选，保证"一张图"具有法定性、有效性和唯一性的特征，能够有效避免多部门管理造成的"规划打架"、互相推诿等现象发生。

同时全局各类数据都汇总至"一张图"平台管理，实现了全局信息共享，建立了规划编制和管理信息交流纽带。规划管理者使用"一张图"作为审批依据，并通过"一张图"

实时反馈审批信息至规划编制人员，进一步保证了规划编制成果的现势性，提高了规划编制工作的效率和质量，形成了"编制 - 管理 - 编制"的良好信息循环。

4.2 具有"两规合一"特征的规划管理支撑技术平台

为协调国土资源规划和城乡规划，武汉市提出了统筹"两规"的"两段五层次，主干加专项"的新规划编制体系。基于这一思路，"一张图"纳入了城乡规划和土地利用规划的相关信息，成为衔接"两规"最直接有效的技术平台。在主城区内部，将中心城区（报国务院审批的控制范围）土地利用总体规划和控规导则、细则"合一"为统一平台；在主城外则以乡镇总规和组群控规导则"合一"为统一平台，两者组合形成全市规划管理"一张图"。

通过"一张图"体系建设，促使城乡规划和土地利用规划汇总到同一个平台，实现了统一编制、统一使用、统一决策、统一调整，也使国土和规划的管理人员能有效协调，共同参与，共同实践，优势互补，切实实现"两规合一，多规支撑"的目标，加强规划统筹管理。

4.3 有效建立规划实施评估系统

"一张图"具有实时、动态的特征，反映了最新的规划、现状和审批情况，同时也存储了翔实的历史信息，为规划实施评估提供了丰富的数据基础。从对规划成果的方案实施评估到正在实施项目的定期评估，乃至建成项目的效果评估，需要掌握的规划编制成果、规划建设及建成情况，都可以通过"一张图"获取并便捷地评价分析规划编制及实施工作的薄弱环节。武汉市将"一张图"的建设和城乡规划实施白皮书工作相结合，有效建立起一套适应武汉市实际情况的规划评价机制。

4.4 有效统筹各类相关专项规划

武汉市园林、水务、邮政等职能部门，承担着组织相关行业专项规划编制的工作。这些规划涉及空间的利用，在编制中需充分了解其他职能部门的空间布局要求及意图。为有效衔接其他相关职能部门组织编制的专项规划，武汉市通过"一张图"进行统筹协调工作，在编制邮政设施、信息管网、燃气电力等涉及其他职能部门的专项规划时，利用"一张图"这个全市统一平台，可以及时获取最新、最全面的规划编制和管理信息，这些专项规划编制完成后又将成为"一张图"的组成部分，从而实现了全市各类相关专项规划的统筹、协调，加强了不同职能部门之间的紧密联系。

4.5 创造了公众参与的新途径，提高了公众参与的效率

目前公众参与城市规划仍然有许多困难，其中规划公示手段单一，公众难以理解是最为明显的问题之一。很多规划公示只有几张主要的图纸和非常简略的文字介绍及技术指标统计表，公众无法理解规划的意图。"一张图"通过技术创新，直接将用地性质、容积率、建设强度、绿地率等重要的指标信息标注在规划图上，同时采用影像图展示、三维模拟等新技术辅助，社会公众能够一目了然看懂这张图，创造了公众参与城市规划建设的新途径，提高了公众参与的效率。

5 结语

要增强规划编制的实用性，加强规划编制与管理的衔接，势必要建立规划编制和管理一体化机制，提高规划编制的实用质量。"一张图"试图通过建立规划编制管理一体化的信息共享平台，统一规划编制、管理的技术支撑数据，加强两者衔接，将全市规划编制的技术成果转化为规划审批的法定文件，从而推进规划法制化进程。武汉市结合自身实际情况做了一些尝试，提出自己的思路和方法，欢迎批评指正。

参考文献

[1] 潘安. 建立基于"一网三层"的城市规划管理平台——对广州市城市规划管理实施体系的探索 [M]// 中国城市规划学会. 规划 50 年——2006 中国城市规划年会论文集. 北京：中国建筑工业出版社，2006：247-251.

[2] 王伊倜，苏腾. 国内学者关于国外规划法的研究观点综述 [J]. 北京规划建设，2008（2）：91-97.

[3] 温雅，房予，陈晓越. 城乡规划新体系下国外规划管理的再认识及经验借鉴 [M]// 中国城市规划学会. 生态文明视角下的城乡规划——2008 中国城市规划年会论文集. 大连：大连出版社，2008：1-9.

上海市土地利用规划与城乡规划统筹管理[1]

范　宇[2]　金　岚[3]

1　引言

如何加强土地利用规划和城乡规划，尤其是土地利用总体规划与城市总体规划（以下简称"两规"）的协调衔接，一直是业界热议的话题。由于"两规"编制管理分置于不同部门，导致对一个城市而言，两个规划"两张皮"的现象普遍存在。"两规"在城乡土地利用上的诸多矛盾，给城市发展战略的落实和日常建设项目的审批管理均带来了很大困难。这种规划层面的"分立"甚至"冲突"，削弱了各自的严肃性和权威性，往往成为冲击、破坏城市整体形态和空间结构的突出因素。

2008 年机构改革以后，上海组建了规划和国土资源管理局，统一组织编制上海市的土地利用规划和城乡规划。在城乡统筹发展的大背景下，着眼于特大型城市规划管理和土地管理的特点，积极开展了"两规"编制的统筹工作，从市、区县和乡镇三个层面扎实有效地推进规划"一张图"管理（以下简称"两规合一"）。需要说明的是，上海的"两规合一"工作绝不是取消"两规"，创造出一种新的法定规划，而是在现行法律框架下确保"两规"在土地利用的内容上无缝衔接，有效地指导每块土地的使用。

2　工作背景

2.1　"两规合一"是新时期上海统筹城乡发展的客观要求

2001 年，国务院批复《上海城市总体规划（1999～2020 年）》，提出了建设社会主义现代化国际大都市和国际经济、金融、贸易、航运中心的发展目标。经过 10 年发展，到 2010 年，上海城乡建设用地面积达 2860 平方公里，半年以上常住人口 2302 万人（"六普"数据），已经大幅超越了原城市总体规划确定的用地规模和人口规模。城市化迅猛发展的同时，城市化蔓延、土地资源紧缺、环境恶化等要矛盾也日益凸显，城市空间格局，特别是市域空间格局未能完全按照城市总体规划的设想予以控制。传统依靠规模扩张、资源消耗的粗放型发展模式已无法适应上海未来的发展要求，迫切需要采用刚性手段控制城市增长边界，加强农用地保护。

---

[1]　本文来源：《中国城市规划发展报告（2011～2012）》，中国建筑工业出版社2012年5月出版。

[2]　范宇，上海市规划和国土资源局。

[3]　金岚，上海市规划和国土资源局。

2.2 "两规合一"是上海机构改革中"规土整合"的直接成果

2008 年 10 月，在上海市政府新一轮的机构改革中，原城市规划管理局与原房屋土地管理局中的土地管理部门进行整合，组建完成了新的上海市规划和国土资源管理局。上海市规划国土局的组建，使得"两规合"工作提到了立局之本的重要高度。经过近三年的努力，上海完成了市—区（县）—镇（乡）三级土地利用规划总图与城市总体规划实施管理图纸的衔接，并逐步建立在"同一张图"下的城市规划管理与土地利用管理的新机制、新手段。

土地利用总体规划借助土地指标从上而下层层分解和"土地规划—计划—供应—监督—执法"等环环相扣的管理体系，规划刚性突出。近年来，基本农田规划调整权上收到国务院，更是加强了土地利用规划的管控刚性。因此，通过土地利用规划弥补传统城市规划过于注重城市空间拓展，对农用地保护缺乏有效手段的缺陷，有利于上海在新时期转变发展方式，实现城乡统筹发展。

3 工作特点

3.1 市级"两规合一"工作的主要特点

市级"两规合一"工作，是在历次城市规划与土地利用规划编制成果、实施评估报告和对新一轮城市发展战略研判的基础上，依托《上海市土地利用总体规划（2006 ～ 2020 年)》（图 1）的编制工作完成的。按照坚持"战略引领、城乡统筹、生态优先、转型发展、管理创新"的指导思想，主要体现了以下特点：

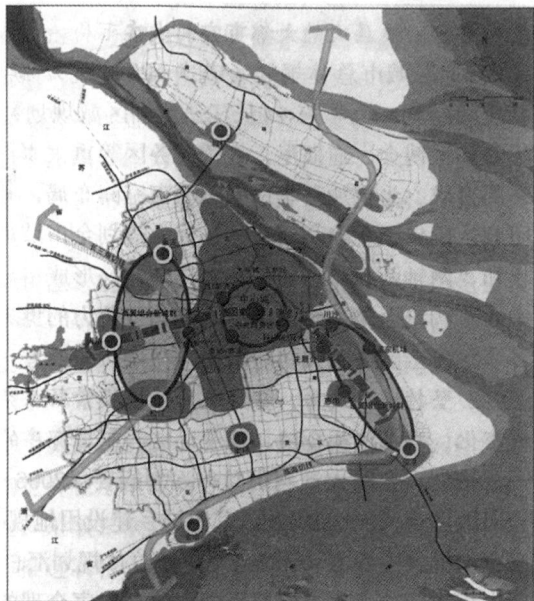

图 1 《上海市土地利用总体规划(2006 ～ 2020 年)》
空间发展战略

3.1.1 坚持空间战略引领，对接国家战略要求和按照上海特大城市发展规律，构筑多中心、多层次的大都市空间战略布局

《上海城市总体规划(1999 ～ 2020 年)》确定了"多轴、多层、多核"的市域空间结构。近年来，《长江三角洲区域规划》的颁布、上海自身社会经济发展形势和世博会、迪士尼、虹桥商务区等重大事件及项目均对城市空间发展产生了新的要求。为更加科学地引领城市空间布局，开展了上海土地利用空间发展战略研究，确定了土地利用总体布局。规划全市域形成"一核四翼"市域五大功能板块和"两轴两廊"市域产业布局结构，形成引导建立东西两翼的反磁力城市发展中心，构筑上海具有国际影响力、竞争力的世界城市的多中心空间格局和面向世界、服务全国的两大功能扇面。

3.1.2 坚持城乡统筹，在建设用地规模紧约束条件下推进上海城乡一体化与郊区城市化，形成结构合理、流量适宜、布局有序的建设用地布局

依据《全国土地利用总体规划纲要（2006～2020年）》，至2020年上海市建设用地总规模为2981平方公里，其中城乡建设用地规模2600平方公里。而近年来上海市各级政府审批的中心城、新城与新市镇总体规划汇总的规划建设范围在3300平方公里左右，其中相当部分必须按照科学性和建设次序合理的要求进行瘦身，以达到两者规模上的基本衔接。

为适应新形势下上海城乡空间发展的需求，在空间发展战略的指导下，按照合理拓展和整合中心城，聚焦发展郊区新城，分类指导新市镇的导向，对原各级城市规划确定的建设用地布局进行全面比对、区县分配、范围削减、布局调整。包括对全市战略重点地区的规划保留甚至增加，对非重点地区或规划期内难以全面覆盖的建设用地范围进行削减，预留部分建设用地机动指标，预留各区县农村居民点规模指标。经过市和区县两级"自上而下"、"自下而上"的多次平衡，最终确定全市规划建设用地基本格局，增加重点地区50平方公里，同步削减原总体规划建设范围约430平方公里。

3.1.3 坚持生态优先，充分发挥基本农田、生态林地等保护手段，控制城市增长边界，预置布局和永续维护高品质的城市绿色生态空间格局

上海处于长江河口的冲积平原，地势平坦广阔，土地资源的可用度较高。中心城向周边农村地区梯度式、均等性扩展的趋势一直难以根除，历次城市规划中的绿环、绿楔不断被蚕食，构筑城市绿色屏障是上海城市规划实施的难点。而土地利用总体规划中对基本农田的刚性控制法律手段也成为上海"两规合一"的空间布局的亮点所在。基本农田强控制是构筑城市绿色屏障，控制城市增长边界的有效政策工具。

结合建设用地布局同步完成对全市基本农田布局的全面调整和基本农田机动指标的预留。一方面将规划建设用地中的基本农田全部移出，确保城市规划的顺利实施，另一方面将基本农田布局向市区边缘和近郊区作穿插式布局，使其成为城市周边的生态屏障。对城市规划而言，基本农田布局同时也是一把双刃剑，在固化城市格局的同时，必然对部分未来可能合理的发展调整也带来严重制约。为此，规划中多预留了7万亩基本农田面积以作为机动。

3.1.4 坚持转型发展，按照"盘活存量、用好增量、提高质量"的方针，推进城市建设用地的节约集约利用

上海是国家寄予厚望的"四个率先"的城市，率先促进发展方式转变是当前乃至今后相当时期内上海发展的主导任务。必须坚持盘活存量、用好增量、提高 质量，以结构调整促发展，在土地节约集约利用中推动新一轮产业结构优化升级和经济发展转型。

通过完善土地政策，保障规划实施。规划区内大力引导城镇用地内部结构调整，加快现代服务业发展。科学制定产业用地政策，适度提高产业用地开发强度和利用效率。对于闲置和低效用地，采取二次开发、收购储备、提高利用强度等措施进行有效激活。规划区外大力推进农村建设用地整治，逐步推进零星工业点和居民点的归并与增减挂钩。

3.1.5 坚持管理创新，建立全市城乡建设用地"一张图"管理流程，在统一的土地数据底板上对各类建设项目进行"三线"管理

"两规合一"的核心成果集中在全市城乡建设用地"一张图"，并最终提炼成"三条控

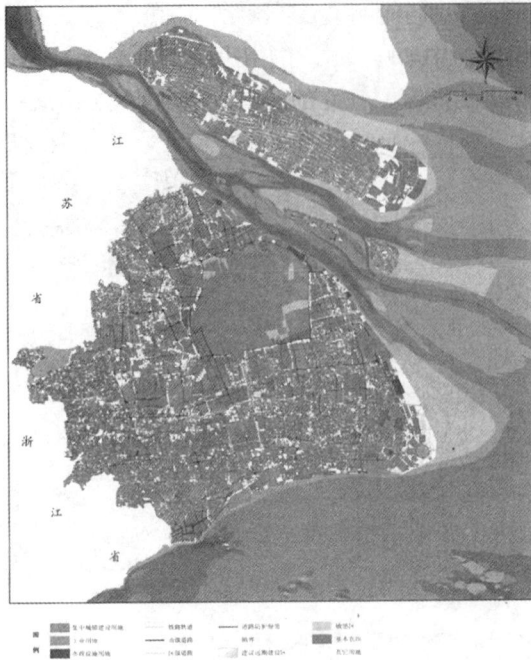

图2　上海市土地利用总体规划的"三线管控"

制线"，即基本农田控制线、城乡建设用地控制线、产业区块控制线作为项目管理的依据。为提高行政管理效率，将"三条控制线"纳入数据平台，在项目管理起始阶段进行计算机自动比对。"三线管控"体现了"两规合一"工作在不侵占基本农田和开放空间、在努力形成较高密度和紧凑的布局结构的两大前提下，实现上海经济社会持续发展的基本规划理念（图2）。

3.2　区、镇级"两规合一"工作的主要特点

延续市级"两规合一"确定的总体思路，为进一步深化细化各区、镇城乡空间发展要求，将"三条控制线"落实到乡镇层面，2010年起依托区、镇两级土地利用总体规划编制，同步开展了对全市各区县的区(县)、镇(乡)城乡总体规划的实施评估、梳理完善等基础性工作，将市级"两规合一"工作逐步深化到区级和镇级。

3.2.1　在建设用地布局上，突出了集中建设区的划分，与城市规划区对接，共同优化和固化市域整体城市化空间格局

城市集中建设区是土地利用总体规划和城乡总体规划"两规合一"技术方案的核心和共同开展行政管理、审批工作的平台。它是一个城市按照城市化发展规律确定的一定时期内城市建设用地连片集聚的发展范围和控制地带，是所有城市开发和产业项目必须全部和严格纳入的范围区域（图3、图4）。

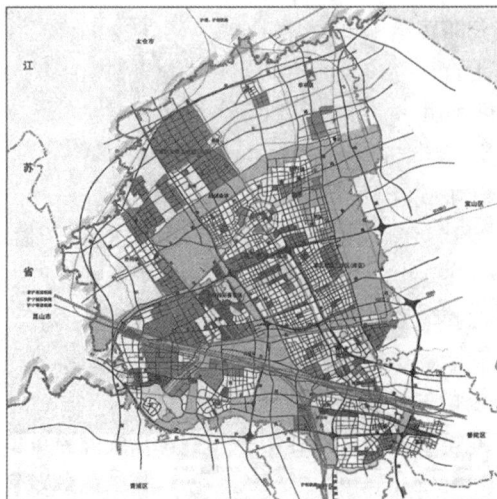

图3　嘉定区城乡总体规划

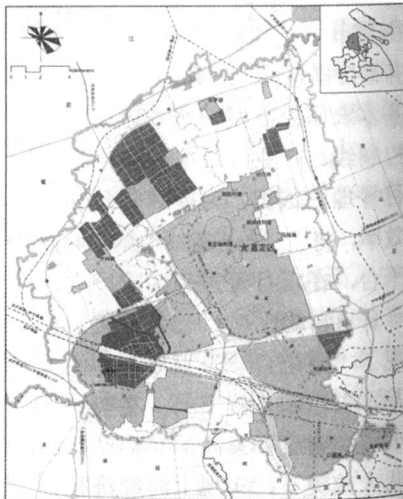

图4　嘉定区土地利用总体规划

结合城乡总体规划梳理，通过对空间布局的合理性和规模指标的约束性的双重考量，科学划定各区县、镇乡的集中建设区。其布局上突出发展重点，注重与既有总体规划和专项规划的衔接；指标上侧重与市级规划对比分析，侧重集中建设区内的流量分析；边界上高度重视生态空间的构建，控制各城市化组团间的蔓延。规划全市集中建设区总面积2815平方公里，占全市土地总面积的41%。包括四类地区：中心城及其功能拓展地区，郊区新城、新市镇和集镇社区，大型产业基地和工业园区，独立的城市大型对外交通站场、市政设施和旅游设施用地。

3.2.2　在建设用地实施管控上，设定集中建设区内外差别化的管控规则，稳步和有序地推动集中建设区外农村建设用地减量化

城市集中建设区内坚持总体规划和详细规划的编制先行和全覆盖推进，为项目策划、安排和引进奠定基础。按照上海城市集约发展和产业转型发展的要求，严格规定新增和扩建工业用地一律进入104个工业区块，严格规定农民集中安置小区进入集中建设区。

集中建设区外采用用途管制，通过建设用途的刚性要求和空间选址的适度弹性保障各类基本建设需求。对新农村公共设施、农民个人建房、交通市政线性工程和点状项目选址，通过削减集中建设区外建设用地和基本农田机动额度予以实施，在布局上除农村民生项目外，其余通过专项规划确定，从而从根本上避免了集中建设区外的过度发展，且对于合理的乡村建设需求保障了灵活和高效性。同时，稳步和有序地推动农村建设用地减量化。综合运用城乡建设用地增减挂钩等政策，大力鼓励对低效、废弃的现状农村建设用地进行复垦，适时对区县下达的年度复垦指标和考核要求，进行建设用地指标和耕地占补指标的集中使用和市场调剂（图5）。

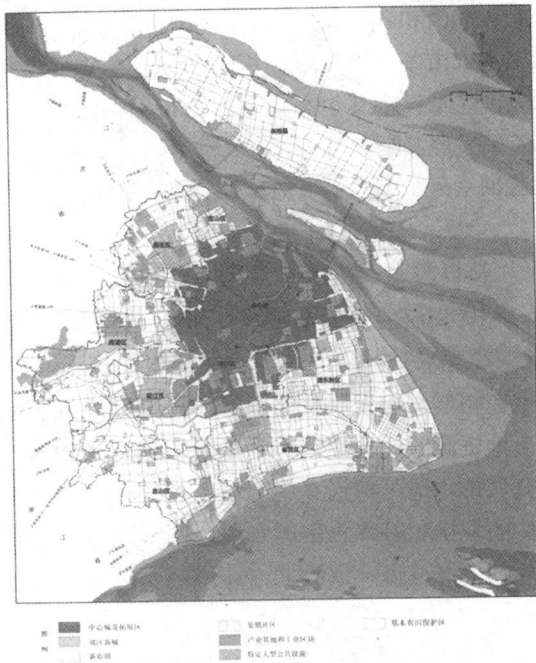

图5　上海市各区县土地利用总体规划

3.2.3　在基本农田布局上，全面开展基本农田图斑落地，与集中建设区有机组合，形成保障上海长远发展品质的生态网络格局

区、镇"两规合一"的另一项重要工作就是在镇级规划层面进行基本农田地块的全面落地，成为每年度国家土地例行督查、专项督查、土地审计和执法检查工作的基础。基本农田的布局上，延续市级规划的基本思路，集中建设区内不划定基本田，保障规划实施，同时将集中建设区外符合国土资源部基本农田划定口径的农用地剔除部分过于零碎的农用地后全部划入。由于上海耕地资源严重不足，而建设用地需求仍处于旺盛阶段，基本田划定范围最终与城市建设用地范围呈现了紧密型的"相邻布局"的格局，虽然给城市集中建设区争取了较大的空间规模，但同时基本农田布局以及国家最为严格的保护制度对各区县政府、市政府各部门和各乡镇共同维护本轮规划成果提出了空前严格的要求。

本市基本农田布局规划的另一个重要特点，是在保证基本农田生产功能的同时，注重发挥其生态功效，在布局上注重与集中建设区有机组合，形成保障上海长远发展品质的基本绿色生态网络。

4 相关思考

从我们的管理实践看，承认"两规"差异，分析各自特点，是做好"两规"统筹衔接的前提。"两规"差异主要表现在四个方面：在指导思想上，城市规划重在拓展城市发展战略地区，土地利用规划基于土地资源的有限性，更多地关注土地资源节约利用，特别是对耕地资源的保护。在工作内容上，城市规划重点研究城市化地区特别是中心城的规划，土地利用规划重在对全市与各类用地数量结构的安排和基本农田的布局，区分城市建设用地和农用地。在发展规模上，城市规划根据城市一定时期内经济社会的发展需求进行规模预测，土地利用规划按照国家—省—地市—县市—乡镇的顺序对指标进行层层分解。在空间布局上，城市规划希望给城市较为长远的发展留有空间，土地利用规划从保护优质耕地的角度，通常对近郊耕地以基本农田的方式进行保护。

上海的"两规合一"工作就是在承认上述差异的基础上，将城市规划管理和土地规划管理各取所长，相得益彰，作为工作的出发点，力争形成"以规划引领土地，以土地保障规划"的新格局。这项工作对上海城市规划管理也将带来一系列的深刻影响。

4.1 变革了规划管理理念，提高了城市规划的管控能力

历史反复证明，城市规划更多地立足于破局，而在保护城市增长边界的管理方面束手无策，城市总体结构往往一破再破。"两规合一"之后，建设用地范围控制线的出台直接给原来天马行空的城市建设用地套上了锁笼，而这个锁笼基本上由刚性突出的基本农田作为生态屏障，"两规"由相互冲突转变为相互锁定、支撑，大大减少了调整的频度和程度，锚固了城市增长边缘管理，以追求达到保障耕地资源、保障经济发展、引领城市布局的"双保一引领"的境界。

4.2 引入了年度计划手段，提高了城市规划的配给能力

"两规合一"以后，可以首度引入土地管理的年度计划手段，包括年度建设用地计划（农转用与占补平衡）、年度土地储备计划、年度土地出让计划等，通过指标管理和分配方式，调节统筹各类建设项目，引导各类建设用地向规划建设范围集中，使得城市规划成为真正引导城市建设发展的行动规划。

4.3 明晰了数据分析意识，提高了城市规划的政策能力

城市的发展受经济周期影响显著，传统的城市规划工作只是关注长远性、理想性、技术性的城市空间布局，而对如何参与城市发展调控、解决社会热点问题提供公共政策方面一直是个软肋。

"两规合一"之后，土地工作一以贯之的资源、资产、资本的政策思路，土地市场监测和板块研究的实际需求，土地政策的效果评价与调整，土地出让收入中相关资金的财力

安排，规划范围内的各类建设用地与建筑的资源量化数据和空间库的建立，都将提升城市规划参与社会经济发展调控、制定相应公共政策的需要与能力。

4.4 统一了规划建设范围，提高了城市规划的实施能力

"两规合一"整体性地从共同确认的规划建设用地范围内移出了基本田，解决了建设项目审批环节上最突出的规划与土地管理两人部门管理依据不尽统一的体制缺陷，为城市各类基本建设项目的报批提供了统一高效的审批平台，保证了政府行政许可的简便和有序。

同时，通过进行建设项目审批的标准流程再造，推进审批环节的简化合并和同步受理，比如说建设项目选址书与建设用地预审同步办理等，对城市规划实施管理提供了变革性的契机。

参考文献

[1] 上海市人民政府. 上海市土地利用总体规划（2006-2020年）[Z]. 2009.

[2] 上海市城市规划设计研究院. 上海市城市总体规划实施评估 [Z]. 2009.

[3] 胡俊. 规划的变革与变革的规划——上海城市规划与土地利用规划"两规合一"的实践与思考 [J]. 城市规划，2010（6）.

[4] 上海市城市规划设计研究院. 上海市土地利空间发展战略研究 [J]. 上海城市规划，2011（3）.

资源紧约束下土地储备保障规划实施机制探索 ❶

陈柳新 ❷　杨成韫 ❸

1　引言

规划是确保城市空间资源的有效配置和土地合理利用的前提和基础，是实现城市社会经济和社会发展目标的重要手段，是土地储备的基础和保障。储备土地必须遵循规划先行，服从规划的原则。许莉俊等（2006）探讨了以城市规划为导向的经营性土地储备规划问题；赵成胜等（2011）研究了城市土地储备规划定位及与相关规划的关系。土地储备与城市规划的关系是大多数城市面临的重要问题（范宇等，2009）。

深圳市土地资源日益紧缺，土地资源难以为继的紧约束日益明显，土地储备已成为保障城市规划实施的关键环节。2004 年，深圳市获批全市城市化，随之大规模开展了城市化转地，是土地储备的重大行动。然而，在当时的部门分割体制下，原土地储备工作与城市规划管理严重脱节，现有储备土地大部分为生态用地，存在可建设用地比例低、储备土地未能与未来城市重点发展地区形成有效配合、大部分储备土地仍存在各种各样的历史遗留问题，规划实施普遍存在供地困难等等问题，深圳面临着土地倒逼规划、阻碍城市发展的困境。2009 年，深圳实施新一轮机构改革，规划国土部门合并。在此背景下，通过梳理分析深圳市储备土地的现状特征，客观评估储备土地保障规划实施的潜力；针对储备土地与规划及规划实施计划衔接存在的问题，基于保障规划实施视角，文章提出了资源紧约束条件下，加强土地储备与"两规合一"的规划实施体系衔接的思路，建立土地储备与规划互动工作机制；阐述了当前深圳在建立土地储备与规划互动机制方面的探索与实践。

从国家到地方，对土地储备和储备土地有不同的理解，储备土地又有狭义和广义之分①。为全面摸清深圳市土地资源情况，本文研究对象为广义的储备土地，即为全市所有未批未建的国有未出让土地。

2　规划视角的储备土地特征分析

截至 2010 年底，深圳的储备土地总面积约 367 平方公里，主要分布于经济特区拓展区，但大部分储备土地仍存在遗留问题，包括征/收地历史遗留问题、用地遗留问题、违法侵占问题等等，情况复杂，极大地影响有效供给。

---

❶ 本文来源：《多元与包容——2012中国城市规划年会论文集》，云南科学技术出版社2012年9月出版。
❷ 陈柳新，深圳市规划国土发展研究中心。
❸ 杨成韫，深圳市规划国土发展研究中心。

　　为全面掌握储备土地的规划情况，运用 GIS 空间叠合分析功能，在空间上将储备土地在各项规划中的情况进行叠合分析，综合考虑储备土地与土地利用总体规划、基本生态控制线及与法定图则（控制性详细规划）的关系等，综合判断储备土地的可建设规模、规划用途情况、规划地块规模等，具体表现为以下特点：

　　（1）储备土地的规划可建设比例低。由于历史上部门分割体制的原因，原土地收储工作与城市规划工作严重脱节，相关规划间也存在一定的衔接问题。根据储备土地与土地利用总体规划、基本生态控制线以及法定图则等规划的叠合分析，规划均可建设的储备土地面积仅约 106 平方公里，不足储备土地总量三分之一，其余为部分规划可建用地或规划均不可建设的生态用地。

　　（2）储备土地规划公益性用地比例高，经营性用地比例低。规划可建设的 106 平方公里储备土地中，以道路广场用地、绿地、居住用地、工业用地等规划用途为主。其中，公益性用地面积约占 62%；经营性用地面积约占 38%。

　　（3）规划可建设储备土地中规模地块面积比例较高，但面积小、零散储备地块数量多。依据规划细分的地块进行地块规模分析，在可建设储备土地中，5 万平方米以上地块占可建设储备土地总量的 41.2%，1 万～5 万平方米地块占可建设储备土地总量的 40.3%，1 万平方米以下的面积约占储备土地总量的 18.5%，但 1 万平方米以下地块数量占地块总数的 76%，地块平均面积仅 1939 平方米。可见，尚有大量零散储备地块有待结合周边用地进行整备、整合，提升综合价值。

　　总之，原土地收储工作与城市规划工作严重脱节，现状储备土地存在遗留问题多、规划可建设比例低、经营性用地比例不足、零散地块数量多，综合利用困难、难以与未来城市重点发展地区形成有效配合等问题，进而导致规划实施普遍存在供地困难问题，形成了土地倒逼规划、阻碍城市发展的困境。

3　储备土地保障规划实施潜力评估

　　为全面掌握规划实施的土地需求与现有储备土地供给的关系，评估现有储备土地保障规划实施潜力，为未来土地收储工作及规划实施管理工作提供决策参考。依据储备土地的情况，结合近期建设规划、年度实施计划等，从用地供需关系、用地结构及空间关系方面，对现有储备土地保障规划实施潜力进行评估。

　　（1）用地供需关系

　　储备土地总量上可满足近期建设规划的用地需求，但存在供需用地结构的不平衡问题。

　　根据《深圳市近期建设与土地利用规划（2010～2015）》，近期建设规划实施的土地需求总量为 74 平方公里，对比规划均可建设的现有储备土地，全市规划均可建设储备土地总面积约为 106 平方公里，仅仅从储备土地总量上看，可以满足近期建设规划的用地需求。但在现有规划条件下，仍与近期建设规划土地需求存在用地结构的不平衡，数量上直接表现为政府社团用地及道路交通用地两大类不能满足规划实施的用地需求。

　　（2）用地结构关系

　　根据《深圳市城市总体规划（2010～2020）》用地增量，结合现有储备土地规划用途情况进行用地供需数量关系的对比分析。经过部分用地用途转换,公益性用地可实现基本平衡。经营性用地中,居住用地、商业服务业用地缺口大,远期需进一步加强工业用地改造、回购等手段新增储备土地,以满足市场居住用地、商业用地需求。

(3)用地空间关系

规划实施计划与储备土地空间契合度低,有待完善相关工作机制和加快储备土地遗留问题处理。现有规划条件下,储备土地与近期建设规划中各类建设项目空间契合度低。例如,近期建设规划的公共基础设施建设项目中,涉及储备土地面积仅占相应设施总用地面积的24%。年度实施计划选址范围,涉及储备土地面积仅占31%,结合未来规划的优化调整及相关工作机制的完善,现有储备土地与实施计划的空间契合度将有较大的提升潜力。

综上所述,现状储备土地从总量上看可以保障近期建设规划的实施,但存在供需结构不平衡,以及与近期建设重点地区、建设项目空间契合度低等问题,因此,其实际的保障能力将大打折扣。为进一步强化土地储备保障规划实施能力,需要完善相关工作机制,探索土地储备与城市规划互动机制,进一步推动土地储备与规划实施的良性互动、相互促进。

4 土地储备与城市规划互动机制探讨

4.1 土地储备规划与城市规划体系衔接

城市规划与传统土地储备规划之间既存在同一性,又存在差异性。城市规划侧重于综合分析城市的发展条件,既要考虑长远的效果,还要兼顾近期的发展,尽可能谋求经济效益、社会效益和环境效益的统一;土地储备规划是实施城市规划的保证,目标是为了具体落实城市规划和土地利用体规划,其出发点是基于土地利用规划,对具体建设项目的落实(郭忠诚,2011)。土地储备需要为城市建设集聚资金,它根据城市规划优化土地资源配置、调整土地功能分区、盘活存量土地资产、有效提升城市土地集约利用程度,多从微观出发考虑地块使用,侧重经营性土地,更多地注重近期的效果和开发土地创造的经济效益。

土地储备规划的编制必须以城市规划、土地利用规划以及规划实施计划为依据,在城市总体规划指导下,与城市发展方向和近期建设重点相一致,可以理解为是配合规划实施的一项专项规划,也可以理解为是土地利用规划的一项具体实施规划。

目前深圳"两规合一"的规划实施体系已逐步形成,总体规划层面实现统一组织、同步编制、内容衔接,详细层面实现空间边界、用地分类的对接,规划实施层面实现了近期建设与土地利用规划及其年度实施计划的统一。在资源紧约束条件下,土地储备(整备)规划的重要性日益显现。为保障规划实施,强化土地储备与规划的融合互动,应从规划体系对接入手,建立与"两规合一"规划实施体系对接的土地储备规划体系。对应"总体规划—详细规划—近期建设与土地利用规划—年度建设与土地利用计划"的"两规合一"规划实施体系,建立"土地储备总体规划—土地储备近期规划—土地储备年度计划"的土地储备规划体系。其相互关系如下图所示:

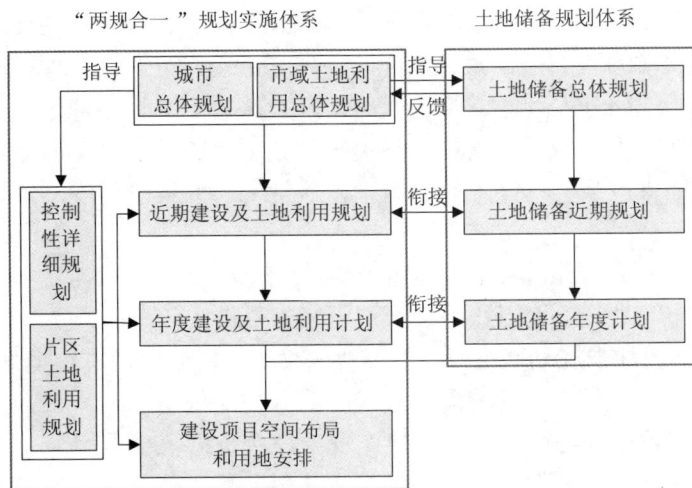

图 1　土地储备与"两规合一"规划实施体系的衔接关系

4.2　建立土地储备与规划互动工作机制

加强土地储备与城市规划的衔接，建立土地储备与规划互动的工作机制，应强化土地储备与规划编制、规划管理实际工作的相互衔接。土地储备制度若不能与规划管理有效结合，其结果既妨碍了土地储备价值的最大化，也影响了城市规划的实施。因此，无论是从提高规划的执行力和控制效果，还是从提高城市土地开发的经济效益的角度，都应加强土地储备与规划管理的衔接，建立土地储备与规划及实施计划互动工作机制。对未来新增储备土地，应树立规划引导储备观念，土地储备计划、实施要与城乡发展的方向、功能和时序相结合；对现有储备土地，规划编制、管理应充分考虑储备土地的综合、高效利用，实现储备土地利用效益的最大化。

从长远来看，要实现土地储备工作与规划、规划实施计划的良性互动，应建立土地储备与规划及实施计划互动工作机制，完善工作流程，加强土地开发、出让环节前期的研究等方面开展相关工作，具体包括：

（1）建立土地储备与规划及实施计划互动工作机制。树立规划引导储备观念，拟定土地储备及供应计划，并反馈调整规划及规划实施计划。土地储备应发挥协调土地供需平衡

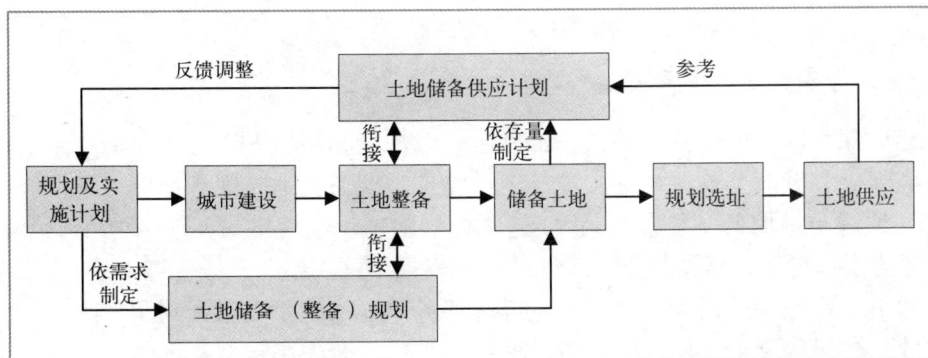

图 2　土地储备与规划及实施计划互动关系

的作用。一方面，土地储备部门应及时掌握最新的规划动态，在充分解读和衔接规划、规划实施计划的土地需求的基础上，做好土地储备规划，并充分衔接协调好土地整备计划进行实施。例如，对于战略开发地区、交通枢纽地区、轨道交通沿线地区、大型公共设施周边地区等潜在的土地升值区域，应根据规划提早储备。另一方面，应依据现有储备土地的情况、参考历年土地供应情况，制定储备土地供应计划，并适时对规划及规划实施计划进行反馈调整。

（2）在实际的规划管理工作中，应加强土地储备与规划及规划实施计划在规划编制、土地征收、回购工作策划、土地出让等环节进行紧密的衔接。

在规划编制中，应加强规划地块开发兼容性研究，包括使用性质和规划指标的兼容性，规划应满足市场对土地多元化开发的需求。同时应强化对储备土地未来开发建设的经济性分析，在兼顾公平与效益的基础上，规划应实现土地经济价值最大化。

在土地征收、回购等土地储备工作前期策划阶段，应加强规划衔接审查环节，充分考虑储备土地与规划及规划实施计划的衔接，避免出现征收、回购用地与规划及实施计划脱节现象。

在土地出让工作中，应深入研究不同用途的招、拍、挂出让地块的规模，改变简单依据路网划块出让、简单成片出让的做法，对于经营性用地，应依据规划、把握市场需求，由城市储备机构统一收购储备，在研究毗邻地块、连续地块土地储备和开发投放顺序基础上，合理安排土地投放时序，选择合适时机出让，把握获取更大利润空间的可能。

通过衔接土地储备与规划实施体系，建立土地储备与规划互动的工作机制，以规划实施为导向，土地储备（整备）与城市规划在空间上、实施时序上将逐步形成良好的契合关系，将土地储备（整备）与规划重点发展地区和重大建设项目相结合，从而保障规划选址能在时序和空间上真正落实（施源，2008）。与规划及规划实施计划紧密结合的土地储备（整备）规划和计划，一方面提高了城市土地资源配置效率，有效地保障并促进了规划实施；另一方面，通过土地储备（整备）规划的实施，将土地储备（整备）规划和计划实施面临的问题，及时有效地反馈城市规划和土地利用规划，对城市发展目标、布局安排、土地利用计划等进行完善和深化。

5 探索与实践

5.1 土地储备促进规划实施

近几年，深圳在土地储备（整备）工作中，以规划为引导，进行了积极的创新与探索实践，建立了规划导向型的"规划实施—土地整备—储备土地—规划选址—用地供应"的实施机制。通过土地储备（整备），建立起"规划实施—土地供给"的桥梁。配合近期建设规划，制定了近期土地整备规划，对近期重点发展地区、近期建设轨道沿线及站点地区、重大基础设施、产业基地及周边地区等土地，通过储备土地历史遗留问题解决、旧村、旧工业区回收回购、闲置土地回收等储备（整备）手段，分类制定储备（整备）计划及空间安排；在土地储备（整备）近期规划的指导下，衔接年度实施计划，制定每年度土地整备计划，通过实施年度土地整备计划，保障了年度实施项目用地落实，进而大大保障并促进了规划实施，有望逐步走出土地倒逼规划、阻碍城市发展的困境。

5.2 规划实施促进储备土地经营

土地储备保障和促进规划实施，反之，规划实施也能促进储备土地的经营。在土地资源日益紧缺的背景下，深圳在城市规划中提出产业改造升级，旧城、旧村更新等规划发展策略及实施计划，并通过城市更新单元规划、城市发展单元规划等实施导向型规划的探索，在规划编制过程中，综合运用规划、土地、政策等多种手段，提出以用地置换、整村（整单元）统筹等各种形式，统筹考虑规划实施与土地综合开发、储备土地历史遗留问题。通过规划创新与实施探索，整合土地资源，提升土地价值。一方面，推进了储备土地历史遗留问题的解决，扩宽了储备土地来源，为城市未来发展储存空间；另一方面，通过规划实施，整合零散储备土地，提升地区及周边土地综合价值，进而提升了现有储备土地的综合价值，有效促进储备土地的可持续经营和运作。

5.3 综合评估，动态调整

从规划编制到规划实施，其过程包括土地的收储、土地的经营、土地出让的过程，是一项系统而复杂的工程，其实施效果受市场、国家经济、政治等宏观政策等影响极大，因此，需要结合规划实施情况，对土地整备实施计划、土地投融资计划、经营管理计划等实施情况进行综合性的年度评估，在不断总结实施效果及存在问题的基础上，结合形势变化，适时调整经营管理计划，探索形成一套切实可行的从"计划 - 实施 - 实施评估 - 计划调整 - 实施"的可持续运作工作模式。目前，深圳已尝试建立年度综合评估机制，从土地储备到规划实施的各个环节，在年度综合性评估中得到有效的反馈，进而对规划、规划实施计划、土地储备实施计划等进行动态调整。

6 结语

本文基于机构合并、规划国土业务融合的大背景，仅仅从储备土地与规划及规划实施计划衔接存在问题分析入手，基于保障规划实施视角，提出资源紧约束条件下，加强土地储备与城市规划衔接的思路，提出土地储备与"两规合一"规划实施体系衔接思路，以及建立土地储备与规划互动工作机制的探索；阐述了当前深圳在建立土地储备与规划互动机制的探索与实践。实际上，土地储备与现行土地政策、国家宏观经济政策等关系，现行土地储备制度与土地政策改革之间的关系，土地投融资经营管理与国家宏观经济政策的关系等研究都非常重要，本文并未涉及，仍有许多工作有待开展后续相关课题作进一步研究。

注释

① 土地储备：根据 2007 年国土资源部等三部门发布的《土地储备管理办法》和《深圳市土地储备管理办法》，土地储备是指市土地储备机构为实现调控土地市场、促进土地资源合理利用目标，将政府依法通过征收、转地、收回、收购、置换等方式取得的土地予以储存，并进行必要的整理和日常管理，再按照年度土地供应计划交付供地的行为。

土地整备：这一概念在国外及我国台湾地区相对比较成熟，从实践来看，它是一项综合性的工作，包括城市更新、土地收购、土地征收、配套基础设施建设等，其主要目的是服务于城市规划和土地利用规划的实施。相比土地储备，其更加强调服务于规划实施的土地提前清理与准备。

储备土地（狭义）：依据《深圳市土地储备管理办法》、《深圳市国有未出让土地日常管理暂行办法》，储备土地是指，按照规划功能划分，除农业用地（含基本农田）、水库和水源保护区、河道及海堤范围内用地、城市公园（含城市公共绿地）、郊野公园用地和林业用地（含森林公园）之外的国有未出让可建设用地。

储备土地（广义）：2004年深圳市城市化转地工作，理论上已将全市所有集体土地转为国有，因此，广义的储备土地应包括行政区域范围内所有未批未建的国有未出让储备土地。

参考文献

[1] 林廷均.城市规划要贯穿土地储备始终[J].中国土地，2006.11.

[2] 许莉俊，徐里格.城市规划导向的经营性土地储备近期规划初探——以广州为例[J].规划师，2006，22（11）61-64.

[3] 刘明皓，邱道持.基于集约和节约利用的土地储备研究——以重庆市都市圈为例[J].现代城市研究，2007.07.

[4] 赵成胜，黄贤金，陈志刚.城市土地储备规划的相关理论研究[J].现代城市研究（引：59-62）.

[5] 王歧峰.浅谈土地储备与规划的关系[J].决策管理，2007.11.

[6] 郭忠诚，施玉麒.上海经营性土地储备规划若干问题探讨[J].上海国土资源，2011.02.

[7] 施源，许亚萍，李怡婉.面向规划实施的土地整备机制探讨——以深圳土地整备规划工作为例[M]//2008中国城市规划年会论文集，2008.

[8] 范宇，王成新，姚士谋，等.土地储备与城市规划良性互动的机制研究[J].经济地理，29（12）：2061-2065.

从技术探索走向实施机制

——重庆市新一轮区县城乡总体规划的改革方向 ❶

钱紫华 ❷   易 峥 ❸   何 波 ❹

我国在20世纪80年代初期开始使用"城乡一体化"的概念,经过20多年的实践与发展,"城乡统筹"理念逐渐从地方上升至国家的重大战略。党的十六大明确提出了统筹城乡经济社会发展的要求,十六届三中全会上则进一步明确了"五个统筹"的要求,将统筹城乡发展摆在首位 [1]。与此同时,随着学术界对"城乡统筹"研究持续的开展 [2],诸多地区广泛地开展了城乡统筹规划的编制实践。而这其中,县(市)城乡统筹规划则又是实践中的重点。

1 我国县(市)城乡统筹规划工作探索历程

我国县(市)城乡统筹规划的实践,主要集中在两个阶段。

第一个是20世纪90年代的实践探索阶段,这期间规划编制地区主要集中在东部地区(主要是长三角和珠三角地区)的中等城市,且具有明显地方推动属性。典型的工作,如《南海市城乡一体化规划》、《温岭市城乡一体化规划(1998~2010)》、《江宁县县域规划(1999~2010)》等。这期间重点就规划的编制技术进行了探索 [3-5],比如全域空间布局、区域空间管制、规划向乡村的延伸等。

第二个是21世纪以来的实践推进阶段,相关的实践工作已不再局限于我国东部地区,中西部地区的一些省市已经进入到"城乡统筹"的改革序列。从这阶段的实践来看,相关工作已经从技术探索逐步走向了立法改革。众多省市尝试通过立法的方式,将部分改革成果予以法定化。通过地方城乡规划条例的出台,省域城乡总体规划、次区域城市群规划、县市域总体规划等若干形式的规划成为地方法定规划;同时,一大批规划编制办法的出台,解决了部分创新型规划编制无标准可依的问题 [6]。

2 县(市)城乡统筹规划工作的经验总结

经过持续的规划实践,我国在县(市)层面的城乡统筹规划编制方面,逐步形成了诸多的经验共识。

---

❶ 本文来源:《多元与包容——2012中国城市规划年会论文集》,云南科学技术出版社2012年9月出版。
❷ 钱紫华,重庆市规划设计研究院城乡发展战略研究所。
❸ 易峥,重庆市规划设计研究院。
❹ 何波,重庆市规划设计研究院。

2.1 县（市）是推进城乡统筹规划工作的最佳平台

首先，县（市）是中国社会的基层行政单位，是落实国家政策的基本单元。从历史演变来看，县建制长期相对比较固定，很少改变；在地域大小上，县级行政区域一般在1000平方公里左右，这个范围内既有城、也含乡，并且城乡之间有着紧密的政治、经济和社会联系。其次，从行政架构来看，县（市）既要承接省级层面布置的任务，又要对下级乡镇实施管理和监督，担负着"承上启下"的重要作用；而且从行政事权来看，县（市）下属的各部门是行政管理垂直部门的末端，因此县（市）也是部门分割体现最为明晰、也最有可能协调的一级。因此，不论从空间单元上还是从行政架构单元上，县（市）是推进城乡统筹规划工作的最佳平台，适合进行城乡统筹改革实践。

2.2 县（市）城乡统筹规划已成为诸多地区城乡规划体系中的法定规划

在国家层面的《城乡规划法》中，法定规划中并不包含"县（市）城乡统筹规划"等类似提法。但在我国诸多省市，这一类型规划也许名称各异（县域总体规划、城乡总体规划等），但都进入了法定规划序列。如浙江省继2005年1月正式发布《浙江省统筹城乡发展推进城乡一体化纲要》后，2010年10月正式实施《浙江省城乡规划条例》。浙江省的条例中第三条，正式提出"本条例所称的城乡规划，包括城镇体系规划、城市规划、县（市）域总体规划、镇规划、乡规划和村庄规划"。"县（市）域总体规划"则成为浙江省的诸多法定规划的类型之一。在重庆市，为有力推动城乡统筹改革工作，2010年1月颁布了《重庆市城乡规划条例》中，这个条例中也同时明确了"市城乡总体规划和其他区县（自治县）城乡总体规划"的法定地位。

2.3 县（市）城乡统筹规划在技术方面形成了基本共识

从浙江、广东、重庆、四川、陕西等地的实践和成果来看，县（市）城乡统筹规划在技术层面形成了较大的共识。

总体来看，各地的规划实践与成果尽管并不一致，但核心内容却体现出诸多共性。基本上，规划的核心内容包含了区域产业统筹发展、区域人口与城镇化、区域资源保护与利用、区域城乡空间利用与布局、区域综合交通规划、区域文化保护与传承、区域环境保护与生态建设、区域市政公用设施规划、区域综合防灾减灾规划等九个方面。

从规划编制的具体方法来看，重要的创新和突破点也逐渐趋于一致，比如规划范围拓展至全域、强化区域层面的协调、强化跨部门规划的协调、强化全域的空间协调布局、强调基础设施和公共服务设施实现向镇村延伸、强化全域的空间管制体系等。

3 重庆市上一轮区县城乡总体规划的工作回顾

3.1 上轮工作过程

重庆市上一轮的区县城乡总体规划编制工作，具体从如下三个方面予以开展：

一是确定规划编制的试点，积极开展第一轮区县城乡总体规划编制工作，具体探索规划编制方法的创新。结合试点区县的实际情况，实践工作重点在 2001 年以来编制的区县城市总体规划、区县城镇体系规划、区县新农村总体规划三个规划基础上，对相关成果进行发展延伸与适当完善，来编制区县城乡总体规划。

二是积极推行与区县城乡总体规划匹配的规划编制体系，实现规划编制试点与体系的全面对接。结合相关研究，重庆市规划系统提出了"两阶段、三层次、三类型"的规划层次结构，试图建立具有重庆特色的、打破城乡分隔的规划编制体系[7]。

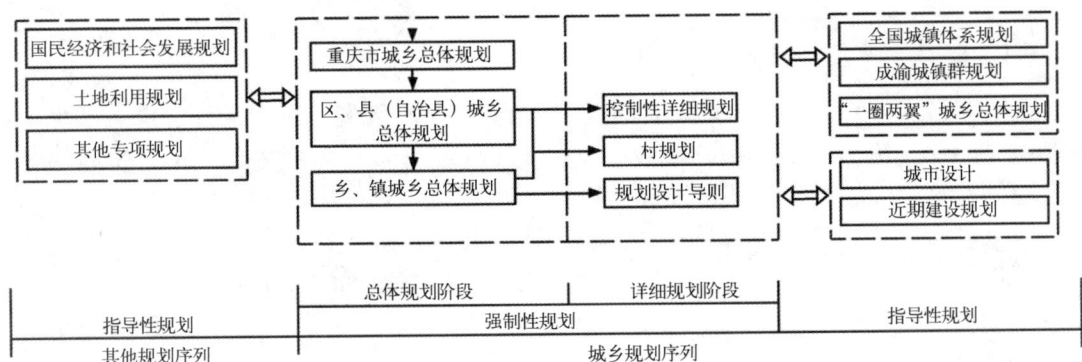

图 1 "两阶段、三层次、三类型"的规划层次结构

三是结合区县城乡总体规划的具体编制，开展相关规划编制导则的编写，为全面推行重庆市远郊区县的城乡总体规划编制工作打下基础。总体上，导则涵盖了城乡总体发展战略、城乡产业发展规划、城乡空间引导与管治规划、中心城区总体布局、中心城区基础设施规划、中心城区住房建设规划等多个方面。

3.2 工作成效与问题

在为时两年的区县城乡总体规划编制试点过程中，重庆市规划系统在应对区县各类城乡规划与其他综合规划、专项规划的综合协调方面获得了重要的经验，部分创新型的编制思路与技术方法也得到了充分的应用。与此同时，两年的试点工作也暴露出了一些问题[8]。

一是规划编制导向的问题。从重庆市规划系统角度而言，其推动区县城乡总体规划试点工作，在于试图解决传统区县城市总体规划编制的"城乡分割"的问题。但从具体的试点成果来看，部分试点区县却试图重点对区县城市的发展定位与发展规模予以"突破"，对真正意义上的"城乡统筹"关注颇少。

二是规划编制协调的问题。在重庆市区县城乡总体规划编制改革过程中，提出了"三规合一"的编制思路，并对"部门分割"现象进行重点协调。但在协调过程中，却出现了其他部门推行的"四规叠合"工作。这也意味着，原有工作尚未完全"协调"好之时，新的部门分割问题又出现了。

三是规划成果实施的问题。由于在试点工作结束之时，重庆市政府暂停对 2005 年以来审批通过的区县城市总体规划修编的审批，所以尽管"城乡总体规划"在重庆市获得了法定地位，但所有试点区县的城乡总体规划无法实行报批程序，不得已只能作为研究予以结题。这也意味着，上轮的区县城乡总体规划基本不可能予以实施。

4 重庆市新一轮区县城乡总体规划工作面临的困境

2012 年 4 月，重庆市继 2007 年第一轮区县城乡总体规划试点工作之后，再次召开了"区县城乡总体规划交流研讨会"。这次研讨会的召开，意味着重庆市将开启新一轮的区县城乡总体规划工作。新一轮的工作既将立足于全国实践所形成的重大共识的基础之上，同时也将积极吸取上一轮试点工作的相关经验。这项工作重点面向区县的实施层面，其开展亦将面临诸多的困难。

4.1 区县城乡总体规划的地位问题

在浙江县（市）、成都等地，县（市）域由县（市）域规划统揽，县（市）不再单独编制城市总体规划。而在重庆，城乡规划体系中区县城乡总体规划和城市总体规划均为法定规划。这二者的关系，一直未得到解决与澄清。因此，重庆市自 2007 年 5 个区县启动的区县城乡总体规划试点编制工作，至今未获批准。对于"区县城乡总体规划"这一创新型规划，无论是其地位还是其实际效果，在规划管理部门和地方政府中尚存在诸多疑惑。

4.2 单一城镇化战略造成对区县城乡总体规划忽视的问题

当前，重庆市"强化大城市规模"的单一城镇化战略，造成了各个区县对城乡总体规划编制的极大忽视。

2011 年《重庆市城乡总体规划（2007 ~ 2020 年）（2011 年修订）》的批复，确定了重庆市主城区城镇人口 1200 万、用地规模 1188 平方公里的总体发展框架；而自 2010 年以来，重庆市委市政府推出的支持区域性中心城市发展的文件，六大区域性中心城市城市规模被大大提升。如表 1 所示，上述文件中的城市人口合计已达 1800 万，加上已批的区县城市总体规划和 400 个建制镇，到 2020 年市域城镇人口至少为 2800 万，如全市常住人口届时按 3250 万计，城镇化率会高达 86%（《重庆市城乡总体规划（2007 ~ 2020 年）》中预测是 70%）。

重庆市支持重点城市发展的相关文件　　　　　　　　　　　　　　　　表 1

政府文件	审批函	城市	规划城市规模（平方公里）	规划城市人口规模（万）	职能定位
国务院关于重庆市城乡总体规划的批复	国函〔2011〕123 号	主城区	1188	1200	我国重要的中心城市之一，国家历史文化名城，长江上游地区经济中心，国家重要的现代制造业基地，西南地区综合交通枢纽
关于加快把万州建成重庆第二大城市的决定	渝委发〔2010〕16 号	万州区	120	150	渝东北地区中心城市，重庆第二大城市
关于加快把黔江建成渝东南地区中心城市的决定	渝委发〔2010〕36 号	黔江区	50	50	渝东南地区中心城市
关于加快涪陵区经济社会发展的决定	渝委发〔2010〕37 号	涪陵区	100	100	辐射带动渝东北、渝东南地区的重要枢纽
关于加快江津、合川、永川经济社会发展的决定	渝委发〔2011〕24 号	合川区、江津区、永川区	各 100	各 100	主城重要的卫星城市

在上述文件的引导下，各区县更为关注中心城区的规模扩张，强化了对区县城市总体规划修改、修编的重视，而忽视了"以城乡统筹为核心"的区县城乡总体规划。

4.3　区县城乡总体规划编制过程中部门协调的难题

为实现空间资源的合理利用和区域可持续发展，以空间规划统筹其他部门规划是一个必然的趋势。在重庆市上一轮的改革试点过程中，尽管在各区县编制城乡总体规划中均试图加强与发改委、国土等其他规划的衔接，但效果并不理想。在规划部门推行区县城乡总体规划的同时，相关部门还另起炉灶，选择试点区县编制了《区县"四规叠合"综合实施方案》。

目前由于重庆市所处的发展阶段和实际情况，体制机制改革的动力较弱。部门分割、职能交叉现象突出，跨部门获取数据的难度大，各项规划整合还流于形式。

4.4　区县城乡总体规划编制过程中基础资料的难题

重庆市规划局近几年开展了区县城市总体规划评估、区县城乡空间资源调查与规划分析报告、村镇数据库建设等，一定程度上缓解了城乡规划编制与基础资料欠缺的矛盾，但基层基础数据的不准确、基层规划的缺失却依然客观存在。

一是基层基础资料的缺失。开展区县城乡总体规划的编制工作，首要地是相关基层基础资料覆盖全域。从规划实践的实际来看，最基础的数据如人口、土地利用等，都存在较大的缺失。区县对于基础资料的搜集整理工作非常落后，一些区县除了中心城区的数据尚可利用外，涉及镇（乡）、村的大量数据则不真实或者干脆缺失。

二是基层规划编制的缺失。东部发达地区由于规划工作开展早，且自下而上编制规划的需求强烈，长期以来积累了大量的基层规划，这对于开展全域规划积累了重要数据和编制思路。而限于发展实际，重庆大部分区县新一轮的镇村规划编制启动欠缺（这主要是因为诸多镇村地区缺乏编制规划的动力），在开展区县的全域规划方面，连制作全域一张图都困难。

4.5　区县城乡总体规划实施的难题

为了强化对区县城乡规划的管理，2010年重庆市规划局成立了乡村规划管理处；2011年，重庆市规划局则组织启动了区县的首席规划师制度。通过机构的设置、人员的配套组织，重庆市区县的城乡规划编制与实施水平得到了一定的提升。

但总体上，上述措施目前还无法从根本上改变区县城乡总体规划实施的困境。一是在区县城乡管理机构缺乏向全域的延伸。一级政府，一级事权，一级规划，是城乡统筹的根本要求。而目前重庆市大部分区县的规划实施管理权，并没有覆盖到整个行政辖区。"乡村规划管理处"和区县"首席规划师"的制度还，停留在市县层面，难以对区县镇与乡村的规划实施进行指导监督。二是缺乏区县全域的动态监测机制。从重庆区县城乡规划的实施监测来看，其每年的实施评估重在对区县中心城区的发展进行动态监测，而尚未开展对全域空间要素的动态跟踪监测。

5 构建面向实施的重庆市区县城乡总体规划工作机制

鉴于当前重庆市区县城乡总体规划工作的诸多问题，必须构建起面向实施的相关工作机制，来有效保障区县城乡总体规划的编制与实施。

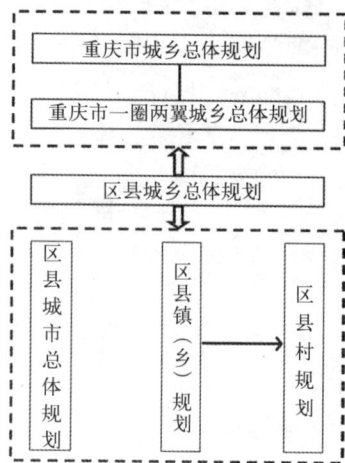

图2 区县城乡总体规划在重庆市城乡规划体系中的地位示意

5.1 以区县城乡总体规划统领区县城乡规划体系

从2010年颁布实施的《重庆市城乡规划条例》来看，区县城乡总体规划与区县城市总体规划的关系并未得到具体明确。为了更好地保障区县城乡总体规划工作，必须明确区县城乡总体规划的地位：区县城乡总体规划不仅仅是《重庆市城乡规划条例》确定的一项法定规划，更加是统领区县全局、推行区县城乡统筹与城镇化战略的核心规划（如图2所示）。

一方面，区县城乡总体规划在区县层面统领区县层面的各项城乡规划，包括城市总体规划、镇（乡）规划、村规划等；另一方面，区县城乡总体规划还能够向上对接《重庆市城乡总体规划》、《重庆市"一圈两翼"城乡总体规划》等上位规划，起到规划编制与实施管理的承上启下之作用。

5.2 以区县城乡总体规划来切实指导区县发展中的具体问题

尽管当前区县地方政府对"区县城乡总体规划"的重视程度不够，但是如果能够通过该规划的编制，切实地解决区县发展中的实际问题，则可有效改变这一现状。

一方面，通过区县城乡总体规划的编制，来有效地制定区县发展的城乡统筹与城镇化战略。重庆市确定区县城乡总体规划的法定地位后，区县城镇体系规划的工作内容则相应被区县城乡总体规划所取代。区县的城乡统筹与城镇化战略的制定，则成了区县城乡规划的重点内容。区县城乡统筹与城镇化战略，既要自下而上反映地方发展需要，同时也要有机地落实和对接重庆市域、"一圈两翼"次区域的城乡统筹与城镇化战略。

另一方面，可通过区县城乡总体规划的编制，来促进区县农村建设用地的集中流转。2008年，十七届三中全会通过了《中共中央关于推进农村改革发展若干重大问题决定》。决定中明确提出，"在土地利用规划确定的城镇建设用地范围外，经批准占用农村集体土地建设非公益性项目，允许农民依法通过多种方式参与开发经营并保障农民合法权益[9]。"显然，规范城镇建设用地范围外的集中流转土地，是区县城市总体规划所无法解决的，必须通过区县城乡总体规划创新工作，来予以实现。这也将是区县城乡总体规划能够解决区县发展中的另一大切实问题。

5.3 以区县城乡总体规划为平台建立区县部门的协调机制

区县城乡总体规划作为区县城乡规划体系的纲领性规划，必须肩负起协调城乡规划与其他部门规划的重任。区县城乡总体规划覆盖全域，具有较好的空间属性，理应成为不同部门规划间协调的空间平台。

一方面，做好与其他两大综合性规划的衔接工作，重点涉及国民经济与社会发展规划、土地利用规划；另一方面，加强与其他专项部门规划的衔接，如综合交通规划、市政专项规划、环保专项规划、绿地专项规划、旅游专项规划、矿产资源专项规划等。

5.4 以区县城乡总体规划建立起区县城乡规划序列间的互为反馈机制

区县城乡总体规划与区县城乡规划序列中的其他规划，是互为基础、互为依托的关系。区县城乡总体规划是纲领性规划，其编制必须以其他规划为依托；其他规划的编制，必须以区县城乡总体规划为基础，重点落实区县城乡总体规划中确立的宏观战略与区域布局。

通过在重庆市各个区县城乡总体规划编制的推动，逐步建立起区县城乡规划序列间的互为反馈机制。区县城乡总体规划的编制，重点是自上而下的战略与布局制定；而镇（乡）、村规划，则倾向于自下而上解决发展的诉求。两个序列规划自上而下与自下而上的视角的对接、互为反馈，才能更好地强化城乡规划序列内规划编制的战略性与可实施性。

5.5 以区县城乡总体规划构建区县城乡规划的动态维护机制

通过近几年市规划局工作的开展，重庆市城乡总体规划和区县城市总体规划已经建立起了良好的动态维护机制。但总体而言，区县城乡规划相对于主城区，其维护机制和条件则相对欠缺。

通过区县城乡总体规划编制工作的铺开，逐渐完善区县全域城乡规划数据库的建设，逐步建立起区县城乡规划编制—监控—评估—维护的动态机制，具体可如图3所示。

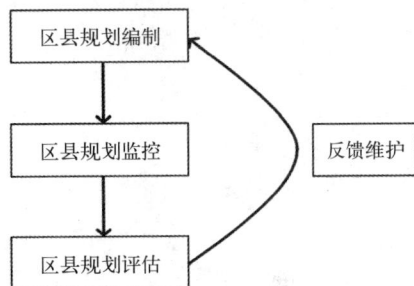

图3 区县城乡规划的动态维护机制

5.6 以区县城乡总体规划编制推动区县城乡规划的实施机制建设

重点在于机构设置、人员配备和经费保障三个方面。

机构设置方面，在镇（乡）一级逐步建立起与区县中心城区对应的城乡规划管理实体机构，使区县对城乡规划的管理，由传统的中心城区扩展到区县全域，具体可如图4所示。

人员配备方面，根据机构的设置与完善，逐步落实区（县）和镇（乡）两级的专业人员配备建设。

经费保障方面，则重点通过经费的保障与落实，促进城乡规划编制、管理、实施等工作的全面推进。

6 结语

总体上来看，重庆市区县城乡总体规划的改革，已经不再是一个简单纯粹的技术问题，更多的是制

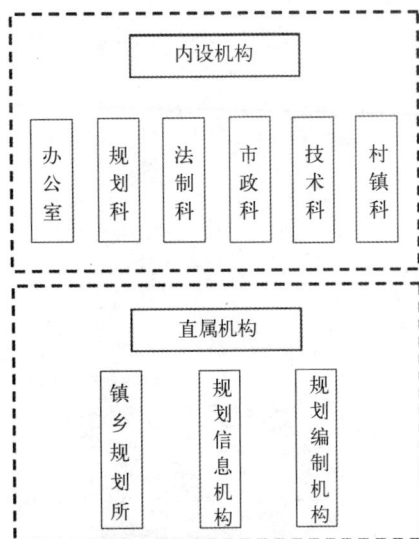

图4 区县城乡规划管理机构设置建议

度和机制的问题。需要通过制度和机制的建设，来予以推进彻底的改革。重庆市新一轮区县城乡总体规划编制工作的启动，也将是重庆市新一轮城乡统筹规划改革工作的启动，这将是充分践行全国统筹城乡综合配套改革试验区改革的重要路径。

参考文献

[1] 郭建军. 我国城乡统筹发展的现状、问题和政策建议 [J]. 经济研究参考，2007，(1)：24-44.

[2] 赵群毅. 城乡关系的战略转型与新时期城乡一体化规划探讨 [J]. 城市规划学刊，2009，(6)：47-52.

[3] 中国城市规划设计研究院深圳分院. 南海市城乡一体化规划 [R]. 南海市城乡规划建设局，1996.

[4] 钱紫华，何波. 东西部地区城乡统筹规划模式思辨 [J]. 城市发展研究，2009，16 (3)：1-5.

[5] 朱磊. 城乡一体化理论及规划实践——以浙江省温岭市为例 [J]. 经济地理，2000，20 (3)：44-48.

[6] 王芳，易峥. 城乡统筹理念下的我国城乡规划编制体系改革探索 [J]. 规划师，2012，28 (3)：64-68.

[7] 苏自立，余颖，林立勇. 构建统筹城乡发展的重庆市城乡规划编制体系 [J]. 重庆山地城乡规划，2008，(1)：9-12.

[8] 钱紫华，何波. 重庆市区县城乡总体规划编制改革的得与失 [J]. 规划师，2010，26 (6)：50-53.

[9] 中华人民共和国中央人民政府. 中共中央关于推进农村改革发展若干重大问题决定 [R]. 中国共产党第十七届中央委员会第三次全体会议，2008.

第四章

技术探索

快速城市化地区县级城市总体规划方法研究 [1]

吴新纪 [2]　张　伟 [3]　胡海波 [4]　陈小卉 [5]

1 引言

快速城市化地区是我国城市化进程和现代化进程中的核心区域，其发展往往带有开拓性、实验性和示范性。快速城市化地区经济超常规发展，城镇空间扩张迅速，区域联系和相互影响不断加大，城市发展日益呈现区域化的态势。这些地区土地资源紧缺，生态环境敏感，面对快速发展的经济形势和迅速扩张的城市空间，生态环境的压力日益加大。这些地区县级城市面广量大，是区域城镇空间结构中的重要组成部分，是实施城市化发展战略的中坚环节。如何构建合理的县（市）域城镇空间，协调县级城市快速发展的城乡经济、持续增长的空间建设与较为短缺的资源条件下的环境承载的关系，成为此类地区城市规划研究面临的突出问题。

2 快速城市化地区的界定

2.1 快速城市化地区的一般特征

2.1.1 城市化发展迅速，进入城市化与工业化互动时期

快速城市化地区城市化水平普遍超过 50%，城市化年增长率超过 1%。如江苏苏南地区城市化水平平均达到 57.80%，城市化的年增长速度超过 2%，意味着这里已全面进入城市化的快速增长时期。

对外开放由政策性开放转向体制性开放。发达地区通过有计划的政策引导，走向主动推进的城市化道路。

2.1.2 经济水平高，处于工业化中期

以苏南为例，人均 GDP 为 28165 元，高出全省平均水平 86%，接近中高收入国家水平（4550 美元）。从 2002 年底的三次产业结构来看，苏南地区平均为 4.8∶54.7∶40.5，产业结构呈现二三一的趋势，二产仍然占据首要的位置，地区工业化仍有很长的路要走。

2.1.3 城市人口增长由户籍人口增长为主转向以外来人口增长为主

经济发达地区，暂住人口正成为快速城市化地区的城市化动力。从江苏省暂住人口分布来看，暂住人口集中在苏南地区，2002 年暂住人口占全省暂住人口的比例达到 67.62%，

❶ 本文来源：《城市规划》2005年第12期
❷ 吴新纪，江苏省城市规划设计研究院。
❸ 张伟，江苏省城市规划设计研究院研究所。
❹ 胡海波，江苏省城市规划设计研究院规划所。
❺ 陈小卉，江苏省城市规划设计研究院。

昆山、江阴、吴江暂住人口占城区人口比例超过 50%。

2.1.4 城乡差别缩小，区域一体化趋势明显

从现实来看，乡村工业化迅猛发展带来城乡关系的重构，快速城市化地区的城乡差别在缩小。城市与乡村的空间界限日趋模糊，与城市生产和生活相关的功能设施越来越多地转移到以前的农村地区，传统概念上的城市和乡村的特征已经发生根本变化。

2.1.5 建设用地扩展迅速，人地矛盾突出

农村居民点占地大，且基本维持分散格局。工业用地增长迅速，布局分散。农业空间不断被建设用地所占用。乡镇企业迅猛发展造成的直接后果，是乡村地区的开发强度明显增加，非农用地规模的迅速扩大。由于这种类型的工业化是由基层政府和农民个体自下而上发起的，带有极大的自发性和盲目性。在短期经济利益的驱使下，农村土地结构的调整、乡村地区居民点和乡镇企业的建设、城乡地域结合部的集体土地出让，都往往呈现秩序混乱的状态，造成严重的资源浪费和环境破坏。

2.1.6 基础设施建设进程加快

（1）城市道路网络内外衔接发生重大变化。苏南地区部分县级城市，如昆山、常熟、江阴等，市域呈现集聚发展状态，一些基础较好、土地资源充足、交通和区位条件较优的片区得到发展，相应的城镇道路和公路的界限逐渐消失，内外一体化的道路网络正在形成。

（2）城市道路建设水平大幅度提高。全省不同地域县级城市道路建设水平统计表明，苏南地区县级城市在 1990 年代初开始，进行了大规模地城市道路交通建设，交通条件明显改善，为经济社会的快速发展奠定了良好基础，各项指标基本达到国标上限要求。

（3）城市交通模式正处于转型时期。目前苏南地区县级城市交通模式主要向以摩托车为主的个体机动化交通转变，虽然整个区域机动化水平得到提高，但由于摩托车较高的动态占用面积、较低的安全性，这种结构亟待改善。

（4）基础设施区域化进程加快。区域供水工程发展非常迅速。供水范围不再停留在城市，而是扩大到合理的供水片，包括小城镇和农村，甚至超出行政区划界限。点源治理向综合治理过渡。

2.2 快速城市化地区界定

对于快速城市化地区的界定问题，目前还没有具体的指标和方法。诺瑟姆对于城市化的阶段问题曾经有过比较经典的分析，他认为，一个国家或者地区在城市水平处于 30% ~ 60% 的时期属于城市化发展的高速时期。然而近几年的研究发现，这个理论作用与一个国家或者相当于一个国家的独立地区，结论比较符合，但是对于一个国家内部的地区，却不一定适合。例如，对于日本来说，整个国家的城市化水平处于 30% ~ 60% 的阶段时，国家城市化水平提高很快，符合诺瑟姆的"S"形曲线规律。但是局部高城市化地区，例如东京都地区，当城市化水平达到 30% 的时候，城市化速度依然缓慢（表 1）。

日本城市化过程中不同地区发展情况 表1

地区	现象	是否符合"S"曲线
高度城市化地区	城市化发展到较高阶段后，仍然能保持较高速度发展	不符合
城市化平稳发展地区	城市化长期处于平稳增长点	严格说不符合
城市化缓慢发展地区	城市化增长缓慢甚至倒退	不符合

快速城市化地区有几个基本特征：

(1) 城市化水平提高迅速。在快速城市化地区，城市化水平提高速度很快，年均提高约1%～3%。在城市化水平处于较高阶段时期，依然能够保持高速增长。

(2) 经济高速增长。经济增长迅速是快速城市化地区的一个普遍规律，快速的经济发展支撑了人口的增加和城市的建设。这类地区GDP增长速度保持在年均10%以上，人均GDP增长速度在10%左右。

(3) 城镇建设用地增长迅速。城市用地的迅速拓展时快速城市化地区的一个特征，人口和经济的快速增长必然要求更多的土地空间给予支撑。这类地区城镇用地年平均拓展速度在2%～5%左右。

因此，可以从这三个方面大致界定快速城市化地区：城市化水平年均提高1.5个百分点以上，经济增长速度年均10%以上，建设用地年均增长2%以上。据此分析，珠江三角洲、长江三角洲以及京津唐、胶东半岛部分地区可以认定为快速城市化地区（表2）。我国东北地区现状城市化水平虽很高，但由于存在经济结构性问题，地区经济发展有待振兴，并不能归人城市化快速发展地区。

近五年中国部分地区城市化指标对照　　　　　　　　　　　表2

地区	现状城市化水平（%）	城市化水平年均增长百分点	GDP年均增长（%）	城镇建设用地实际年均增长（%）
苏锡常地区	53～57	2～3	12～13	2～5
珠江三角洲地区	>81	1.5～2	11～13	2～3
京津唐地区	79.5	1.3	10.8	1.8
闽东北地区	33	0.6～0.8	6～7	0.7
桂北地区	35	0.6	7	0.5
苏北地区	33～36	0.4	7～8	1.2

数据来源：《江苏省城镇发展报告》、《中国城市统计年鉴》。

3 快速城市化地区县级城市总体规划存在的问题

3.1 统筹城乡的规划框架尚未建立

现行的城乡规划法规体系已经不适应城市化高速发展的需要，尤其不适应统筹城乡规划和城乡发展工作的需要。由于受"城乡规划二元体制"的影响，在城乡规划中普遍存在"重城轻乡"的问题，主要关注点在城镇建设用地，农村空间往往作为城市的背景、作为图纸的"底"来分析，其工作内容和深度不足，村镇规划由于缺乏上位规划应有的指导，规划的随意性较大。城乡规划管理体制多种模式并存，城市与村镇规划体制很难做到统一，造成各级管理上的混乱。

3.2 规划编制不能满足发展的需求

依据现行城市规划法律法规的规定，快速城市化地区县级城市总体规划的编制内容虽有一定的拓展，但总体规划许多本质的内容并没有变化，规划已经不能适应城市发展与规划管理的要求。加之传统城市总体规划编制周期长、规划技术指标规定过死、规划相关内容全面但战略性研究不够、专业规划面面俱到但可操作性差、城乡规划层次多但统筹性又无法满足要求等等。快速城市化地区县级城市总体规划已经不能满足城乡发展的要求。

3.3　规划编制方法滞后

3.3.1　规划期限的设定缺乏依据

现行总体规划的期限，一般确定为20年，对处于不同发展阶段的城市来说，未来20年内的发展状况存在巨大的差异，对处于快速城市化地区的城市来说，其发展具有很大的不确定性，其次，20年在城市发展的长河中只是一个短暂的过程，可能但不一定是划分城市发展阶段的转折点，而目前的总体规划一般将其作为一个"终极目标"，期望城市在此期末形成理想的结构形态，这显然与城市发展的一般规律相悖。

3.3.2　经济发展预测与城市规划方案脱节

虽然在总体规划中包含了经济分析的内容，但对规划的指导作用却不明显，尤其与城乡空间布局的关系不紧密，比如不同的经济发展速度并未有不同的空间拓展规模及布局方式与其对应。快速城市化地区正处于工业化高速发展时期，经济发展异常活跃，对城市发展影响巨大。无论是将经济发展战略作为城市规划的依据，还是将其纳入城市规划的研究内容，现行城市总体规划始终没有真正处理好规划与经济发展的关系。

3.3.3　市域总人口预测难"定"

城市总体规划的人口预测中各种所谓科学方法中最核心的参数取值很多是根据预先确定的结果而定的，借用约翰·M·利维在《现代城市规划》中的一句话"对人口的预测与其说是技术不如说是艺术"。对快速城市化地区而言，人口增长主要取决经济发展的需求，而不是人口增长历史的延续。

3.3.4　城区人口规模预测动机不"纯"

在快速城市化地区，城市总体规划编制中面临着各方面对城区人口规模认识分歧较大的压力。事实上，在人口规模之争的背后，主要是对建设用地指标的争夺，因为人均建设用地指标仍然是审核城市规模是否合理最重要的指标，无法突破现行国家标准。

3.3.5　城市建设用地规模预测机械

在现行的规划编制方法中，影响城市建设用地规模的仍然是城市人口规模和人均建设用地标准。但是，从城市建设用地的构成来看：居住用地与城市人口直接相关，公共设施用地既与城市人口规模相关，还要服务于县域人口；工业用地规模则主要与经济发展水平、产业门类等因素相关，并不与城市人口规模直接相关，尤其是在工业化加速发展的阶段，往往成为各城市需求最为旺盛的用地类型；仓储、市政公用设施、对外交通、道路交通、绿化等用地，既与城市人口规模相关，也与工业用地规模相关。因此，用城市人口规模作为惟一约束城市用地规模的指标，其科学性和可行性值得怀疑。

3.3.6　城市发展方向研究准确性不高

在快速城市化地区，县级城市正处于发育膨胀时期，其空间拓展具有十分明显的不确定性，受许多突发因素的影响，比如经济开发区的设立、重大交通设施的改变、行政区划的制约等，就限定的城市建设用地规模来确定其主要发展方向是非常困难的，实践证明规划预测的准确性十分有限。

4 快速城市化地区县级城市总体规划编制方法探讨

4.1 规划理念的革新

4.1.1 区域一体化理念

区域一体化是指区域内各发展单元通过一定的协议、规则使其经济活动、城市建设、环境保护、设施建设等成为一个相互联系、相互制约的整体。在快速城市化地区，城镇分布密集，城镇空间组织呈现出群体化发展趋势，加之当前新城市区域规划的蓬勃发展（以都市圈、都市区、城市群等规划为代表），区域一体化发展理念已经成为快速城市化地区城镇与区域发展最重要的理念之一。县级城市的发展与上位都市圈规划、周边相邻城市规划都有着密切的关联，在城市总体规划中必须加强城市发展战略研究，加强在区域层面尤其是在一体化发展区域中的城市功能定位、产业空间组织、城市特色等方面的研究，同时要协调各类区域性基础设施通道与网络的规划。

4.1.2 城乡一元化理念

对于快速城市化地区而言，"城乡二元结构"逐渐被打破，城乡一元化发展格局正在形成，对于此类地区的县级城市而言，要编制覆盖全市域的空间利用规划、深化镇村布局规划，整合城乡空间各种类型与层次的规划，建立统一的城乡空间规划体系，形成对整个城乡空间统筹规划的发展格局，统筹发展城乡基础设施，加快建设现代化新农村，实现城乡互动、协调发展。

4.1.3 城市规模多元控制理念

在快速城市化地区，要转变主要以"人口规模"来确定城市发展规模的传统思维。1980年代以来我国城镇发展方针"严格控制大城市发展规模、合理发展中等城市和小城市"，充分体现了控制城市发展规模的一种思想，对我国城市总体规划编制理念、方法具有决定性影响。而在快速城市化地区，城市建设空间与城市人口相关性已经远不如计划经济时代单一。主要应考虑三个方面：一是人口增长、经济发展、交通供给带来的用地需求；二是资源环境的供给约束；三是上级政府的区域城镇发展政策。

4.1.4 城市规划公共政策理念

规划的编制要体现宏观调控职能，要以制定公共政策的理念来制定城市总体规划，并加强实施总体规划的公共政策研究。应以城市发展方针、发展目标及相关政策为依据，重点在促进可持续发展、保障规划实施、规范规划管理等方面从形成公共政策的角度深入研究规划措施和方法，并为城市政府制定相关的公共政策提供规划依据。

4.1.5 城市规划信息化理念

在快速城市化地区要保证规划的科学性、准确性以及适时调整的要求，必须重视现状资料数据调研的准确性、科学性，逐步建立规划资料数据库及更新机制，规范数据统计口径，以利于提高规划分析的科学性，提高工作效率。整合城市规划相关信息，构筑城市规划信息平台。努力实现城市规划编制、审批、管理、监察和公众查询的信息共享。

4.2　规划体系框架及其内容

4.2.1　城乡空间规划的实践与变革

从发达国家的城乡规划体系来看，其核心是将城乡空间作为一个整体来进行规划。从苏南发达县（市）已经编制完成的规划看，对城乡空间进行统一的规划研究、强调战略性与实践性相结合、强制性与引导性相结合、技术性与政策性相结合是总的发展趋势。

以江阴市城市总体规划为例（江苏省城市规划设计院，2003）：规划提出城乡整体规划＋近期建设规划的编制框架。城乡整体规划以市域甚至更大区域为研究对象，强调发展战略、区域协调和生态环境。近期建设规划在符合城乡整体规划的前提下，以满足地方社会经济发展计划和本届地方政府意图为目标，主要落实城市的近期年度建设项目，以城区或镇区为研究对象，可灵活调整，由地方政府把握。从战略层面思考江阴的长远发展，从实施角度研究近期规划，使新时期城市总体规划在满足城市近期建设的同时，又能适应快速发展的要求。

以昆山市城市总体规划为例（上海城市规划设计院编制，2003）：规划包括社会经济发展规划、市域规划、中心城区总体规划三大部分。其中市域空间利用规划突破了传统的城镇体系规划概念，建立了一个全新的构建在片区功能概念基础上的市域城镇构架和空间利用规划。根据片区不同的区位条件、经济基础、自然资源条件、生态要求、产业导向等要素，综合协调市域产业布局、区域交通系统、大型基础设施、生态环境，并建立相适应的城镇构架和管理机制，实现集约紧凑的发展目标。根据规划昆山市域划分为7大片区：中心城综合片区、北部片区、东部片区、吴淞江工业园片区、中部生态农业片区、阳澄湖休闲旅游片区和南部水乡古镇旅游片区。其市域用地由建设用地、生态绿地、发展保留用地和农业用地组成。其片区的城镇建设用地靠近生态绿地、产业用地靠近主要交通干线。

以张家港市城市总体规划为例（深圳市城市规划设计院编制）：规划分两个层面展开，一是市域；二是市区。市域层面的规划为市域空间利用规划，主要内容有：市域人口和建设用地规模；市域产业布局和片区职能、市域空间结构和布局；市域公共设施规划、市域综合交通规划；市域沿江地区空间利用规划；市域风景旅游及文物保护规划；市域生态及环境保护规划；市域市政公用设施规划；综合防灾规划、空间建设分区及管治。张家港市域人口规模的预测是以张家港市适宜的环境容量估算的，预计全市可承载的人口总量为220万～250万人，其中近期139万人，远期162万人。市域城镇建设用地规模远景300平方公里，不超过市域总面积的30%。近期市域城镇建设用地132平方公里，远期市域城镇建设用地163平方公里。全市域划分为5大片区：杨舍城区、金港城区、锦丰片区、塘桥片区、乐余片区。

从上述刚刚完成的快速城市化地区县级城市的总体规划编制的内容看，对传统的县（市）域城镇体系规划均进行大幅度的深化，编制了全市域空间利用规划，传统的城镇体系结构规划已被"片区＋城镇网络"所替代，空间布局也突破了传统的"城镇空间＋基质空间"，逐步演变为"城镇建设空间（含村庄）＋生态空间＋农业生产空间"。但是上述城市总体规划编制在城区总体布局方面，并没有大的变化。

综合评价这几个典型规划的编制，虽在市域空间利用方面进行了深化，但总的规划编制内容与框架与传统城市总体规划的编制并无太大的区别，究其实施效果看，规划长期存在的问题也没有得到很好的解决。发展用地的需求与现有规划的冲突几乎在规划刚刚编制完成就已经出现，甚至在规划的编制过程中，方案也是围绕快速发展的用地需求不停地修改。因此必须建立新的空间规划框架。

我国未来空间规划体系的变革思路应当是以城乡空间总体规划来整合县（市）域层面涉及空间范畴的各种类型规划。规划思路上可以借鉴英国的结构规划、德国的空间规划，建立统一的空间规划体系，使城乡规划走向协调发展，在规划上真正实现以城市繁荣带动乡村繁荣。

4.2.2 城乡一元化规划框架及其主要内容

城乡一元化规划按照规划技术深度要求可分为两个层面（总体规划、建设规划）来进行，也可以认为是一项工作的两个工作阶段（图1）。

（1）总体规划

①城乡发展战略规划

目前，建设部门牵头开展的城市总体规划，重点是以城市、镇、农村居民点等建设空间为主。国土部门主管的是土地利用规划，强调的是区

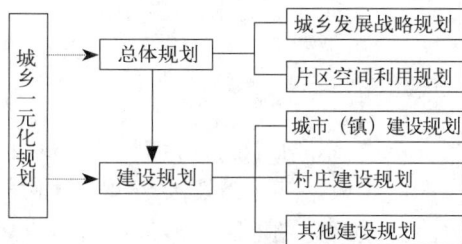

图1 县（市）域城乡统筹规划组成框架示意

域中土地利用类型的规划，重点是耕地的保护。而发改委主管的区域规划，其内容正逐步由最早的产业布局规划重点转向以空间规划为重点，在"十一五"规划中，发改委明确将区域规划放在突出的位置。由此带来的空间规划体系的多元化是导致城乡统筹规划难以落实的重要原因。基于这种思路分析，城乡发展战略规划改革的思路应当是整合县（市）域空间各种类型与层次的规划，形成对整个城乡空间统筹规划的发展格局。

从目前大多数县级区域来看，区域面积普遍在1000平方公里以上，因此在该层次的空间利用规划中很难明确定点、定量，建议将该层次规划定位于结构性规划。规划主要基于宏观区域背景、区域基础、发展趋势开展对县（市）域的战略研究，对县（市）域空间进行划分，明确不同的发展区域单元。从该层面提出各类型区域在区域中的定位、相互之间的联系和分工。在该层次规划需要将城乡作为一个整体来研究，将城镇的发展放在其所在的区域中来规划，将农村居民点规划原则纳入，但由于区域范围较大，对农村居民点布局规划难以起到具体的指导作用，需要在下一个层面落实。

城乡发展战略规划主要内容包括：城乡社会经济发展战略；城乡空间利用的现状特征；城乡空间的适宜性评价；城乡空间发展战略研究；城乡人口规模的预测及分布；城乡空间利用的规模与结构；城乡综合交通体系规划；城乡基础设施与综合防灾规划；城乡空间利用分区及管治协调；城乡空间规划与建设的重大政策等。

②片区空间利用规划

片区空间利用规划要突破一般总体规划以中心城区规划为主的模式，对县域空间内的主要的次区域（包括中心城区、小城镇连片发展区域、风景名胜区及其他功能区）均开展相应的空间利用布局规划，在该层面中需要研究城镇建设用地规划布局、基本农田的分布、集中建设村庄的布局选点、基础设施规划布局等。该层面规划的难点在于规划深度的确定以及与下一层面规划的衔接问题。

一般而言,各个片区由于发展的重点不一致,规划应有所侧重。但关于中心城区的规划,参照城市总体规划之用地布局规划,并结合其他涉及空间利用的规划,编制片区空间利用规划。其主要内容包括:片区的发展规模;片区的功能定位;片区规划建设用地评定;片区空间布局结构;片区各类用地规划布局;片区道路交通规划;片区绿地系统与景观规划;传统文化保护与继承;片区市政工程与综合防灾;片区发展措施与政策建议。

(2)建设规划

根据城乡一元化规划提出的要求分地域、分时序在各类建设规划区域中进行落实。开展包括城市(镇)近期建设规划,详细规划,村庄建设规划,相关的专项规划以及风景名胜区、旅游区的建设规划等等。

5 小结

快速城市化地区城市规划面临的问题是当前我国城乡规划面临的主要问题,而县级城市面广量大,其经济发展与城市建设均面临巨大的变化。加强其城市总体规划编制的研究对我国城乡规划编制体系改革有着重要的参考价值。

(文中引用了上海市城市规划设计研究院编制的《昆山市城市总体规划 2003 ~ 2020》、深圳市城市规划设计研究院编制的《张家港市城市总体规划 2003 ~ 2020》、江苏省城市规划设计研究院编制的《江阴市城市总体规划 2002 ~ 2020》等成果内容,在此对上述规划编制单位表示感谢。)

参考文献

[1] 约翰·M·利维.现代城市规划 [M].北京:中国人民大学出版社,2003.

[2] 顾朝林.概念规划—理论·方法·实例 [M].北京:中国建筑工业出版社,2005.

[3] 苏则民:城市规划编制体系新框架研究 [J].城市规划,2001(5).

[4] Robin Thompson.管理中国城市的增长——规划具有竞争力、高效率和可持续发展的城市 [J].国外城市规划,2005(1).

[5] 汪光焘.科学修编城市总体规划.促进城市健康持续发展 [J].城市规划,2005(2).

"两规"协调的土地利用分类体系探讨 ❶

尹向东 ❷

自 20 世纪 90 年代中后期，"两规"协调一直是城市总体规划和土地利用总体规划中不可或缺的一项研究内容，相关的研究成果也多见诸于报，研究范围涉及"两规"不协调的现象和原因、"两规"协调的途径和措施等，并且大多认为"两规"不同的土地利用分类体系是导致"两规"不协调的重要原因之一。通过综述当前城市规划和土地利用总体规划各自土地利用分类的主要问题，探讨"两规"统一的土地利用分类体系，旨在从统一土地分类内涵出发，达成规划的协调。

1 土地分类研究概述

现行城市规划采用的用地分类标准为《城市用地分类与规划建设用地标准》（GBJ137-90），共分为 10 大类、46 中类、73 小类；现行土地利用总体规划采用的用地分类标准为国土资源部 2001 年发布的《全国土地分类（试行）》，一级地类 3 个、二级地类 15 个、三级地类 71 个，为衔接原土地分类，实行过渡期分类标准，主要是建设用地分至城市、城镇、农村居民点、独立工矿等。

对于现行城市用地分类标准，曹传新（2002）认为"仍然延续了计划经济体制的思维体系，是从计划经济体制的城市规划编制胚胎中诞生的过渡性历史产物"[1]，周剑云等（2008）则分析了现行城市用地分类标准在市场经济环境下出现了矛盾、困境，并提出改革建议，认为"市场总是在自觉地寻求利益最大化的方式，市场的自我调节也必然会导致多样化的状态，其呈现的复杂形态远非计划经济下制定的用地分类所能囊括"[2]。徐明尧等（2008）借鉴美、德、日分类标准，提出我国城市用地分类标准应"突出公共政策属性、适应社会发展要求、面向规划管理需求"等建议[3]。赵民等（2007）以上海、苏南地区等城市建设用地分析实例，提出"多元化控制体系"和"绩效控制"的土地利用分类思路[4]。

对于土地利用总体规划使用的试行和过渡期《全国土地分类》，岳健等（2003）提出"分类概念及分类结构欠清晰、分类系统缺乏针对性、部分分类名称命名欠确切、忽视或否定了生态用地存在"等土地分类问题，并基于现行分类基础提出新的土地利用分类方案[5]。刘平辉等（2003），结合现行土地分类"过分强调农业用地的详细分类，对工业用地、第三产业用地划分过于粗略"的问题，依据土地利用地的产业结构，提出基于三次产业和后备产业用地的土地分类系统新模式[6]。吕维娟（2003）则梳理了《全国土地分类（试行）》中建设用地分类与《城市用地分类与规划建设用地标准》中建设用

❶ 本文来源：《城市规划和科学发展——2009年中国城市规划年会论文集》，天津科学技术出版社2009年8月出版。
❷ 尹向东，广州市城市规划勘测设计研究院。

地分类的关系，提出《全国土地分类（试行）》在建设用地归类标准、涵括面等方面有进一步完善的空间[7]。

上述研究分别围绕城市规划和土地利用总体规划两类规划的编制和实施，对各自领域的土地利用分类问题进行了深入探讨，并结合规划编制和实践经验，针对各自土地分类体系提出改进建议，虽然部分研究对两类标准进行了比较，但最终的改进建议仍只针对其中一个分类体系，并未围绕"两规"协调开展土地分类标准一体化研究。事实上，关于两类标准的比较分析，上轮土地利用总体规划编制时期已有较多研究，但大多只认为土地利用分类的差异是导致"两规"不协调的重要原因，并未对"两规"统一的土地分类进行探讨[8,9]。

2 "两规"土地利用分类体系差异

由于两个分类标准的侧重点不同，导致用地分类的具体内容不同，使得现行（城市规划和土地利用总体规划）土地利用分类体系存在分类名词概念的内涵及外延相互交织、包含的现象，大大增加了两项规划协调的难度[9,10]。结合《城市用地分类与规划建设用地标准》和过渡期的《全国土地分类》（未采用试行土地利用分类，主要是现行土地利用总体规划采用过渡期分类），"两规"分类体系中的差异主要表现为用地分类名称相同涵义不同、分类名称不同同一指代以及建设用地分类相异等现象，有碍于"两规"的协调和衔接。

2.1 用地分类名称相同涵义不同

"两规"相同的用地分类名称主要包括城市用地、特殊用地、耕地、园地、林地、牧草地等。对比"两规"的土地分类概念，城市规划中的城市用地是指城市市区（或城区）范围内实际发展起来的非农业生产建设地段，以及设置在近临地段与城市的各项设施有密切联系的其他城市建设用地（如机场、铁路、编组站、污水处理厂、通信电台等）。而土地利用总体规划分类中，城市用地指设市的居民点用地，土地利用总体规划的城市用地面积远要小于城市总体规划中的城市用地面积，两者为包含关系，在最近土地利用总体规划修编中考虑"两规"协调时，城市规划中的城市（镇）现状建设用地面积近似等于土地利用总体规划中"城市（镇）用地＋独立工矿用地"。其次，"两规"的特殊用地也有差异，土地利用总体规划分类中的名胜古迹、陵园用地等特殊用地在城市用地分类中属绿地，墓地在城市用地中属市政公用设施用地，"两规"中的特殊用地涵义相差甚远。"两规"土地分类中涉及耕地、园地、林地、牧草地的涵义大致相同。

"两规"同名地类涵义对照 表1

地类名	土地利用总体规划分类	城市规划分类
城市用地	指经国务院批准，有市建制的居民点用地，其范围为建成区面积	即城市建设用地，是指用地城市建设和满足城市机能运转所需要的土地，既是指已经建成利用地土地（"建成区"），也包括已列入城市建设规划区范围或现状已被征用而尚待开发利用地土地
特殊用地	指居民点以外的国防、名胜古迹、风景旅游、墓地、陵园等用地	指城市建设用地中的军事、外事、保安等用地的总称
耕地	指种植农作物的土地，包括熟地、新开发复垦整理地、休闲地、轮歇地、草田轮作地……含灌溉水田、望天田、水浇地、旱地、菜地五类	种植各种农作物的土地，含菜地、灌溉水田、其他耕地三类

地类名	土地利用总体规划分类	城市规划分类
园地	指种植以采集果、叶、根茎等为主的集约经营的多年生木本和草本植物,含果园、桑园、茶园、橡胶园、其他园地五类	果园、桑园、茶园、橡胶园等园地
林地	指生长乔木、竹类、灌木、沿海红树林的土地	生长乔木、竹类、灌木、沿海红树林等林木的土地
牧草地	指生长草本植物为主,用于畜牧业的土地	生长各种牧草地土地

2.2 用地分类名称不同同一指代

"两规"指代同一地类但分类名称不同包括土地利用分类中称为"未利用土地"的裸岩石砾地、盐碱地、沙荒地、沼泽地,在城市用地分类中称为"弃置地"。其次,在城市用地分类中定义"集镇、村庄等农村居住点和生活的各类建设用地"为"村镇建设用地",但在过渡期《全国土地分类》中称为"农村居民点用地"。过渡期《全国土地分类》将"居民点以外独立的各种工矿企业、采石场、砖瓦窑、仓库及其他企事业单位的建设用地"称为"独立工矿用地",在城市用地分类中成为"露天矿"用地。过渡期《全国土地分类》中的"交通运输用地"与城市用地分类中的"对外交通用地"涵义也基本一致,主要包括对外交通联系的铁路、公路、机场、港口、码头等用地。虽然上述用地名称相互之间不能完全对应涵盖(村镇建设用地与农村居民点用地、独立工矿用地与露天矿用地、交通运输用地与对外交通用地),但针对同一用地确实采用了不同的用地分类名称。

2.3 建设用地分类相异

土地利用总体规划采用的过渡期《全国土地分类》将建设用地分为城市用地、建制镇用地、农村居民点用地、独立工矿用地、盐田、特殊用地(前六类合计为居民点及独立工矿用地)、交通运输用地、水利设施用地等八类。而城市用地分类的城市建设用地则包括居住用地、公共设施用地、工业用地、仓储用地、对外交通用地、道路广场用地、市政公用设施用地、绿地、特殊用地等九类。虽然《全国土地分类》(试行)也提出将建设用地

"两规"同涵义不同名地类对照 表2

土地利用分类		城市用地分类		相同涵义部分
地类名	涵义	地类名	涵义	
未利用土地	指目前还未利用地土地,包括难利用地、含荒草地、盐碱地、沼泽地、沙地、裸土地、裸岩石砾地等	弃置地	由于各种原因未使用或尚不能使用的土地,如裸岩、石砾地、陡坡地、塌陷地、盐碱地、沙荒地、沼泽地、废窑坑等	均包含裸岩石砾地、盐碱地、沙荒地、沼泽地等
农村居民点	指镇以下的居民点用地	村镇建设用地	集镇、村庄等农村居民点生产和生活得各类建设用地	均指代农村居民点用地
独立工矿用地	居民点以外独立的各种工矿企业、采石场、砖瓦窑、仓库及其他企事业单位建设用地	露天矿	各种矿藏的露天开采用地	均包含独立、露天的采石场用地
交通运输用地	指用于运输通行的地面线路、站场等用地,包括民用机场、港口、码头、地面运输管线和居民点道路等	对外交通用地	铁路、公路、管道运输、港口和机场等城市对外交通运输及附属设施等用地	均包含港口、机场、地面运输管线等

分为"商服用地、工矿仓储用地、公用设施用地、公共建筑用地、住宅用地、交通运输用地、水利设施用地、特殊用地"的分法，将建设用地内部分类向城市用地分类标准靠拢，但涉及城镇地籍调查尚未完全开展，现行土地利用总体规划未采用试行的土地分类，即使有条件使用试行分类的地区，考虑"两规"地类名称及涵义仍不完全一致，"两规"的协调仍存在较大难度。

3 "两规"协调土地利用分类体系

上述关于城市规划与土地利用总体规划各自的土地分类研究虽未探讨形成统一的土地分类，但都认为城乡一体化进程的加快要求我国实施城乡地政的统一管理和城乡土地的统一分类，与城乡规划配套的用地分类标准创新与改革刻不容缓，"两规"用地分类体系的调整、衔接和完善势在必行，提出要探讨一套覆盖城乡空间的用地分类标准，确保城乡规划的无缝衔接，加强城乡规划用地分类标准与土地利用规划分类标准的衔接，并建议能够关注城镇建设用地以外"绿色空间"的控制和引导[3, 4, 9]；2007 年 10 月底通过的《中华人民共和国城乡规划法》，打破了城乡二元的城市、村镇规划体系，将城市（镇）规划范围扩展到全地域，而不仅仅是城市(镇)规划区，取得与土地利用总体规划一致的规划范围，对确立"两规"协调和统一的土地分类体系提供了研究基础。"两规"协调的土地利用分类体系，可以基于现行《城市用地分类与规划建设用地标准》（GBJ137-90）、《村镇规划标准》（GB50188-93）、过渡期《全国土地分类（试行)》、《土地利用现状分类》（GB/T21010-2007）[11] 及其他部门用地分类等综合研究制订。

3.1 城乡土地利用分类体系

事实上，2008 年住房和城乡建设部发布的《城市用地分类与规划建设用地标准》（征求意见稿）已对城乡统一的土地利用分类做出探讨，主要包括城乡用地分类、城市建设用地分类和城乡用地附加分类三部分，前两类按土地使用的主要性质进行划分和归类，后一分类按土地使用的主要政策属性进行划分和归类，其中的城乡用地分类按门类分为城乡居民点建设用地、区域其他建设用地、非建设用地三大类；按照大类城乡居民点建设用地又分为城市建设用地（A）、镇建设用地（B）、乡建设用地（J）、村庄建设用地（K），区域其他建设用地分为区域交通设施用地（T）、区域市政公用设施用地（V）、特殊用地（D）、其他建设用地（F），非建设用地分为水域（L）、农林和其他用地（N）。虽然该分类考虑了覆盖城乡用地空间，又考虑了"两规"用地分类的协调(区域性用地和非建设用地的设立)，但仍没有解决"两规"用地分类名称相同涵义不同、用地分类名称不同同一指代等主要问题。

"两规"协调的土地利用分类体系要考虑现有法律基础、具有继承性、地类名称和内涵一致、覆盖城乡和多部门统一等问题。从覆盖城乡角度考虑，现有土地利用总体规划采用的分类方式具有"两规"协调的框架基础——现行《中华人民共和国土地管理法》第一章第四条第二款规定"国家编制土地利用总体规划，规定土地用途，将土地分为农用地、建设用地和未利用地。严格限制农用地转为建设用地，控制建设用地总量，对耕地实行特殊保护"，充分体现了我国的基本国情以及严格保护农用地及耕地的大政方针，且以土地是否建造建筑物和构筑物区分建设用地和农用地、未利用地，土地利用划分比较简洁、易懂，而且相对严谨和科学。建议在现行《中华人民共和国土地管理法》尚未作大的调整、修订前，"两规"协调的土地分类体系应基于此研究，但需对局部土地利用分类进行调整，使得在分类统一基础上，土地利用规划用地分类突出对农转用的控制，城市规划用地分类突出对城市、城镇、村庄内部建设用地的界定。

（1）未利用地分类调整

现行分类的未利用地包括荒草地、盐碱地、沼泽地等未利用土地以及河流水面、湖泊水面等其他土地，其中讨论的焦点主要是河流水面、湖泊水面等是否应归于未利用地，认为河流、湖泊等的航运、灌溉、景观、旅游等价值已体现出利用地特征，因此应主要基于土地覆盖特征，将此类地调整为未利用地及水域，主要的分类内容可参照《土地利用现状分类》（GB/T 21010-2007）确定，大致包括其中的水域及水利设施用地、其他土地，但应将水域及水利设施中的沟渠和水工建筑用地扣除，直接以水域命名地类，包括河流水面、湖泊水面、水库水面、坑塘水面、沿海滩涂、内陆滩涂、冰川及永久积雪等；其他土地可命名为未利用地，但应将设施农用地和田坎调出，主要包括空闲地、盐碱地、沼泽地、沙地、裸地等。

（2）农用地分类调整

农用地划分应综合考虑土地利用特征、土地覆盖特征综合确定，可参照《全国土地分类（试行）》和《土地利用现状分类》（GB/T 21010-2007），分为耕地、园地、林地、草地和其他农用地五类，但各类用地内涵应与相关部门协调作一定调整，如耕地划分应与农业部门、统计部门协商确定，林地划分应与林业部门协商确定，草地划分应与畜牧业管理部门协商确定，其他农用地中的农村道路应区别村间道路和田间道路，将具有人流、物流输送功能的村间道路划归建设用地。地类的划分应具有唯一性，使得土地不能重复交叉划入两种及以上不同的土地利用类型。

（3）建设用地分类调整

建设用地是指建造建筑物和构筑物的土地。依照土地利用总体规划的主要作用，可按过渡期的《全国土地分类》对建设用地进行分类，包括城市用地、建制镇用地、农村居民点、独立工矿用地、盐田、特殊用地、交通运输用地、水利设施用地，其中交通运输用地应不包括街巷用地，其相应纳入相应的城市、建制镇等，水利设施用地应不包括水库水面，其相应纳入水域。

"两规"协调的重点在于建设用地的协调，建设用地的协调在于建设用地分类的统一。已有相关研究成果提出要"确立统一的土地分类体系"，建议以土地利用规划过渡地类为依据，扣除水域和其他用地，将城市（镇）用地作为整体成为土地利用规划的城市（镇）用地[12]。深化之，可将城乡用地扩展边界的概念引入到"两规"统一的土地利用分类体系中，即土地管理部门和城乡规划部门协商确定城市（镇）用地扩展边界（一个城市或城镇并非仅有一个独立的扩展边界）和村庄用地扩展边界，边界内的现状建设用地和规划建设用地一律作为城市（建制镇）用地和农村居民点用地，即以地域划分保持城市、建制镇、农村居民点等用地的内涵一致性和地类名称一致性，使得两部门对于城市、建制镇、农村居民点的统计数据具有一致性。城乡用地扩展边界内的非建设用地则依照农用地和未利用地的地类界定。

城市（镇）用地内部则可参照《城市用地分类与规划建设用地标准》（征求意见稿）的城市建设用地分类标准，分为居住用地、公共管理与公共服务用地、商业服务业设施用地、工业用地、物流仓储用地、城市交通用地、市政公用设施用地、绿化与广场用地等，但建议在此基础上对城市（镇）用地扩展边界内的对外交通用地以及军事、外事、宗教设施等用地进行界定，对前者可界定为城市对外交通，延续现行城市用地分类标准；对后者可界定为城市特定用途用地，以示与覆盖全域的特殊用地区别。建议虽然未解决用地分类名称不同同一指代的问题，但解决了其适用性问题，城市对外交通用地和城市特定用途用地均在城市（镇）内部使用。

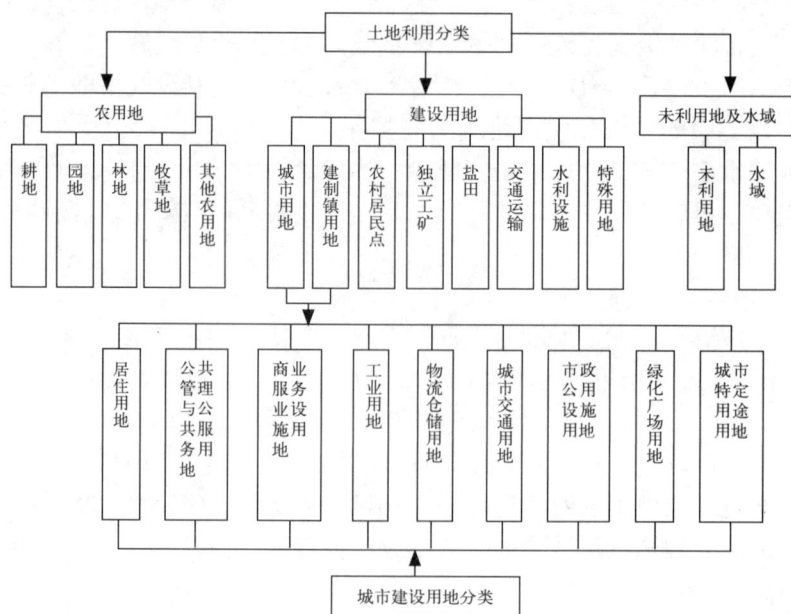

图 1　"两规"协调土地利用分类体系

在目前"人地挂钩"仍是行之有效的规划方法前提下，按照上述方式划分，能分别确保城市用地、建制镇用地、农村居民点用地与各自地域范围内人口规模的对应统一，城市（镇）用地扩展边界内统计、界定现状与规划的城镇常住人口规模，农村建设用地扩展边界统计、界定现状与规划的农村人口，便于人均用地水平测算、城市化水平测算以及相应的规划管理。若因行政区划调整、重大项目建设等需要启动新一轮的城（市）镇总体规划修编，城（市）镇用地扩展边界也会有相应调整，相应范围的城镇人口、农村也会有所调整，对相关部门的人口统计数据将提出较高要求。

3.2　城市用地分类发展趋向

土地利用总体规划关乎建设用地内部分类，在《全国土地分类（试行）》的建设用地中分出商服用地、工矿仓储用地、公共建筑用地、住宅用地等二级类，在《土地利用现状分类》（GB/T21010-2007）中分出商服用地、工矿仓储用地、住宅用地、公共管理与公共服务用地等一级类，目的在于能进行城镇地籍调查统计，纳入动态的土地利用管理中，为相关的土地估价和土地招拍挂提供基础，但涉及相关的地类统计较难进行，土地利用总体规划中一直未予采用。因以上的分类大致应在城市（镇）范围以内，可直接纳入城市（镇）用地，但要密切注意的是，城市用地分类应较好适用土地管理系统工作，并能反映出土地利用的动态性和适应市场经济环境的需求。

（1）适用土地管理系统工作

与土地利用分类相关的土地管理包括土地利用调查、地籍调查、土地估价、土地出让以及土地利用总体规划等不同管理工作，每一类土地管理工作对土地分类要求的侧重点不同，建议以现行城市用地分类为基础，参照《城市用地分类与规划建设用地标准》（征求意见稿），适当调整局部分类，形成新的城市用地分类，达到土地管理系统相互关联的工作要求。如 1993 年《城镇地籍调查规程》（TD1001-93）将城镇土地分为商业金融业用地、工业仓储用地、市政用地、公共建设用地、住宅用地、交通用地、特殊用地、水域用地、农用地、其他用地，两相对照，城镇地籍调查可基本采用城市用地中建设用地的分类标准；而国有土地使用权出让（分为居住用地，工业用地，教育、科研、文化、卫生、体育用地，商业、旅游、娱乐用地，综合或者其他用地）、土地估价（分为居住用地、商业金融业用地、工业仓储用地、交通用地、综合用地、公共绿地）等均可在城市用地分类标准基础上适当归并整理，形成各自需要的土地分类。亦即覆盖全域的土地利用分类适用于土地利用调查和土地利用总体规划工作，城市（镇）内部适用的城市用地分类通过适当归并整理，适用于地籍调查、土地估价和土地出让等。

（2）反映土地利用动态性

土地利用总体规划中一直未予采用《全国土地分类（试行）》和尚未启用《土地利用现状分类》（GB/T21010-2007），在于其建设用地内部划分的各项用地统计变更工作较难开展进行，现行土地管理部门每年的土地利用变更调查数据统计表，是通过每年卫片和航拍对农用地转、建设用地、未利用地进行监测而统计得出，而在整体范围内对城市（镇）内部的旧城改造、城中村改造、危旧房改造、退二进三等涉及建设用地内部的土地用途变更统计相对困难。城市(镇)也只是在启动新一轮总体规划编制时才明确即时的土地利用现状，覆盖建城区或城市（镇）用地扩展边界区的建设用地内部动态更新较弱。城市（镇）土地利用地动态性即要求能动态更新城市（镇）用地范围内各类建设用地的变化情况，反映居住用地、工业用地、商业用地、公共服务用地等之间的比例变化关系，必须由规划、国土、发改等部门联合，建立城市（镇）内部各类用地的变更统计调查表，以反映城市（镇）内部主导用地的变化情况，为政府制定城市发展战略和相关政策提供依据。

（3）适应市场经济环境变化需求

城市发展通过商业、服务业市场化运作，不断追逐土地利用的最高实现价值，土地的用途不再是一成不变，市场成为资源配置的主体，瞬息万变的市场对城市用地的功能、结构、布局影响越来越大。根据区位、交通、相邻土地等条件的改变，通过合法转换土地用途来配置具有更高收益的土地使用组合，是遵循市场经济规律的必然选择。其次，新《城乡规划法》公共政策的定位进一步得到明确，规划管理的目标转变为协调多方权利、保障公共利益，政府重要职责之一是提供公共产品及公共服务。城市用地分类应适应市场经济环境变化及在此影响下政府职能转变的需求，一是城市用地分类标准应具有阶段性和动态性，在城市发展的不同阶段采用不同的城市用地分类标准，如在城市的快速城市化时期，用地分类应考虑与国际接轨，具有较强开放性特征；二是城市用地分类应充分考虑弹性，具有较强的兼容性，鼓励并规范土地的混合使用，如仅仅采用单一的用地性质确定规划用地，则受市场的影响，规划修改将频繁进行，难以适应市场对效率的追求；三是城市用地分类应考虑公共政策属性，将由市场主导的各类公共设施用地与政府提供的各类公共设施用地有效区分，并强化对公益性用地的保障和控制。

4　结语

"两规"协调、城乡统一的土地利用分类体系是国土资源管理和城乡规划管理的基础性工作，不仅涉及土地管理、城乡规划的方方面面，而且与国民经济和社会发展涉及的各个相关部门密切联系。本文从"两规"各自现有土地利用分类出发，希望探索出一套适用城乡、适用"两规"、全面简明又具可操作性的土地分类体系，分类体系适用"两规"的核心在于以地域划分两个分类标准各自的适用范围——城市用地分类只适用于城市（镇）内部的建设用地统计，以此达到"两规"在建设用地统计上的一致，实现"两规"的协调。也探讨了城市用地分类需要考虑的几种趋向，但鉴于土地利用分类体系是一项错综复杂的工作，需要多个部门共同探讨才能切实完成，提出一些对土地利用分类的看法仅供参考。

参考文献

[1]　曹传新. 对《城市用地分类与规划建设用地标准》的透视和反思 [J]. 规划师，2002.

[2]　周剑云，戚冬瑾. 我国城市用地分类的困境及改革建议 [J]. 城市规划，2008，(3)：45-49.

[3]　徐明尧，汤晋. 关于改进我国城市用地分类标准的思考 [J]. 规划广角，2008 (12)：109-113.

[4]　赵民，汪军. 重构我国城市规划建设用地标准及控制体系的探讨 [J]. 城市规划学刊，2007 (6)：29-35.

[5]　岳健，张雪梅. 关于我国土地利用分类问题的讨论 [J]. 干旱区地理，2003 (3)：78-88.

[6]　刘平辉，郝晋珉. 土地利用分类系统的新模式——依据土地利用地产业结构而进行划分的探讨 [J]. 中国土地科学，2003 (2)：16-26.

[7]　吕维娟. 确立更为实用的建设用地分类标准——对现行《全国土地分类》体系涉及建设用地部分的建议 [J]. 中国土地，2003 (10)：33-35.

[8]　吕维娟. 城市总体规划与土地利用总体规划异同点初探 [J]. 城市规划，1998 (1)：34-36.

[9]　萧昌东. "两规"关系探讨 [J]. 城市规划汇刊，1998 (1)：29-33.

[10]　李树国，马仁会. 对我国土地利用分类体系的探讨 [J]. 中国土地科学，2000，14 (1)：39-40.

[11]　中华人民共和国国土资源部. 土地利用现状分类（GB/T21010-2007）[S].2007.

[12]　尹向东. "两规"协调体系初探 [J]. 城市规划，2008 (12)：29-32.

"三规合一"的城乡总体规划[❶]

徐东辉[❷]

导言：规划编制的"三国演义"[①]

我国当前的空间规划体系突出地存在着城乡规划与国民经济和社会发展规划、土地利用总体规划之间缺乏有效衔接的弊端，被戏称为规划编制的"三国演义"。同时，其他的各级、各类规划名目繁多[②]，在同一个城市空间上，往往多个政府部门的规划引导和控制要求并存，但由于彼此之间缺乏协调甚至相互冲突，不但难以形成对城市综合调控的统筹合力，甚至导致了开发管理上的混乱和建设成本的增加[③]，在一定程度上影响了经济社会的健康发展。究其原因，主要是"三规"之间在工作目标、空间范畴、技术标准、运作机制等方面存在交叉和矛盾：

（1）国民经济和社会发展规划关注发展目标与策略，重宏观轻建设，导致项目难以落地、政策缺乏空间载体，而被视作发展规划向空间领域迈进的主体功能区规划由于过多地考虑功能区的政策属性，忽略了空间属性和发展属性，致使其"雷声大雨点小"，未能有效实施；

（2）城市总体规划关注的是城市规划区内土地的用途、开发强度，以及不同区位土地用途的合理空间关系、土地开发的时机等内容，往往缺乏对土地占补平衡的统筹考虑，导致城市建设侵占耕地，使得耕地保有量达不到标准；

（3）土地利用总体规划在城市层面对整个行政区的土地进行安排，但关注的重点是农用地、建设用地与未用地之间的比例关系，特别是耕地保护，由于只考虑土地的天然界线，不考虑与城镇化的关系，基本农田保护区的设置犬牙交错，导致城镇布局结构不完整，基础设施难以实施。

随着国家发改委试图将城市规划和土地利用规划作为专项规划纳入发展规划体系的努力的告吹[④]，说明在我国当前行政体制下，要真正实现一个规划"一统天下"并不现实，而且目前这种"分割"的规划体制在一定程度上、一定条件下还有其存在的必要性与合理性。但对具体城市而言，一个城市只有一个空间，一个空间应该统一规划，这是统筹指导城市发展的需要，也是探索"三规合一"城乡总体规划的意义所在。

1　目标：实现"四个一"

在"三规"乃至更多的规划里，都涉及有部分相同的工作内容，尤其是与空间安排相关的内容在规划上应该是统一的，而且必须统一。将国民经济和社会发展规划、城乡规划、

---

❶ 本文来源：《城市规划和科学发展——2009年中国城市规划年会论文集》，天津科学技术出版社2009年8月出版。

❷ 徐东辉，广东省城市发展研究中心。

土地利用规划中涉及的相同内容统一起来，并落实到一个共同的空间规划平台上，各规划的其他内容按相关专业要求各自补充完成，即为"三规合一"。"三规合一"并非指只有一个规划，而是指只有一个城市空间，在规划安排上互相统一，同时加强规划编制体系、规划标准体系、规划协调机制等方面的制度建设，强化规划的实施和管理，使规划真正成为建设和管理的依据和龙头。一个"三规合一"的规划，将以"四个一"的实现为主要目标：

1.1　一张图

将市域所有规划要素在同一个空间平台上进行表达和协调，为各部门提供现势性较强的空间基础数据，以此作为避免"规划打架"的主要空间手段，并作为推行"网上办事"、推进行政权力公开透明运行的电子平台。

1.2　一套技术标准

为改变目前各部门技术标准口径不一致带来的开发管理混乱等问题，建立一套面向社会的用地分类标准和技术规程，对涉及相同的空间安排，以一套技术标准来执行。

1.3　一套协作流程

制定一套部门间协作的管理流程，保证各部门规划编制、实施及更新过程中的有效衔接，提高行政运行效率和公共服务水平。

1.4　一套办事规章

创新政府管理方式，建立一套全市统一的建设项目审批与用地管理的办事规章，精简行政审批事项，简化办事环节，改善整个城市投资环境。

2　规划："三规合一"城乡总体规划的主要内容

"三规合一"城乡总体规划应主要包括如下内容：（1）根据区域发展背景与城市发展现状进行政策输入，确定城市发展目标和在区域中的定位，并提出经济社会发展战略；（2）通过功能定位确定城市职能，进行城乡产业布局，并根据四类主导产业功能分区与现状开发强度分区综合确定四类主体功能区，提出相应发展策略，并制定配套区域政策；（3）根据主体功能区规划制定的人口迁移及产业发展策略确定城镇规模、职能、等级结构，并构建生态、产业、交通、服务四大支撑体系；（4）对应土地利用情况进行已建区（建成区控制线）、禁建区（生态区控制线）、适建区（规划建设区控制线）和限建区（远景预留区控制线）四区划定；（5）进行专项规划，提出空间管制措施；（6）制定规划实施机制，并对部门政策及下层次规划编制提出指引性要求（图1）。

2.1　政策输入：结合区域政策和发展现状制定整体发展战略

2.1.1　从机遇和挑战角度进行区域政策输入

城市的发展与区域息息相关，尤其与上层次规划制定的区域政策密切相关。如上位的交通规划定线的一条区域轻轨对城市而言就是一个重大的开发引导因素，而土地利用规划

上位规划及政策 地方发展意图 | OR模型 | 政策输入 | 现状评估 | 承载力模型 | 环境承载力 设施承载力

经济社会发展战略

定位 | 定性 | 定规模 —— 经济社会发展规划

用地适宜性评价 | 发展功能分区 | 开发强度分区 | 用地承载力分析

提升型产业 | 强化型产业 | 储备型产业 | 保护型产业 | 高密度开发 | 中高密度开发 | 中低密度开发 | 低密度开发

用地适宜性评价模型 | 承载力分析模型

主体功能区划 —— 主体功能区规划

优化开发区 | 重点开发区 | 限制开发区 | 禁止开发区

空间发展策略

城市化发展策略 | 工业化发展策略 | 农业化发展策略 | 生态发展策略

细胞机模和分析 —— 空间结构

空间支撑体系 —— 供需平衡分析 —— 城镇体系规划

生态支撑体系 | 产业支撑体系 | 交通支撑体系 | 服务支撑体系

用地适宜性评价 —— 建设用地布局

"四区"划定

禁建区 | 限建区 | 已建区 | 适建区 —— 土地利用规划

"八区"管制

生态保护区管制 | 生态维育区管制 | 发展储备区管制 | 文化保护区管制 | 完善区管制 | 更新区管制 | 改造区管制 | 发展区管制

实施规划

实施行动与机制 | 近期建设规划 | 年度开发计划 —— 实施规划

政策输出

下层次规划指引 | 部门政策指引

规划评估

环境评估 | 政策评估 —— 规划后评估

空间 | 政策

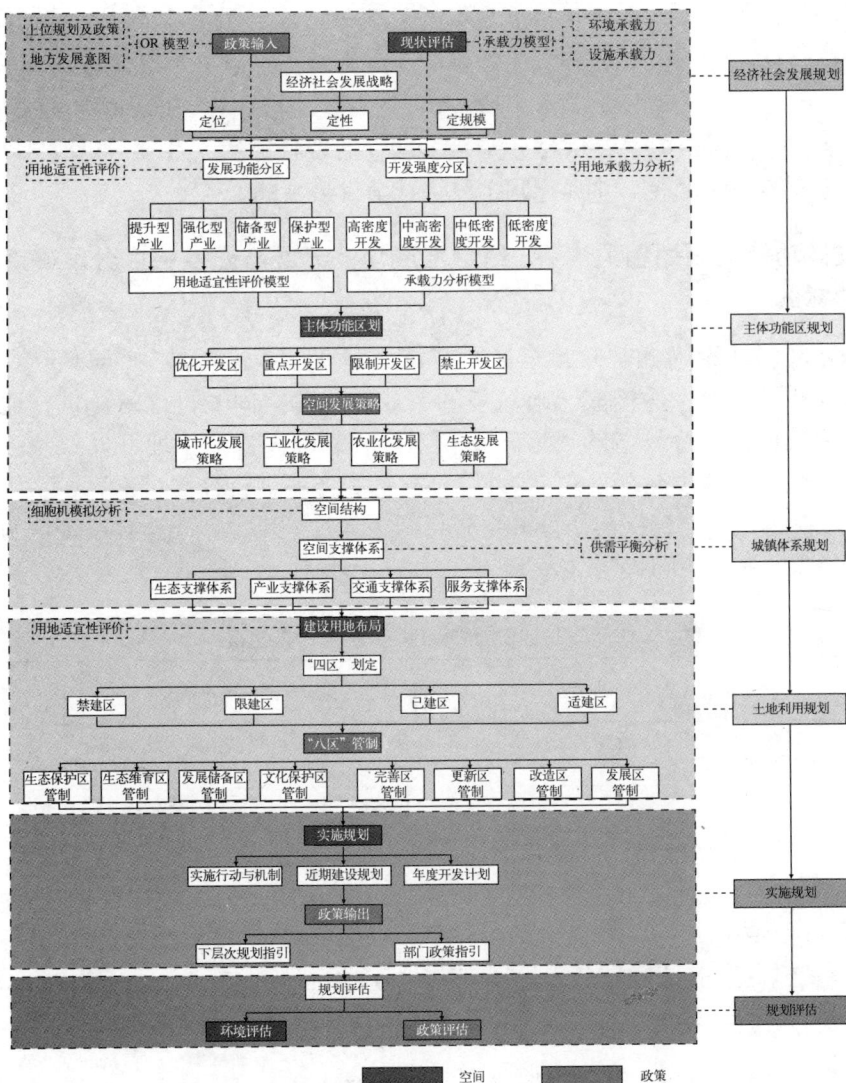

图1 "三规合一"城乡总体规划技术路线

规定的建设用地规模就是无法突破的红线。可以讲规划是带着枷锁在跳舞，要搞清楚枷锁在哪里，首先要进行区域政策输入。

在规划编制开始就树立区域观念，既坚持目标导向寻找发展机遇，全面落实上层次主体功能区规划、城镇体系规划、土地利用总体规划及交通、环保等相关规划的定位和目标；又坚持问题导向规避外部挑战，从城市功能定位、空间结构、土地利用、生态环境、交通发展等方面，寻找城市发展现状与各上层次规划存在的冲突，并通过制定针对性的发展策略实现各项工作的协调发展。

2.1.2 从优势和劣势角度进行发展现状评估

针对"三规"涵盖市域城乡经济、社会、空间、环境等方面的特点，通过科学确定指标体系，利用遥感、地理信息等空间分析技术和手段，对城乡各类要素进行综合分析评价，从环境、设施等承载力的角度对现状进行审读，发挥优势，弥补不足，作为制定规划的基本依据。

2.1.3　制定指导各规划的城市经济社会发展战略

虽然国民经济和社会发展规划、城乡规划、土地利用规划乃至各类专项规划由不同政府部门具体组织编制，但城市政府的发展思路是唯一的，指导各个规划的内容也只有一个，就是城市经济社会发展战略。在区域政策输入和发展现状评估的基础上可以理清城市发展的优势、劣势、机遇和挑战，并据此制定经济社会发展战略。

2.2　主体功能区规划相关内容：结合发展功能分区与开发强度分区确定四类主体功能区

主体功能区的理论内涵是政策分区，其核心是基于不同区域的资源环境承载能力、现有开发强度和发展潜力等因素，对城乡的产业布局和空间安排进行协调，通过土地开发权的分配和转移使部分区域的土地开发权增加，部分区域的土地开发权收到剥夺或制约，然后通过政策、基础设施的投入、财政转移支付等方法进行补偿，使公共利益人人均享。

土地开发权包含用地功能与用地开发强度两个属性，因此四类主体功能区可由四类发展功能与四种开发强度共同决定（表1）。

四类主体功能区与四类功能和强度分区对应关系　　　　表1

主体功能区	功能定位（内涵）	功能分区（产业档次）	强度分区（承载强度）
禁止开发（生态地区）	具有重要生态保护价值的非建设用地，不允许有任何开发	保护型产业，以提供生态产品的功能区为主	低密度建设
限制开发（乡村地区）	近期内不进行大规模开发建设的农村用地，但可进行道路和基础设施建设的地区	储备型产业，以生态农业和休闲旅游业为主	中低密度建设
重点开发（城镇地区）	经济发展相对落后、发展潜力大、需要在规划期间重点拓展开发的地区	强化型产业，产业档次中，需要扶持开发的产业类型，如新型制造业和传统优势产业	中高密度建设
优化开发（都市地区）	发展基础较好、需要在规划期内提升其区域地位的城镇及其产业聚集区	提升型产业，产业档次高，需要进一步提升发展，如综合服务业和商贸物流产业	高密度建设

2.2.1　根据四大主导产业布局确定四类发展功能分区

根据主导产业功能的历史演变规律和产业发展特征，结合国内外案例，提取影响其空间布局的主要因素，建立指标体系，运用GIS多因子叠加和栅格叠加技术进行适宜性评价，得出各类产业功能区发展的适宜地区。

将确定的主导产业功能区，补充农业功能地区（耕地、园地）和生态功能地区（林地、水源保护区、地质灾害区、自然保护区、国家森林公园），共同划分为提升型产业区、强化型产业区、储备型产业区和保护型产业区，得到产业功能区布局。

2.2.2　利用综合承载力分析划定四种开发强度分区

运用GIS综合承载力分析技术，根据城市生态、交通、设施配置条件对包含坡度、高程、林地分布、农田分布和水域分布等方面的环境承载力和包含交通及公共服务设施等方面的设施承载力进行分析，通过构建承载力指标体系，对土地开发条件进行综合评判，确定市域土地开发强度分区，整体划定为适宜高密度发展、适宜中高密度发展、适宜中低密度发展和适宜低密度发展四类地区，其中适宜低密度发展地区可直接划为禁止开发区。

2.2.3 通过发展功能分区和发强度分区综合确定主体功能区

（1）首先，分别将土地使用功能和土地开发强度按照产业层次类型和开发密度高低进行赋值（表2）；

土地使用功能与开发强度赋值表　　　　　　　　　表2

土地使用功能赋分	提升型产业 (6~8)	扶持型产业 (4~6)	储备型产业 (2~4)	保护型产业 (0~2)
土地开发强度赋分	高密度 (6~8)	中高密度 (4~6)	中低密度 (2~4)	低密度 (0~2)

（2）然后，对土地使用功能和土地开发强度赋予不同的权重，可将土地使用功能权重定为1，土地开发强度按与土地使用功能的匹配程度权重定为0.125~1不等（表3）；

土地使用功能与开发强度权重表　　　　　　　　　表3

类型	保护型产业	储备型产业	扶持型产业	提升型产业
高密度	0.125	0.25	0.5	1
中高密度	0.25	0.5	1	0.5
中低密度	0.5	1	0.5	0.25
低密度	1	0.5	0.25	0.125

（3）通过叠加得出综合评分，即综合评分＝土地使用功能评价数值 ×1 + 土地使用强度评价数值 × 权重（表4）；

综合评分表　　　　　　　　　表4

功能区类型	土地使用性质	土地开发强度	区分数值区间
禁止开发区	(0~2)	(0~2)	(0~4)
限制开发区	(2~4)	(2~4)	(4~8)
重点开发区	(4~6)	(4~6)	(8~12)
优化开发区	(6~8)	(6~8)	(12~16)

（4）再通过主导因素法划定禁止开发区和优化开发区，即禁止开发区由低密度（不适宜开发）因素进行空间判定，优化开发区由提升型产业的空间布局进行空间判定。

2.2.4 通过划定管治单元赋予空间区划政策属性

主体功能区规划属于空间规划，评价的很多因素如高程、自然保护区、建成区边界等要素都是自然形态，经过多因素综合评价和主导因素评价评价出来的四类主体功能区是自然边界形态。但是，镇（街道）是落实和操作政策的基本管治单元，划定的功能区还要转换到以镇（街道）单元上。

在未落实到行政单元的主体功能分区图的基础上，以每个行政单元内面积最大的主体功能为其最终划定的主体功能，得出落实到镇（街道）为单元的主体功能区规划，并在此基础上建立补偿和转移的机制，将用地、资金等发展指标分解到各县、各镇，形成各类主体功能区的管治政策。

2.3 城镇体系规划相关内容：结合人口迁移和产业布局确定市域城镇体系

按照主体功能区规划统筹城乡、协调区域发展的要求，优化开发区内城镇将主要以实现国家和省的优化开发定位为发展方向，重点开发区内城镇将积极承担人口和产业双转移目标，限制开发区和禁止开发区内城镇则应在生态补偿机制下严格产业准入并引导人口有序转移。在四类主体功能区充分协调的基础上，以促进人口、经济、资源环境的空间均衡为原则可确定市域城镇体系的规模、职能、等级结构。

2.3.1 结合人口预测确定城镇规模结构体系

主体功能区规划将引导人口从优化开发区、限制开发区和禁止开发区向重点开发区转移，并鼓励居民向中心城镇集聚，腾出更多生态空间，并疏解中心区过于密集的人口，优化中心区的空间布局。人口大量流入的重点开发区内城镇必将成为未来城乡经济与城镇化发展的主力军，在此基础上，以镇为单位，根据规划期末非农业人口规模、城镇人口规模预测，可形成城镇规模体系规划方案。

2.3.2 结合产业布局确定城镇职能结构体系

以四类主体功能区对应的保护型产业、储备型产业、强化型产业和提升型产业布局为基础，结合各城镇资源条件和产业基础，重构城乡经济结构，合理配置城乡产业资源，为市域城镇职能体系的确定提供依据。

2.3.3 结合空间结构确定城镇等级结构体系

四类主体功能区的划定已对分布其中的各城镇发展潜力形成了初步界定。优化开发区内城镇工业化和城镇化水平较高，处于城镇体系的较高级别；重点开发区内城镇发展潜力较大，人口和产业集聚条件较好；限制开发区和禁止开发区内城镇不适宜大规模、高强度工业化和城镇化，将处于城镇体系较低级别。

由于设施网络和节点对于城镇等级结构及发展轴线的形成具有决定性影响，在主体功能区规划对城镇等级大体界定的基础上，还应考虑不同的交通、产业、服务设施布局方案下城镇等级结构的多种可能，提出比选方案。

2.4 土地利用规划相关内容：按"统一口径、总量控制、城乡统筹、布局一致"原则协调用地布局

2.4.1 按照"统一口径"的原则统一技术标准

（1）统一规划期限。《城乡规划法》规定城市总体规划的规划期限"一般为20年"，《土地管理法》规定土地利用总体规划的规划期限由国务院规定，本轮到2020年。因此，本轮"三规合一"城乡总体规划的规划期限应到2020年，既与土地利用规划的规划期限一致，又在城市总体规划的规划期限范围内。

（2）统一规划范围。虽然《城乡规划法》确立了"城乡统筹"的基本原则，但城市总体规划的规划区往往还是中心城区，土地利用规划则以市域全部土地为规划对象。要实现"三规"的空间协调，首先要构建统一的空间平台，以全市行政区域作为规划范围，对各类用地进行统一核算。

（3）统一用地分类。城乡建设用地以城乡规划部门的用地分类标准为主，非建设用地以国土资源部门的分类标准为主，整合形成城乡统一的用地分类。

2.4.2 按照"总量控制"的原则衔接用地规模

城乡总体规划中建设用地的规模、范围应当与上层次城镇体系规划和土地利用总体规划确定的建设用地规模、范围相一致。并结合城镇和村庄发展需要确定建设用地、农用地等分区，落实基本农田保护和撤并后村庄的土地整理，在保证耕地不减少的情况下，摸索小田变大田的农业规模经营，以及城镇建设用地增加与农村建设用地减少相挂钩的土地流转模式。

2.4.3 按照"城乡统筹，布局一致"的原则协调用地规划布局

城乡总体规划应使土地利用总体规划的用地指标、土地利用结构、基本农田保护、耕地总量平衡等内容在符合城乡发展要求的前提下，在空间布局上予以落实，从而有效缓解城乡发展与耕地保护的矛盾，协调城镇建设、土地供应、土地开发三者的关系。

在规划编制中应以空间资源的优化配置为主线，根据产业布局、生态环境保护、基本农田保护等要求，协调城乡发展功能分区，科学进行各类土地用途（包括建设用地和非建设用地）的总体布局，统筹确定"四区四线"空间管制区域和管制要求，并指导和约束空间发展的时序性和方向性。

（1）结合城乡建设用地扩展边界设定建设用地"弹性圈"。采取建设用地总量指标依据土地利用总体规划，具体布局按照"刚性框架、弹性利用"的理念，在土地利用规划确定的城乡建设用地扩展边界外，按一定比例（如15%）设定建设用地"弹性圈"，圈内不布局基本农田，尽量少布局耕地，确保在建设用地总规模不变的情况下，城镇可根据市场需要在圈内弹性规划用地布局。

（2）通过前置性用地评价确保基本农田保护区不被侵占。规划编制中可在用地评价和规划方案中增加现行土地利用总体规划确定的用地性质、规模等内容，并在用地评价图、现状图和规划总图中，标示基本农田保护区的范围界限，确保基本农田不被侵占。

3 管治：通过"四条线"落实空间管治要求

规划应在现有法律框架下，根据各部门对空间要素的规划管治要求制定相应的管治措施，作为未来规划实施过程中各部门进行相应规划管理的接口。根据规划部门重点管建设地区（包括已建和适建），国土部门重点管耕地保护区（禁建），发改部门重点管禁止开发区（禁建）的管治要求，通过"四条线"作为各部门进行管治的具体抓手：

3.1 建成区控制线

对现状已经建成、在规划期内不再大动大改的地区划定已建区控制线，并提出规划管制要求。

3.2 生态区控制线

对市域城镇发展过程中，为维持生态平衡而需要严格予以保护禁止非农建设的地区划定禁建区控制线，并提出规划管制要求。

3.3 规划建设区控制线

对市域城镇发展中，根据其用地性质和现状利用状况，结合城市发展目标与发展方向，适合在规划期内开发建设的地区划定适建区控制线，并提出规划管制要求。

3.4 远景预留区控制线

对市域城镇发展中，为了保证城市可持续发展而限制建设的预留用地地区划定限建区控制线，并提出规划管制要求。

4 实施：建立"行政三分"、部门协作的规划决策机制

4.1 政策输出：通过政策文件转化使规划成为社会共同行动纲领

经审批的城乡总体规划将作为指导城市各项工作的纲领性文件，为各部门、各区县提供统一的落实设施、协调项目、平衡指标的空间信息平台和操作依据，以协调规划指导规划协调，这也是规划作为公共政策的本质体现。各部门、各区县依据经审批的规划，在统一的发展目标和空间蓝图指导下，通过制定部门政策分头实施，实现部门规划的有效衔接和区县的统筹发展。

改变以往规划以部门为核心的"分部门规划"的做法，对与城乡空间相关的规划如土地利用总体规划、环境保护规划、交通规划、市政设施等部门规划就衔接对象、衔接措施、衔接原则等需要借鉴和吸纳的方面提出规划指引，理顺空间规划管理体制，并形成部门联动行动计划和空间管治理的具体措施方案，实现规划从"分部门的协调"到"全市性的统筹"转变，使规划真正转化为公共政策。

4.2 建立市县联动、公众参与的长效实施机制

要求市辖各区、县编制各类规划时必须同步编制"三规"衔接报告，并与规划成果一并上报，在各类规划纲要审查前，由市县两级，发改、规划、国土三部门联合审查"三规"衔接报告，确定规划目标、建设用地规模、空间管制分区等内容与城乡总体规划相一致，确保规划上下对接，层层落实。

以建立城乡空间规划管治制度为目标，健全和完善城乡规划监督管理体系，确保规划实施过程中不变形，具体可包括建设用地边界管理制度、以"阳光规划"为核心的社会监督制度、城乡规划督察员制度等。

注释

① 《瞭望新闻周刊》2005年第45期的一篇文章题为《规划编制的"三国演义"》。

② 据不完全统计，我国目前由法律、法规授权编制的各类政府规划多达83种。

③ 由于规划间不协调，广东某市的一个建设项目曾前后走过300多个行政程序。

④ 国家发改委在制定"十一五"规划之初，曾起草了一份规划编制办法，试图将城市规划和土地利用规划作为专项规划纳入规划体系，以便在规划编制过程中加强规划衔接，但最终并未实现。

参考文献

[1] 王军，唐敏. 规划编制的"三国演义"[J]. 瞭望新闻周刊. 2005，11.

[2] 仇保兴. 论五个统筹与城镇体系规划 [J]. 城市规划. 2004，1.

[3] 宋劲松，黄莉. 城乡规划：实现和分配土地开发权的公共政策体系 [J].2008中国城市规划年会论文集.2008.

[4] 房庆方，蔡瀛，宋劲松，黄祖璜，罗小虹. 建立协调高效的区域城乡规划管理新架构——《珠江三角洲城镇群协调发展实施条例》带来的变化 [J]. 城市规划. 2007，12.

[5] 汪劲柏，赵民. 论建构统一的国土及城乡空间管理框架——基于对主体功能区划、生态功能区划、空间管制区划的辨析 [J]. 城市规划. 2008，12.

"三规"关系与城市总体规划技术重点的转移 [1]

王唯山 [2]

1 "三规"定义及其特点、关系与问题

现行体制下，与城市发展相关的规划主要有3个，分别是国民经济和社会发展规划、土地利用总体规划和城市总体规划（以下简称"三规"）。国民经济和社会发展规划（以下简称"发展规划"）是全国或者某一地区经济、社会发展的总体纲要，是具有战略意义的指导性文件。国民经济和社会发展规划统筹安排和指导全国或某一地区的社会、经济、文化建设工作。土地利用总体规划（以下简称"土地规划"）是在一定区域内，根据国家社会经济可持续发展的要求和当地自然、经济、社会条件，对土地的开发、利用、治理、保护在空间上、时间上所作的总体安排和布局，是国家实行土地用途管制的基础。城市总体规划（以下简称"城市规划"）是指城市人民政府依据国民经济和社会发展规划以及当地的自然环境、资源条件、历史情况、现状特点，统筹兼顾、综合部署，为确定城市的规模和发展方向，实现城市的经济和社会发展目标，合理利用城市土地，协调城市空间布局等所作的一定期限内的综合部署和具体安排。

发展规划为城市的社会与经济发展提出了目标，实现规划目标的期限通常为5年，当然从长远发展的考虑出发，也有做10年或20年的发展规划研究，但通常与地方城市政府执政一届相对应的五年是比较完整意义的规划期限。从规划的纵向层次关系看，发展规划包含国家、省和地方（城市）等从中央到地方的多个层次。但国家、省和城市的发展规划之间的约束关系并不十分密切，上一层次的规划要求很难具体、直接分解或体现在下层次规划中。土地规划的对象则很明确也单纯，特指土地。城市有了发展目标后，载体显然是很重要的。发展目标必须以土地为载体作为发展的空间依托。土地规划的期限目前尚无明确规定，从实践看有不成文的规定为15年，上一轮和最新一轮的《全国土地利用总体规划》的期限分别是1995～2010年和2006～2020年。根据我国行政区划,规划分为全国、省(自治区、直辖市)、市(地)、县(市)和乡(镇)五级，即五个层次。上下级规划必须紧密衔接，上一级规划是下级规划的依据，并指导下一级规划，下级规划是上级规划的基础和落实。表明在纵向的规划层次上，上层次规划对下层次规划有严格的约束力。与发展规划和城市规划比，这也是土地规划的最显著的特征。有了上述两个规划后，城市规划所要做的就是，将发展规划提出的目标落实在土地利用的具体安排上。显然它将发展规划与土地规划两者有机结合在一起，科学合理安排各类土地的使用及处理其间的相互关系。从名称看城市规划冠以"城市"二字，因此从纵向看，城市规划并没有严格意义上由上到下的规

---

❶ 本文来源：《城市规划学刊》2009年第5期。
❷ 王唯山，厦门市城市规划设计研究院。

划体系，如一定要寻找关系的话，那么全国城镇体系规划和省域城镇体系规划大致可以成为城市规划的上层次规划，并由于规划范围的不同和规划内容、重点的较大差异，除了城市定性定位外，基本很难找出相互间的严格约束关系。尽管城市规划越来越被要求统筹城乡整体发展关系，但城市规划一直以来仍被认为是重点为城市建设发展发挥作用，而与其他两个规划有所不同。发展规划与土地规划的规划对象均涉及整个地区，如整个地区的社会经济或行政辖区范围内全部的土地。同时与其他两者不同的是，《城乡规划法》规定城市总体规划的期限通常为 20 年。

综上所述可以看到，"三规"各自的规划对象不同，规划期限不同，各自纵向规划层次也不同，其相互间的约束力也不同。但"三规"都在为城市和地区发展共同发挥着作用。从城市这一层面看，城市规划的工作是将发展规划所确定的目标落实在土地规划的所界定的土地空间上，因而三者关系密切，乃至有人提出应"三规"合一。《城乡规划法》第五条阐明，城市总体规划等的编制，应当依据国民经济和社会发展规划，并与土地利用总体规划相衔接。显然"三规"需要互为依托互为关联。"三规"关系的难点很明显，在于规划期限的不一致。5 年、15 年和 20 年，不一致的规划期限，就很难将三者直接对应衔接。而规划期限的不同直接导致了城市总体规划中的种种技术问题。

2 城市总体规划的技术重点与存在问题

城市总体规划是城市在一定时期内发展的计划和各项建设的总体部署。这里的发展计划就是要体现发展规划的要求，而对各项建设进行部署主要就是对各类土地使用的合理安排。城市总体规划是城市规划编制工作的第一阶段，也是城市建设和管理的总体依据。城市总体规划主要包括，论证确定城市性质和提出发展目标，以及对规划期限内城市人口规模发展加以预测，结合土地规划建设有关标准测算规划期限内城市建设用地的规模，再展开各类建设用地的空间规划布局，以及对包括交通和市政基础设施的各个专项加以规划。其中城市性质论证和建设用地规模是总体规划纲要阶段审查的重点内容，也可以说是城市总体规划的技术重点。由于城市性质是界定城市未来发展的方向，属于目标的追求，一般对城市建设没有太多直接的影响，未引起过多的关注。而城市用地规模的确定则成为各方博弈的焦点，因为土地是当前城市地方政府发展当地经济最为重要的依托和载体。

由预测的人口规模结合人均用地标准的合理设定，得出的城市建设用地规模及其空间布局，可以说是现行城市总体规划编制中最为主要的技术路线，也可称是"自下而上"的技术路线。这种技术路线的关键点也是难点在于，一是人口增长规模预测的合理可靠性，二是人均建设用地标准的合理可行性。

先看人口规模预测。城市人口的变化包括自然增长和机械增长。自然增长根据人口年龄分布特征是较好把握的，有正有负。而机械增长指标在实践中更多地成了规划人员随意把控的弹性系数。多数城市编制总体规划时，机械增长几乎无一例外都是正增长，区别无非是大增长或小增长，而没有一个城市会出现负机械增长的情形。其实只要将福建省九个地市在过去 10 年的人口增长变化加以比较分析就不难看出，沿海地市无一例外是正增长，而内陆地城市则几乎不变甚至负增长（表1）。

2002 ~ 2007 年福建省 9 个地市常住人口统计 （单位：万人） 表 1

年份 地区	2002	2003	2004	2005	2006	2007
福州	598	656	660	666	671	676
厦门	214	217	220	225	233	243
莆田	——	——	——	281	282	283
三明	260	262	263	264	264	262
泉州	747	752	756	762	769	774
漳州	462	464	468	470	472	474
南平	——	——	——	288	288	288
龙岩	287	287	273	274	275	276
宁德	302	303	305	305	304	305

从一个国家或一个较大范围的区域看，人口的自然增长是必然的，而机械增长总体应是平衡的，人口从一个地区流动到另一个地区，必定是有增有减。只是没有一个城市在编制规划时会愿意承认负增长，因为谁也不愿放弃任何可能的发展机会，而这种机会是和土地紧密联系在一起的。

再看人均建设用地标准。现行的《城市用地分类与规划建设用地标准》是 1990 年颁布实施的，距今将近 20 年，从与时俱进的角度看，肯定不合时宜。而用地标准选择的逻辑是，规划人均建设用地指标是根据现状人均建设用地水平来选择确定，这种逻辑的最大问题是不能反映城市发展的真实需求，一概而论的依现状定规划，不能反映城市发展的差异需求，不是真正意义的实事求是。

从上述两方面看，两个相关因素存在的问题，使得城市总体规划的人口规模预测技术显得很不可靠，更多地成了地方和中央博弈建用地的数字游戏。从实证看，有条件发展的城市的人口规模总是不断突破，而发展条件不足的城市的土地利用效率总是低下。

3 新一轮土地利用总体规划带来的变化

历经 3 年研讨，第三轮《全国土地利用总体规划纲要（2006 ~ 2020 年）》（以下简称《纲要》）于近期由国务院正式发布，《纲要》对 2020 年前全国城乡建设用地的规模做出了清晰规划。其中，《纲要》提出了各类建设用地的规划目标。到 2010 年和 2020 年，全国新增建设用地分别为 195 万公顷和 585 万公顷。通过引导开发未利用地形成新增建设用地 125 万公顷以上。建设用地总面积分别控制在 3374 万公顷和 3724 万公顷以内。规划期内单位建设用地二、三产业产值年均提高 6% 以上。由于国务院提出在土地管理中实行最严格的控制。因而上述的数据并不是笼统指标，而是要层层逐级分解落实到地方层面，特别是城市建设用地的控制中的。在《全国土地利用总体规划纲要（2006 ~ 2020 年）》中，就将上述在指标分解到各个省、自治区和直辖市。而在《福建省土地利用总体规划大纲（2006 ~ 2020 年）》则将所分配的指标分解到省内的九个地区，并下达了《福建省各设区市土地利用总体规划（2006 ~ 2020 年）》主要调控指标的通知。由此看出，新一轮的土地利用总体规划在全国、省和城市的各个层面上，将未来一定时期的各类建设用地规模做出了安排和限定。较为有利的是，这一轮的土地利用总体规划的期限和普遍开展的新一轮城市总体规划的期限较为一致，规划期末均为 2020 年。这样就为土地利用总体规划和城市总体规划的有机衔接建立了可操作的平台。进一步看，各个城市总体规划的建设用地规模也就从"自上而下"的角度给出了答案。前面已经谈到，"自下而上"预测城市人口和建设用地规模作为城市总体规划技术内容的重点存在问题，那么通过土地利用总体规划给出的建设用地指标的做法是否合理呢？

笔者以为，自上而下分配各个地区和城市发展用地的好处有：①将国家作为整体单元，城市和农村之间的人口流动变化总体上是可以把握的；②可以从较高层面，比较不同地区和城市发展的差异，包括通过衡量发展的质量、规模与速度，来配置不同的发展土地指标。当然最大的好处是可以从国家层面控制土地的可持续发展利用，保护耕地实现粮食安全保障，③还可以根据国家的整体发展战略，鼓励某些地区优先发展而调控土地指标配置等等。国家对土地提出了最严格的管理，使得地方与中央在土地开发问题上的博弈趋于明朗，那就是地方服从中央管理。其实在城市总体规划中，地方政府无不希望能过尽量预留有充足的土地，而上级政府包括国务院对总体规划的审查焦点就是，总体规划要与土地利用总体规划取得衔接，或者说就是城市总体规划要服从土地利用总体规划。城市总体规划编制拖沓冗长饱受批评的主要原因，就是城市总体规划无法取得与土地利用总体规划的衔接，而其中的缘由就是两个规划的期限的不一致。按照上述情况，两个规划的期限取得一致的有利条件，使得城市总体规划的重点技术难题似乎可以得以解脱而发生转移。

那么，城市总体规划的技术重点会转移到哪里呢？首先，国民经济和社会发展规划为城市在近中期（当然也包括更长的规划）设定了发展目标，而土地利用总体规划则将城市的土地发展空间做出了明确的规定，这里的规定是指规模，而不是土地空间的位置确定和土地利用功能的细分。打个形象的比喻就是，菜单（发展目标）定好了，做菜的食材（可供利用的土地）也有了，那么城市总体规划的重点就是依照菜单，利用既有的食材做菜了，做菜就是将用于发展的土地空间进行选址定位，对各类建设用地进行功能细分和提出规划要求。

4 城市总体规划对城市发展的有效控制与引导

4.1 对"人口密度"作为主要技术经济指标的重视

与计划经济时代不同，以市场经济为依托的城市发展不会将想进入城市的人排除在城市之外，这是由新的城市经济发展模式所决定的。过去的城市发展主要依靠生产带动，现在的城市发展则是靠消费，城市的规模决定了消费的水平进而决定了城市的发展进程，城市人口越多意味着越大的市场和消费。但这种发展模式也引来城市规划业内人士的诸多批评，主要的批评就是城市人口越来越多，城市建设越来越密和随之而来的直接导致城市环境质量的下降（图 1）。这只是看到问题的一方面，问题的另一方面是人多地少的国情为城市化进程带来了诸多挑战，其中之一就是土地资源匮乏问题以及土地集约使用问题。但这一问题并未引起规划人员的真正重视，很少将其作为城市发展的战略问题加以对待。在城市总体规划中，人口规模乘以人均用地标准就是城市发展所需的土地空间，"人口密度"充其量只是作为比较性的参考指标加以罗列，而没有作为重要的概念和指标融入城市发展

图 1 滨海风景城市厦门近年来的高强度开发遭到不少议论乃至批评

人口密度（万人/平方公里）

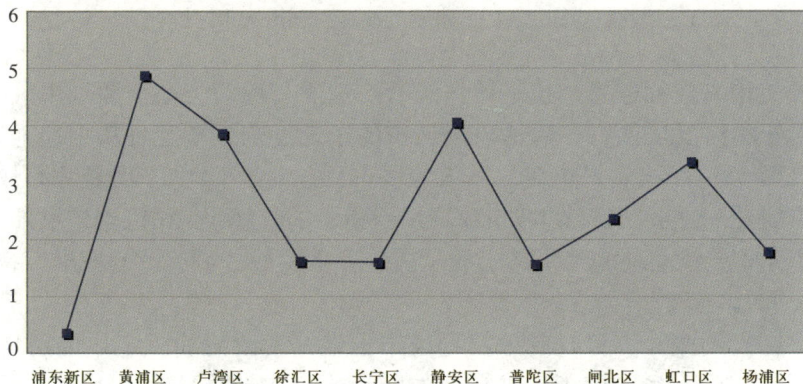

图 2 2007 年上海市各区人口密度统计

的过程控制之中。在城市总体规划中，确定了一定的社会经济发展目标，同时对发展的承载空间也加以框定，那么环境容量和人口密度等概念及其相应的研究，就显得非常重要，并且也决定了城市规划实施的控制导向。需要指出的是，本文提出的"人口密度"具有特别的指向定义。城市规划基本术语标准出现的人口毛（净）密度，是指单位居住（住宅）用地上居住的人口数量，是指较为单纯的居住水平的反映。同时，本文提出的"人口密度"也不同于以行政区域为统计单元的人口密度概念。准确讲，"人口密度"是指以城市规划建设用地为单元的人口指标统计。将不同城市的数据和一个城市不同区域的人口数据以同口径比较分析，可以发现城市发展内涵与水平存在的差异（图 2）。

追求好的人居环境固然没错，但在土地资源紧缺的情况下，人们不得不正视规划中的技术标准是否符合国情、市情及其可行性。合理的环境容量和人口密度将决定城市出土地开发的策略，而不再是由人为（专家或决策者）的喜好而摇摆不定。对一个城市而言，对在未来一定时期内确定了发展目标（包括经济规模和人口规模的预期）和划定相应的承载空间，那么相应的规划政策也就应运而生，以体现人口密度为内涵的居住水平与标准就是其中重点之一。通常的城市总体规划只给出了预期的人口规模，而未交代未来发展的人地对应关系，包括在近、中、远期如何控制居住单元的建设规模与标准等，其结果是在房地产发展高潮时，不顾实际需求和土地可持续集约利用的（超）高标准建设比比皆是。建设部出台的不超过 70 平方米住房建设比例要求的政策，其实就是对人口密度和土地利用关系的强制调控。笔者以为，能以最少量的土地提供承载最多人口的城市开发，

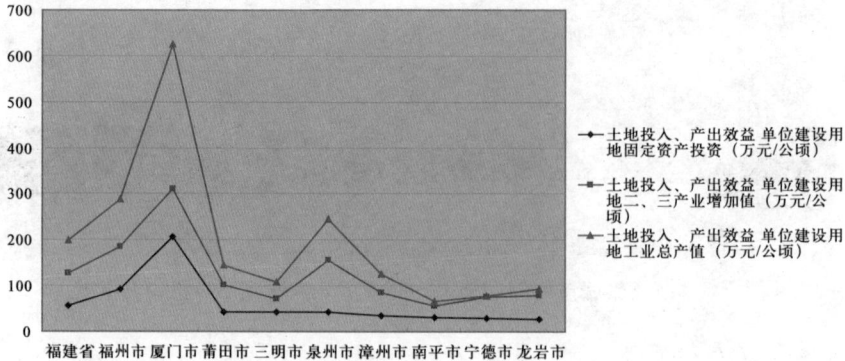

图3　福建省各市2007年建设用地集约利用水平对比情况一览表

应是土地资源使用高效的标志，也是城市经营的最高目标即土地资源利用效率的最大化。与此同时，对于经济发展而言，评估一个城市的土地经营效率还可从土地开发的GDP产出加以衡量（图3）。经济发展快速、高效的城市，土地的GDP产出量势必较高，因而允许土地投入的加大，在自上而下的城市建设用地指标的分解中，该因素应被明显考虑在内。由此，人口密度和单位土地的经济产出成了衡量城市发展是否有效的标准，也是值得城市规划学界深入研究的课题。

强调人口密度的概念，可以有效指导城市土地开发政策的制定，特别是对房地产市场的定位与引导。国家目前禁止别墅项目的立项，其实就是限制低人口密度土地开发的政策体现。如果城市土地与房地产开发不能反映城市人口的确实增加并保证一定密度指标的实现，则说明房地产开发泡沫化了，或者就是土地低效使用。另外，国家对于土地指标在不同城市地区的投放，还可通过对土地的经济产出效益加以评估，而后成为调控不同地区土地投入的依据。当然不同地区的土地产出效益是有客观差异的，可以有不同的标准，但相比之下还是能客观反映城市开发的质量。就在笔者完成本文之际，从国土资源部获悉，根据日前由国土资源部、国家发展改革委、国家统计局联合发布的《单位GDP和固定资产投资规模增长的新增建设用地消耗考核办法》，国家将就单位GDP和固定资产投资规模增长的新增建设用地消耗，对省（区、市）人民政府进行评价考核。考核结果分别作为分解下达年度土地利用计划指标和干部主管部门对省级人民政府领导干部进行综合考评的依据。位次考核主要考核各地区集约用地水平在全国的排名，年度变化考核主要考核各地区本年度集约水平与前一年相比的提高程度。这一办法将实现对城市发展进行量化的评估。

人口规模不被用以推算城市用地规模，但城市人口数量的变化可以成为检验城市发展速度的参照指数，从而宏观调控城市土地利用的总体开发策略。这也是城市总体规划动态性的要求和体现，城市人口规模应动态地被检测，城市开发的质量也应动态评价。通过3年或5年的定期检查，分析城市人口增长速度与土地开发利用效率的相互关系，如人口增长较快，而土地使用较少说明开发强度较高，反之则低，从而调整土地开发的策略，包括强度和环境标准等。这种分析可以实现对城市总体发展实施看得见的把控，从而也成为决定城市其他各层次规划的主要依据。建设部近期出台的《城市总体规划实施评估办法》，将有力推动这一做法。

4.2 有机协调城市总体规划的空间布局与用地规模关系

由于用地规模与城市人口发展的总体关系得到指标性的强制框定，城市总体规划的技术重心就可以真正放在对土地利用和相应的功能布局的研究上。规划布局是决定城市是否合理、有序发展的重要前提。应该指出，对城市发展用地的评价，进而加以城市用地发展方向的空间比较与选择，仍然是城市总体规划的重要技术步骤。有必要深入分析研究的是，通过总体规划实施中遇到的问题，来反思空间布局与用地规模的关系问题。通常在规划师看来，总体规划分期实施的理想状态是，集中开发，建成一片，成效一片。但城市建设的实际往往不是这样。最为现实的是，城市拓展需向农村延伸，但城市要拓展的新区并不是一张所谓白纸，而是遍布大量的村庄聚落（图4）。鉴于村庄的改造不可能在短时间内，特别是城市快速发展阶段内完成，因此城市的空间开发并不可能像想象中的完整开发，同时城市建设用地规模由于村庄用地的存在而实际有所减小，而这种现象往往是被忽视的。人们也可注意到，新颁布实施的《中华人民共和国城乡规划法》第十七条第三款规定，城

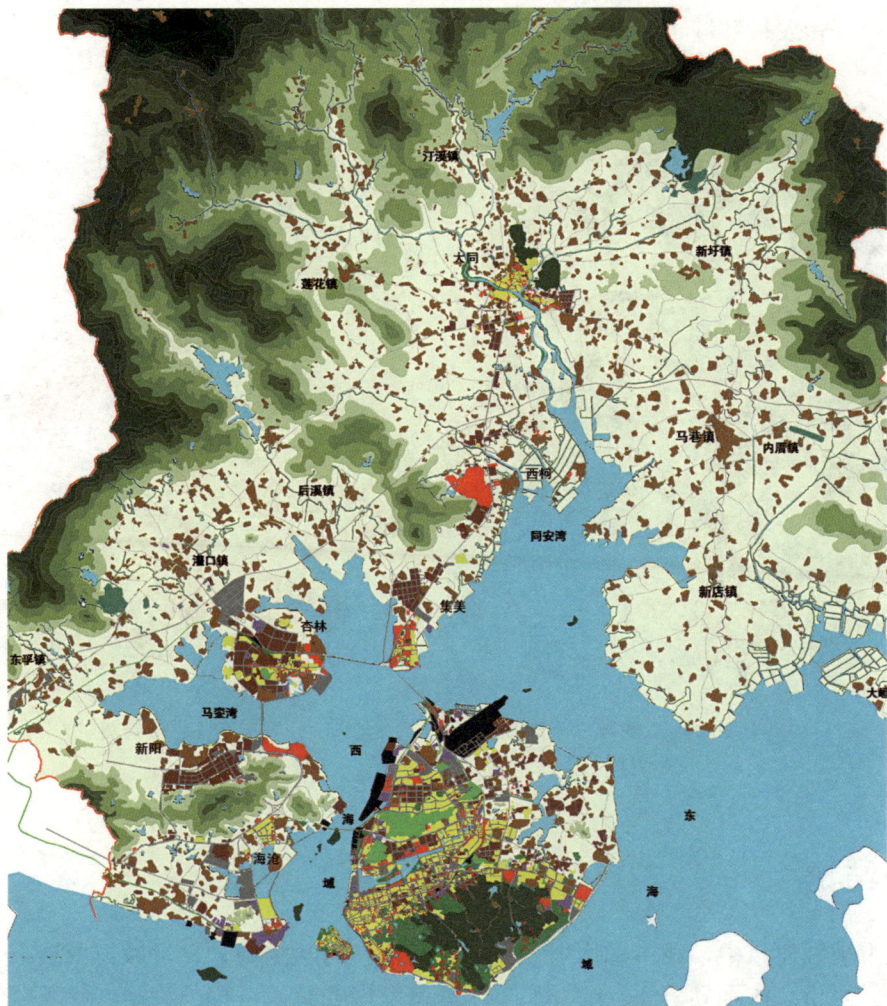

图4 城市的拓展与遍布的村庄聚落密切相关

市总体规划还应当对城市更长远的发展做出预测性安排，也就意味着应该对超出规划期限的更大发展空间做出安排。由此笔者以为，城市总体规划空间布局涉及的土地规模应比实际分配的指标大一些。除了城乡规划法有规定外，最大的好处就是提供了城市开发的灵活性，而这种灵活是以结构的合理和统筹布局为前提的。这里的灵活性并不是指用地规模的随意突破，因为用地规模已籍由自上而下的用地指标加以严格的限定，灵活性是指在用地的空间选择上则有更多的余地。这种看似不完整、不集中的开发，其实是建立在一个经过整体规划并且是更大范围合理空间格局上的，而不是盲目和独立的"飞地"事件。事实上，任何时候绘制城市建设的现状图时，要得出完整空间形态的用地布局几乎不可能，特别是在城市快速发展阶段。按照现行国家有关总体规划编制规定，土地利用空间布局属于强制性内容。也因此，很多城市的总体规划其实都有两张图（图5），一张是按规划期限用地规模划定的"法定小图"，另外一张则是超出规划期限用地规模划定的"实用大图"，显然大图更能发挥积极的作用。笔者以为，在不同的规划期限内，如年度、5年或10年等，城市的土地使用应有量的严格控制，这样的好处是可抑制地方政府过量出让土地的冲动，但在土地使用的规划布局中，应允许超出用地规模的安排，使得城市发展具有更多的弹性，以应对农村保留发展和城市重点发展区域的不同选择等。

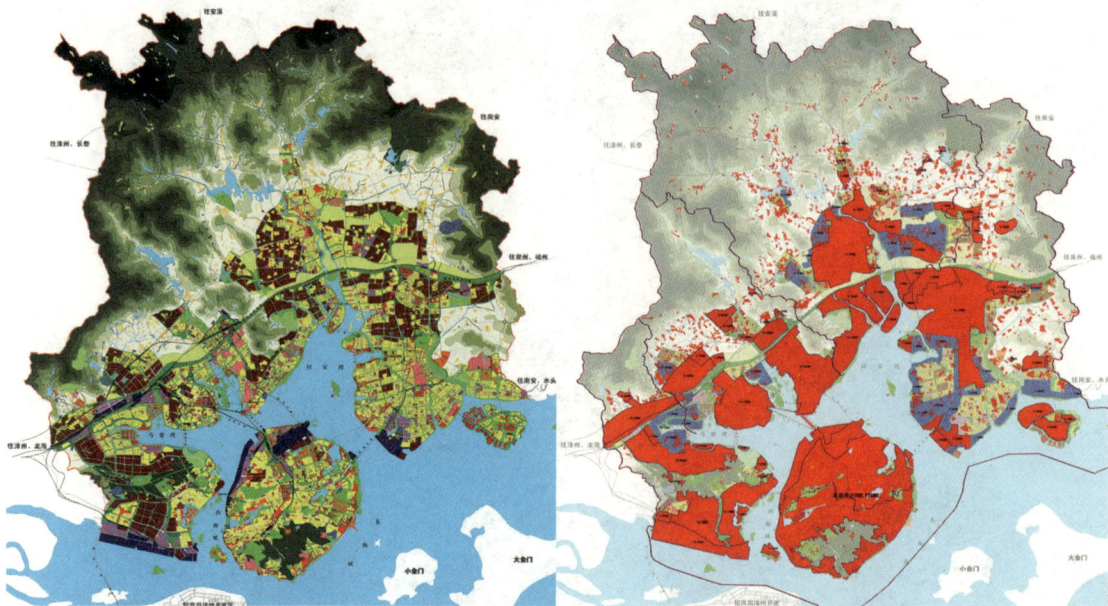

图5 左图为厦门城市总体规划中的"实用大图"（也称"空间布局图"），
右图红色部分为规划年限内的"法定小图"。

5 结语

在城市规划体系中，城市总体规划作为最高层面的法定规划，是城市发展最为重要的规划之一。城市总体规划全面、综合反映了城市发展的总体目标与策略，它既要体现中央对地方发展的宏观调控，也直接为地方发展发挥作用。但是我们也看到，由于种种原因造成了规划审批周期长，很多城市总体规划审批一拖几年的现象普遍存在，而任何城市都不会因为总体规划没有得到审批而停止建设发展，这种有违法理的尴尬我们不能视而不见。城市总体规划的技术路线历经改革开放近 30 年的广泛实践，应顺应现实的发展背景加以创新和发展。只有这样才能使城市规划在践行科学发展观中真正发挥作用。

参考文献

[1] 福建省人民政府.福建省土地利用总体规划大纲（2006-2020 年）[Z]. 2008.

[2] 中国城市规划协会.我国将首次对各地单位 GDP 用地进行考核 [J]. 城市规划通讯，2009，6.

[3] 中国城市规划协会.国务院发布《全国土地利用总体规划纲要（2006-2020 年)》[J]. 城市规划通讯，2008，21.

[4] 厦门市国土资源与房产管理局、厦门市城市规划设计研究院.厦门高新技术产业开发区土地集约利用潜力评价报告 [R]. 2009.

关于"两规"衔接技术措施的若干探讨

——以广州市为例 ❶

王国恩 ❷   唐 勇 ❸   魏宗财 ❹   荆万里 ❺

在我国城镇化进程中，土地资源短缺已成为制约城市发展的瓶颈之一。一方面，城镇建设用地供需矛盾突出；另一方面，土地利用效率不高。作为我国空间规划管理依据的城市总体规划和土地利用总体规划（以下简称"两规"），由于在主管部门、指导思想、规划重点、规划方法等方面存在的差异，长期未能有效衔接。

20世纪90年代以来，在全国范围开展了土地利用总体规划编制工作，学者们陆续开始了"两规"的协调衔接对策研究。在制度层面，萧昌东[1]、朱才斌[2]、吕维娟[3]、曹建丰等[4]、丁建中[5]从规划出发点、城镇体系规划、规划区范围、工作路线、规划审批部门、规划法律地位等方面分析了"两规"之间的矛盾。顾京涛，尹强就借鉴城市规划方法对土地利用总体规划如何完善进行了探讨[6]。朱才斌，冀光恒认为完善我国的规划法规、行政等体系是解决两规矛盾的根本[7]。

在技术层面，吕维娟，杨陆铭等提出了在不改变现行法律法规、行政体系的前提下，进行"两规"协调的建议[8]。陈常优、张本昀从人口用地指标要求、城镇发展方向、建设工程规划项目等角度研究了"两规"协调的策略[9]。

高中岗[10]、章牧[11]、曹荣林[12]、陈银蓉等[13]、杨树佳等[14]、刘利锋等[15]从两规的层次、规划工作路线、用地分类、规划体系、规划的审批制度、规划职能部门、城市人口和用地规模、城市发展方向及用地布局等制度和技术两个层面上综合分析了"两规"衔接的途径。

综上，当前国内学者的相关研究可以概括为两个方面：一是关于"两规"衔接存在问题的研究；二是"两规"衔接途径的探讨。但总体上看，多数是对存在的宏观问题进行描述与概括，缺乏深入的分析，操作性层面的探讨不足。在当前管理体制下，"两规"衔接应立足于两类规划"交叉点"，体现"两规"核心内容的一致性，而非消除两规的差异性，因为分属规划建设与国土系统的两个不同类型的规划，"两规"存在差异是由管理制度设计而形成的。

广州正处于快速城镇化的进程中，市、区、镇甚至村的发展诉求非常强烈，对土地的需求极为旺盛。2005～2007年间，广州新增建设用地105.85平方公里，年均增速3.5%，

❶ 本文来源：《城市规划学刊》2009年第5期

❷ 王国恩，广州市城市规划勘测设计研究院。

❸ 唐勇，广州市城市规划勘测设计研究院城市规划研究中心。

❹ 魏宗财，广州市城市规划勘测设计研究院城市规划研究中心。

❺ 荆万里，广州市城市规划勘测设计研究院城市规划研究中心。

城市快速发展对空间的急剧需求与耕地保护之间的矛盾突出,急需在新一轮城市总体规划和土地利用总体规划中加以协调和控制。笔者利用本单位同时编制新一轮广州市"两规"的契机,通过分析广州市上一版"两规"在编制和实施过程中出现的衔接不足或矛盾,在不改变现行规划的法律和行政体系的前提下,从技术层面上探讨"两规"衔接的思路与途径,促使广州市"两规"在编制和实施中能有效衔接,真正发挥指导城市建设、合理利用土地和促进城乡协调发展的作用,并为国内其他城市提供参考。

1 广州市上一版"两规"存在的差异与矛盾

城市总体规划和土地利用总体规划联系密切,它们的基本理念和理论体系在很多方面一致。作为空间规划,两者都是研究以土地利用为核心的空间资源优化配置,而且在编制技术层面上也存在着许多交叉内容。如基础统计数据、用地分类与标准、空间规划布局、规划控制指标统计口径等。同时,两者隶属于建设和国土两个不同的部门,各司其职,在指导思想、出发点和目的、用地分类与标准上等制度层面存在差异:城市总体规划着眼于城市在规划期内的总体发展与建设,核心是统筹城乡建设,根据城市社会经济发展目标合理布局城镇建设用地;而土地利用总体规划是在对土地资源现状评估基础上,着眼于土地利用的优化布局,核心工作是控制建设用地规模和保护耕地。由于规划编制中协调衔接不足,致使上一版"两规"在实施过程中存在诸多矛盾,很大程度上影响了规划的实效。

鉴于当前规划体制改革推进的难度和解决现实问题的急迫性,在规划编制体制、法律和管理体系未能及时调整的情况下,笔者从用地规模确定方法、用地分类与标准等技术层面探讨"两规"衔接的差异与矛盾,并尝试建立一套"两规"衔接的工作体系的可能性,以务实的态度解决"两规"衔接中的矛盾。

1.1 建设用地规模确定方法存在差异

城市总体规划通过预测规划期内的城市人口规模及城市化水平,并结合规划建设用地标准确定人均建设用地指标,得出城市建设用地规模。土地利用总体规划是根据土地资源现状和耕地保护及社会经济发展目标,结合上一层次的土地利用总体规划的要求,自上而下进行建设用地指标分解,其建设用地包括城乡居民点及独立工矿用地、交通用地和水利水工用地。

由于指导思想与计算方法的显著差异,"两规"的结果自然有所不同。从表1可以看出,在《广州市城市总体规划(2001~2010年)》中,无论是全市层面,还是市区、番禺、花都的2005年建设用地控制指标都已远远超过《广州市土地利用总体规划(1997~2010年)》2010年城市用地控制指标,就全市层面来看,两个规划在2010年建设用地的差距已达到627.12平方公里。

1.2 用地分类与标准存在差异

"两规"在用地分类与标准上存在差异主要是由于规划(建设)与国土两个部门基于管理的需求不同造成的。城市规划的管理范围限定于城市规划区内,侧重于城市建设用地的管理,而国土部门的管理则覆盖整个行政区域。城市总体规划采用的土地利用分类是建

广州市土地利用规划与城市规划控制指标比较　　（单位：平方公里）　　表 1

项目 \ 区域	全市	市区（中心组团）	番禺	花都
城规 2010 年建设用地控制指标	785.07	549	168.07	68
土规 2010 年城镇用地控制指标	583.63	385	137.63	61
规划目标年两者相差	201.44	164	30.44	7

注：全市城市建设用地未包含增城、从化。土地利用总体规划城镇用地包含城市、中心镇、建制镇的建设用地。

资料来源：广州市城市规划勘测设计研究院，广州市城市总体规划（2001～2010 年）；广州市国土资源和房屋管理局，广州市土地利用总体规划（1997～2010 年）。

设部 1991 年公布的《城市用地分类与规划建设用地标准》（GBJ 137-90），该标准将城市用地分为居住用地、公共设施用地、工业用地、仓储用地等 10 大类，除了水域和其他用地是非城市建设用地外，其余 9 类都是城市建设用地；而土地利用总体规划的土地利用分类依据是 2002 年实施的《全国土地分类》。两者用地分类的主要差异集中在农用地的细分和建设用地的分类界定上，如依据土地利用总体规划标准，工矿仓储用地中的采矿地（222）属于建设用地，而按照城市总体规划标准，其对应的是露天矿用地（E8），属于非城市建设用地。用地分类上的不一致和标准上的不可比，导致"两规"在指标统计和计算上存在较多的混乱，这为"两规"衔接增加了困难（表 2）。

城市总体规划与土地利用总体规划用地分类一览表　　表 2

土地利用总体规划					城市总体规划		
一级类		二级类		三级类	名称	编号	名称
编号	三大类名称	编号	名称	编号			
1	农用地	11			耕地	E2	耕地
		12			园地	E3	园地
		13			林地	E4	林地
		14			牧草地	E5	牧草地
		15	其他农用地	151	畜禽饲养地	E69	村镇其他用地　建设用地
				152	设施农业用地	E69	村镇其他用地　建设用地
				153	农村道路	E63	村镇公路用地　建设用地
				154	坑塘水面	E1	水域
				155	养殖水面	E29	其他耕地
				156	农田水利用地	E69	村镇其他用地　建设用地
				157	田坎	E29	其他耕地
				158	晒谷场等用地	E69	村镇其他用地　建设用地
2	建设用地	21			商服用地	C2	商业金融业用地
		22	工矿仓储用地	221	工业用地	M	工业用地
				222	采矿地	E8	露天矿用地
				223	仓储用地	W	仓储用地
		23	公用设施用地	231	公共基础设施用地	U	市政公用设施用地
				232	瞻仰景观休闲用地	C7	文物古迹用地
						G1	公共绿地
						S2	广场用地

续表

土地利用总体规划						城市总体规划		
一级类		二级类		三级类	名称	编号	名称	
编号	三大类名称	编号	名称	编号				
2	建设用地	24	公共建筑用地	241	机关团体用地	C1	行政办公用地	建设用地
				242	教育用地	R_X2	居住用地中的公共服务设施用地	
						C6	教育科研设计用地	
				243	科研设计用地	C6	教育科研设计用地	
				244	文体用地	C3	文化娱乐用地	
						C4	体育用地	
				245	医疗卫生用地	C5	医疗卫生用地	
				246	慈善用地	C8	其他公共设施用地	
		25	住宅用地	251	城镇单一住宅用地	R	居住用地	
				252	城镇混合住宅用地	R	居住用地	
				253	农村宅基地	E61	村镇居住用地	
				254	空闲宅基地	R69	村镇其他用地	
		26	交通运输用地	261	铁路用地	T1	铁路用地	
				262	公路用地	T2	公路用地	
				263	民用机场	T5	机场用地	
				264	港口码头用地	T4	港口用地	
				265	管道运输用地	T3	管道运输用地	
		26	交通运输用地	266	街巷	S1	道路用地	
						S3	社会停车场库用地	
		27	水利设施用地	271	水库水面	E1	水域	
				272	水工建筑用地	E1	水域	
						U9	其他市政公用设施用地	
		28	特殊用地	281	军事设施用地	D1	军事用地	建设用地
				282	使领馆用地	D2	外事用地	
				283	宗教用地	C8	其他公共设施用地	
				284	监教场所用地	D3	保安用地	
				285	墓葬地	U6	殡葬设施用地	
3	未利用地	31	未利用土地	311	荒草地	E7	弃置地	
				312	盐碱地			
				313	沼泽地			
				314	沙地			
				315	裸土地			
				316	裸岩石砾地			
				317	其他未利用土地			
		32	其他土地	321	河流水面	E1	水域	
				322	湖泊水面			
				323	苇地			
				324	滩涂			
				325	冰川及永久积雪	未有对应分类		

1.3　市域空间规划的差异

城市总体规划通过市域城镇体系规划在市域层面进行空间资源的统筹分配及规划管制，它依据市域城镇发展条件和市域整体发展需求，将城镇从规模、职能上进行分类，并在空间上优化布局，构建市域城镇体系。同时，从资源保护和合理利用出发，结合城市可持续发展目标，将市域划分为禁建区、限建区、已建区和适建区，并加强对四区的空间管制和建设引导。而土地利用总体规划则通过"土地利用分区"进行土地资源的分配及优化布局，即根据自然、社会、经济相结合的地域分异规划和土地利用条件、特征、发展方向及途径的一致性而划分土地利用综合区域。

《广州市城市总体规划（2001～2010年）》将全市域划分为都会区、南沙片区、花都片区、从化片区和增城片区五部分。并从有利于优化资源配置、保护自然资源和生态环境，实现城乡可持续发展出发，建立由都会区、片区中心、中心镇、一般镇构成的市域城镇体系。《广州市土地利用总体规划（1997～2010年）》根据不同地区的社会经济发展条件和地理特点，将全市划分成3个土地利用区：市区（包括越秀、荔湾、海珠等8区）、近郊区（花都和番禺）、远郊区（增城和从化），并赋以不同的发展定位，配套以差异化的土地利用政策（图1、图2）。

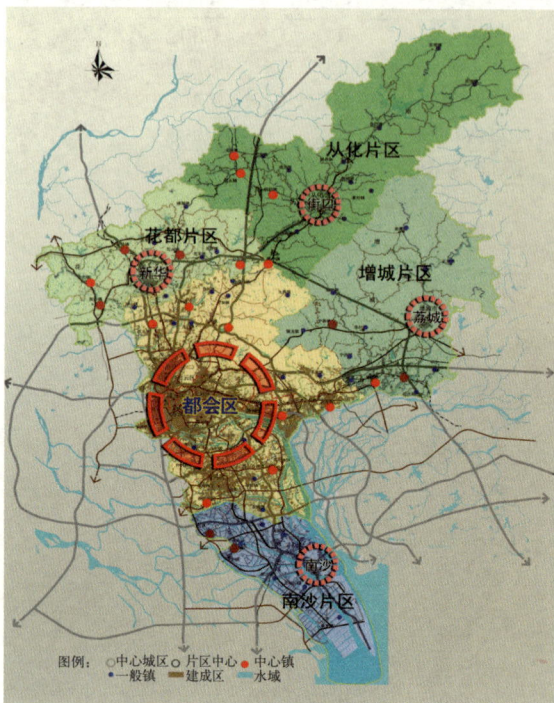

图1　广州市域城镇体系规划图

资料来源：广州市城市规划勘测设计研究院，广州市城市总体规划（2001～2010）。

图2　广州市土地利用总体规划图（1997～2010年）

资料来源：广州市土地利用总体规划办公室，广州市土地利用总体规划（1997～2010年）。

1.4　人口、用地指标统计口径与范围的差异

土地利用总体规划各类用地面积采用土地利用现状调查及变更调查的成果，用地分类

标准采用《土地利用现状分类及含义》。比如广州市新一轮土地利用总体规划的规划基数采用"广州市十区土地利用更新数据＋增城、从化土地利用变更数据"。而城市总体规划主要采用矢量化地形图的量算面积，结合"多光谱、高分辨率正射卫星影像数据"、规划用地红线、建成区建设用地面积统计等资料进行校对，用地分类标准采用《城市用地分类与规划建设用地标准》(GBJ 137-90)。

再者，在人口统计上，上版城市总体规划的人口规模采用常住人口口径，而土地利用总体规划采用户籍人口口径，致使"两规"在全市、市辖区的总人口、城镇人口和城市化水平等指标上没有可比性，无法有效衔接。而由于土地利用总体规划中的现状人口规模和规划人口规模均偏小，其预测的城市建设用地规模也偏小（表3）。

广州市上版"两规"人口和用地分类指标比较　　　　表3

	人口指标						用地分类指标				
	城市总体规划			土地利用总体规划			城市总体规划		土地利用总体规划		
	总人口（万人）	城镇人口（万人）	城市化水平(%)	总人口（万人）	城镇人口（万人）	城市化水平(%)	城镇建设用地（平方公里）	人均城镇建设用地（平方米）	农用地（平方公里）	建设用地（平方公里）	未利用地（平方公里）
全市	1225	1040	85	757.09	598.7	79.08	——	——	5889	1252.71	144.84
市辖十区	1035	920	89	615.73	519.3	84.34	785.07	85.33	2529.46	963.55	66.07
增城	——	——	——	85.88	47.2	54.96			1553.19	165.76	25.12
从化	——	——	——	55.48	32.2	58.04			1806.35	123.4	53.65

资料来源：广州市城市规划勘测设计研究院，广州市城市总体规划（2001～2010年）；广州市土地利用总体规划办公室，广州市土地利用总体规划（1997～2010年）。

两规在进行城镇规模预测时依据的现状基础不一致，未留下衔接的接口：土地利用总体规划中对城镇规模预测的基础为城镇居民点用地，而城市总体规划的预测基础不仅包括城镇居民点用地，还包括与城镇居民点连成一片的农居点、独立工矿和交通用地等。显然，后者的现状基础要比前者含义广、数据大。

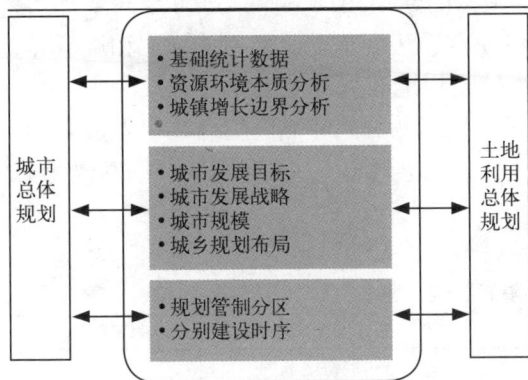

图3 两规交叉内容分析

2 广州市"两规"衔接的技术思路

在目前的体制下，"两规"具有同等法律地位，两者不是局部和整体的关系，而是具有各自特色和重点，应该互为依据、彼此衔接。在编制广州市新一轮"两规"的实践中，笔者从基础数据统计口径、规划基础分析、主要规划内容3个方面提出"两规"衔接的思路与措施（图3）。

2.1 统一基础数据统计口径

由于当前"两规"编制中存在的基础数据的来源不同和可信度方面的差异，"两规"基础数据不具可比性，结论无法对照。为避免基础数据不一致导致的混乱，广州在新一轮

"两规"的编制过程中，采用统一口径的社会经济、人口、土地利用现状统计数据。

2.1.1 社会经济与人口数据

"两规"编制过程中社会经济数据应以基准年的统计年鉴为基础。在人口统计方面，两个规划应统一城市人口数据来源（包括城镇人口、常住人口、流动人口以及农村居民点人口数据），统一采用广州市公安局统计的常住人口数据。

2.1.2 土地利用数据

考虑到土地利用总体规划依据的是土地详查资料及土地利用变更调查的成果，是具有权威性和延续性的全覆盖的数据，较之城建部门的抽样调查数据，可信度更高，故"两规"的土地利用现状数据应选用国土部门的土地变更调查数据（即产权地籍数据）。

统一用地数据口径所要解决的首要问题是在现有"两规"迥然不同的分类标准下，解决分类用地名称相同而内涵相异的问题，确保同种类型的用地在面积和空间分布上的对应性。具体统一用地数据口径的方法可以"城镇建设用地"为例，它的统计口径应以城市总体规划的建设用地标准为依据，具体包含《城市用地分类与规划建设用地标准》（GBJ-90）规定的除水域及其他用地（E 类）之外的其他 9 大类，而 E 类用地分别与土地利用总体规划中的农用地、未利用地及建设用地中的农村居民点和独立工矿用地逐一对应核算，新增城镇建设用地主要来自农村居民点和工矿用地的转化。上述统一用地数据口径的方法能确保城镇用地、农村居民点用地以及独立工矿用地与各自人口的对应统一，便于人均城镇建设用地水平测算、城市化水平测算以及相应的规划管理[16]。

2.2 统一规划基础分析

2.2.1 生态本底分析

城市生态本底是"两规"的重要基础分析内容，是城市总体规划划定"四区"，选择建设用地和确定总体布局的重要依据，也是土地利用总体规划选择耕地、基本农田保护区和生态保护区划的重要依据。因此"两规"在生态要素的选择、分析和方法上应尽量一致，广州"两规"具体从生态环境、工程地质、资源保护等角度，提出城乡空间增长的生态限制要素及限制强度（表 4），结合现状用地及重点项目的建设用地分布，进行空间叠加后，划定管制分区，并根据与各个生态限制要素相关的法律、法规、规章及相关标准和规范等，明确对城市建设的限制条件。从而保证"两规"在建设用地布局和生态格局方面的一致性。广州"两规"在生态限制要素分析中，统一以"3S"技术为分析平台，综合各个限建要素，并结合现状用地及重点项目建设用地分布，进行空间叠加分析，力求得到统一的基于生态限制要素分析的禁建区、限建区与适建区。

广州"两规"编制中生态限制要素一览表　　　　　　　　　表 4

序号	类型	要素	禁建区要素	限建区要素	时间区要素
1	自然保护与绿地系统	耕地	基本农田保护区	一般耕地	
2		自然保护区	自然保护区		
3		风景名胜区	风景名胜区		
4		森林公园	森林公园		
5		林地	林地		
6			园地	果园、桑园、茶园等	

续表

序号	类型	要素	禁建区要素	限建区要素	时间区要素
7	水源与湿地水体	地表水源	河流一级水源保护区、水库一、二级水源保护区	河流二级水源保护区	
8		河涌	蓝线控制规划		
9		湖泊、水岸	常年水位线以下地区		
10		湿地	湿地		
11		洪水	分洪口门	洪水泛区、蓄滞洪区	
12		海洋	海洋自然保护区		
13	矿产资源与地质环境	矿产资源	矿产资源点密集地区（矿产资源开发准采取）		
14		地质遗迹	地质遗迹景观资源分布区		
15		山体	坡度≥25°	15°≤坡度<25°	坡度<15°
16		水土流失	极敏感区	中度敏感与高度敏感区	一般地区
17		断裂		强烈、中等全新活动断裂、构造性地裂	
18		地震液化		严重、中等液化	
19		岩溶暗河		强发育、较发育	
20		滑坡崩塌	不稳定滑坡、崩塌区	基本稳定滑坡、崩塌区	稳定滑坡、崩塌区
21		泥石流	泥石流高易发区	泥石流中易发区	
22		地面沉陷		强烈、较强烈	
23	其他	机场净空限制		机场净空限制区	
24		重要生态廊道	重要生态廊道		

资料来源：广州市城市规划勘测设计研究院，广州市城市总体规划（2010～2020年）纲要（第一阶段）。

2.2.2 城镇增长边界分析

"两规"应根据其人口规模和建设用地发展需求，以重要生态用地保护边界和基本农田保护边界为基础，按照合理布局、节约土地、集约发展、不得占用禁建区等原则划定城镇建设用地增长边界。其中，"两规"重点衔接统一建设用地边界及基本农田保护区边界，确定城镇建设用地增长主导方向，引导城镇建设用地理性增长。而且还应当根据城市发展情况的变化，及时对城镇增长边界进行调整、修订。

2.3 主要规划内容的衔接

2.3.1 城市发展目标与战略

2008年广州制定了新一轮城市总体发展战略规划，确定了广州城市定位和战略目标。市委市政府决定以新一轮城市总体发展战略规划来统领和指导城市总体规划、土地利用总体规划和各行业规划、决策和从政策层面为"两规"统一城市发展目标提出了具体要求。

广州城市总体规划中的城市发展战略部分以《全国城镇体系规划（2006～2020年）》、《广东省城镇体系规划（2006～2020年）》等成果为指导，依据《广州市国民经济和社会发展第十一个五年规划纲要》，提出了城市经济、社会、城市建设、生态建设等战略，确定了城市发展目标、性质、发展方向，是指导城市建设与发展的重要依据。因此，"两规"城市发展目标应以城市总体发展战略规划为依据。使两者在此方面取得根本上的一致。

2.3.2 人口与用地指标

"两规"在城镇人口规模、建设用地规模、人均建设用地等方面应相互衔接。在确定城镇人口规模预测方案时，在前文统一基础数据口径的基础上，"两规"要统一数据的计算范围和计算方法。城镇人口计算范围应是城镇建成区加上建设发展用地区，包括区内农村居民点；在人口规模预测方法上，主要有综合增长率法、自然增长法加机械增长法、劳动力转移法、环境容量法等，在实际预测时应注意多种方法的综合运用。两项规划中城镇人均规划建设用地指标的选定，要根据1991年国家颁布实施的《城市用地分类及规划用地标准》，并结合当地实际情况确定。在实际执行中，城镇人均建设用地现状指标也要按计算范围内的常住人口综合衡量。在两项规划的人口规模及规划人均建设用地指标一致时，两者的城镇规模预测值自然一致。

2.3.3　发展方向与布局

确定城市发展方向是城市总体规划中的重要内容，它是在综合分析城镇发展条件、评价建设用地适宜性的基础上做出的，符合城镇发展的客观规律。土地利用总体规划确定的城镇建设用地范围是根据城镇规模、非农建设用地指标及城镇周围各类土地构成情况确定的，反映了城镇现状及规划近期、远期用地需求。两项规划应密切结合，确保城乡建设用地布局与城市规划确定的城市发展方向相符，确保城市空间发展战略得以落实。"两规"在空间布局上应保持衔接一致。

2.3.4　规划管制分区

城市总体规划的四区（已建区、适建区、限建区、禁建区）（图4）、土地利用总体规

图4　城市建设政策分区图
资料来源：广州市城市规划勘测设计研究院，广州市城市总体规划（2010～2020）纲要（第一阶段）。

图5　土地利用管制分区
资料来源：广州市城市规划勘测设计研究院，广州市土地利用总体规划（2006～2020）。

划的管制分区（允许建设区、限制建设区和禁止建设区）（图5）划定均为两项规划的重点内容。"两规"在参考生态敏感性分析结果的基础上，综合考虑自然地理条件、资源环境承载力、土地开发的适宜性、人口分布、城市空间结构现状和经济社会发展趋势合理划定。其中"两规"限建区和禁建区应完全一致，管制措施相互衔接。否则将导致政策管制范围的不统一和双重标准，给城市规划管理和土地管理造成新的矛盾。

3 结语

"两规"的差异性存在是由规划制度和土地管理制度造成的，"平行"的两种制度设计下，"两规"在调控土地资源和引导城市发展上分工协作，共同作用，对蔓延性发展和违法建设形成一定的制约。但是由于前述的一些内在矛盾，规划的绩效尚未充分发挥。

通过对广州市上一版城市总体规划和土地利用总体规划存在的差异、矛盾及其衔接措施进行研究，可以发现，当前城市总体规划和土地利用总体规划由于"两条线"、"两层皮"导致的矛盾在一定程度上可以从技术层面进行化解。因为，在科学发展观的前提下，城市发展模式发生了变化，同时城市规划扩展为城乡规划，不仅要考虑城镇发展，还要统筹农村发展。作为引导控制城乡空间发展的城市总体规划和土地利用总体规划，面对同一规划对象——城乡一体化的空间，必然要求"两规"在编制中进行整合衔接，这具体体现在：

（1）同一"本底"

城市资源环境条件是两规的共同基础，是城市发展的依据。

（2）同一目标

城市发展的目标、战略必须保持一致，要保障城市社会、经济的健康发展，城乡统筹，合理集约利用土地，优化土地利用布局等等是两规的共同目标原则。

（3）共定规模

城市总体规划和土地利用总体规划应该在对城市资源和环境等"本底"条件分析的基础上，综合考虑城市现状和发展需求，共同确定城市的人口和用地等规模。

（4）统一工作基础

首先是社会经济、人口、土地利用等基础数据的统一，其次是城市发展的生态限制因素、城镇增长边界等基础分析的统一，这些是"两规"共同的工作基础。

（5）衔接建设用地规划布局

两类规划应密切结合，确保城镇建设用地布局与城镇的发展方向协调。

（6）共同管治

各项必须进行保护的非建设用地在管制分区内得以落实，城市规划的限建区、禁建区与土地利用总体规划中的耕地保护区、生态保护区进行协调衔接，并在管制内涵和管制措施两方面衔接一致。

参考文献

[1] 萧昌东. 城市总体规划与土地利用总体规划编制若干思考 [J]. 规划师, 2000 (3): 14-16.

[2] 朱才斌. 城市总体规划与土地利用总体规划的协调机制 [J]. 城市规划汇刊, 1999 (5): 10-13.

[3] 吕维娟. 城市总体规划与土地利用总体规划异同点初探 [J]. 城市规划, 1998 (1): 34-36.

[4] 曹建丰，许德林．土地利用规划与城市规划的协调 [J]．规划师，2004（6）：80-82．

[5] 丁建中，彭补拙，梁长青．土地利用总体规划与城市总体规划的协调与衔接 [J]．城市问题．1999（1）：25-27．

[6] 顾京涛，尹强．从城市规划视角审视新一轮土地利用总体规划 [J]．城市规划，2005（9）：9-13．

[7] 朱才斌，冀光恒．从规划体系看城市总体规划与土地利用总体规划 [J]．规划师，2000（3）：10-13．

[8] 吕维娟，杨陆铭，李延新．试析城市规划与土地利用总体规划的相互协调 [J]．城市规划，2004（4）：58-61．

[9] 陈常优，张本昀．试论土地利用总体规划与城市总体规划的协调 [J]．地域研究与开发，2006（4）：112-116．

[10] 高中岗．对城市规划与土地利用总体规划若干问题的思考 [J]．规划师，1998（1）：93-97．

[11] 章牧．广西贵港市土地利用总体规划与城市规划矛盾关系研究 [J]．地城研究与开发，1997（8）：34-37．

[12] 曹荣林．论城市规划与土地利用总体规划相互协调 [J]．经济地理，2001（9）：605-608．

[13] 陈银蓉，梅昀，汪如民，等．城市化过程中土地利用总体规划与城市规划协调的思考 [J]．中国人口·资源与环境，2006，16（1）：30-34．

[14] 杨树佳，郑新奇．现阶段"两规"的矛盾分析协调对策与实证研究 [J]．城市规划学刊，2006（5）：62-67．

[15] 刘利锋．浅谈"两规"协调中容易产生的误区 [J]．中国土地科学，1999（5）：21-24．

[16] 尹向东．"两规"协调体系初探 [J]．城市规划，2008（12）：29-32．

从镇村布局规划层面探讨"两规"衔接的相关问题

——以无锡市惠山区镇村布局规划为例 ❶

武睿娟 ❷　吴　珂 ❸

城乡规划和土地利用总体规划（以下简称"两规"）都是对城乡社会经济发展具有重要调控和指导意义的综合性规划，两者分别侧重于不同的功能，但在规划目标和规划内容以及实施管理等方面又具有很强的关联性。城乡规划侧重规划区内土地和空间资源的合理利用，保证规划区内建设用地的科学使用。土地利用规划主要是以保护土地资源为主要目标，在宏观层面对土地资源及其利用进行功能划分和控制。"两规"的总体目标都是合理利用国土资源，促进经济、社会和环境的全面协调可持续发展。城乡规划体系中城镇体系规划、总体规划等确定的经济、社会发展目标和空间布局等内容，为土地利用规划提供宏观依据，而土地利用规划"自上而下"分配城乡发展用地，保障城乡建设用地的区域平衡和农业用地的生态安全，且贯穿于城乡规划的各个阶段。因此，我国《土地管理法》和新颁布实施的《城乡规划法》都明确提出城乡规划应与土地利用规划相衔接。

然而，在实际工作中，"两规"分属于不同的行政管理体系，执行不同的编制与审批制度，采用不同的专业技术标准，"两规"在制度层面和技术层面存在诸多差异，造成了"两规"在编制以及实施管理过程中未能有效衔接。近年来，全国各地对土地资源集约利用问题高度重视，专家学者就"两规"的衔接问题展开深入研究，从制度建设、规范标准、技术路线等多个方面探讨"两规"的衔接。从城乡规划角度看待"两规"的衔接问题，它存在于从总体规划到详细规划的各个阶段，涉及整个城乡规划体系与土地利用规划的衔接。在现有的制度规范体系下，将"两规"衔接落实到具体的规划编制中，针对具体的规划阶段和规划层次探讨"两规"衔接涉及的相关问题，是在规划编制阶段实现"两规"衔接的落脚点。

镇村布局规划作为城乡统筹规划的重要环节，是衔接城镇体系规划和乡镇、村庄规划的中间规划层次，是城镇体系规划的深化和重要补充，为市（区）城乡空间管理提供完善的规划依据。笔者在参与编制无锡市惠山区镇村布局规划的过程中，通过对镇村体系结构、建设用地、农业用地以及空间管制等内容的分析研究，试图从镇村布局规划的层面对涉及"两规"衔接的相关技术问题进行探讨，使"两规"在镇村布局规划层面有效衔接，合理利用土地资源，科学指导城乡建设，以推动城乡统筹发展。

---

❶ 本文来源：《江苏城市规划》2010年第2期。

❷ 武睿娟，无锡市城市规划编制研究中心。

❸ 吴珂，无锡市规划局。

1　规划期限的衔接

惠山区现行的土地利用总体规划是 1996 年编制的《惠山区土地利用规划 (1997 ~ 2010)》，规划期限到 2010 年。2005 到 2006 年，城乡规划主管部门先后组织编制《惠山区农村规划》和《惠山区综合发展区规划》，用于指导惠山区城乡规划建设，与无锡市城市总体规划的规划期限相衔接，规划期限都到 2020 年。"两规"的规划期限相差 10 年，编制与实施时序的差异，使"两规"在时间层面上无法完整衔接。

此次编制惠山区镇村布局规划适逢惠山区国土管理部门组织编制新一轮土地利用总体规划。在镇村布局规划编制期间，《惠山区土地利用总体规划 (2006 ~ 2020) 大纲 (送审稿)》就已编制完成，新一轮土地利用规划的编制期限到 2020 年。而惠山区镇村布局规划确定的规划期限也到 2020 年，这一方面与现行城乡规划的规划时序相衔接，同时也契合了新一轮土地利用总体规划的规划期限。规划期限的统一，为"两规"在编制与实施时序上的衔接提供了基础平台。

2　规划范围的衔接

惠山区土地利用总体规划的研究范围为惠山区行政区域范围内的建设用地、农业用地和未利用地，其中农业用地是规划研究的主要空间范围。惠山区综合发展区规划的研究范围主要是建设用地，而农村规划的研究范围主要是行政村的用地。规划研究范围的差异，容易造成"两规"在空间层面上的不衔接。

惠山区镇村布局规划的研究范围涵盖了惠山区行政区范围内的所有建设用地和非建设用地，其中建设用地的规划控制在落实上位规划的同时，结合当前行政区划调整和"三集中"的实施计划，对建设用地的空间分布和规模总量进行规划控制。非建设用地中重点是对耕地总量的规划保障和生态空间的规划控制。镇村布局规划将规划研究范围与土地利用规划相衔接，在规划编制阶段实现了建设用地和耕地的"双管、双控"。

3　建设用地布局和规模的衔接

建设用地规划是城乡规划的重要内容。城乡规划在综合城乡发展条件的基础上，预测规划期内的人口规模，根据城镇和村庄人均建设用地指标，确定城乡建设用地规模，并按照《城市用地分类与规划建设用地标准》对城市建设用地进行统计。土地利用规划是根据上位规划的建设用地、耕地、基本农田指标等要求，自上而下落实和分解建设用地指标，并根据《土地利用现状分类》对城乡建设用地进行统计。"两规"编制依据、测算方法和统计口径的不同，使"两规"在建设用地规模控制和空间布局方面未能有效衔接。

惠山区土地利用总体规划对规划范围内的土地资源，根据土地用途管制的需要，按社会经济发展的客观要求和管理目标，划分不同的空间区域，共分为基本农田保护区、一般农用地区、林业用地区、城镇村建设地区、独立建设用地区和风景旅游用地区六大类地区。规划期间，城乡建设用地基本形成"一城、一片区三市镇"的发展格局，即惠山新城、钱桥片区、玉祁—前洲新市镇、洛社新市镇及阳山新市镇。到规划期末，全区建设用地增加约 28 平方公里，建设用地占土地总面积的 44%。

惠山区镇村布局规划中的建设用地规划，首先根据土地利用总体规划确定的城镇村建设用地和独立建设用地的范围，结合上位规划的要求和现状建设用地布局以及"三集中"的实施计划，对城乡建设用地空间分布进行重新整合调整，使建设用地空间布局与土地利用总体规划的土地用途分区相吻合。在空间布局衔接的基础上，进一步对建设用地规模进行协调。

通过对比"两规"对建设用地的细分标准，土地利用总体规划中采矿用地、军事设施用地、使领馆用地、监教场所用地和部分水域及水利设施用地是作为建设用地统计，但不纳入城乡规划建设用地的统计范围。镇村布局规划在将"两规"的建设用地分类进行比较对接的基础上，按照土地利用总体规划对建设用地规模的控制要求，将城乡建设用地分为城镇建设用地和村庄建设用地。城镇建设用地规模根据上位规划，结合惠山区城镇发展特征，以及城际铁路站、轨道交通、风电产业园区等一批市、区级大型重点工程项目选址，确定为约 180 平方公里。村庄建设用地规模根据江苏省村庄建设用地标准，结合惠山区村庄发展特征，确定村庄人均建设用地标准为 110 平方米。按照无锡市村庄撤并与调整要求，确定每一个农村社区的人口规模约 4000 人。根据全市行政区划调整优化的要求，惠山区通过村庄撤并整合为 8 个农村社区集群。因此，惠山区规划期末城乡建设用地总规模控制在 184 平方公里。规划期间，各类新增建设项目用地，严格执行全区的建设用地年度计划，对新增建设用地总量、新增建设占用农用地、新增建设占用耕地等控制要求与土地利用总体规划的要求统一衔接。

4 农业用地规模和空间布局的衔接

农业用地规划布局是土地利用总体规划的重要内容，其中对耕地的严格保护尤其是对基本农田的建设与保护是土地利用规划的一项战略重点和重要目标。惠山区镇村布局规划中有关农业用地布局规划的内容是以土地利用规划为依据，主要从产业结构、农业用地布局、耕地和基本总量控制等方面来实现与土地利用规划的衔接。

4.1 农业用地结构和布局

惠山区土地利用总体规划中落实优化农用地空间布局的要求，规划建成以"阳山水蜜桃科技园区"为龙头的"四万一千"现代农业示范园区，即建成以阳山为中心，集生态、观光、休闲于一体的阳山水蜜桃产业基地；以优质无公害叶菜和果菜生产为主的万亩精细蔬菜示范基地；以现代农业生产为标准的万亩优质稻米示范基地；以南洋生态养殖场为基础的万头种猪生态养殖园；集植物林、盆景园、市民农庄等休闲度假功能于一身的千亩富康生态园（详见图 1）。

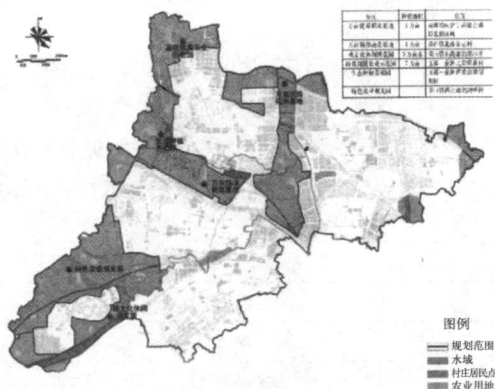

图 1　农业用地布局规划图

惠山区镇村布局规划通过对惠山区农业产业特征和发展趋势的研究，结合村庄农业用地分布，提出构建"四园、两基地"的农业用地空间结构。"四园、两基地"一方面与土地利用规划中提出的"四万一千"的空间布局相对应，同时将"四万一千"所涵盖的农业产业基地和生态园区的具体位置和用地规模以及每个基地和园区的产业特征以及建设指引提出明确的要求，是对土地利用总体规划的深化和落实。

4.2 严格保护耕地

惠山区土地利用总体规划，明确到2020年惠山区耕地保有量（任务量）为10443公顷，基本农田保护面积为7247公顷。

惠山区镇村布局规划集合"三集中"的实施要求，通过对城乡规划的非建设用地中的农业用地的整理和村庄以及零散工业用地的拆迁撤并，划定农业用地集中分布的空间区域，保障惠山下辖各镇（街道）的农业用地面积大于土地利用规划所要求的耕地保有量的面积。为耕地总量的保持提供充足的空间。同时，农业用地集中分布空间区域的划定还严格执行土地利用规划中基本农田的空间分布（详见表1）。

"两规"农业用地和耕地总量分配表　　　　　　　　　表1

行政区	镇村布局规划	土地利用总体规划
	农业用地规模（公顷）	耕地保有量（公顷）
前洲街道	14.28	14.07
玉祁街道	14.80	14.60
洛社镇	34.95	34.53
阳山镇	17.8	12.69
合计	81.83	75.89

惠山区土地利用总体规划中有关基本农田的建设与保护的内容包括基本农田的划定、基本农田保护制度的执行以及实施基本农田建设工程等，对基本农田的空间分布、规模总量、调整划定以及实施基本农田保护和建设的管制要求都非常详尽。镇村布局规划中对基本农田的规模总量、空间分布、划定范围以及保护与建设要求完全与土地利用规划相统一。

5 空间管制分区和管制要求的衔接

惠山区土地利用总体规划根据土地用途区与建设用地空间管制的关系，划分惠山区建设用地空间管制区，分为允许建设区、有条件建设区、限制建设区和禁止建设区四类（详见表2）。

土地用途区划定与建设用地空间管制关系表　　　　　　　　　表2

土地用途区	建设用地空间管制区
基本农田保护区	限制建设区
林业用地区	
一般农地区	限制／有条件建设区

398

续表

土地用途区	建设用地空间管制区
城镇村建设用地区	允许建设区
独立建设用地区	
风景旅游用地区	禁止／有条件建设区

与土地利用规划根据土地用途分区与建设用地空间管制的关系进行空间划分的侧重点不同，城乡规划空间管制分区是基于城乡生态安全的角度，综合考虑自然环境、社会经济以及工程技术条件等因素，对规划范围内的土地资源的建设适宜性进行评价，按照城乡规划法和城市规划编制办法的要求，将规划范围内的土地资源划分为禁止建设区、限制建设区和适宜建设区（含已建区）。

基于"两规"在空间划分方法和管制要求上的差异，实现"两规"的有效衔接的重点是对同一空间范围的制定相同或者相互承接管制要求，从而实现同一空间范围虽然分属于"两规"的不同空间分区，但对其管控要求是彼此衔接的。

惠山区镇村布局规划将空间管制规划作为一个独立的内容，纳入镇村布局规划的内容体系。在禁止建设区、限制建设区和适宜建设区的基础上进行进一步细分，重点是对禁、限区内不同生态基质和建设条件的用地进行严格的区分和界定，并制定相应的分区管制导则。禁建区，包括基本农田和其他农田、行洪河道、水源地一级保护区、风景名胜核心区、自然保护区核心区、城市绿地、地质灾害易发区、矿产采空区、文物保护单位等。限建区是生态重点保护地区，包括水源地二级保护区、地下水防护区、风景名胜区自然保护区的非核心区、文物地下埋藏区、市政走廊预留、生态保护区、采空区外围、地质灾害低易发区、行洪河道外围一定范围等。适建区：主要是禁限建区用地以外的适合城市建设的用地范围。禁建区进一步划分为绝对禁建区（山体、水域绝对禁建区）和一般禁建区（农业用地、生态廊道和斑块一般禁建区）；农业用地一般禁建区内划定阶段性禁建区，随着农业产业结构调整和城市发展建设，在满足生态环境保护要求的基础上，远景可向城市建设用地转化。限建区进一步划分现代农业配套限建区和近郊郊野公园限建区。适建区（含已建区）包括城镇适建区和村庄建设区（详见表3）。

"两规"空间管制分区表　　　　　　　　　　表3

镇村布局规划空间管制分区			土地利用总体规划建设用地空间管制分区
禁止建设区	绝对禁建区		禁止建设区
	一般禁建区	农业用地	限制建设区
		生态廊道、斑块	有条件建设区
限制建设区	农业配套限建区		限制建设区
	郊野公园限建区		禁止建设区
适宜建设区（含已建区）	城镇适建区		允许／有条件建设区
	村庄建设区		

6 结语

实现"两规"的科学有效衔接需要从管理制度、编制方法、技术标准、实施机制等多方面结合和协调。在现有的制度体系下，在规划编制阶段实现城乡规划与土地利用总体规划的充分衔接，是"两规"衔接的基础，也强化了"两规"科学性和法制性。

相对于总体规划编制与审批过程的复杂性和长期性，镇村布局规划编制时间、规划内容和审批程序相对灵活和简化。各地可因地制宜，适时编制镇村布局规划，并就具体的、可操作性的内容与现行的土地利用总体规划相衔接，以统筹规划指导城乡建设。

从镇村布局规划层面实现"两规"的衔接，重点是探讨哪些内容需要衔接和如何衔接的问题。针列不同的行政区域、规划范围和规划重点，在镇村布局规划层面，可以通过"空间布局对应、规模总量执行、控制指标落实、规划要求统一"来实现"两规"的衔接。

6.1 空间布局对应。"两规"在建设用地、农业用地和其他生态用地的空间分布上是相互呼应的。

6.2 规模总量执行。城乡规划应严格执行土地利用规划所确定的建设用地和耕地以及基本农田的规模总量。

6.3 控制指标落实。对手土地利用规划所确定的建设用地增量、耕地保有量、基本农田指标以及各项指标的置换和分解，城乡规划应在各片区用地布局和具体的规划建设中进一步落实。

6.4 规划要求统一。"两规"在对同一空间范围的规划管控要求应保持统一和彼此承接。

参考文献

[1] 全国人大常委会法制工作委员会，等．中华人民共和国城乡规划法解说[M]．北京：知识产权出版社，2008．

[2] 城乡统筹与"两规"协调——中国土地学会、中国城市规划学会高层讨论综述[J]．中国土地科学，2008，(7)：78-81．

[3] 王国恩，唐勇，魏宗财，荆万里．关于"两规"衔接技术措施的若干探讨——以广州市为例[J]．城市规划学刊，2009，(5)：20-27．

[4] 陈小卉．城乡空间统筹规划探索——以江苏省镇村布局规划为例[J]．2005城市规划年会论文集：城市化研究：138-143．

[5] 无锡市惠山区土地利用总体规划（2006-2020）（征求意见稿）[Z]．

[6] 无锡市惠山区镇村布局规划（2008-2020）（征求意见稿）[Z]．

主体功能优化开发县域的功能区划探索

——以浙江省上虞市为例 *❶

王传胜 ❷   赵海英 ❸   孙贵艳 ❹   樊 杰 ❺

1 引言

功能区可理解为服务于特定目标,承担经济、社会、生态服务的一定尺度的地域空间[1]。国家"十一五"规划中,以县级行政区为最小空间尺度划分全国功能区,称为"主体功能"区。所谓"主体功能"是针对县级行政区在未来全国国土开发中的发展定位或发展方向而言的,是县域的主要功能或主导功能,此主导功能并不排斥县域中其他景观地块的非主导功能或特殊功能。比如,对于确定"重点开发"主体功能的县级行政区,并不是县域内全部土地均可供开发工业和城镇建设用地,应该也有"限制开发"的"绿色"空间地块[2, 3]。根据全国主体功能区规划的总体部署,全国和省(区)两级政府实施以县为基础单元的主体功能区划分,地县两级政府原则上不再划定主体功能区,而是在落实国家和省级主体功能区规划对本县主体功能定位的基础上,划定"功能区",并明确其功能定位和发展方向[4]。另外,还要结合"十二五"规划的编制,规范空间开发秩序,控制开发强度,划出空间管制"红线"区域。也就是说,实施县域内功能区的划分,界定县域内景观地块的功能,既是研究其"主体功能"空间落地,是主体功能区规划的延伸;又是规范"主体功能"行为,推动主体功能区规划有效实施的重要工作。因此,尽早进行以县为单元的功能区划的探索研究,将对国家主体功能区规划的深入实施发挥积极的指导作用。

目前,学术界对基于"主体功能"背景的县域功能区的划分还未展开广泛、深入研究,但以县域或更小空间尺度功能区划的研究文献却已不少,主要是涉及生态保护、环境和资源管理、海岸带开发等领域针对特定目的的功能区划[5~8]。因此,现阶段选择基于"主体功能"背景的县级行政区,研究其县域内功能区的划分,具有重要的理论和实践意义。

本文选择主体功能为"优化开发"的县域——位于长江三角洲南端的浙江省上虞市作为研究对象。显然,县域功能区划也是以开发为目标导向,或可称为空间开发功能区划。从开发层面上讲,这类区划是基于县域内特定空间单元的资源环境基础、人口和经济活动的承载能力、开发潜力、发展收益和开发需求等要素的评价,以空间开发综合效益最大化

---

* 基金项目:国家自然科学基金重点项目(40830741),国家自然科学基金项目(40771057)。
❶ 本文来源:《地理研究》2010年第3期。
❷ 王传胜,中国科学院地理科学与资源研究所。
❸ 赵海英,中国科学院地理科学与资源研究所。
❹ 孙贵艳,中国科学院地理科学与资源研究所。
❺ 樊杰,中国科学院地理科学与资源研究所。

为目标，划定特定空间单元在县域空间开发中的功能定位，同时划出空间开发的"红线"区域，作为人地关系协调、人地系统稳定的区域保障[9, 10]。

2 研究区域概述

上虞市隶属浙江省绍兴市，位于杭州湾南岸，与上海嘉兴市隔海（湾）相望（图1）。杭甬高速、杭甬铁路贯穿其间。市域总面积约1400平方公里，2007年全市常住人口87万，均 GDP 为3.6万元，在全国县域经济百强县市排名中名列第42位。

上虞市地表空间分异显著。按照自然状况，全市大致以杭甬铁路为界，呈"南山北原（滩）"的景观态势。曹娥江贯穿上虞市中部，北入杭州湾。会稽山余脉和四明山余脉分列市域东西两侧，受曹娥江冲刷在市域南部形成丘陵盆地景观。城区扼曹娥江出山口，面向北部曹娥江冲洪积平原和钱塘江潮涌滩地。如此

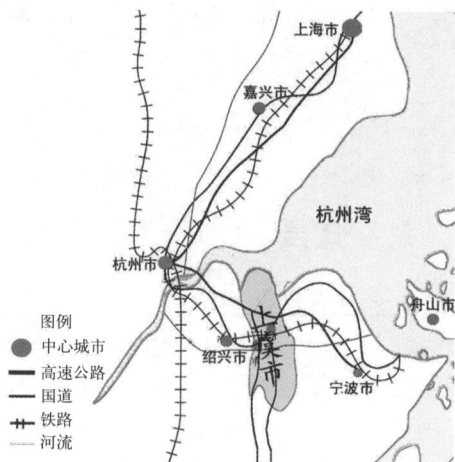

图例
● 中心城市
— 高速公路
— 国道
┼┼ 铁路
— 河流

图1 上虞市位置

"背靠两山，面朝一湾（杭州湾）"的地理态势，有利于塑造功能分异显著的空间格局。

20世纪90年代以来，市域经济高速增长，经济社会发展对土地需求日趋旺盛，加剧了土地瓶颈的形成。21世纪以来，市政府针对经济增长中存在的问题，结合市域空间结构的自然特征，制定"北工、中城、南闲"的区域发展方向，实施差异化的区域发展评估和政府绩效考核政策，推动了人口和产业的空间集聚，进一步明晰了经济和社会发展在空间上的功能分异，为推行主体功能区规划的实施创造了有利条件。

3 功能区划分的原则和思路

3.1 原则

主体功能优化开发区域是指国土开发密度已经较高、资源环境承载能力开始减弱的区域。其主体功能定位是要改变依靠大量占用土地、大量消耗资源和大量排放污染实现经济较快增长的模式，把提高增长质量和效益放在首位，提升参与全球分工与竞争的层次，继续成为带动全国社会发展的龙头和我国参与经济全球化的主体区域。如环渤海、长江三角洲地区和珠江三角洲地区[4, 11, 12]。

作为长江三角洲的组成部分，上虞市功能区的划分首先要落实优化开发区域的主体功能，明确产业集中发展区域，并通过区域自身评估及所承担的主体功能目标确定合理的国土开发强度①；其次，注重以主体功能为导向的区域一体化培育，整体评估影响主体功能塑造的诸要素，包括生态环境、水土资源、人口、经济发展等；再次，落实具体的、可操作性的功能地块，同时兼顾具有引导型特征的区域刻画。因此，对功能区的划分考

虑以下原则：

（1）区域外向性原则。既体现国家优化开发的功能定位，又体现当地政府关于"接轨沪杭甬、融入长三角、呼应大绍兴的'桥头堡'建设"的思想，同时充分利用海涂资源和港口资源。

（2）以现有人口和产业的空间集聚形态为基础原则。现状人口和产业要素的空间集聚形态，既是未来主体功能区域选择的重要依据，又是要素空间优化、调配的基础。

（3）土地资源的空间合理调控与集约利用原则。以形成人口和经济要素合理发展的空间态势，促进产业的空间有序转移。

（4）生态保护与建设的区域整体性原则。体现区域资源环境和社会经济整体协调的基本思想，促使全局性的生态环境保护和生态环境建设，为主体功能长期实施提供保障。

（5）地域上相对集中联片并适当兼顾乡镇级行政单元原则。以加强区划及其结果实施的可操作性。

3.2 思路

上文说过，全国主体功能区规划覆盖全部国土，分为全国和省（区）两个层级。但两个层级在空间上不重合，上下级之间不是包含和被包含的关系，故从形式上看是一种"类型的"区划方案，这主要为了方便落实政府空间管制的具体意图。但一般的地理区划采用的多是"区域的"区划方案[13~15]，一些部门的具有综合意义的功能区划，如生态功能区划、海洋功能区划[5~7,16]也是如此。即便是一些发达国家现行的大多数空间规划，都在"类型的"区划方案形成之前，有个"区域的"方案作铺垫[17~19]。如欧盟的空间规划（NUTS）[19]，有针对特殊政策实施的不覆盖全区域的"类型区"，但也有个覆盖全区域"区域的"区划方案。

以"类型的"形式划分功能区的好处是不同功能类型的确定可以采取统一的指标体系，如国内学者根据开发和保护的适宜程度划分的功能区[9,10]。但这给实际的区划工作带来难题，因为地表功能类型多且复杂，划分时要尽可能考虑到很多指标。虽因目标限制可以减少或归并一定的功能类型，从而减少一些指标的介入，但并不能从根本上改变复杂而繁琐的数据处理、指标归并等过程。况且，影响地表分异的诸因素之间并不能在相同的尺度上显示出很好的相关性[2]，即指标本身也是有尺度差异的，很难用单一指标体系划分出理想方案。以"区域的"形式划分功能区的好处是可以在不同级别设立不同的指标，划分思路类似地理综合区划的主导因素（主导指标）法。问题是划分出的高级别区域往往只是方向性的功能区域，在实际工作中真正起政策指导作用的往往是"类型的"功能区域。

对基于全国主体功能背景的县域功能区划来说，现阶段主体功能区规划因为注重区域政策的实施，在增强功能区政策含义的同时，突出了政府在空间秩序中的引导作用。全国主体功能区划主要展示国家空间开发战略和格局，省级主体功能区划主要是落实国家确定的国土空间开发战略和指导原则，地县辖区不再划分主体功能区，而是结合本地特点，对地县国土空间划分功能分区，如城镇、耕地保护、生态保护、旅游休闲、产业园区等，以规范各类开发行为②。这就使得在县域功能区的划分中没有必要划分出覆盖全部国土的各种类型区，而只需划分出政策实施的重点区域。这不仅符合发达国家政府先进的空间管治思路，也符合当今世界先进的空间规划理念。这样一来，将两种区划形

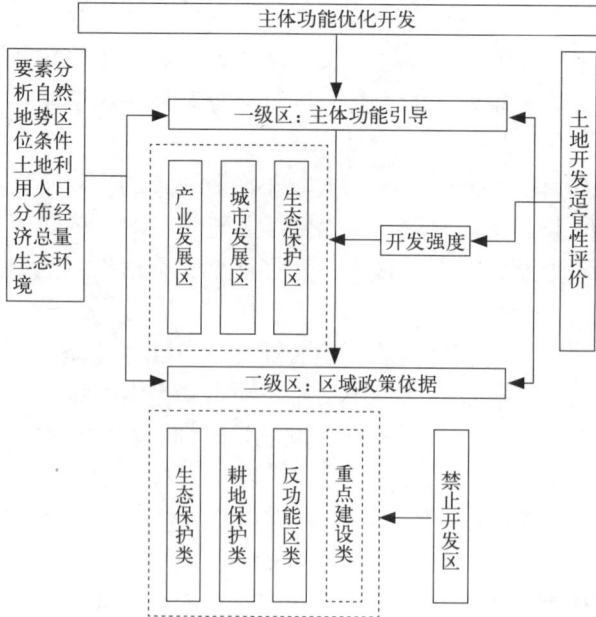

图2　功能区划的基本思路

式结合起来是一种较好的选择，即一级区可以形成全部国土覆盖的引导开发行为的方向性的、粗线条的类型区，二级区可以不必覆盖全部国土，而只需划分出"限制开发"的"红线区域"，或称之为与一级功能区功能不同的"反功能区"[2, 20]等一系列政策实施的重点区域。

鉴于上述分析，本文功能区划的具体思路是（图2）：

（1）功能区分为两级系统，一级功能区为基本功能区域，主要明确上虞市作为国家优化开发区——长江三角洲的一部分，其未来发展、调整和限制性区域的范围。区划以乡镇为基本单元，结果覆盖全部县域。二级区为区域性政策的重点实施区域，以自然景观或地块为基本单元，结果不覆盖全部区域。一、二级功能区的识别以土地开发适宜性评价为依据。

（2）二级功能区主要划分：控制开发的"红线"区域，主要指各类生态保护区、水源涵养区等；与一级功能区基本功能"相逆"的区域，即所谓的"反功能区"，本文主要指一级功能区为生态保护类型的城市和产业重点建设地块。

（3）二级功能区大致分为五大类：第一类为禁止开发区，除保留国家级和省（区）级的禁止开发区外，增加县级同性质的区域；第二类为以生态环境修复与治理为主的区域；第三类是耕地与基本农田保护区域；第四类为"反功能区类"；第五类为落实主体功能的重点开发地块，此类在本文中不进行特别划分，只在一级功能区中予以说明。

（4）全国主体功能区规划的全国和省（区）级二级系统均采用统一的指标体系，指标体系设计的初衷是基于国土空间的资源环境承载能力、现有开发密度和发展潜力，评价未来的资源环境承载力或者开发适宜度[3]。基于此，县域功能区划分的指标设计也应以资源环境承载力或开发适宜度的评价为主。上虞市功能区的划分和开发强度的确定主要以县域土地开发适宜性评价为依据，辅之以全市自然条件和社会经济条件空间分异的研究。

4　区划指标及其评价

4.1　指标体系

上虞市功能区划以土地开发适宜性评价为主要依据，根据全国主体功能区划的指标体系，结合上虞市实际状况，确定必需的参评指标及权重。主要参评指标包括区位条件、土地利用、坡度、海拔高度等（表1）。同时，进行土地开发适宜性评价时，还要综合考虑

上虞市土地开发适宜性评价的初评指标   表1

指标分值	9	7	3	1
交通区位（0.15）	≤1平方公里	1～3平方公里	3～5平方公里	>5平方公里
城镇区位（0.1）	≤1平方公里	1～3平方公里	3～5平方公里	>5平方公里
土地利用（0.3）	居民点及工矿、交通用地	荒草地、苇地、滩地、其他农用地、裸岩石砾地	耕地、园地、河流、水利设施	林地、湖泊
坡度（0.25）	≤5	5～10	15～25	>25
海拔高度（0.05）	≤50米	50～100米	100～200米	>200米

注：括号内为权重。评价结果分为4类：适宜建设用地分值7～9，较适宜建设用地分值5～7，控制建设用地分值3～5，严格保护用地分值1～3。

城乡居民点分布现有态势、人口分布的基本态势，以及耕地与基本农田、河流及水环境现状、重点水库、自然保护区、森林公园、历史遗迹等的分布状况等因素。

4.2 指标评估

4.2.1 主要自然经济要素的空间态势

上虞市土地利用呈"五山一水四分田"的格局，"北耕南林"的态势明显。自然条件、人口和经济发展现状的分析表明，北、中、南分异显著。

市域南部为曹娥江上游，兼顾上虞市水源地的功能，其生态保护对全市经济的可持续发展意义重大，因此可开发的空间有限。中部地区人口集中，虽经济总量较大，但在多年粗放增长模式影响下，土地资源异常紧缺，未来增长潜力十分不足；北部为曹娥江冲洪积平原和钱塘江潮涌滩地，除东北角已作为新兴产业工业区开发外，其余地方开发程度较弱，尚有一定潜力作为未来发展用地（图3）。

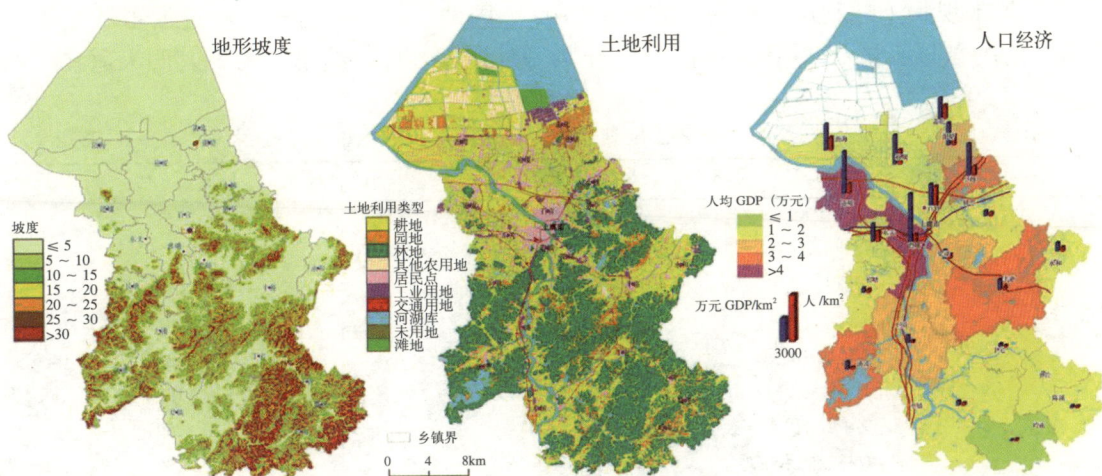

图3 上虞市主要空间要素的基本态势

4.2.2 土地开发适宜性评估

以1/10万地形图和SPOT遥感影像解译的土地利用数据，实施上虞市土地开发适宜度评价（图4）。评估结果显示，上虞市自南到北土地开发适宜性逐渐增强，其中尤以中

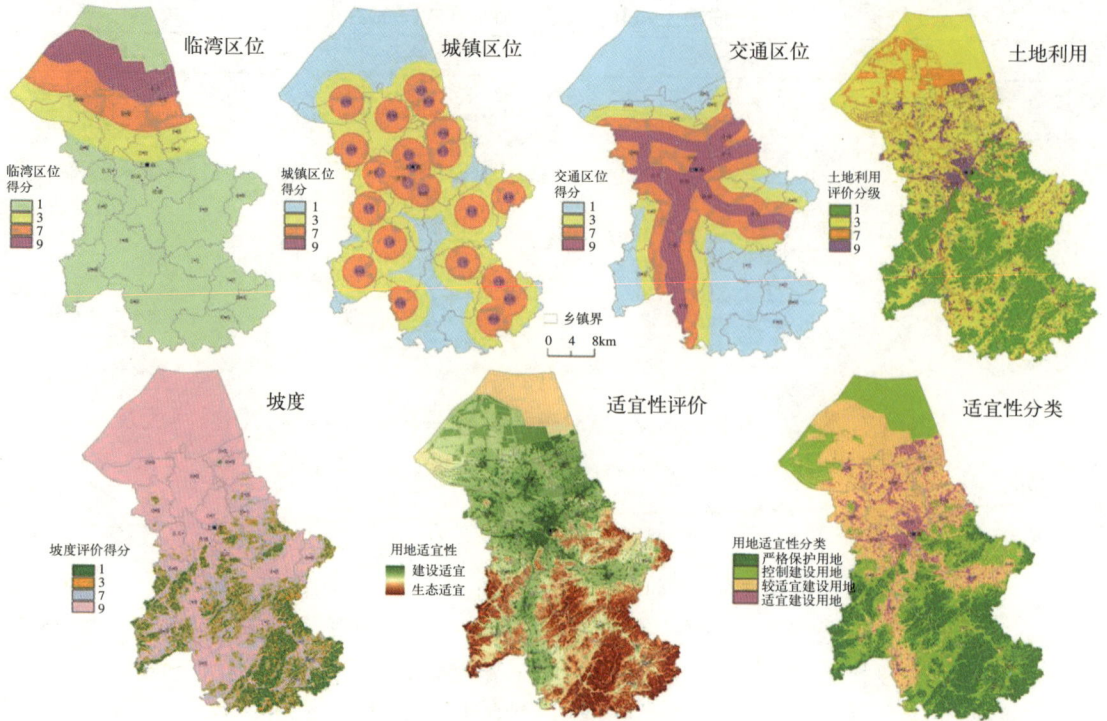

图4　土地开发适宜性指标评估

部地区较为突出，因此，评估结果进一步刻画了上虞市的空间差异。各分项指标中，区位条件显示了北部和中部的优势，坡度和海拔突显了南部的劣势，土地利用则清晰地刻画出北部、中部和南部的差异。

上虞市现状土地利用结构中（表2），耕地、园地、林地三者合计将近占市域面积的70%，居民点与独立工矿用地不到1/10。土地开发适宜性评价结果（表3），四大适宜类别

主要土地利用类型占市域面积的比重　　　　　　　　　　　　　　　　　　　表2

分类	比重（%）
农用地	72.73
其中：耕地	30.53
园地	8.90
林地	28.96
其他农用地	4.33
建设用地	11.08
其中：居民点与独立工矿用地	9.59
农村居民点用地	4.79
未利用土地	16.19
其中：未用地	0.72
河流水面	13.33
湖泊水面	0.37
苇地	0.07
滩涂	1.71

土地开发适宜性分类结果占市域面积的比重 表3

类型	严格保护	控制	较适宜	适宜
比重（%）	21.88	33.12	36.67	8.33

土地中，有 1/5 属于严格保护类别，1/3 属于控制建设类别，从上文和图4中可知，这两类大都分布在南部地区。适宜建设类占 8.33%，较适宜建设类别占 1/3 多，其中后者多是上虞市耕地的分布区域。因此，如果考虑到耕地保护的因素，现状建设用地已超出合理使用范围。

但是作为主体功能优化开发区域，仍然要保证足够的产业发展空间，且根据上虞市"十一五"规划，"十一五"期间建设用地的需求依然较大。因此，宜在保证耕地和基本农田总量供给的基础上，适当满足未来发展的建设用地需求。表2显示，居民点和工矿用地中，有 1/2 是农村居民点，故而升级改造、扩展应该还有一定潜力。因此，按照国家主体功能区划定义的开发强度，在满足耕地总量不下滑、城镇与工矿建设用地集约发展的前提下，针对目前发展阶段和现状技术水平，估测上虞市城镇与工矿用地最大规模以不超过 9% 为宜，而近期，即"十一五"到"十二五"期间，开发强度可以考虑控制在 7% 左右。

5 区划方案

5.1 一级功能区

一级功能区分为三大区域（表4，图5），即北部重点开发区，简称北部区，为产业发展功能区域；中部优化整合区，简称中部区，为城市发展功能区域；南部重点保育区，简称南部区，为生态保护功能区域。

一级功能区域统计 表4

功能区	乡镇数（个）*	面积（平方公里）	功能定位
北部重点开发区	4	435	产业重点拓展区域
中部优化整合区	7+1	359	人口集中和城镇发展区域
南部重点保育区	9+1	601	生态保障基地

* 中部区和南部区分别包括丰惠镇的部分地区。

5.2 二级功能区

二级功能区作为城市建设和土地利用规划的空间控制区域。主要包括 4 类区域（图5）。

(1)生态环境保护区(类)，包括 5 种区域：北部环境隔离带，重点湿地、重要水源保护区，重点水土保持和水土流失防治区，水源涵养重点区。

(2)耕地与基本农田保护区（类）。为基本农田分布地区，因缺少基本农田的空间数据，因此无法在图上显示此种类型。

(3)反功能区（类），本例只划出生态保护一级功能区中城镇产业发展地块，即南部人口产业集中区。

(4)禁止开发区（类）。

6 结论与讨论

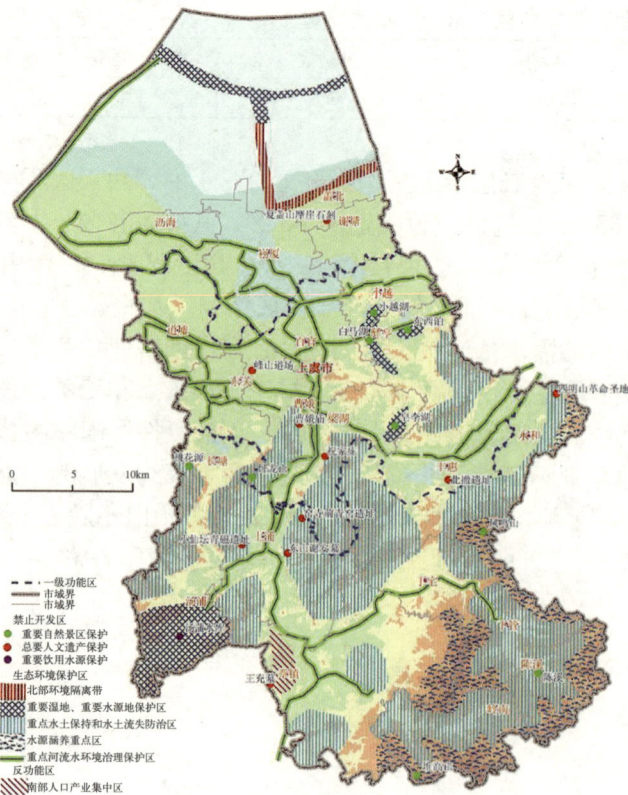

图5 上虞市功能区划方案

本文借助土地开发适宜性的初步评价，探讨了基于优化开发主体功能的上虞市地域功能区划。研究表明，采用二级系统，划分县域功能区，即一级功能区为基本功能区域，主要明确上虞市未来发展、调整和限制性区域的范围，区划以乡镇为基本单元，结果覆盖全部县域；二级区为区域性政策的重点实施区域，以自然景观或地块为基本单元，结果不覆盖全部区域；技术路线可行，具有一定的推介意义。但由于地域功能区划也是一项综合区划[2,21]，涉及的因素多且复杂，土地开发适宜性评价也只是一个针对区域资源环境承载力的基本认识性的区划指标，具体的划分指标还要视区划目的而定[22,23]。

另一方面，作为综合性的地域功能区划，有些问题仍然需要进一步讨论，比如：

（1）功能区的类型问题。作为承接国家主体功能的县域功能区，是否全部区域都是针对政策的一种目标型区域？是否还应该包括其他类型区域？如景观型的类型区域、开发或保护程度型的类型区域等。各种类型区域之间如何协调？

（2）是否一定需要划分出主体功能定位的区域类型。即针对优化和重点类是否一定要划分出重点开发的具体地块，针对限制类是否一定要划分出农业或生态保护的重点地块。这就牵扯要不要全部区域覆盖的问题。如不全部覆盖，空白区域如何定位？

（3）耕地与基本农田的划分与图示问题。在上虞市各个乡镇都有基本农田的分布，而因在国家层面基本农田属于禁止开发区的内容，耕地与基本农田在地域功能定位时是不能舍弃的。但由于空间上比较分散，加之空间资料缺乏，影响了最后的方案和图示效果。

注释

① 此处的开发强度是指城镇建成区面积与独立工矿面积之和占区域总面积的比例。参见全国主体功能区划编制工作领导小组办公室编《全国主体功能区规划参考资料》（内部资料），2008年1月，P1120。

② 全国主体功能区划编制工作领导小组办公室编，《全国主体功能区规划参考资料》（内部资料），2008年1月，P.122。

参考文献

[1] 李春芬.区际联系——区域地理学的近期前沿 [J].地理学报，1995，50（6）：491-496.

[2] 樊杰.我国主体功能区划的科学基础 [J].地理学报，2007，62（4）：339-350.

[3] 国务院发展研究中心课题组.主体功能区和分类管理政策研究 [M].北京：中国发展出版社，2008.

[4] 马凯.中华人民共和国国民经济和社会发展第十一个五年规划纲要辅导读本 [M].北京：北京科学技术出版社，2006.

[5] 葛瑞卿.海洋功能区划的理论和实践 [J].海洋通报，2001，20（4）：52-63.

[6] 欧阳志云.中国生态功能区划 [J].中国观察与设计，2007，（3）：70.

[7] 贾良清，欧阳志云，赵同谦.安徽省生态功能区划研究 [J].生态学报，2005，25（2）：254-260.

[8] 燕乃玲，虞孝感.我国生态功能区划的目标、原则与体系 [J].长江流域资源与环境，2003，12（6）：579-585.

[9] 陈雯，段学军，陈江龙，等.空间开发功能区划的方法 [J].地理学报，2004，59（增刊）：53-58.

[10] 段学军，陈雯.省域空间开发功能区划的方法 [J].长江流域资源与环境，2005，14（5）：540-545.

[11] 杨伟民.国民经济和社会发展总体规划概述 [J].发展规划研究，2008，（11）：4-11.

[12] 李守信.主体功能区的探索和实践 [J].发展规划研究，2008，（11）：12-19.

[13] 郑度，葛全胜，张雪芹，等.中国区划工作的回顾与展望 [J].地理研究，2005，24（3）：330-344.

[14] 杨勤业，郑度，吴绍洪，等.20世纪50年代以来中国综合自然地理研究进展 [J].地理研究，2005，24（6）：89-91.

[15] 郑度.关于地理学的区域性和地域分异研究 [J].地理研究，1998，17（1）：4-9.

[16] 中华人民共和国国家质量监督检验检疫总局，中国国家标准化管理委员.海洋功能区划技术导则（GB/T17108-2006）[M].北京：标准出版社，2007.

[17] 刘慧，樊杰，王传胜.欧盟空间规划研究进展及启示 [J].地理研究，2008：27（6）：1381-1389.

[18] Study program on Europe spatial planning [R]. Brussels，2000.

[19] Introduction to NUTS and statistics of Europe[EB/OL]. http：//ec. europe. eu/comm /eus tat /ramon/nuts/.

[20] 樊杰.基于国家"十一五"规划解析经济地理学科建设的社会需求与新命题 [J].经济地理，2006，26（4）：545-550.

[21] 宗跃光，王蓉，汪成刚，等.城市建设用地生态适宜性评价的潜力～限制性分析——以大连城市化区为例 [J].地理研究，2007，26（6）：1117-1126.

[22] 梁涛，蔡春霞，刘民，等.城市土地的生态适宜性评价方法——以江西萍乡市为例 [J].地理研究，2007，26（4）：782-789.

[23] 谢高地，鲁春霞，甄霖，等.区域空间功能分区的目标、进展和方法 [J].地理研究，2009，28（5）：561-570.

基于城乡规划法的县级层面两规协调研究 ^❶

王 军 ^❷

"发展"和"保护"是快速城市化地区发展面临的矛盾主题,而规划特别是"空间规划"是研究解决此矛盾问题的重要工具。城乡规划和土地利用总体规划(简称"两规")作为在空间上设立的两大法定规划,各自内容庞杂多样,在指导思想、规划重点、技术方法、规划地位及实施状况等方面存在较大差别。"两规"在城乡土地利用上的诸多矛盾造成了城乡土地利用规划的"两张皮"现象,给规划的实施和管理工作带来极大困难。

因此,为指导土地资源的集约利用与优化配置,需要从多角度思考城乡规划和土地利用总体规划,重新审视"两规"现实矛盾,探求"两规"协调的途径。

1 "两规"矛盾表象

1.1 技术标准

1.1.1 基础数据标准不一致

1.1.1.1 基础数据来源不一致

两规在编制过程中所依据的基础资料来源不一致,导致现状数据不一致。土地利用总体规划的现状用地数据依据的是土地详查资料及土地利用变更调查的更新成果,应用遥感技术,后经实地核实、纠正而形成。而城乡规划依据的是城建部门的统计资料,对用地进行统计时,采取根据地形图进行现场探勘的方法,所得到的数据为概查和估算数据,与遥感监测实地调查资料存在较大差异。同时,由于来源不同,基础资料所采用的基年也经常不一致。

1.1.1.2 数据口径不一,概念内涵和外延差异较大

在现状人口上,土地利用总体规划中的总人口是行政区域范围内的户籍总人口,城镇人口指现状城镇建成区的户籍人口,较少考虑外来人口。城乡规划中提出的城镇人口,是指居住在或相当于居住在城区内,享用和消耗城市各项基础设施的人口总数,包括了居住在城区范围内的农业人口和半年以上的外来人口。按城乡规划以人定地的原则,规划建设用地必然会超出土地利用规划所制定的建设用地量。而且,城乡规划也存在着为了扩大建设用地规模而做大人口的现象,而土地利用总体规划常常会忽视外来人口对建设用地的需求。因此,城乡规划统计的现状和预测的规划人口往往大于土地利用总体规划。

1.1.2 用地分类不统一

"两规"编制所依据的用地分类不统一。城市和镇总体规划中的用地分类分别采用

---

❶ 本文来源:《规划创新:2010中国城市规划年会论文集》,重庆出版社2010年9月出版。
❷ 王军,江苏省城市规划设计研究院。

的是 1991 年开始施行的《城市用地分类与规划建设用地标准》（GBJ137-90）和 2007 年施行的《镇规划标准》（GB50188-2007）。土地利用总体规划采用的是《土地分类》，它是在 1984 年制订的《土地利用现状调查技术规程》和 1989 年制订的《城镇地籍调查规程》的基础上修改、归并而成，与城市规划标准存在明显差异，造成了"两规"协调的巨大困难。

1.2 编制内容

在编制内容上，两规在编制的内容上的交叉和重合点比较多。两规都是对城镇用地的规模、空间布局以及各类、各业用地进行总体安排部署。这不仅使这两种规划难以做到协调统一，使规划方案难以真正落实，而且也造成重复劳动。除土地利用总体规划外，土地利用详细规划中的交通用地规划、水利工程用地规划、农业用地规划等也与各部门的规划重叠。

1.3 编制技术

编制工作路线上存在差异。城乡规划从各行业用地需求进行土地利用的时空安排，遵循从上到下与从下到上相结合的工作路线，侧重于城市的建设和发展。城乡规划在确定建设用地规模时，是通过预测规划期末的人口规模及城市化水平，再结合建设用地标准来确定新增用地总量及其分类的。土地利用总体规划则采取从总体到局部、从上到下、逐级结合的工作路线，土地利用总体规划的编制尤其强调耕地保护，土地部门提出保护耕地的指标，并严格控制建设用地占用耕地。按照行政级别逐级分解用地指标，不得突破，带有很强的计划性，其核心是以供给制约和引导需求，即城市外延扩张占用耕地必须考虑有无开发复垦出相应数量和质量耕地的可能。总的来说，城乡规划是以人定地，而土地利用总体规划是以供推需。

1.4 空间协调难以落实

1.4.1 数量协调空间不协调

目前的城市和镇总体规划编制时，大多都在文本和说明中提到能保证基本农田数量不减少，但缺乏空间落实。由于下层次土地利用规划要根据上层次规划下达的各类用地控制指标，再提出自己的用地的控制性指标分解下达到所辖范围，具有类似计划经济配给制的特征，其规划编制也是侧重于数量，空间严谨性相对较弱。基本农田规划除数量指标外，缺乏定期的空间更新，空间位置也不是很准确。在城市和镇的总体规划论证中，国土部门提的意见往往是围绕建设用地指标的投放来谈协调。而城市和镇总体规划更侧重于空间落实，两者在规划的出发点上存在差异。两规的协调很多情况都是停留在形式上，在耕地保有量上似乎能协调，但在空间布局上却无法协调。

1.4.2 用地范围与形态存在差异

现行的土地利用总体规划的用地数据以行政区划为范围进行统计，而城乡规划以规划区作为统计各类用地的范围。在土地开发复垦激励机制要求下，在城市周边需要预留一定的机动指标用于安排建设置换区和补偿用地，对城市建设用地的认定标准存在一定的差异，如城市用地拓展区大量的公共绿地和防护绿地就较少被土地利用规划计入建设用地统计范围。

从上一轮土地利用总体规划来看，其编制起始年份在 1996～1997 年左右，当时并没有提出空间发展向重点城镇集聚的发展思路，导致当时的规划在建设用地指标分解上缺乏侧重，从而在 2000 年以后的快速发展中失去对土地利用在空间上的合理指导，产生了许多违法用地。同时，上一轮土地利用总体规划是优先保障耕地等农用地，最后才会考虑建设用地，这样留下的建设用地往往是较为零散，形成了较为分散、平均的建设用地布局，尤其体现在镇村居民点的用地布局上。但是，近年来城市和乡镇总体规划越来越强调积聚发展，对分散的居民点和工业用地等进行了撤并和集中布局，造成两规在用地形态上的迥然差异（图 1）。

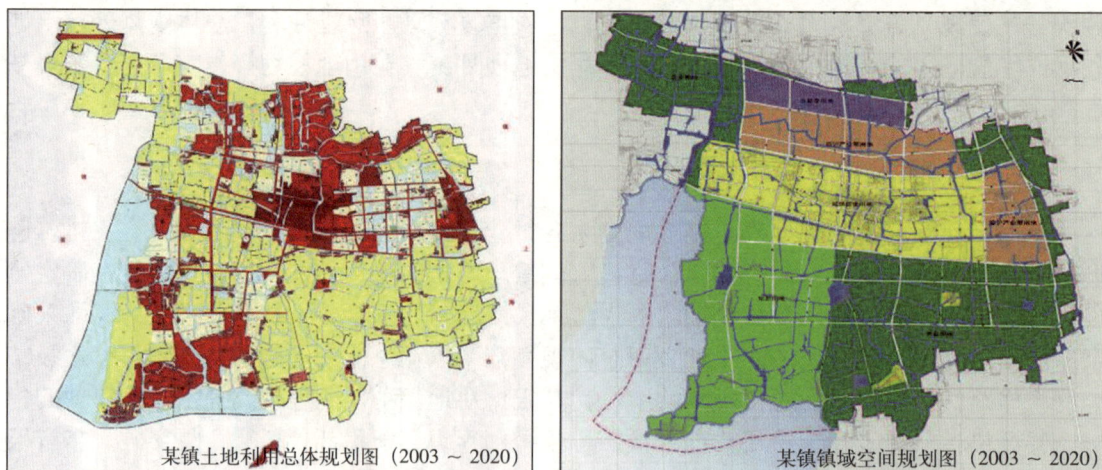

图 1　长三角某镇两规用地范围与形态比较

2 "两规"矛盾的深层机制

2.1 指导思想与核心目标

土地利用总体规划的核心是实现耕地总量动态平衡，围绕这一核心的两个基本点为"切实保护耕地"和"严格控制非农业建设用地"。因此，规划的基本指导思想是"以供给定需求"，采用自上而下，指标控制与分区控制相结合的方法。侧重于规划的结果是否实现区域土地供需的平衡，是一种指令性目标。

城市总体规划的基本思想是"以人定地"、"以需定供"。城市建设用地规模是通过预测规划期间的人口及城市化水平，并结合建设用地标准确定的；各类用地、功能分区是根据城市的整体发展和各类用地的实际需要，经综合平衡后确定的。不同层次规划间没有严格的控制关系，而是强调相互间的协调和衔接。城市规划强调城市发展的需要，虽然也强调合理、节约用地，但主要还是从城市用地需求出发，侧重于建设用地的控制，其目标是集约利用土地而达到较大的发展效益，是一种发展的目标导向。其主要目的是统筹安排各类用地及空间资源，促进经济和社会协调发展。城市规划侧重于规划的过程，它的结果只是一种预测，强调的是为达到城市经济和社会发展的阶段性目标而进行的调控过程。

2.2 法规体系

《城乡规划法》是城乡规划的主干法，但是《土地管理法》的内容对城乡规划具有限制作用。在两部法律中都提出城乡规划要与土地利用总体规划相衔接，显然在衔接中将土地利用规划抬到了更高地位。《城乡规划法》中规定城市规划区内的土地利用应符合城市总体规划，而土地管理法仅规定城市规划区内的建设用地必须符合城市总体规划，显然，非建设用地必须符合土地利用总体规划。由于两规有着同样的法律地位，而且都对城市土地有着指导意义，如果出现矛盾，则必然导致实际工作无确定根据可依。

"两规"缺乏区域规划的统一指导。近年来在很多地区没有编制区域规划，城镇体系规划成了"准区域规划"。但实际上，城镇体系规划在广度和深度上都不能代替区域规划。由于区域规划的缺失，导致土地利用规划、城乡规划以及各类专业规划之间缺乏指导和调控。目前国家法律法规对区域规划的编制权没有明确规定，行政上也没有一个能组织区域规划的部门。在意识到区域规划重要性的前提下，城市规划行政主管部门和土地行政主管部门都在赋予自己主管规划以新的内涵，想在区域规划的编制上占据主导位置。这种相互渗透之势如果不进行规范和协调，势必会形成新的矛盾冲突。

2.3 行政事权

首先，两规的审批权不一致。对于省、自治区人民政府所在地城市以外的大多数人口在100万以上的城市来说，其土地利用总体规划的审批权归国务院，城市总体规划的审批权限归省级政府。对于县人民政府所在地镇，土地利用总体规划是由省政府审批，而城市规划则由所属设区市人民政府审批。相对来说，省以上政府及部门保护土地资源的意识会强一些，而市县政府由于发展经济的压力较大，一般在审批县城、镇总体规划时，对控制建设用地规模这个问题放得比较宽。而且市县政府在审批乡镇总体规划时，又缺乏总量把握，乡镇建设用地规模加在一起总量失控的情况比较普遍。

其次，在管理权限和手段上存在较大差异。土地管理实行严格的建设用地审批管理制度，农用地转建设用地的审批权上收至国务院和省政府，城市的土地管理权受到国家和省的严格约束。城市总体规划一旦审批通过后，与城市建设密切相关的控制性详细规划的审批和管理权则在地方政府和地方城市规划部门，受上级规划部门的约束较少，使得城市规划管理具有更大的自主性。

3 "两规"协调方案与工作流程

3.1 同步编制方案

3.1.1 纳入一体编制，两规合一

纳入一体编制，即通过县市政府组织编制县（市）域总体规划进行"两规合一"，成果报省政府审批。市县级规划类别由本地方政府确定，可以保留县(市)域总体规划、城市规划、土地利用规划三个规划，也可以根据需要将三个规划融为一体。该方案能够实现两规最充分有效的衔接，但衔接中涉及现有的规划编制体系以及部门之间的体制有比较大的变动。

把城市总体规划和土地利用总体规划合并到县级总体规划中，利用县级总体规划来统领两规的内容。市县总体规划要将本行政区内确需政府规划的产业、城镇、土地、交通、环境以及公共服务等纳入统一的规划中，形成经济社会发展与空间布局融为一体的规划，突出空间性、操作性和地方特色，淡化战略性、政策性、宏观性。而市县的城市规划、土地利用规划作为市县总体规划的具体落实和控制性规划，不能脱离市县总体规划自成体系。

乡镇级规划是村镇居民点规划和土地利用总体规划的基层融合点，可以较准确地对城镇、村庄、交通、水利等非农建设用地进行空间定位并测算出其所占用耕地的数量，因此，在乡镇级层面上，可以"乡镇域总体规划"的形式，统一编制两个规划，做到"两图合一"。在乡镇域总体规划编制过程中，要统一资料口径、统一底图、资料共享；规划方案要听取各方意见多次协调，最终成果把土地利用总体规划的主要内容纳入乡镇域总体规划，真正落实"两图合一"。

3.1.2 分开同步编制，内部协调

该协调方案的思路是将土地利用总体规划与城市总体规划仍然分开编制，但在编制时间上同步开展编制工作，在编制的过程中进行内部协调。编制完成后同步报上级政府审批。具体协调的要点单独形成书面报告，连同规划成果一起递交。

该方案中两规协调的过程可概括为：①由政府分管土地和建设的领导、土地和建设部门、两规项目编制单位人员成立规划联合研究、协调课题组；②制订统一的工作计划；③进行规划基础资料的调查分析，进行各项规划专题的研究；④进行专题研究间的协调分析，制订规划的初步方案；⑤协调论证初步方案，确定最终规划方案；⑥同时报批。

该方案面临着较大的部门协调问题，可以由两个规划的编制部门成立专门的两规协调委员会，组织协调具体编制过程中的各类问题。可借鉴武汉"两规"编制单位合署办公的经验。

3.2 分别编制再协调方案

即在基本维持现有格局的情况下，不改变现有的城乡规划和土地利用总体规划编制体系，但是针对目前两规技术层面上的突出矛盾点，重点在一些矛盾比较大的基本技术环节上进行协调。

3.3 比较与推荐

纳入一体编制，优点是能够实现更充分的衔接，缺点是要实现难度比较大，不利于规划和部门之间的相互制衡，造成部门权力过于集中，在用地上容易造成失控。分别编制方案的优点是在现有框架的条件下能够实现有限的衔接，缺点是现有的一些核心矛盾难以得到解决。有利于增强规划工作的独立性、权威性，虽存在部门协调难的问题，但有利于相互监督与权力制衡。

根据两个方案的比较分析，本文提出的解决方法是：根据两个方案实施的可行性和难度大小，分别在近期和远期采取两个方案进行改革。近期采取分开编制、内部协调的方法，远期等到条件成熟再统一到一个规划当中去。在规划行政体系方面，国土、建设等规划行政机构在近期建立相互协调与制衡的规划管理体系，远期寻求机构的合并。

3.4 协调工作流程

土地利用总体规划和城镇总体规划的编制一般都要经过专题研究和文本编制两个阶段，在这两个阶段中，可以通过行政机构的设立、现状调查的统一和技术手段的协调，确定规划期内城市的发展规模和空间布局，最终落实到图上，实现表现方式的统一，两规协调的工作流程如图 2 所示。

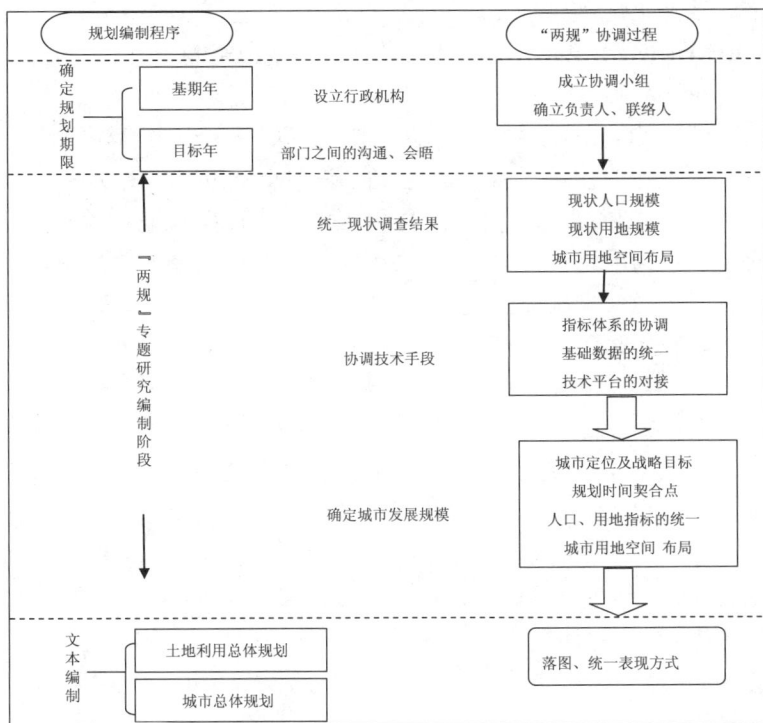

图 2　两规协调工作流程

4　"两规"协调核心技术

4.1　基础平台的协调

4.1.1　统一基础图件，建立"一图双规划"的信息平台

建立"一图双规划"的信息平台是"两规"真正在空间上实现协调的重要基础。重点是要统一图件标准、制图工作平台和底图比例尺，将土地利用规划的数据纳入到城乡规划管理空间数据库中，实现两规编制与管理的底图一体化。在操作上，首先需要实现在一张基础底图上同时叠加城乡规划和土地利用总体规划相关信息。在此基础上，用地评定以及规划方案时需要综合考虑"两规"规划信息，城镇建设用地尽可能避开耕地和基本农田保护区，选择在合适地区布局。城乡规划与土地利用总体规划修编时，也将各自在上轮规划基础上，较好保持与另一规划的协调衔接，减少"两规"在空间上的冲突。

在基础平台上，土地利用总体规划目前普遍采用 MapInfo 平台进行图件的绘制，但在土地管理中并没有很好的利用规划成果中的空间信息资源，用地计划与控制指标、要求与图面往往无法对应，在空间上很难落实。而城乡规划的编制工作习惯于采用 CAD 平台，图面绘制和表现能力较强，但在用地信息、指标的管理方面较薄弱，不利于进一步分析研究工作。目前一些技术能力较强的编制单位在城市总体规划编制已经开始使用 GIS、RS 等空间信息技术手段进行用地信息管理和各类空间分析工作，并尝试开发 CAD-GIS 一体化的规划编制平台。在此基础上，两规编制中，可以尝试利用 CAD-GIS 一体化的规划编制平台，在县级和乡镇层面上主动地将土地利用规划的数据纳入到城乡规划管理空间数据库中，整合城乡规划、土地利用总体规划以及其他空间信息资源，为两规在空间上的协调提供基础技术保障。

4.1.2 统一用地分类标准

从 2002 年开始试行的《土地利用现状分类》于 2007 年正式成为国家标准，该分类标准较以前在城市建设用地的分类上有一定程度的细化，为两规的衔接创造了有利条件。新修编的《县级土地利用总体规划编制规程》和《乡（镇）级土地利用总体规划编制规程》也分别根据新的《土地利用现状分类》，对县级层面和乡镇层面的土地分类进行了调整。

1991 年开始施行的《城市用地分类与规划建设用地标准》，已很难适应新的社会经济发展形势和统筹城乡发展的要求，更无法与土地利用分类标准进行衔接。因此，针对《城乡规划法》的新要求，建设部组织编制的《城市用地分类与规划建设用地标准（报批稿）》已经出台，其中一项重要工作就是研究如何与土地利用规划涉及的分类相衔接。该分类采用"分层次控制的综合用地分类体系"，包括城乡用地分类和城市建设用地分类两部分，体现了城乡统筹的需求，同时满足市域和主城区两个空间层面土地使用的现状调查、规划设计、建设管理和用地统计等工作的需求。新增加的城乡用地分类适用于市域内全部土地，在同等含义的地类上与土地利用现状分类已经进行了较大程度的衔接。应结合《县级土地利用总体规划编制规程》、《乡（镇）级土地利用总体规划编制规程》和《城市用地分类与规划建设用地标准》最新的修订，经整合形成城乡统一的用地分类标准，实现两规用地分类体系的衔接。

4.1.3 统一规划区范围

划定城市规划区，应当考虑城乡统筹的要求，满足规划控制和依法实施管理的需要，包括城乡规划建设用地、在成片规划建设用地范围外单独布置的各类基础设施、各类需要规划保护的区域、江海岸线以及其他因城乡建设和发展必须实行规划控制的区域。针对当前规划区划定中存在的问题，建设部目前正在制定《城乡规划区划定规程》，以规范规划区划定的方法和程序。应在规范出台的基础上，在研究城乡经济社会发展水平、统筹城乡的基础上，划定建设部门和土地部门共同认可的城市规划区，从而在两规中实现对城镇建设用地的统计范围的统一。

4.2 技术平台的协调

4.2.1 人口规模与人均用地指标

在确定人口规模预测方案时，重点是统一数据的口径、内涵、计算范围和计算方法。计算用地标准时，人口计算的范围应与用地计算范围一致，如计算城乡建设用地标准时，人口应采用市域范围的常住人口进行计算，计算城市建设用地标准时，人口应采用规划主城区的常住人口进行计算，包括区内的农业人口、非农业人口和暂住半年以上的暂住人口。主要原因是：(1)人口对用地的需求实质上涉及财产权问题，即便是原户籍人口向外地流动，本身已经占有的土地或房地产是作为财产形式必须予以保护，无法剥夺这部分人口的财产权；（2）对暂住半年以上的人口，需要城市提供相对完整的公共服务要求。

对两规中人均规划建设用地指标，建议根据新的《城市用地分类与规划建设用地标准》结合当地实际确定。该标准除了规定城市规划内的人均城市建设用地标准，还根据各地的情况制订了在全县市域的人均城乡建设用地指标，以体现《城乡规划法》提出的应当对全市建设用地总量进行规划控制的要求，真正促进城乡建设的统筹协调以及节约集约用地的政策导向。标准提出的城乡建设用地，包含了全市域范围内的城市建设用地、镇建设用地、乡建设用地、村庄建设用地与区域其他建设用地之和。城乡规划建设用地为现状城乡建设用地与新增城乡建设用地之和，新增城乡建设用地通过新增人口人均城乡建设用地进行控制（表1）。

新增人口人均城乡建设用地指标   表1

基本依据		规划新增人口人均城乡建设用地指标（平方米／人）
现状人均城乡建设用地面积	现状城镇化率	
> 150	/	≤ 150
> 100 ~ ≤ 150	≥ 70%	≤现状水平且≤ 120
	≥ 70%	≤现状水平且≤ 140
≤ 100	/	≤ 100

4.2.2 建设用地规模

两规需要改变单纯突出用地增长需求或是耕地保护的思路，在建设用地规模预测时都需要统筹考虑土地供需平衡，强化环境容量分析，科学预测城镇发展规模。城乡规划要改变片面强调规模扩张的模式，转向重视功能布局、结构调整。土地规划总体中应通过城乡建设用地增减挂钩，保障重点城镇发展用地需求。两规在协调方案时，在城镇空间发展上土地利用总体规划需要以城镇总体规划为依据，在耕地保护上城镇总体规划应以土地利用总体规划为依据。由城乡规划部门和国土部门共同研究提出在满足耕地保护需要的情况下，制定出城乡建设用地需求总量和用地供给能力，确定建设用地规模。

应加强以新技术支撑开展土地利用挖潜和空间分配，为两规规模协调提供依据。目前在江苏吴江、江阴、太仓等县市城市总体规划中，都采用 GIS、RS 等新技术手段对全市（县）域范围内现状资源进行评价，力图准确把握现状土地资源现状。如在吴江市城市总体规划中，进行了"市域土地潜力与利用效率分析"的研究，通过遥感影像解译，基于 GIS 系统辅助，分析了 20 年来建设用地及其使用效率的变化趋势，对市域土地利用效率变化与经济社会发展的关系进行时间序列和空间差异的比较分析，并通过系统模拟，评价土地利用潜力及其空间分布，为城镇空间布局和土地科学利用提供依据。该研究表明，可以在城市总体规划编制过程中通过一定的技术手段，为两规的协调提供依据，提高规划编制的科学性。

4.2.3 耕地与生态空间保护

在整个县域、镇域范围内生态保护用地的布局选择是城乡规划和土地利用总体规划需要协调统一的重要内容。新的《城市规划编制办法》提出城市规划思维方式从过去的先图后底、让资源环境去适应既定的发展目标，转向先底后图、预先研究资源环境等支撑条件。

城市和镇总体规划应结合《城市规划编制办法》的要求，以区域的生态限制条件为依据，与区域周边地区进行生态空间协调，结合区域城镇建设发展的要求，与土地利用规划提出的土地用途分区进行充分协调，科学划定四区，提出"四区"的具体要求，将基本农田保护区以及其他重要的生态功能区作为禁建区，落实到空间利用规划图中，作为强制性内容严禁随意变更。

4.3 政策平台的协调

4.3.1 统一县和乡镇级层面两规的审批层级

同一层级的两规由同一级政府进行审批是两规协调的监督保障，只有统一两规的审批层级才能真正对两规的衔接起到监督作用。建议对现有两规的审批制度进行改革。在县级层面上统一两规审批的层级，可以结合扩县强权改革的推进，将县级层面的两规统一规到省级政府审批。在乡镇级层面上，可以将两规统一到县级政府进行审批。

4.3.2 加强两规协调的强制性要求

从根本上改变对于两规协调表面化的现状，两规修编时，应明确要求将制定两规衔接报告作为强制性要求，作为两规审批的法定内容。同时应对两规衔接报告中需要进行衔接的具体内容提出明确要求，除了在建设用地数量、耕地保有量进行协调之外，应要求通过规划图纸的叠加分析说明在空间上的协调情况，包括要求城市和镇总体规划的规划建成区范围与土地利用总体规划确定的基本农田保护区、建设留用地和弹性控制区等要素在规划图上位置一致，相互吻合等。

4.3.3 适当调整现行土地利用规划的平衡制度

根据多数国家土地利用规划的经验来看，上、下级土地利用规划应当是互为依据的关系。受到社会经济发展条件与后备土地资源数量限制，有些市、县、乡难以做到占用耕地与开发复垦耕地相平衡，限定每个市县乡都保持其耕地总量不减少是不现实的。建议对《土地管理法》作出一定的修改，将耕地平衡的层级上调，一方面结合主体功能区划，另一方面结合前面提出由省级政府审批县级土地利用规划的建议，近期将耕地平衡的要求放到省级层面，由省级政府在全省层面进行耕地平衡，允许在省内进行内部调解。远期在可能的情况下，实现在全国范围内确保占用耕地与开发复垦耕地相平衡。

参考文献

[1] 吴郭泉,翟慧敏,乔大山.论土地利用总体规划与城市总体规划的协调 [J].安徽农业科学,2007,35(2)：6971-6972.

[2] 张莉，张霞.土地利用规划与城市规划的协调发展 [J].国土资源，2004（12）：17-19.

[3] 石华.城市总体规划与土地利用总体规划协调平衡 [D].浙江大学硕士论文，2006：13-14.

[4] 陈常优，张本昀.试论土地利用总体规划与城市总体规划的协调 [J].地域研究与开发，2006，25（4）：112-116.

[5] 鲁春阳.城市规划与土地利用规划的关系研究 [J].平顶山工学院学报，2007，16（4）：60-62.

[6] 袁敏，王三，等.土地利用规划体系的研究 [J].西南大学学报（自然科学版），2008，30（11）：90-96.

[7] 南京市规划局.南京市城市总体规划与土地利用总体规划协调研究 [R].2009：7-15.

[8] 尹向东.两规协调体系初探 [J].城市规划，2008，32（12）：29-32.

"两规"协调内容及方法研究

——以苍南县"两规"衔接为例 [1]

项志远 [2]　林观众 [3]　杨介榜 [4]

城市总体规划与土地利用总体规划（简称"两规"）是指导一个地区城乡建设和土地利用优化的十分重要的规划手段，两者既相互联系又有所差异。在我国现行管理体制下，"两规"分别由住房和城乡建设部以及国土资源部管控，由于跨部门、分权限等因素，二者不可避免存在矛盾和冲突。针对"两规"客观存在"规划空间上的统一"、"编制内容上的重叠"和"管理对象上的交叉"[1]，为了更有效地开展实践工作，本文依托县（市）域总体规划编制契机，提出了两者在基础数据、空间管制、建设规模、空间布局、建设时序、耕地占补平衡等方面的协调路径，以促进该两项规划在实际工作中有效协调和衔接。

1 "两规"基本内容

城市总体规划是根据一定时期城市的经济和社会发展目标，确定城市性质、规模和发展方向，合理利用城市土地，协调城市空间功能布局及进行各项建设的综合部署、合理安排和实施管理。它是一种区域性、综合性规划，是城乡建设和经济发展的出发点和归宿，是城乡发展之纲，与国家的社会、经济、政治等方面直接相关，在城乡建设中发挥着积极作用。

土地利用总体规划是对一定区域未来土地利用超前性的计划和安排，是依据区域社会经济发展和土地的自然历史特性，在时空上进行土地资源分配和合理组织土地利用的综合技术经济措施[2]。它是一种专业性规划，以合理安排现有土地资源，确保土地资源的永续利用为目的。

虽然"两规"侧重点各不相同，但二者的编制都是以国民经济和社会发展规划为依据，与各部门的发展规划相协调。同时二者都是将土地作为主要规划对象，核心内容都是土地资源的合理开发、利用和保护，根本目标都是实现土地资源的可持续利用和城乡的可持续发展。

2 "两规"矛盾分析

"两规"在经济建设与实施可持续发展战略中起着关键的作用，但由于长期以来缺乏

---

❶ 本文来源：《规划创新：2010中国城市规划年会论文集》，重庆出版社2010年9月出版。

❷ 项志远，温州市城市规划设计研究院。

❸ 林观众，温州市城市规划设计研究院。

❹ 杨介榜，温州市城市规划设计研究院。

相互之间的系统衔接,"两规"之间一直存在一系列的现实矛盾。

2.1　规划指导思想和目的不统一

我国当前土地利用总体规划遵循"十分珍惜、合理利用土地和切实保护耕地"的基本国策,以自上而下下达建设用地指标,强调资源保护,对城乡建设用地实行供给制约和引导需求,重点是进行"控制";而城市总体规划主要是综合社会、经济、历史、地理、产业等诸多方面因素,注重经济社会发展需求在城市建设中的体现,更多是强调"发展"。因此指导思想的差异性,致使"两规"在城乡土地利用上的矛盾,给规划实施和管理工作带来困难。

2.2　规划编制的技术路线不一致

土地利用总体规划的编制一般采取从总体到局部、从上到下、逐级进行的技术路线,土地尤其是耕地保护是其技术核心。因此在土地利用规划中,耕地占用和保护指标的分配一般采取自上而下、层层下达的方法,不允许突破,具有较强的计划性。而城市总体规划主要是采用从上到下与从下到上相结合的技术路线,由于更关注于城市的建设和发展,城市规划重点结合各行业用地的实际需求,进行各种土地利用的时空安排。基于技术路线和思考角度各不相同,两种规划在建设用地指标方面往往互不一致,一般是土地利用总体规划的分配计划指标要比城市总体规划的需求预测指标偏小[3]。

2.3　规划编制的基础资料和统计口径不统一

在土地数据统计方面,土地利用总体规划主要通过遥感技术获取土地详查资料及土地利用变更调查数据,而城市总体规划主要依据城建部门的统计资料,往往采取抽样调查的方法,得到的数据为概查和估算数据,两者存在一定差异。

在建设用地统计方面,规划部门往往将已划入城市总体规划区的郊区或农村也计入城市现状用地;土地部门则以城市已建区或已办理了建设用地手续的用地作为现状城市建设用地,同时工矿用地和特殊用地被单独列为一类,并未纳入城市建设用地。由此,规划部门统计的城市建设用地面积往往大于土地利用详查及变更调查数据。

在人口统计方面,土地利用总体规划的现状城镇人口指城镇建成区的户籍人口和暂住人口(即居住一年以上的人口);城市总体规划中的城市人口往往指享用和消耗城市水、电、气、路等基础设施的人口总数,其包含了城区中的非农业人口、农业人口和暂住期一年以上的外来人口。

2.4　规划范围不一致

城市总体规划主要是确定城市的性质和城市建设用地规模,合理进行城市规划区内的用地布局和资源配置,因此城市规划区往往不涉及整个行政辖区范围。而土地利用总体规划是对行政辖区内的全部土地的利用结构及其空间布局作出长期的合理安排,因此土地利用总体规划涉及整个行政辖区内的全部土地,其范围比城市规划的范围较大[4]。

2.5 用地分类标准不相同

城市总体规划中的土地分类标准是建设部 1991 年发布的《城市用地分类与规划建设用地标准》（GBJ137-90），而土地利用总体规划基本上采用的是国土资源部 2001 年编制的《土地分类》标准（国土资发〔2001〕255 号）。由于两套用地分类标准侧重点不同，导致用地分类的具体内容不同。

2.6 规划期限不一致

土地利用总体规划的规划期限由国务院确定，国土资源部对全国各级土地利用总体规划的规划基年和规划期限做出明确的规定；但是城市总体规划的规划基年、规划期限一般由编制规划的政府部门根据城市的发展条件、发展趋势等自行确定，其确定的规划期限随意性较大[5]。由于"两规"在规划基年和规划期限上存在差异，因此相应数据衔接也存在困难。

3 "两规"协调的指导思想和原则

3.1 "两规"协调的指导思想

为了弱化现实矛盾，促进城乡科学建设和发展。"两规"应以科学发展观为统领，以构建和谐社会为目标，按照五个统筹的要求，认真处理好社会发展、经济发展、城乡发展与耕地保护、环境保护、生态保护、资源节约的关系，坚持城乡统筹、协调发展，优化城乡空间布局，走集约创新的新型城市化道路，实现保护耕地、节约和集约用地、合理布局三大目标。

3.2 "两规"协调原则

（1）坚持上级下达的基本农田保护任务不变，坚守基本农田红线；坚持节约、集约用地原则，提高土地利用效率。

（2）坚持以人为本，构建城乡统筹、布局合理的社会、经济和城乡建设协调发展的空间环境。充分考虑土地、水、能源、环境容量等因素，合理确定城乡人口发展规模；引导人口向城镇集中，工业向园区集中，构建布局合理的居民点体系和产业布局体系；构建覆盖城乡、集约利用、有效整合的基础设施和公共服务设施体系。

（3）坚持综合平衡原则，有效协调城乡建设与耕地保护的矛盾。根据空间管制的要求和基本农田、标准农田的布局，合理确定城市发展区域，优化城镇和产业的空间布局，合理划定城镇增长边界，在保证基本农田保护任务的前提下，协调好城乡和产业的发展空间。

（4）坚持"分段衔接、侧重近期、总量平衡、留有余地"的原则，首先保证"两规"在基础数据、基本图件、预测方案等方面的充分衔接，形成共同工作的基础；根据规划目标，在发展指标上严格控制，在建设用地布局上留有余地，指标分配重点落实近期，保证规划的可操作性。

4 "两规"协调内容

4.1 基础数据协调

基础数据相协调是开展"两规"协调工作的基础,主要包括统一工作图件、统一规划范围、统一基准年和规划年限、统一用地分类、统一现状用地及人口数据。

统一工作图件是"两规"衔接的前提,"两规"衔接所采用的基础图件为国土资源局提供的土地更新调查成果图和城市总体规划 CAD 规划总图。

统一规划范围是保证"两规"衔接的基础,"两规"以县(市)域行政辖区边界为范围,实现城乡统筹和规划的全覆盖。

规划期限应和国民经济和社会发展规划相一致,统一基准年和规划年限确保了同一时期内城乡发展方向、发展规模和重点建设项目相对一致。

统一用地分类是确保土地利用数据和用地规模的一致性,为了有利于保护土地资源和城乡建设,在城乡建设区以外的地区采用国土资源部发布的《土地分类》标准,城乡建设区内的建设用地采用《城市用地分类与规划建设用地标准》。

统一现状用地和人口数据是确定现状各项人均指标的重要依据,也是评价现状各项发展指标的前提。建议现状用地以土地详查资料及土地利用变更调查数据为准,现状人口则以常住人口为准。

4.2 空间管制协调

根据现状建设情况及城乡发展对地域生态环境的影响,按照不同地域的资源环境、承载能力和发展潜力,苍南县"两规"衔接专题将空间划分为已建区、适建区、限建区、禁建区 4 大类,采取不同的空间管制措施。

(1)已建区:开发历史久、开发活动对生态环境影响程度较深,产业结构与布局有待优化、人口密集、环境容量小的地区。主要包括县(市)域范围城镇的已建设区、独立工矿区与设施建设区(点)及保留农村居民点的现状建设用地。

(2)适建区:生态环境敏感性一般、生态服务功能中等或一般,产业结构与布局相对合理、环境仍有一定容量、资源较为丰富、经济功能较强、发展潜力较大的地区。该类区域应重点保证建设用地供应,鼓励人口集聚、加快产业集聚和城镇化步伐。主要包括县(市)域范围城镇的已建设区、独立工矿区与设施建设区(点)及保留农村居民点的现状建设用地之外,城市总体规划确定的新的城乡建设区域。

(3)限建区:生态功能重要、生态环境敏感度高、对于维持区域生态安全有重要作用的区域。这类区域应严格控制建设用地占用规模,积极引导人口自愿、平稳、有序转移到适建区,实现人与自然和谐发展。限建区具体细分为建设用地预留区、风景名胜区(含森林公园,不包括生态保育区)、组团隔离绿带用地、历史文化街区、基础设施廊道用地、地质灾害重点防治区等六类地区。

(4)禁建区:生态功能极其重要、生态环境极其敏感、具有特殊保护价值的区域,这类区域自然环境承载能力相对较差、生态状况相对脆弱、自然功能不宜改变、不适宜大规模集聚产业和人口、应采取重点保护的特定地区。禁建区具体细分为饮用水源保护区、水体保护控制区、风景名胜区（含森林公园）的生态保育区、生态公益林、基本农田保护区、水源涵养区、自然山体保护区等七类地区。（图1）

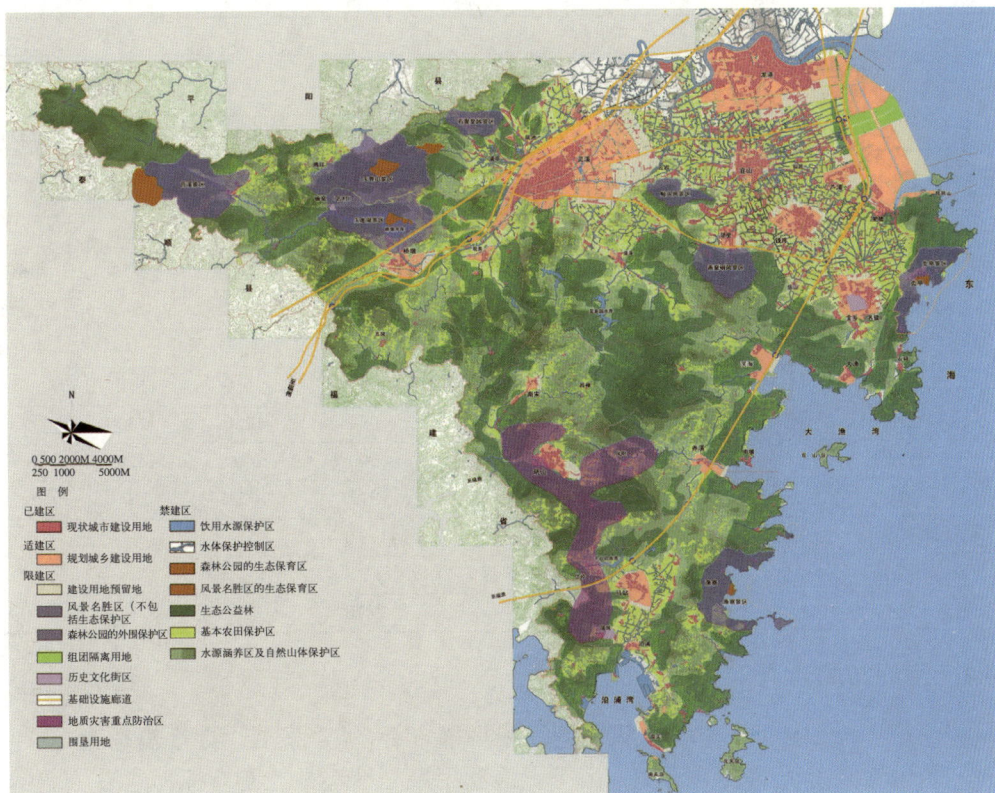

图1 苍南县域空间管制分区图

4.3 城乡规模协调

城乡发展规模的确定是"两规"协调的重点，也是"两规"争议焦点所在。城乡规模包括两个主要方面：人口规模和用地规模。其中人口规模是决定性的，也是城市规模界定的核心。在"两规"规模协调中首先要依据统一的现状人口基数，采用统一的人口规模预测方法确定规划期内的人口规模，并以此作为确定城乡发展用地规模的重要基础。在确保耕地保有量的前提下，根据人口规模和实际情况，确立人均城乡建设用地的各项指标，确定规划期的城镇建设用地、农村建设用地、工矿用地、特殊用地、交通用地、水利设施用地等城乡建设用地规模。

在苍南县"两规"衔接专题实践中，对各城镇现有总体规划确定的城镇建设用地进行统计，总建设用地达到10714.9公顷；然而结合"两规"衔接对各资源要素的统一整合，主要是根据各主体功能区发展要求、预测城乡发展的人口规模、规划各乡镇承担职能以及各乡镇发展现状和发展条件，最终配置的城镇建设用地为8490公顷，比统筹前的城镇建设用地减少2224.9公顷（表1）。

苍南县"两规"衔接后城乡发展用地规模统计表　　表1

用地规模（公顷，人均平方米）			现状（2005）		近期（2010）			远期（2020）		
			县市域总规	土地总规	县市域总规	土地总规	衔接后数值	县市域总规	土地总规	衔接后数值
县/市域总面积			126108		126108			126108		
建设用地	城乡建设用地	城镇 中心城区			4000		4000	4894		4894
		建制镇	4628.8	2931.8	2057	4500	2057	2351	6530	2351
		乡村 农居点	3878.5	5139.2	4410	5300	4410	2368	4100	2368
		独立工矿区	316.7	506.9	680			1120		
		小计	8824	8577.9	10467	10480	10467	9613	11750	9613
	发展备用地							1442		1442
	城乡规划范围							11055		11055
	交通用地		464.8	691.2	1800	1780	1800	2550	2650	2650
	水利设施用地		568	568	630	630	630	1230	1230	1230
	特殊用地		388.9	408.2	900	860	900	1400	1470	1470
	合计		10245.2	10245.2	13797	13750	13797	16235	17100	16405
耕地保有量					34179.3					
建设占用耕地							2218			3928
补充耕地							2218			4000

4.4　空间布局协调

从"两规"用地空间布局和建设用地发展规模来看，城乡发展用地规模是造成"两规"空间布局范围界限差异的关键所在。由于土地利用规划核心是控制指标，建设用地增加规模为上级逐层分配；而城市总体规划主要从统筹城乡发展角度，以10～20年为阶段，确定能保障社会经济环境持续健康有序发展的城乡用地空间布局。因此"两规"在加强这方面用地衔接时，重点要对城镇用地空间布局、农村用地空间布局、交通用地空间布局、水利设施用地布局、耕地空间布局、园地空间布局以及林地空间布局等方面进行协调。其中城镇建设用地空间布局应按照"保证重点、统筹布局"要求，通过协调确定规划期内近期和远期各城镇建设用地范围和相应的增长控制边界，划定城镇建设用地边界和发展备用地空间（弹性增长空间）（图2）。

4.5　建设时序协调

为了使城乡建设和土地供应的有序推进，"两规"近远期城乡规划需要对近远期城乡建设用地的重点发展区域、城乡建设用地占用土地情况以及近期重点建设项目予以协调，明确近远期建设量和建设区域。

4.6　耕地占补平衡协调

确保耕地保有量是"两规"协调的前提。由于城市规划难免避让部分耕地，因此在"两规"协调过程中需要测算城乡建设需要占用耕地的数量，通过优化城镇布局、村庄布局和土地整理、复垦以及滩涂及低丘缓坡地利用等途径，实现耕地整体占补平衡（图3）。

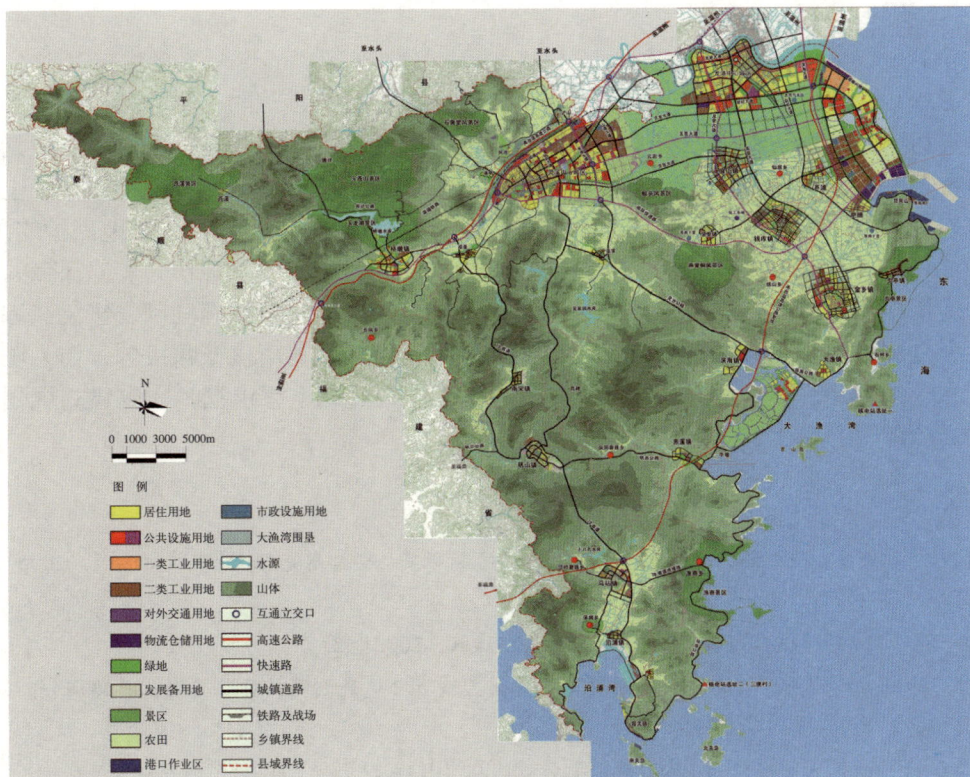

图 2　苍南县域空间布局协调图

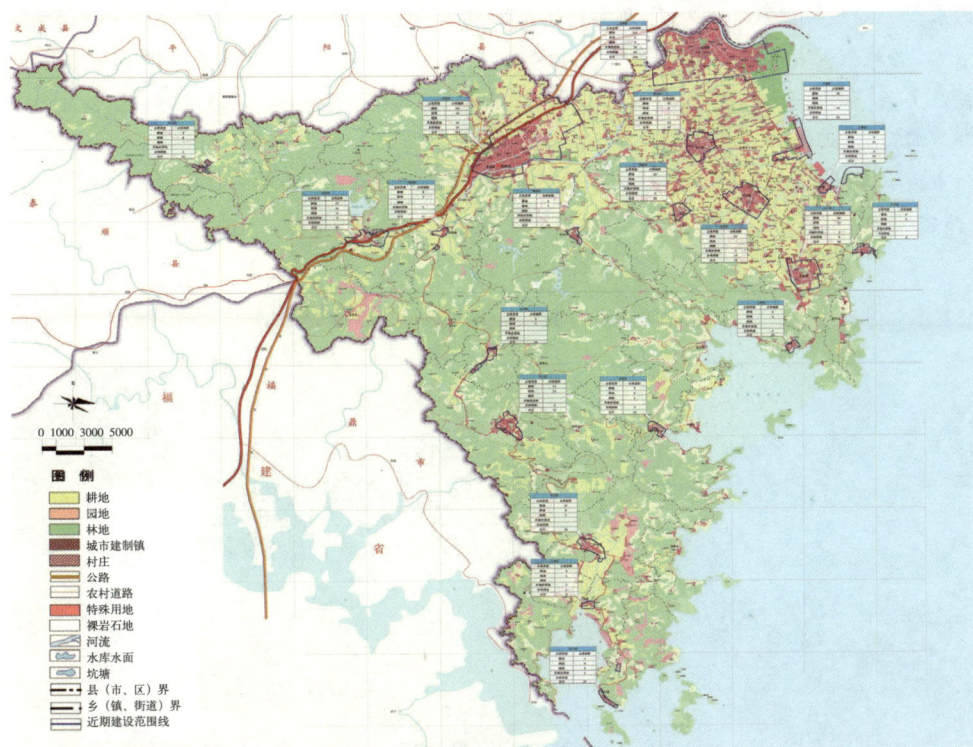

图 3　苍南县域近期耕地占补平衡图

5 结语

人多地少、耕地匮乏是我国的基本国情，严格保护耕地，节约、集约利用土地是国家贯彻落实科学发展观，构建社会主义和谐社会的一项长期不变的政策。城市总体规划只有做好与土地利用总体规划的衔接，才能把经济社会发展的各项建设需要落到实处；土地利用总体规划加强了与城市总体规划的衔接，才能有效地协调好城乡建设与耕地保护的矛盾。"两规"衔接工作不仅需要加强上述内容方面的衔接，同时更需要加强作为实施保障的"两规"制度衔接，即需要建立规划部门和国土资源部门的工作长效协调机制。建议在编制城市总体规划和土地利用总体规划前，两部门共同制定"两规"衔接专题报告，作为城市总体规划和土地利用总体规划上报审批时的重要附件；在规划上报审批时，应建立规划部门与国土资源部门的联合审查制度。

参考文献

[1] 杨树佳，郑新奇. 现阶段"两规"的矛盾分析、协调对策与实证研究 [J]. 城市规划学刊，2006 (05)：62-67.

[2] 王万茂. 土地利用规划学 [M]. 北京：中国农业出版社，2002：45.

[3] 杨伟，袁哨丽，廖和平. 浅析土地利用总体规划与城市总体规划的关系及其衔接与协调 [J]. 安徽农业科学，2006 (17)：4444-4448.

[4] 萧昌东. "两规"关系探讨 [J]. 城市规划汇刊，1998 (01)：29-33.

[5] 王素萍，杜舰. 城市总体规划与土地利用总体规划的矛盾与协调 [J]. 国土资源，2004 (12)：26-27.

[6] 尹向东. "两规"协调体系初探 [J]. 城市规划，2008 (12)：29-32.

[7] 曹荣林. 论城市规划与土地利用总体规划相互协调 [J]. 经济地理，2001 (09)：605-608.

[8] 城乡统筹与"两规"协调——中国土地学会、中国城市规划学会高层论坛综述 [J]. 中国土地科学，2008 (07)：78-80.

[9] 温州市城市规划设计研究院. 苍南县域总体规划与土地利用总体规划衔接专题报告 [Z]，2008.

[10] 温州市城市规划设计研究院. 苍南县域总体规划 [Z]，2008.

探索乡镇总体规划中城乡等级体系构建的新模式[1]

胡跃平[2]   徐　昊[3]

前　言

传统的城乡等级体系一般是指城乡二元分隔体制下城乡按照各自的发展逻辑演绎开来的一种城乡发展模式。强调的是具有地域和经济、技术、文化等多方面联系各种不同性质、规模的大中小城市系统，同时以区域中心城市为依托，侧重发挥城市体系在区域中的经济、社会、政治、文化和生态功能，以形成互为补充、各具特色的区域网络。

根据《武汉城市总体规划（2010～2020年）》，武汉市城镇体系分为主城、新城（新城组团）、中心镇、一般镇四个层级，主要关注城和镇层面。为了实现城乡统筹发展，基于武汉市"两规合一"编制乡镇总体规划的契机，武汉市将致力于构建完整的城、镇、村为主体的城乡等级体系，初步达到城乡融合发展的目标。笔者通过乡镇总体规划的编制实践探讨如何构建科学合理的城乡等级体系，并将其合理应用到乡镇规划实践中。

1 "两规"城乡等级体系对接的主要矛盾

1.1 武汉市当前城乡发展基本特征

1.1.1 市域城乡发展呈现分区发展态势。城镇化地区高度集中在都市发展区内，农村居民点主要散布在农业生态区内。

武汉城市总体规划确定了3261平方公里的都市发展区和5233平方公里的农业生态区。2008年都市发展区内城镇建设用地605.96平方公里，城镇人口528.81万，分别是全市城镇建设用地总量的84.6%，城镇总人口的83.28%，城镇建设用地和人口高度集中在都市发展区内。从都市发展区现状建设用地分布情况来看，总体上形成依托主城区向外围主要轴线地区蔓延发展趋势。在主城建成区周边地区的开发建设活动主要贴近主城、沿主要干道向四周轴向蔓延拓展，涵盖各远城区城关镇以及盘龙城、阳逻、汤逊湖、常福、走马岭等邻近主城发展较为活跃的乡镇区域。

2008年武汉全市行政村有2087个，其中主城区外行政村为1949个，主要分布在蔡甸、江夏、黄陂、新洲、东西湖、汉南六个远城区和洪山区三环线以外区域，分布面积达7800平方公里，约占市域面积的92%。

---

❶ 本文来源：《转型与重构：2011中国城市规划年会论文集》，东南大学出版社2011年9月出版。

❷ 胡跃平，武汉城市规划设计研究院。

❸ 徐昊，武汉市规划设计研究院。

2008 年武汉市主城区外围地区农村居民点分布情况统计表　　　表 1

行政区	蔡甸	江夏	黄陂	新洲	东西湖	汉南	洪山	总计
镇（街、乡、场）（个）	10	12	18	14	11	4	6	75
行政村（个）	297	297	593	549	69	27	117	1949
村民小组（个）	2467	2717	4967	4648	252	115	201	15367

注：上述表格未统计洪山区三环以内和东湖开发区、武汉开发区等区域的情况。
资料来源：作者整理。

1.1.2　都市发展区城乡等级结构缺失。城镇连片发展，等级体系模糊；农村居民点"被"城市化，自身缺乏改造动力。

都市发展区总面积为 3261 平方公里，涉及 35 个乡镇，占全市乡镇数量的 45%。目前都市发展区内已形成以主城为核心，城关镇和重点镇为支撑，一般镇为补充的城镇等级体系。但随着都市发展区内城镇空间拓展呈蔓延趋势，中心城区和各远城区竞相追求地方经济发展，导致城市空间呈现以主城区为核心向几个主要轴线蔓延式拓展，突出表现在各远城区将紧邻主城区的湖泊（如汤逊湖、金银湖、后官湖等）周边作为开发建设的重点，使得主城周边的城镇地区发展趋势超过了远城区的城关镇（原本二级城镇）。

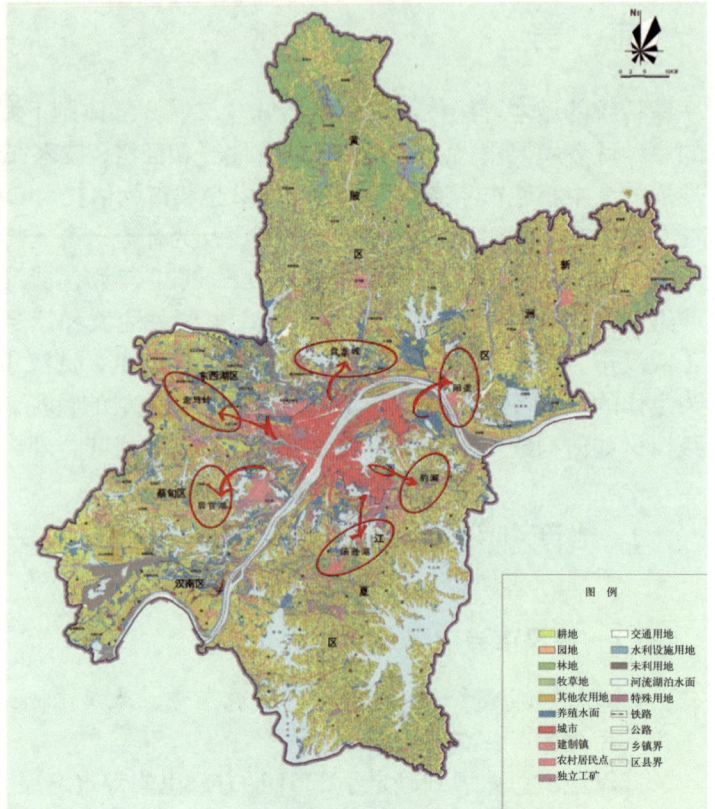

图 1　武汉市域现状建设用地拓展示意图
资料来源：作者整理。

都市发展区内的农村工业化、城镇化水平较高，都市农业有了一定发展，经济水平整体较高，农民有需求也有实力对居民点进行优化布局。而且随着远城区工业化的大发展，农用地逐步被征用，农业空间逐渐被城镇空间逐渐蚕食，很多农村居民点逐渐成为新的"城中村"，农民失去了生产资料，只能在城镇化迅猛发展的浪潮中被动实现向城镇居民的转变。

1.1.3　农业生态区城乡体系建设缺乏有机联系。城镇孤立发展，核心带动作用不强；农业经济为主导，农村居民点发展惯性较强。

农业生态区总面积为 5233 平方公里，有 43 个乡镇，占全市乡镇数量的 55%。该区域主要职能为农业生产，呈现以重点镇为核心，一般镇为主体，农村居民点均衡分布的发展态势。部分镇区城镇人口规模在 1 万～3 万人，大部分少于 1 万人，难以承担服务整个镇域的职能。

农业生态区大部分农村仍然处于自发发展状态，以自给自足的传统农业生产为主，村民对村庄的科学布局认可程度不高，居民点的体系构建难度较大。首先农业生态区内自然村湾数量庞大，村庄分布散，农村建设用地不集约。并且小型村湾较多，大、中型村湾缺乏。据统计每个行政村的平均村域面积仅为 3.76 平方公里，每个自然村湾平均 42 户，人口不到 200 人。自然村湾规模在 200 人以下的占 77%；规模在 200～400 人之间的占 16%；规模在 400～1000 人的占 6%；规模在 1000 人以上的大型村湾，仅占 1%。由于大、中型村湾缺乏，导致需重点建设的中心村选择困难，各项设施配置需均衡兼顾，造成浪费，同时也对小型村湾的集中没有引导性。此外，农村居民点空间布局密集，规模化和集约化程度不高，不利于现代化农业生产。从行政村密度来看，每百平方公里的行政村数量约为 27 个，远远高于全国行政村分布的平均密度（7 个／百平方公里）。随着工业化生产方式进入小农社会，小规模、高密度的分散格局及其自给自足的小规模土地利用模式和基于本村集体经济的社区福利形式，已经远远不能满足现代化农业高度分工和规模化经营的生产需要。

1.2 当前"两规"市域城乡等级体系构建状况

1.2.1 城规以城镇建设区为核心的点状体系结构。基于功能结构的城镇体系构建；以主城外为核心，新城为动力，中心镇、一般镇为支撑的市域城镇体系。

根据《武汉城市总体规划（2009～2020 年）》，规划市域城镇体系将依托交通干线，逐步形成以主城为核心，新城为增长极，中心镇为纽带，一般建制镇拱卫的级次分明、结构合理、点轴布局、互动并进的现代化城镇体系。市域城镇分为主城、新城（及新城组团）、中心镇、一般镇等四个等级。规划至 2020 年，形成 1 个主城、11 个新城、15 个中心镇、29 个一般镇的城镇体系。因此城规确定的市域城镇体系更多关注的是城区和镇区，即一定区域范围内的增长极。

1.2.2 土规以城镇域为依托的面状体系结构，基于行政区划的城镇体系构建。

武汉市土地利用总体规划确定市域要统筹区域和城乡发展，优化配置资源，严格控制主城用地，加快重点镇发展，形成以"主城为核心，重点镇域为重点，中心镇域和一般镇域为基础"的四级城镇域体系。其中主城主要为 7 个中心城区和两个开发区，重点镇域、中心镇域和一般镇域主要位于外围的六个远城区。

1.3 当前"两规"城乡等级体系衔接主要矛盾

当前"两规"城乡体系的主要矛盾实质是重点发展与均衡发展的差异，集中建设与分散建设的矛盾，主要体现在以下三个方面。首先在空间上表现为"点与面"的差异，即基于"中心地"理论的城规城镇体系是以城区、镇区作为体系构建的核心增长极，并以此为核心来构建统筹城乡发展的等级结构体系；而土规是以镇域为基本单元的，构建了市域全覆盖的城镇体系。其次在内涵上表现为"城与乡"的割裂，即城规更多关注城镇的发展，因而城镇建设区作为等级体系构建的核心；土规强调城乡建设用地的整体控制，因此在体系构建中将整个镇域作为基本单元。其实在本质上是"功能结构与行政区划"的矛盾,城规的城镇体系结构反映的是人类社会经济活动在空间上的投影,基本上忽略了行政区的影响;而土规市、区、乡三级规划体系需要严格遵循行政区划来落实各级指标的分解和下达。

"两规"城乡体系对照表 表2

等级 规划类型	城市总体规划	土地利用总体规划
一级	主城区	主城
二级	新城(新城组团)	重点镇域
三级	中心镇	中心镇域
四级	一般镇	一般镇域

资料来源:作者整理。

2 构建"两规合一"的市域城乡体系

2.1 "两规"理论基础分析

城规是按照《城乡规划法》规定,协调城乡空间布局,改善人居环境,促进城乡社会经济全面协调可持续发展,指导和调控城乡建设和发展的基本手段。城规理论是关于城市和乡村规划的普遍性和系统化的理性认识,是理解城市发展和规划过程的知识形态。其理论基础兼容了自然科学、社会科学、工程技术和人文艺术科学的理论内容与技术方法,规划理论本身也是多层次、多方面,包括有卫星城理论、新城理论、功能分区理论、有机疏散理论、新城市主义理论等,因此城规强调的是复杂性、综合性与实践性。

土规是按照《土地管理法》规定,为保护、开发土地资源,合理利用土地,切实保护耕地,促进社会经济的可持续发展而编制的全面规划。其理论基础包括地租和地价理论、土地区位理论、持续利用理论、生态经济理论、人地协调理论、系统工程理论等,因此土规强调的是政策性、整体性和动态性。

2.2 "两规合一"编制为城乡等级体系构建奠定基础

2.2.1 城规侧重城镇,土规偏重村镇,两者共同指导城乡统筹发展。

城规的重点在于对城镇规划区范围内的建设用地进行合理的功能分区和指标控制,促进城镇经济的发展,创造和谐的人居环境。土规的重点在于城乡建设用地总量的控制,以确保严格的耕地保护政策。通过"两规合一"编制的工作模式,可以将城规与土规的对于城乡建设的引导作用进行统筹协调。两者合二为一,互为补充,共同促进城乡协调发展。

2.2.2 乡镇是城乡统筹发展有效的结合点

根据土规市、区、乡三级规划编制体系,乡镇是最基本的规划编制单元。同时乡镇既有以镇区为核心的城镇发展诉求,也有广大农村地区的发展愿望,如何将两者结合起来是目前规划编制的难题。目前"镇"规划存在以下几个方面的问题,如突出镇区规划,弱化

"镇域"规划;与广大农村腹地结合不紧密;忽视城镇与农村的相互联系和融合。这些问题关键在于城乡的割裂式发展,"镇"规划在空间上所"关心"的主体为镇区,导致镇区规模过度扩张,外围农村地区相对不景气,城镇经济发展以牺牲农村经济增长为代价等不合理和不协调的现象。因此将街镇作为"两规合一"编制的主体,将会直接促进城乡统筹发展,有效落实上位规划的相关要求。

2.3 市域城乡体系的完善与深化

农村居民点体系作为城镇体系的有力补充。在城规确定"主城、新城、中心镇、一般镇"四个等级城镇中心体系结构的基础上向农村居民点延伸,并结合土规对于农村地区的基本构想,在城乡空间发展战略的指导下,规划市域城乡体系结构为"城(主城、新城)—镇(中心镇、一般镇)—村(重点中心村、中心村、基层村)"三级七个层次城乡中心体系结构。

2.4 都市发展区内外组织形式的差异化

2.4.1 都市发展区构建扁平化结构体系

都市发展区内包括35个乡镇,只有少数位于绿楔中的村庄以农业生产为主,大部分村镇城市化态势明显,呈现城乡一体化发展趋势。由于城市化的快速发展,城镇空间处于高度集聚的发展状态,易于形成"多核心、多轴带"等复杂集聚体系,这已不再是简单的等级体系。都市区内城乡体系空间结构应摆脱传统均衡化、等级化的城乡体系结构,走向扁平化的城乡体系高级形态,即新城或新市镇—农村新社区,尽量减少农村集聚区和农村居民点的数量,集约利用土地,同时减少市政基础设施的投入。

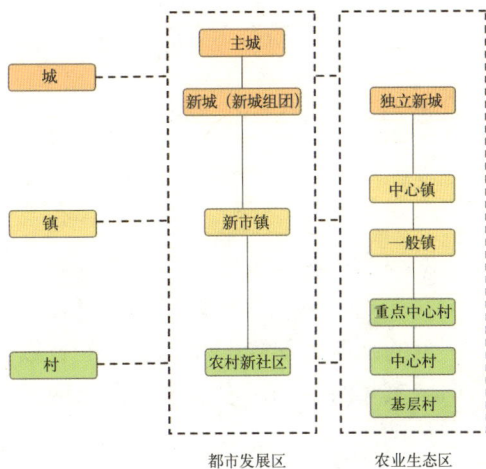

图2 "两规合一"城乡体系图
资料来源:作者整理。

2.4.2 农业生态区适度优化等级结构体系

都市发展区外即农业生态区内包括43个乡镇,是武汉市以农业生产、生态维育为主体功能的区域。大部分乡镇以农业为主,城镇发展动力较弱,村庄迁并力度有限,趋向于稳定的城乡等级规模体系,新城—镇(中心镇或一般镇)—村(重点中心村、中心村、基层村),农村居民点体系的优化、农村地区公共服务设施的均等化是其城乡体系构建的关键。

3 打造切合实际的城乡体系

根据全市三级七个层次城乡中心体系结构,结合都市发展区内外乡镇发展差异,同时考虑地方发展的特殊情况,笔者通过对各乡镇城乡体系的比较研究,提出了以下三种城乡体系主导发展模式。

3.1 构建多镇一体的城乡体系

3.1.1 武汉市汉南区国有农场体制优势

汉南区是在围垦基础上建立起来的以国有农场体制为基础的远城区，大部分土地收归国有，而且人口大多是移民。因此在农村居民点集中迁并过程中，国有土地确保了选址点建设的顺利实施，此外移民对于土地的归属感不是十分强烈，使得农村居民对于迁村并点的支持力度更大。

3.1.2 构建四镇一体的城乡体系

为推进武汉"两型社会"综合配套改革，有效改变城乡二元结构，为武汉市在城乡一体化方面探索途径、积累经验、提供示范，武汉市委、市政府提出创建汉南区城乡一体化改革试验区，为此规划提出构建全区统一的中心城、中心镇、中心社区三级结构体系，加大迁村并点力度，强调土地的集约利用，近年来汉南区遵循该规划逐步实施新农村建设，奠定了良好的城乡统筹发展基础。

武汉市汉南区街镇一体化村镇体系表　　表3

规划等级	数量	城镇名称
中心城	1	纱帽新城（包含乌金组团、幸福组团、大咀组团）
中心镇	3	湘口（含水洪组团）
		邓南
		东荆
中心社区	12	湘隆、双塔、新沟、南康、窑头、塘江、江沿、津江、周家河、石头山、三眼桥、沟北

3.1.3 开展四镇联合的规划编制

在本次乡镇总体规划的编制过程中，打破常规以区为单位，四个乡镇同时进行乡镇总体规划的编制，消除了乡镇之间的行政壁垒，推动土地向规模集中、产业向园区集中、人口向城镇集中，确保了城乡建设用地指标在汉南区范围内的科学转移和合理布局。

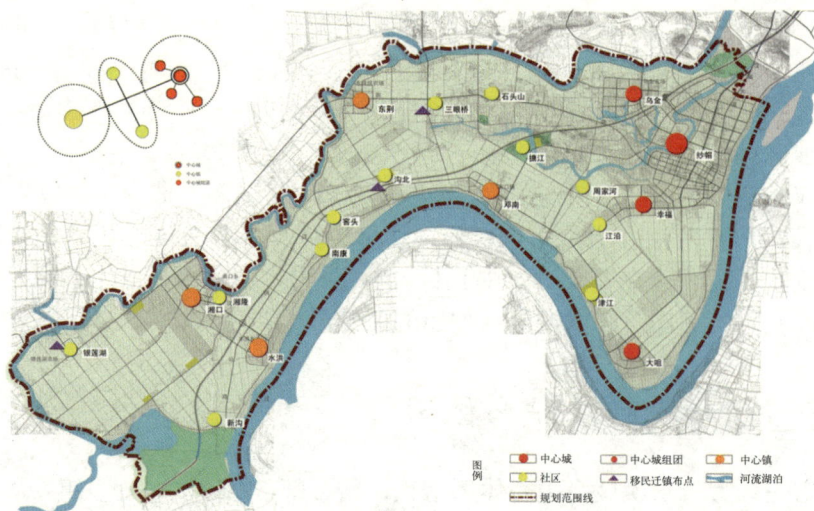

图3　武汉市汉南区街镇一体化村镇体系图
资料来源：《汉南区城乡一体化规划》。

3.1.4 强化新农村建设促进作用

为避免二次拆迁造成的重复建设，规划对条件比较成熟的村庄先期开展迁村并点，并将新建的农村新社区预留充足的扩展空间，为剩余村庄集并奠定基础。汉南区新农村社区的逐步完善，使得城乡体系向着扁平化发展扫清了障碍。

3.2 强镇域弱镇区的城乡体系构建

3.2.1 行政与经济中心的偏离

相对传统乡镇其镇政府所在地同时也是区域内的经济增长核心，强镇域弱镇区主要表现在镇区对于镇域的辐射带动作用不强，镇域范围内局部地区凭借交通区位、生态资源、产业基础等优势条件率先实现产业规模化和城镇集聚化发展。

3.2.2 行政区经济的尴尬

江夏区郑店街的黄金工业园位于镇域北部，紧邻纸坊街的黄家湖地区，该地区依托大学城、交通区位及产业基础优势发展势头良好，使得黄金工业园在功能上黄家湖地区一体化发展，逐渐弱化了与镇区之间的联系。因此无论从空间、规模、职能结构上来看，黄金工业园都难以纳入镇域范围内统筹考虑，镇域行政边界割裂了城镇之间的功能关系，使得在镇域范围内无法构建一个合理的城乡体系。

3.2.3 过渡性城乡体系的构建

考虑到乡镇规划的时效性，类似区域的城乡体系可以构建一个过渡性的体系，以指导近期乡镇的建设发展的需求。结合都市发展区内乡镇行政、产业、居住等功能相对独立的发展态势，将各项功能在城乡体系中平行设置，共同承担镇域的综合职能。远期随着城镇化水平不断提高，城镇空间将逐渐集聚，城镇功能也将逐步集中，届时将真正实现城乡一体化。

3.3 强镇区弱镇域的城乡体系构建

3.3.1 行政与经济中心的耦合

在广阔的农业生态区内大部分乡镇仍以农业经济为主，农村仍然处于自发发展状态，以自给自足的传统农业生产为主，

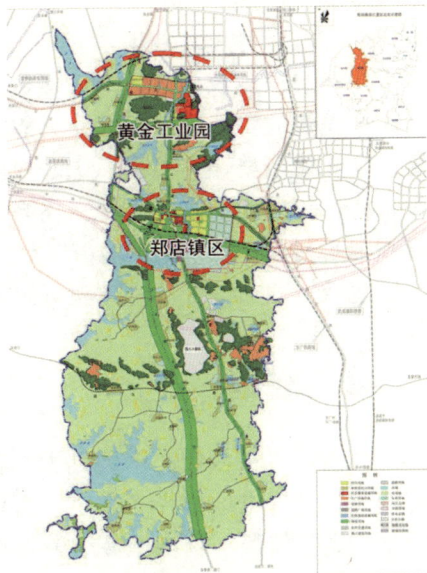

图4 武汉市江夏区郑店街镇域规划图
资料来源：《武汉市江夏区郑店街乡镇总体规划》。

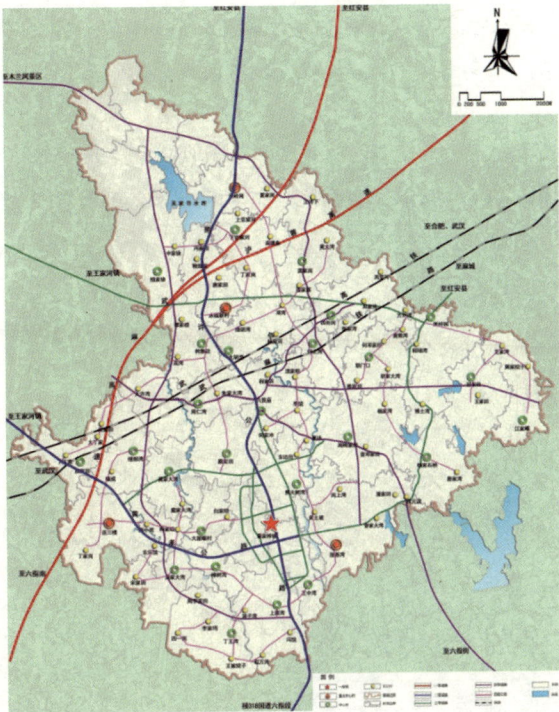

图5 武汉市黄陂区蔡榨街镇村体系规划图
资料来源：《武汉市黄陂区蔡榨街乡镇总体规划》。

行政与经济中心往往都集中在镇区，这也是强镇区弱镇域产生的主要原因。镇域的发展围绕镇区展开，符合经典的"中心地"理论模型，揭示了"物质向一个核心集聚是事物的基本现象"。

3.3.2 农村居民点体系的优化

此类乡镇的农村居民点大多数为自然散乱的分布状态，村民对村庄的建设认识程度不高，居民点的整理难度较大。为逐步落实集约用地的指导思想，基于现有的村庄体系，进行适当优化调整，突出重点中心村的服务功能，培育中心村作为有效补充，适当缩减基层村，构建等级化的农村居民点体系。具体做法是，首先进行综合评价，合理培育重点中心村和中心村；再充分吸收地方意愿，结合规划情况，适当缩减基层村；最后在村庄建设中凸显地域特色，挖掘乡村景观资源，实现新农村的可持续发展。

4 结语

目前武汉市乡镇总体规划力图在镇域行政区范围内构建相对合理的城乡体系，在一定时期内将会促进地方经济稳定、有序发展。这也是我国当前城镇化快速发展过程中，整合国土、规划资源、引导城乡统筹发展的一种探索。

参考文献

[1] 陈秉钊，罗志刚，王德. 大都市的空间结构——兼议上海城镇体系 [J]. 城市规划学刊，2010，(2)：8-13.

[2] 陈晓键. 市域城镇体系规划中城乡统筹发展思路探究 [R]. 2008 年中国城市规划论文集，2008.

[3] 刘玉亭，何深静，魏立华. 论城镇体系规划理论框架的新走向 [J]. 城市规划，2008，(3)：41-44.

[4] 杨树佳，郑新奇. 现阶段"两规"的矛盾分析、协调对策与实证研究 [J]. 城市规划学刊，2006，(5)：62-67.

[5] 朱才斌. 城市总体规划与土地利用总体规划的协调机制 [J]. 城市规划汇刊，1999，(4)：10-13.

[6] 盛况. 镇域规划新探 [R]. 2006 中国城市规划年会论文集：区域规划：213-214.

"两规合一"背景下对上海新市镇
总体规划编制的思考[1]

许　珂[2]

引言

上海在"十一五"规划中提出了"1966"的四级城乡规划体系，即按照中心城和郊区两条主线，分为 1 个中心城、9 个新城、60 个左右新市镇、600 个左右中心村。其中"60 个左右新市镇"是指集中建设 60 个左右相对独立、各具特色、人口规模在 5 万人左右的新市镇。

"十二五"规划中继续把郊区放在现代化建设更加重要的位置，推动城市建设重心向郊区转移，坚持城乡一体、均衡发展，落实国家主体功能区战略，充分发挥市域功能区域的导向作用，以新城建设为重点，深化完善城镇体系，加快推进新型城市化和新农村建设，率先形成城乡一体化发展的新格局。

新市镇作为上海城乡体系中承上启下的重要一环，联系了城镇与农村，是实现城乡统筹发展的主要载体。新市镇总体规划承担了打破城乡二元结构、实现城乡统筹发展的重任。目前上海市已基本实现新市镇总体规划全覆盖，但是随着"两规合一"这一规划编制和管理上的创新之举的推出，现有的新市镇总体规划正普遍面临着调整修编甚至是颠覆性的改变。

1 "两规合一"背景介绍

"两规合一"指土地利用总体规划和城市总体规划的整合。由于两大规划在管理部门、关注重点、工作内容、技术准则等方面均存在诸多差异，导致实施过程中矛盾重重，给城市发展战略的落实和日常建设项目审批管理均带来了极大困难。从城市发展的需求来看，"两规合一"具有必然性，但由于前文提及的各种差异，实际操作中难度极大。

2008 年 10 月，在上海市政府"大部制"的机构改革中，原城市规划管理局与原房屋土地管理局中的土地管理部门进行整合，组建完成了新的上海市规划和国土资源管理局。新部门的组建，使得"两规合一"工作具备了实现的前提条件。

工作中首先面临统一工作平台的问题，即工作母图和用地分类标准的合一。在整合的基础上，根据《全国土地利用总体规划纲要（2006～2020)》中下达给上海市的土地利用指标，结合近年来上海市各级政府审批的城市（镇）总体规划、产业区规划和市政公用设

---

❶　本文来源：《上海城市规划》2011年第5期。

❷　许珂，上海市城市规划设计研究院。

施规划所确定的规划建设用地范围和边界，开展全面比对、区县分配、范围削减、布局调整等。规划中划定了"集中建设区"，将土地管理指标在空间布局上予以落实，今后开发建设将不能突破这条框线。

2 "两规合一"对新市镇总体规划编制的影响

新市镇是"城市的末端、农村的龙头"，是联系城市和乡村的重要纽带，是实现城乡统筹的主要环节。作为城乡结合最为紧密的地区，新市镇总体规划与土地利用总体规划之间的矛盾和冲突尤为突出，协调难度也很大。在城镇化的快速发展进程中，面对越来越尖锐的土地矛盾，我们必须加强对总体规划和土地利用规划的管理，实现两个规划的协调与有效衔接，"两规合一"为解决矛盾带来了契机的同时也伴随着巨大的改变。"两规合一"对郊区新市镇总体规划编制的影响主要体现在以下几个方面。

2.1 宏观调控的强化

上海新市镇总体规划的编制通常是在上位规划如"区域总体规划"的指导下进行的，但是由于上位规划的刚性不强，因此编制过程中为实现地方政府的发展要求而突破上位规划控制要求的现象屡见不鲜，导致"上下碰不拢"的情况普遍存在。还有部分新市镇总体规划的编制时间早于区域总体规划，其规划成果直接纳入区域总体规划。在这种情况下，上位规划的指导调控意义就更谈不上了。

"两规合一"则高度强化了宏观调控的功能和作用，通过建设用地指标"市—区（县）—镇（乡）"的层层分解，在规模上对新市镇的发展规模进行了控制；通过对城镇发展空间分析、"基本生态网络"等专项规划的划定以及现状建设用地的梳理，在空间上对新市镇的建设范围进行了限定，从而确保了土地利用规划、上位规划和重要专项规划的规划意图能够充分落实。

2.2 发展空间的限定

长期以来，城市总体规划中一直试图划定"城市增长边界"，但是由于缺乏刚性约束，城市总体规划中所确定的城市规模屡屡被突破，导致城市无序发展、不断蔓延，城市总体规划的权威性受到损害。

相较而言，土地利用总体规划中关于基本农田的控制是十分刚性的，"两规合一"后，可将这条刚性的控制线转化为"城市增长边界"，使得城市发展空间得到限定。

由于城市建设用地指标总量的控制，在指标层层分配的过程中，将优先考虑新城、产业区或者区位优势突出、有明确发展意向的新市镇，确保这些地区的发展需求。对于位于远郊的新市镇，它的发展空间将进一步被压缩，与其他地区的差距将进一步被拉大。此外，由于现状建设用地分布较为零散，划定"集中建设区"时若无法将其连续起来，将不可避免造成城市空间的破碎化，影响城市空间的完整性。

以青浦区为例，比对《青浦区区域总体规划实施方案》（图1）和《青浦区土地利用总体规划／城乡总体规划》（图2），可以看出"两规合一"后，城镇建设区范围有了明显改变。而且由于受到土地指标分配过程中削减调整的影响，集中建设区边界参差不齐，较不规整。对于区位条件优越、临近虹桥商务区的新市镇如华新、徐泾等镇的发展空间予以了保证，而位于青西地区的练塘以及北片的白鹤等镇的生态保育功能则进一步得到强化，城镇及产业用地规模受到了压缩。

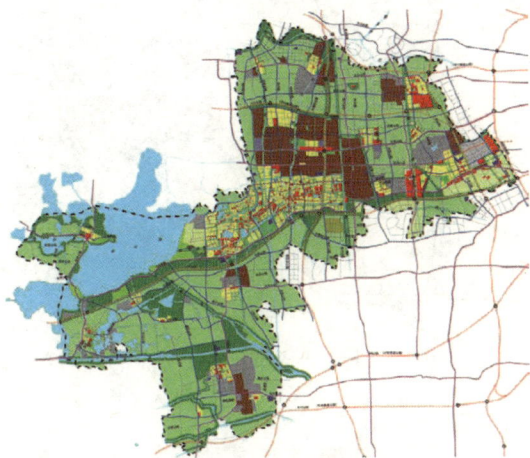

图1 青浦区区域总体规划实施方案
（2007～2020年）——土地使用规划图

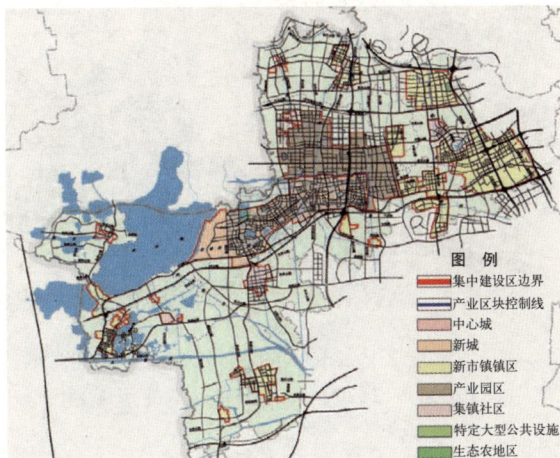

图2 青浦区土地利用总体规划/城乡总体规划
（2011～2020年）——集中建设区范围图

从两个规划的部分指标比对来看（表1），通过对建设用地的整理和对发展备用地的明确界定，实现了保护农田的发展目标，外延式扩张的趋势得到遏制，人均建设用地指标下降近22平方米。

"两规合一"前后相关指标比对　　　　　　　　　　表1

《青浦区区域总体规划实施方案》（2007～2020年）				《青浦区土地利用总体规划/城乡总体规划》（2011～2020年）		
建设总用地（平方公里）	发展备用地（平方公里）	结构绿地及农田（平方公里）	规划人口（万人）	建设用地（平方公里）	农用地（平方公里）	规划人口（万人）
211.9	29.3	315.99	115	228	332.64	140.7

2.3　规划思路的转变

由于过于关注城市发展空间拓展而忽视城市用地规模控制，总体规划往往成为地方政府寻求新的城市建设用地的重要手段，每一次总体规划的编制都为城市的扩张找到了新的依据。

新市镇总体规划通常由镇政府负责组织编制。由于受政绩的利益驱动，一些基层官员不顾发展规律，片面强调做大镇区规模，重"外延"轻"内涵"，盲目攀比。

"两规合一"之后，集中建设区控制线给传统城市规划管理和编制以较大压力，原先天马行空的规划理念受到了刚性约束，通过人口规模测算建设用地规模的传统思路面临调整，撇开旧区发展新区的做法也行不通。以青浦区白鹤镇为例，从2004年至今的三版总体规划中，在规划思路上经历了一个由"畅想"向"务实"的转变。如在《上海市青浦区白鹤镇总体规划》（2004~2020）中（图3，图4），规划脱离北部现有的老镇区，在镇域南部发展了一个规模较大的新镇区，空间布局上基本不受现状条件的束缚，给规划师一个充分"畅想"的空间。在《青浦区白鹤镇总体规划》（2007~2020）中（图5，图6），规划结

图3 《上海市青浦区白鹤镇总体规划》
（2004～2020）——镇域土地使用规划图

图4 《上海市青浦区白鹤镇总体规划》
——新镇区土地使用规划图

图5 《青浦区白鹤镇总体规划》（2007～2020）——镇
域土地使用规划图

图6 《青浦区白鹤镇总体规划》
——镇区土地使用规划图

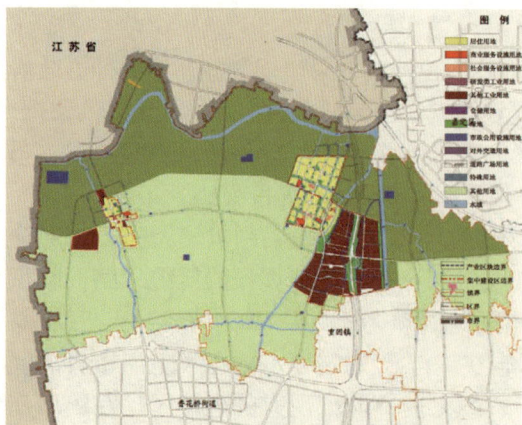

图7 《青浦区白鹤镇城镇总体规划》（2010年修
改版）——镇域土地使用规划图

合现有老镇区，向西侧和南侧拓展城镇发展空间。空间结构上考虑了新老镇区的结合，但是在用地布局、道路系统上仍能看出规划师在努力营造镇区空间的完整性和系统性。最新一版的《青浦区白鹤镇城镇总体规划》（图7）是在土地利用总体规划的指导下进行的。镇区、社区和产业区的范围都是由集中建设区控制线确定，边界参差不齐，可以看出是在建设总量确定后，对建设现状、发展意向等各类规划要素进行比对削减后确定的。宏观层面所确定的吴淞江沿线生态廊道也得到了较好的落实。

2.4 城乡统筹发展的实现

新市镇总体规划往往以"城—镇区"为规划重点，规划内容侧重于城镇性质与规模、功能结构、用地布局、道路交通及市政基础设施等方面。与农村地区有关的内容主要包含在镇域规划内，但镇域规划主要研究村镇体系的等级、职能和规模及相应的市政、道路基础设施规划，而对镇区与周边农村地区联系的分析和研究则较少涉及，导致新市镇总体规划对整个镇域空间资源没有起到合理配置的调控作用，城乡结合较弱。

土地利用总体规划的研究重点则是"乡—农村"，对城市建设用地的布局拓展则难以做出主动谋划，规划内容包括基本农田、土地整治、村镇建设用地等，这正是总体规划中所缺乏的。"两规合一"后使得两大规划能够取长补短、互补有无，对于城乡统筹发展具有良好的促进作用。

2.5 近远期发展的协调

新市镇总体规划的规划期限一般为20年，而本轮土地利用总体规划的期限通常为10年左右，这导致一个矛盾：用一个规划期限较短的规划所确定的开发建设规模来指导一个规划期限较长的规划编制工作，导致总体规划在体现前瞻性、战略性方面的作用受到局限，对规划管理工作者和规划编制人员在协调近远期发展方面也提出了不小的挑战。

3 新市镇总体规划编制思路的转变

"两规合一"是在快速城市化进程中为协调"发展与保护"这样一对矛盾而产生的，体现了资源紧约束条件下新的发展思路。因此，新市镇总体规划的编制思路也必须随之调整，才能更好地适应新形势下的新要求。

3.1 从"重城轻乡"转向"城乡并重"

由于两大规划的分立，城乡统筹发展的目标始终无法在规划层面上实现。为弥补新市镇总体规划在"乡"上的缺陷，上海也曾经掀起过一阵编制"新农村规划"的热潮，但是其规划重点还是集中在农村居民点、配套服务设施等农村建设用地上，而像基本农田、土地流转等重要内容由于缺乏土地利用总体规划的引导而鲜有涉及。

因此"两规合一"后，新市镇总体规划可以通过土地利用总体规划的技术支持，树立规划全覆盖、城乡统筹发展的理念，把视野扩大到镇域各类空间的协同发展上，对辖区范围内的城镇建设用地、产业园区、村镇建设用地、农田进行统一规划，特别是在生态环境保护、基本农田保护、新农村建设和镇域公共服务设施配套方面强化镇域规划的作用，同时也可以为土地利用总体规划提供建设用地空间布局和建设控制要求方面的依据，确保"两规"有序衔接。

3.2 从"空间导向"转向"综合因素导向"

由于以往新市镇总体规划过于关注镇区，因而形成了以空间发展布局为导向的规划策略，导致镇区规模过度扩张，城镇发展以牺牲生态环境、牺牲农村经济增长为代价。

"两规合一"后，新市镇总体规划必须在空间布局受到限定的紧约束条件下进行编制，必须抛弃以往"理想蓝图"式的规划模式，尤其是要杜绝形象工程，确立以土地、人口、产业、环境等综合因素为导向的规划理念。

在用地策略方面，应当在总量限制的前提下，结合实际用地条件，寻求集约紧凑的布局模式，从外延式发展转向内涵式发展，通过提高环境品质、调整用地性质、盘活存量土地等手段来获取发展提升的空间。

在产业发展方面，"一产"要按照都市型农业发展的方向，加快农业内部结构优化调整，在确保粮食生产面积不减少的前提下，加快向以优质高效的绿色农业、观光农业、设施农业为主导的都市型农业转变；"二产"要通过腾笼换鸟、产业结构升级等手段，在有限的发展空间内培育自有的特色产业和支柱产业；"三产"方面要着力提高城镇综合服务功能，尤其是强化"服务三农"的功能。

3.3 从"一步到位"转向"阶段实施"

《城乡规划法》第十七条指出"镇总体规划的规划期限一般为20年"，这与总体规划前瞻性、战略性强的特征是相符的。但较长的规划期限也成为影响新市镇发展的双刃剑，一方面确保了充足的发展空间，另一方面也导致了近期建设的无序化。而且，在快速城市化阶段由于不确定因素较多，总体规划中的各种长期发展目标难以持续，使得总体规划频频调整。以青浦区白鹤镇为例，基本上每隔三四年就对原有总体规划进行一次较大的调整。

"两规合一"对原总体规划中以20年为期的"一步到位"式的规划方法形成较大的冲击。本轮土地利用规划的期限为10年，也就是说在最近10年内，城镇建设区的规模和边界是较为稳定的。新形势下，新市镇总体规划一方面应加强对既定范围内暨近中期发展阶段的研究，另一方面应结合土地流转、宅基地置换、增减挂钩等土地利用规划的内容对城镇远期发展规模进行测算，对远景发展用地进行规划引导，以实现各发展阶段的顺利衔接，逐步形成"阶段实施"的规划方法。

条件成熟后，新市镇总体规划和土地利用总体规划还应该建立同步编制、同步修编的规划编制机制，通过各自技术规范的衔接与协调，对规划编制的期限、规划编制的目标年及修编的年限进行规范统一，实现两项规划的同步，互为依据。

4 对新市镇总体规划编制方法的思考

目前上海新近完成的新市镇总体规划梳理是为应对"两规合一"所导致的原总体规划无法指导发展建设而进行的规划工作，规划内容以梳理、调整为主，工作方式也以"削足适履"或"填空补缺"为主，较多迁就于现状，对远景的发展思考较为欠缺，无论从内容的完整性、发展的指导性都距离总体规划应有的标准有一定距离，因此还应当适时开展系统的新市镇总体规划编制工作。新形势下的新市镇总体规划编制方法应注意以下几个要点：

（1）加强城镇空间发展战略研究，突出总体规划引领作用。

从宏观层面的区域总体规划着手，增加城镇空间发展战略规划内容，从区域协调发展的角度明确各新市镇在城镇体系中的地位与作用、发展方向与目标，用以指导新市镇的总体规划编制，从而使"两规合一"后的新市镇总体规划既能立足当前又能兼顾长远，体现总体规划的前瞻引领作用。

（2）强化镇域空间统筹布局，促进城乡空间有机融合。

在镇域层面制定空间管制措施，对各类用地进行分区管制。引导城镇在空间上的合理布局，有效利用现有土地资源，保护自然环境。对城乡产业结构体系在空间层面上进行相应调整，促进城乡产业空间的有机融合与合理布局。

对于道路交通、基础设施建设以及公共服务设施，必须秉承城乡一体化的原则进行布局配置，因地制宜、切合实际需求，保证城乡居民都能享受到现代文明。

（3）增强规划理性因素，提高规划决策能力。

利用土地利用总体规划中所提供的数据平台，提高总体规划的数据分析意识，增强规划的理性因素。通过对建设用地与建筑量等数据的分析，提高规划决策的科学性，提升规划参与社会经济发展调控、相应公共政策的制定需要与能力，同时也为相应层面土地利用规划的修编提供依据。

5　结语

随着"两规合一"日趋成熟稳定，上海市的新市镇总体规划即将迎来新一轮编制高峰。"两规合一"打破了原来由于制度造成的壁垒，为城乡统筹赢得了先机，新市镇总体规划应当顺应形势，适时调整规划思路，实现在资源紧约束条件下的转变，与土地利用规划相互协调配合，共同为新市镇的合理发展提供充足的空间，促进郊区持续繁荣。

参考文献

[1]　胡俊. 规划的变革与变革的规划——上海城市规划与土地利用规划"两规合一"的实践与思考 [J]. 城市规划，2010（6）：20-25.

[2]　曾德水. 小城镇总体规划与土地利用总体规划的协调 [J]. 山西建筑，2010（2）：33-35.

[3]　徐毅松，范宇. 上海市城市总体规划实施的理论思考 [J]. 上海城市规划 .2006（4）：12-15.

[4]　上海同济城市规划设计研究院. 上海市青浦区白鹤镇总体规划（2004-2020）[R]. 2006.

[5]　上海市城市规划设计研究院. 青浦区区域总体体规划实施方案（2007-2020）[R]. 2008.

[6]　上海市城市规划设计研究院. 青浦区白鹤镇总体规划（2007-2020）[R].2008.

[7]　上海市城市规划设计研究院. 青浦区白鹤镇城镇总体规划（2010年修改版）[R]. 2011.

"两规合一"背景下控制性详细规划的
总体适应性研究

——基于上海的工作探索和实践 [1]

姚 凯 [2]

控规制定既要继承传统控规的编制方法、技术要求、成果规范，同时，又要兼顾土地管理和地区发展工作的实际特点，在内容、深度、广度等方面予以突破和创新。

控制性详细规划（简称"控规"）是根据城市总体发展要求和一定时期的经济和社会发展目标，研究确定城市局部地区功能定位、规模容量、发展形态，统筹安排各项建设用地和各项基础设施，确定土地开发强度，从而引导城市科学、合理、有序发展的一项重要公共政策。

2008年国家《城乡规划法》颁布实施，确立了控规在土地出让、项目建设中的核心地位，并明确其作为土地使用和空间管理的基本依据之一，赋予了控规更加核心、更加权威的职责。大而言之，城乡统筹背景下的控规肩负着推动地区社会经济和城市建设发展、保护国土资源、维护城乡生态环境的重要职责，是指导城乡规划和建设的重要基础性文件之一。控规具有刚柔并济、承上启下、统筹综合等多重特点。所谓刚柔并济，即既要维护控规的权威性、严肃性，维护上位规划的延续性，要在关注土地使用总量安排、结构分布、用地绩效的同时，更多关注资源保护和高效利用，刚性要求更加突出；同时也要把握城市发展的规律性，在关注于城市空间未来发展、布局、形态优化和项目安排的同时，注重城市建设对经济社会发展未来和现实要求的满足，由于未来发展的不确定性等因素，要留有余地。所谓承上启下，即控规作为城市总体规划和具体项目建设的中间环节，既要落实城市总体规划确定的城市规模、发展方向、功能布局、重大基础设施安排等刚性要求，同时，也要针对地区发展的实际情况，因地制宜，科学引导项目建设，为各类项目建设提供依据。所谓统筹综合，即控规要统筹考虑一定区域内各地块或项目建设、各专业系统安排的整体诉求，并在未来一定时期内，按照相对稳定的共同规则，作为一个空间约定予以固化。

"两规合一"下的控规编制工作，对控规适用于城市总体发展，满足地区实际需求的总体适应性，提出了更高要求。控规制定既要继承控规的编制方法、技术要求、成果规范，同时，又要兼顾土地管理和地区发展工作的实际特点，在内容、深度、广度等方面予以突破和创新。应该说，当前资源紧约束条件已经成为我国快速城市化发展阶段的共同特征，如何提高控规的总体适应性、充分发挥规划的总体调控和科学引领作用，已成为规划管理部门面临的迫切需求。

---

❶ 本文来源：《上海城市规划》2011年第6期。
❷ 姚凯，上海市规划和国土资源管理局。

1 控规面临的新形势、新要求和主要矛盾

上海控规的发展历程，大体而言，可分为三阶段：一是 20 世纪 80 年代，在虹桥经济技术开发区的开发实践中，引入"区划"的管理方法和理念，为探索我国的土地有偿使用制度作出积极贡献，控规作为一种新型的城市规划管理方式逐步引入，进而确立了按规划实施土地出让项目建设的管理理念；二是 20 世纪 90 年代至新世纪初，1990 年国家《城市规划法》颁布实施以后，控规从理论体系、工作方法、技术标准、成果规范等方面日益完善、并日趋成熟，已逐步发展成为城市规划管理中最常用的公共政策工具；三是 2008 年国家《城乡规划法》颁布实施以后，进一步确立了控规在指导地区发展和项目建设中的核心地位，上海规划和国土管理机构整合以后，规划的内涵、内容、方法、理念又进一步拓展，在"统一要素底版、统一技术审查、统一信息平台"的基础上，针对上海特大城市规划和土地管理工作特点，建立形成包括成果规范、技术标准、管理规程等一整套较为成熟的管理体系，并建立了覆盖城乡"分层次、分区域、分类别"的管理理念，为"两规合一"背景下控规管理作出更加全面的探索和创新。

控规是政府推进地区健康、协调和可持续发展的重要手段，也是促进土地节约集约利用、优化城市空间的重要公共政策之一。"两规合一"背景下的控规制定工作，面临着城市发展转型、土地节约集约利用等诸多现实矛盾。

1.1 "两规合一"背景下控规面临的新形势新要求

"两规合一"工作，针对城市规划和土地利用规划的不同工作特性，促成两者在规模总量、用地布局等方面趋向协调。控规作为落实总体规划的关键环节，在编制中仍面临着更加复杂和现实的迫切需求。主要体现在：

一是在指导思想方面，控规更加强调前瞻性和未来需求，保障城市未来发展和空间拓展，注重城市内部空间结构的优化和外部扩张；而土地的实施使用则更加强调现实性和当前实际情况。在此前提下，控规的土地政策属性的体现更加直接，受土地使用的现实约束比较明显。

二是在工作方法上，控规往往强调由远及近，较为注重以"终极蓝图式"的理想规划、公共利益的有效保障来约定未来一定地区的空间发展；而土地的实际使用往往反映了不同的利益诉求，由近及远，具有"反规划"的基本特征。

三是在工作重点上，控规立足于空间布局结构合理、建设用地统筹安排和空间发展有序优化，在实际管理中面临更加精细化的工作趋向，而土地的实际使用则因土地获取方对利益追求、规则认知以及社会责任的不同，在不同的社会环境下，控规的实效往往产生偏差，造成规划调整的内在需求层出不穷。

四是在规划方式上，传统的控规工作侧重点大都在城市建设区范围内，较多关注于快速城市化发展阶段的需求，而对于乡村地区的土地利用特征研究得不够深入，在乡村地区、城乡接合部地区、城市化水平相对落后地区，在规划诉求上与现实需求、规划理想往往差异很大，控规的灵活性和弹性有待进一步加强。

总体来看，"两规合一"背景下控规编制，具有更加明显的政策导向性、复杂性，城市发展中诸多涉及土地使用和空间管理的现实或潜在的矛盾，或反馈，或直接地聚焦在控

规这一核心环节,对控规的科学性、合理性和可操作性提出了新的更高要求。

1.2 实践中控规面临的主要矛盾

控规上承总体规划、下接项目管理,是项目实施的直接依据,也是实施城市总体规划的关键环节。2008 年施行的《城乡规划法》明确:没有控规,不能进行土地出让和项目审批。在管理实践中,就直接转化为新建、改扩建项目的立项,国有土地使用权的出让以及存量土地的二次开发等基本建设行为的直接依据。因此,其现实中的矛盾与各类建设行为密切相关,而建设活动的规模大小、布局安排与国家政策导向、市场经济形势紧密关联。控规的实施成效往往也成为市场发展的"晴雨表"。

"十二五"期间,上海正处于贯彻国家战略、落实"四个率先"总要求、加快推进"四个中心"建设、实施"创新驱动、转型发展"的关键时期。面临着"资源紧约束"的总体形势,加上上海城市规划市区分工管理的体制机制等因素,控规面临的矛盾更加突出。

一是上位规划的缺位或滞后给控规编制带来了客观上的不稳定性。《上海市城市总体规划(1999~2020)》自 2001 年 5 月国务院批复以来,上海已经陆续编制完成了各区(县)区域总体规划、新城总体规划,并批准实施。但是,近 10 年来,上海城市发展迅速,已批国家级重大项目,如世博会、虹桥综合交通枢纽、迪士尼等相继落户上海,为上海城市空间布局产生了深远的影响,同时,快速城市化促使城乡土地以粗放式模式快速扩张,实际建设总量远超出国家下达的上海城市总体建设用地规模指标。经过"两规合一"的梳理和市级土地利用总体规划的成果固化,其用地规模和布局已发生较大变化。

二是当前经济社会快速发展和城镇化进程使得城镇、产业和基础设施建设仍将保持较高用地需求,土地资源供需矛盾日益突出。具有明显的投资驱动带动地区发展特征的城镇发展模式,使得项目获取与既有规划往往存在差异,由项目的不确定性引发的控规调整现象比较严重,对控规的动态维护提出了新的要求。

三是市区分级规划管理更增加了博弈过程的复杂性和不确定性。利益主体多元化是目前城市规划管理中面临的重要现实问题。而区政府仍承担地区经济发展的重要职责。在此情形下,市区两级政府、项目主体等的多元化趋向,特别是地方政府的地区利益驱动造成利益诉求更加多元,利益关系更加复杂。

四是控规本身具有"控制性"的技术特点与城市发展的弹性需求,外界形势的变化本身存在差异。城市发展受宏观经济形势和政策环境影响巨大,而控规本身具有以"控制"为特征的属性,其刚性要素往往适用于城市的长远发展。而城市的近期诉求和阶段性目标具有明显的动态、不确定性,在实施中对动态变更、保持灵活性提出了更高的需求。

为解决资源紧约束阶段特大城市发展中面临的现实需求,控规编制,必须在传承城市规划的"前瞻性、综合性、导向性"特点的同时,将土地的刚性管控作用和规划的"刚柔并济"相结合,塑立"统筹规划、动态维护、实时平衡、长效评估"的规划方法,以土地资源的硬约束促进城市土地和空间资源的更加公平、公正、节约、集约利用,进而促进城市产业结构调整、促进城市发展转型、促进经济发展方式转变。

2 控规推进的总体思路和工作框架

上海"两规合一"背景下控规的制定，在本质上是面对资源紧约束的形势需求。按照城市发展的阶段性需求和总体发展目标，统筹当前需要和未来发展，坚持用好增量与盘活存量并重，实现结构优化与布局调整并举、政策完善与管理创新相结合，确保用地规模、布局、发展时序上与城市发展总体适应，有序衔接。

2.1 总体思路

服务上海"四个中心"和现代化国际大都市建设的战略要求，控规制定必须创新规划理念，以发挥城市规划的战略引领作用为"魂"，以控规的编制及其实施管控为"本"，以项目实施和实际需求为"体"，统筹协调，探索建立符合上海城市发展实际需要、基于"两规合一"的控规编制技术体系的工作方法。

2.2 工作框架

从规划体系上看，总体规划重在统筹协调、强调战略引导和系统综合；控规重在控制，强调承上启下、指导实施。项目管理重在具体操作，强调依法行政、提高效能（图1）。

2.3 主要特点

基于"两规合一"的控规编制推进，是以城市总体规划确定的功能定位、发展规模、空间结构、综合交通为依据，结合土地利用总体规划确定的用地规模、增长边界、覆盖城乡，将全市域范围按照各种类别、区域特点实施分类管控，具有"全覆盖、全要素、全过程、全关联"等特点。

全覆盖。将全市域范围内城市建设区和乡村地区视作一个整体进行通盘考虑，针对区域的不同特点，分别确定相关技术标准和成果规范。其中，城市集中建设区是城市建设活动更为活跃的地区，是控规推进的重点。

全要素。控规编制工作，区分重点地区、一般地区、远郊地区分别运用不

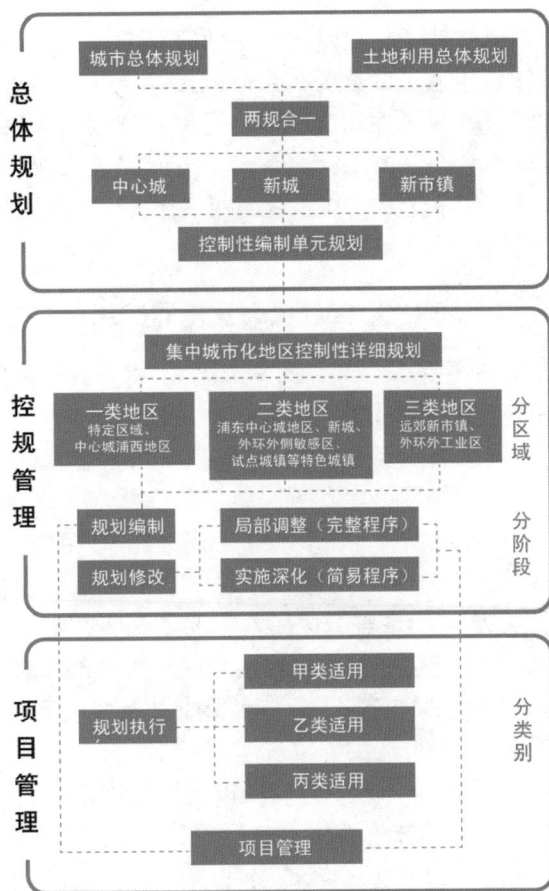

图1 上海市基于两规合一的控制详细规划工作框架图

同的成果要求，同时设定刚性要素（如容积率、用地性质等）和弹性要素（用于指导项目具体建设的有关要素设计留有余地）。针对重点地区，实施精细化管控，增加维护城市公

共空间的特点要素，如贴线率、建筑材质和色彩等。针对远郊地区，囿于地区发展诉求和城市化进程的不同，特别是新市镇的发展，由于历史基础、交通条件、区位条件的不同，已呈现差异化发展，在控规编制中要素简化，保留更大的弹性。

全过程。控规编制工作是一项公共政策的制定过程，具有开放性的特点，涵盖前期研究、规划编制、规划审批全过程。同时，控规编制与公共利益维护、多元主体利益诉求密切相关，既是统一诉求的过程，也是公共利益维护、多方利益平衡的过程。全过程公开、透明是控规发展的重要趋势。

全关联。控规作为项目建设的直接依据，既是总体规划与项目建设的中间环节，同时，也与土地规划管理中的新增计划、土地出让方式密切相关，具有高度的关联性特征。

3 控规推进的关键内容

"两规合一"下的控规管理工作，是在城乡统筹、城市规划和土地利用规划交叉领域中、根据城市发展实际需要而产生的。因此，对其操作性和可行性要求更高，这是一个不断创新的探索，也是一个不断完善的过程。概而言之，根据上海的城乡规划工作特点，控规的总体适应性是要在充分把握城市发展的规律性和阶段性特征的基础上，进一步提高规划编制的科学性和合理性。运用科技创新手段，建立适应上海特大城市发展需求的控规管理新理念、新方法、新举措，进而促进产业结构调整、城市发展转型。其关键性内容主要体现在建立形成"信息化、网络化、标准化"以及"分区域、分层次、分类别""六位一体"的制度化、规范化管控体系。

3.1 建立以信息化为基础的控规管控方式

"两规衔接"下的控规工作，其关键技术内容是建立规划动态实施的观点，充分运用土地管控的刚性手段，确保规划的有效实施。在方案编制工作中，重点是把握三个环节：一是统一基础要素底版；二是统一技术审查；三是统一信息平台。

统一基础要素底版，是将城市总体规划确定的刚性控制要素（如道路交通系统、市政基础设施系统、生态网络系统等）和弹性约束要求（如人口规模和结构的变化、产业发展的态势等），结合土地利用总体规划确定的规模边界、土地使用权属的变更数据等，按照规划编制单元，整合成为基本要素底版并加以固化，成为规划编制和审批的基本依据之一，充分体现上位规划的权威性和城市发展的现势性。

统一技术审查，核心在于成果是否规范、数据是否合理，这是城市规划管理领域新创设的内容，也是实现城市规划管理信息化的关键环节。

统一信息平台，是与城市规划行政许可、总体规划管理相衔接的信息系统。经审批、技术审查通过的控规数据进入平台进行动态维护，并与城市规划管理系统相互衔接，互为补充。

3.2 建立适应分级管理特征的管控规程

城乡规划分级管理是上海城市管理体制的重要特点，也是控规管理的难点所在。在统一规划管理的前提下，利益主体的多元化以及区县级政府的地方利益最大化倾向，要求城市控规管理既作为城市宏观调控的重要手段，同时也做为市区两级政府博弈的主要政策工具之一（图2）。按照城市化水平和进程的不同、实际需求的不同，把城市发展划分为一类、二类、三类管控区域，在统一平台的基础上，实行不同的管控规程。城市化水平高的区域，推进规划精细化管理。

3.3 建立与"两规合一"相适应的控规网络体系

"两规合一"工作的载体是土地利用总体规划成果。但是，有别于传统的土地利用规划编制成果，在城市规划和土地规划的实施中，其成果大体可以分为基于"两规合一"的控制线管控方案、城乡规划编制体系等。因此，覆盖城乡的控规网络体系按照"从无到有、由城到乡、由粗到细"的工作思路，加快推进城乡规划全覆盖。

按照"两规合一"划定的城乡发展集中建设区，全市划分为996个控规编制单元，其中，中

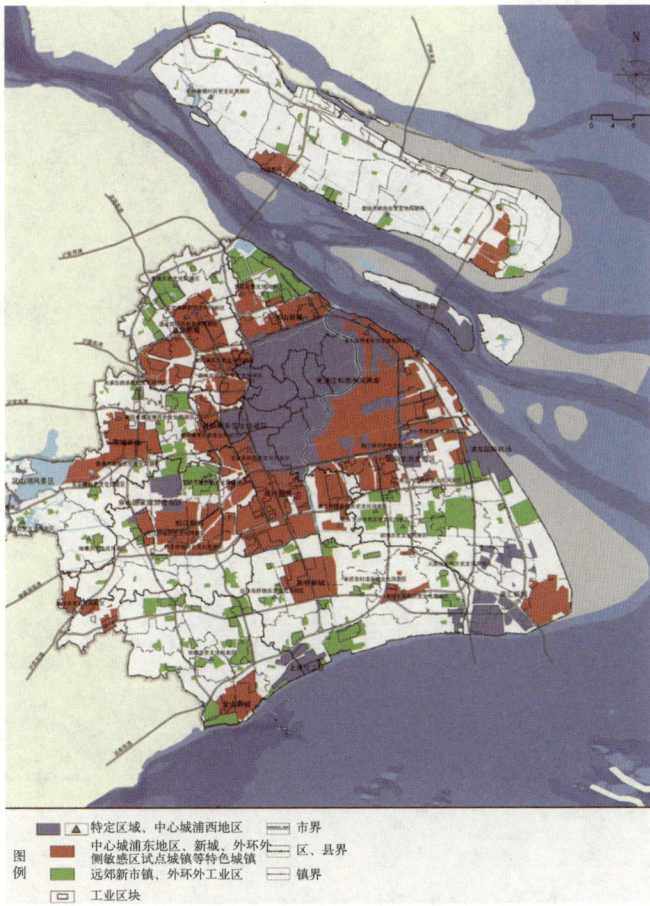

图例
- ▲ 特定区域、中心城浦西地区
- 中心城浦东地区、新城、外环外侧敏感区试点城镇等特色城镇
- 远郊新市镇、外环外工业区
- 工业地块
- 市界
- 区、县界
- 镇界

图2　上海市控制性详细规划编审管理市区（县）分工示意图

心城273个控规编制单元，郊区723个控规编制单元。目前，中心城已经实现控规全覆盖，郊区覆盖率明显偏低。

郊区控规编制推进，以"保近期、保重点"为原则，按照城市总体规划确定的"中心城、新城、新市镇、中心村"的城乡规划体系，分层次推进。郊区集中建设区以外的郊野、乡村发展区域，体现土地政策的综合运用，把村庄规划、增减挂钩规划实施方案、宅基地置换和农村土地确权、集体用地流转相结合，体现乡村特点，稳步推进。

在全市范围开展控规编制单元全覆盖推进工作，对控规编制单元进行科学划分、统一编号和梳理统计（图3），有利于有序推进全市各区（县）、各类型控规的编制，有利于加强控规审批及入库的规范化管理，也有利于在市域层面形成控规管理操作的统一平台。

（1）工作原则

①上下衔接、突出系统的原则

全市控规编制单元的划分、编号和统计应与城市总体规划确定的城镇体系紧密衔接，将控规单元分为中心城、中心城拓展区、新城、新市镇镇区、集镇社区、其他功能区6大类型，体现市域范围内单元划分的层次性与系统性。

图 3　上海市控制性详细规划编制单元划分

②功能优先、兼顾管理的原则

优先根据城镇功能布局、资源优化配置、基础设施和公共设施共享使用的原则，参照主要河道、交通干道和大型市政走廊等城市地理边界要素划分控规单元边界。同时，控规单元划分应与现有行政管理体制相结合，与区、县、乡、镇、街道等基层行政单位有效衔接，有利于规划的实施与管理。

③差别研究、分类指导的原则

结合既有控规编制单元的划分成果，对于中心城与郊区、郊区不同城市化程度的地区，根据城镇实际规划建设情况，在单元划分的覆盖度、功能优先度、管理结合度等方面进行分类指导，体现不同类型地区控规编制与管理需求的差异性。

④覆盖全域、互不交叉的原则

在土地利用总体规划确定的城镇集中建设区的基础上，从城镇结构功能的完整性与控规单元划分的科学性角度出发，明确控规单元的划分边界，实现控规编制单元在市域城镇建设用地上全覆盖以及单元之间用地范围的不交叉。

（2）控规编制单元的划分

中心城控规编制单元的划分沿用《上海市中心城分区规划》确定的内容。分区规划遵循逐层分解、层层落实的原则，在总体规划确定的六大分区的基础上，通过增加次分区和社区两个辅助性工作层次，将中心城划分为 273 个控规编制单元，单元人口规模一般为 3 万～5 万人左右。

郊区控规编制单元的划分遵守以下六方面操作性原则。

①协调单元边界与集建区边界的关系。在"两规合一"集建区范围基础上，参照行政区划界限、主要河道、交通干道和大型市政走廊等城市地理边界要素，合理确定控规编制单元"外包线"，保证单元边界的相对完整和顺畅。

②与城镇远景拓展的空间关系相结合。单元划分可与城镇总体规划范围结合，考虑城镇功能远景拓展的需求。在中心城拓展区范围以及新城总体规划范围以内，保证控规编制单元的"满覆盖"。范围内的生态廊道、生态间隔带等应视其规模大小、与周边单元布局关系等实际情况，划为单独的以生态控制功能为主的单元或者划入周边单元。单元内未列入建设用地的地区可作为控制类用地进行控制。

③尊重郊区已编各类总体规划中编制单元的划分情况。已经在郊区新城、镇（乡）及其他功能区总体规划中划分过控规单元的，应充分结合。未划分过控规单元的地区，依据功能优先、规模适度的原则进行划分。

④尊重已批和在编控规的边界情况。包括已批和在编的大社区、产业园区等控规的范围边界情况。

⑤保持一个控规编制单元适宜的用地规模。以生活功能为主的单元用地规模可保持在3～5平方公里左右，以生产功能为主的单元（如属于104产业区块的单元）用地规模可视实际需要扩大。规模不大的1个新市镇镇区或集镇社区可划为1个控规编制单元。

⑥结合控规市区（县）管理分工的要求。某个控规编制单元不宜同时属于两个及以上不同的管理主体。

"六位一体"的控规管控体系还包括建立适应实际需求的分层次规范、统一规范的技术标准体系、界面清晰的项目管理体系等。

"两规合一"背景下控规的发展，需要在完善规划框架、探索规划编制、强化规划管理、开展动态评估等方面不断深入，如何更加有效地发挥"两规合一"的综合优势、发挥控规的引导和调控作用是把"两规合一"引向深入的重要价值所在，需要在实践中不断完善。

参考文献

[1] 上海市地质调查研究院，上海市城市规划设计研究院. 上海市区县"两规合一"暨土地利用总体规划初步方案 [R]. 2009.

[2] 上海市城市规划管理局. 上海城市规划管理实践——科学发展观统领下的城市规划管理探索 [M]. 北京：中国建筑工业出版社，2007.

[3] 万勇. 倡导研究型、协调型、引导型规划管理方式——关于上海市中心城区规划管理实践的思考 [J]. 上海城市规划，2009（3）：1-3.

"三规合一"基础地理信息平台研究与实践
——以云浮市"三规合一"地理信息平台建设为例 ❶

王　俊 ❷　何正国 ❸

1　概述

当前，主体功能区规划、城市总体规划和土地利用总体规划由于规划编制主体、规划体系、规划内容与主要任务、规划技术标准、规划范围与时限等方面存在差异，导致各类规划成果在表述上存在差异，衔接不上，甚至存在一些矛盾，给具体的规划实施造成一定的影响。

"三规合一"就是将主体功能区规划、城市总体规划和土地利用总体规划等规划进行统筹协调，运用"统筹兼顾"的方法，以资源环境为基础，在城乡、区域的空间平台上统筹生产组织、空间布局和制度安排，做到发展过程中在资源、环境、城乡、区域上的相互匹配，减少各类规划之间的矛盾，加强各类规划的相互协调和衔接，实现各类规划在空间上的统一，在科学发展观指导下，解决"三规"间原有的各种不协调，实现协调统筹规划。

广东省云浮市通过制定科学的资源环境城乡统筹规划，实现主体功能区规划、城市总体规划、土地利用总体规划"三规合一"。通过建设"三规合一"地理信息平台，构建统一的基础地理信息库、统一的规划编制平台、统一的协同工作平台，从空间上支撑各类规划编制与实施。

2　系统结构与需求分析

GIS 服务是一种基于面向服务软件工程方法的 GIS 技术体系，它支持按照一定规范把 GIS 的数据和功能以服务的方式发布出来，可以跨平台、跨网络、跨语言地被多种客户端调用，并具备服务聚合能力以集成其他服务器发布的 GIS 服务（图1）。"三规合一"系统主要实现以下功能：

（1）建设空间基础地理数据和"三规合一"规划信息数据的建库标准规范以及数据交换共享制度。

（2）建设空间基础地理数据库和"三规合一"规划专业数据库，为平台进行共享服务

---

❶　本文来源：《城市规划》2011年增刊1。

❷　王俊，广州市城市规划自动化中心。

❸　何正国，广州市城市规划自动化中心。

提供数据支撑；提供方便、安全的业务数据录入工具；并以现有基础数据为依托，提供数据统计分析工具，建立不同规划空间冲突检查专家系统，基于刚性指标对规划成果进行检查分析。

（3）建设面向政府部门的"一站式"服务门户网站，对地理空间数据库中的所有信息进行集中展示和综合查询，任何有权限的用户均可以使用，统一门户使用户能够了解地理空间信息资源、进行数据交换和更新审核。

（4）建设一个统一的规划编制平台，为主体功能区规划、土地利用总体规划、城市总体规划之间的协调提供工具。

3 地理信息系统与"三规"协调

规划是在研究城市的自然、经济、社会和技术发展条件的基础上，制定城市发展战略，预测城市的发展模型，选择城市用地的布局和发展方向。各类规划的目标都是将规划对象及指标落实到具体的空间位置上并推动其建设。而地理信息系统（GIS）是一项以计算机为基础的输入、存储、查询、分析、表达地理空间信息的综合技术。规划业务本身需要收集、处理、分析、展示大量的与规划区地表空间位置相关的空间和属性信息，而地理信息系统处理的数据包括两类：反映地理位置的空间数据和描述空间特征的属性数据。空间数据是指确定目标的空间位置、几何形态以及与其他目标的空间关系的数据。从规划业务和地理信息系统技术特点来看，GIS 技术在规划和"三规"协调中具有不可替代的作用。

确定土地的未来发展是"三规合一"的基本需求。但目前的情况是三类规划大多由不同的政府部门委托不同的研究机构进行研究，这样就容易造成各种规划自说自话，相互矛盾。为了统筹协调"三规"，必须把主体功能区规划、城市总体规划和土地利用总体规划统一到一个地理信息平台上，为"三规合一"提供统一的数据支撑。有了统一的数据支撑，可大大减少数据收集整理和录入的工作量和资料收集成本，保障数据的准确性、数据出口的统一性，使"三规"能够统一到同一个平台上，便于协调，同时指导城市建设、经济社会发展、土地利用等各方面的规划编制工作。

4 "三规合一"地理信息平台建设的关键技术

建立"三规合一"地理信息平台，不仅有利于统筹协调主体功能区规划、土地利用总体规划、城市总体规划的编制与实施，而且能建立城市的基础地理信息数据中心，实现全行政区范围内基础地理信息共享，避免重复建设，节约办公成本；能统一城市地理信息出口，提高数据的准确性。建设"三规合一"基础地理信息平台，需要解决的关键技术包括：地理坐标统一、基础地理信息整合、规划成果建库、规划实施信息入库与动态更新接口、统一的规划编制平台、基于规划标准的决策专家知识库、地理信息系统支持下的规划空间冲突检查专家系统。

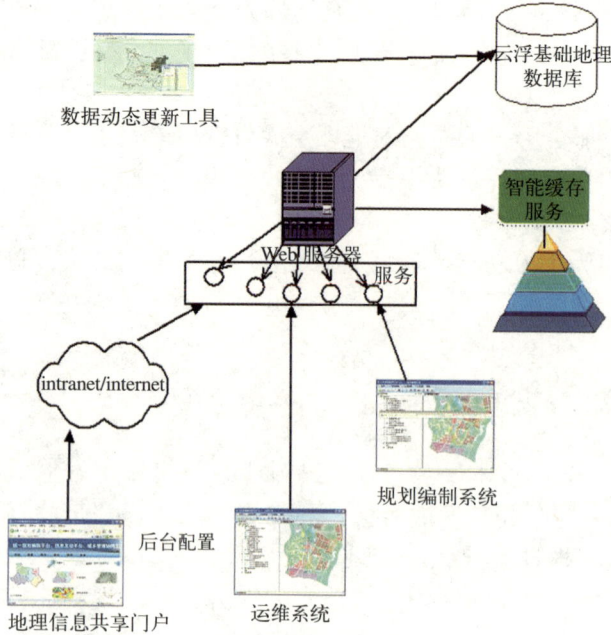

图 1　系统总体结构

4.1　地理坐标统一

各类基础数据由于生产部门不同，坐标千差万别，有国家西安 80 坐标、北京 54 坐标，还有地方坐标系。而基础地理数据的共享前提是数据坐标的统一，所以平台建设的首要任务是确定统一的地理坐标系统。经综合考虑，国家西安 80 坐标系成为首选。对不同坐标系的数据坐标以统一的途径进行坐标转换。

通常采用四参数法转化，如公式 1 所示。

$$\left. \begin{array}{l} X_p = \Delta x + kx\cos\alpha + ky\sin\alpha \\ Y_p = \Delta y - kx\sin\alpha + ky\cos\alpha \end{array} \right\} \quad (1)$$

参数为：Δx、Δy、k、α，其中 Δx、Δy 为坐标原点平移向量，k 为尺度系数，α 为旋转角度，x、y 为转换前坐标，X_p、Y_p 为转换后坐标，利用不同坐标系的控制点可以求出这些转换参数，进行坐标转换。

按上述原理，平台提供各类坐标系间的转换接口动态链接库，并实现不同坐标系数据间批量转换。

4.2　基础地理信息整合

基础地理信息包括地形图、航空影像图、卫星影像图、各类经济人口统计数据等。各类数据采用的坐标系、数据平台和符号库均不尽相同，空间数据的属性数据库结构不清晰，成为数据共享的瓶颈。基础地理信息整合就是要在统一分类编码、统一数据格式、统一坐标系统和统一处理平台的原则下，建立"三规合一"基础地理信息数据库，实现基础地理数据的共享（图 2）。

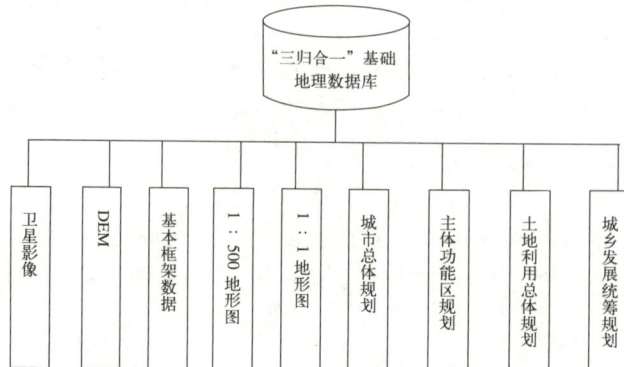

图 2　"三规合一"基础地理空间数据库构成

空间数据整合包含两方面的内容：格式转换和坐标统一。数据无论采集的时候采用什么格式，入库后都统一为一种格式，这样需要对入库的数据进行转换。数据转换存在一个普遍的问题：信息丢失，例如常见的不同格式之间数据转换的符号丢失。本次解决符号的问题采用国家标准的符号库以及各个系统能够兼容的 TrueType 符号库，来尽量减少数据转换时的信息丢失。

4.3 统一的规划编制平台与规划成果建库

在"三规合一"工作开展前，主体功能区规划、城市总体规划、土地利用总体规划因编制单位及标准不同，规划成果差别较大，除坐标系不统一、编制软件不同外，规划成果表达也不一样。规划成果数据与普通的空间数据有些区别：各类各级规划成果数据中有大量的辅助效果图，图片和文字是提供给技术人员作为资料查阅，这类数据不需要与基础地理空间数据叠加，只需要查询检索即可。根据规划成果数据的特点，结合空间数据组织结构，按照"规划成果库—专题规划—层—要素及属性"的层次框架构建规划成果数据库，按分层原则聚集数据。规划成果数据建库需要从文档资料中整理与图形相对应的数据指标、图片和表格数据，进行数据格式转换、图文连接，通过数据质量检测验收后，将数据入库。

为避免以后的规划成果建库麻烦，"三规合一"基础地理信息平台提供能够访问基础地理空间数据的规划编制平台，以方便各种规划在编制时进行相互协调。

4.4 规划实施信息入库与动态更新接口

规划实施信息包括城市规划管理中的选址意见书、建设用地规划许可证、建设工程规划许可证及国土管理中的国有土地使用证，这些空间数据随着日常工作的开展而经常更新。本系统提供各类规划信息的实时动态入库，并在规划实施时与各类规划自动进行对比，对那些不符合规划的规划实施进行提醒。

4.5 基于规划标准的决策专家知识库

除了建设基础空间数据库外，还需要建立规划知识库。知识库主要包括《土地管理法》、《城乡规划法》等相关法律、有关土地利用评价模型、土地规划的用地分类标准。

在充分研究《城市用地分类与规划建设用地标准》、《全国土地分类》、《全国土地分类》（过渡期适用）等标准以及相关法律法规的基础上，建立这些用地分类对应关系，采用人工智能中的知识表示和知识推理技术来模拟规划专家对空间用地的决策评判，建立规划专家知识库。

4.6 地理信息系统支持下的规划空间冲突检查专家系统

以 4.2 所述的基础地理信息数据为支持，综合运用人工智能、地理信息系统，按照 4.5 所述的知识库，开发不同规划空间冲突检查专家系统，开展基于刚性指标的对规划成果的检查分析。

5 系统实现

5.1 基础数据库建设

在收集各类政府部门的相关数据后进行数据整合，由于各部门的空间数据格式和坐标不尽相同，数据符号库更是千差万别，为了防止数据转换的时候信息丢失，建立全要素的符号库以及国家标准的符号库；坐标统一参照 4.1 所述进行坐标转换和格式统一后，就可以建设"三规合一"的基础地理数据库。

5.2 标准研究

土地利用规划与城市规划编制的指导思想和方法不同，规划编制的时间不同，用地分类标准也不同。城市规划用地分类标准采用《城市用地分类与规划建设用地标准》（GBJ137-90），将用地分为居住用地、公共设施用地、工业用地、仓储用地、对外交通用地、道路广场用地、市政公用设施用地、绿地、特殊用地、水域及其他用地等；而土地利用规划用地分类则分为农用地（包括耕地、园地、林地、牧草地、水面）、建设用地（包括居民点及工矿用地、交通用地、水利设施用地）和未利用土地三大类，目前使用的土地分类标准有两种：《全国土地分类》和《全国土地分类》（过渡期适用）。为了更好地协调这两种规划，需要建立不同规划之间的用地分类对应关系。在充分研究《城市用地分类与规划建设用地标准》、《全国土地分类》、《全国土地分类》（过渡期适用）等标准的基础上，建立了这些用地分类的对应关系（表1、表2）。

城市用地分类与全国土地分类对应关系　　　表 1

城市用地分类（1991 年）				全国土地分类（试行）（2002 年）			备注
代码	名称	包含内容		代码	名称	包含内容	
R	居住用地	R1～R4	一、二、三、四类居住用地	住宅用地、公共服务设施用地、道路用地、绿地	25	住宅用地	251～254	城镇单一住宅用地、城镇混合住宅用地、农村宅基地、空闲宅基地	基本对应
C	…	…	…	…	…	…	…	…

《土地利用分类》与《全国土地分类》（过渡期适用）对应关系　　　表 2

土地利用分类						全国土地分类（过渡期适用）				
一级类		二级类		三级类		二级类		一级类	
类别编码	类别名称	类别编码	类别名称	类别名称	类别编码	类别名称	类别编码	类别名称	类别编码
01	耕地	011	水田	灌溉水田	111	耕地	11	农用地	1
				望天田	112				
		012	水浇地	水浇地	113				
				菜地	115				
		013	旱地	旱地	114				
02	…	…	…	…	…	…	…	…	…

5.3 规划编制平台

不管是编制城市规划还是编制土地利用规划，都需要收集大量的现状数据。传统的由各主管部门独立进行专项规划的做法，不借助于统一的 GIS，导致了各级各类规划在空间上很难衔接，产生重叠、偏离、矛盾等问题，如城市规划与土地利用规划中土地利用性质的不一致。同时规划师一般都把 CAD 作为绘图工具，进行图形的编辑和修改，然后再逐一提出地块控制指标；图形一旦修改，就需要重新计算地块指标。如果把图形和属性进行关联，控制指标进行动态调整，则可大大减轻规划师的负担，提高指标的准确性。

在我国的规划编制体系中，拥有基础数据的政府部门往往委托规划机构来进行规划编制工作，政府部门出于保护自己的数据投资或保密的需要，一般不会提供矢量 GIS 格式的数据。如何让规划编制机构能够访问大量的基础数据又能保护数据呢？本次云浮市项目采用空间数据服务的方式，基础数据以服务的方式提供图片供规划编制单位做底图，同时提供 GIS 的查询服务。这样，各种规划不仅有统一的数据访问出口，在规划编制时能够访问大量的基础数据，方便各种规划编制时进行协调，同时又能很好地保护基础数据。

5.4 冲突检测

前面提到的规划编制平台，不仅为各种规划提供了统一的基础数据，还为各种规划协调提供了冲突检测的工具，既可以协调城市规划和土地利用规划的用地性质冲突，还可以协调农田保护线与城市规划的冲突。

5.5 系统方案

根据平台公用性和基础性的特点，系统软件架构将尽可能采用面向服务的软件架构 (service-oriented architecture, SOA)。SOA 是一种组件模型，它通过应用程序功能单元（称为服务）之间定义完善的接口和契约，来联系应用程序中的不同服务。系统设计与开发过程中尽可能将系统提供对外服务的应用程序功能封装和发布为 Web 服务（web service），通过服务注册和服务目录，向服务消费者（各种组件或部门的应用系统）提供 Web 服务，使系统的功能可以采用松耦合的方式实现集成，并使平台提供的功能服务具有可扩展性。在建立"三规合一"的空间数据库基础上，以空间数据服务为基本数据访问方式，建设云浮市基础地理信息门户和规划编制平台（图 3、图 4）。

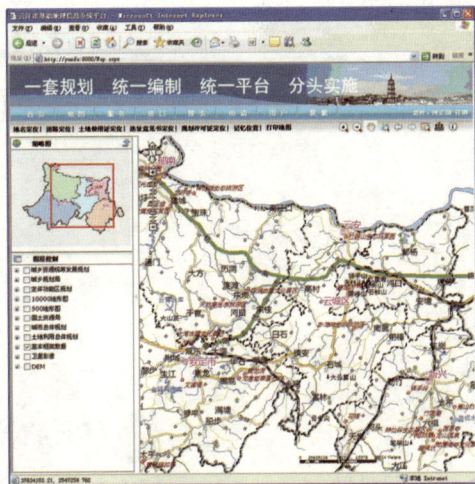

图 3　云浮市基础地理信息门户　　　　图 4　云浮市规划编制系统

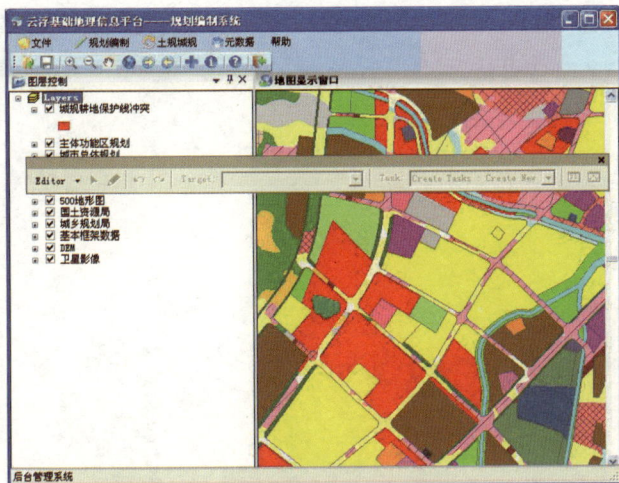

6 总结

　　云浮市项目基于统一的地理空间信息标准和规范，在一个公用的硬件和网络基础设施平台上，建立全市统一的基础地理信息数据库，通过建立交互式空间数据共享平台，实现公共基础性的地理信息资源与政府部门专业地理信息资源的整合；统一的规划编制平台，方便各种规划进行协调和协同，同时能很好地保护政府部门的数据投资以及方便规划成果入库；规划冲突检查，可以很轻松地完成以往人工无法完成的工作，大大节约了政府的公共资金；各种规划统一到一个平台上，也便于各种规划进行协调。当然，在进行基础地理信息统一和共享的过程中，由于各单位信息化程度不一，造成一些空间的原始资料不详，如根本不知道什么坐标系以及没有任何符号库，造成一些数据库统一时不是很准确，因此需要加强空间元数据的建设。

参考文献

[1]　王利，韩增林，王泽宇.基于主体功能区规划的"三规"协调设想[J].经济地理，2008，28（5）：845-848.

[2]　洪钧，肖俊.GIS技术在杭州市江干区规划编制中的应用研究[J].地理空间信息，2006，12（8）：45-47.

基于城乡土地流转的"两规合一"的乡镇总规探索 [1]

江文文 [2] 戴 熠 [3]

在城乡建设用地日趋紧张的今天，土地流转在各地纷纷兴起，其中最主要的途径是通过增减挂钩实现城乡建设用地指标流转。增减挂钩是指依据土地利用总体规划，将若干拟整理复垦为耕地的农村建设用地地块（即拆旧地块）和拟用于城镇建设的地块（即建新地块）等面积共同组成建新拆旧项目区（以下简称项目区），通过建新拆旧和土地整理复垦等措施，在保证项目区内各类土地面积平衡的基础上，最终实现增加耕地有效面积，集约利用建设用地，城乡用地布局更合理的目标。从以上定义来看，土地流转必须符合土规，但是一般拆旧村、建新项目，其选址合理性应该由城市规划来确定。但是在目前土地利用总体规划和城市规划"两张皮"的管理体制下，导致以增减挂钩为主要方式的土地流转一直都是以市场项目为主要推动力，规划管理部门对此的监督与引导作用有限。

目前上海、广州等城市纷纷探索适合"规土合一"的规划编制与管理方法。武汉市近年在管理上实现了规划与国土局的合并，并着手组织全市"两规合一"乡镇总规编制工作，试图通过对乡镇这一农村和城市结合的基本单元实现两规"一盘棋"探索，建立起促进城乡土地合理流转的规划管理机制。

1 武汉市江夏区大路村的增减挂钩实践

法泗镇位于江夏区西南部，距离武汉市区 80 公里，在武汉市都市发展内。规划范围涉及三个村，在村里养猪能人的主导下，试图通过拆村并点实现农业规模化经营。经村民同意，拆除旧村 123 户，共 522 人，村庄总建设用地面积约 18 公顷，人均建设用地 346.6 平方米。

经过土规、城规分析和实际调查，最终确定了新社区的建设用地规模，腾退出来的指标则用于开展增减挂钩项目。根据土地利用规划分配指标，该区域农村居民建设用地 8.87 公顷。而城规通过对近几年人口的增长数据进行分析，规划期人口预测为 528 人。《村镇规划标准》（GB 50188-93）人均建设用地指标，现状人均建设用地水平大于 150 平方米 / 人，则规划应减至 150 平方米 / 人以内，据此农村居民点建设用地指标应控制在 7.92 公顷。最后根据实地入户调查据各户现有建筑面积和还建标准，确定还建用地面积为 4.57 公顷。经过此轮人口向社区集中，土地向规模化集中的过程，大路村人均村庄建设用地由 387 平方米下降到 88 平方米，可以腾出 18 公顷村庄建设用地。按照增减挂钩政策，这些土地指标用于在江夏区城镇和工业园区建设，土地出让金的 80% 返还给大路村支持社区建设。

---

[1] 本文来源：《多元与包容——2012中国城市规划年会论文集》，云南科学技术出版社2012年9月出版。

[2] 江文文，武汉城市规划设计研究院。

[3] 戴熠，武汉城市规划设计研究院。

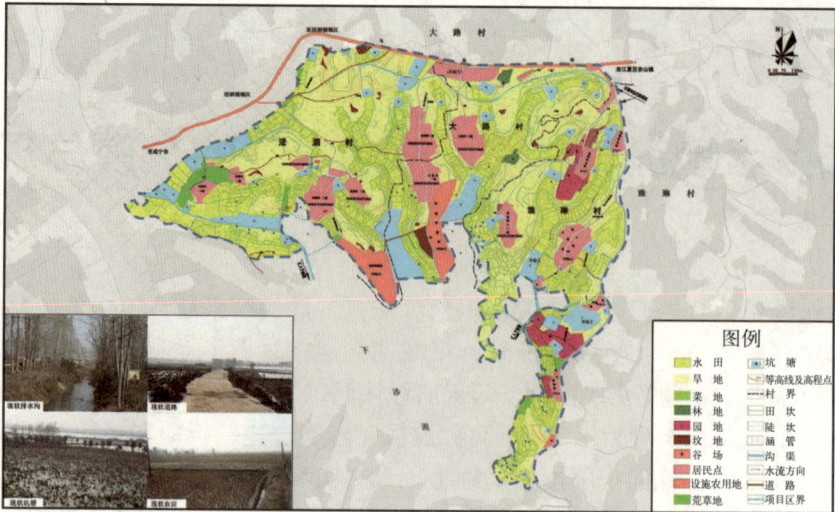

图 1　大路村土地利用现状图

资料来源：湖北省新农村示范区（武汉市江夏区法泗镇大路村）规划研究。

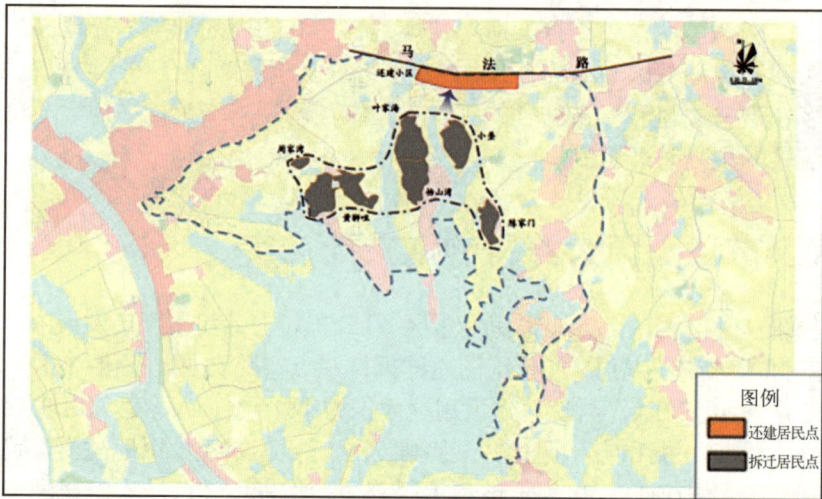

图 2　大路村拆旧建新示意图

资料来源：湖北省新农村示范区（武汉市江夏区法泗镇大路村）规划研究。

通过此种增减挂钩的方式，实现了城乡土地流转和城乡空间与用地统筹（图1，图2）。

在以增减挂钩为主要方式的城乡土地流转过程中，基本上是以市场化项目为主要推动力，土规的专业技术作为指导，城规的引导作用十分有限。实际上村庄撤并点的选择、新村建设、城镇建设用地指标流转落实的新项目选址，包括城镇与村庄用地分配，这类工作在城规的乡镇总体规划中有明确的分析和结论。而且目前运作较为顺利的城乡土地流转，都是在建制村这种小范围，以市场项目为动力推进，缺乏规土管理部门主动、全面地引导与监管。造成目前监管的缺失的主要原因，是由于城规与土规"两张皮"各自为政的管理。此次乡镇总规实现"两规合一"，正是对这种分离造成的隔阂的及时纠正和完善。

2 原有乡镇规划的反思

2.1 规土分离导致城乡用地供需不匹配

两规分离导致城乡用地在空间协调和指标分配上脱节。城市规划和土地利用规划都属于实施层面规划，乡镇总体规划重点在于对镇区进行规划布局，对外围的村庄规划则只是宏观的"重点中心村"→"中心村"→"基层村"结构体系控制，造成对具体村庄的空间建设指导；土地利用总体规划，以"保护耕地和基本农田"为主导思想，分配指标强调城乡并重，并且各类型村庄指标一视同仁，有时候甚至在空心村内都分配了指标。因此，在分开编制的背景下，造成了"土规有指标不管空间、城规落空间不管指标"的尴尬境地，由此导致城镇与乡村空间与指标联系松散，城镇用地指标紧缺，而乡村里面空心村、废弃地普遍存在，造成需求与供应严重不对等，这个在大路村村庄建设用地指标的分配上有明证，最后实际需求指标几乎为分配指标的一半。而且在项目推动下进行增减挂钩的村庄，旧村撤并和新项目选址完全依靠企业直觉，以此推动的流转也只局限在个别村庄内部，无法规模化，对城乡用地协调影响不大。在快速城镇化的今天，两规分离已经无法较好地平衡经济发展与耕地保护之间的关系。

2.2 一套班子规土两张图导致管理难度增加

城市规划与土地利用规划统计分配方式和统计标准的不同，导致规划管理不畅，在此基础上进行的土地流转可操作性欠佳。城规确定的城市建设用地规模"自下而上"的叠加往往偏大；而土规在控制总量基础上强调"自上而下"分解，分配方式不同导致两规在指标统计上有出入。其次，由于城规与土规的地类划分不同，导致用地空间难以一致。如靠近城镇建成区的高速公路两侧的绿地，在城市规划中纳入统计镇区建设用地统计范畴，但是土规中却不纳入，导致即使数据一致，空间边界仍然不一致。基于以上两个方面的原因，在"规土合一"的管理体制下对于镇区的城镇用地的管理，经常出现符合城规不符合土规或者符合土规不合城规的情况。针对不一致的情况，一方面，单纯依靠土规进行增减挂钩和土地流转容易出现符合土规不符城规的情况，项目审批容易钻空子；另一方面也导致规划管理时候需要城规与土规的不断比对核实，并根据程序进行调规、造成审批效率低下。而城规对于农村的规划管理基本缺位。因此，实现"规土合一"，才能够实现城乡空间与指标的监管"一盘棋"，从而科学有效地指导土地流转。

3 乡镇"规土合一"是实现城乡土地流转的实施基础

3.1 乡镇是城乡土地流转的最佳实践单元

根据土规市、区、乡三级规划编制体系，乡镇是最基本的规划编制单元。以城市和县域为单元的"规土合一"只能是政策性或结构性的，而对村域范围内的"规土合一"很容易实现图文一致，但其范围有限，难于达到流转节约用地、集约基础设施配制的目的。相对而言，镇域是进行"规土合一、土地流转"等相关实践的最佳地域单元，因为镇域包括了城镇和乡村，既有以镇区为核心的城镇发展诉求，也有广大农村地区的发展愿望，如何处理好城乡协调是目前规划编制的难题。目前"镇"规划存在以下几个方面的问题，如突出镇区规划，弱化"镇域"规划；与广大农村腹地结合不紧密；忽视城镇与农村的相互联系和融合。这些问题关键在于城乡的割裂式发展，"镇"规划在空间上所"关心"的主体为镇区，导致镇区规模过度扩张，外围农村地区相对不景气，城镇经济发展以牺牲农村经济增长为代价等不合理和不协调的现象。因此将乡镇作为"两规合一"之后研究土地流转的编制主体，将会直接促进城乡统筹发展，更加符合政策宗旨和实际需求。

另一个重要的原因在于镇是中国的最基础的行政单元，而城乡土地流转目前也仅限于镇域。如土规在实施过程中，可通过增减挂钩在镇域范围内进行建设用地指标调节，并对乡级土规进行调整，报相关部门备案即可。

由此可见，以城乡统筹为原则，以镇域为单位整体推进的土地流转，可能较以往以村庄为单位的土地流转更加符合目前促进城乡发展、保护耕地的宗旨，取得更长久和可持续的成效。而指导相关实践的，只能是"两规合一"下的乡镇全域的总体规划。

3.2 实现全域规划是乡镇土地流转的实施保障

城规与土规的全域规划，是实现城乡土地流转的关键技术支撑。土规编制实现了全域范围的全覆盖，但是城市规划中只是对城镇和集镇的城镇建设用地有明确指标和界线控制，但是落实到村庄只明确了布点，缺乏具体的空间落实。与土规的对接只是数据上的衔接，无从控制空间边界。城规对于农村土地的空间的不落实，不但造成了两规衔接缺乏基准底图，也使城规由于缺乏农村土地方面的实际数据而对拆村并点缺乏话语权，这也是大路村土地流转实践暴露出来城规缺位的关键原因。

因此实现乡镇城市规划全域覆盖，是在"两规合一"的基础上，实现城乡土地流转的基本条件。乡镇总体规划应根据城乡发展分析，合理确定镇域内镇区和村庄的规模结构，并反馈给乡级土规，结合土规的指标要求，确定各镇和村庄合理的建设用地规模，并且在城市规划中补充新农村建设规划等内容，落实下达的土地规划指标（主要包括建设用地总规模、城乡建设用地规模和城镇工矿用地规模），确定村庄规模边界和扩展边界，划定村庄建设用地布局，实现镇域规划数据与空间图纸的一致性。

乡镇规划全覆盖，才能保证在全镇土地整体一盘棋，真正做到城规与土规建设用地数据和布局完全一致，实现无缝衔接。同时于规划实施阶段，在不突破城乡建设用地总规模的前提下，对总体规划确定的城乡建设用地布局进行优化，对于在规划建成区已使用建设用地80%的，采取城乡建设用地增减挂钩方式的，核减建设用地地块等3种方式，即可启用发展备用地（扩展边界），通过流转出近期开发可能性不大的适量城乡建设用地，满足急需发展区域的土地利用需求，在土地集约利用的基础上支持地方发展。

3.3 土规"做饼子"与城规"分饼子"弹性结合

土地规划建设用地指标由"市"→"区"→"乡"逐级分解，分解到乡镇的指标，再拆分到镇区和外围村庄，而外围村庄由于关系到耕地保有量的硬性指标，所以不可避免地土规的重点在于乡村。相对于金字塔尖端的城镇和下面广大的乡村地区，土规有明确量的约束，可以形象地理解为做饼子，饼子的大小确定了，城乡如何分配，各类村庄如何拆分，土规缺乏合理性和科学性的分析。

相对而言，城规的作用就在于分饼子。城市规划往往通过区域宏观统筹和微观功能结构分区，得出具有前瞻性的规划布局，并描绘出远期美好的蓝图，但是缺乏量的约束。并且在实施过程中，由于注重对终极蓝图的追求，导致其对近期实施的指导意义有限。土规指标的刚性管理，可以促使城规在一定框架内合理地进行规划布局，以满足乡镇近期发展的需求，使得规划实施性得以加强，两者结合起来，既有刚性的可控性，又有弹性的可调性。

只有将土规重"乡"与城规重"城"、城规重"远期结构"、土规重"近期实施"的矛盾协调协调起来，通过"两规合一"，利用土地指标的天花板作用约束城市规划，迫使城市规划对空间布局、近远期实施有了量的概念。而城规经过分析建立等级层次明晰的城-镇-村体系，明确了土规分配指标的侧重点，有力地指导土规指标的科学合理分配。

3.4 城乡建设用地分配标准的合理细化

在城规主导的村庄层级划分的基础上，对于同一层级内不同类别村庄，土规通过标准的细化进一步加强用地指标分配的合理性。上一轮城市总体规划将武汉市划分为都市发展区内和都市发展区外，都市发展区外的村庄用地指标相对较为宽松。本轮"两规合一"编制，参照《镇规划标准》、《村庄整治技术规划》和《湖北省新农村建设村庄规划编制技术导则》等，结合乡镇实际需求和土地规划下达的指标情况，确定合理的村庄用地标准：村庄建设区人均建设用地应控制在 120 平方米以内，其中都市发展区内村庄人均建设用地不超过 100 平方米，都市发展区外村庄人均建设用地不超过 120 平方米。所以大路村作为都市发展区内部村庄，土规单独分配的指标超标。

而且本轮乡镇总规在利用区位区分指标的同时，针对统一区位不同类别村庄也采取了不同建设措施。经过迁村并点之后，土规将用地划分为村庄建设用地区、村镇建设控制区和村用地复垦区，对应将其中的村庄划分为新建型、控制型和复垦型。新建型村庄主要为由于人口迁并、安置，村庄企业发展等需要新增的村庄用地，也是近期村镇急需建设区域；控制型村庄主要为保留，但不得扩大用地的村庄用地，主要为景中村和特色村等；复垦型村庄主要为规划期内需要迁并复垦为农用地的村庄用地，主要为废弃村和空心村等，而这部分村庄节约的用地指标用于城镇急需建设发展区域；同时，各乡镇村委会均已盖章签字同意其迁村并点方案，因此，乡镇区域内的流转可依据乡镇总体规划的布局进行实施，改变了过去规划无法实施的矛盾，更加科学合理合法。通过"两规合一"的迁村并点，为镇域范围的城乡建设用地流转提供了科学的依据。

4 武汉市"规土合一"乡镇总体规划的实践反思

4.1 规划创新性

首先是规划工作方法上，通过城规与土规在不同阶段的反馈互动，保证过程中两专业的融合和成果的高度统一。以三里镇的工作为例，首先以土规二调作为基础，城规在此基础上作出现状图，并根据宏观分析，得出全镇的农业人口和分农业人口。土规结合现状城镇和乡村人均用地，根据人口比例合理分配用地，首先实现了城乡用地的协调。在城镇用地内部，城规根据宏观分析得出规划结构和大致布局，并根据乡镇发展意愿和土规指标画出城镇发展的红区和蓝区，其中红区为近期发展区，也即有指标落实的用地；蓝区为远期发展区，并规定只有当红区的建设经评估达到 80% 以上时候，才能继续追加指标发展城镇。当然红区有明确的量化指标但是保持空间边界灵活。在村庄建设用地分配上，首先根据田野调查，基于现状情况，结合当地居民、乡镇干部和规划分析结果，确定了村庄撤并流向和合理的镇村等级，并将农业人口分配至各村。然后城规将此分配结果反馈给土规，土规对村庄划分为复垦、控制和新建型，并对建设用地指标出合理的配置。基于此工作方法，保证了两规在基础数据统计、规划基地图纸上面保持一致，而且镇区红区与蓝区的界定，村庄类型划分和村庄有条件发展区空间的落实，保证了规划的刚性与弹性需求。

其次是工作的内容上，通过对不同产业主导类型、不同地域的村庄，城规和土规都对指标落实进行了细分。武汉市村庄的主导产业大致可分为近郊产业型、田园牧耕型、旅游文化型、水乡养殖型、山地林特型。基于旅游业原汁原味的产业需求、山地林特型受地形条件限制，其拆村并点比例只有 56%，相对较小；而对于田园农耕为主的地区，由于地势平坦，规模化经营条件具备，拆村并点比例达到 61%；对于近郊产业型村庄，基于城镇建设用地迫切需求，撤并比例达到了 65%。在此基础上，规划确定都市发展区内的村庄、城镇和村庄的人均建设用地均比区外要小，充分体现了近郊集约节约用地的原则（图 3～图 6，表 1）。

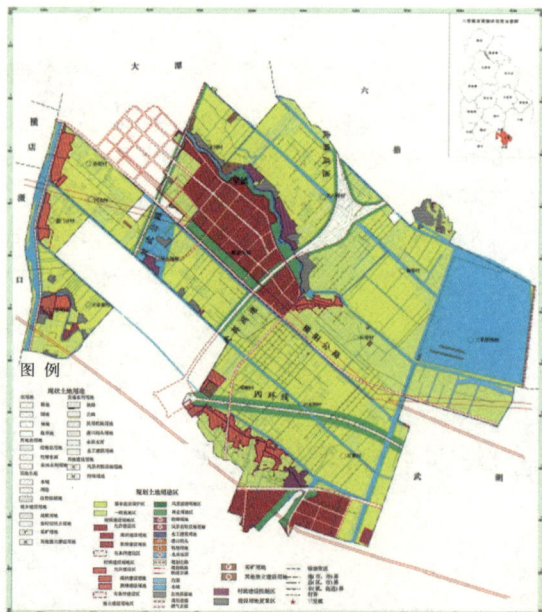

图 3　三里镇土地利用总体规划图

资料来源：三里镇总体规划（2010～2020 年）。

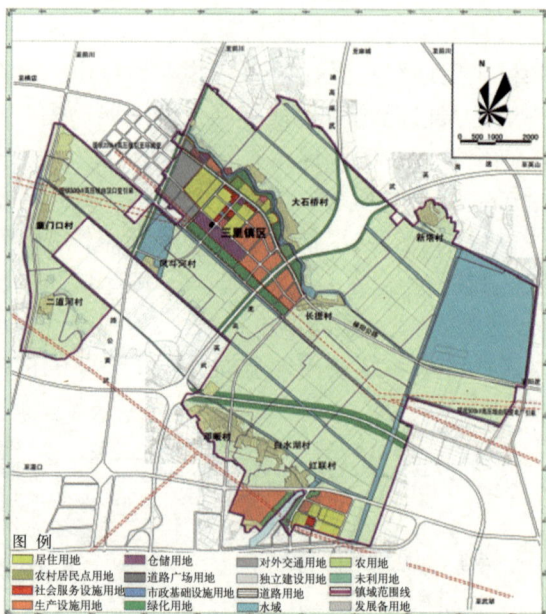

图 4　三里镇镇域规划图

资料来源：三里镇总体规划（2010～2020 年）。

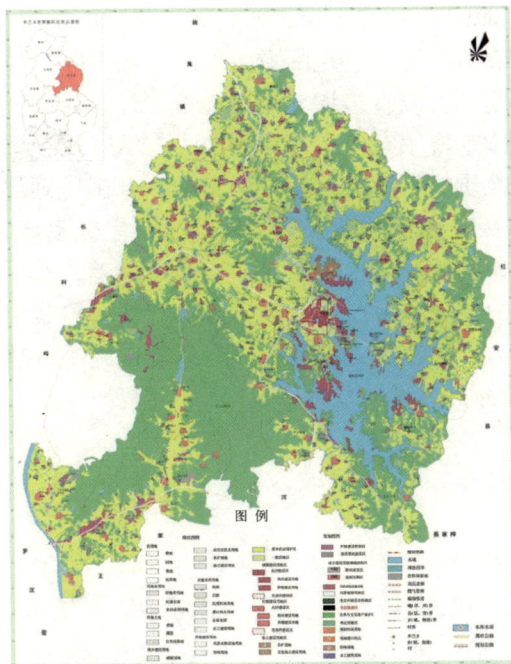

图 5 　木兰乡土地利用总体规划图
资料来源：黄陂区木兰乡总体规划（2010～2020 年）。

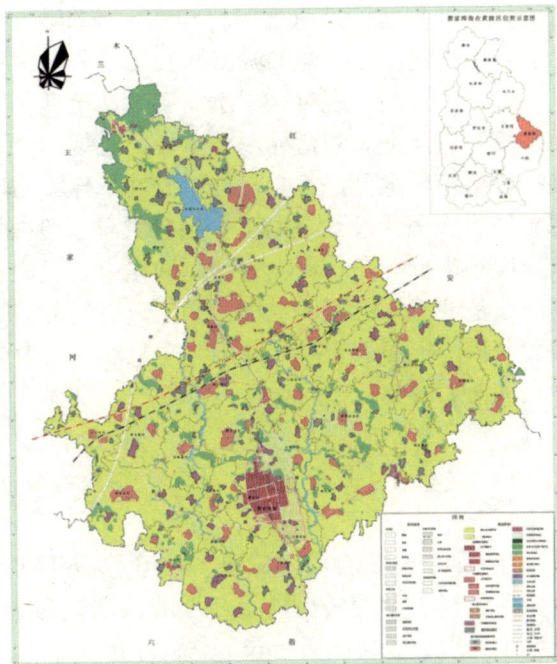

图 6 　蔡家榨街街域土地利用规划图
资料来源：黄陂区蔡家榨街总体规划（2010～2020 年）。

各类村庄现状与规划情况对比表　　　　　　　　　　表 1

典型乡镇名称	村庄类型	拆村并点力度			村庄人均建设用地面积（平方米）		城镇人均建设用地面积（面积）	
		现状自然村庄（个）	规划村庄（个）	撤并率	原来人均	规划人均	原来人均	规划人均
木兰乡	旅游文化型	547	238	56%	210	148	0	73
蔡家榨街	平原农耕型	244	93	61%	203	197	69	75
三里镇	近郊产业型	20	7	65%	226	163	113	167

4.2　实践反思

（1）需建立起规划理想与实施的制度保障。乡镇规划实现了城规与土规的全域规划，土规的用地分配有了合理的依据，城规也第一次实现了全域规划，落实了村庄建设的空间与指标，"规土"完全实现了一致。从理论上或者图面上来说，已经趋于理想状态。但是武汉市"两规合一"的乡镇第一批已经完成一年多，从实施实践来看，虽然规划做了充分的分析和征求意见，但是拆村并点的重要出发点还是通过节约村庄建设用地指标来发展城镇和村级产业用地，基于此而确定的复垦型村庄，虽然图纸上不复存在，但是实际操作中，即使是空心村要实现复垦，在缺乏具体抓手的情况下，距离实施还很遥远。而发展机遇较好的村庄则迅速在有条件建设区开建。此时复垦的村庄并没有及时变为耕地，增减挂钩没有及时跟上，导致用地双重浪费。目前武汉市的做法是只要增减挂钩的项目立项，即可开始流转。规划建议是将拆旧村与实际流转指标落地的新项目挂钩，才能真正实现拆旧村、增加耕地、建新村、增加城镇开发用地环环相扣节约高效用地的目的。

（2）城规与土规对接层次需明晰。土地利用规划可以直接指导用地审批，但是在城规中是控制线详细规划指导用地审批，总规只能是确定城镇定位和发展方向，在镇区用地上大致给出指导意见，不能直接指导城市建设用地性质的审批。但是一年多来，乡镇规划部门领导多次因为修建道路、扩建幼儿园、新增沿街商业等问题，要求城规及时修改更新，指导规划审批。在一次次的解释过程中，我们意识到城规与土规对接的层面有偏差，似乎更应该是城规的总规确定指标和大致空间，然后由控规和村庄建设规划落实指标，但是大多数乡镇国土规划管理者并不在乎层次，没有外力推动也不会编制控规，只能拿到手的总规来批地，由此导致的问题，目前还没有很好的解决途径。

5　结　语

"两规合一"的乡镇规划，架起了城镇和新农村经济建设和空间统筹的桥梁，为下一步实现农村土地流转提供了合理的依据，为城乡"双赢"发展奠定了技术基础。一方面，在城规合理的镇村体系指导下，撤村并点节约了大量的村庄建设用地，既增加了耕地面积，也为城镇发展腾退出了宝贵的流转指标；另一方面，科学合理的撤村并点，保证了新农村建设各项资金的集中投入，高效利用，有效避免了二次拆迁。但是，在规划之外的后续实施机制、保障机制的探索，还有待我们继续努力。

参考文献

[1]　王国恩，唐勇，等.关于"两规"衔接技术措施的若干探讨——以广州市为例 [J]. 城市规划学刊，2009（5）：20-27.

[2]　顾秀丽."两规合一"背景下的土地储备规划编制初探 [J]. 上海城市规划，2010（4）：5-8.

[3]　武睿娟，吴珂.从镇村布局规划层面探讨"两规"衔接的相关问题 [J]. 江苏城市规划，2010（2）：32-36.

[4]　胡俊.规划的变革与变革的规划——上海城市规划与土地利用规划"两规合一"的实践与思考 [J]. 城市规划，2010（6）：20-25.

[5]　郭志刚，试论城市总体规划与土地利用总体规划的协调 [J]. 天津城市建设学院学报，2005（6）：98-101.

[6]　吕维娟，杨陆铭.试析城市规划与土地利用总体规划的相互协调 [J]. 城市规划，2004（4）：58-61.

[7]　国务院发布土地复垦条例，2011.3.

[8]　郑剑，陈龙乾，等.基于农村土地承包经营权流转的土地利用规划研究 [J]. 产业与科技论坛，2009（8）：50-56.

[9]　谷树忠，王兴杰，等.农村土地流转模式及其效应与创新 [J]. 中国农业资源与区划，2009（1）.

资源紧约束条件下的新型城市化道路探索

——广州"三规合一"规划研究 ❶

谭 都 ❷

引 语

国家"十二五"规划明确提出以国民经济与社会发展总体规划为统领，主体功能区规划为基础，以城市规划、土地利用规划和其他专项规划为支撑，完善国家规划体系的改革思路，受到许多城市的积极响应；国务院总理李克强在2012年发表题为"推进城镇化需要深入研究的重大问题"的文章，明确提出："在市县层面，探索经济社会发展规划、城乡规划、土地规划'三规合一'，以便更好地把各方面工作统筹起来"，这也使"三规合一"工作再次受到人们的重视。

1 "三规合一"概念

"三规合一"的"三规"是指我国当前的空间规划体系存在的国民经济和社会发展规划（以下简称"发展规划"）、城乡规划、土地利用总体规划。

《城乡规划法》第五条规定，"城市总体规划、镇总体规划以及乡规划和村庄规划的编制，应当依据国民经济和社会发展规划，并与土地利用总体规划相衔接"，但如何依据、如何衔接依然是目前总体规划编制过程中非常棘手的问题。在我国现行行政体制下，由于同一空间下存在平行的三个规划编制部门，而三个部门编制的三类规划的内容涉及发展整体部署，范围覆盖行政管辖地区，实施采用"政府负责、部门落实"的垂直管理方式，受编制内容、审批机构、实施过程和监督方式等环节的影响，造成规划内容交叉、标准矛盾、实施分割、沟通不畅等问题，不但难以形成对城市综合调控的统筹合力，甚至导致了开发管理上的混乱和建设成本的增加，在一定程度上影响了经济社会的健康发展。因此，通过对分类标准、编制技术和方法等方面进行衔接，将这三类规划中涉及的相同内容协调起来，并落实到一个共同的空间规划平台上，各规划的其他内容按相关专业要求各自补充完成，即为"三规合一"。

❶ 本文来源：《城市时代，协同规划——2013中国城市规划年会论文集》，青岛出版社2013年10月出版。
❷ 谭都，中国城市规划设计研究院深圳分院。

2 "三规"特征

发改部门的发展规划是国家发展战略在区域或地方层面的目标分解，是具有战略意义的指导性文件。然而，对于中微观层面的指导作用不够；土地部门的土地利用总体规划则体现了国家对农用地的保护，以严格保护耕地为前提，是覆盖范围最广、执行最严格、影响面最大的空间规划；规划部门的城乡规划则是政府的规划，体现的是地方政府的发展意愿，是实现地方政府意愿的工具，但与宏观空间和农用地协调不足。简言之，即"发展规划"管目标，"城乡规划"管坐标，"土地规划"管指标。

3 "三规合一"必要性

一个城市对应一个空间，一个空间应该统一规划。但实际上，我国当前的空间规划体系突出地存在着城乡规划与国民经济和社会发展规划、土地利用总体规划之间缺乏有效衔接的弊端，在同一个城市空间上，往往多个政府部门都有规划引导和控制要求，且不同部门的规划在法理依据、编制标准、规划对象边界、编制目标与重点等方面均不统一，这就使得在实际行政过程中，经常出现因规划不协调而导致无法报批等问题，进而导致了开发管理上的混乱和建设成本的增加，在一定程度上影响了经济社会的健康发展。这也是"三规合一"工作的现实出发点。

4 广州市"三规合一"工作背景

自 2000 年广州提出"南拓、北优、东进、西联"的发展战略以来，广州正式进入以增量发展为主的城市空间拓展阶段。市场资本的强劲注入，使规划的科学性受到严重挑战，10 多年的发展使得广州市在空间格局上呈现显著的破碎化特征，城市内部功能结构混乱无序，与广州高标准的国际化城市定位十分不匹配。对于广州而言，以项目带动的城市发展模式，其极强的市场特征要求土地规划和城市规划的弹性配合。因此，面对土地利用规划的刚性束缚，广州市提出以创新土地利用规划编制和审批机制，在不突破土地利用规划总规模的前提下，可对土地利用规划的功能结构进行内部的优化调整的《广州市城乡统筹土地管理制度创新工作试点方案》，收到国土资源部的批复，也成为广州市开展三规合一的重要前提。该方案提出在土地利用规划建设用地规模总量不突破的情况下，可以在地方层面对建设用地布局进行结构性调整。正是在这样的政策背景下，广州市由市委、市政府牵头成立广州市"三规合一"工作领导小组办公室，统领各区"三规合一"工作。值得注意的是，广州"三规合一"工作与上海等地不同，其初衷是解决规划实施层面的问题，而区一级是规划实施的主体，因此是以区为单位进行"三规合一"编制，由市里统筹。也是特大城市市区两级事权分配的实践探索。

5 广州市"三规合一"试点规划经验

广州市的"三规合一"工作首先在花都、白云、天河、萝岗、南沙区五个区进行试点，目前已基本完成试点工作，正在全市范围内进行推广。而天河区作为五个先行探索的重要试点区之一，为广州市在全市推广"三规合一"工作起到重要作用。本文将主要通过对天河区的具体做法与经验进行介绍，以此为切入点探讨广州市在新型城市化发展过程中所面临的主要困窘与解决现阶段发展问题的主要思路。

5.1 工作思路与技术框架

天河区自 1996 年以来，建设用地年均增长 2 平方公里。至 2010 年，已接近土地利用总体规划确定的 2020 年控制线，增量建设用地规模不到 1 平方公里．紧缺的建设用地规模与无序的内部功能结构，栓堵了广州城市"东进"战略的实施，与番禺、南沙等广州市南部地区如火如荼的开发建设相比，东部地区的发展可谓波澜不惊。因此，作为承载着广州各类高端要素的 CBD 核心地区的天河，无论是从自身城市品质的提升还是从广州市域战略的实施，都需要天河在新一轮发展中有所突破，而"三规合一"工作为天河通过精细化的空间策略和精细化的管理策略解决城市发展问题的良好契机。

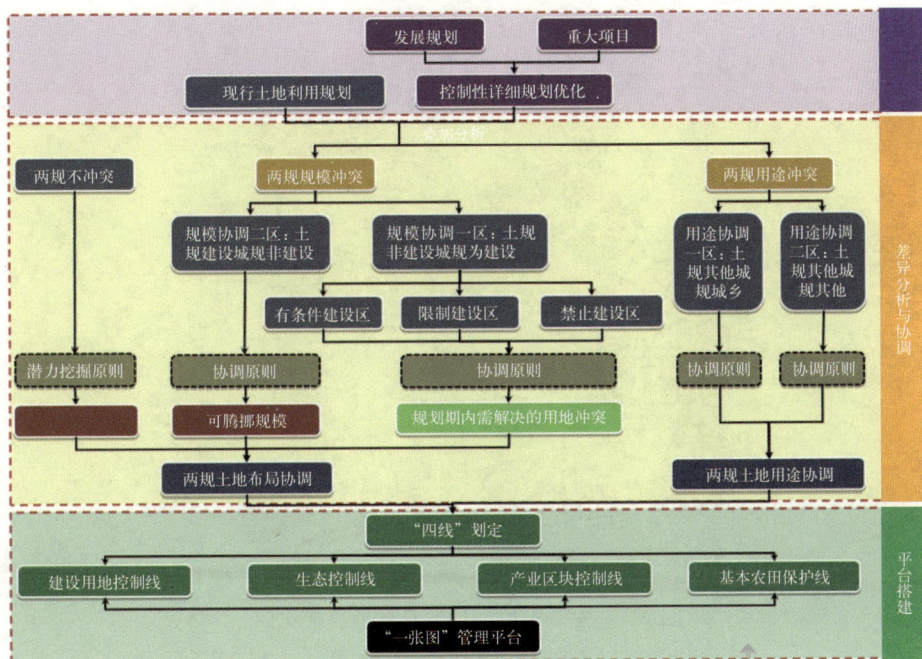

图 1 "三规合一"技术路线

资料来源：《广州市天河区"三规合一"试点规划研究》项目文本。

天河区"三规合一"工作重点在对"两规"在技术标准、总量规模、结构分布、规划边界等方面的不一致，通过对分类标准、建设用地规模、建设用地布局、生态用地挖潜等技术手段进行协调，以发改委明确的重点项目为抓手，满足近期建设项目的需要，并在此基础上重新划定建设用地控制线、产业区块控制线、生态控制线及基本农田控制线，并将其纳入数据平台管理，完成广州全市"一张图"工作及信息平台搭建。此外，天河区还在土地管理机制创新、协调机制搭建等政策支撑方面进行了研究和尝试。

5.2　与发展规划的协调

　　天河目前所面临的问题是大事件带动的城市化快速发展受到城市内部功能联系不足等问题的困扰。"三规合一"作为技术手段，应首先在策略层面与发展规划进行对接，这种对接主要表现在根据天河目前所处的发展阶段及面临的主要发展问题的剖析，通过发展策略的研究，以"微创手术"式的缝合与织补为空间策略和以面向精细化管理为目标的"微管理"策略，对发改部门制定的近期项目库进行筛选和优化，将城市规划的发展策略以项目为抓手落实到空间上，以保证土地和资金的有力支撑。这个优化后的项目库（见图2），也是土地利用规划与城乡规划"两规"协调的最终落脚点。

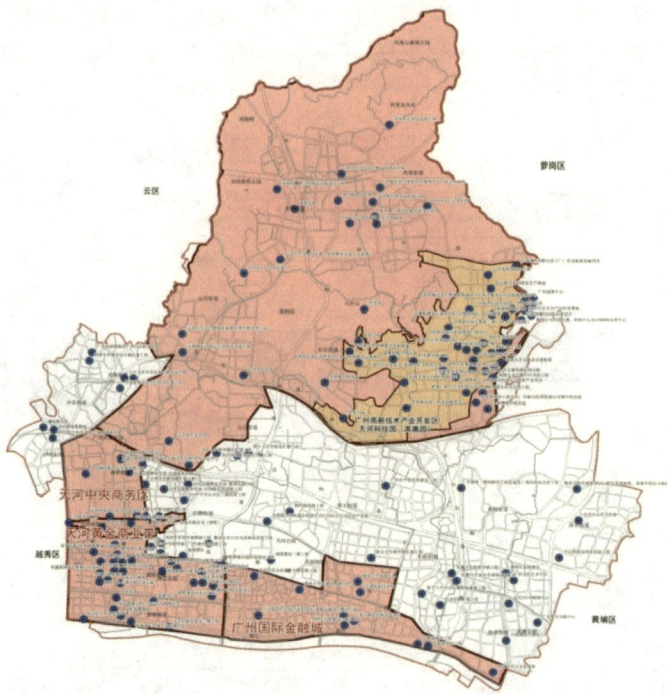

图2　与发改委协调后的重点项目优化库

资料来源：《广州市天河区"三规合一"试点规划研究》项目文本。

5.3　与土地利用规划的协调

5.3.1　差异分析

　　城乡规划与土地利用规划的差异可分为两大类：一、规模差异，即"两规"不同为建设用地或不同为非建设用地；二、用途差异，即在建设用地中，"两规"不同为城乡建设用地或不同为"其他建设用地"。经 GIS 平台叠加分析，天河区"两规"规模差异面积约1817.3 公顷，"两规"用途差异面积约1171.2 公顷。正是因为"两规"在规模和用途方面的差异，导致在行政过程中出现因"两规"不符所造成的无法报批等问题比比皆是。

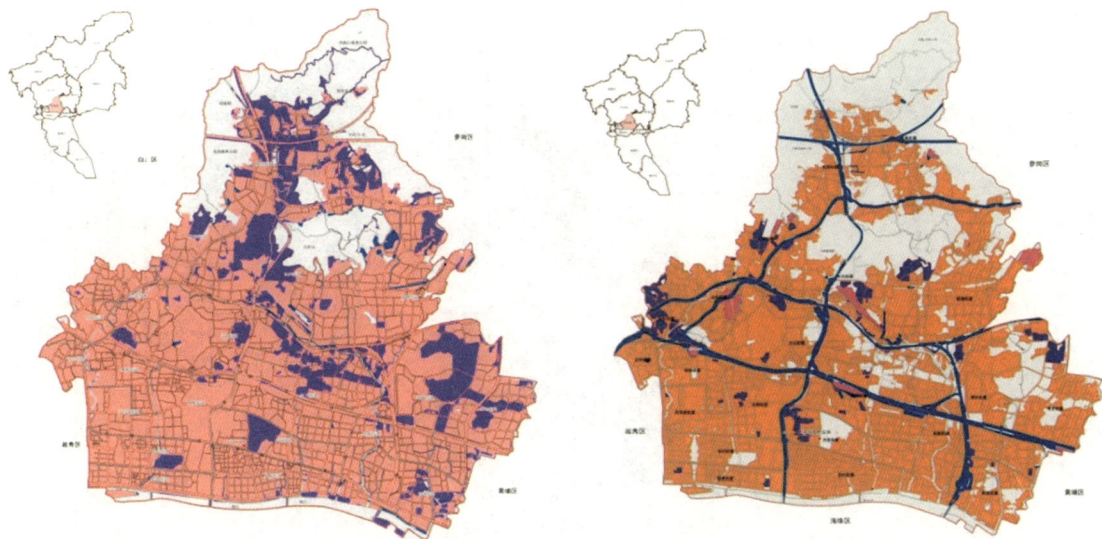

图 3　土地利用规划与城乡规划在规模和用途方面的差异分析
资料来源：《广州市天河区"三规合一"试点规划研究》项目文本。

5.3.2　差异协调

（1）用地分类标准协调

目前城市规划实行新、旧两套标准并行的机制，分别是住建部 1991 年颁布的《城市用地分类与规划建设用地标准》（G8J137-90）和 2012 年修订版的《城市用地分类与规划建设用地标准》（GB50137-2011）。天河区现有城市规划成果均是按照旧标准编制。为有效协调衔接城市规划和土地利用规划的用地分类，使"两规"协调能建立在统一的对比标准，首先需建立一个纳入"两规"用地分类标准的新的分类标准。比如说，将"两规"的露天矿用地纳入其他建设用地，将城乡规划的村庄建设用地及土地利用规划的涉外用地和宗教用地纳入城乡建设用地，将土地利用规划的农用地和其他用地纳入非城乡建设用地等。具体协调措施如下：

（2）用地规模协调

针对土地利用规划为建设用地，城乡规划为水域、山林地等非建设用地的"两规"建设用地规模差异地块，通过挖掘现状生态绿地的规模潜力，对规划情况以及现状建设情况稳定为非建设用地，且单个图斑大于 5000 平方米的差异地块，直接腾挪建设用地规模，调整土地利用规划的用地性质，使"两规"同为非建设用地。

针对土地利用规划为非建设用地，城乡规划为建设用地的"两规"建设用地规模差异地块，根据重点项目布局、土地利用规划的空间管制、地块用地性质以及地块区位等情况，提出五类协调原则及措施，详见下表：

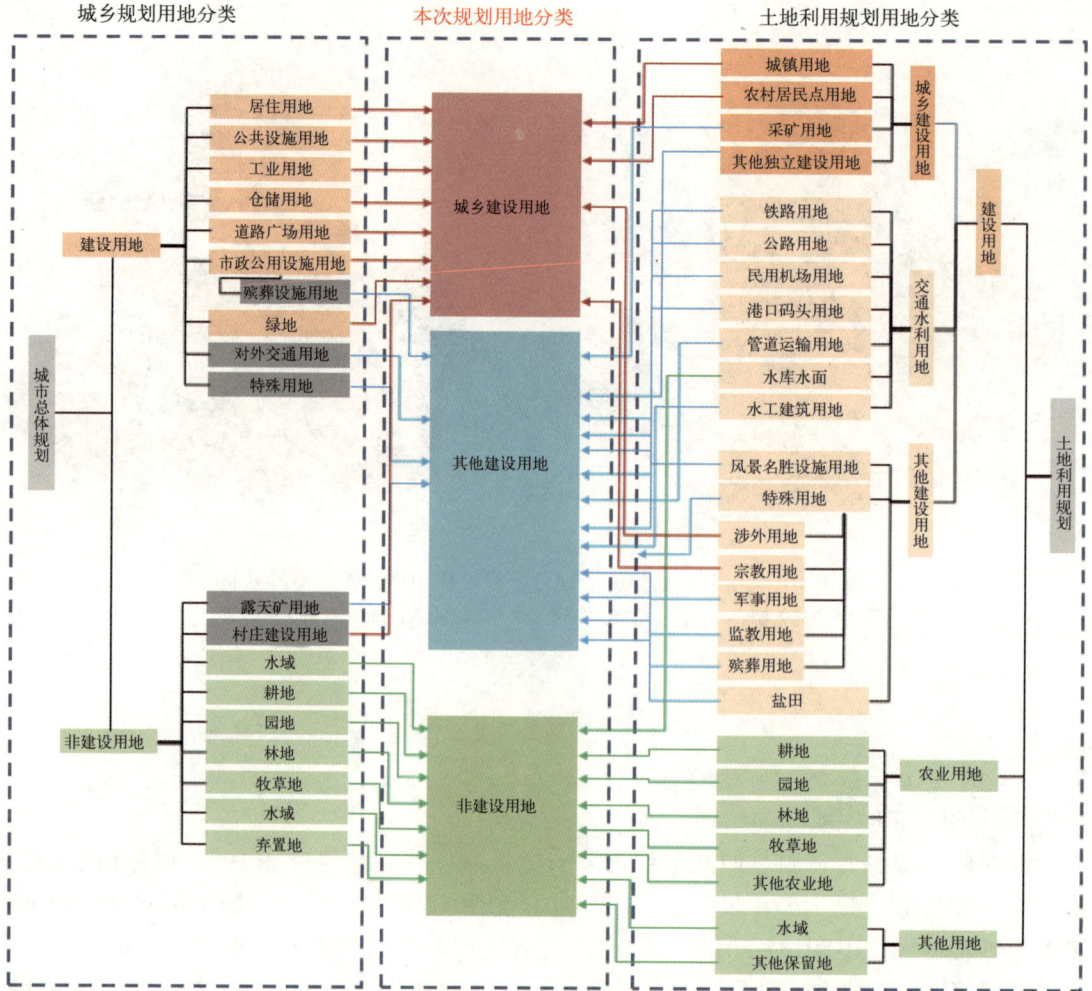

图 4　土地利用规划与城乡规划在用地分类标准的协调

资料来源：《广州市天河区"三规合一"试点规划研究》项目文本。

规模差异协调处理表

表 1

差异特征	用地情况	协调措施	面积（公顷）
土规有规模，城规无规模的用地	城规规划情况以及现状建设稳定为非建设用地且单个图斑大于5000平方米	腾挪规模，调整土规为非建设用地	44.0
	单个图斑小于5000平方米、现状已建或城规规划情况不稳定	保留规模，调整控规为建设用地	79.5
土规无规模，城规有规模的用地	土规有条件建设区内重点项目用地、民生设施用地和市政设施用地	首先供给规模，调整土规为建设用地	83.5
	智慧城土规有条件区内靠近城市集中建设区的城乡建设用地	其次供给规模，调整土规为建设用地	192.9
	智慧城土规有条件区内靠近城市集中建设区的其他建设用地	再次供给规模，调整土规为建设用地	19.4

470

差异特征	用地情况	协调措施	面积（公顷）
土规无规模，城规有规模的用地	处于土规禁止建设区内	不给规模，纳入生态保护区，调整控规为非建设用地	154.5
	无重点项目落点的城市绿地	不给规模，纳入非建设用地管理，划入城市生态绿地区	870.1
	其他建设项目用地	不给规模，划入有条件建设区，调整控规为非建设用地	373.3

资料来源：《广州市天河区"三规合一"试点规划研究》项目文本。

通过规模腾挪、规模挖潜等手段获得的新增建设用地规模，将首先用于满足区内处于差异地块图斑内的近期重点建设项目，包括战略性产业项目、民生设施及市政设施。协调后及调整后的控制性详细规划设用地规模与土地利用规划达到一致，同为9554公顷，形成"三规合一"建设用地基本反映天河未来城市发展形态，实现城市完形。

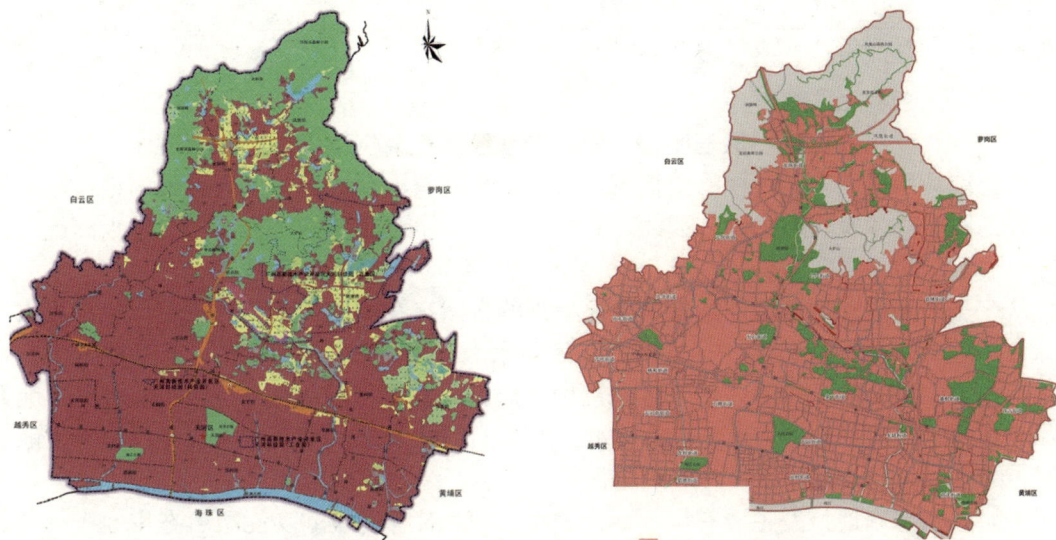

图5 天河区土地利用现状图与协调后的土地利用规划调整图

资料来源：《广州市天河区"三规合一"试点规划研究》项目文本。

（3）用途差异协调

土地利用规划严格控制城乡建设用地规模，在地类转换过程中具有单向刚性原则，即城乡建设用地可向其他建设用地转换，而其他建设用地不能向城乡建设用地转换；同时，城市规划新版修订标准已将原城乡建设用地中的部分用地划分为其他建设用地，缩小了城市规划中的城乡建设用地地类范围。基于此，制定"两规"用途差异处理原则为：在保证城市用地功能和土地利用规划建设用地总规模不变的基本前提下，尽量维持现有土地利用规划城乡建设用地规模不增不变，其含义包括两方面：①尽量利用现有土地利用规划的城乡建设用地规模解决城市建设规模的功能需求，尽量不增加土地利用规划城乡建设用地规模，尽量避免和减少土地利用规划调整；②充分利用土地利用规划城乡建设用地规模，即土地利用规划城乡建设用地规模优先供给城市建设必须使用城乡建设用地规模的用地，如有余量，其他功能用地优先使用城乡建设用地规模，再使用其他建设用地规模。根据以上原则，对"两规"建设用地用途差异协调处理如下：

用途差异协调处理表

表2

差异特征	用地特征		处理措施	面积（公顷）
土规为其他建设用地，城规为城乡建设用地	城市规划为道路交通用地，实际为对外交通用地		不给城乡建设用地规模，调整控规用地性质	577.4
	城市规划为公共绿地，但实际为对外交通用地两侧防护绿地		不给城乡建设用地规模，调整控规用地性质	207.4
	其他城规建设用地		给城乡建设用地规模，调整土规用地性质	28.4
	合计			813.2
土规为城乡建设用地，城规为其他建设用地	城市规划性质为军事用地、外事用地、铁路用地、殡葬用地		保留城规用地性质，土规纳入待调整区	313.0
	城市规划性质为保安用地	位于火炉山山脚，靠近城市生态区的保安用地	腾挪土规城乡建设规模，调整土规用地性质	28.4
		其他保安用地	保留城规用地性质，土规纳入待调整区	16.6
	合计			358.0

资料来源：《广州市天河区"三规合一"试点规划研究》项目文本。

5.3.3　生态用地挖潜

天河区建设用地规模不足是制约了城市未来经济社会持续发展的重要瓶颈。因此，在不突破土地利用规划确定规模的前提下，通过挖掘现有土地资源，实现建设用地规模最优利用成为城市持续发展的关键。因此，挖掘处于城市生态用地的规模潜力，是天河区"三规合一"工作的重要内容。

从广义上来讲，生态用地是指所有原生态的自然存在的地类，并且也应该包括半人工的绿色用地、水域等能够发挥气候调节、涵养水源等生态作用的土地[①]。从功能分类及城市用地分类的狭义角度来看，城市生态用地可概括为两类用地：其一为功能型生态用地[②]，即除弃置地以外的非建设用地。包括耕地、林地、园地、水域等；其二为服务型生态用地[③]，即城市绿地。包括公园、道路两侧的防护绿地、生产绿地等城市绿地。

天河区生态用地挖潜主要有以下两个途径：一、对有规模的功能型生态用地进行规模腾挪；二、按照《广州市城乡统筹土地管理制度创新试点方案》对"城市生态用地差别化管理"的政策，结合城市园地、山林、水体等具有生态功能的用地，在符合国家土地管理制度要求的前提下，纳入非建设用地管理，即该部分生态用地不纳入"两规"建设用地统计但计入城市绿地率统计。根据以上方法可腾挪建设用地规模约240公顷。

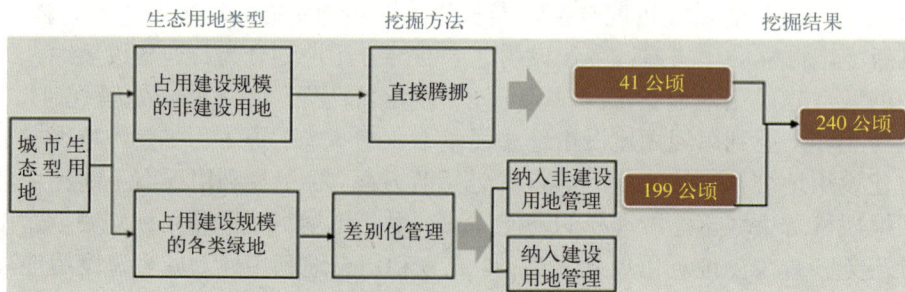

图6　生态用地挖潜思路

资料来源：《广州市天河区"三规合一"试点规划研究》项目文本。

5.4 "三规合一"规划

城乡规划和土地利用规划分别通过主体功能区划和管制分区实现对建设和非建设空间的管理。然而,"两规"在管制分区上的内容和方式存在不一致:城乡规划将空间划分为禁建区、限建区、适建区和已建区;土地利用规划则将空间划分为禁止建设区、限制建设区、有条件建设区和允许建设区。因此,有必要对两类规划的空间管制进行协调。结合城镇建设用地空间布局,按照保护资源与环境优先、有利于节约集约用地的要求,通过"三规"协调,确定天河区"三规合一"的建设用地区、生态保护区、产业区[④],划定建设用地控制线、生态控制线、产业区块控制线。根据各控制线对应的各区域具体情况,制定差异化

图7　天河区"三规合一"规划图
资料来源:《广州市天河区"三规合一"试点规划研究》项目文本。

土地利用政策,分别进行调控,保障土地资源的最优利用。需要说明的是,土地利用规划划定的管制分区作为刚性规定是不能进行调整的。广州市"三规合一"规划是基于《广州市城乡统筹土地管理制度创新试点方案》中对土地管理创新的试点要求,在建设用地总量规模不变的前提下,适当调整城乡建设用地布局。因此,为保证土地的最高效利用,考虑天河区空间的合理布局以及重点发展区域,通过"两规"建设用地规模及土地用途差异协调,对土地利用总体规划的允许建设区、有条件建设区、限制建设区三个管制分区的边界进行了调整,将三大管制分区的用地分解到"三规合一"的建设规模控制区、城市生态绿地区以及有条件建设区内。

5.5 协调机制建议

除了在技术上的协调,通过以下几方面机制搭建,加强发改、规划、国土部门在行政过程中的沟通和衔接,也是保障"三规合一"工作顺利实施的重要手段:一、信息平台建搭建。将三个部门的信息实现共享,通过信息化管理平台搭建一个开放、共享、统一、高效、动态更新的信息化管理平台,将各部门信息进行汇总和输出。二、部门联席会议制度。搭建在市级和区级之间以及部门与部门之间搭建一个定期沟通、决策的平台,加强部门沟通的同时,引入自下而上的决策机制,同时也为数据平台的定期更新提供支持。三、项目联合预审机制。引入项目联合预审机制,即在项目立项的过程中,将国土和规划部门纳入进来,共同决策,一同制定年度计划项目库,提决策的科学性和可行性。

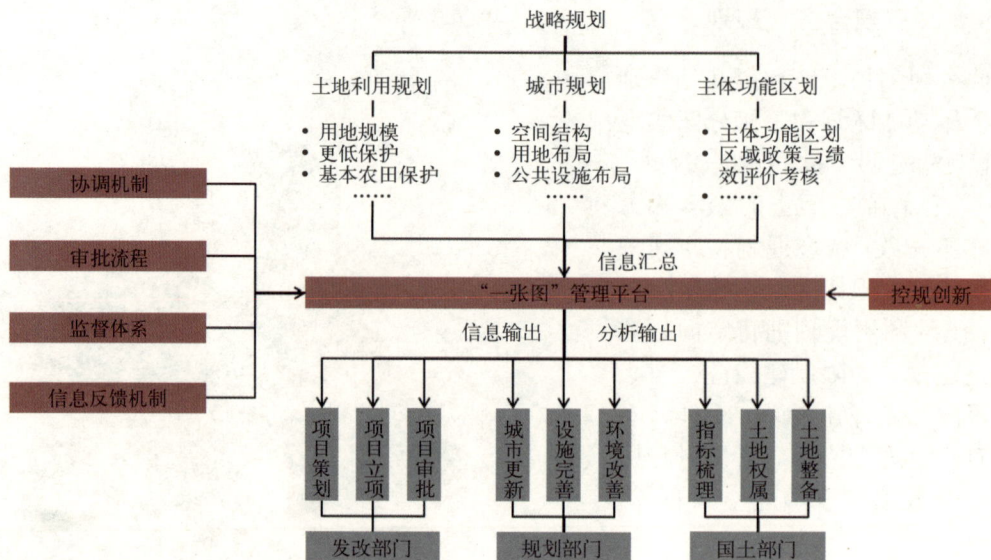

图 8 平台搭建示意图
资料来源：作者自绘。

6 结语

三规失衡的根本原因是同一空间体系下存在的三个部门三类规划之间的权益的争夺，是各级政府及部门之间事权分配原因导致的。仅仅在技术上的规划合一不是目的，难以从根源上解决规划实施所面临的问题。目前，国内学者对"三规合一"工作有着不同的态度，这是因为地方尝试推行"三规合一"的城市总体规划编制模式的根本出发点，是企图把上级政府掌控的建设用地范围、用地规模和指标的审批权纳入地方事权范围，以此突破土地指标的束缚，这有可能进一步激化部门之间的冲突。还有学者认为，"三规合一"工作有可能使规划的科学性受到挑战，因为在一定程度上，协调意味着妥协……这些争议也再次说明，技术上的协调不难实现，而要真正消除因部门权益纷争带来的三规冲突问题，更需要在体制、机制、土地政策甚至法律上提供保障。

尽管技术层面的"三规合一"很难真正解决因体制层面的问题产生的规划冲突和实施问题，但"三规合一"对传统的规划理念、方法都起到了一定的校正作用，对于城市化发展、城乡统筹、近远期发展的协调都具有积极的意义。在目前精细化发展趋势下，提出"三规合一"的设想，是地方探索新型城市化道路的重要举措，也是理想主义传统规划下的理性回归……

注释

① 参见：http://www.mlr.gov.cn/tdsc/lltt/201004/t20100422_146452.htm。
② 功能型生态用地是指地块功能是维持城市中自然或半自然生态系统稳定的生态用地。
③ 服务型生态用地是指地块功能是以为人群提供生态服务为主导功能的生态用地。
④ 根据国民经济发展规划及土地利用规划，天河区行政管辖范围内无基本农田，因此不需要划定基本

农田控制线。

参考文献

[1]　秦淑荣 . 基于"三规合一"的新乡村规划体系构建研究 [D]. 重庆大学硕士学位论文，2011，10.

[2]　汪劲柏，赵民 . 论建构统一的国土及城乡空间管理框架——基于对主体功能区划、生态功能区划、空间管制区划的辨析 [J]. 城市规划，2008，12.

[3]　姚凯 ."两规合一"背景下控制性详细规划的总体适应性研究——基于上海的工作探索和实践 [J]. 上海城市规划，2011，6.

[4]　姚凯 ."资源紧约束"条件下两规的有序衔接——基于上海"两规合一"工作的探索 [J]. 城市规划学刊，2010，3.

[5]　许珂 ."两规合一"背景下对上海新市镇总体规划编制的思考 [J]. 上海城市规划，2011，5.

[6]　徐东辉 ."三规合一"的市域城乡总体规划 [J].2012 城市发展与规划大会论文集，2012.

第五章

编制实践

县域村镇体系规划试点思路与框架

——以山东胶南市为例 *❶

顾朝林 ❷　金延杰 ❸　刘晋媛 ❹　汪　淳 ❺　康　璇 ❻　卫　琳 ❼

我国现有县级行政单元（含县级市）2010 个，是国家行政区的基本单元。综观县域经济的发展大体经历了三个阶段：改革开放前以种养业为主，重点发展粮棉油，是典型的农业计划经济；到 20 世纪 90 年代中期，家庭联产承包责任制普遍推行，乡镇企业异军突起，个体私营经济有了一定发展，县域商品经济明显发育；20 世纪 90 年代后期，短缺经济基本结束，县域市场经济得到发展。目前可以说中国经济正进入向县域经济的转移阶段。2002 年 11 月党的十六大报告首次提出："发展农产品加工业，壮大县域经济"。2004 年 2 月中央一号文件再次强调："壮大县域经济"。2005 年 3 月政府工作报告提出："发展乡镇企业，壮大县域经济"。党的十六届五中全会通过的"十一五"规划建议强调："大力发展县域经济，加强农村劳动力技能培训，引导富余劳动力向非农产业和城镇有序转移，带动乡镇企业和小城镇发展。"2007 年 11 月党的十七大报告①再次强调："以促进农民增收为核心，发展乡镇企业，壮大县域经济，多渠道转移农民就业。"为了加快县域经济发展，浙江、福建、广东、辽宁、江苏、山东等经济发达地区，正在加快改革"市管县"的体制，纷纷出台"强县扩权"政策，推进县域经济的发展。建设部长期重视县、镇规划，结合国家经济社会发展战略，积极推进县域规划、小城镇规划试点工作。胶南县域村镇体系规划正是建设部县域规划的六个试点项目之一，该规划主要包括县域村镇体系规划、镇规划和村规划三个层次。

1　县域村镇体系规划编制思路

《城乡规划法》的颁布与实施对于中国特色的城市化道路有重大意义，县域村镇体系规划通过以县城为中心、以集镇为纽带，联结广大乡村进行县域空间规划和管治，对于实现城乡统筹发展具有十分重要的意义。

---

*　国家自然科学重点基金项目（40435013）、教育部博士点基金项目（20040284012）。

❶　本文来源：《规划师》2008年第10期。

❷　顾朝林，清华大学建筑学院。

❸　金延杰，山东省烟台市城市规划局。

❹　刘晋媛，北京清华城市规划设计研究院总体规划所。

❺　汪　淳，北京清华城市规划设计研究院总体规划所。

❻　康　璇，北京清华城市规划设计研究院总体规划所。

❼　卫　琳，建设部城乡规划司。

1.1 县域村镇体系规划的地位与作用

在社会主义市场经济体制下，规划对实现国家战略目标，弥补市场失灵，有效配置公共资源，促进协调发展和可持续发展等具有重要作用。县作为相对独立、完整的政区，具有基本经济单元的性质。新形势下的县域村镇体系规划，就是全面贯彻党的十七大报告关于走中国特色城镇化道路，按照统筹城乡、布局合理、节约土地、功能完善、以大带小的原则，促进大、中、小城市和小城镇的协调发展，统筹城乡发展，推进社会主义新农村建设。具体来说，就是进一步明确坚持统筹城乡发展、统筹区域发展、统筹经济社会发展、统筹人和自然和谐发展、统筹国内发展和对外开放，坚持以人为本，树立全面、协调、可持续的科学发展观，通过县域村镇体系规划促进县域经济社会和人的全面发展，以更大程度地发挥市场在资源配置中的基础性作用，为全面建设小康社会提供强有力的体制保障。

1.2 县域村镇体系规划编制的基本理念

（1）承上启下，注重融合。根据《城乡规划法》，除上层次城镇体系规划外，地市总体规划在某种程度上包含部分区域规划的内容，对于县域村镇体系规划具有指导价值。县域村镇体系规划，一方面需承接上一层次规划的要求，并对其进行深化和落实；另一方面应有效地指导下一层次规划的编制，为镇、乡和村庄规划提供编制依据。此外，县域村镇体系规划对于市（县）政府所在地的中心城区（镇）的总体规划及县域范围内的重点地区提出明确的规划指引。县域村镇体系规划与各层次规划之间的关系如图 1 所示。

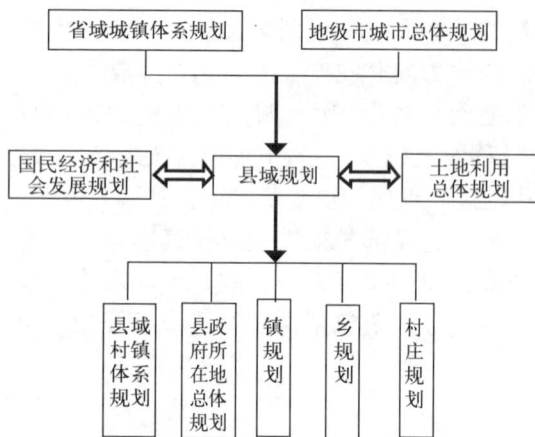

图 1　县域村镇体系规划与各层次规划之间的关系

（2）突出重点，注重操作。县域村镇体系规划应针对重点问题，提出可操作的具体措施。重点问题包括：①在统筹预测及分配人口的基础上，科学确定县域村镇人口和用地规模；②合理布局村镇体系结构，通过重点镇带动农村地区发展；③编制切合实际的村庄布局规划、分类管理策略及可行的产业发展规划，缩小城乡差距，促进县域经济发展；④统筹规划交通及基础设施建设，并制定可实施的公共设施规划。

（3）城乡统筹，全域覆盖。县域村镇体系规划宜将整个县行政区作为规划区范围，实现县域城乡空间全覆盖规划。一方面，根据县域社会经济发展规划落实空间布局，以空间资源分配为主要调控手段，制定"空间准入"的规则，实施"空间管制"；另一方面，关注农村地区和生态敏感地区，在科学发展观指导下，进行社会主义新农村建设。

（4）"三规"协调，有机衔接。重视县域村镇体系规划与县(市)国民经济与社会发展规划、土地利用规划之间的协调。县域村镇体系规划，一方面重视与国民经济与社会发展规划中的战略目标、产业布局、现代化建设标准的衔接，另一方面也要与土地利用总体规划中的土地供给量、土地利用规划相衔接。此外，县域村镇体系规划还需要与区域重大基础设施规划、环保与生态建设规划相协调。

（5）双重导向，因地制宜。规划编制一般具有目标导向和问题导向两类。目标导向是指制定区域和城市的远景发展蓝图，作为县域规划的导向，并将该蓝图分解为若干目标，同时针对目标提出发展战略，寻求实现途径，然后制定可实施的、具体的、分期的规划措施。问题导向是指针对现状问题或实现目标过程中可能出现的问题，通过分析问题产生的深层次原因，结合发展趋势，在规划中找到妥善解决的方法，并提供多种可能替代的具有弹性的规划以解决不可预见的问题。县域村镇体系规划应针对实际县情，因地制宜地选择规划导向，有时可能是双重导向。

（6）协商参与，均衡利益。建立互动互求、协商协调型的规划。规划编制过程中广泛吸收各利益集团（政府、部门、社团、企业等）参与规划讨论，以寻求解决区域发展中的各种利益冲突的方法和途径，提高区域内各发展成员履行规划的自觉性和能动性。重点包括：①协调各部门利益。以经济、社会、环境为导向的多目标规划体系决定了规划应兼顾各部门的利益，促进区域整体发展。②协调各城镇发展。重点通过总量控制下的土地资源分配、重大基础设施建设及重大项目的布局等平衡区域整体与各局部地区利益。③协调政府与公众关系。重点关注公众参与，如在村庄规划中应进行充分的社会访谈及问卷调查，并在此基础上进行规划。

2　县域村镇体系规划编制框架与内容

综上所述，县域村镇体系规划的主要任务是落实省（自治区、直辖市）域城镇体系规划提出的要求，有效引导和调控县域村镇的合理发展与空间布局，指导村镇总体规划和村镇建设规划的编制。县域村镇体系规划主要包括区域规划、镇规划和村庄规划三部分。

2.1　区域规划

县域村镇体系规划中区域规划部分的编制框架如图2所示。主要内容包括：①发展条件与发展战略。进行区位、经济基础及发展前景分析与评价；分析自然条件与自然资源、生态环境、村镇建设现状，提出县域发展的优势条件与制约因素；提出经济、社会、产业、空间发展战略，确定战略性措施与对策。②发展目标与功能定位。通过对县域大区域中比较优势的分析，明确县域和县城在区域中的地位、作用与职能分工，并与县域社会经济发展现状和区域整体发展目标及上层次规划的要求相衔接。③开发空间区划。通过对县域内部不同地域发

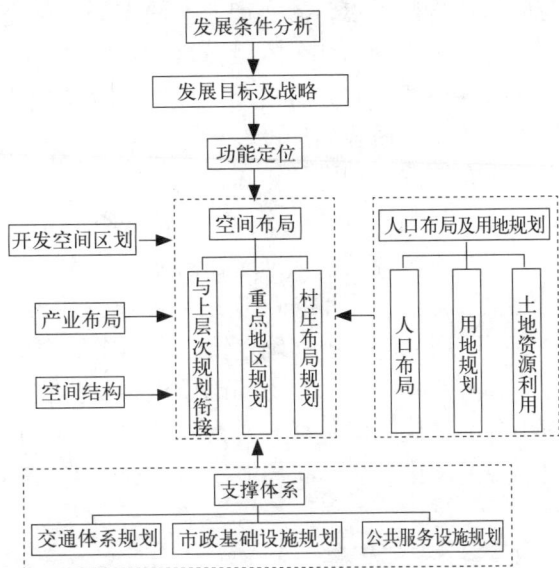

图2　县域村镇体系规划中区域规划部分的编制框架

展条件、生态基底和发展潜力的综合分析，建构县域总体开发空间区划，制定不同空间区划的对策和策略。④人口布局。预测县域人口规模，确定城镇化水平，规划合理的城镇等级规模结构。确定重点镇及各乡镇人口规模、职能分工和建设标准。⑤产业布局。通过产业发展现状分析，明确产业发展战略，提出产业布局构想。⑥城镇空间布局。根据开发空间区划、人口布局，确定各城镇用地规模，并通过调整城镇用地规模与村庄用地规模，实现建设用地统筹平衡。在此基础上，以区域协调、城乡统筹的视角，根据城镇职能结构确定空间结构，最终规划合理的用地布局方案，实现社会经济发展与土地和空间资源利用的协调。⑦重点地区发展规划。提出县级人民政府所在地镇区、重点镇区及重点发展地区的发展定位、规模及空间布局，以及城镇密集地区协调发展的规划原则。⑧确定村庄布局基本原则和分类管理策略。明确需重点建设的中心村，制定中心村建设标准，提出村庄整治与建设的分类管理策略。⑨支撑体系规划。重点为综合交通规划、基础设施规划、公共服务设施共享规划。交通设施规划包括公路、水运、铁路、航空等内容，其重点是公路网规划及公共交通规划。基础设施规划重点体现资源共享原则，避免重复建设，实现向农村地区的延伸。公共设施提出分级配置各类设施的原则，确定各级居民点配置设施的类型和标准，因地制宜地提出各类设施的共建、共享方案。

2.2 镇规划

镇直接面对广大乡村地域空间，是协调城乡关系的基层空间，规划应以促进城乡网络化的形成为目标。镇规划由镇域规划、镇区规划和专项规划三部分组成。

(1)镇域规划。主要内容包括：①发展条件分析。重点分析自然条件与各类可利用资源，生态环境与历史文化传统，村镇建设现状与工程设施、公共设施配置情况，明确镇域发展的优势条件与制约因素。②发展目标及功能定位。根据所在县域镇村体系规划，结合本镇经济社会发展条件，明确镇功能定位，提出镇域经济、社会、产业发展策略。明确镇区—中心村—基层村的镇村层次等级的职能分工。③产业布局。明确第一、二、三产业的发展方向、结构及重点，落实产业空间布局。④复核镇域人口规模。根据所在县域村镇体系规划，复核规划期末和分阶段镇域人口总量，确定规划期末和分阶段镇区、中心村、一般村的人口规模及人口分布情况，提出分阶段镇域人口集中的方向、目标与步骤措施。⑤空间组织。协调镇域各项建设与生态环境保护的关系，统筹考虑规划期各阶段产业发展需要与人口分布情况，划定禁止建设区、限制建设区及适宜建设区，确定各区边界及空间资源有效利用的限制和引导措施。明确镇域空间发展对策及空间布局。

(2)镇区规划。根据所在县域村镇体系规划，确定镇区的性质与职能，明确镇区建设用地发展方向、用地标准及用地规模，并根据远期发展需要，按照方便规划管理的原则，划定镇区规划区范围，确定镇区空间布局方案。

(3)专项规划。提出基础设施和公共服务设施向村庄辐射的目标与原则，因地制宜地提出各类设施联建共享的方案与措施，确定镇（乡）区及各级村庄配置设施的类型和标准。提出各类设施的空间布局方案与分阶段实施策略。

2.3 村庄规划

村庄规划编制框架如图3所示。主要内容包括：①发展条件分析。对村庄的区位、人口、经济社会、产业及村庄建设情况进行研究与评价，找出村庄存在的主要问题。②村庄类型及定位。根据县域规划及镇域规划明确村庄类型，并结合现状基础和发展条件进行分析，确定合理的功能定位。③人口和用地规模预测。根据现状情况、耕地情况及镇域规划要求，合理确定村庄5～10年人口规模，并据此确定合理的居民点用地规模。④产业布局。根据镇域产业布局，通过产业发展现状分析，明确产业发展战略，并提出产业布局构想。⑤用地布局。确定村庄内各类用地布局，明确产业用地、居住、公共设施、对外交通、道路广场、工程设施、绿地等用地的空间布局。依据现状建筑情况，充分考虑村民意愿，制定合理的居民点用地布局，并针对现状情况规划符合实际的公共服务设施体系。⑥基础设施。根据村庄社会调查，对村庄内的给水、排水、

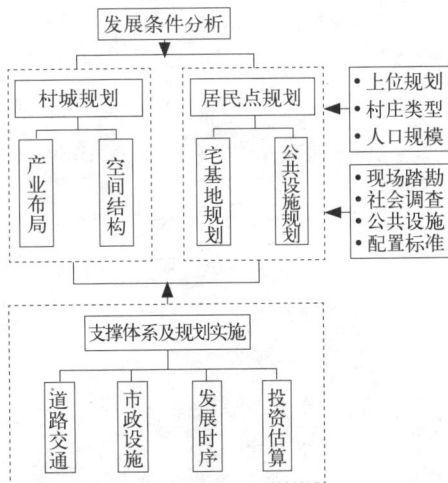

图3　县域村镇体系规划中村庄规划部分的编制框架

供电、邮政、通信、燃气、供热等工程设施及其管线走向、敷设进行规划安排。确定垃圾分类及转运方式，明确垃圾收集点、公厕等环境卫生设施的分布、规模；确定防灾减灾、防疫设施的分布、规模；对村口、主要水体、特色建筑、街景、道路及其他重点地区的景观提出规划设计。⑦建设时序及投资估算。进行村庄分期建设时序安排；确定3～5年内近期建设项目的具体安排；估算近远期建设工程量、总造价，分析投资效益。

3　胶南县域村镇体系规划实例

胶南市位于山东省沿海产业带和山东半岛制造业"T"形发展轴上，是大青岛海湾型城市西海岸的核心发展区，是青岛乃至山东半岛重要的沿海临港制造业基地（图4）。随着高速公路、跨海大桥和海底隧道的开工建设，胶南与青岛将实现快捷的交通对接，其区位优势将更加突出。全市总面积为1846平方公里（仅指陆地面积），其中未利用土地面积为212.8平方公里，占总面积的11.76%。大陆海岸线总长131公里，水深10米以内的浅海面积为200平方公里，其中3处港湾可建万吨级以上的泊位码头。2006年胶南市经济综合实力和市域经济基本竞争力分别位列全国百强县（市）第31位和第17位。三次产业结构中第二产业占主体，已初步形成装备制造、医药食品、家电电子、橡胶化工等优势产业集群，是全国最大的无梭织机生产基地。域内名胜古迹众多，山、海、岛、城风景秀美，

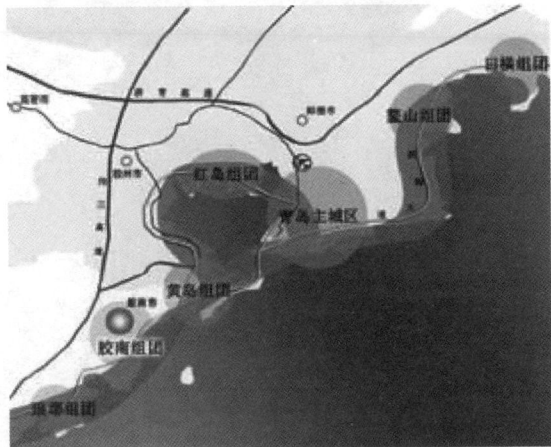

图4　胶南市区位图

享有"三山观碧海、九水绕绿城"的美誉。此外，青岛中心城区港口和临港重化工业的转移将为胶南的发展带来新的机遇。

3.1 区域规划

（1）开发空间区划。综合胶南市现状土地开发状况、未来发展态势和生态敏感性分析，划定市域禁止开发区和限制开发区（图5）。①禁止开发区。主要包括自然保护区核心区和缓冲区、生态公益林区、饮用水水源地及其一、二级保护区、重要湿地，清水通道两侧100米维护区和特殊生态产业区内需要特别保护的红线区。②限制开发区。主要包括自然保护区的实验区、水源涵养区部分区域、水土保持区、

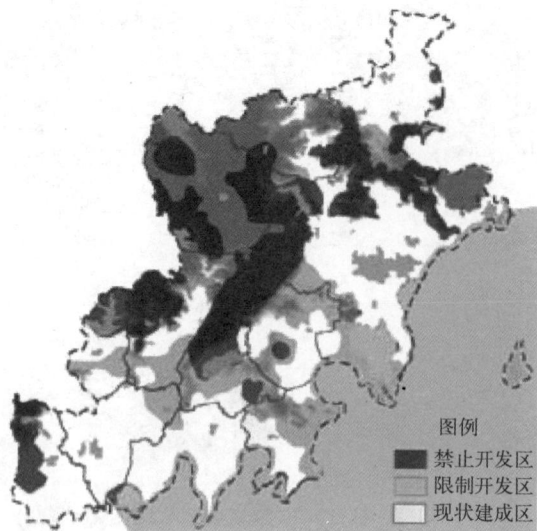

图5 开发空间区划示意图

生态公益林区、饮用水水源地的准保护区、重要湿地部分区域、清水通道两侧100～1000米的范围、风景名胜区部分区域、特殊生态产业区内的黄线区域。

（2）人口布局与城镇规模。综合户籍人口和流动人口数据，预测2020年胶南市域总人口数为115万，城市化水平为65%，城镇人口为75万；中心城区总人口为55万，其中暂住人口为14万。综合分析重点发展地区发展战略及按照重点镇大于3万人，一般镇大于1万人的原则，确定城镇等级规模结构。

通过城镇体系和村庄建设用地整合，到2020年，胶南市建设用地控制在143平方公里，比原分项规划建设用地总量减少约90平方公里。

（3）城镇空间布局。综合考虑《青岛市城市总体规划》，加强与青岛中心城区的交通衔接，承接产业转移，吸引人口转移。市域形成"一区、两片、一镇"的城镇体系空间结构。其中，"一区"为胶南市区；"两片"为王台工业片区和董家口工业片区；"一镇"指为促进城乡统筹发展，新培育重点镇六汪。通过新建公路及公路等级的提升，加强城镇对农村地区的带动作用。推进基础设施向农村延伸和公共设施向农村覆盖，实现基础设施城乡统一规划和公共服务城乡均等化。实现市域公共交通主导战略，中心城区至重点镇及一般镇均实现公交化（图6）。

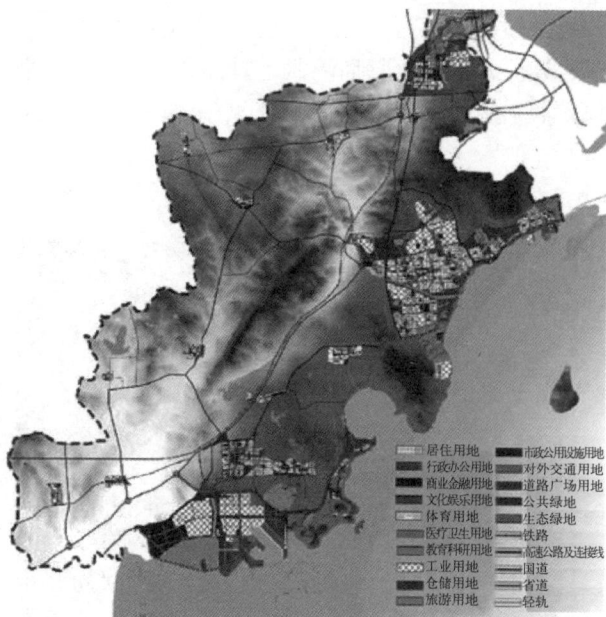

图6 胶南市域用地布局规划图

484

（4）重点区域。胶南重点发展地区为胶南城区、董家口临港重化工基地和六汪镇。

（5）产业布局。中心城区、王台镇及董家口重工业基地积极承接区域产业转移，大力发展临港产业及先进制造业，加快发展服务业，发挥其对市域的带动作用。同时，以农村产业化为基础，大力调整农村产业结构，最终实现市域产业结构的全面升级。确立装备制造、船舶汽车、家电电子、橡胶化工、钢铁及有色金属制造、食品与医药等支柱产业。按照承接发达地区产业转移和沿海开发的战略要求，积极推进产业布局的战略性调整，构建"两带一区"的产业布局结构。"两带"分别为沿 204 国道的现代制造业产业带和沿滨海大道的滨海旅游产业带；"一区"为 204 国道以西的生态农业产业区（图 7）。

图 7　胶南市产业布局结构规划图

（6）支撑体系。①交通规划。规划铁路西接日照，东接黄岛，以实现与胶济、日菏和胶新、胶黄铁路的连接。铁路站场位于铁山镇驻地南侧。董家口铁路专用线自董家口片区北侧接入，沿中间设编组站，分出进入钢厂和码头区支线。近期建设青新高速公路胶南段，于王台镇东南部与疏港高速相连。远期将在同三高速公路增加至宝山、市区、六汪、大村、董家口重工业基地的 5 个出入口。规划改造提升两条高速公路连接线。近期改造海西东路，经临港产业区外围于市区北部与同三高速公路相接。远期提升薛太公路市区至六汪段的通行能力，将六汪镇纳入市区半小时通勤圈。规划将滨海大道延伸至董家口重工业基地北侧与同三高速公路相接，形成"六横六纵"的区域道路网。"六横"从北至南分别为省道 S328、青新高速公路胶南段、疏港高速公路、六汪至同三高速公路连接线（薛泰公路六汪段）、大村—同三高速公路县道、省道 S334；"六纵"从东至西分别为滨海大道胶南段、国道 204、海西东路高速连接线、同三高速、宝山—大场县道、省道 S220。实现市域公共交通主导战略，中心城区至重点镇及一般镇均实现公交化，中心城区任意两点间公共交通可达时间不超过 30 分钟，中心城区至重点镇不超过 90 分钟，至一般镇不超过 120 分钟。②水资源利用规划。胶南市水资源总量多年平均为 4.895 亿立方米，按照 50% 的保证率，可利用量为 2.406 亿立方米。2010 年胶南市域用水需求量为 2.582 亿立方米，缺水量为 0.176 亿立方米；

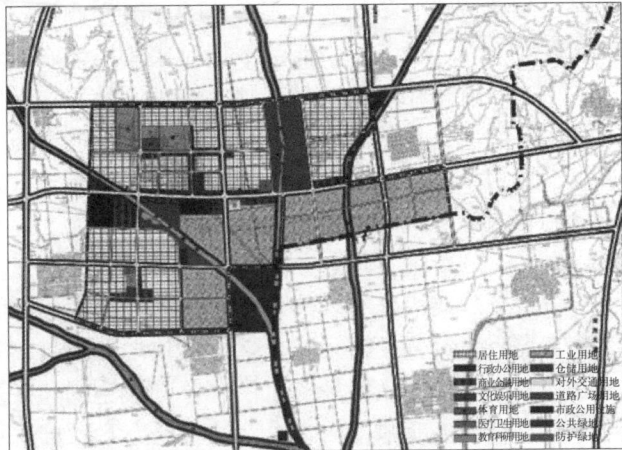

图 8　张家楼镇用地布局规划图

2020 年胶南市域用水需求量为 2.876 亿立方米，缺水量为 0.47 亿立方米。规划通过提高地表水利用率、海水资源利用、强化节水技术与措施及分质供水方式解决水资源短缺问题（图 8）。

3.2 镇规划

张家楼镇是胶南滨海大道的重点镇之一，东距胶南市中心 10 公里。本次规划作为镇规划试点。

（1）镇域规划。城镇职能确定为以外向型工业、旅游度假和农产品生产为主的滨海城镇。根据张家楼镇发展现状和发展潜力，全镇可划分为三大综合片区，以镇驻地为主中心，以潘家庄为次中心，以 204 国道为依托建设城镇发展主轴，以滨海大道和张家楼河为依托建设景观次轴，共同构建"两心、三轴、三区"的城镇空间布局形态。产业布局构建"一心、三轴、五片区"的空间形态。

（2）镇区规划。主要职能为镇域行政中心、商业服务中心、交通中心、商贸中心、农业服务基地。规划"一核、一轴、两带、三片区"的用地布局结构。"一核"，即在 204 国道两侧，以张家楼河及范庄河围合的区域作为镇区的核心区域，本镇的大部分公共设施集中于此区域，其中包括镇政府、文化中心、体育中心、医院及镇区主要的商业设施。"一轴"，即以松云路（原 204 国道）为城镇空间发展轴线，强化道路的生活服务功能。"两带"，即张家楼河两侧的滨河绿化带及范庄河道两侧的滨水绿带共同构筑镇区的绿化景观带。"三片区"，即两个居住片区和一个工业片区。其中，两个居住片区分别位于松云路以北及松云路以南经四路以西，工业片区位于松云路以南经四路以东。居住片区与工业片区间有方便的道路联系又互不干扰，同时镇区结合河流布置块状和条状绿地。

3.3 村庄规划

庄家疃村位于胶南市张家楼镇西南部，距镇驻地约 3.5 公里。规划的滨海大道从村域东南部穿过，通过镇域公路网与村庄相连，交通便利。村庄总体功能布局形成"一心、一带、两区"的用地布局结构。"一心"，即配套服务中心；"一带"，即滨海部分形成以养殖业为依托，集商贸、服务、游览于一体的滨海产业带；"两区"，即村域东片和村域西片，其中，东片发展为农业示范园，西片依托村庄发展为农业观光区。

庄家疃村居住用地为村民住宅用地，规划中应避免大拆大建，在现有住宅用地的基础上对居住用地进行整治。应在现状建筑质量的基础上，充分尊重民意，进行合理的居民点布局。规划保留村庄中部大部分以一级建筑质量和二级建筑质量住宅为主的居住用地，在社会调查的基础上，最终形成北部保留住宅区、东南部低层住宅区和西南部多层居住区三大片区。

在村庄公共设施布局的基础上，应充分考虑民意，根据农村实际需求进行布局。公共设施布局应注重开发性及综合性，建议结合村口广场集中布局，制定符合农村特点的布局方案，同时应注重软环境的建设。基础设施的建设应针对农村分散化、小型化的特点，制定合理给排水、能源、信息设施的布局方案，推进可再生能源的利用（图 9）。

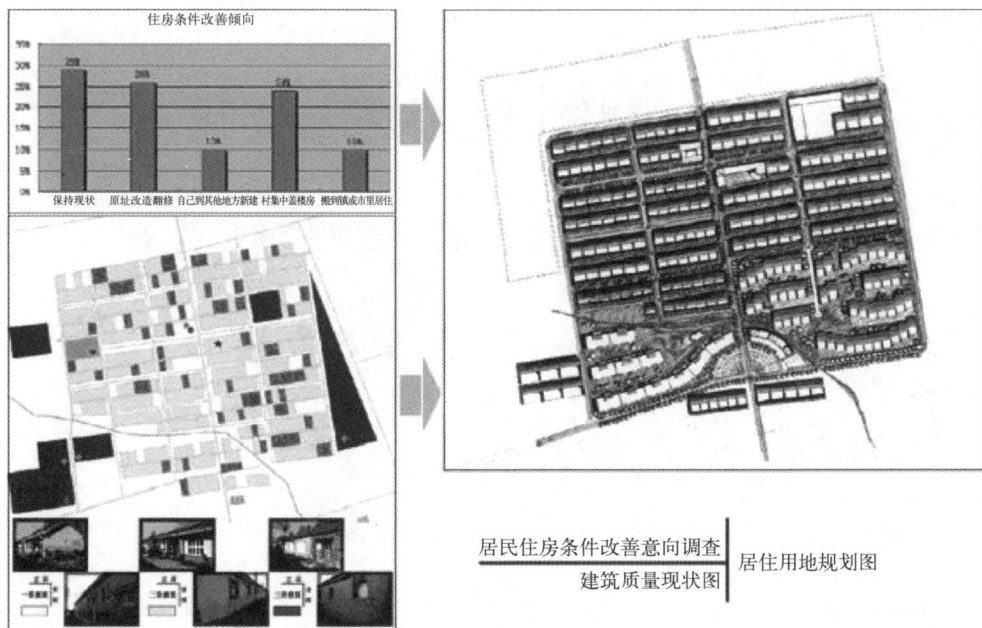

住房条件改善倾向

保持现状　原址改造翻修　自己到其他地方新建　村集中盖楼房　搬到镇或市里居住

居民住房条件改善意向调查
建筑质量现状图

居住用地规划图

图 9　庄家疃村庄规划图

4　结语

本文根据《城乡规划法》和《胶南市村镇体系规划》实践写成，试图进行县域村镇体系规划框架的探索，但在相关研究内容表述过程中因技术原因进行了取舍，如建立了全覆盖的开发空间区划，提出分区管治内容；统筹城乡规划，推进基础设施向农村延伸和公共设施向农村覆盖，实现基础设施城乡统一规划和公共服务城乡均等化；在统筹预测及分配人口的基础上，确定合理的土地资源利用方案；在问卷调查、现状踏勘及相关标准的基础上，确定合理的新农村建设方案等。

（本次规划得到建设部规划司、山东省建设厅、青岛市规划局、胶南市政府和各职能部门的关心和帮助，在此致以诚挚的谢意！）

注　释

① 即2007年10月胡锦涛在中国共产党第十七次全国代表大会上的报告《高举中国特色社会主义伟大旗帜——为夺取全面建设小康社会新胜利而奋斗》。

参考文献

[1]　中华人民共和国城乡规划法 [S]. 2007.

[2]　汪光焘. 贯彻城乡规划法，依法编制城乡规划 [J]. 城市规划, 2008, (1): 9-16.

[3]　汪光焘. 制定镇规划编制办法是当前迫切任务 [J]. 城市规划, 2008, (3): 9-14.

[4]　建设部. 市（县）域村镇体系规划编制暂行办法（建规 [2006]183 号）[S]. 2006.

[5]　建设部, 国家质量监督检验检疫总局. 镇规划标准（GB50188—2007）[S]. 2007.

县市域总体规划探索与实践

——以浙江省诸暨市域总体规划为例 ❶

陈　勇 ❷　黄幼朴 ❸　陈伟明 ❹　胡庆钢 ❺　倪　明 ❻

1　规划背景

浙江省是一个经济大省，但同时也是一个资源小省。她以占全国1.0%的土地面积，承载了全国3.7%的人口，创造了全国7.5%的国内生产总值。短缺的空间资源、发达的民营经济和广泛的乡村城市化，使浙江省各县（市）域空间问题往往不局限于中心城区或城镇，而是广泛存在于整个县（市）域中。这些问题包括：大量位于城市（镇）规划区外的工业区块难以纳入规划建设控制、城乡基础设施与社会服务设施缺乏统筹、广泛的城乡环境污染等等。而传统城镇体系规划和城市（镇）总体规划，由于缺乏城乡统筹内容，往往难以解决上述问题。为此，浙江省结合国家现有规划编制体系推出了县市域总体规划编制工作：2006年4月，浙江省建设厅印发了《浙江省县市域总体规划编制导则（试行）》，明确提出县市域总体规划应达到的目标，同时导则中还对这一新类型规划的主要内容与技术要求提出了原则性要求。随后县市域总体规划编制工作在浙江全省范围内逐步展开。

2　诸暨概况

诸暨市地处浙江省中部，自古为"婺越通衢，浙东巨邑"，1989年撤县设市，现辖3个街道，23镇1乡。全市土地面积2311平方公里，2007年常住人口115万人，地方生产总值达440亿元。诸暨市产业集群发达，五金管材、珍珠、袜业等10余项产品在全中国乃至世界都具有举足轻重的地位。市域交通网络发达而均衡，已建、将建高速公路达3条，共有13个高速出入口。

发达的民营经济、便利的交通条件催生了广泛的乡村城市化，工业化、城镇化发展使经济发展与资源环境矛盾日益突出：按近年平均用地扩展速度，10～15年内全市将无地可用；工业遍地开花，环境资源保护与建设发展矛盾在整个市域内表现得相当突出。可以

---

❶ 本文来源：《城市规划》2009年第12期。

❷ 陈勇，浙江省城乡规划设计研究院。

❸ 黄幼朴，浙江省城乡规划设计研究院。

❹ 陈伟明，浙江省城乡规划设计研究院。

❺ 胡庆钢，浙江省城乡规划设计研究院。

❻ 倪明，浙江省城乡规划设计研究院。

说，诸暨市是浙江省经济发展迅猛、人地矛盾突出县市的典型代表（图1）。

3 规划特色与创新

诸暨市域总体规划在参照《浙江省县市域总体规划编制导则（试行）》原则要求基础上，对新类型规划的技术思路、规划内容、技术方法、规划实施保障等方面进行了系统的探索与实践，规划成果具有一定的特色与创新（图2，图3）。

3.1 技术思路特色

诸暨市域总体规划以"科学发展观"为指导思想，设定"两大基石，双重导向"的技术思路，即以资源环境承载力与适宜性、经济社会发展需求为规划基石；以存在问题的消解、发展目标的实现为规划导向。

这一技术思路强化了传统规划较为薄弱的资源环境约束分析，强调了资源环境约束在空间规划中的引导性地位。在这一思路指导下，规划对诸暨市资源环境容量进行深入分析得出合理人口容量（总人口、城镇人口），并将之作为市域城乡发展规模控制以及相应的资源调配和设施配置的主要依据；同时规划进行了多因素综合的用地适宜性评价，对全市域用地进行分析研究，提出适宜发展的引导性意见，作为规划方案、城镇发展用地、限制建设用地、保护用地等等的选择划分及相应的空间管制政策措施制定的重要

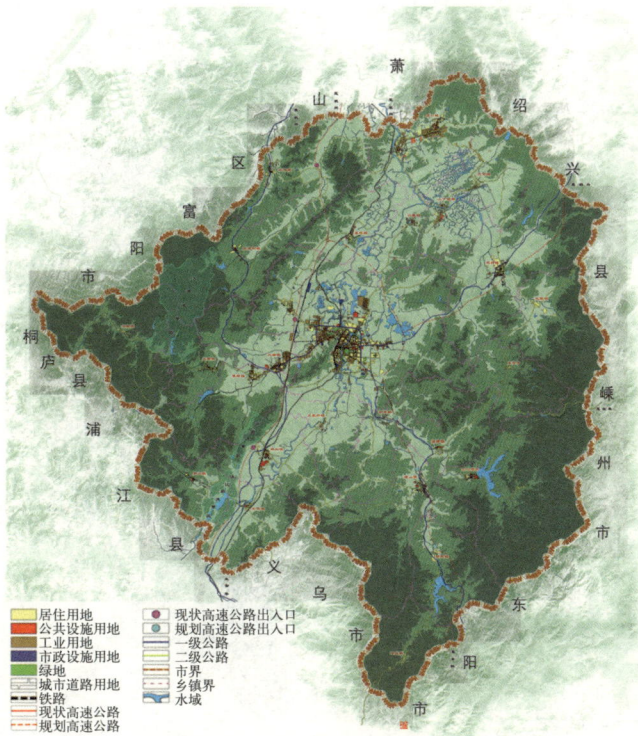

图1 诸暨市域现状

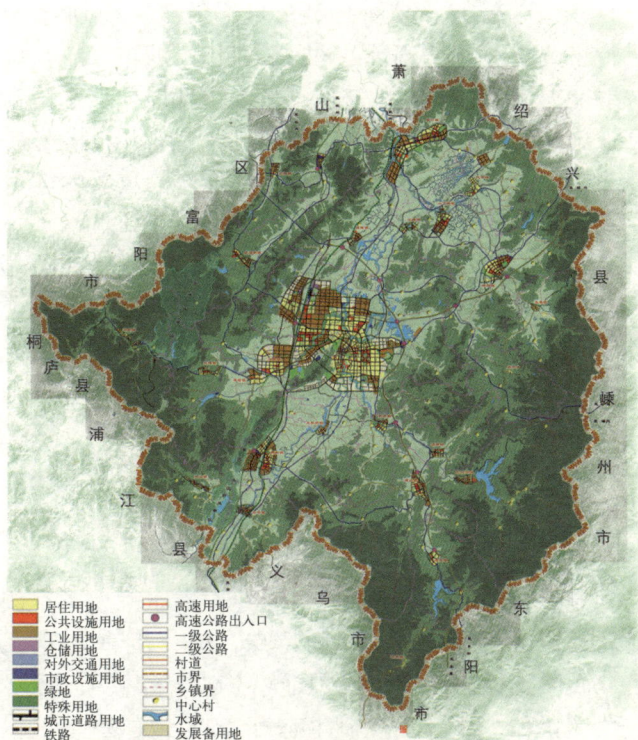

图2 诸暨市域总体规划总平面

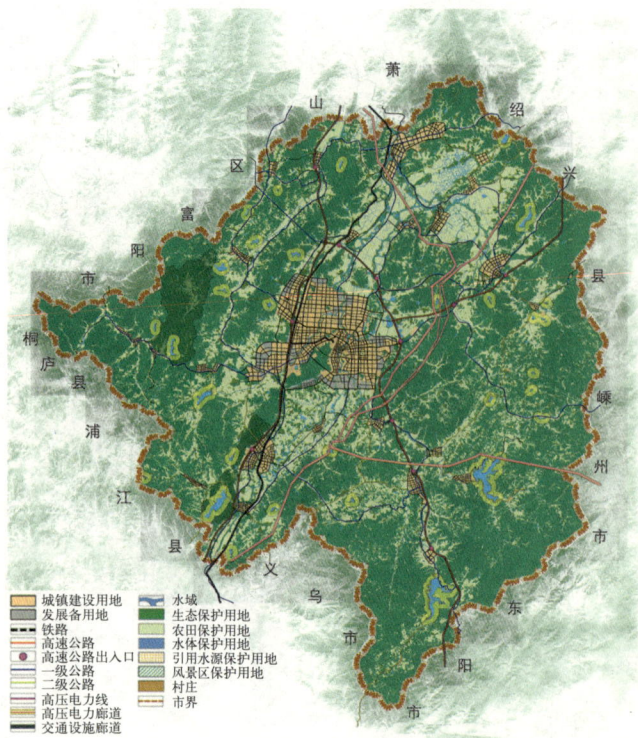

图3　城乡用地空间管制规划

出发点。

3.2　规划内容特色

3.2.1　市域总规与土地利用总规系统衔接

为破解城建规划与土地利用规划相互冲突的痼疾，规划确立"量上以土地利用总体规划为依据，空间上以市域总体规划为主导"的"两规"衔接原则，通过基础数据衔接、建设规模总量衔接、建设空间衔接、建设时序衔接，形成"两规衔接"综合方案。通过两规衔接，综合发挥了土地利用总体规划刚性约束和城乡规划的技术优势，强化城乡建设空间管制的权威性和科学性，同时也为新一轮土地利用总体规划的修订提供技术支撑。

3.2.2　城乡统筹的设施规划

为了在市域内实现广泛的城乡统筹，规划对传统设施配置标准与设施空间布局重点进行了调整：首先在配置标准上，在计入城市（镇）规划人口需求基础上，还根据城市（镇）辐射能力计入辐射人口需求，较大幅度地扩展了诸暨中心城市及重点城镇的公共设施、社会设施规模，使之满足城乡统筹的容量要求。其次在空间布局上，将道路交通、给水排水、电力电信、社会设施向乡村全面延伸作为重要内容，为实现"自来水下乡、垃圾进城、公交到村"的基础设施一体化提供了规划保障。

3.2.3　多部门统筹、"点、线、面"结合的市域空间管制体系

目前，诸暨市域空间管制职能由规划、国土、农林、水利、交通、环保等多部门依据各专业法规共同承担，由于各部门各自为政、缺乏统筹，矛盾冲突较多。诸暨市域总规以此问题为导向，根据《城乡规划法》要求，建立了与各部门管理相适应的分类管制体系，将市域土地划分为九大类用地（城镇建设用地、村庄建设用地、独立工矿用地、基础设施用地、风景旅游用地、发展备用地、农业保护用地、生态用地、水源保护用地），并提出了相应的管制内容，有效衔接土地利用规划，协调交通、电力、环保、农林等各部门专项规划。

与此同时，在划定适建、限建、禁建三大类空间，整体性确定空间管制框架基础上，规划针对各用地类型的空间特点，进一步建立了"点、线、面"结合的空间管制体系：在"面"上控制城镇建设用地增长边界，明确耕地、林地、风景名胜区等面状空间的保护范围，在"线"上控制生态廊道与各类基础设施廊道；在"点"上控制历史街区、水源保护地等。

3.2.4　市域分区划分与引导

鉴于诸暨市域面积广大（2311平方公里），乡镇众多（24个乡镇），为保障市域总体规划的深化落实，市域总体规划中提出了在市域总体规划、乡镇总体规划两个规划层次间新增一类分区规划（与传统以规划建设用地为主的分区规划不同）的设想，并依据空间邻近度、规模适宜度、经济密切度、历史沿革传统（原有的区公所范围）等因素，将市域划分为7大分区，每个分区提出了规划引导框架内容，为下一层次分区规划奠定基础。

3.3　技术方法特色

3.3.1　县市域"两规"衔接方法探索

规划建立了"统一标准、衔接总量、落实空间"的"两规"衔接方法：

首先针对"两规"互不相同的基准规划年限、统计口径和土地分类标准，建立了面向"两规"衔接的统一技术标准；其次从"以供定需"转向"供需结合"，衔接城乡建设用地总量规模；最后采用"CAD加GIS"技术，通过城镇建设边界划定、"两规"空间叠加、耕地占补查询等一系列反馈循环的技术流程，落实城镇建设用地近、远期边界和耕地占补平衡空间。通过这一方法，保障"两规"衔接的科学性和可操作性（图4）。

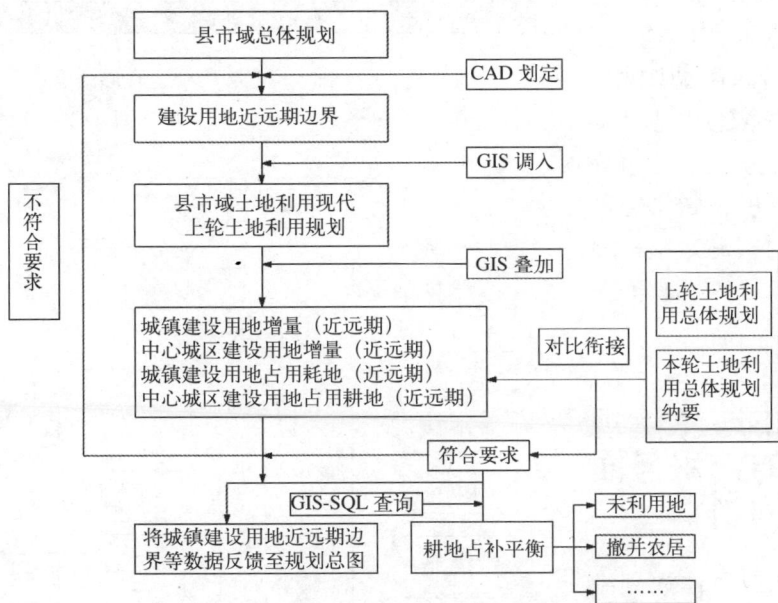

图4　两规衔接技术流程

3.3.2　GIS技术与多因子叠加技术的应用

诸暨市域总体规划充分利用国土部门信息新、定位准、数据全、全覆盖的土地利用更新调查资料，运用GIS技术平台和多因子叠加的技术方法，综合考虑建设的经济、安全、生态和农地保护要求，选择刚性因子和弹性因子综合叠加分析，对全市域范围用地的适建性和保护要求作出综合评价（图5），通过评价判定了"严格保护"——"适度利用"——"一般性开发"的空间关系，从而为市域空间功能划分与空间管制提供详尽的空间数据支持。

3.4 实施保障特色

为了适应市域总体规划空间全覆盖要求，规划提出新型的实施保障架构，力图使诸暨市域总体规划编制体系与管理体系相互匹配。在新的管理体系中，诸暨市城市规划委员会负责市域总体规划的实施，下辖规划协调委员会和规划局。规划协调委员会由各专业部门构成，承担专业部门间协调职能；规划局负责城乡建设规划实施，在市域各分区中心镇设立了基层规划所，强化空间全覆盖的管理实施，从机制上保障了市域总体规划的贯彻实施（图6）。

4 县市域总体规划的作用与面临的困难

通过县市域总体规划编制，在规划层面上解决了城乡规划全覆盖问题，为广大非城镇建设地区管制提供了规范性依据，为推进城乡统筹奠定了规划基础。同时，县市域总体规划强化了规划

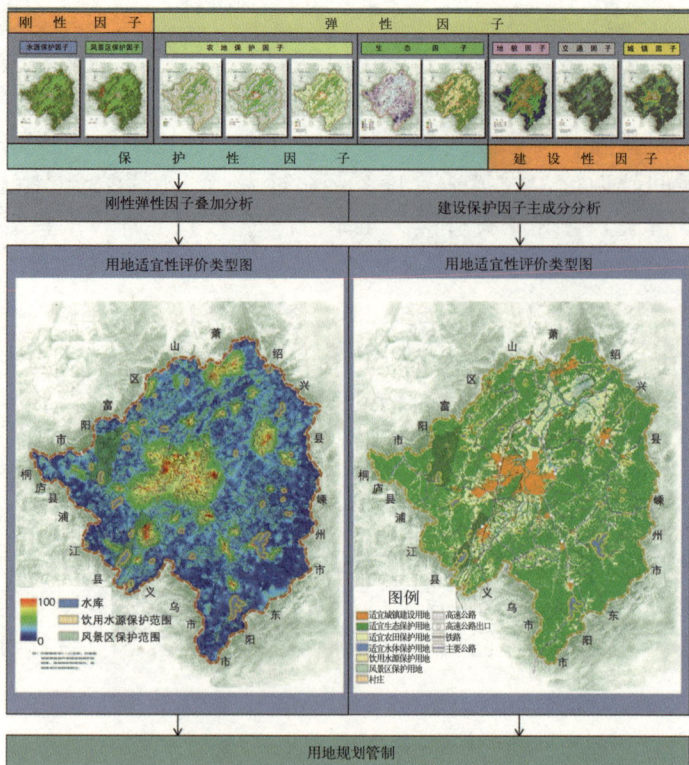

图5　市域用地适宜性评价

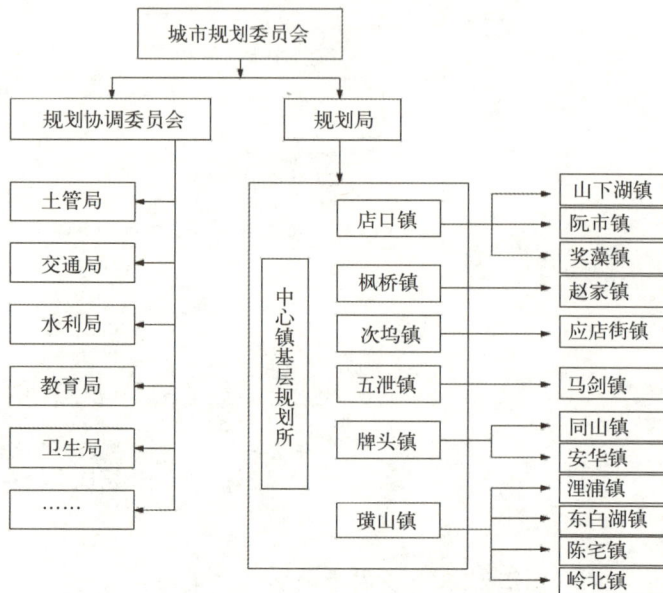

图6　诸暨市域总体规划实施机构构成

的综合协调作用，对协调众多专业部门矛盾冲突，促进资源与设施共建共享（如将电力部

门的高压走廊结合交通部门道路廊道综合设置）有着重大的促进作用。

当然，当前县市域规划编制与实施中仍存在着不少的困难。从诸暨市县域规划编制及实施过程来看，这些困难主要集中在三个方面：一是技术平台不完善，如市域的大比例尺地形资料并未全覆盖，市域规划建设管理信息系统未建立，从而从技术上影响了规划编制和管理的全覆盖；二是管理资源不足，分区、乡镇中规划管理资金、人员配置少，难以承担全覆盖管理重任；三是相应的法规体系尚不完善，规划部门对城镇规划区外建设管理仍缺乏相应法规依据。这些问题在各县市域总体规划推进过程中普遍存在，对实施全覆盖规划编制与规划管理构成了较大的制约。

5 结语

县市域总体规划是浙江省结合自身省情提出的一种新型规划方法，在理论探索和具体实践上仍存在诸多不足。但是，应该看到，县市域总体规划对推进城乡统筹，破除条块分割具有重要现实意义，随着技术平台、资源配置和法规体系的完善，县市域总体规划将逐步趋于成熟，并发挥更大的作用。

（《诸暨市域总体规划》获 2007 年度全国优秀城乡规划设计二等奖。编制单位：浙江省城乡规划设计研究院。）

参考文献

[1] 浙江省城乡规划设计研究院 . 诸暨市域总体规划（2006 – 2020）[Z].

[2] 浙江省建设厅 . 县市域总体规划编制导则（试行）[Z].2006.

[3] 邹德慈，文爱平 .《城乡规划法》：领引城乡统筹规划的新时代 [J]. 北京规划建设，2008，（2）：189.

[4] 陈银蓉，等 . 城市化过程中土地利用总体规划与城市规划协调的思考 [J]. 中国人口·资源与环境，2006，16（1）.

"两规合一"背景下的土地储备规划编制初探

——以上海浦东新区近期土地储备规划为例 ❶

顾秀莉 ❷

0 引言

所谓的"两规合一"就是指,城市总体规划和土地利用总体规划在城市空间发展和布局上有效衔接,强化对土地利用的有序控制和基本农田的有效保护。按照国土资源部《土地储备管理办法》中关于土地储备的定义,土地储备是指市、县人民政府国土资源管理部门为实现调控土地市场、促进土地资源合理利用目标,依法取得土地,进行前期开发、储存以备供应土地的行为。应该说,城市规划和土地利用规划的目标都是促进土地资源的合理高效利用,而土地储备必须以城市规划和土地利用规划为前提,促进城市规划和土地利用规划中提出的空间发展战略和用地布局的有序实施,保证城市建设用地的充分和高效供应,加强土地调控,规范土地市场运行,促进土地节约集约利用。因此,土地储备规划的目标可以总结为以下几个方面:(1)实施和协调土地利用规划、城市总体规划及其他相关规划,有效引导城市建设开发,促进城市发展;(2)摸清土地信息,平衡经营性用地和公共设施用地,促进土地经济、环境和社会效益最大化,实现土地可持续利用;(3)促进房地产市场健康平稳发展,积极发挥土地政策的宏观调控作用;(4)促进土地储备与出让资金的良性循环和高效运作。

经历了近20年的快速发展,上海市原浦东新区充分发挥对外开放的先行优势,内外投资强劲,快速的发展速度使得原浦东新区土地储备发展空间越来越小。随着南汇区整体划入浦东新区,大浦东发展腹地和发展空间扩大,为落实国务院关于推进上海"两个中心"的战略部署提供了更为广阔的空间载体和政策支撑。而对新的形势,原浦东新区和原南汇区既有的土地储备方案已经无法适应大浦东地区长远发展的定位及需求(图1)。

图1 上海浦东新区行政区划图

---

❶ 本文来源:《上海城市规划》2010年第4期。

❷ 顾秀莉,上海市浦东新区规划设计研究院。

1 土地储备规划的先决要素分析

土地储备规划是在充分分析土地资源的保护、城市发展方向和速度、基础设施与公益设施建设推进时点、房地产市场供求状况、土地成本等要素的基础上，分别就经营性用地、工业用地和部分重大设施用地，确定规划期需要储备和出让地块的数量、布局、强度和时序，其年度和近期规划成果需具体到地块。

根据浦东新区的现状建设情况，结合城市发展、产业发展、综合交通建设、重大项目、重点地区等规模和结构，为土地储备规划内地块的梳理及筛减提供依据。

1.1 城市发展规划

城市规划是指导城市建设用地利用的纲领性文件，它规定了城市发展性质、建设用地的规模、结构、布局和强度。城市规划是土地储备规划的最直接依据。根据土地利用总体规划、城市总体规划和城市近期建设规划的用地布局结构，充分发挥城乡规划对土地资源配置的调控能力，按照"总量控制、有保有压、区别对待、综合平衡"的原则，确定可储备土地的供应量。

大浦东规划包括 1 个中心城及中心城周边城区、1 个新城、4 个新市镇。中心城及中心城周边城区，是未来浦东新区社会、经济、文化、生态环境高度协调、功能完善的城市化密集建设区，与中心城一起构成浦东新区主要的城区范围。南汇新城（原临港新城）是国际航运中心的重要组成部分，浦东新区的战略发展地区，注重产业能级和地区活力的提升。4 个新市镇分别为航头、新场、惠南、大团。本次土地储备规划以上述地块为建设重点，进一步推动中心城、新城、镇区域范围内的地块建设，为未来重点城镇建设发展奠定基础。

1.2 产业发展状况

根据产业结构调整及城市建设规划和土地的实际状况，制定土地储备规划。大量城市中心区的工业用地将转为商业、服务业用地，土地将因为用途的改变而升值，土地收益将增强土地储备能力，扩大土地储备量。

浦东新区的产业发展定位为国际先进制造业和高新产业创新基地，聚焦"7+1"生产力布局，增强产业核心竞争力——上海综合保税区、上海临港产业区、陆家嘴金融贸易区、张江高科技园区、金桥出口加工区、临港主城区、国际旅游度假区、后世博地区。根据浦东新区新一轮规划纲要，产业发展需要土地储备为其预留极大空间。

1.3 道路交通建设

通过基础设施建设，提升土地资源的利用价值；城市交通方式和道路系统布局，不同地段交通可达性、通达性对城市规模和空间结构分布具有直接的重大影响。通过基础设施建设，提升土地资源的利用价值。

原浦东新区道路系统实施较好，尤其是中心城区棋盘式道路网基本形成，外环线以外，城市在沿江带状组团的基础上逐步发展，环线的概念逐步明显；原南汇区道路系统整体实施性还有待建设提高，其中南北向道路实施较东西向好，临港新城道路实施较好。

轨道交通作为大运量快速公共交通对城市发展和空间布局产生重大影响，轨道交通产生的显著集聚效应往往会强有力地拉动周边地块的土地开发和经济发展，距离轨道交通站点 300 米以内的土地更被公认为依托轨道交通发展的黄金地段，宜作为商业、居住用地。通过提高城市轨道交通周边土地的开发强度无疑比简单地扩张土地使用面积更加经济。

规划应结合两区合并后市政、道路、公共交通等设施的进一步优化，着重考虑轨道交通及交通枢纽周边地块的开发和利用，为浦东获得更大的拓展空间。

1.4 重大项目

土地储备规划的编制保持合理的结构和比例，贯彻"有保有压、区别对待"的土地储备规划原则，落实国家产业政策，优先保障政府确定的重点建设项目和保障性住房用地的需求。对重大项目周边地块的开发进行控制和预留，保证重大项目的建设。

世博会及周边地区的建设为浦东的发展带来机遇；国际旅游度假区（迪士尼）及其周边地区的开发利用应为未来发展适当预留；配套商品房基地是旧改及土地储备的重要保证。保障国际旅游度假区、配套商品房基地、世博会、商飞总装基地及研究中心、金融城扩展区等项目的建设发展要求，为大浦东未来发展机遇进行应对及预留。

1.5 重要地区的建设

规划用途的重新确定或区位条件的变化直接影响土地储备的经济效益。不同地段的土地所带来的经济利益是有差异的。所以在同等条件下，当然应优先储备开发区位条件相对较好的地块；在控制储备总量的同时，增加高等级地块的储备数量，以获得较高经济效益。

规划应根据城市规划，确定城市重要地区，为加快城市重要地区地块的建设，尤其是加快推进重点地区的旧改及补充新建项目，充分利用原浦东的平台和原南汇的空间，进行土地储备。

2 土地储备规划工作思路

根据浦东新区实际情况，本次规划编制采取"从下到上、左右互通、再自上而下"的编制思路。

从下而上：首先广泛征询各功能区、街镇、开发园区的土地储备需求，经汇总，依据上海市土地利用总体规划和城市总体规划确定的发展战略和规划要求，针对 3~5 年内拟纳入土地储备范围内的地块，对其数量、结构、布局、规划用途和规划参数进行系统性梳理。

左右互通：就初步情况征询建交委、发改委、商务委等各条专业职能部门意见，根据各专业部门结合各条线发展需求对土地储备规划提出的反馈意见，依据浦东新区社会和产业发展导向，结合产业发展状况、区域规划定位、城镇体系的建立与发展、重要地区及重大项目建设、道路交通建设等方面，对各需求地块进行梳理。

自上而下：在充分考虑各区域发展需求的基础上，从土地指标、资金、动迁安置房源等制约土地储备的影响因素，综合分析新区实际储备能力，根据保障发展、保护资源和"存量优先"的要求，在土地利用方向、功能定位、指标分解上提出指导性意见，形成建议方案。

3 土地储备量的制约因素

根据当前的土地管理情况，每年实际发生的新增建设用地规模更能反映实际的用地需求量，同时规划约束指标为新增建设用地和建设占用耕地规模。从新区土地储备实践来看，制约土地储备的影响因素主要包括土地指标、资金、动迁安置房源等。

3.1 土地指标

近年来随着企业改制的不断推进，城市原有可收购或无偿收回的存量土地将逐渐减少，在实施城市规划过程中通过储备新增建设用地是重要渠道。因此，每年都需安排一定量的农转用计划指标，用于充实土地储备资产，以增强土地储备对土地市场的调控能力。

3.2 资金

土地收购储备过程既是土地流转的过程，又是资金循环的过程，同时土地资产自身规模庞大，使得以土地作为对象的土地储备需要巨额资金的支撑，筹集购地资金是土地储备的关键。资金落实与否是土地储备能否达到预期目的的重要因素。土地储备资金来源分为财力、储备机构融资、各责任主体自筹等，可通过加大财力投入、拓宽融资渠道等途径，增加土地储备开发资金，提高土地储备能力。

3.3 动迁安置房源

上海正式出台《关于进一步摊进本市旧区改造工作的若干意见》（以下简称意见），《意见》要求从房源筹措上，建立多元化、多层次的供应方式，即配套商品房、就近安置房、新建商品房、收购二手房等。目前，政府在顾村、江桥、周浦、康桥、浦江、曹路等地区建设了大型居住社区，配套设施正进一步完善。另外，《意见》明确可以收购一部分适配的中低价商品住宅，供动迁居民选择安置。通过成套改造、综合整治、平改坡以及拆除重建等方式，多渠道、多途径地改善市民群众居住质量和环境。

4 陆家嘴地区土地储备规划示例

陆家嘴地区现状包括5个街道，目前该区域属于浦东新区的中心区域，大部分地块已建成，公共服务设施以及市政配套设施完善，是整个浦东土地开发成熟度最高的地区。本地区重点发展金融、商贸、行政文化、会展旅游、居住功能；并建设三个中心，即洋泾、塘桥、花木三个地区性中心；完善两个国际化社区，即滨江、联洋—花木两个国际化社区；推动一个发展重点，即发展陆家嘴核心区空间。

目前陆家嘴地区建设重点主要是围绕金融中心的建设，进一步加强及加快金融核心区的功能；又考虑到完善区域公共服务设施的要求，需进一步加强地区中心建设，完善中心城区的城市功能。因此，土地储备着重考虑保证金融城、地区中心的建设以及旧区改造的需要。地块以居住为主，在保证陆家嘴金融城东扩及洋泾地区中心项目的建设的基础上，同时考虑为陆家嘴金融城东扩预留发展空间规划。如：结转的地块主要分布于梅园、洋泾、塘桥街道；新增的地块主要分布于洋泾街道；今后2~3年预备的地块主要分布于梅园、潍坊、洋泾街道。

5 土地储备规划实施保障措施及建议

5.1 完善土地出让计划，提高土地出让的科学性

土地储备计划不仅要调查土地的现状，预测市场发展的趋势，而且要结合地区现有存量和可新增土地的面积，制定计划草案。草案应征询各个部门的意见，经修改后上报审批。经批准后按储备计划制定每年的土地应计划，使储备的土地有序进入市场。提高政府对土地的宏观调控能力，有利于土地资源的保护。

5.2 实行多元化筹资，有效提供资金保障

一方面政府财力要给予一定支持，这是推动土地储备发展的基石。另一方面要加大政策倾斜力度。土地储备机构在规划的指导下，超前入库，预储土地，最终实现土地资产控制在政府手中，今后因政府投入所产生的土地增值收益也归政府，从而实现城市建设资金的良性循环，促进城市可持续发展。

通过对储备土地的合理规划，以实际效益积极吸引多家银行贷款，增加贷款额的同时，争取降低利率。除此之外还应积极广开渠道、多措并举筹资储备资金，例如：积极争取财政拨款；积极向经贸委争取企业解困资金，作为帮助企业解困的周转资金；在条件成熟时，可以发行土地债券，吸引中小投资者投资城市建设；可以采取预出让的方法，利用开发商的资金进行拆迁、安置和土地平整开发；以地换地，以减少土地补偿费用；对已经进入储备中心，但暂不上市供应的土地，通过出租等方式进行临时利用而获取收益；储备土地在完成前期并上市应后的出让收益，按照一定的比例返还给储备机构或纳入储备专项资金账户。

5.3 加强土地整理复垦，占补平衡

随着我国城镇化及工业化进程的加快，土地资源供需矛盾突出。按照《土地管理法》非农建设占用耕地补偿制度的规定，非农建设占用耕地必须"占多少、补多少"。由于新区耕地占补平衡的矛盾日趋激烈，需加大土地复垦力度。可建立土地整理中心，组织上予以保证；除确保区重大产业及重大基础设施项目外，耕地占补平衡指标采取市场化运作；调动各镇、园区土地整理复垦的积极性，通过财政转移支付支持各镇、园区开展土地整理复垦工作，努力确保耕地占补平衡。

5.4 建立统一的土地供应市场

目前存在土地储备与出让的主观随意性大，产业结构不合理、房地产空置率高，开发建设过热等问题。通过土地储备规划的编制和实施，可以有计划地实施土地供应。凡是涉及土地出计、转计、出租等交易行为，全部进入土地市场、要在有效地控制城市土地一级市场的基础上，遵循市场规律，逐步放开和规范土地二级市场的管理，切实加强政府对土地市场的宏观调控能力。

5.5 加强监督管理，确保政府投资效果

对列入新增中央投资计划的项目和符合国家产业政策、用地政策的地方项目，在主动

做好服务及时提供用地保障的同时，还要及时加强新增投资项目用地的全程监管，重点监督法规政策关于禁止、限制地和各类建设用地标准的落实情况：用地单位依照划拨决定书或土地出让合同确定的面积、用途、容积率、绿地率、建筑密度、投资强度等建设条件和标准使用土地，项目开、竣工时间以及土地开发利用与闲置等情况，防止"两高一资项目"和低水平重复建设、盲目扩张，提高投资效果，促进经济又好又快发展。

参考文献

[1] 范宇，王成新，姚士谋，等．土地储备与城市规划良性互动的机制研究 [J]．经济地理，2009 (12)：2061-2065．

[2] 何芳，叶嫔华．土地储备也应编制规划 [J]．中国土地，2006 (11)：22-23．

[3] 黄广维．深度探讨我国土地储备机制模式和城市用地规划管理问题 [J]．科技资讯，2010 (6)：158．

[4] 刘保奎，冯长春，韩丹．土地储备规划编制方法探析 [EB/OL]．(2010-03-08) [2010-7-10]．http://www. scfdc.cn/XinWen/XinWenXX.asox?wid=77823．

[5] 孟蒲伟，李宏，王连生．如何编制土地储备专项规划 [EB/OL]．(2009-10-22) [2010-7-10]．http://bbs. snifast. com/vicwthrcad.php?tid=43827．

[6] 浦东新区规划设计研究院．浦东新区土地储备规划 (2010-2012) [Z]．2010．

[7] 宋凯．浅议我国土地储备制度的作用、问题及对策 [J]．才智，2010 (4)：228．

[8] 席赣．土地储备和城市规划用地管理研究 [J]．科技资讯．2009 (25)：123．

[9] 赵辉．城市土地储备制度的问题与对策研究 [J]．社会科学论坛，2009 (9下)：221-223．

土地储备规划编制的实践思考

——以上海宝山区土地储备规划为例 ❶

叶 晖 ❷

1 储备规划编制的背景及意义

1.1 编制背景

上海自 1996 年在全国率先组建土地储备机构。2002 年上海市土地储备中心作为市政府组建的土地储备机构，地产集团作为土地储备运作载体的成立，以及 2004 年土地储备法规的出台，标志着上海土地储备制度的正式建立。近年来，作为土地市场的重要环节和组成部分，土地储备已成为上海土地管理部门关注的热点和工作重心。2008 年底，上海贯彻中央精神进行政府机构改革，将城市规划管理职责和国土资源管理职责整合，并历时一年，完成"上海新版土地利用规划总图与城市总体规划实施管理图纸"两图衔接，使规划和土地实现真正意义上的"两规合一"。在此基础上，为了更科学有效地指导土地储备工作，促进土地利用总体规划和城市总体规划有序实施，加强政府对土地市场调控能力，上海在 2009 年底全面推进各区土地储备规划编制工作，大大促进了土地储备工作有序、有效地进行。

1.2 编制意义

土地储备规划是根据经济社会发展规划、土地利用总体规划和城市规划，针对收储城市可开发建设用地资源编制的总体规划，也是制订土地储备年度计划的基础。土地储备规划的编制与实施，是土地储备工作发展的必然趋势和实践创新，目前，国内只有上海、南京、广州等少数城市编制实施。自编制实施以来，土地储备规划有效指导了政府土地储备工作的开展，存完善城市规划管理、保障城市规划实施等方面取得了良好效果。主要体现在：（1）实施和协调土地利用总体规划、城市总体规划及其他相关规划，有效引导城市开发，促进城市有序建设；（2）摸清土地信息，平衡经营性用地和公益性公共设施用地的开发规模和时序，促进土地经济、环境和社会效益最大化，实现土地可持续利用；（3）促进房地产市场健康平稳发展，积极发挥土地政策的宏观调控作用；（4）促进土地储备与出让资金的良性循环和高效运作。

---

❶ 本文来源：《上海城市规划》2010年第5期。
❷ 叶晖，上海市宝山区规划设计研究院。

2 上海宝山区两次储备规划的分析比较

编制土地储备规划是一项创新性的工作。2005年底上海宝山区五届四次人大会议将宝山区土地储备规划列为政府工作计划，2006年4月，宝山区土地储备中心率先组织编制《宝山区土地储备规划（2006～2020)》，对土地储备规划编制的目标、内容等进行了探索，为2009年新一轮宝山土地储备规划编制奠定了良好的基础。与城市规划体系一样，土地储备规划也包括不同层次的规划内容，主要包括总体规划、近期规划、年度计划三个层次。上一轮宝山土地储备规划属于总体规划，新一轮宝山土地储备规划包含了近期规划和年度计划。两次储备规划的期限、方法、深度和成果表现形式都不尽相同。

2.1 编制目标

宝山区土地储备规划的编制目标是有效引导城市建设开发，扩大储备容量，加大土地储备工作的规划导向和统筹力度，确保政府调控土地市场能力不断增强。

宝山区上一轮土地储备规划对宝山土地储备战略、储备的总量、结构、布局、时序、强度等进行了系统研究，旨在深化城市总体规划和土地利用总体规划，梳理整合土地信息，统筹协调、平衡经营性用地和公共设施等其他用地的关系，实现土地可持续利用，促进城市经济、社会、环境协调和可持续发展。本轮土地储备规划是对"两规合一"规划集中城镇建设区内土地储备行为在未来一定时期进行时空上的统筹安排。为了落实宝山区"两规合一"，与年度土地储备计划保持紧密衔接，本轮规划主要侧重于宝山中近期土地储备地块的研究，做到切实贯彻宏观战略、完善做实中观决策、有效指导微观操作。

2.2 编制方法

由于没有现成先例和规程可循，上一轮宝山土地储备规划是根据《宝山区土地利用总体规划》、《宝山区区域总体规划》、《上海市宝山国民经济与社会发展"十一五"规划》以及各个专项规划，融合城市规划、土地科学、房地产经济学、管理学、环境科学、统计学以及信息科学等多个学科的知识，通过定性与定量相结合、宏观与微观相结合、静态与动态相结合、系统分析与GIS空间数据分析相结合等多种方法和手段，在扎实采集基础数据和科学预测基础上，利用土地现状及变更调查的数据、信息和资料等成果，进行宝山区土地储备规划的相关专题研究。具体技术路线如图1所示。

本轮土地储备规划是在上海市规划和国土资源管理局指导下，在控详规划的导向下，在"两规合一"确定的集中城市建设用地控制范围内，结合重点地区、重大工程和重大项目，合理确定宝山中近期土地储备地块。规划过程中，既充分发挥各街镇工作积极性，又在全区层面做好规划统筹和综合平衡，通过"自下而上"和"自上而下"，反复听取街镇、区相关部门和区领导的意见和建议，在历年全区储备和出计土地实施情况、土地储备效益评价和现状可用土地分析等前期规划研究的基础上，制定土地储备战略、布局原则和具体地块。存充分论证的前提下，综合分析宏观政策、资金平衡、指标调控、拆迁难易、控规覆盖等多种因素，着重突出规划的操作性和可行性。

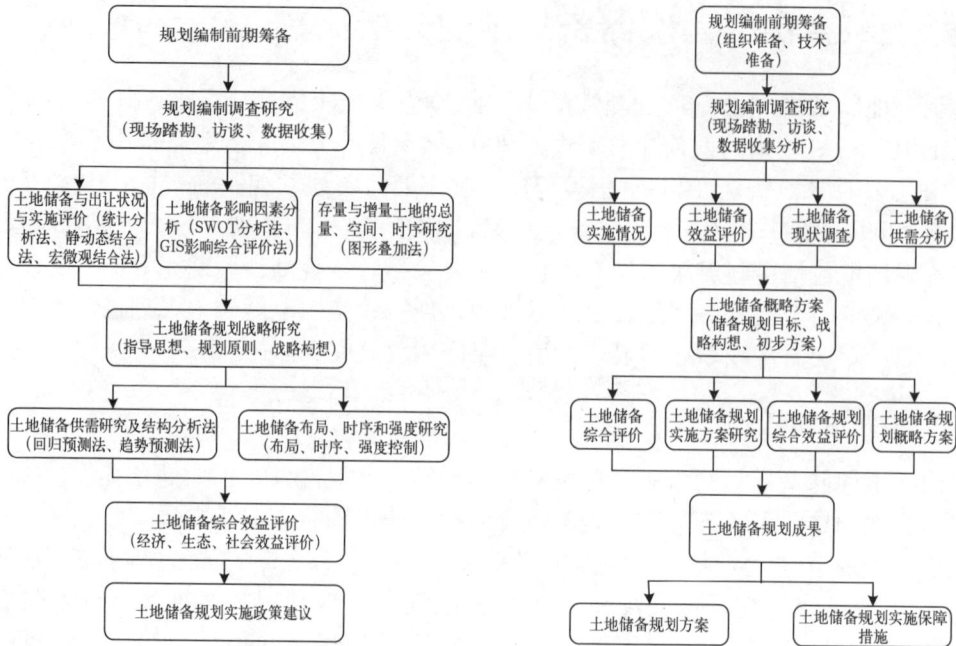

图 1　宝山区两次土地储备规划技术路线图

2.3　编制成果

上一轮宝山土地储备规划内容包括土地储备与出让状况与实施评价、土地储备影响因素分析、存量与增量土地的总量和空间及时序研究、土地储备规划战略研究、土地储备供需研究及结构分析、土地储备布局和时序及强度研究、土地储备综合效益评价、土地储备规划实施政策建议等八个专题。

本轮宝山土地储备规划根据上海市规土局下达的储备计划总量，基于宝山经济社会发展现状和趋势，科学分析城市建设用地供需情况、特点、规律，确定三年内储备地块布局、结构和时序，制定土地储备规划实施保障措施，包括开发模式、投融资运作和实施政策建议。

相比较上一轮土地储备规划，本轮土地储备规划更着力于具体操作和实施管理，对储备地块的对象、类型、规模、用途等进行了明确，并完成了地块规划图则。本次土地储备规划的对象为商业、旅游、娱乐、金融、服务业、商品房六大类经营性用地的储备地块。确定的土地储备地块分为结转地块、新列地块和预备地块三种基本类型。其中，结转地块即已经列入 2009 年度及以前各年度土地储备计划，正在实质性进行土地储备阶段后续各项工作的地块；新列地块即列入 2010 年土地储备计划，计划在 2010 年实质性启动土地储备的地块；预备地块即准备在 2011 年或 2012 年列入当年储备计划的地块。

本轮规划的编制成果，通过技术报告反映宝山区土地储备的实施评价、既有规划研究、土地储备潜力、土地供需判断、资金平衡测算等内容；通过地块列表反映出三年内结转地块、新列地块和预备地块的基本情况，包括地块编号、名称、所属街镇、宗地编号、四至范围、用地面积、控详规划编报情况和基本规划参数等基本信息；通过现状梳理图、可储备土地分析图、地块布局图等成果图，在对规划范围内建设用地供应潜力、规模、布局等进行全面摸底的基础上，分析并表达了各储备地块的分布情况和开发时序；通过分幅储备地块图则（图2）反映出每个储备地块的具体位置、土地使用现状情况（土地权属关系、现状用途、使用单位等）、已批控详规划的相关规划要求和参数（用地性质、容积率、建筑面积、主要控制线等）。

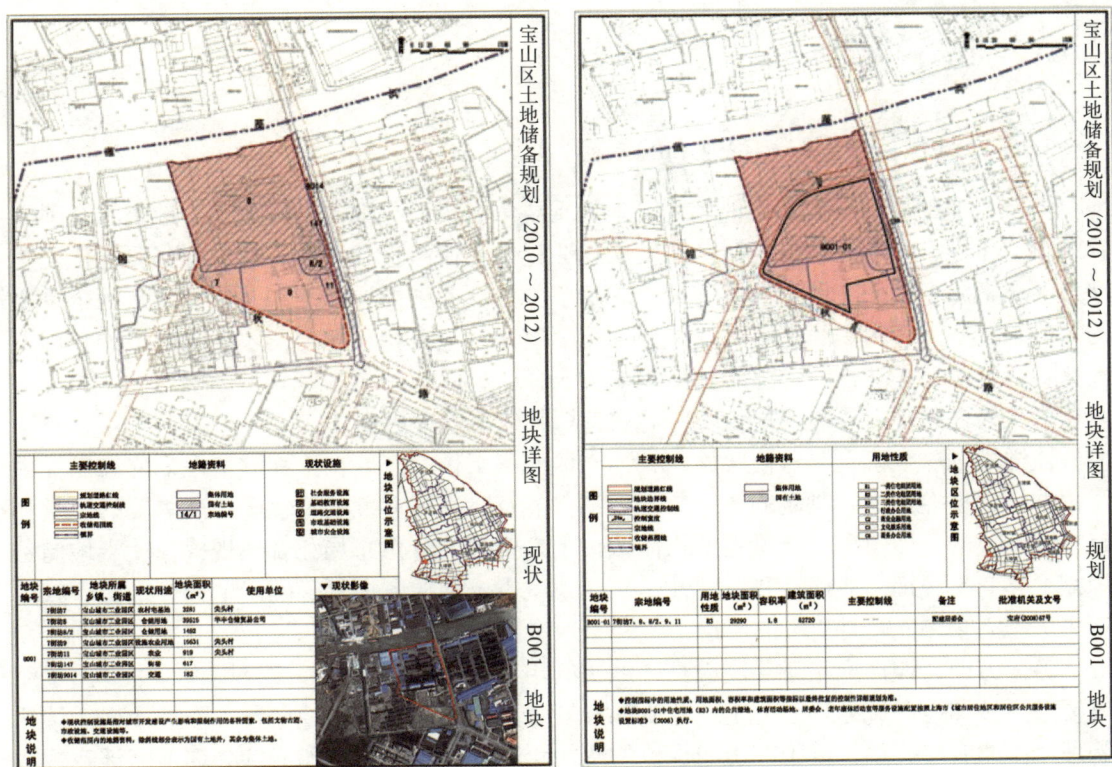

图2 宝山区土地储备规划地块图则

2.4 实施效果

上一轮土地储备规划是宝山区控制储备规模，按时序有计划地推出土地的一项长远举措。规划在保障宝山土地市场的良性运转，贯彻和落实科学发展观，有效引导宝山土地的集中统一管理和有序投放等方面起到了很好的作用，对促进宝山城市建设和经济、社会、环境协调发展做出了一定的贡献。近几年，宝山区在土地储备与出让总量上每年均位居全市各区县的前列。土地储备规划为推进宝山城市发展和提高城市土地利用效益发挥了重要的作用。储备地块的重点区域主要集中在中心城、杨行、顾村、罗店新镇地区以及轨道交通沿线。从结构来看，储备土地的用地权属以集体土地为主导，出让地块用地性质以居住和综合用地为主，并且居住用地占出让地块的比例逐年递减，综合用地占出让地块的比例逐年递增。

本轮土地储备规划针对新列地块，从交通、市政配套、公建配套、动迁成本和综合环境质量五个方面进行综合评价，分析各影响因素的优劣，综合评价其影响程度，是土地储备机构制定下一阶段的年度土地储备计划的主要工作依据。本次土地储备规划建立近期土地储备信息库，不仅可以为土地储备机构提供储备参考，还可以为近期城市重点建设项目选址提供依据，为土地储备和城市规划管理工作的开展带来便利。根据土地储备规划而制定近三年的年度土地储备计划，具有很强的操作性，既有用地总量的控制，又有空间上的定位，以及土地使用条件的规划限制，分别落实到了每个地块，加大了土地储备计划的执行力、控制力和约束力，为土地精细化管理奠定基础。

3　总结和思考

3.1　土地储备规划与控详规划的衔接

控制性详细规划是城市用地规划管理的重要依据，而土地储备规划是土地资源合理配置的新型手段。政府为城市健康稳定发展，在提供可持续资源条件的基础上，要优化配置城市土地资源，促使土地资源实现最大的资产价值，其中控详规划和储备规划是两个重要的管理手段，两者内涵虽然不同，但关系十分密切，只有相互配合，才能做到节约利用土地及空间资源，提高土地资源的利用效率。

（1）控详规划引导储备规划，并对储备规划进行管理约束

控详规划一旦确定并付诸实施，就为土地储备工作的开展、土地储备规划的编制提供了依据。根据控详规划制定的土地储备规划，能及时掌握近期经营性土地所需要的总量和每一宗地块的具体情况，能确定所收储城市土地资源的优化布局和合理规模，使土地储备规划更具有宏观性、战略性和科学性，从而使城市土地储备规划能准确地选择地块，收储适应市场需求和能及时变现的土地，实现土地资产效益的最大化。

另一方面，控详规划对片区或具体地块的用地性质、容积率、配套设施等都作出了明确要求。按照控详规划确定的土地性质和开发强度等要求进行土地储备工作，使得后续的管理工作能有序开展，便于在透明规范的统一平台上，更好地协调后续各环节所涉及的其他相关部门，规范行政审批行为、提高行政审批效率。

再一方面，以控详规划为依据的土地储备规划，可以较好地保障规划的实施能兼顾到公益性建设和市场开发的结合、高收益地块和低利润回报地块的结合，有利于规划的整体效益的发挥。例如，在控详规划中对小区地块内的教育、商业、菜市场等没有直接投资收益的配套设施做出了明确规定。事先的控制规定，对解决过去实施过程中开发商与规划及建设管理部门矛盾是十分有利的。

（2）储备规划是实施控详规划的手段，并对控详规划进行反馈

控详规划多从技术角度提出土地用途和布局，并没有在实施层面明确由谁来实施，而储备规划则是为实施土地储备而制定的，为土地储备机构明确了储备土地的范围、量及空间分布。由城市规划部门和土地储备部门共同编制土地储备规划，是促进土地储备工作与城市规划的紧密结合的具体做法。通过编制此类规划，可更有效地引导政府储备土地的空间布局，加强城市规划和土地储备工作之间的信息沟通，为土地储备工作的顺利进行和控详规划的实施架设了桥梁。

科学编制的土地储备规划，也为城市规划管理工作提供有益的参考。经土地储备规划研究确定的重点地区，可在每年控详规划组织编制计划中进行优先考虑。在控详规划的编制中往往只重视城市形态，对市场及经济的考察偏弱，常会造成规划对市场的偏离和滞后，

而主要以市场研究和地块具体开发为基础的土地储备规划则可以对控详规划进行有益的反馈和修正，以使城市规划实施的整体效益进一步优化和完善。另一方面，由于各部门的信息交换不通畅，在开发具体地块时，相关部门的专项规划之间常常存在矛盾，阻碍城市建设的顺利进行，土地储备规划可以更有针对性地协调城市土地开发过程中的矛盾，并及时加以解决。

本轮土地储备规划以控详规划为指导，按控详规划所确定的规划用地性质及规划指标进行土地储备。对近期建设地段以及拟向社会供应的土地但尚未编制控详规划的，应尽快编制出控详规划，为土地储备提供可靠依据。在不能频繁地对控详规划进行适时调整的情况下，往往会出现规划滞后于土地储备和土地拍卖的需求，无法及时有效地引导和控制土地储备和拍卖，对于这种情况，控详规划应当适应土地储备的反作用，及时调整完善控详规划，保证在市场经济条件下土地储备交易的正常运作。

3.2 土地储备规划与分期发展的衔接

土地储备的最终目的是政府通过掌控一定数量的土地，实现土地的有序供应，从而对土地市场进行宏观调控。但是，从目前大多数地方的实践来看，在土地储备的运作过程中，存在储备工作围绕一个个零散项目转的现象，纯粹以眼前需求确定土地的储备和供应。因此，根据城市总体规划、控详规划、近远期发展科学整体编制土地储备规划十分必要。土地储备规划应能确定分期收储城市土地的时序，制定土地储备年度计划。这不仅使城市土地储备规划具有先进性和长远性，而且更有可操作性。

考虑到我国经济社会发展速度和土地政策的调整，土地储备规划期限不宜过长。由于城市财政用于土地储备的资金并不充裕，较短的土地储备周期往往是城市政府的首选。本轮宝山土地储备规划的编制期限为三年，即2010~2012年，截至本届政府任期。为了保证年度投放市场的土地有一个合理的"养地"周期，土地储备数量是每年实际投放市场土地数量的2～3倍，由此，上海市规土局下达宝山的土地储备总规模为600公顷，规划对近期土地储备地块的规模、结构、布局和时序进行落地。同时，本次规划从全区中远期发展和弹性出发，提出了黄浦江沿岸上港十四区等港区整体功能的调整和开发的中远期重点发展地块，并预期通过"整体一次储备，分期出让建设"的策略，通过政府财政的统筹保障，确保整体的规划设计意图，在土地分期供给和建设的实施状态下，仍保持城市面貌的统一性和延续性。

编制土地储备规划，摸清家底，明确储备土地的总量规模、区域分布、结构类型、分期储备重点等，正是在新形势下适应需要而开展的一项规划和土地管理的基础性工作，其根本的目的是更合理地利用土地，发挥土地的最佳效益，有效地保证城市规划的实施，优化城市土地利用结构，实现城市的可持续发展。

（宝山区规划设计研究院及宝山区土地储备中心的阎宁、曾文慧、王忠民、梁玉等共同参与了2010年新一轮土地储备规划编制工作。）

参考文献

[1] 范宇，王成新，姚士谋，等．土地储备与城市规划良性互动的机制研究 [J]．经济地理，2009, 29（12）：

2061-2065.

[2]　何芳，叶嫔华．土地储备也应编制规划 [J]．中国土地，2006 (11)：22-23．

[3]　黄鼎曦，陈勇，黎云，等．以城市规划导向的土地储备机制促进紧凑城市发展 [C]．生态文明视角下的城乡规划——2008 中国城市规划年会论文集，2008．

[4]　敬东．城市土地储备规划编制方法的探索——以上海市宝山区土地储备规划 (2006-2020) 为例 [R]．第三届中国城市发展与土地政策国际会议，2007.10．

[5]　刘保奎，冯长春，韩丹．土地储备规划编制方法探析 [J]．中国房地产，2010 (2)：48-51．

[6]　隆万荣．城市土地储备方式的几点思考 [J]．国土经济，2003 (8)：39-41．

[7]　孟蒲伟，李宏，王连生．土地储备规划的科学统筹与系统编制 [J]．国土资源情报，2010 (3)：37-40．

[8]　许莉俊，徐里格．城市规划导向的经营性土地储备近期规划初探——以广州为例 [J]．规划师，2006，22 (11)：61-64．

[9]　王岐峰．浅谈土地储备与规划的关系 [J]．科学咨询，2007 (11)：9-10．

基于区域统筹的县总体规划编制探讨

——以云安县总体规划为例 [1]

许世光 [2]　曹　轶 [3]

1　引言

随着《中华人民共和国城乡规划法》（下简称《城乡规划法》）的颁布实施，城市规划从关注从城市建成区（城市规划区）拓展到行政辖区内的城市和乡村①。这客观上突出了区域协调发展、建设管理的重要性，而《城乡规划法》中明确的法定规划包括城镇体系规划、城市总体规划、镇总体规划和村庄规划等四个规划类型，其中城镇体系规划包括国家级、省级，地市级的城镇体系规划作为城市总体规划的主要内容包括在城市总体规划中；县城所在地的镇总体规划通常会对县域其他各镇情况作一定程度上的分析，其他镇总体规划通常仅包括了镇域内的村镇体系规划。从规划体系的解析上可以看出，虽然县域的区域协调重要性进一步突出，但是在法定规划中却没有对应的规划类型。固然在地级市城市总体规划中包括市辖区内城镇体系内容，县城所在地镇总体规划也会对周边镇关系进行分析。但由于前者视角较高，后者侧重点在分析县城所在镇的发展情况，因此较难实现对县域的区域以协调、控制。因此有必要在县总体规划中，突出县域城镇体系规划的区域协调、控制作用。

1.1　国内关于县总体规划研究综述

县总体规划作为非法定规划出现是在 2008 年《城乡规划法》颁布实施之后，因此研究综述检索实现应在 2008 年之后。而在这几年间，不少专家意识到县总体规划中突出区域控制作用的必要性，李磊（2009）将此称为县域总体规划，他认为县域总体规划具有弥补法定规划体系不足、作用统筹城乡基本管理空间单元等方面的作用，在案例实践中，突出了县域空间管制要点。但对县域人口、生态等方面的分析略显欠缺；项志远等（2010）以苍南县域总体规划为例，强调空间管制体系的构建、基本农田保护、强化区域协调和基础设施协调方面，但是该文未对编制内容进行详细阐述。王路（2010）从法理上角度，以河南省新郑市为例介绍了编制"县城乡总体规划"的实践情况，并提出编制县城乡规划的可能性。

针对文献分析的特征，本文通过云安县总体规划编制的实践，分析县域城镇体系规划编制的内容要点，并以此作为县总规划编制方法的探索。

---

❶ 本文来源：《转型与重构：2011中国城市规划年会论文集》，东南大学出版社2011年9月出版。

❷ 许世光，广州市城市规划勘测设计研究院。

❸ 曹轶，广州市城市规划勘测设计研究院南沙分院。

1.2 "三规合一"概念梳理

"三规合一"指将国民经济和社会发展规划、城市总体规划、土地利用总体规划中涉及的相同内容统一起来，并落实到一个共同的空间规划平台上，各规划的其他内容按相关专业要求各自补充完成。"三规合一"并非指只有一个规划，而是指只有一个城市空间，在规划安排上互相统一，同时加强规划编制体系、规划标准体系、规划协调机制等方面的制度建设，强化规划的实施和管理，使规划真正成为建设和管理的依据和龙头。

另一方面，县总体规划与县经济和社会发展规划（县发展与改革委员会组织编制）、县土地利用总体规划（县国土部门）在空间上实现统一，县总体规划的编制有利于加强实现在县域范围的"三规合一"，对区域内各生产要素的协调和控制力度，协助区域性建设控制。

2 县总体规划编制的技术要点

2.1 县总体规划技术路线

作为非法定规划县总体规划在编制内容和方式上都具有较大的灵活性。本次从规划思维导向和技术路线两个方面阐述县城总体规划的编制技术路线（图1、图2）。

2.1.1 规划思维导向

（1）问题导向

一方面，分析不同历史时期的发展成就、主导因素、区域定位和城镇发展状况，找出推动和制约县域发展的关键因素；另一方面，分析目前发展条件、机遇和城镇建设中存在的问题。针对问题，提出对策。

（2）目标导向

首先从宏观区域层面分析县应该承担

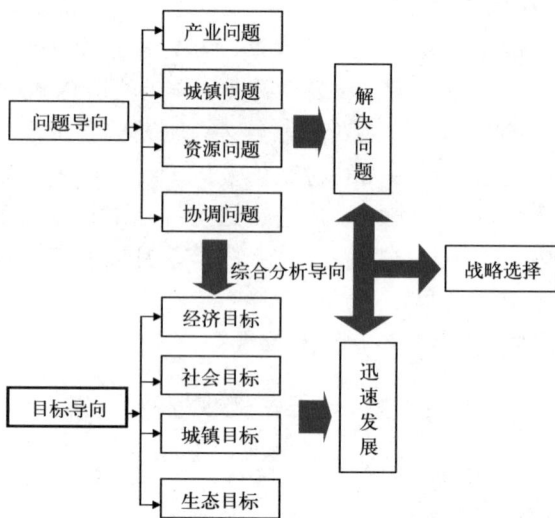

图1 规划思维导向图

的角色，再从县域层面分析各镇应该承担的角色，提出县经济体迅速发展的总体战略和目标，构建若干战略后提出实施规划的保障措施。

（3）综合分析导向

通过分析城镇或区域的优势（Strength）、劣势（Weakness）、机遇（Opportunity）与挑战（Treat）分析，确定发展战略。本规划运用SWOT分析方法，宏观分析了县面临的发展机遇、自身拥有的比较优势，并提出相应的战略对策和措施。另外，本规划从区域宏观层面判读县发展与定位的核心问题，为寻找区域比较优势和竞争策略，为经济发展构筑空间布局载体与结构，探讨县域发展模式的更新与转换，为做大做强中心镇、实现区域协调发展提供依据与思路。

2.1.2 技术路线

在基于规划编制的思维模式，提出县总体规划编制的整体技术路线（见图2）。

2.2 县域城镇体系规划

县域城镇体系应该依据经济社会发展规划，突出区域协调和控制作用，基于这个基本思路，县域城镇体系规划必须着重处理好以下几个方面的内容：

第一，依据县经济社会发展规划，通过人口现状发展的态势以及城镇化发展阶段的判断，明确影响人口与城镇化发展的主要因素，理清县域人口与城镇化水平发展的脉络明确人口与城镇化发展目标，提出人口与城镇化战略。

第二，在对县域产业充分分析的基础上，结合县域产业发展的基础，提出县域产业发展目标，明确产业布局特征，并进一步分析确定县域经济发展目标。

第三，根据人口、城镇化和产业分析的结论，提出村镇发展战略和空间布局结构，明确村镇等级结构和各镇发展定位，位于县城发展定位提供全面的基础论证。

第四，根据县域村镇发展空间结构，提出主要交通线路结构、全面布局县域重大交通设施。

第五，综合分析县域国土资源，结合产业发展的战略，充分协调县域土地利用总体规划，县域生态保护规划，明确生态政策分区和控制导致。

第六，根据村镇发展布局特征，提出重大市政基础设施、公共服务设施的规划。

2.3 县城规划

县城规划属于法定的县城所在地镇总体规划，其规划除了参考《城市规划编制办法》还应该注意与县域城镇体系规划充分衔接，主要体现在：

第一，县城的定位、发展规模应与县域城镇体系衔接，突出区域领导职能。县城定位应该充分体现村镇系统规划的要求，突出政治、经济、文化等方面的领导地位，而产业选择应该遵从县域的基本情况，不必面面俱到。

第二，综合交通规划、公共服务系统规划和市政设施规划必须在县域交通体系中本底上进行，通过协调区域交通设施，实现县城在区域中的首位度。

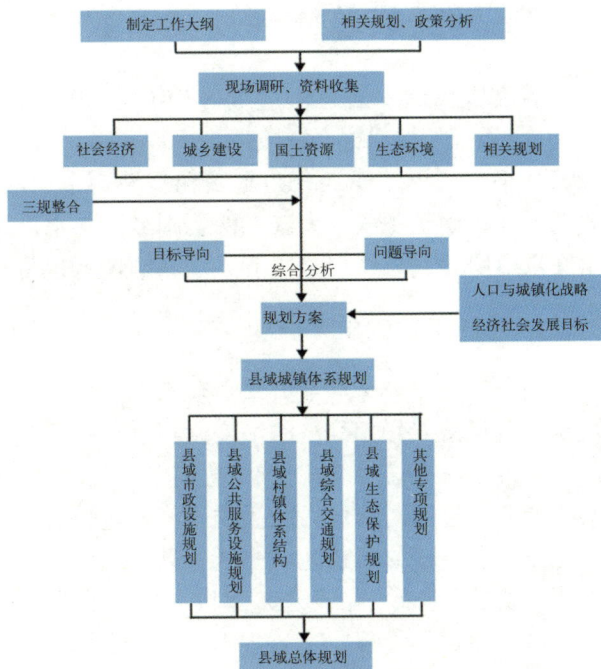

图2　县域总体规划编制技术路线

3 云安县总体规划案例实践

本文以《云安县总体规划（2010～2020)》为例，探索基于区域控制的县总体规划编制体系。《云安县总体规划（2010～2020)》规划范围为云安县行政管辖范围，总面积1202.9 平方公里，规划分为县域和县城两个层次：县城层次对象为云安县六都镇中心区，北至西江，南至冬城、大庆，西至南乡、佛水，东至富强、四围塘，面积20.29 平方公里。本文重点研究县总体规划中的县域城镇体系规划在县域资源统筹方面的作用。

3.1 基于珠三角"产业转移"和云城"同城化"的规划背景

随着珠三角地区产业升级，现有的传统产业迫切需要向外转移，以提升产业结构，实现从工业经济向知识经济的演变。根据广东省政府《关于我省山区及东西两翼与珠江三角洲联手推进产业转移的意见》（粤府 [2005]22 号），鼓励山区及东西两翼与珠江三角洲通过共建产业转移园区的形式联手推进产业转移。云安县地处粤西地区，紧接珠三角，是承接珠三角产业转移的理想区域。云安县和云城区已达成《云浮市云城区云安县同城化建设合作框架协议》，云安县正进入建设和发展的黄金时期，合理安排资源，统一规划，实施同城共建，"借城"发展，充分利用原云城区的基础设施，实现错位发展，节约发展，资源共享，功能互补。

基于以上两个发展背景，为更好地发挥县城总体规划对云安社会经济发展的指导作用，促进云城、云安的区域融合，优化县域的空间资源配置，开始编制云安县城总体规划（2010～2020)。

3.2 基于区域协调和"三规合一"的空间结构

从云安县历史沿革看，县城与云城区社会经济关系密切，而云浮市总体规划提出的云安县城和云城区"同城化"的规划方向，这是云安县县域统筹发展的重大机遇，同时也是县域空间布局重点考虑的影响因素；另一方面，云浮市在广东省率先实施的"三规合一"为云安县总体规划编制提供了良好的基础，已经编制完成的《云浮市资源环境城乡区域统筹规划》（2009）整合了市域范围"三规"，明确了经济社会发展规划、土地利用总体规划对云安各镇的基本定位和发展要求，而《云安县主体功能区规划》（2010)、《云安县土地利用总体规划（2010～2020 年)》（2009）则从县域视角强化了对云安县各镇主体功能区和国土开发方面的发展特征。基于以上两个方面的基础，云安县规划从县域空间结构、县域城镇体系规划和重点区域发展指引等三个方面入手提出县域空间结构规划。

3.2.1 县域空间结构规划

根据云安县经济设施发展规划、城镇体系空间结构演进特征、产业布局规划、交通体系组织及演变趋势等，确定云安县城镇体系空间发展战略为：双核驱动、脊梁带动、节点培植、网络构建。

规划重点打造县域南北两大核心组团，强化其在云安县域的中心集聚与辐射带动作用；以云浮新港，广梧高速，江罗高速，南广高铁以及 G324 国道等日益完善的交通网络为依托，重点打造南北向的"六都—（云城）—石城"和"镇安—（高村）—六都"两条发展轴线，形成云安县城镇体系的骨架；突出县城和镇安、石城两个镇在云安县域中心镇的同时，培植高村、白石、富林、南盛和前锋等重要节点，完善城镇空间网络，形成等级规模有序、职能分工明确、空间结构优化的城镇空间格局（见图3）。

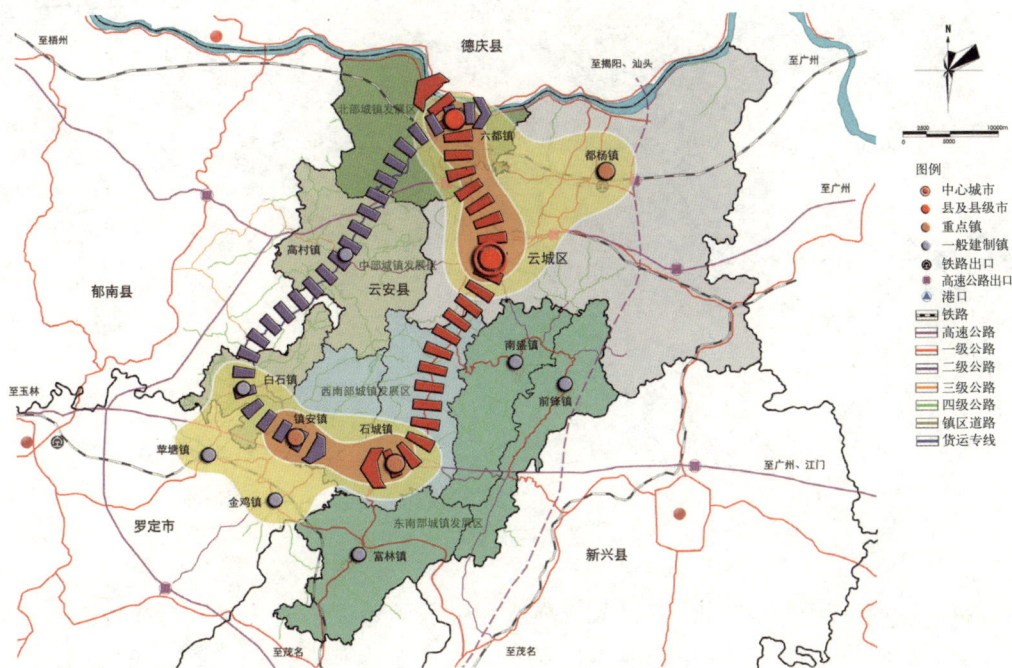

图3　县域空间结构规划图

3.2.2　县域城镇体系规划结构

考虑现状的城镇人口规模和近10年的增长态势，结合规划期内各镇城镇化水平预测的结果和城镇人口预测规模作为总量控制指标；分析城镇发展的自然条件与发展潜力，从合理的环境容量角度规划其人口规模；由于地形条件的限制，各镇的城镇用地的量存在地区差异。充分考虑云安县紧邻广佛都市圈，与珠三角关系密切等优势，充分发挥六都镇的经济中心的作用，同时考虑到南部的江罗高速（江门—罗定）给石城带来的交通优势，强化围绕六都、石城构建主次中心，结合产业分析和发展定位，调整优化城镇规模体系结构。

规划确定2020年全县10万以上县城（中心城镇）1个、10万～5万的城镇1个、5万～2.5万的城镇2个；2.5万～1万的城镇3个，小于1万的城镇1个，城镇规模等级结构趋向合理（见图4）。

3.2.3　重点区域发展指引

北部组团：规划范围主要为云安县的六都镇，统筹考虑云城区的主城区和都杨镇。近期（2011～2015年）六都镇与云城、都杨差异化发展，主要依托港口和交通优势，重点发展水泥、硫化工、新型石材、港口物流等四大产业。远期，结合"镇安—（高村）—六都"货运专线等，增强六都散货港口建设，建成广东省循环经济工业园；配套港口商贸、物流等生产性服务设施；房地产、酒店、商贸流通、旅游等第三产业迅猛发展，建设成为西江产业带上的核心枢纽港，实现与云城、都杨的"同城一体化"发展。

南部组团：规划范围为县域西南部的石城、镇安、白石三镇，统筹考虑罗定市的苹塘、

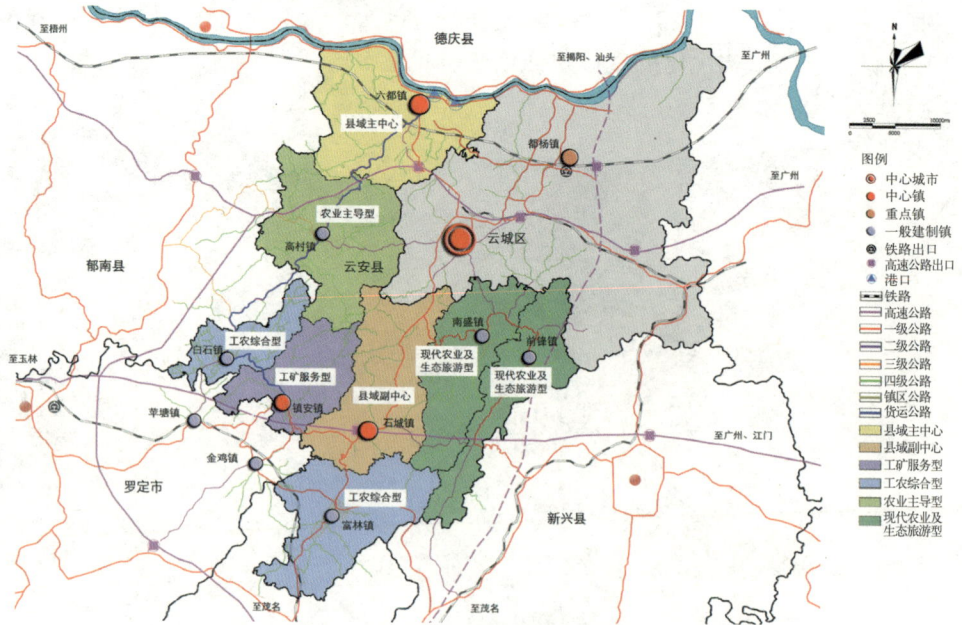

图4　城镇体系结构规划图

金鸡两镇。近期（2011～2015年）依托交通和资源优势，拓展并延伸石材加工、石材工艺及新型石材研发等产业链；继续发展以桑蚕、腐竹加工和西瓜为主的特色农业；并依托云城区的产业辐射，发展以特色商业街、专业市场和集贸市场以及客货运场为基础的第三产业。远期（2016～2020年）建成镇安工业园区，与苹塘、金鸡联合开发石灰石资源；依托"镇安—（高村）—六都"货运专线，与六都镇的港口物流及循环经济工业园联动发展；石城镇建设成为云安县域副中心，中国石材加工及商贸物流基地之一。

3.3　基于区域一体化的综合交通规划

3.3.1　整合内外交通，形成一体化综合交通体系

优化路网结构、完善港口服务、开设货运专线，做好公路、水运、铁路等运输方式之间的衔接，促进云安县内部交通与对外交通一体化，通过交通设施建设增强各镇联系，为云安县快速、协调发展提供支撑。

3.3.2　增强对外交通联系，引领周边地区经济发展

作为西江产业带的重要组成部分及西江中游航道重要节点，云安县应处理好与周边各市镇交通衔接，以跨县域合作（如"六都—云城—（都杨）"同城化发展和建立"镇安—（罗定）苹塘—（罗定）金鸡"三镇的石灰石资源开发区）为基础，促进云安县与周边地区经济开发合作，带动地方经济，以推动城镇化进程，并借助对外交通线路，积极融入珠三角经济区。

3.3.3　协调交通发展，处理好经济发展与自然环境间的关系

云安县具有丰富的旅游资源、自然资源、矿产资源，道路通畅是经济发展的先决条件，在"六都—（云城）—石城"生活性交通路线和"镇安—（高村）—六都"货运交通路线的综合交通的同时处理好与自然环境的关系，适度开发，保护当地原有风貌。

3.3.4 利用现有道路，综合交通的建设与现状相结合

未来交通建设以改建现有道路为主，提高现有道路建设等级，打通断头路，并结合新建交通设施梳理原有道路布局，从而形成完善的综合交通体系。

3.4 基于区域生态安全的环境保护规划

云安县区域生态安全基于两方面的考虑：一方面，云安县处于低山丘陵区，地质构造复杂，山地灾害易发。应在区域生态现状评价的基础上，划分生态保护分区，并针对不同分区提出生态保护指引；另一方面，云安县经济以资源型工业为主，随着"大水泥、大石材、大电力、大化工、大港口"工业发展目标的逐步实施，资源环境的约束日趋严峻。基于此，云安县必须从生态安全的角度提出产业、人口等方面分区发展策略，并提出生态保护指引。

3.4.1 生态结构规划

根据地形将云安县地形划分为平地、岗丘、丘陵、低山和中山五类，平地为相对高度<100 米的地区，岗丘为相对高度100～200 米的地区，丘陵为绝对高度200～400 米而相对高度大于200 米的地区，低山为绝对高度400～800 米而相对高度大于200 米的地区，中山为绝对高度>800 米的地区。根据云安县"山、江、谷地、丘陵"等的自然格局，结合云城东部山体，较高的山体构成一个倒"S"形自然生态格局，山体环绕的岗丘平地主要为城镇布局、主要交通线路用地，构成了城镇发展与生态环境相辅相成

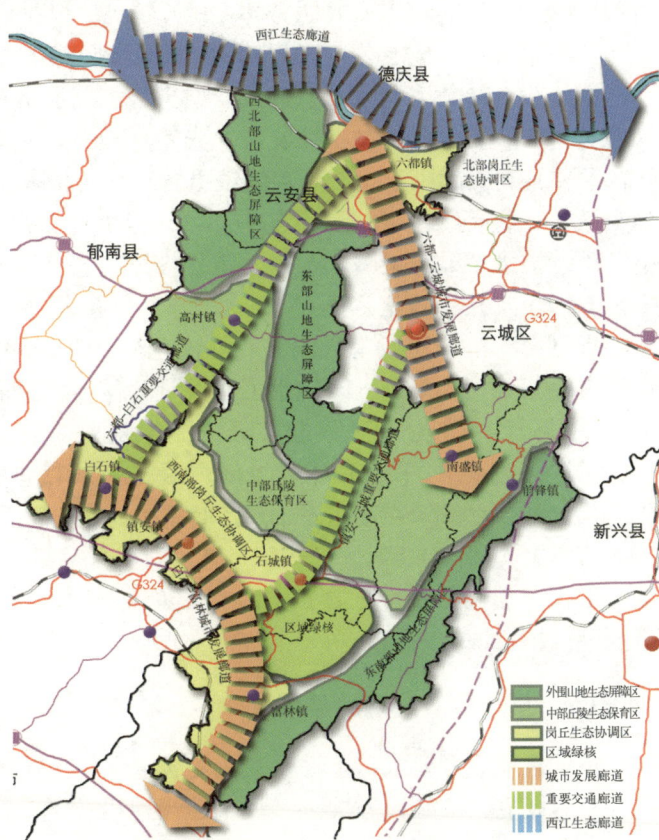

图 5 云安县生态结构规划图

的城镇空间格局。基于云安县自然生态环境本底、资源条件及承载能力，考虑到县域土地利用总体规划、区域差异、产业空间布局、生态环境保护对策和治理措施的需要，规划以大云雾山为主，各项自然要素为基本元素，形成"五廊道、七分区、十一斑块"的生态体系结构。

3.4.2 生态政策区划与控制导则

生态分区是在对云安县生态敏感性分析结果的基础上，进行生态环境的政策区划，从而引导城镇发展与城镇建设合理有序地进行。生态政策区划共分三类地区：生态管护区、生态控制区和生态协调区，并制定相应的城镇建设和生态保护政策。

3.5 基于服务均等化的基础设施规划

城镇化发展过程中，要充分整合城乡资源，形成优势和功能互补，并基于公平的原则，加强城镇基础设施和公共服务设施建设，以满足城镇居民及周边农村居民日益提高的物质和精神生活的需要。规划构建以镇为中心、辐射周边农村的基本公共服务体系。

3.5.1 公共服务设施规划

中心镇和一般建制镇是联系城镇和农村的关键节点。考虑到云安县公共财政不足以及山地地形造成的建设困难，应根据基础设施和公共服务设施的性质、规模等级、服务范围配置到"县城—中心镇——般建制镇—重点村"四个不同层面，构建以镇为中心，辐射周边农村的分层次的基本公共服务体系。

全面落实《云安县农村改革发展实施纲要（2009～2013年）》，在全省率先推进村级功能区建设，统筹乡村发展；镇级设立土地流转服务中心、农村劳动力服务中心、农业发展服务中心；推动现代农业发展。优先发展教育，小学在村层面上整合与扩展，初中逐步下渗至重点村，高中、职中落实到镇级，提高入学率整体优秀率和普高率，推进均衡发展、公平教育。完善以县级医院为龙头、乡镇卫生院和村卫生站为基础的农村医疗卫生服务网络。继续推进"绿色家园"工程，重点推进生态文明村、卫生村、沼气示范村建设等。

3.5.2 市政基础设施规划

规划针对县域市政基础设施存在的问题，基于服务均等化，区域一体化的规划思路，提出市政基础设施规划。以供水工程规划为例，规划西江、东风水库、朝阳水库为主要水源，由于地形限制，部分地区根据实际情况建设水窖储水或高位水池收集山泉水，集中处理后，通过管道供给；根据用水量预测，云安县2015年的用水量为19.57万吨/日，到2020年的用水达到约26.54万吨/日。近期需扩建水厂满足用水需求，六都镇下四西江水厂到2020年需扩建到20万吨/日，2020年规划在石城镇建立10万吨/日水厂一座。污水工程、电力工程、燃气工程、通信工程和综合防治工程等专项都依照区域一体化，服务均等化的原则进行了系统的布局。

3.6 基于县域统筹的县城规划

根据县域规划要求，县城规划从发展定位、发展规模、发展策略到土地利用拓展方向、综合交通规划、基础设施规划、近期建设建设、远景规划等内容都是必须基于县域统筹的要求，在充分协调经济社会发展规划、土地利用总体规划的基础上提出。限于文字篇幅，重点介绍县城定位和县城土地利用规划两部分内容。

3.6.1 承担区域服务职能的县城定位

从区域发展的层面综合分析云安县城未来的城镇性质，根据云浮市委市政府提出的"云城—云安同城化"发展策略，云安发展循环经济的战略要求，以及一系列区域性交通设施的建设落实，结合云安县城自身的发展历程和资源禀赋，本次规划确定云安县城的城镇性质为：广东西部重要的水运交通枢纽；云浮市中心城区的重要组成部分；云安县政治、经济、文化中心；以发展循环经济为特色的工业新城、绿色新城。

3.6.2 服从区域发展策略和区域生态安全控制的县城用地规划

考虑到"云安—云城"同城化的发展战略，将云安县城作为云浮中心城区的重要组成部分，加强其与云城区的联系，规划确定云安县城的拓展方向应为南北向，即"六都—冬城"方向。

规划服从县域规划确定的生态控制区的要求，结合地形、交通、现状区位等因素进行综合分析，对六都镇用地进行建设适宜性评价，将六都镇用地分为四类：不可建设用地、不宜建设用地、可建设用地、适宜建设用地。在都镇范围内适宜建设用地内划定县城范围。

4 结语与讨论

县总体规划作为县域社会经济和空间发展控制引导的规划，是现行法定规划体系的必要补充，也是县域范围内"三规"合一的主要载体。县城总体规划编制的关键点在于突出区域统筹，实现各种区域发展要素在县域空间上的统一，其中重点包括县域空间发展结构、县域综合交通系统、县域生态安全格局和县域基础设施体系等。基于这几方面的综合考虑，县城的规划（作为法定的县城所在地镇的总体规划）才得以体现作为县域社会、政治、文化中心的地位。

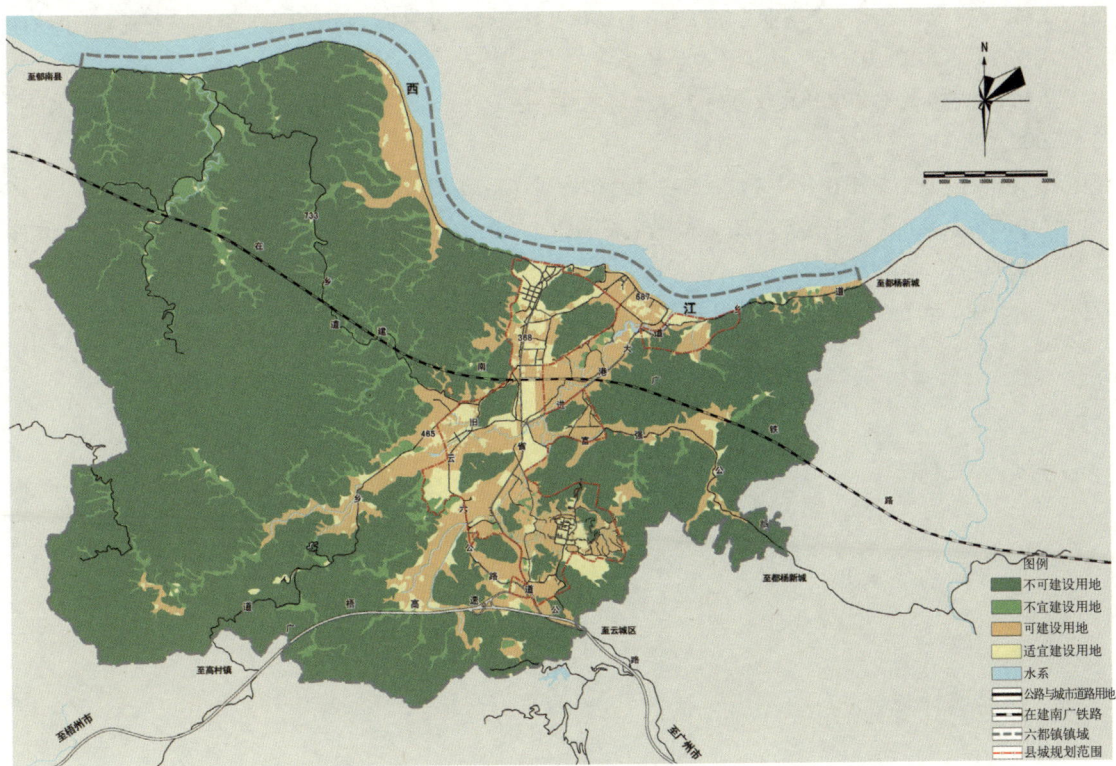

图 6 县城所在镇用地评价图

另一方面，县总体规划作为县域统筹的规划在编制过程还存在几个值得进一步探讨的问题。政策层面，本文所讨论的县总体规划并不属于法定城乡规划类型，换言之，县总体规划并不具备法律层面的约束力。这与目前提倡的城乡规划基础理念不相协调，如何在政策层面实现县总体规划应有的区域控制法定地位将是进一步讨论的关键点。技术层面，GIS 技术过程中的应用将是技术拓展的方向，如何将产业、基础设施、自然影响因素叠合产生空间结构、综合交通体系、生态安全格局和基础设施体系的基本要求可能是进一步研究的关键点。此外，如何实现与其他层面城乡规划、土地利用总体规划和社会经济发展规划有效衔接也依赖于 GIS 技术。

注释

① 关于《城乡规划法》颁布实施后城乡规划管理范围见石楠（2008）"就规划编制权而言，法律没有全面规定规划编制权的范围，也就是说，理论上讲，规划编制权可以涉及全部行政区域乃至整个国土，尤其是对于城镇体系规划而言。"

参考文献

[1] 李磊.成都市新津县县域总体规划编制探讨 [J].规划师，2009，08：35-39.

[2] 项志远，易千枫，陈武.城乡统筹视角下的县（市）域总体规划编制探索——以苍南县域总体规划为例 [J].华中建筑，2010，01：79-81.

[3] 王路.城乡总体规划整合城市总体规划和村镇体系规划的探讨—从河南省新郑市规划编制说起 [J].上海城市规划，2010，03：6-9.

[4] 石楠.论城乡规划管理行政权力的责任空间范畴——写在《城乡规划法》颁布实施之际 [J].城市规划，2008，02.

[5] 广州市城市规划勘测设计研究院.云安县总体规划（2010-2020）[R].2010.

[6] 广东省人民政府.关于我省山区及东西两翼与珠江三角洲联手推进产业转移的意见（试行）[Z].粤府 [2005]22 号 .2005.03.07.

[7] 中山大学.云浮市资源环境城乡区域统筹规划 [R].2009.

两 规 合 一

——以安丘市城乡统筹规划为例 ❶

王 勇 ❷

1 现状与问题

1.1 基本概况

安丘市位于鲁中南低山丘陵地代的东北部边缘，全市地形由西南向东北倾斜，西南部多山地丘陵，东部多平原。2009 年，安丘市户籍人口 96 万，其中城市人口 43 万，农村人口 53 万，城镇化水平为 44.80%。全市地区生产总值 132.5 亿元，人均 GDP1.4 万元，农民人均纯收入 5400 元，为人口与农业大市。

1.2 存在问题

2000 年以来，安丘市进入城市化加速发展阶段，城镇建设、产业发展对土地的需求急剧增加，新增建设用地需求与耕地保护之间的矛盾日益突出。

一方面新增建设用地需求迫切，众多项目需要建设用地才能上马；另一方面新增建设用地支离破碎，无法实现同类项目集聚，难以形成整体有效的布局。

与此同时，农村居民点用地粗放，挖掘潜力巨大，却又缺少明确的迁并方案，腾出的建设用地指标没有系统的使用计划。

解决上述矛盾就需要安丘市从市域层面对土地的利用与使用理清思路。在新增建设用地总量上，城镇建设、产业发展应该受到土地利用总体规划的约束与控制；在布局上，又需要城乡统筹规划进行合理引导。

然而，土地利用规划是自上而下的规划，其主要目的是落实保护基本农田的政策，其建设用地的增加规模是上级政府下达分配的，是制约的控制的规划。而城乡统筹规划则是自下而上的规划，是基于内生动力、为满足发展需求而编制的发展的增量的规划。"两规"由于在编制基础与思路上的差异以及主管部门的不同，导致了发展规模、用地布局、技术标准等内容各行一套，脱节严重，使得安丘市国土局和规划建设局在各自规划实施过程中不可避免地出现冲突，最终产生了大量的违法违规用地。

因此，只有加强"两规"的衔接和协调，才能有效地协调好城乡建设与耕地保护的矛

---

❶ 本文来源：《转型与重构：2011中国城市规划年会论文集》，东南大学出版社2011年9月出版。
❷ 王勇，山东省城乡规划设计研究院。

盾，合理开发利用土地资源，最终推动城乡共同发展。

2   规划思路与重点

2.1   思路

本次"两规"衔接的总思路是"衔接内容，吻合期限；控制总量，全域平衡；确保重点，整体布局"。

以集约发展为思路，引导人口向城镇集中，工业向功能区或工业聚集点集中，构建布局合理的居民点体系和产业布局体系；构建覆盖城乡、集约利用、有效整合的基础设施和公共服务设施体系。

以综合平衡为目的，有效协调城乡建设与耕地保护的矛盾。根据市域空间管制的要求和基本农田、标准农田的布局，合理确定城市发展区域，优化城镇和产业的空间布局，合理划定城镇增长边界，在保证基本农田保护任务的前提下，协调好城乡和产业的发展空间。

2.2   思路与重点

本次"两规"衔接的总思路是"衔接内容，吻合期限；控制总量，全域平衡；确保重点，整体布局"。

首先，要做好两个规划的衔接工作。包括基础数据、基本图件和分类标准的相互衔接，建立两个规划的对话平台，为以后的规划控制目标、规划布局和规划实施的衔接奠定基础。划定统一的规划期限，明确规划基础年为 2005 年，近期为 2010 年，远期为 2020 年。实现数据图形的衔接。

结合安丘市"两规"编制内容存在的差异，重点加强两方面的协调与衔接：

一是做好建设用地规模的衔接。包括共同研究提出在着重提升土地集约利用水平，严格用地管理条件下，安丘市规划期各类建设用地需求量和建设占用耕地量。

二是空间布局的衔接。根据城乡空间布局总体框架，按照优先考虑中心城区、中心镇、中心村建设发展的要求，编制市域城镇建设用地布局方案，根据城镇建设用地发展规模和控制的需求规模，划定城镇建设用地增长边界和弹性增长空间。

3   城镇发展规模衔接

3.1   城镇人口规模的衔接

城镇发展规模的明确是"两规"协调、衔接的根本，只有制定统一的城乡发展规模，才能在空间上明确界定规划的对象。然而在规划编制中，"两规"由于采用的基础数据不同，预测得到的人口规模和用地规模也有所不同，需要衔接。

土地利用规划以 2005 年城镇户籍人口和暂住人口为基础，采用综合递增法进行预测 2020 年安丘城镇总人口为 52 万人。

但是在实际情况中，城镇内部村庄与城镇近郊村庄已经被纳入城市规划区范围内，此类村庄的农村人口已经被动进城，但由于该部分人口的户籍变更速度滞后于城市化速度，其身份虽是农民，但大部分已享用城市的基础设施和公共服务设施，已与城镇居民无异。因此土地利用规划预测中采取的人口基数较实际情况要小。

而城乡统筹规划则将此类居民纳入到城镇现状人口当中进行计算，采用非农人口增长法、趋势外推法，确定2020年城镇总人口分别为67万人。

"两规"对城镇发展规模的预测结果有较大的差异。抛除现阶段户籍政策对城镇规模的影响与制约，考虑从空间层面着手解决空间问题，则应采用城乡总体规划的预测数据。

3.2 城镇用地规模上的衔接

受限于基础资料与技术条件，在建设用地统计过程中，城乡统筹规划中的建设用地仅能准确得计算出城市、镇区、村庄三种建设用地，而往往忽略了分布在整个市域当中的数量众多的独立工矿、交通、水利设施等用地。两规在用地规模的衔接前必须统一建设用地门类，城乡统筹规划中应该在用地测算中增加独立工矿、交通、水利设施、特殊用地等用地，这样才能避免出现将建设用地指标全部分配给城镇村建设用地的极端情况（表1）。

"两规"衔接前各类建设用地规模比较一览表　　单位：公顷　　　表1

地类名称	2020年规模		差值
	土地利用规划	城乡统筹规划	
城市建设用地规模	1559.85	2283	-723.15
乡镇建设用地规模	1378.29	1217	161.29
农村建设用地规模		500	-500
独立工矿用地	2453.01		2453.01
交通用地	2444.06		0.06
水利设施用地	2096.71		0.71
特殊用地	389.01		0
合计	10320.93	8929	1391.93

4 城乡建设用地衔接

4.1 城镇用地

从人均用地水平来看，各城镇人均用地不均，城镇发展还有一定的空间，但考虑安丘市实际情况，一方面要严格控制建设用地规模，另一方面满足必要的城镇发展需要，规划期内人均用地严格按照国家有关标准控制。本次"两规"衔接按照集约用地要求，结合安丘市各城镇人均用地水平进行适当调整，使各城镇在规划目标年人均用地水平渐趋合理，得出近期和远期各城镇用地规模如下：

城乡用地统筹规划需要打破建设用地的城镇区别，在保持建设用地总量规模不变的情况下，强化规划的统筹和引导，优化配置土地资源，实行区域内城镇建设用地的统筹安排，以提高建设用地的利用率。

由城乡产业发展与布局和城乡空间布局可知，安丘市实施工业向园区集中之后工业用地主要集中在中心城和景芝镇驻地，另外凌河镇有部分工业用地，其他乡镇工业用地所占比例不大，因而其人均建设用地指标应比规划指标略小，因此确定 2020 年景芝镇、凌河镇人均建设用地指标为 120 平方米 / 人，其他乡镇可按照 110 平方米 / 人进行控制，此时结余出来的土地可以补充给中心城，以充分做大做强中心城，提高中心城区对广大农村的辐射带动能力。

4.2 农村建设用地

城镇建设用地规模对接后，规模达到 5953 公顷，与现状相比增加了 2973 公顷，而上位土地利用规划下达的新增建设用地指标仅有 800 公顷，远远不能满足安丘的城市化发展需要，这就需要挖掘闲置、超标的农村住宅，通过减少农村建设用地来为城镇提供发展用地。

按照省政府《关于推进农村住房建设与危房改造意见》的要求，在安丘市农村开展住房建设与危房改造工程，按照安丘农村人口占山东省农村人口的比例预测，安丘每年可新建和改造住房 7000 户。

2009 ~ 2015 年期间，安丘市每年可新建和改造住房 7000 户，通过新建和改造农村住房，可减少村庄用地约 10.11 平方公里。

2015 ~ 2020 年期间，安丘市仍计划每年新建和改造住房 7000 户，但因多种现状条件制约，导致工程不能全部完成，设定完成比例为 40%，则此阶段通过新建和改造农村住房，可减少村庄用地约 3.38 平方公里；同期开展对农村已城镇化人口的剩余宅基地整理工程。

综上，现实情况下村庄用地可减少 16.87 平方公里。

4.3 独立工矿用地

现状工矿用地非常零散地分布全县在各乡镇中，现状面积为 2453.01 公顷，衔接之前土地利用总体规划保留了现状工矿用地，并根据经济社会的需要增加了一定量的独立工矿用地，面积为 2853.01 公顷。

而城乡统筹规划提出未来工矿用地均向各城镇的工业园区集中，两规衔接后取消独立工矿用地的新增建设用地指标，现有的工矿用地部分随着城镇发展转化为城镇用地，部分划为限制建设用地，待企业搬迁后实行复垦。矿产区仍可布局独立工矿用地，但不确定具体面积，届时根据实际需要独立申请建设用地。

4.4 交通运输用地

土地利用总体规划中交通运输用地现状基数大，包含了国省道、县乡道以及大量的村村通道路，在保留上述道路的基础上根据交通部门的建设规划主要为大型交通设施预留了较为充足建设用地指标。

土地利用总体规划做的是大型交通设施的加法，拓宽县乡道路、促进城镇联系成为城乡统筹规划提出的又一种加法；在保证加法的前提下城乡统筹规划也希望能够适度的做部分减法。根据村庄布点方案，随着村庄的搬迁合并，原先纵横枝杈在市域范围内的村村通道路也应逐步调整减少。

因此，"两规"衔接后，交通运输用地在现状基础上先加后减，到 2020 年交通用地 2244.15 公顷，确定规划期内新增交通用地 589.07 公顷。

4.5 水利设施用地

水利设施用地的衔接主要以水利部门的规划为依据，为水库、水渠等用来改善农业生产条件的设施留足空间。

4.6 特殊用地

随着西南生态山林区的培育与发展，安丘市的生态旅游业也将获得更好的发展机遇，城乡统筹规划提出结合西南生态山林区的文物古迹与自然风景适度增加旅游度假用地也得到了土地利用总体规划的认可，"两规"衔接后特殊用地面积为96.78公顷。

4.7 综述

综上，预测到2020年土地利用规划建设总用地控制在10320.93公顷，城乡统筹规划建设总用地控制在8929公顷；通过"两规"衔接确定的方案控制总用地为11132.53公顷。土地利用规划和城乡统筹规划衔接数据差别较大的是城镇用地、农村建设用地和工矿用地，通过实施城乡建设用地相挂钩政策，大量整理农村居民点用地，应在补充耕地的同时，控制居民点和独立工矿用地总规模；最后确定安丘市域城乡建设控制总用地为4000公顷(表2)。

"两规"各类建设用地衔接汇总表　　单位：公顷　　　　　　　表2

地类	土地利用规划 (2020年)	城乡统筹规划 (2020年)	"两规"衔接后规模方案 (2020年)	净增用地
1. 居民点和独立工矿用地	5391.15	3500	5953.01	2973.09
（1）城镇用地	1559.85	2283	2283	1533.96
（2）农村建设用地	1378.29	1217	1217	-813.82
（3）工矿用地	2453.01		2453.01（土规）	2252.95
2. 城乡发展备地		500	500（总规）	500
3. 交通运输用地	2444.06	2444	2244.15	1589.07
4. 水利设施用地	2096.71	2096	2047.24	363.26
5. 特殊用地	389.01	389	388.13	341.35
合计	10320.93	8929	11132.53	5766.01

5 城乡用地布局衔接

5.1 城镇用地布局

土地利用规划由于多种原因经常出现建设用地边界参差不齐的情况，这种问题在各乡镇驻地的土地利用规划图上尤其明显，这将不可避免地造成边角土地的浪费，从而对城镇建设造成掣肘。

因此，只有在统一城镇发展用地规模后进一步统一城镇建设用地边界，才能真正实现为城镇发展建设的松绑放行。

"两规"在城镇建设用地边界上的统一主要通过新增建设用地边界线与有条件建设用

地边界线两根线的对接来完成。新增建设用地边界线较小，但与上级国土部门下达的新增建设用地指标相符合，能够满足城镇近期发展；有条件建设用地边界线较大，是城镇远期的增长控制边界，此界限内的土地需要通过农村居民点整理进行土地增减挂钩后方可进行建设。两根线在划定过程中一般与道路外延或者地块边界一致，为城镇紧凑发展创造了良好基础。

5.2 农村用地空间布局

土地利用规划由于缺少合村并点方面的工作，因此没有明确农村建设用地布局。这会使得新建农村居民点缺少启动土地，阻碍合村并点、土地增减挂钩工作的展开。因此，"两规"协调后，土地利用规划根据合村并点方案在新建农村居民点的位置上增加了新增建设用地，同时，原居民点也转变为限制建设用地。由此，城乡统筹规划中的合村并点方案也从用地规模上的测算落实到实际土地用途上，城镇与农村的土地增减挂钩也真正变成了切实可行的工作。

5.3 其他用地空间布局

交通运输用地中，土地利用规划为城乡统筹规划确定的三横五纵城乡主干路网络留足拓宽提升的用地；水利设施用地中，"两规"共同明确六库互联、南水北调的生态工程；特殊用地中，"两规"为西南生态山林区的旅游产业发展提供统一的用地支撑。

6 两规合一的成效

"两规"合一后，能够实现城乡规划"一张图"、建设"一盘棋"、管理"一张网"。统一管理各级城镇发展规模和增长边界、统一按照规划衔接后的基础数据和技术指标、图则及相应的规划管制内容，和城乡建设用地与非建设用地布局，按中心城市、中心镇、一般镇及各中心村等城乡社会、经济、环境协调发展要求，进行联合管理，控制人口和建设用地发展规模，引导空间布局。

在具体土地指标管理与项目管理中，能够统一优先安排重点项目、优先保障中心城市、中心镇等重点地区，近期应优先保障基础设施项目，最终实现合理配置城乡土地资源，统筹城乡建设用地、基本农田、园地、山林地，改善城乡生态环境，促进安丘城乡社会、经济、环境和谐发展的目标。

参考文献

[1] 王素萍. 杜舰. 城市总体规划与土地利用总体规划的矛盾与协调 [J]. 中国国土资源经济，2004，(12).

[2] 吕维娟，杨陆铭，李延新. 试析城市规划与土地利用总体规划的相互协调 [J]. 城市规划，2004，(04).

[3] 胡俊. 规划的变革与变革的规划——上海城市规划与土地利用规划"两规合一"的实践与思考 [J]. 城市规划，2010，(06).

城乡统筹背景下南宁市"三规"协调的内容与实践 ❶

张月金 ❷   王路生 ❸

1 引言

综观我国现有的各种规划，种类纷繁，有国家层级和地方各级的规划，也有出自不同职能部门、不同行业的规划，其中以国民经济与社会发展规划、城市（乡）规划和土地利用规划（以下分别简称"发展规划"、"城乡规划"和"土地规划"）最为典型和常见。各类规划对国家及地方的发展都起到了一定的指导作用，其中空间规划日益成为国家宏观调控的重要手段。但是规划过多又导致各规划的内容重叠交叉，各层面的空间规划缺乏协调，彼此冲突，既浪费规划资源，难以有效起到空间统筹、优化开发和耕地保护的作用，又使各级政府和实施部门无所适从，甚至对经济社会发展带来制约和负面影响。因此，在全面深入贯彻落实科学发展观、强调城乡统筹及土地集约利用的背景和要求下，探索从各自为政的"三规"分立到"三规"协调的有效途径，已成为社会各界及各级政府促进经济社会和城乡建设可持续发展的重要任务。积极推进"三规"协调是新形势下城乡规划工作中的重点，是深化规划体制改革的重要举措，是统筹城乡发展的重要内容和要求。尤其在新一轮城市总体规划修编工作中，需要进一步解放思想，敢于创新，积极探索适应新形势、新要求和各地实际的城乡规划编制思路和方法策略，完善规划编制重点和内容，更好地发挥城乡规划在促进区域经济协调和可持续发展中的龙头作用。

从我国多年来开展的"三规"编制和实施情况来看，虽然"三规"的职能划分与内容要求较为明确，但由于"三规"是独立编制的，各部门之间缺乏有效协调，存在规划内容不一致、相互衔接较差等缺陷，难以有效起到空间统筹、优化开发和耕地保护等综合调控作用。住房和城乡建设部主管的城乡规划部门最具有技术和管理实力，但住房和城乡建设部属于专业管理部门，其规划在综合作用的发挥上受到较大制约；国家发展和改革委员会具有综合协调发展职能，但其空间规划技术力量与管理基础相对薄弱，无法解决空间结构合理组织的全部问题，不能替代同层次的空间规划；国土资源部也是一个专业管理部门，其空间规划技术力量和管理基础同样薄弱，且其负责的土地规划是以耕地保护为主要约束条件的单一目标的规划，难以在快速工业化、城镇化和城乡一体化进程中发挥各项用地供需之间的综合协调作用。总体来看，目前"三规"编制存在的问题主要体现在三方面：①南于发展规划导向性、客观性强，实施的约束性弱，控制性和可操作性相对较差；②土地规划与城乡规划在用地分类与划分标准、规划统计口径、工作路线及技术方法等方面都存在着明显差异，造成这两个规划在区域和城市土地开发利用与保护等方面出现较大的矛盾

❶ 本文来源：《规划师》2012年第9期。

❷ 张月金，南宁市城市规划设计院规划设计所。

❸ 王路生，南宁市城市规划设计院。

及不协调；③城乡规划与土地规划对经济社会发展变化的因素考虑不足，往往在应对发展条件改变时适应性不强，且实际操作过程中的"多变"现象又在一定程度上弱化了规划"强制性"和"权威性"的特性和要求。

在全面贯彻落实科学发展观的宏观背景下，近年来我罔"三规"发展体现了以下趋势：①发展规划由注重公共政策逐步转向政策与空间的双重控制，日益重视通过主体功能区规划及发展规划，在空间综合开发和统筹协调等方面进行一些积极探索；②土地规划逐步完善了由单一的耕地指标控制向区域与城乡协调、土地利用结构布局优化的规划思路；③《中华人民共和国城乡规划法》（以下简称《城乡规划法》）将乡规划、村庄规划纳入了城乡规划体系中，把城市和乡村的建设看作是系统化工程，不但关注城市规划，而且在条件允许的地区，要求对农村的长远发展做出合理布局，实现城乡空间资源的统一安排，促进各种要素的优化配置和合理流动，避免基础设施建设上的重复浪费，增加了农村获得资源投入的机会，从而保证城市和农村具有平等的发展机会，为实现城乡空间协调发展提供了政策保障。

由于"三规"的对象范围基本相同、目标相对一致、内容相互关联等原因，在由计划经济体制向市场经济体制转轨的过程中，"三规"趋同的趋势日益明显，比如共同面向可持续发展、更加注重空间目标、更加突出公共政策属性、更加强调空间政策。从广州、深圳、上海、重庆及武汉等地区的典型案例来看，"三规"基本存在内容重叠、协调不周、管理分割及指导混乱等现象，而解决这些问题的有效途径就是"三规合一"。学术界和相关部门对"三规"改革的呼声很高，并在理论、方法和技术层面进行了广泛探讨，甚至在某些地方还开展了实践的尝试和探索，但实践效果与理论设想之间仍存在较大差距。因此，在目前国家和地方现行体制机制的背景下，不应该单一地强调"三规合一"的问题，而应该换个角度，认真考虑"三规"的有效协调。城乡规划是规划整合的重点，"三规"的整合方法和技术核心是土地供给、土地需求分析和土地空间分配。在国家严格实行土地使用指标配给政策的前提下，城市规划的技术路线和重点都应该在一定程度上有所变化，尤其是《城乡规划法》和新版《城市用地分类与规划建设用地标准》（GB50137-2011）的颁布施行，标志着我国打破了城乡二元结构的规划管理制度，进入了城乡一体和统筹发展的新时代。由此可见，城乡规划必须发挥其统领作用，切实注重"三规"的整合和协调，为经济社会和城乡建设各项事业的可持续发展提供重要保障。

2 城乡统筹背景下"三规"协调的主要内容

为破解发展规划、城乡规划与土地规划之间的冲突，应先确立"目标上以发展规划为导向，量上以土地利用总体规划为依据，空间上以市域总体规划为主导"的"三规"衔接原则，通过基础数据衔接、规模总量衔接、空间衔接和建设时序衔接，形成"三规"衔接的总体框架。通过"三规"衔接，综合发挥发展规划的引领和导向作用、土地规划的刚性约束力和城乡规划的技术优势，强化城乡建设空间管制的权威性和科学性，同时也为近期建设规划、国民经济与社会发展五年规划的编制实施提供技术支撑。

目前，我国主要城市和地区在"三规"的规划目标、指标、空间结构和分区管制等方面同中存异，异中有同。从统筹城乡发展的角度出发，根据"三规"的发展趋势和作用，可以总结出以下需要整合和衔接的主要内容。

2.1 规划目标

在各地区"三规"编制的过程中，应立足城市和大区域经济一体化的背景以及国情、省情和市情，统筹各空间规划目标，构建安全、高效、协调一致的可持续发展的战略目标，并以此为导向深化完善相关规划内容。

2.2 规划指标

各类指标是规划目标和内容的具体定量表达。土地规划的主要指标为耕地保有量、基本农田保护面积、城乡建设用地规模、新增建设占用耕地规模、整理复垦开发补充耕地义务量和人均城镇工矿用地规模等；城乡规划的主要指标是城市化水平、城市人口和用地规模、城镇体系与空间结构、产业园区布局等；发展规划的指标一般包括经济发展、资源环境、科技教育、人民生活等方面的指标。总体而言，"三规"共同表达空间关系的指标较少，且难以协调一致，应该以发展规划（"约束性"指标要求）为目标导向，以城乡规划和土地规划为载体，落实到具体的空间区域，切实增强规划的可操作性。

2.3 空间结构

全国城镇体系规划提出建构多元、多级、网络化的城镇空间结构，形成大、中小城市协调发展，网络状、开放型的城镇空间结构。市级以下层次的土地规划的空间结构内容多与城镇体系规划或城市规划相衔接。发展规划应充分结合各层次的主体功能区划，提出区域经济发展的战略目标要求并提供宏观引导。城乡规划与土地规划作为空间规划的主要载体，应加强相互的衔接，真正发挥其对区域经济发展、产业布局在空间上的引导和支撑作用。

2.4 空间分区管制

分区管制是国土和区域规划的重要方法。根据不同区域的资源环境承载能力、现有开发密度和发展潜力，通常将国土空间划分为优化开发、重点开发、限制开发和禁止开发四类，确定主体功能定位，明确开发方向，控制开发强度，规范开发秩序，完善开发政策，以有效指引城镇和城乡空间发展。

3 南宁市"三规"编制协调的实践

3.1 南宁市"三规"编制的简要历程

从南宁市"三规"编制的历程来看，最早启动的是新一轮城市总体规划的修编工作。2003年10月，建设部下发了《关于同意修编南宁市城市总体规划的批复》，新一轮城市总体规划修编工作从2004年开始正式启动，2005年基本完成了大纲阶段成果。与此同时，为了进一步加强"两规"的衔接，国土部门也及时启动了新一轮土地利用总体规划的修编工作。其中，《南宁市土地利用总体规划（2006～2020）》于2010年9月获得国务院批复，《南宁市城市总体规划（2011～2020）》于2011年10月获得国务院批复。土地规划和城乡规划编制的周期较长，前后经历了"十五"、"十一五"及"十二五"三个阶段的五年发展规划，因此，土地规划和城乡规划的衔接工作十分紧密，并在阶段性的发展目标和要求等方面侧重与各轮五年发展规划的协调。总体来说,南宁市"三规"编制的协调和衔接工作较为深入和全面,这也正是"三规"中土地规划和城乡规划能顺利获得国务院批复的重要前提和基础保障。

3.2 南宁市"三规"衔接的主要内容

3.2.1 立足宏观区域,合理确定协调一致的目标要求

结合南宁城市发展内外环境和条件的变化,"三规"的编制都充分考虑和紧紧围绕建设区域性国际城市及广西"首善之区"的目标要求,合理进行了定位和空间布局。新一轮南宁市土地利用总体规划和城市总体规划,对城镇体系规划、城市性质和职能、城市人口和用地规模、发展方向、空间结构、产业园区布局及重大交通基础设施建设等都进行了充分衔接(图1)。同时,发展规划结合"两规"的总体目标和分期建设要求,重点对"十二五"期间国民经济和社会发展提出了具体内容要求,尤其是在城乡协调、产业发展、空间布局和重大项目选址等方面切实加强了与"两规"的衔接,为项目落地和规划实施提供了重要保障。

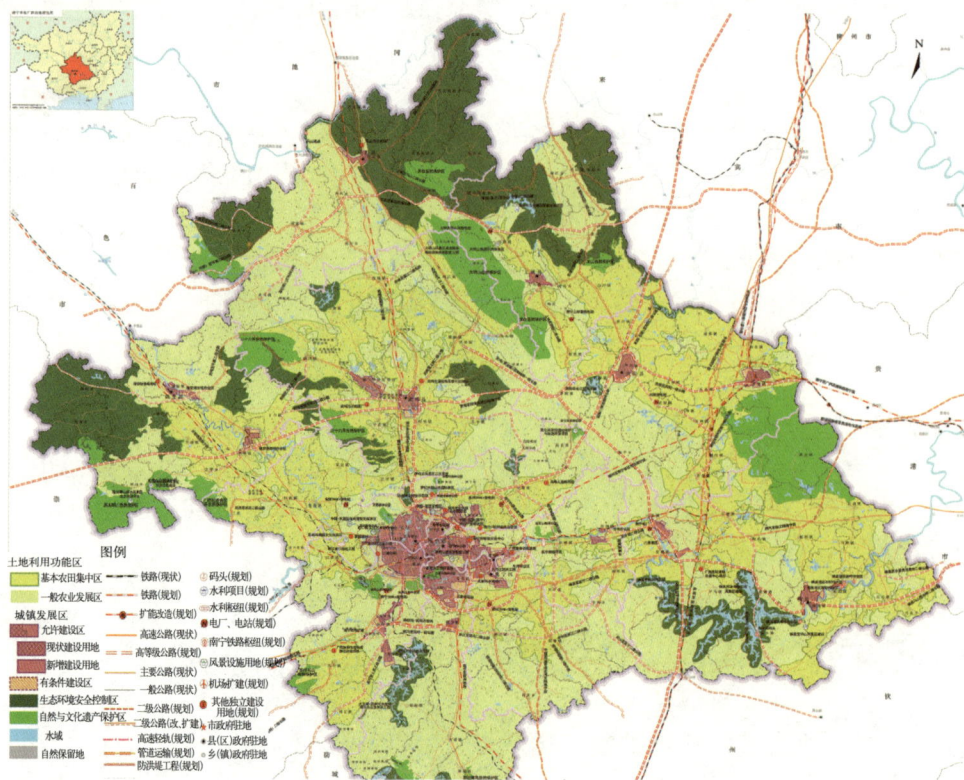

图 1 南宁市域土地利用总体规划图

3.2.2 基于城市性质和职能定位,建立和完善规划指标体系

基于城市发展现状、资源环境条件以及在区域中的定位和要求等,南宁市"三规"编制提出了建立协调一致的指标控制体系:到 2020 年,全市耕地保有量不少于 61 万公顷;中心城区人口规模控制在 300 万以内,城市建设用地规模控制在 300 平方公里以内;市域城镇体系、重要产业园区布局、重大市政基础设施及公共服务设施布局等都进行了有效衔接并提出了量化指标体系,为经济社会发展提供了重要支撑;"十二五"规划提出的各项

指标也充分考虑与"两规"分期进行衔接，充分体现了"滚动"实施土地规划和城乡规划的总体目标要求。

3.2.3 注重城乡统筹，切实促进产业发展与城市空间结构的有效衔接

在南宁市"三规"编制中，充分考虑了城市的实际情况，总体上按照市域和中心城两个层次进行统筹规划。在产业布局方面，以"圈层式"和"轴带"结合的空间布局模式为主，市域范围按"工业向园区集中，园区与城镇结合"的思路进行整合和布局（图2，图3），切实体现了城乡统筹和集约节约发展的理念。

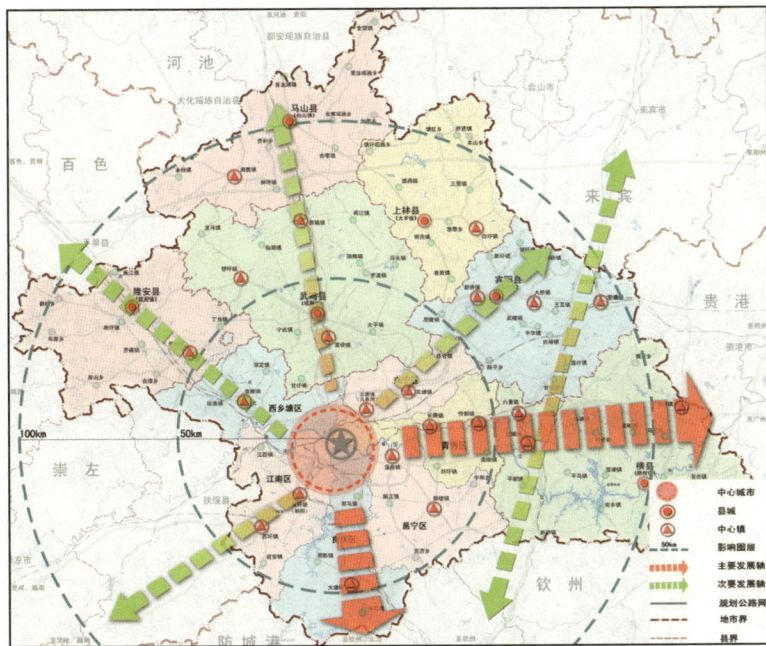

图2　南宁市域城镇空间结构规划图

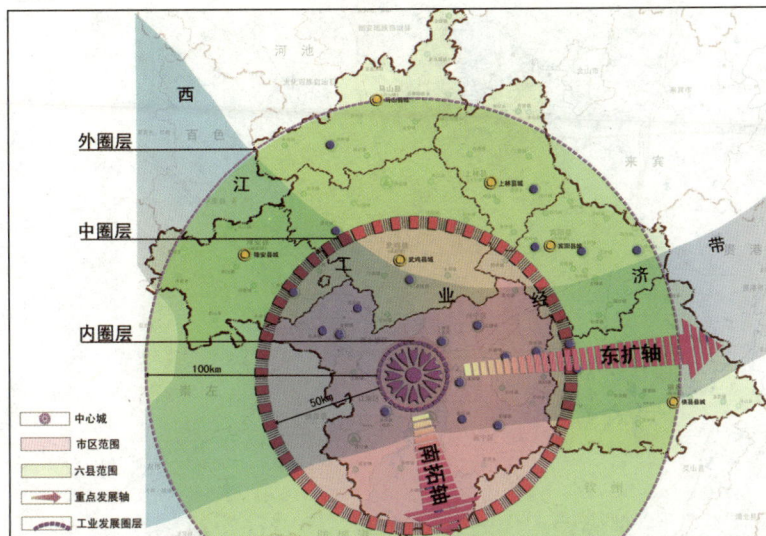

图3　南宁市域工业布局空间结构分析图

中心城在发展方向、产业园区、用地布局、铁路枢纽、市政基础设施和公共服务设施以及重点项目用地供应等方面都做到了有效衔接，为规划的实施操作提供了重要保障。

3.2.4 建立和完善空间管制机制，促进城乡协调和可持续发展

根据南宁市的实际，应从城市和区域的空间划分与管制要求出发，结合行政区划等因素，按照市域、市区（规划区）等进行分级考虑。其中，市域范围划分为都市发展区、城镇密集区、生态保护区和协调发展区，并提出相应的规划控制要求；市区（规划区）范围划分为禁建区、限建区、适建区和已建区（图4），并提出"四区"分区管制政策和要求。这两个层次的空间分区划分充分考虑了与国家、自治区的主体功能区划分、南宁市土地规划的生态功能区划分以及发展规划提出"创建生态文明示范区"的目标要求进行有效衔接，在空间划分和具体分布上实现协调统一。通过加强规划不同层次的管理和控制，从政策和法制层面为保护生态环境、区域协调发展和促进社会经济可持续发展提供重要保障。

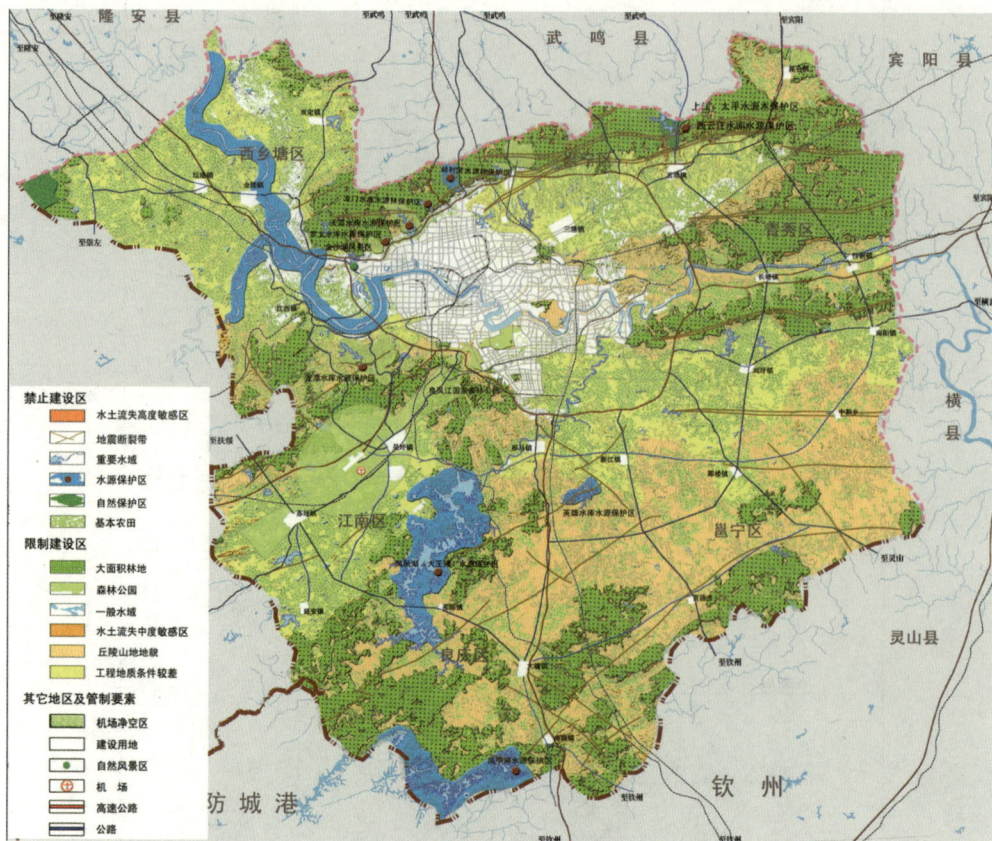

图4 规划区空间管制规划图

4 结语

从南宁市"三规"编制协调工作的经验来看，一是注重机构建设和信息积累，即以城市总体规划修编为基础，成立介于规划管理与编制之间的专门机构进行协调和信息库建设；

二是注重建立、完善多部门和公众参与的开放式的编制、协调机制，切实加强"三规"主管部门和编制技术部门之间的沟通和协调，并形成长效机制。除了要注重"三规"编制过程中的有效衔接，还要更加注重各规划分期实施的协调，尤其是切实加强城市总体规划指导下"滚动"编制的近期建设规划与五年发展规划的协调，并以此为基础完善年度投资计划和国土年度土地供应计划，真正发挥规划的宏观调控和统筹协调作用，为规划分期、分步实施及项目建设提供重要依据和保障。

笔者认为，在国家和地方现行体制机制下，各地应认真考虑"三规"的有效协调，尤其是在《城乡规划法》和新版《城市用地分类与规划建设用地标准》（GB50137-2011）的颁布施行后，更应全面深入贯彻和落实科学发展观，切实注重城乡统筹和"三规"的整合、协调，充分发挥城乡规划的统领作用，为经济社会和城乡建设各项事业的可持续发展提供重要保障。

参考文献

[1] 吴冠岑，刘友兆. 两个规划协调的基本思路 [J]. 中国土地，2006，(3)：25-26.

[2] 牛慧恩. 国土规划、区域规划、城市规划——论三者关系及其协调发展 [J]. 城市规划，2008，(11)：42-46.

[3] 北京清华城市规划设计研究院，南宁市城市规划设计院. 南宁市城市总体规划（2011-2020）[Z]. 2011.

[4] 南宁市国土资源局，中国土地勘测规划院，广西壮族自治区国土资源规划院. 南宁市土地利用总体规划（2006-2020）[Z]. 2009.

[5] 王国恩，唐勇，魏宗财，等. 关于"两规"衔接技术措施的若干探讨——以广州市为例 [J]. 城市规划学刊，2009，(5)：20-27.

[6] 韩仰君. 对城乡规划与土地利用规划、国民经济和社会发展规划——"三规"协调关系的思考 [A]. 城市规划和科学发展——2009 中国城市规划年会论文集 [C]. 2009.

[7] 余军，易峥. 综合性空间规划编制探索——以重庆市城乡规划编制改革试点为例 [J]. 规划师，2009，(10)：90-93.

[8] 胡俊. 规划的变革与变革的规划——上海城市规划与土地利用规划"两规合一"的实践与思考 [J]. 城市规划，2010，(6)：20-25.

[9] 李立勋，辜桂英. 基于公共理性的区域规划体制创新——以海南城乡总体规划为例 [J]. 规划师，2011，(3)：26-32.

[10] 甄峰，姜煜华，叶忱. "十二五"时期城建模式转型与城乡建设规划编制变革 [J]. 规划师，2011，(4)：5-9.

[11] 王勇. 两规合一——以安丘市城乡统筹规划为例 [A]. 转型与重构——2011 中国城市规划年会论文集 [C]. 2011.

"三规融合"视角下的城乡总体规划编制实践

——以广东云浮市为例[1]

赵嘉新[2]　黄开华[3]

1　引言

人多地少是我国的基本国情，近年来国家越来越重视对土地（空间）资源的严格管理，空间管制日益成为"硬约束"。在中国条块分割的行政框架下，空间资源管理的多渠道并行是既成事实。目前，国民经济和社会发展规划、城乡规划、土地利用总体规划（以下简称"三规"）都发挥着空间管理的重大作用，它们以"划分不同性质地区施行不同政策"的方式为手段，各有不同的制度框架和内涵特征，但彼此之间的关系尚未理顺或明晰。总的来看，就是针对同一个用地空间体系进行管理的职能，被分散到多个政府部门，这些部门之间的政策和权能边界不够清楚，部分地方甚至有重叠，加之行政行为的法源层次混乱和不协调，从而难免导致具体管理中的低效。长期以来，"三规"之间多有冲突、缺乏衔接的情况屡见不鲜，基层管理部门难以操作，左右为难，规划难以执行和实施。

2009年，广东省选择正在开展城市总体规划编制的广州、河源、云浮三市，作为"三规合一"的试点城市，探索"三规融合"的城乡总体规划的编制方法和工作思路。按照云浮市作为广东省推进"三规合一"试点市的要求，云浮市组织编制了《云浮市统筹发展规划》，实施以城乡总体规划、国民经济发展规划、土地利用规划为主的"三规融合"，拉开了整合云浮空间资源的序幕。

以资源环境为基础，在城乡、区域的空间平台上统筹生产组织、空间布局和制度安排，做到发展过程中在资源、环境、城乡、区域的相互匹配，减少各类规划之间的矛盾，加强各类规划的相互协调和衔接，实现各类规划在空间上的统一，形成城乡空间统筹规划和管理框架，促进经济社会发展和人的全面发展相统一，实现人口、资源、环境、城乡、区域与经济发展的统筹和协调，促进空间管理体系走向高效、实用，实现"又好又快"的发展。

2　以县域主体功能拓展统领城镇体系布局，协调国民经济发展规划的"主体功能"和城乡规划的"空间地位"

作为实现主体功能扩展的核心载体，主体功能区是在对不同区域的资源环境承载能力、

---

[1] 本文来源：《多元与包容——2012中国城市规划年会论文集》，云南科学技术出版社2012年9月出版。

[2] 赵嘉新，广东省城乡规划设计研究院。

[3] 黄开华，广东省城乡规划设计研究院。

现有开发密度和发展潜力等要素进行综合分析的基础上，以自然环境要素、社会经济发展水平、生态系统特征以及人类活动形式的空间分异为依据，划分出的具有某种特定主体功能的地域空间单元。划分主体功能区，实施主体功能扩展战略是云浮市贯彻落实科学发展观、优化国土开发格局、促进区域协调发展的重要战略举措。

县域主体功能扩展通过确定各镇的主体功能和产业发展方向，将引导各镇形成建立在自身的资源禀赋基础之上的产业结构，从而使县域产业分工更加符合整体发展和长远发展的需要，相应地，引导人口在空间上的有序转移，使各地常住人口规模与经济规模相适应，促进生产力布局和人口分布的协调，实现县域资源在空间上的优化配置。

县域主体功能扩展通过确定不同地区的开发强度，对生态脆弱、资源环境承载力较弱地区以保护为主，开发为辅。加强生态修复与环境保护，引导超载人口逐步有序转移，实现人与自然的和谐相处。同时，通过对地区发展条件的分析，宜工则工、宜农则农、宜城则城，实现城市与乡村的互促协调发展，有利于城乡良好人居环境的形成。

按照上述思路，综合考虑主体功能分区、城镇空间发展战略、产业发展、生态保护、城乡发展类型以及政府管理的可操作性，规划保持以镇为基本单位，把县域划分为重点城市化地区、工业化促进地区、特色农业地区、生态与林业协调发展区4类主体功能区，并以此统领城镇体系布局。其中重点城市化地区对应为市域城镇体系规划中的主中心、副中心，工业化促进地区对应为新城地区或者中心镇，特色农业地区对应一般镇，生态与林业协调发展区对应为生态保护地区，最终有效实现了国民经济发展规划的"主体功能"和城乡规划的"空间地位"的有效对接（图1、图2）。

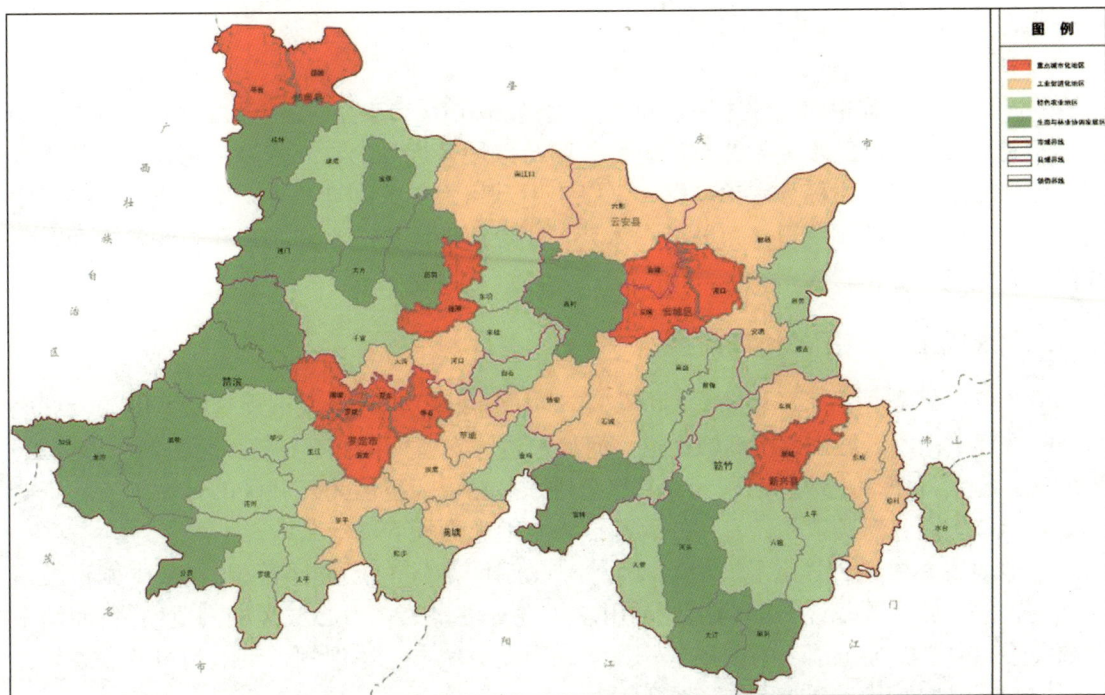

图1 云浮市统筹发展规划（县域主体功能区拓展图）

531

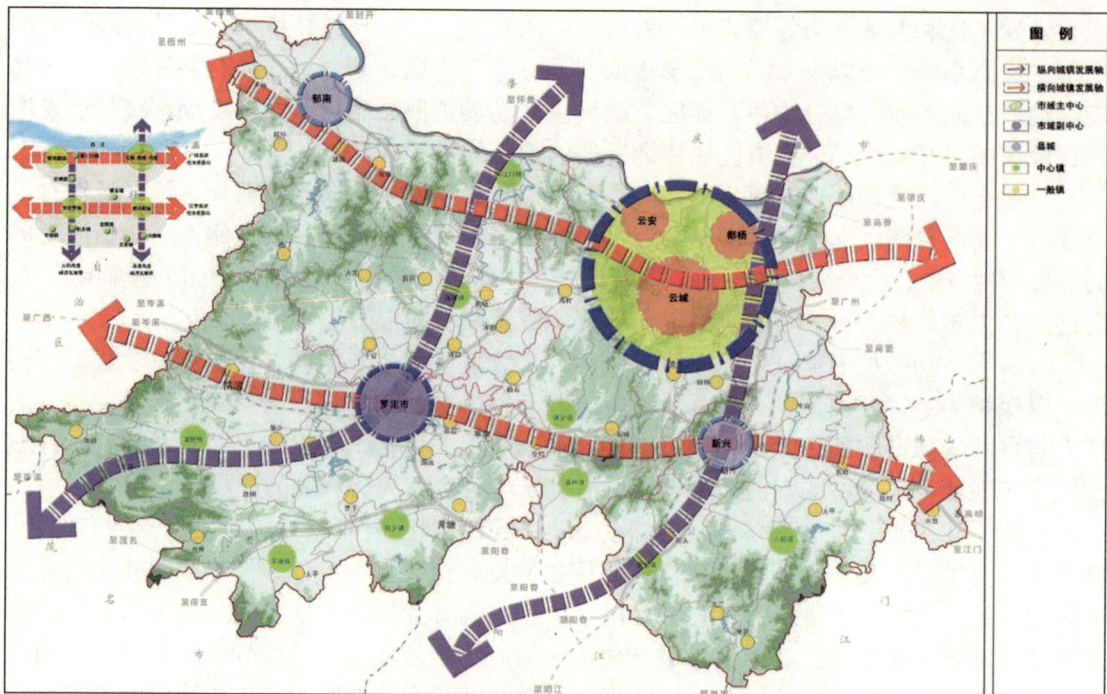

图 2　云浮市城市总体规划（市域城镇体系结构规划图）

3　坚持"空间引领、指标对接"，协调国土规划的"刚性约束"和城乡规划的"弹性发展"

本次规划充分利用《云浮市城市总体规划（2010～2020）》、《云浮市土地利用总体规划（2010～2020）》同步编制的有利时机，坚持以城乡规划的空间资源利用，来引领土地利用规划的建设用地指标分配，反之，又以土地利用规划的刚性约束，来阻止城乡空间的无限蔓延。在规划控制范围、用地指标体系、建设用地规模、空间布局和管制等方面，有效推动了两规的整合。

3.1　规划控制范围的协调衔接

城市总体规划划定了"城市规划区"和"中心城区"，其中城市规划区范围为云城区所辖的全部镇街（云城街道、高峰街道、河口街道、安塘街道、都杨镇、腰古镇、思劳镇）及云安县的六都镇，土地总面积为 97592 公顷；中心城区范围为云城区的云城街道、高峰街道、河口街道、都杨镇和云安县的六都镇，土地总面积 69223 公顷。

土地利用总体规划划定了"中心城区控制范围"和"中心城区范围"，其中城市总体规划划定的"城市规划区"即为土地利用总体规划划定的"中心城区控制范围"，而两个规划关于"中心城区范围"的内涵是一致的。因此，城市总体规划与土地利用总体规划在规划控制范围方面是完全一致的（图 3）。

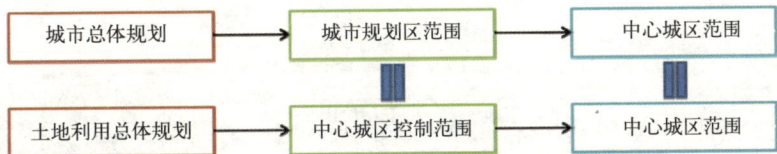

图 3　城市总体规划与土地利用总体规划控制范围协调示意图

3.2　建设用地指标体系的协调衔接

通过研究比较城市总体规划和土地用地总体规划的用地分类标准，将两个规划的用地指标体系进行了对接，以便进行相应的建设用地规模转换。具体对应关系如图 4 所示。

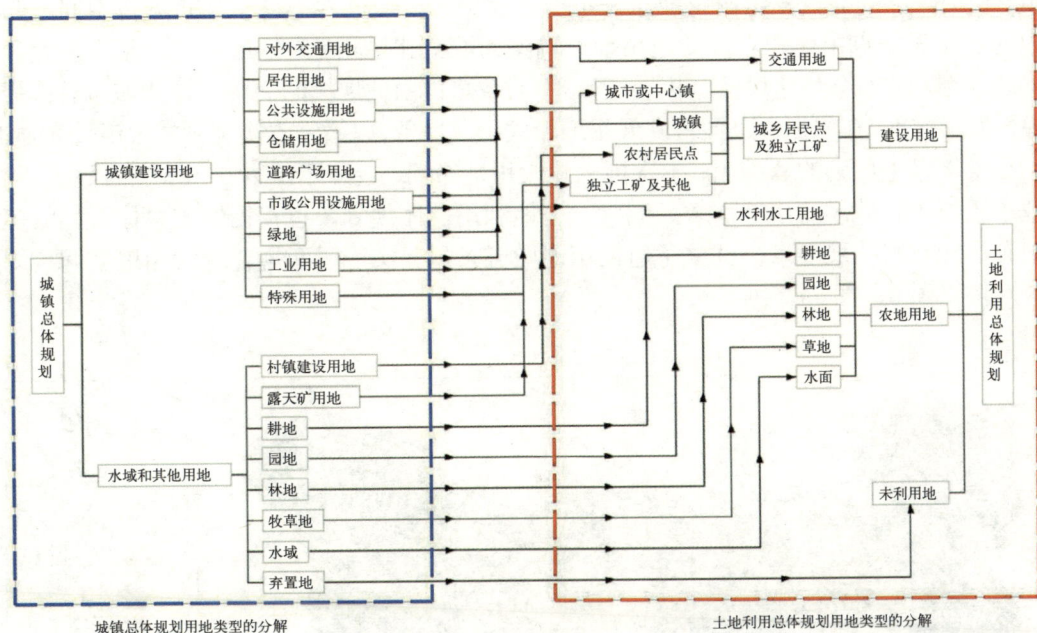

图 4　建设用地指标协调衔接分析图

3.3　建设用地规模的协调衔接

由于土地利用总体规划和城市总体规划在建设用地分类标准不同，通过分析研究，城市总体规划划定的建设用地增长边界内的建设用地，应该包括土地利用规划在该范围内的城镇建设用地、村建设用地、独立工矿用地和交通用地（港口码头、铁路及站场、公路及站场用地）。也就是说，城市总体规划中心城区建设用地规模为 8300 公顷，包括城市空间增长边界内土地利用总体规划确定的城镇建设用地（5057 公顷）、独立工矿用地（190 公顷）、村建设用地（2328 公顷）、对外交通用地（725 公顷）（图 5）。

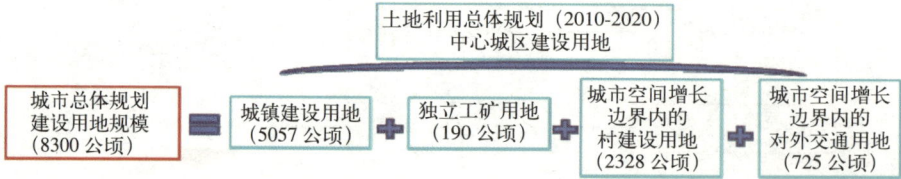

图 5　城市总体规划与土地利用总体规划建设用地规模协调示意图

　　城市空间增长边界内的村庄建设用地 2328 公顷，大部分位于云城组团西南部、都杨组团的南部以及云安组团的西南部，与中心城区已经连成一体。本次规划在充分尊重土地利用规划的基础上，尽可能保留现有农村居民点，但纳入中心城区进行统一规划管理。

3.4　建设用地布局的协调衔接

　　首先，本次规划尊重土地利用总体规划的指标约束，并确保城市建设用地不占用基本农田；其次，在保证城乡建设用地总量不变的前提下，通过地类调整，将城市空间增长边界内的农村居民点用地和对外交通用地，调整为城镇建设用地；最后，充分利用土地利用总体规划划定的有条件建设区（扩展区），将城乡建设用地规模的 20%，作为城市总体规划的弹性发展空间，在规划中以预留发展用地形式予以保留，以增强本次规划的灵活性和弹性。

　　在遵循以上原则的基础上，本次规划建设用地布局，避开了基本农田等不可建设用地，保证了云浮中心城区的用地需求。同时，土地利用总体规划，也根据城市总体规划的建设用地布局和空间拓展要求，调整了建设用地图斑布局，实现了两规在建设用地空间资源的有效对接（图 6，图 7）。

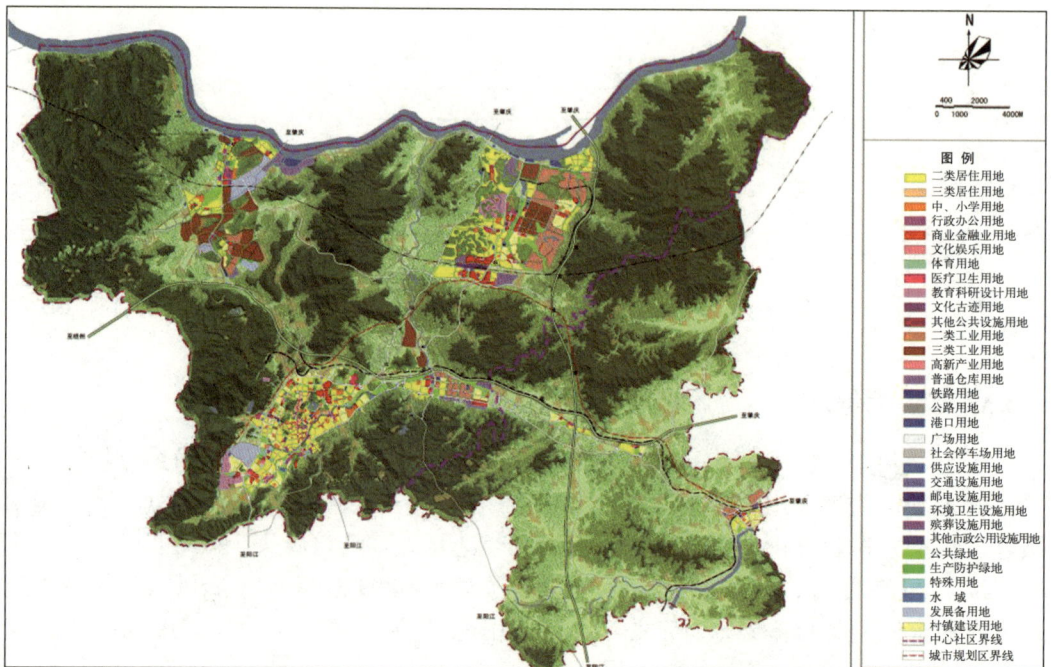

图 6　云浮市城市总体规划（建设用地布局图）

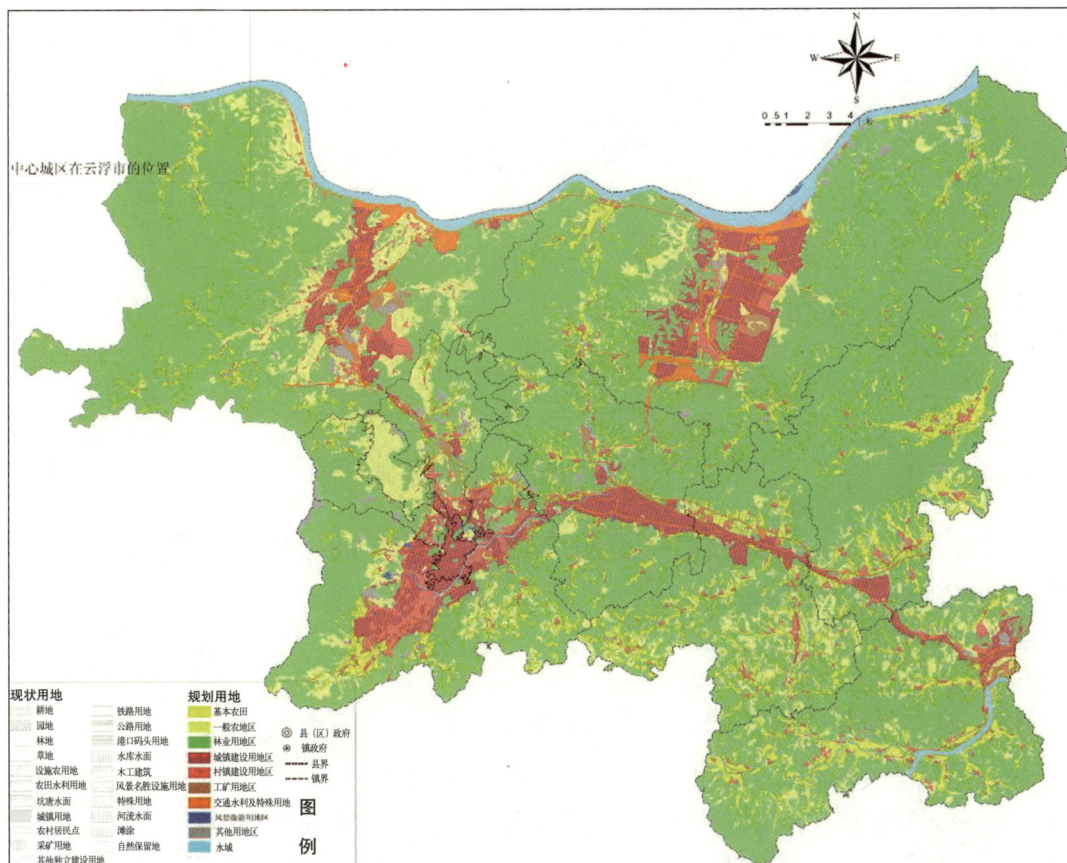

中心城区在云浮市的位置

现状用地
耕地　铁路用地
园地　公路用地
林地　港口码头用地
草地　水库水面
设施农用地　人工建筑
农田水利用地　风景名胜设施用地
坑塘水面　特殊用地
城镇用地　河流水面
农村居民点　滩涂
采矿用地　自然保留地
其他独立建设用地

规划用地
基本农田
一般农地区
林业用地区
城镇建设用地区
村镇建设用地区
工矿用地区
交通水利及特殊用地
风景旅游用地区
其他地区
水域

◎ 县（区）政府
⊙ 镇政府
———— 县界
------ 镇界

图
例

图 7　云浮市土地利用总体规划（土地利用规划图）

3.5　空间管制范围的协调衔接

城市总体规划基于生态本底分析，从生态环境、资源利用、公共安全三个方面，提出了规划区内开发建设的限制性因素，划定"禁建区、限建区、适建区、已建区"。

土地利用总体规划基于土地用途，将中心城区控制范围内的所有用地，划分为"禁止建设区、允许建设区、有条件建设区、限制建设区"。在中心城区控制范围内，土地利用总体规划首先明确了城乡建设用地的规模边界，即有多少用地可用于城乡建设；其次，为适应城乡建设发展的不确定性，按照城乡建设用地规模的20%，划定城乡建设用地的扩展边界，为规划发展预留弹性。规模边界与扩展边界之内的用地，为城乡建设用地范围的弹性区域，即为"有条件建设区"在保障建设用地总规模不变的前提下，可根据经济社会发展需要，进行用地布局的弹性调整。在扩展边界之外，则为禁止建设区和限制建设区。

不难看出，两规空间管制范围的划定标准不同，导致了空间管制的范围不同。但二者又存在一定的关联性，如城市总体规划的"适建区"和"已建区"范围，正好等于土地利用总体规划的"允许建设区"范围；城市总体规划的"禁建区"范围，除包括土地利用总体规划的"禁止建设区"范围外，还包括"限制建设区"中部分农林用地，其地形地貌不适宜进行城乡建设；城市总体规划的"限建区"范围，则包括土地利用总体规划的"有条件建设区"和"限制建设区"中部分用地（图8）。

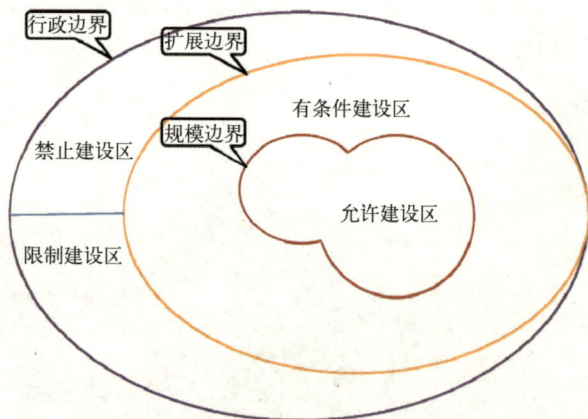

图 8　土地利用总体规划控制管制范围示意图

4　构建"一套规划，统一编制，统一平台，分头实施"的三规融合的规划管理机制

4.1　以"三规融合"为目标完善规划体系构建

按照"统一规划编制，分部门实施规划"的工作思路，以《云浮市统筹发展规划》为基础，以《云浮市国民经济与社会发展规划纲要》为指导，以《云浮市城市总体规划》为依据，以《云浮市土地利用总体规划》中的土地控制性指标为限制，从空间层次、规划内容和行政管理等方面理顺"三规"之间的关系，使之相互协调、相互衔接，形成统一的规划体系，并力求实现"一套行政管理体系、一个地理信息平台、一套图纸、一套实施政策评价体系、一套公众参与机制"等"五个一"的规划目标体系。

（1）一套行政管理体系：一是成立市规划编制委员会，二是成立市规划审批委员会，下设规划监察委员会、环境艺术委员会，三是建立总师制（总规划师、总建筑师）。

（2）一个地理信息平台：建立以 GIS 为基础的三规融合的操作平台。将城市总体规划、国土规划、国民经济与社会发展计划在一个平台上体现。并将历年的控制性规划、小区规划、停车场、垃圾站等专项规划都能够在这个平台上展现。

（3）一套图纸：将国土规划、城市总体规划的要求在一套图上体现，将五年经济与社会发展计划通过城市总体规划的近期建设规划加以落实。

（4）一套实施政策评价体系：按"三规融合"的工作要求，建立一套规划实施评价体系，对各单位负责的各类规划的编制和实施情况定期进行评估。

（5）一套公众参与机制：在"三规融合"工作全过程，包括规划的决策、执行和监督，引入公众参与机制，并不断在工作中完善。

4.2　以"整合资源，提高效能，减少内耗"为原则进行机构调整

一是由市政府成立专门的规划审批委员会，承担规划的审批决策职能，规划审批委员会聘有专门的总规划师和总建筑师，负责规划审批决策的技术把关；二是在原云浮市城乡

规划局的基础上，组建云浮市规划编制委员会（简称"规编委"），负责国民经济发展规划、土地利用总体规划、城乡规划的组织编制工作，原云浮市城乡规划局的规划审批管理职能，移交至新成立的云浮市国土资源和城乡规划局；三是成立云浮市地理信息中心，负责"三规融合"的地理信息操作平台的建立和维护运营。

规划编制完成后，分别交由市发改局、市国土资源和城乡规划局组织实施，在实施过程中如发现问题，则及时反馈到地理信息平台上进行技术融合，如有必要，则反馈给市贵编委调整相关规划，从而形成一个相互反馈、调校、融合的良性循环机制，确保规划的顺利实施（图9）。

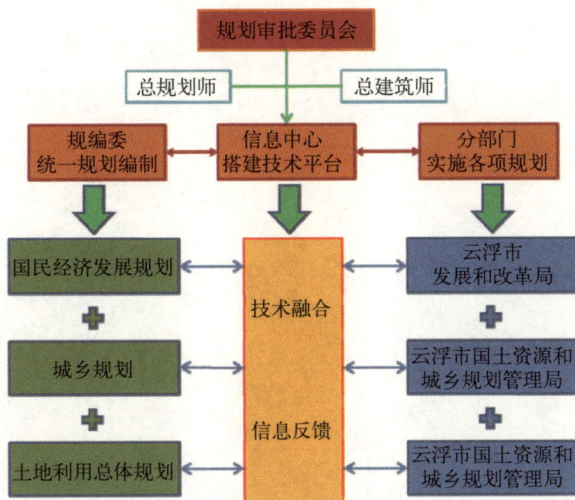

图9　云浮市新型城乡规划管理体系架构框图

5　结语

云浮市以《云浮市统筹发展规划》为统领，对"三规融合"下的城乡总体规划编制，进行有效的探索，这得益于本轮国民经济发展规划、土地利用总体规划、城市总体规划基本上为同时开展，为三规协调互动提供了良好的工作基础。但囿于长期以来条块管理的体制局限，以及"三规融合"信息技术平台建设的滞后，严重影响了"三规融合"的推行。云浮市在城乡规划行政管理体制上进行了大胆的改革和尝试，对构建有广东特色的城乡规划体系，将产生重要的影响。

参考文献

[1]　云浮市人民政府，中山大学.云浮市统筹发展规划 [Z]. 2011.

[2]　云浮市人民政府，广东省城乡规划设计研究院.云浮市城市总体规划（2010-2020）纲要 [Z]. 2011.

[3]　云浮市人民政府，中山大学.云浮市土地利用总体规划（2010-2020）[Z]. 2011.

[4]　王俊，何正国."三规合一"基础地理信息平台研究与实践——以云浮市"三规合一"地理信息平台建设为例 [J]. 城市规划，2011，（增刊）.

[5]　胡俊.规划的变革与变革的规划——上海城市规划与土地利用规划"两规合一"的实践与思考 [J]. 城市规划，2010（6）.